CONGRÈS

GÉOLOGIQUE INTERNATIONAL.

3ᴹᴱ SESSION.

CONGRÈS

GÉOLOGIQUE INTERNATIONAL

COMPTE RENDU

DE LA

3ᵐᵉ SESSION, BERLIN, 1885

BERLIN

A. W. SCHADE's BUCHDRUCKEREI (L. SCHADE)

1888

R. FRIEDLÄNDER & SOHN

Berlin, N.W., Carlstr. 11.

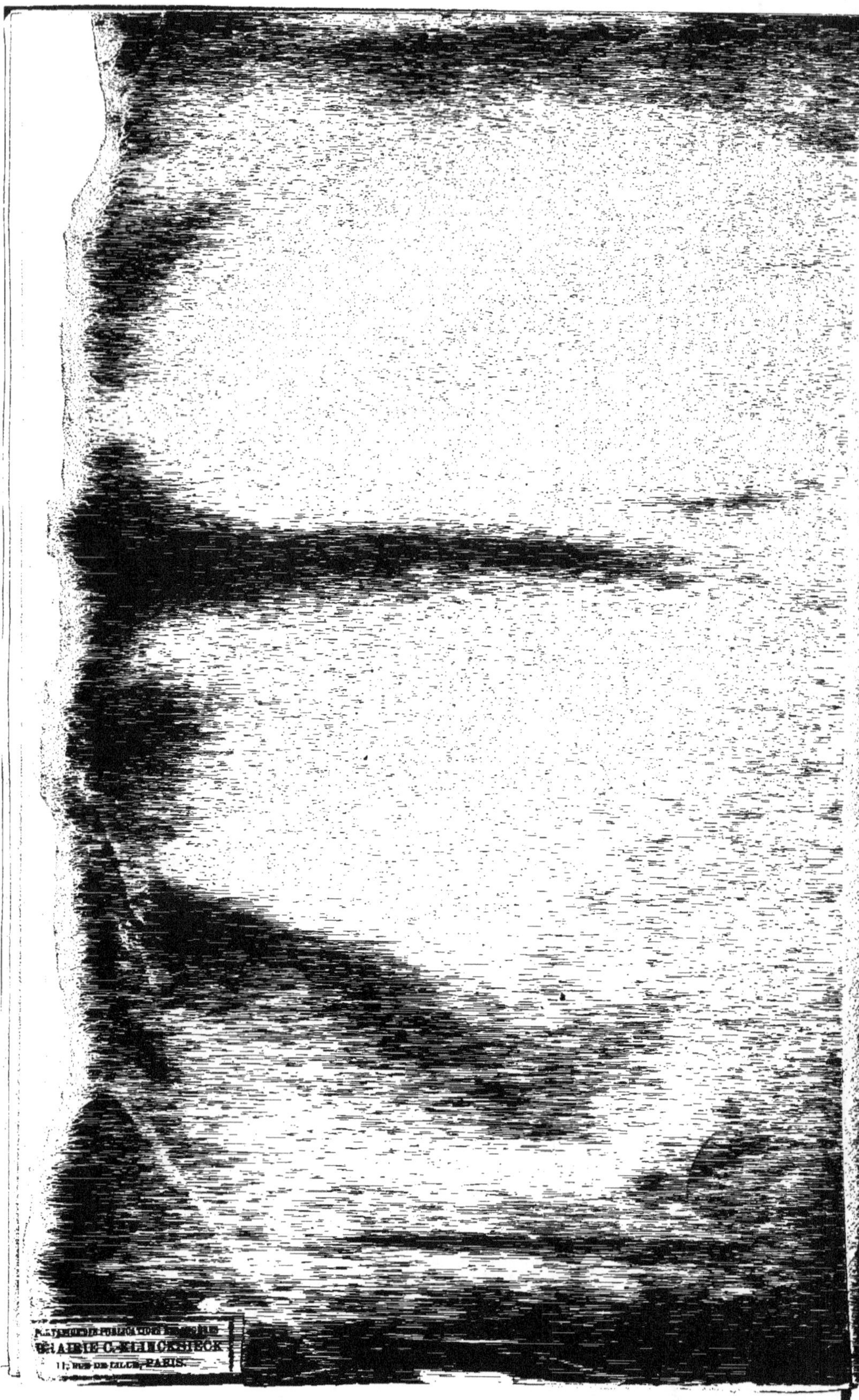

LIBRAIRIE C. KLINCKSIECK
11, RUE DE LILLE, PARIS.

CONGRÈS

GÉOLOGIQUE INTERNATIONAL

COMPTE RENDU

DE LA

3ME SESSION, BERLIN, 1885

BERLIN

A. W. SCHADE's BUCHDRUCKEREI (L. SCHADE)

1888

PRÉFACE.

Dans la deuxième partie du présent compte rendu les procès-verbaux des séances sont publiés d'après les sténogrammes officiels revus par les orateurs.

Dans la quatrième partie j'ai reproduit les rapports des commissions internationales et des comités nationaux, qui ont été rédigés pendant l'intervalle entre les Congrès de Bologne et de Berlin.

Le secrétaire général

HAUCHECORNE.

TABLE DES MATIÈRES.

PREMIÈRE PARTIE.

HISTORIQUE DU CONGRÈS.

DEUXIÈME PARTIE.

TRAVAUX DU CONGRÈS.

SÉANCE D'OUVERTURE LE MARDI 29 SEPTEMBRE 1885.

DEUXIÈME SÉANCE DU MARDI 29 SEPTEMBRE.

SIXIÈME SÉANCE DU SAMEDI 3 OCTOBRE, M.

SEPTIÈME SÉANCE DU 3 OCTOBRE, A. M.,
SÉANCE DE CLÔTURE.

TROISIÈME PARTIE.

COMMUNICATIONS SCIENTIFIQUES.

QUATRIÈME PARTIE.

DOCUMENTS.

PREMIÈRE PARTIE.

HISTORIQUE DU CONGRÈS.

CONGRÈS INTERNATIONAL DE GÉOLOGIE

TENU A BERLIN DU 28 SEPTEMBRE AU 3 OCTOBRE 1885.

Le Congrès géologique international réuni dans sa deuxième session à Bologne en 1881 a pris les résolutions suivantes [1]):

1° Le Congrès tiendra sa troisième session à Berlin en 1884.

2° M. le prof. BEYRICH est nommé président du Comité d'organisation.

A la suite de ces décisions M. BEYRICH a soumis la question de l'organisation du Congrès de Berlin à la Société géologique d'Allemagne lors de sa réunion générale à Stuttgart au mois d'Août 1883, qui proposa d'appeler dans le Comité d'organisation du Congrès les professeurs de géologie, de paléontologie et de minéralogie des Universités et Écoles polytechniques et les directeurs des Instituts géologiques de l'Allemagne, et de quelques autres géologues dont la collaboration pourrait être utile.

En conséquence de ces propositions, qui furent adoptées, une séance du Comité d'organisation a eu lieu le 28 décembre 1883 à Berlin, dans laquelle ist s'est constitué ainsi qu'il suit:

COMITÉ D'ORGANISATION.

Président d'honneur:

Son Excellence M. von DECHEN, ancien chef du département des
    mines.

Président:

M. BEYRICH, prof. de géologie et de paléontologie à l'Université de
    Berlin, co-directeur de l'Institut géologique de la Prusse.

Membres honoraires:

Son Excellence M. MAYBACH, Ministre des travaux publics.

Son Excellence M. von GOSSLER, Ministre des cultes, de l'instruction
    publique et des affaires médicales.

---

[1]) Séance de clôture, dimanche 2 octobre.

a*

MM. von FORCKENBECK, premier bourgmestre de la ville de Berlin.

† KIRCHHOFF, conseiller intime, prof. de physique, recteur de l'Université de Berlin.

Du BOIS-REYMOND, conseiller intime, prof. de physiologie, secrétaire perpétuel de l'Académie des sciences.

AUWERS, conseiller intime, prof. d'astronomie, secrétaire perpétuel de l'Académie des sciences.

HAUCK, conseiller intime, prof. de mathématique, recteur de l'École polytechnique.

HAUCHECORNE, conseiller intime, directeur de l'École des mines et de l'Institut géologique de la Prusse.

SETTEGAST, conseiller intime, recteur de l'École d'agriculture.

Membres délégués par les Ministères :

MM. SERLO, chef du département des mines, délégué du Ministère des travaux publics.

von ROENNE, conseiller intime, délégué du Ministère des travaux publics.

WEHRENPFENNIG, conseiller intime, délégué du Ministère des cultes.

ALTHOFF, conseiller intime, délégué du Ministère des cultes.

THIEL, conseiller intime, délégué du Ministère d'agriculture.

Secrétaire général :

M. HAUCHECORNE.

Trésorier :

M. BERENDT, prof. de géologie, géologue en chef à l'Institut géologique de la Prusse, à Berlin.

Membres du Comité :

MM. ACHENBACH, *Berghauptmann*, à Clausthal.

von ALBERT, conseiller du gouvernement, à Strasburg i. E.

ARZRUNI, prof. de minéralogie à l'École polytechnique, à Aachen.

BAUER, prof. de minéralogie à l'Université, à Marburg a. L.

BENECKE, prof. de géologie à l'Université, à Strasburg i. E.

BÜCKING, prof. de minéralogie à l'Université, à Strasburg i. E.

BRASSERT, *Berghauptmann*, à Bonn.

COHEN, prof. de minéralogie à l'Université, à Greifswald.

MM. Credner, prof. de géologie à l'Université, à Leipzig, directeur
de l'Institut géologique de la Saxe.

Dames, prof. de géologie à l'Université, à Berlin.

Eck, prof. de minéralogie à l'École polytechnique, à Stuttgart.

Ewald, membre de l'Académie des sciences, à Berlin.

† Fischer, prof. de minéralogie à l'Université, à Freiburg i. Br.

Fraas, prof. de géologie à l'École polytechnique, à Stuttgart.

Freiesleben, conseiller intime des finances, à Dresden.

von Fritsch, prof. de géologie à l'Université, à Halle.

Geinitz, conseiller intime, prof. de géologie à l'École polytechnique, à Dresden.

Geinitz, prof. de géologie à l'Université, à Rostock.

† von Groddeck, conseiller des mines, directeur de l'École des
mines, à Clausthal.

Gruner, prof. de minéralogie et de géologie à l'École d'agriculture, à Berlin.

von Guembel, chef du département des mines et du bureau
géologique de la Bavière, membre de l'Académie des
sciences, à München.

Hosius, prof. de géologie à l'Université, à Münster.

Huyssen, *Berghauptmann*, à Halle.

Kayser, prof. de géologie à l'Université, à Marburg a. L.

Klein, prof. de minéralogie à l'Université, à Berlin.

Knop, prof. de minéralogie à l'École polytechnique, à Carlsruhe.

von Koenen, prof. de géologie à l'Université, à Göttingen.

† von Lasaulx, prof. de minéralogie à l'Université, à Bonn.

Laspeyres, prof. de minéralogie à l'Université, à Bonn.

Lepsius, directeur de l'Institut géologique de la Hesse, professeur de géologie à l'École polytechnique, à Darmstadt.

Liebisch, prof. de minéralogie à l'Université, à Göttingen.

Lossen, prof. de géologie à l'École des mines, à Berlin.

Nies, prof. de géologie à l'École d'agriculture, à Hohenheim.

Ottiliae, *Berghauptmann*, à Breslau.

Platz, prof. de géologie à l'École polytechnique, à Carlsruhe.

Rammelsberg, conseiller intime, prof. de chimie à l'Université,
à Berlin.

vom Rath, prof. de minéralogie à l'Université, à Bonn.

Remelé, prof. de chimie et de géologie à l'École forestière, à
Eberswalde.

le baron von Richthofen, prof. de géographie à l'Université,
à Berlin.

MM. ROEMER, F., conseiller intime, prof. de géologie à l'Université, à Breslau.

ROEMER, H., sénateur, membre du Reichstag, à Hildesheim.

ROSENBUSCH, prof. de minéralogie à l'Université, à Heidelberg.

ROTH, prof. de géologie à l'Université, à Berlin.

von SCHAFHÄUTL, prof. de géologie à l'Université, à München.

SCHLÜTER, prof. de paléontologie à l'Université, à Bonn.

† SCHMID, prof. de minéralogie et de géologie à l'Université, à Jena.

SCHOLZ, prof. de géologie à l'Université, à Greifswald.

le prince von SCHÖNEICH-CAROLATH, *Berghauptmann*, à Dortmund.

SENFT, conseiller intime, prof. d'histoire naturelle à l'École forestière, à Eisenach.

STELZNER, prof. de géologie à l'École des mines, à Freiberg.

STRENG, prof. de minéralogie et de géologie à l'Université, à Giessen.

von STROMBECK, *Berghauptmann*, à Braunschweig.

ULRICH, prof. de minéralogie et de géologie à l'École polytechnique, à Hannover.

† WEBSKY, conseiller intime, prof. de minéralogie à l'Université, à Berlin.

WEISBACH, prof. de minéralogie à l'Ecole des mines, à Freiberg.

WEISS, prof. de minéralogie à l'École des mines, à Berlin.

ZIRKEL, conseiller intime, prof. de minéralogie à l'Université, à Leipzig.

von ZITTEL, prof. de géologie à l'Université, membre de l'Académie des sciences, à München.

Les résolutions les plus importantes du Comité d'organisation ont été les suivantes:

1° La session du Congrès aura lieu du 25 au 30 Septembre 1885.

On tachera d'obtenir l'autorisation à la tenir dans le palais du Reichstag. (L'autorisation a été accordée.)

2° Le programme général des discussions se rattachera à celui des deux sessions précédentes de Paris et de Bologne. Il comprendra:

    a) les discussions sur l'unification des figurés géologiques.

    b) les discussions sur l'unification de la nomenclature géologique.

    c) les discussions sur les règles à suivre pour établir la nomenclature des espèces en minéralogie et en paléontologie.

    d) des communications et discussions scientifiques.

3° Une exposition de collections et de cartes géologiques aura lieu dans les salles de l'Institut géologique et de l'École des mines, Invalidenstrasse 44.

4° Après la clôture des séances, on fera des excursions géologiques au Harz, dans les mines de sel gemme de Stassfurt et dans le royaume de Saxe.

5° Quant à l'organisation le Comité adopte les articles 3, 4, 5, 6 du règlement général du Congrès de Paris, qui ont été suivis également à Bologne.

Conformément à ces résolutions l'invitation suivante a été adressée aux géologues qui ont pris part aux congrès précédents et en outre à tous les membres des sociétés géologiques et autres géologues dont le Comité a pu se procurer les adresses.

Berlin 15 Mai 1884.

Monsieur,

Le Congrès géologique international a décidé dans sa séance du 2 Octobre 1881 à Bologne, que sa troisième session aura lieu en 1884 à Berlin.

Le comité d'organisation, qui s'est formé en Allemagne, a choisi comme terme de l'ouverture de cette session le 25 Septembre. Les séances occuperont les jours du 25 au 30 Septembre. Des excursions géologiques s'y rattacheront pendant les jours du 1 au 5 Octobre.

Une exposition d'objets et de cartes géologiques aura lieu pendant la durée de la session.

Nous venons vous prier, Monsieur, de prendre part aux travaux du Congrès et d'adresser le plus tôt possible votre demande d'inscription comme membre au Secrétariat du Comité d'organisation à Berlin N. 44 Invalidenstrasse (Bergakademie), en indiquant exactement votre nom, prénom, qualité et demeure.

Le programme détaillé des séances et excursions &c. sera distribué en temps utile avant l'ouverture du Congrès.

La cotisation pour être membre du Congrès est de 10 Mark (12 francs). Elle peut être remise au Secrétariat avec la demande d'inscription. Le reçu du Trésorier donne droit à la carte de membre, au compte rendu et aux autres publications ordinaires sur les travaux et discussions du Congrès.

Les cartes de membre seront délivrées au Secrétariat du Congrès à partir du 20 Septembre.

BEYRICH.   HAUCHECORNE.

Au commencement du mois de Juillet une note de M. le professeur Capellini, président du Congrès de Bologne, souleva la proposition de renvoyer, à cause de la propagation dangereuse du choléra, la session à l'année prochaine. La majorité des membres du Comité d'organisation ayant prononcé son assentiment à ce renvoi, l'avis suivant a été donné aux géologues invités:

Berlin 20 Juillet 1884.

Monsieur,

Par notre circulaire du 15 Mai ct. nous avons eu l'honneur de vous inviter à la troisième session du Congrès géologique international, qui devait avoir lieu à Berlin du 25 au 30 Septembre prochain.

Depuis lors l'invasion du choléra dans le midi de la France a fait naître une situation propre à justifier la crainte, que la participation au Congrès ne serait pas aussi générale et nombreuse que l'intérêt des travaux du Congrès le fait désirer et que les demandes d'inscription adressées au secrétariat jusqu'à ce jour nous ont donné le droit d'espérer. Il y a lieu surtout de craindre, que les géologues des pays méridionaux de l'Europe, qui se sont annoncés en nombre assez considérable, pourraient se voir retenus de prendre part à nos travaux.

Dans ces circonstances les membres du Comité d'organisation résidant à Berlin ont cru devoir prendre en considération le renvoi du Congrès à la même époque de l'année prochaine. Après avoir consulté la plupart des géologues allemands et quelquesuns des membres du bureau du Congrès de Bologne, et après réception des votes, dont la grande majorité reconnait la nécessité de cette mesure, on s'est décidé pour le renvoi.

Il nous a paru inadmissible d'attendre encore un dénouement plus avancé de la situation, qui du reste semble offrir peu de chances d'une amélioration prochaine. Les voyages scientifiques ou de délassement tombant généralement dans les mois d'Août et de Septembre l'avertissement le plus prompt possible de tous les géologues invités, notamment de ceux qui ont déjà déclaré leur adhésion, est indispensable.

Nous avons donc l'honneur de vous prévenir du renvoi de la troisième session du Congrès géologique international à Berlin au 25 à 30 Septembre 1885, en espérant, que votre participation ne nous manquera pas à cette réunion.

Les cartes de membre, délivrées à tous les géologues qui ont payé la cotisation de 10 Mark, restent valables pour la session de 1885.

Ceux qui désireraient le remboursement de la cotisation recevront la somme payée, sous déduction des frais de port, par mandat de poste, après avoir retourné la carte de membre au secrétariat du Comité d'organisation Berlin N., Invalidenstrasse 44.

CAPELLINI.	VON DECHEN.
BEYRICH.	HAUCHECORNE.

L'invitation définitive a ensuite été expediée comme suit:

Berlin 15 Avril 1885.

Monsieur,

La troisième session du Congrès géologique international devait se tenir, suivant la décision du Congrès de Bologne du 2 Octobre 1881, l'année dernière à Berlin.

Des circonstances imprévues ayant empêché cette réunion, comme nous avons annoncé par notre circulaire du 20 Juillet 1884, nous avons l'honneur de Vous informer de ce que la troisième session du Congrès aura lieu à Berlin du 28 Septembre au 3 Octobre de l'année courante.

Les séances occuperont les jours indiqués; des excursions géologiques s'y rattacheront pendant les jours du 5 au 10 Octobre.

Une exposition de collections des différentes branches des sciences géologiques et minéralogiques, surtout de cartes géologiques, aura lieu pendant la durée du Congrès.

En nous réservant la communication en temps utile des programmes détaillés des séances et excursions nous venons Vous prier, Monsieur, de prendre part au travaux du Congrès et de vouloir bien adresser votre déclaration le plus tôt possible au Secrétariat du Comité d'organisation Berlin N. 44 Invalidenstrasse (Bergakademie), avec indication exacte de votre nom, prénom, qualité et demeure.

Pour les membres du Congrès, qui n'ont pas retiré la cotisation payée l'année dernière — il n'a été demandé en effet que trois remboursements — il est évident que les cotisations et les cartes de membre restent valables pour cette année.

Pour les Géologues, qui n'ont pas encore déclaré leur participation, nous faisons observer que la cotisation pour être membre du Congrès est de 10 Mark (12 francs). Elle peut être remise au Secrétariat avec la demande d'inscription. Le reçu du trésorier donne droit à la carte de membre, au compte rendu et aux autres publications ordinaires sur les travaux et discussions du Congrès.

Les cartes de membre seront délivrées à Berlin au Secrétariat du Congrès à partir du 22 Septembre.

BEYRICH.   HAUCHECORNE.

La communication du programme de la séance enfin a été faite par cette note:

Berlin 15 Juillet 1885.

Monsieur et Honoré Collègue.

Nous avons l'honneur de vous adresser ci-joint le programme de la troisième session du Congrès géologique international, en conséquence de notre invitation du 15 Avril et. Des circonstances imprévues nous ont obligé de remettre l'ouverture du 28 au 29 Septembre.

Le Comité d'organisation espère, que vous ne manquerez pas aux discussions et travaux du Congrès.

BEYRICH.   HAUCHECORNE.

RÈGLEMENT DE LA TROISIÈME SESSION.

Le Comité d'organisation a adopté pour la troisième Session les art. 3, 4, 5, 6, du règlement général du Congrès de Paris, ainsi formulés:

ART. 3. La cotisation de membre est fixée à 12 francs. Elle donne droit:

1° D'assister aux séances;

2° De prendre part aux discussions et aux votes;

3° De recevoir le Compte rendu du Congrès.

ART. 4. La direction des travaux est confiée à un Conseil et à un Bureau.

ART. 5. Le Conseil se composera:

1° Des membres du Comité fondateur, des présidents honoraires et anciens;

2° Des membres du Comité d'organisation;

3° Des membres du Bureau du Congrès;

4° Des présidents actuels des Sociétés géologiques et des directeurs de grands services géologiques;

5° Des membres du Congrès que le Conseil appellera à siéger dans son sein.

Il se réunira sur l'avis du président du Congrès.

Art. 6. Le Bureau sera élu au début de la première séance,
sur une liste de présentations dressée par le Conseil.

Il sera chargé de la fixation des ordres du jour des séances.

PROGRAMME DE LA TROISIÈME SESSION.

Lundi 28 Septembre 1885.

> 10 heures du matin: Réunion du Conseil du Congrès dans
> le Reichstagsgebäude (Palais du Parlement de l'Empire),
> Leipziger Strasse No. 4.

> 5 heures du soir: Rendez-vous des membres du Congrès dans
> le Reichstagsgebäude.

Mardi 29 Septembre.

> 11 heures du matin: Ouverture du Congrès dans le Reichs-
> tagsgebäude.

> 2 heures du soir: Inauguration de l'exposition géologique
> dans la maison de l'Institut géologique et de l'Académie
> des mines, Invalidenstrasse 44.

> 6 heures du soir: Première séance du Congrès dans le Reichs-
> tagsgebäude.

Mercredi 30 Septembre. 2 heures du soir: Séance.

Jeudi 1 Octobre. 2 heures du soir: Séance.

Vendredi 2 Octobre. 2 heures du soir: Séance.

Samedi 3 Octobre. 2 heures du soir: Séance.

> 7 heures du soir: Clôture du Congrès.

Dimanche 4 Octobre. 9 heures du matin: Excursion à Potsdam.

Le programme détaillé des discussions et discours des séances
sera arrêté par le Conseil du Congrès et remis aux membres dans
la séance d'ouverture.

Le commencement des séances a été proposé à 2 heures du soir
dans le but de laisser à la disposition des membres les matinées pour
la visite des collections publiques de Berlin, surtout des collections
minéralogiques et géologiques de l'Université, de l'Institut géologique
et de l'Académie des mines, de l'Académie d'agriculture et de
l'École polytechnique; des collections préhistoriques et ethnographiques
du Musée royal et de la Société anthropologique, des Musées d'Art
et du Musée provincial (Märkisches Provinzialmuseum).

Après la clôture du Congrès il suivra une excursion au Harz,
aux mines de sel gemme de Stassfurt et dans l'Ouest du pays de
Saxe: elle terminera à Drèsde. On tâchera de procurer aux membres

du Congrès toutes les facilités possibles pour les frais de parcours. Les membres, qui prendront part à l'excursion, sont priés de se faire inscrire dans la journée du 29 Septembre.

MM. les Géologues, qui participeront au Congrès, sont priés de vouloir bien en donner avis le plus tôt possible au Comité d'organisation (Invalidenstrasse 44), et d'annoncer en même temps, s'ils ont l'intention de faire une communication, en déclarant son sujet. C'est le Conseil du Congrès qui décidera de l'admission des discours.

MM. les Géologues, qui désireraient d'exposer des collections ou des objets ou cartes géologiques, sont priés d'en donner en même temps avis au comité d'organisation, avec indication de la surface nécessaire de table ou de muraille, et de les faire arriver à Berlin avant la fin du mois d'Août.

Le bureau du Congrès sera ouvert à partir du 15 Septembre dans la maison de l'Institut géologique; il donnera aux membres tous les renseignements nécessaires sur les affaires du Congrès et sur le séjour à Berlin. Depuis le 26 Septembre le bureau sera établi dans le Reichstagsgebäude.

MM. les Géologues, qui ne se seraient pas encore procuré une carte de membre avant leur arrivée à Berlin, en seront pourvu par le bureau.

LISTE GÉNÉRALE DES MEMBRES DU CONGRÈS[1]).

ALLEMAGNE.

MM. ACHENBACH, A., *Berghauptmann*, à Clausthal.
ALBERT, Karl von, conseiller du gouvernement, à Strassburg.
* AMMON, von, Dr. phil., assesseur royal des mines, géologue en chef au bureau géologique, à München.
* ANDREAE, Achille, Dr. phil., Privatdocent, à Heidelberg.
* AUER, Frédéric von, ancien colonel, à Bonn.
* ANGELBIS, G., Dr. phil., à Berlin.
* ASCHENBORN, conseiller des mines, à Berlin.
* BAERWALD, Charles, Dr. phil., chimiste assistant au Laboratoire de l'École des mines, à Berlin.
* BAUER, Max, Dr., prof. de minéralogie à l'Université, à Marburg a. Lahn.
* BECK, R., Dr., géologue à l'Institut géologique de la Saxe, à Leipzig.
BECKER, Arthur, Dr. phil., à Leipzig.
* BECKER, H., Écrivain, à Frankfurt a. M.
*† BEISSEL, Ignaz, Rentier, à Aachen.
* BENECKE, E. W., Dr., prof. de géologie et de paléontologie à l'Université, à Strassburg i. E.
* BERENDT, G., Dr., prof. de géologie à l'Université, géologue en chef à l'Institut géologique de la Prusse, à Berlin.
* BERG, F., conseiller impérial à l'Office d'assurance, à Berlin.
* BEUSHAUSEN, L., Dr., assistant au Musée de minéralogie de l'Université, à Göttingen.
* BEYRICH, Ernst, Dr., prof. de paléontologie à l'Université, co-directeur de l'Institut géologique de la Prusse, à Berlin.
* BEYSCHLAG, F., Dr., géologue à l'Institut géologique de la Prusse, à Berlin.
BILHARZ, O., conseiller supérieur des mines, ancien ingénieur en chef de la Société de la Vieille Montagne, à Freiberg, Saxe.
BÖHM, J., Dr. phil., à Berlin.

---

1) * indique les membres qui ont été présents à la session. *† les membres décédés après la session.

MM. Böhm, G., Dr. phil., Privatdocent à l'Université, à Freiburg
i. Breisgau, (Baden).
* Bölsche, W., Dr. phil., prof. de collége, à Osnabrück, (Prusse).
* Borne, Max von dem, .propriétaire, à Berneuchen près
Cüstrin, (Prusse).
* Bornemann, J. G. (sen.), Dr. phil., à Eisenach.
* Bornemann, L. G. (jun.), Dr. phil., à Eisenach.
* Bornhöft, Ernst, Dr. phil., à Rostock.
* Branco, W., Dr. phil., prof. de géologie et de minéralogie à
l'Université, à Königsberg i. Pr.
* Brauns, D., Dr. phil., prof. de géologie à l'Université, à
Halle a. S.
Brauns, R., Dr. phil., à Marburg a. Lahn.
Bücking, H., Dr. phil., prof. de minéralogie à l'Université,
à Strassburg i. E.
* Busse, Dr. phil., conseiller des mines, à Dortmund.
* Cohen, E., Dr. phil., prof. de minéralogie à l'Université, à
Greifswald.
* Conwentz, H., Dr. phil., directeur du Musée provincial, à
Danzig.
* Credner, H., Dr. phil., prof. de géologie à l'Université,
directeur de l'Institut géologique de la Saxe, à Leipzig.
* Dames, W., Dr. phil., prof. de géologie à l'Université, à
Berlin.
* Dathe, E., Dr. phil., géologue à l'Institut géologique de la
Prusse, à Berlin.
* Dechen, Son Excellence H. von, Dr. phil., ancien chef du
département des mines de la Prusse, à Bonn.
* Denkmann, A., assistant au Musée de géologie de l'Univer-
sité, à Marburg a. Lahn.
* Duderstadt, C., rentier, à Wiesbaden.
* Ebert, Theodor, Dr. phil., géologue à l'Institut géologique
de la Prusse, à Berlin.
Eck, H., Dr. phil., prof. de minéralogie à l'École poly-
technique, à Stuttgart.
* Ewald, J., Dr. phil., membre de l'Académie des sciences, à
Berlin.
* Felix, J., Dr. phil., Privatdocent à l'Université, à Leipzig.
* Fraas, O., Dr. phil., prof. de géologie à l'École poly-
technique, à Stuttgart.
* Fraas, E., étudiant des sciences naturelles, à Stuttgart.

MM. * FRECH, F., Dr. phil., à Berlin.

FREIESLEBEN, Dr. phil., conseiller intime des finances, à Dresden.

* FREUND, conseiller intime supérieur des mines, à Berlin.

* FRITSCH, Karl von, prof. de géologie et de minéralogie à l'Université, à Halle.

* FUESS, R., opticien, à Berlin.

* GEINITZ, E., Dr. phil., prof. de géologie à l'Université, à Rostock.

* GEINITZ, H. B., conseiller intime, prof. de géologie à l'Ecole polytechnique, à Dresden.

* GELLHORN, von, conseiller des mines, à Frankfurt a. O.

* GERICKE, H., Dr. phil., à Leipzig.

* GIESECKE, B., Dr. phil., à Leipzig.

* GOTTSCHE, C., Dr. phil., inspecteur au Musée d'histoire naturelle, à Hamburg.

* GRUHL, Dr. phil., prof. à l'École d'agriculture, à Berlin.

* GRUNER, H., Dr. phil., prof. de géologie et de minéralogie à l'École d'agriculture, à Berlin.

* GUEMBEL, K. W. von, Dr. phil., chef du département des mines et du bureau géologique de la Bavière, membre de l'Académie des sciences, à München.

* HAAS, H., Dr. phil., Privatdocent à l'Université, à Kiel.

* HALFAR, A., secrétaire scientifique à l'Institut géologique de la Prusse, à Berlin.

* HANSTEIN, von, Dr. phil., à Göttingen.

* HAUCHECORNE, Wilhelm, Dr. phil., conseiller intime des mines, directeur de l'École des mines et de l'Institut géologique de la Prusse, à Berlin.

* HAZARD, J., géologue à l'Institut géologique de la Saxe, à Leipzig.

HEDINGER, A., conseiller de médecine, à Stuttgart.

* HETTNER, A., Dr. phil., à Dresden.

* HINTZE, Karl, Dr. phil., prof. de minéralogie à l'Université, à Breslau.

* HIRSCHWALD, Dr. phil., prof. de minéralogie à l'École polytechnique, à Charlottenburg, (Berlin).

* HOLZAPFEL, Dr. phil., prof. de géologie à l'École polytechnique, à Aachen.

* HORNSTEIN, F., Dr. phil., prof. de collége, à Cassel.

* HOSIUS, A., Dr. phil., prof. de géologie à l'Université, à Münster i. W.

MM. *Hubbard, L. L., à Bonn.

  * Huber, conseiller intime supérieur, à Berlin.

  * Huyssen, A., Dr. phil., chef du département des mines de la Prusse, à Berlin.

  * Jäkel, cand. géol., à Neusalz a. O.. (Prusse).

  * Jagor, F., Dr. phil., à Berlin.

  * Jentzsch, Alfred, Dr. phil., Privatdocent à l'Université, attaché à l'Institut géologique de la Prusse, à Königsberg i. Pr.

  * Kalkowsky, Ernst, Dr. phil., prof. de minéralogie et de géologie à l'Université, à Jena.

  * Kaunhowen, cand. phil., à Berlin.

  * Kayser, Emanuel, Dr. phil., prof. de géologie à l'Université, à Marburg a. Lahn.

  * Keilhack, Konrad, Dr. phil., géologue à l'Institut géologique de la Prusse, à Berlin.

  Kinkelin, Fr., Dr. phil., au Musée Senkenberg, à Frankfurt a. M.

  * Klebs, Richard, Dr. phil., attaché à l'Institut géologique de la Prusse, à Königsberg.

  * Klein, Carl, Dr. phil., prof. de minéralogie à l'Université, à Berlin.

  * Klockmann, Friedrich, Dr. phil., prof. de minéralogie et de géologie à l'École des mines, à Clausthal.

  * Knop, A., Dr. phil., prof. de minéralogie à l'Ecole polytechnique, à Karlsruhe.

  * Koch, E., libraire, à Stuttgart.

  * Koch, Max, Dr. phil., géologue à l'Institut géologique de la Prusse, à Berlin.

  * Könen, A. von, Dr. phil., prof. de géologie à l'Université, à Göttingen.

  * Koken, Dr. phil., adjoint au Musée de géologie de l'Université, à Berlin.

  Kosmann, B., Dr. phil., ancien ingénieur des mines, Privatdocent à l'Université, à Breslau.

  * Krause, Aurel, Dr. phil., Oberrealschullehrer, à Berlin.

  * Kuntze, Otto, Dr. phil., à Berlin.

  * Lang, Otto, Dr. phil., Privatdocent à l'Université, à Göttingen.

  * Lange, H., Dr. phil., prof., à Berlin.

  *† Lasaulx, A. von, prof. de minéralogie à l'Université, à Bonn a. Rh.

  * Laspeyres, Dr. phil., prof. de minéralogie à l'Université, à Bonn.

MM. * Leesberg, directeur des mines, à Esch, (Luxemburg).

* Lehmann, J., Dr. phil., prof. de géologie à l'Université, à Kiel.

* Leppla, A., Dr. phil., géologue au bureau géologique de la Bavière, à München.

* Lepsius, R., Dr. phil., prof. de géologie à l'École polytechnique, directeur de l'Institut géologique de Hessen-Darmstadt, à Darmstadt.

* Levin, Dr. phil., à Braunschweig.

Liebe, Dr. phil., prof. des sciences naturelles, à Gera, (Thüringen).

* Liebisch, T., Dr. phil., prof. de minéralogie à l'Université, à Göttingen.

* Lindig, E., conseiller intime supérieur des mines, à Berlin.

* Lipke, G., membre du Reichstag, à Berlin.

.* Loretz, H., Dr. phil., géologue en chef à l'Institut géologique de la Prusse, à Berlin.

* Lossen, C. A., Dr. phil., prof. de géologie à l'École des mines et à l'Université, géologue en chef à l'Institut géologique de la Prusse, à Berlin.

* Lüdecke, prof. de géologie à l'Université, à Halle.

Marck, von der, Dr. phil., à Hamm i. Westfalen.

* Marshall, Dr. phil., prof., à Leipzig.

* Maurer, Fr., Rentier, à Darmstadt.

* Müller, G., cand. phil., à Grone près Göttingen.

* Müller, W., assistant au Musée minéralogique de l'École polytechnique, à Charlottenburg, (Berlin)

* Nehring, Alfred, Dr. phil., prof. de zoologie à l'École d'agriculture, à Berlin.

* Nies, Friedrich, Dr. phil., prof. de géologie à l'École polytechnique, à Hohenheim, (Würtemberg).

* Noetling, Fritz, Dr. phil., géologue au Service géologique des Indes, à Calcutta.

Kgl. Oberbergamt Clausthal, à Clausthal.

* Ochsenius, Carl, ancien consul, à Marburg a. Lahn.

* Oebbeke, C., Dr. phil., prof. de minéralogie à l'Université, à Erlangen.

* Orth, Dr. phil., prof. d'agronomie à l'École d'agriculture, à Berlin.

† Ottmer, Dr. phil., prof. de géologie à l'École polytechnique, à Braunschweig.

MM. * Pech, C. F., minéralogiste, à Berlin.

Pfaff, F., Dr. phil., prof. de géologie à l'Université, à Erlangen.

* Poetsch, F. H., ingénieur des mines, à Aschersleben. (Prusse).

* Pohlig, Dr. phil., Privatdocent, à Bonn a. Rh.

* Potonié, H., Dr. phil., assistant à l'Institut géologique de la Prusse, à Berlin.

* Pröscholdt, H., Dr. phil., prof. de collége, à Meiningen.

* Purgold, Alfred, ingénieur des mines, à Blasewitz b. Dresden.

* Rath, G. vom, prof. de minéralogie à l'Université, à Bonn.

* Reiss, W., Dr. phil., président de la Société géographique, à Berlin.

* Remelé, prof. de géologie et de minéralogie à l'École forestière, à Eberswalde, (Prusse).

* Richthofen, Ferdinand Baron von, Dr. phil., prof. de géographie à l'Université, à Berlin.

* Roemer, Ferdinand, Dr. phil., conseiller intime des mines, prof. de géologie à l'Université, à Breslau.

* Roemer, Hermann, Dr. phil., ancien sénateur, à Hildesheim.

* Rönne, Otto von, conseiller intime des mines, à Berlin.

* Rohrbach, Carl, Dr. phil., à Gotha.

* Rosenbusch, Hermann, Dr. phil., prof. de minéralogie et de géologie à l'Université, à Heidelberg.

* Roth, Justus, Dr. phil., prof. de géologie à l'Université, à Berlin.

* Rothpletz, Dr. phil., à München.

* Sanner, Hugo, assesseur des mines, à Kattowitz, (Oberschlesien).

* Sauer, A., Dr. phil., géologue à l'Institut géologique de la Saxe, à Freiberg i. S.

* Scheibe, Robert, Dr. phil., assistant en minéralogie à l'Institut géologique de Prusse, à Berlin.

Schlüter, C., Dr. phil., prof. de paléontologie à l'Université, à Bonn.

* Schmidt, G., Dr. med., à Berlin.

* Schneider, Adolf, prof. de géométrie souterraine et de géodésie à l'École des mines, à Berlin.

le prince von Schönaich-Carolath, *Berghauptmann*, à Dortmund.

* Scholz, M., Dr. phil., prof. de géologie à l'Université, à Greifswald.

MM. * Schopp, prof. de collége, à Darmstadt.

   * Schreiber, prof. de collége, à Magdeburg.

   * Schröder, Henry, Dr. phil., géologue assistant à l'Institut géologique de la Prusse, à Berlin.

   * Schuchardt, Theodor, Dr. phil., à Görlitz, (Prusse).

   * Schütze, conseiller des mines, à Waldenburg i. S.

   * Schulz, Eugen, Dr. phil., référendaire des mines, à Lindenthal b. Cöln.

   * Schulz, L., Dr. med., à Berlin.

   * Schulze, F. E., Dr. phil., prof. de zoologie à l'Université, à Berlin.

   * Schwalbe, Dr. phil., prof., directeur de collége, à Berlin.

   * Seligmann, G., négociant, à Coblenz.

   Serlo, Albert, Dr. phil., chef du département des mines, à Berlin.

   * Siemens, Werner, Dr. phil., conseiller intime, membre de l'Académie des sciences, à Berlin.

   * Söchting, Dr. phil., Kgl. Bibliothekar, à Berlin.

   * Stapff, F. M., Dr. phil., ingénieur des mines, à Weissensee b. Berlin.

   * Stein, Richard, Dr. phil., conseiller supérieur des mines, à Halle.

   * Steinmann, Dr. phil., prof. de géologie à l'Université, à Freiburg i. Breisgau.

   * Steinvort, H., prof. de collége, à Lüneburg.

   * Stelzner, A., Dr. phil., prof. de géologie à l'École des mines, à Freiberg i. S.

   * Streng, A., Dr. phil., prof. de géologie à l'Université, à Giessen.

   * Strippelmann, L., ingénieur des mines, directeur des mines de sel gemme »Cons. Alkaliwerke« d'Aschersleben, à Berlin.

   Struckmann, C., *Amtsrath*, à Hannover.

   * Stübel, Alphonse, Dr. phil., à Dresden.

   * Tenne, Dr. phil., Privatdocent, assistant au Musée minéralogique de l'Université, à Berlin.

   * Traube, H., Dr. phil., assistant au Musée minéralogique de l'Université, à Breslau.

   * Ulrich, Friedrich, prof. de minéralogie et de géologie à l'École polytechnique, à Hannover.

   Ulrich, conseiller des mines, à Diez a. Lahn, (Prusse).

   * Vanhöffen, E., cand. phil., à Königsberg.

b*

MM. * VIEDENZ, A., conseiller des mines, à Eberswalde. (Prusse).
  * VIRCHOW, Rudolf, Dr. phil., conseiller intime de médecine, prof. de pathologie à l'Université, à Berlin.
  * WAHNSCHAFFE, Felix, Dr. phil., géologue en chef à l'Institut géologique de la Prusse, Privatdocent à l'Université, à Berlin.
  * WALTHER, Johannes, Dr. phil., géologue, à Weida, (Saxe).
  * WEBER, Emil, Dr. phil., assistant au Musée minéralogique de l'Université, à Leipzig.
 *† WEBSKY, Martin, Dr. phil., conseiller intime des mines, professeur de minéralogie à l'Université, à Berlin.
  * WEERTH, Otto, Dr. phil., prof. de collége, à Detmold.
    WEISBACH, Albin, Dr. phil., prof. de minéralogie à l'École des mines, à Freiberg i. S.
  * WEISSLEDER, Edmund, conseiller des mines, directeur des mines ducales de sel gemme, à Leopoldshall, (Thüringen).
    WEISS, Ernst, Dr. phil., géologue en chef à l'Institut géologique de la Prusse, prof. de minéralogie à l'École des mines, à Berlin.
  * WERVECKE, Leopold van, Dr. phil., membre de la commission pour la recherche géologique d'Elsass-Lothringen, à Strassburg i. E.
  * WUNDT, G., Kgl. Bauinspektor, à Schorndorf, (Würtemberg).
    ZECH, Leonhard, Oberrealschullehrer, à Halberstadt, (Prusse).
  * ZIMMERMANN, Ernst, Dr. phil., géologue assistant à l'Institut géologique de la Prusse, à Berlin.
  * ZIRKEL, Dr. phil., conseiller intime des mines, prof. de minéralogie à l'Université, à Leipzig.
  * ZITTEL, Karl von, Dr. phil., prof. de géologie à l'Université, membre de l'Académie des sciences, à München.

AUSTRICHE-HONGRIE.

MM. † ABICH, H. von, Dr. phil., conseiller intime, membre honoraire de l'Académie des sciences de St. Pétersbourg, à Wien.
  * DIENER, Karl, Dr. phil., géologue, à Wien.
  * DÖLTER, Karl, Dr. phil., prof. de minéralogie à l'Université, à Graz.
  * DUNIKOWSKI, Dr. phil., Privatdocent à l'Université, à Lemberg.
    GOLDSCHMIDT, Victor, Dr. phil., à Hüttendorf b. Wien.

MM. * Hantken, Max Ritter von, Dr. phil., prof. de paléontologie
à l'Université, à Budapest.

Hauer, Franz Ritter von, Dr. phil., ancien directeur de
l'Institut géologique de l'Autriche, directeur général des
Musées impériaux d'histoire naturelle, à Wien.

* Hibscu, Joseph E., prof., à Tetschen a. Elbe.

Hofmann, Karl, Dr. phil., géologue en chef à l'Institut géologique de l'Hongrie, à Budapest.

Holzner, Dr. phil., prof., à Weihenstefan-Freising, (Bavière).

* Hussak, E., Dr. phil., Privatdocent à l'Université, à Graz.

Karrer, Felix, Dr. phil., membre correspondant de l'Institut
géologique de l'Autriche, à Wien.

* Mojsisovics, E. von, Dr. phil., conseiller supérieur des mines,
géologue en chef à l'Institut géologique de l'Autriche,
à Wien.

* Neumayer, M., Dr. phil., prof. de géologie à l'Université,
à Wien.

* Niedzwiedzki, J., prof. à l'Université, à Lemberg.

* Novack, Ottomar, prof. de géologie à l'Université, à Prag.

Pethö, Julius von, Dr. phil., géologue à l'Institut géologique
de l'Hongrie, à Budapest.

* Pilar, G., Dr. phil., prof. de géologie à l'Université, à Agram
(Zagreb).

* Pilar, Madame.

* Posepny, F., prof., conseiller des mines, à Wien.

Roth, Samuel, Dr. phil., prof., à Leutschau, (Zips, Hongrie).

* Stur, Dionys, conseiller supérieur des mines, directeur de
l'Institut géologique de l'Autriche, à Wien.

* Szabo, Jos. von, Dr. phil., prof. de géologie à l'Université,
à Budapest.

* Szajnocha, Ladislaus, prof. à l'Université, à Krakau.

* Waagen, W., Dr. phil., prof. de géologie à l'Ecole polytechnique, à Prag.

Zsigmondy, G., ingénieur des mines, à Budapest.

BELGIQUE.

M. * Broeck, Ernest van den, conservateur au Musée royal d'histoire naturelle, attaché au service géologique de la Belgique,
à Bruxelles.

MM. * Cogels, Paul, président de la société royale malacologique, à Boeckenberg (Deurne) près d'Anvers.

Delvaux, E., capitaine de cavalerie, à l'Institut cartographique militaire, à Bruxelles.

* Dewalque, G., Dr. phil., prof. de géologie à l'Université, à Liège.

Dumont, André, ingénieur, à Ixelles, près de Bruxelles.

* Dupont, E., directeur du service géologique de la Belgique, à Bruxelles.

* Firket, Adolph, ingénieur principal des mines, chargé de cours à l'Université, à Liège.

Hennequin, Emile, major d'État-major, directeur de l'Institut cartographique militaire, à Bruxelles.

* Rutot, A., conservateur au musée royal d'histoire naturelle, attaché au service géologique de la Belgique, à Bruxelles.

BRÉSIL.

M. * le baron de Capanema, à Rio de Janeiro.

CANADA.

M. Hunt, Th. Sterry, ancien membre de la Commission géologique du Canada, à Montréal.

DANEMARK.

M. * Johnstrup, F., prof. de géologie à l'Université, à Kopenhague.

ESPAGNE.

MM. Jarza, Ramon Adan de, ingénieur des mines, à Lequeitio, (Vizcaya).

Moreno, E., ingénieur en chef des mines, à Madrid, (Plaza de las Cortes, Palazio de Medinaceli).

Rojas, Geronimo, Dr. phil., prof. de physiologie et d'histoire naturelle, à Ordunna, (Vizcaya).

MM. Socorro, Marquis del. à Madrid, (rue de Jacametrezo 41).
* Vilanova y Pierra, Jean. prof. de paléontologie à l'Université.
à Madrid.

ETATS-UNIS.

MM. * Brusch, prof. de minéralogie au Yale College, à New Haven,
Connecticut.
Cope, E. D., prof. de paléontologie au service géologique des
Etats-Unis, à Philadelphia.
* Frazer, Persifor, Dr., prof. de chimie, à Philadelphia. (917
Clinton Str.).
Gilbert, G. K., Head of division to the Unit. States geolog.
Survey, à Washington.
* Hall, James, State geologist and director of the State Museum
of Nat. History, à Albany. New York.
Hanks, Henry G., State mineralogist. à S. Francisco, (212
Sutter Str.).
Hitchcock, C. H., prof. of geology. à Hanover. New Hampshire.
* Kemp, F., Dr. phil., geologist. à New York.
* Mac Gee, W. J., State geologist, à Washington.
Marcou, Jules, prof., à Cambridge. Massachusetts.
* Miller, Harry East, à San Francisco.
* Newberry, J. S., prof., à New York.
Owen, Richard, prof., à New Harmony, Indiana.
* Patton, Horace B., étudiant des sciences naturelles, à
Washington.
* Williams, Henry Schales, prof. of palaeontology, à Ithaka,
New York.
Williams, Francis, étudiant des sciences naturelles, à Göttingen.
Winchell, Alex., Esq., à Arbor. Michigan.
Winchell, N. H., State geologist, prof. to the University,
à Minneapolis, Minnesota.

FRANCE.

MM. Arnaud, membre de la société géologique de France, à Angoulème, (Charente).
Barrois, Charles, Dr. ès sciences naturelles, à Lille, (Nord,
rue Solferino 185).

MM. Bergeron, Jules, ingénieur Préparateur du Cours de géologie à la faculté des sciences, à Paris.

Bioche, Alphons, membre de la société géologique de France, à Paris.

Boisselier, à la direction des mouvements du Port, à Rochefort, (Charente).

* Carez, Leonhard, Dr. ès sciences, ancien viceprésident de la société géologique de France, à Paris.

* Caudéran, prof., à Montlieu, (Charente Inf.).

Chelot, E., membre de la société géologique de France, à Paris, (rue Monge 82).

Cossigny, Charpentier de, ingénieur civil, membre de la société géologique de France, à Courcelles-Clercy, (Aube).

* Dagincourt, Dr., comtoir géologique, à Paris, (rue de Condé 20).

Davy, L., ingénieur des mines, à Châteaubriant, (Loire inférieure).

Delaire, Alexis, ingénieur civil, à Paris, (Boulevard St. Germain 135).

Dollfus, Gustav F., attaché au service de la carte géologique de France, à Paris, (rue de Chabrol 45).

Douvillé, H., prof., ingénieur en chef des mines, à Paris, (Boulevard St. Germain 207).

*† Fontannes, Francisque, attaché au service de la carte géologique de France, à Lyon.

* Gaudry, Albert, prof., membre de l'Institut de France, à Paris, (rue des Saints Pères 7).

Geandey, Ferdinand, à Lyon, (rue de Seze).

Gosselet, Dr. phil., prof. de géologie à la faculté des sciences, à Lille, (rue d'Antin 18, Nord).

Hébert, E., membre de l'Institut, prof. de géologie à la Sorbonne, à Paris, (rue Garancière 10).

* Jacquot, E. D., directeur de la carte géologique de France, inspecteur général des mines, à Paris, (rue de Monceau 83).

Janet Dupont, Charles, membre de la société géologique de France, à Beauvais.

Jannetaz, Eduard, Aide naturaliste au Musée, à Paris, (rue Linnée 9).

Lamothe, L. J. B. de, Capitaine d'artillerie, à Paris.

* Lapparent, A. de, prof. de géologie à l'Institut catholique, à Paris, (rue de Tilsit 3).

MM. * Margerie, Emanuel de, membre de la société géologique de
France, à Paris, (rue de Grenelle 132).

Massieu, ingénieur, à Rennes.

* Offret, A., prof., à Douai, (Nord, rue Martin du Nord 9).

Parran, Alphonse, membre de la société géologique de France,
à Paris, (Avenue de l'Opéra 26).

Riaz, Audra de, membre de la société géologique de France,
à Lyon, (Quay de Retz 10).

Riche, Attale, préparateur du cours de géologie à la faculté
des sciences, à Lyon, (place Perrache 12).

Rolland, L., ingénieur des mines, à Paris, (Avenue d'Antin 9).

Sarran d'Allard, membre de la société géologique de France,
à Allais, (Gard).

Tardy, membre de la société géologique de France, à Bourg
en Bresse, (Ain).

* Vasseur, Gaston, Dr. phil., sécrétaire du comité français de
nomenclature géologique, à Paris, (Boulevard St. Michel 1).

Velain, Charles, maître de conférences de géologie à la Sorbonne, à Paris.

GRANDE BRETAGNE.

MM. * Bauermann, H., Esq., ingénieur, à London.

Bell, W. Herward, Esq., à Mellesham.

Blake, J. Hopwood, Assoc. M. Inst. C. E. Geological Survey
of England, à London.

* Blanford, W. T., Esq., à London, 72 Bedford gardens,
Kensington.

Bristow, H. W., Dr., à London.

Collins, J. H., Esq.; à London, 64 Bickerton Road.

Champernowne, Arthur M. A., Esq., à Devon, Totnes, Dar-
lington Hall.

Davidson, Thomas, Esq., à Brighton, 9 Salisbury Road.

Davies, William, Esq., à London, South Kensington.

Dawkins, W., Esq., prof., fellow of Jesus College, à Rosholme,
Manchester.

Deane, George, Rev., à Birmingham, Spring Hill College,
Moseley.

Downes, W., Rev., à Cullompton, Kentisbeare.

Drew, Frederic, Esq., à Windsor, Eton College.

MM. ENNISKILLEN, Earl of, à Enniskillen.

FERGUSON, William, Esq., à Aberdeenshire, Kimmundy near Mintlew.

GALTON, Douglas, Captain, à London, Grosvenor Place, 12 Chester Street.

GASKELL, Francis, Esq., à London, Southgate.

* GEIKIE, A., director general of the geological Survey of the united Kingdom, à London.

GOODEHILL, John George, Geological Survey of England, à London, 28 Jermyn Street.

GOSS, William, Esq.. à Stoke-on-Trent.

GROTE, Arthur, Esq., à London, Athenäum Club.

HARKER, Alfred, Demonstrator in Petrology, Woodwardian Museum, à Cambridge.

HART, Thomas, Esq., à Carnforth, Yewbarrow, Grange.

* HINDE, George Jennings, Esq., Dr. phil., à Mitcham.

HUDLESTON, Wilfried H., Esq., à Weybridge, Culverden Lodge.

* HUGHES, Thomas M. Kenny, Woodwardian prof. of Geology, à Cambridge.

* HUGHES, M. C., à Cambridge.

HULKE, J. Whitaker, Esq., à London, 10 old Burlington Street.

HULL, E., director of the Geological Survey of Ireland, à Dublin, 14 Home Street.

JUKES BROWN, A. C., Geological Survey of England, à London, 28 Jermyn Street.

KIDSTON, Robert, Esq., à Stirling, 24 Victoria Place.

LEWIS, William Thomas, Esq., à Aberdare, Mardy.

LYONS, Henry Georg, Lieut. Royal Engineers, à Chatham, Brampton Barracks.

* MARR, John E., Fellow of St. Johns College, Lecturer on Geology, Woodwardian Museum, à Cambridge.

MEDLICOTT, H. B., Esq., à London.

MEYER, C. J. A., Esq., à London, Clapham Common.

ORMEROD, George Wareing, Esq., à Teignmouth.

PAUL, George, Esq., à Leeds, Moortown.

PHILLIPS, John Arthur, Esq., à London, South Kensington, 18 Topstone Road.

POSTLETHWAITE, John, Esq., à Keswick, Eskin Place.

PRESTWICH, Joseph, Vice-pres. G. S., prof. in the University of Oxford, à Oxford.

MM. Roberts, R. D., fellow of Clare college, University lecturer on Geology, à Cambridge.

Roberts, Thomas, assistant to the Woodwardian prof., à Cambridge, Woodwardian Museum.

Rowe, Alfr., Esq., à Jelstead, Essex.

Rudler, Frederic William, curator of the Museum of practical Geology, à London, Jermyn Street.

Rutley, Franc., lecturer on Mineralogy in the Royal School of mines, Science Schools, à London, South Kensington.

Seeley, H. G., Esq., à London.

* Shelley, Ernest., Esq., à Winchester, Avington House.

Spiers, William, Rev., à Lincoln.

Spooner, Charles Easton, Esq., à Portmadoc, Bronygarth.

Spratt, Thomas, Rear-Admiral, à Tunbridge Wells, Clara Lodge.

Stirrup, Mark, Memb. of the geol. soc. of London, à Richmond Hill, Browdon, Manchester.

Strangways, C. Fox, geolog. Survey of England, à London, 28 Jermyn Street.

Tricket, Samuel, Esq., à London, 28 Jermyn Street.

* Tabuteau, Anthony O., lieut.-col., à Batheaston, Bath.

* Topley, William, geolog. Survey of England, à London, 28 Jermyn Street.

Wall, Philipp William, Esq., à Somersetshire.

Watts, William, Esq., à Rochdale, Piethorm.

Westlake, Ernest, Esq., à Salisbury, Foodingbridge.

* White, J. Fletscher, Esq., à Wakefield.

Winbolt, J. S., assoc. inst. C. E., à Cambridge.

* Woodall, J. W., Esq., à Scarborough, St. Nicolas House.

Woodall, M., Esq., à Scarborough.

Yeats, John, Esq., à Chepstow, 7 Beaufort Square.

HOLLANDE.

MM. * Calker, F. J. P. van, Dr. phil., prof. de minéralogie et de géologie à l'Université, à Groningen.

Martin, Karl, Dr. phil., prof. de géologie à l'Université, à Leiden.

Siegen, Architecte, à Luxemburg.

* Wichmann, Arthur, Dr. phil., prof., à Utrecht.

JAPAN.

MM. * Naumann, Edmund, Dr., Ancien directeur de l'Institut géologique du Japon, à Meissen, (Saxe).

Wada, Tanashira, conseiller impérial au ministère, directeur de l'Institut géologique, à Tokio.

INDE ANGLAISE.

M. Bose, P. N., membre du geological survey, à Calcutta.

ITALIE.

MM. * Baldacci, Louis, ingénieur des mines, ufficio geologico, à Roma.

Bombicci, Louis, prof., directeur du cabinet et Musée de minéralogie, à Bologna.

Botti, Alderigo, Chevalier, vice-préfet, à Reggio di Calabria.

Canavari, Mario, Dr., à Pisa.

Cardinali, Frederico, Dr. ès sciences naturelles, prof., à Sassari.

Capacci, Celso, ingénieur, à Firenze.

* Capellini, Giovanni, prof. de géologie à l'Université, à Bologna.

Cattaneo, Roberto, directeur de la société de Monteponi, à Turino.

Ciofalo, Saverio, prof., à Termini-Imerese.

Conti, Cesar, ingénieur au corps royal des mines d'Italie, chef du district minéralogique du Sicile et directeur de l'école des chefs-mineurs, à Caltanisetta.

Coppi, Francesco, Dr., à Modena.

Cortese, Emile, ingénieur des mines, ufficio geologico, à Roma.

Demarchi, Lamberto, ingénieur des mines, à Roma.

Fabri, Antonio, ingénieur en chef des mines, à Firenze.

* Ferraris, Erminio, directeur des mines de Montéponi, à Iglesias.

Foresti, Ludovico, aide au Musée royal de géologie, à Bologna.

* Fornasini, Carlo, Dr., vice-sécrétaire de la société géol. Italienne, à Bologna.

* Giordano, Felice, inspecteur en chef des mines, à Roma.

Giorgi, Nicola, ingénieur, à Roma.

MM. GRATTOROLA. Giuseppe, prof. de minéralogie, à Firenze.

GREGORIO, Antonio de, marchese, Dr. ès sciences naturelles, à Palermo.

GUISCARDI, Guilielmo, prof. de géologie à l'Université, à Napoli.

KOSSUTH, François de, directeur général des mines, à Cesena.

* LEVI, A. S., Commendatore Adolfo Scander (dei Baroni), membre de plusieurs sociétés scientifiques, à Firenze.

* LOTTI, Bernardino, ingénieur du corps royal des mines, à Pisa.

* MATTIROLO, Hector, ingénieur des mines, à Turin.

MAZZETTI, Giuseppe, à Modena.

* MELI, Romolo, prof., à Roma.

MENEGHINI, Giuseppe, prof. de géologie à l'Université, à Pisa.

MERCALLI, Giuseppe, prof., d'histoire naturelle, à Monza.

MISSAGHI, Giuseppe, cav., prof. à l'Université, à Cagliari.

* NEGRI, Arthur, Dr., aide au Musée de géologie, à Padua.

NICCOLI, Enrico, ingénieur en chef des mines, à Ancona.

* NICOLIS, Enrico, cav., à Verona.

* NOVARESE, Vittorio, ingénieur des mines, à Turino.

OMBONI, Giovanni, prof. de géologie à l'Université, à Padua.

PANTANELLI, Dante, prof. de géologie à l'Université, à Modena.

PARONA, Carlo Fabricio, prof. à l'Université, à Pavia.

PIRONA, J. A., prof. au Lycée, à Udine.

PORTIS, Alessandro, Dr., conservateur au musée paléontologique de l'Université, à Turino.

PRATO, Alberto del, Dr., prof. au Musée de l'Université, àParma.

ROSSI, Arturo, Dr. ès sciences naturelles, aide au Musée, à Possagno, (Veneto).

SACCO, Frederico, Dr., aide au Musée zoologique de l'Université, à Turino.

SALMOJRAGHI, Francesco, ingénieur, à Milano.

SCARABELLI, Giuseppe, cav., senateur, à Imola.

SECCO, Andrea, à Solagna près Bassano.

* SEGRÉ, Claudio, ingénieur, à Napoli.

SEGUENZA, Giuseppe, prof. à l'Université, à Messina.

SORMANI, Claudio, ingénieur des mines (ufficio geologico), à Roma.

STROBEL, Pellegrino, cav., prof. de géologie et de minéralogie à l'Université, à Parma.

* STRUEVER, Dr., prof. de minéralogie à l'Université, à Roma.

* TARAMELLI, Torquato, prof. de géologie et de minéralogie à l'Université, à Pavia.

MM. * Tittoni, Tommaso, à Roma.
    Uzielli, G., prof. à l'École des ingénieurs, à Turino.
    Verri, Antonio, Capitaine du génie militaire, à Terni.
    Villa, Giov. Battista, cav., à Rogeno.
    * Zaccagna, Dominico, ingénieur au corps royal des mines, à Carrara.
    * Zezi, Pietro, prof., à l'ufficio geologico, à Roma.
    * Zigno, Achille Baron de, membre et représentant de l'Institut royal des sciences, Président de la société géologique, à Padua.

OCÉANIE.

M.   Liversidge, prof. de géologie, à Sydney, (Australie).

PORTUGAL.

MM. * Choffat, P., géologue adjoint à la section des travaux géologiques, à Lisbonne.
    Delgado, Joaquim Filippe Nery, chef de la section des travaux géologiques du Portugal, à Lisbonne.
    Guimaraes, A. Z. Goncalves, prof. titulaire de minéralogie et de géologie, à Coimbra.
    Ben Saude, Alfred, Dr. phil., à Lisbonne.
    Section des travaux géologiques de Portugal, à Lisbonne.
    Vasconcellos, Pereira Cabral de, géologue adjoint de la section des travaux géologiques, à Lisbonne.

ROUMANIE.

MM. Licherdopol, J. P., prof. des sciences physiques à l'École de commerce, à Bukárest.
    Radovan, Demeter, prof. d'histoire naturelle au collége, à Crajowa.
    Schleano, S. S., Dr. des sciences naturelles, à Bukarest, Strada Visariou 2.
    Stefanescu, Sabba, prof., à Bukarest, Strada Grivita 35.
    * Stefanescu, Gregoriu, prof., à Bukarest.

RUSSIE.

M.   Amalizky, Woldemar, licencié des sciences naturelles attaché au cabinet géologique de l'Université, à St. Pétersbourg.

MM. * Inostranzeff, Alexandre, Dr. phil., prof. de géologie à l'Université, conseiller d'état, à St. Pétersbourg.

Karpinsky, Alexandre, prof., directeur du comité géologique, à St. Pétersbourg.

Kayserling, Alexandre, comte de, Landrath, à Raiküll près de Reval.

Krotow, Pierre, au cabinet géologique de l'Université, à Kazan.

Löwinson-Lessing, F. François, licencié des sciences au cabinet de géologie à l'Université, à St. Pétersbourg.

* Nikitin, Serge, géologue en chef du comité géologique, à St. Pétersbourg.

* Pauloff, Alexandre, prof. de géologie à l'Université, à Moscou.

* Schmidt, Fr., membre de l'Académie des sciences, à St. Pétersbourg.

Stonkenberg, Alexandre, prof. à l'Université, à Kazan.

* Theofilaktoff, Constantin, doyen de la faculté physico-mathématique à l'Université St. Wladimir, à Kiew.

* Trautschold, Hermann, prof. de géologie à l'Ecole d'agriculture, secrétaire de la societé des Naturalistes, à Moscou.

* Trejdosiewicz, Jean, prof. à l'Université, à Varsovie.

Tschernyschen, géologue en chef du comité géologique, à St. Pétersbourg.

Wenukoff, Paul, magister en géologie et minéralogie, prof. agrégé à l'Université, à St. Pétersbourg.

SUÈDE ET NORVÈGE.

MM. * Geer, G. de, géologue de l'Institut géologique, à Kristianstad.

* Holst, O., Dr., géologue de l'Institut géologique de la Suède, à Stockholm.

* Kjerulf, Theodor, prof. de géologie et de minéralogie à l'Université, à Christiania.

Lundgren, Bernard, prof. de géologie et de minéralogie à l'Université, à Lund.

* Reusch, Hans, Dr., géologue attaché au service de la carte géologique de la Norvège, à Christiania.

* Torell, Otto, Dr., directeur de l'Institut géologique de la Suède, à Stockholm.

SUISSE.

MM. * Gilliéron, V., Dr., prof. au collège, à Bâle.
Heim, Albert, prof. de géologie à l'Université, à Hottingen près Zürich.
* Mayer-Eymar, Charles, prof. de paléontologie à l'Université, à Zürich.
* Renevier, Eugène, prof. de géologie à la faculté des sciences, directeur du musée géologique, président de la société géologique de la Suisse, à Lausanne.
Tribolet, M. v., Dr., prof. à l'Académie, à Neuchâtel.

DÉLÉGATIONS.

Autriche: M. D. Stur, délégué de l'Institut géologique de l'Autriche (Kaiserlich-Königliche geologische Reichsanstalt).

Belgique: M. E. Dupont, délégué du Musée royal d'histoire naturelle et du service de la carte géologique de la Belgique.

États-Unis: MM. P. Frazer et H. S. Williams, délégués de la »American Association for the advancement of science«.

France: M. E. Jacquot, délégué du service de la carte géologique de la France.

Grande Bretagne: MM. A. Geikie et W. Topley, délégués du Geological Survey of the Kingdom.

Indes anglaises: M. Blanford, délégué du »Geological survey of India«.

Italie: M. G. Capellini et M. F. Giordano, délégués du Ministère de l'agriculture et du commerce.

M. le Baron A. de Zigno, délégué du »R. Instituto Veneto di scienze, lettere ed arti«.

Portugal: M. P. Choffat, délégué de la section des travaux géologiques.

Roumanie: M. G. Stefanescu, délégué du service des travaux géologiques.

Russie: M. S. Nikitin, délégué du comité géologique de la Russie.

Suède: M. O. Torell, délégué du service des travaux géologiques. (Sveriges geologiske Undersökning).

COMPOSITION DÉFINITIVE DU BUREAU DU CONGRÈS.

Président d'honneur:
Son Excellence M. le Docteur VON DECHEN.

Ancien Président:
M. CAPELLINI.

Président:
M. BEYRICH.

Vice-Présidents:
MM. CREDNER, FRAAS, VON GUEMBEL (Allemagne), STUR (Autriche), DEWALQUE (Belgique), JOHNSTRUP (Danemark), VILANOVA (Espagne), JAMES HALL (États-Unis), JACQUOT (France), HUGHES (Grande Bretagne), VON SZABÓ (Hongrie), BLANFORD (Indes), DE ZIGNO (Italie), KJERULF (Norvège), VAN CALKER (Pays-Bas), CHOFFAT (Portugal), STEFANESCU (Roumanie), INOSTRANZEFF (Russie), TORELL (Suède), RENEVIER (Suisse).

Secrétaire général:
M. HAUCHECORNE.

Secrétaires:
MM. FONTANNES, BORNEMANN père, FORNASINI, WAHNSCHAFFE.

Trésorier:
M. BERENDT.

Membres du Conseil:
MM. BENECKE, DUPONT, EWALD, FRAZER, GAUDRY, GEIKIE, GIORDANO, VON HANTKEN, DE LAPPARENT, LEPSIUS, MAYER-EYMAR, VON MOJSISOVICS, NEUMEYR, NEWBERRY, PILAR, VON RICHTHOFEN, STRÜVER, TARAMELLI, TOPLEY, WILLIAMS, VON ZITTEL.

Voici en suite la composition des bureaux antérieurs:

A. COMITÉ FONDATEUR,

formé à la suite de l'Exposition de Philadelphie en 1876 pour l'organisation à Paris, en 1878, d'un Congrès géologique international.

Président:

M. James HALL, à Albany (États-Unis).

Secrétaire:

M. T. Sterry HUNT, Montréal (Canada).

Membres du conseil:

MM. William B. ROGERS, J. W. DAWSON, J. S. NEWBERRY,
C. H. HITCHCOCK, R. PUMPELLY, P. LESLEY (États-Unis et
Canada).
E. H. HUXLEY, à Londres (Angleterre).
Otto TORELL, à Stockholm (Suède).
E. H. DE BAUMHAUER, Haarlem (Hollande).

B. BUREAU DU CONGRÈS DE PARIS 1878.

Président:

M. HÉBERT, membre de l'Institut, prof. à la Sorbonne.

Vice-Présidents:

Angleterre: M. DAVIDSON, de la Société royale de Londres.
Australie: M. LIVERSIDGE, prof. à l'Université de Sydney.
Belgique: M. DE KONINCK, prof. à l'Université de Liége.
Canada: M. Th. STERRY HUNT, membre de la Commission géologique
du Canada.
Danemark: M. JOHNSTRUP, prof. à l'Université de Copenhague.
Espagne: M. VILANOVA, prof. à l'Université de Madrid.
États-Unis: MM. J. HALL, directeur du Musée d'histoire naturelle
de l'État de New-York; P. LESLEY, prof. de géologie à l'Uni-
versité de Philadelphie.
France: MM. DAUBRÉE, membre de l'Institut, directeur de l'École
des mines; A. GAUDRY, prof. au Musée d'histoire naturelle.
Hongrie: M. DE SZABÓ, prof. à l'Université de Budapest.
Italie: M. CAPELLINI, prof. à l'Université de Bologne.
Pays-Bas: M. DE BAUMHAUER, secrétaire perpétuel de la Société
hollandaise des sciences de Haarlem.
Portugal: M. le colonel RIBEIRO, chef de la Section géologique du
Portugal.
Roumanie: M. STEFANESCU, prof. à l'Université de Bucharest.

Russie: M. DE MOELLER, prof. à l'Institut des mines de Saint-Pétersbourg.

Suède et Norvège: M. TORELL, directeur du Bureau géologique de Suède.

Suisse: M. A. FAVRE, prof. à l'Académie de Genève.

Secrétaire général:

M. JANNETTAZ, ancien président de la Société géologique.

Secrétaires:

MM. BROCCHI, secrétaire de la Société géologique.
DELAIRE, ancien élève de l'École polytechnique, ancien secrétaire de la Société géologique.
SAUVAGE, ancien vice-président de la Société géologique.
VÉLAIN, ancien secrétaire de la Société géologique.

Trésorier:

M. A. BIOCHE, trésorier de la Société géologique.

C. BUREAU DU CONGRÈS DE BOLOGNE 1881.

Président d'honneur:

M. Q. SELLA, président de l'Académie R. des Lincei, à Rome.

Président:

M. J. CAPELLINI, prof. à l'Université de Bologne.

Ancien Président:

M. E. HÉBERT, membre de l'Institut, prof. à la Sorbonne, à Paris.

Vice-Présidents:

Autriche: M. MOJSISOVICS, de l'Institut géologique de Vienne.

Bavière: M. ZITTEL, prof. à l'Université de Munich.

Belgique: M. DEWALQUE, prof. à l'Université de Liège.

Canada: M. HUNT (STERRY), membre du *Geological Survey* du Canada.

Danemark: M. W. SCHMIDT, prof. à Copenhague.

Espagne: M. VILANOVA, prof. à l'Université de Madrid.

États-Unis: M. J. HALL, directeur du Musée d'Albany.

France: M. DAUBRÉE, membre de l'Institut, directeur de l'École des mines de Paris.

Grande-Bretagne: M. Hughes, prof. à l'Université de Cambridge.
Hongrie: M. Szabó, prof. à l'Université de Budapest.
Indes: M. Blanford, vice-directeur du *Geological Survey* de l'Inde.
Italie: M. Meneghini, prof. à l'Université de Pise.
— M. de Zigno, ancien président de l'Institut vénitien.
Portugal: M. Delgado, de la Commission géologique du Portugal.
Prusse: M. Beyrich, de l'Institut géologique de Berlin.
Roumanie: M. Stefanescu, prof. à l'Université de Bucharest.
Russie: M. de Moeller, prof. à l'Institut des mines de Saint-Pétersbourg.
Suède: M. Torell, directeur de l'Institut géologique de Stockholm.
Suisse: M. Renevier, prof. à l'Académie de Lausanne.

Secrétaire général:

M. F. Giordano, inspecteur en chef des mines d'Italie, à Rome.

Secrétaires:

MM. J. G. Bornemann, docteur ès sciences, à Eisenach.
Delaire, ancien Secrétaire de la Société géologique de France, à Paris.
Fontannes, attaché au service de la Carte géologique de France, à Lyon.
Pilar, prof. à l'Université d'Agram.
Taramelli, prof. à l'Université de Pavie.
Topley, membre du *Geological Survey*, à Londres.
Uzielli, prof. à l'École des Ingénieurs, à Turin.
Zezi, secrétaire du Comité géologique d'Italie, à Rome.

Trésorier:

M. Scarabelli Gommi Flamini, sénateur, à Imola.

DEUXIÈME PARTIE.

TRAVAUX DU CONGRÈS.

SÉANCE D'OUVERTURE.

LE MARDI 29 SEPTEMBRE 1885.

PRÉSIDENCE DE M. CAPELLINI,
PRÉSIDENT DU CONGRÈS DE BOLOGNE 1881,

assisté de

Son Excellence M. von Dechen, président d'honneur du Congrès de Berlin.

M. Beyrich, président du Comité d'organisation.

La séance est ouverte à 11¼ h. par M. Capellini, qui donne la parole à M. le Ministre des cultes et de l'instruction publique de la Prusse.

M. le Ministre von Gossler:

Meine Herren! Im Namen der Preussischen Regierung heisse ich Sie alle herzlich willkommen, — die Mitglieder des 3. internationalen Geologenkongresses, die Sie von allen Theilen der Erde herbeigeeilt sind, um Ihre Anstrengungen im Dienste Ihrer erhabenen Wissenschaft zu vereinigen. Ich heisse Sie willkommen in der Heimath von Leopold von Buch und Alexander von Humboldt, in dem Lande, welches so viele begeisterte Jünger in den Dienst der Geologie gestellt hat. An das Willkommen reiht sich der Dank, dass Sie durch Ihre Beschlüsse von 1881 die Ausführung der geologischen Karte von Europa uns anvertraut haben —, eines Werkes, welches in der Geschichte der Erdkunde für alle Zeit ein bedeutungsvolles Merkzeichen bilden wird. Viele von Ihnen, welche vor vier Jahren die Gastfreundschaft der ebenso ehrwürdigen, als schönen Bononia genossen haben, gedenken sicherlich mit Sehnsucht zurück an die Reize des südlichen Klimas; aber wir Nordländer vertrauen, dass Geologen, welche immer mehr in das Studium der umgestaltenden Kraft der Atmosphäre und des Wassers sich vertieft und sich mit der Vorstellung vom Kreislauf der Felsen befreundet haben, ihre Arbeitsfreudigkeit und Genussfähigkeit nicht verlieren werden angesichts des wässerigen Kreislaufs des Diluviums. Gern geben wir uns der Hoffnung hin, wie Sie bald erkennen werden, dass der graue herbstliche Himmel der nordischen Tiefebene nicht allein ernstes Streben nicht beeinträchtigt, sondern dass auch in ihren Bewohnern ein warmes, der Gastfreundschaft geöffnetes Herz für die Männer der Wissenschaft schlägt.

Diesem begrüssenden Zurufe möchte ich noch ein weiteres Wort anreihen und einem Gedanken Ausdruck geben, der mich bei dem Studium Ihrer Verhandlungen von Paris und Bologna von Neuem gefangen genommen hat, — dem Gedanken über die Organisation der wissenschaftlichen Arbeit und der Stellung der internationalen Kongresse zu dieser Organisation.

Seit Jahren sind wir Zeugen einer stets zunehmenden Theilung der Lehr- und Forschungsgebiete in allen Zweigen der Wissenschaft, vorzüglich der naturwissenschaftlichen und medizinischen Disciplinen. Unausgesetzt entstehen auf den Grenzgebieten älterer Wissenschaften neue, unausgesetzt führen neue Methoden zu Gruppirungen, welche die Anerkennung als neue Wissenschaften beanspruchen; die Gefahr der Zersplitterung und der fehlerhaften Disposition über Zeit und Kraft wächst für die Lernenden stetig. Das Material, welches die wissenschaftliche Arbeit an den Tag fördert, vermehrt sich ins Ungemessene. Als treibendes Moment gesellt sich weiter hinzu der Wettkampf unter den Nationen. Immer neue Völker erscheinen auf dem Felde der gemeinsamen Arbeit; zu den Nationen der alten Welt haben sich seit Jahrzehnten bereits gesellt die Nordamerikaner, besonders bedeutsam für die Geologie und Paläontologie, und schon regt sich im fernen Osten Asiens ein arbeitsfreudiges, mit den Methoden des Abendlandes wohl ausgerüstetes Volk.

Bei dem Blick in die Zukunft will uns die Sorge nicht verlassen, dass das Band, welches die einzelnen Wissenschaften verbindet, gelockert werden und das Bewusstsein verloren gehen kann, dass die Trennung in Disziplinen im letzten Grunde nur der Endlichkeit der menschlichen Leistungsfähigkeit ihre Entstehung verdankt und dass zum Mindesten die Naturwissenschaften schliesslich nichts anderes sind, als verschiedene Standpunkte, von denen das, was ist, in seiner Gegenwart, Vergangenheit und Zukunft erforscht wird. Auch können und wollen wir das Ideal, dass der Kosmos nur durch ein harmonisches Zusammenwirken der verschiedenen Wissenschaften erkannt und erschlossen werden kann, nicht fahren lassen.

Mögen unsere Ansichten im Einzelnen auch auseinandergehen, der Eindruck beherrscht uns wohl Alle, dass die wissenschaftliche

Arbeit fester und übersichtlicher, als bisher, zu organisiren ist. Zwar fehlt es schon jetzt nicht an einzelnen Vereinigungspunkten und vor Allem rechnen wir Deutsche hierzu die wissenschaftlichen Akademien und Universitäten. Denn wir halten an der Ueberzeugung fest, dass die Vereinigung sämmtlicher Wissenschaften in einer Universitas, in einem einheitlichen Lehrkörper, das Mit- und Nebeneinanderarbeiten der Vertreter aller Disciplinen die Aufrechterhaltung des Zusammenhanges unter den Wissenschaften wesentlich begünstigt. Auch gedenken wir gern der gemeinsamen Veranstaltungen einzelner Regierungen, sei es zur Erreichung spezieller, vorübergehender Zwecke, wie der Beobachtung von Sonnenfinsternissen, des Venusdurchgangs, des Erdmagnetismus, sei es zur Erfüllung dauernder Aufgaben, wie der Herstellung und Erhaltung eines einheitlichen Maass- und Gewichtssystems, der europäischen Gradmessung, der Feststellung und Bezeichnung der elektrischen Einheiten.

Aber der Grösse der Aufgabe gegenüber erscheinen alle diese Mittel nicht zahlreich und wirkungsvoll genug, und die Frage drängt sich von selbst auf die Lippen:

> Sind die internationalen wissenschaftlichen Kongresse berufen und befähigt, als ein lebendiger Faktor eingereiht zu werden in die Organisation der wissenschaftlichen Arbeit?

Den Vertretern der Wissenschaft gegenüber bedarf diese Frage nicht der Bejahung und die Bejahung nicht des Beweises. Andere Kongresse schon haben in dieser Richtung vorgearbeitet, — soweit ich es übersehe, mit grösstem Erfolge die Astronomen durch eine sorgfältige Theilung der Arbeit zwischen den einzelnen Sternwarten namentlich bezüglich der Topographie des Himmels, durch Einrichtung eines genauen Nachrichtendienstes, durch Unterhaltung eines gemeinsamen Publikationsorgans. Die Frage wird vielmehr so gestellt werden müssen:

> In welcher Weise, in welcher Richtung, mit welchen Mitteln haben sich die Kongresse bei der Lösung der Aufgabe zu betheiligen?

Je nach dem Charakter und dem Stande der Wissenschaft wird die Antwort verschieden ausfallen; einige Momente dürfen indess vielleicht den Anspruch auf eine allgemeinere Bedeutung erheben.

Vor Allem wird die auf einem Kongress vertretene Wissenschaft sich nicht abschliessen dürfen, sondern den Zusammenhang mit den Schwesterwissenschaften aufsuchen und pflegen und sie zur Betheiligung an der Lösung der Probleme einladen müssen. Mehr, als andre Wissenschaften, ist vielleicht die Geologie vor der Versuchung, zu vereinsamen, geschützt. Jetzt, wo der alte häusliche Streit zwischen Neptunisten und Plutonisten längst in einer höheren Einheit seine Auflösung gefunden hat, wird heute kein Schritt gethan, ohne Berührungspunkte mit einer anderen Wissenschaft zu finden, und getreu dieser modernen Entwickelung hat der Kongress in beiden früheren Versammlungen weit seine Hände entgegengestreckt den Zoologen, Biologen und Botanikern, wie den Geodäten, Geographen und Astronomen.

Namentlich in dem Jugendalter der Kongresse wird es sich weiter empfehlen, vorzugsweise Gegenstände zu behandeln, deren Erörterung nicht trennt, sondern vereinigt. Ohne Selbstbeschränkung und ohne Verzicht auf die Theilnahme des grösseren Publikums, welches an aprioristischen Spekulationen und ungeheuren Zahlenwerthen besonders Gefallen findet, kann eine Wissenschaft diese Forderung allerdings schwer erfüllen. Aber die Geologie, welche in Folge neuerer exakter Forschungen in neuerschlossenen Ländern oder in den Tiefen der Meere oder im weiten Raume des Weltalls viele überlieferte Sätze hat dahin geben müssen, wird sicherlich das Opfer bringen und ihre ganze Kraft daran setzen, die Zahl und Bedeutung der einwandsfreien Thatsachen zu vermehren und die Grundlage der sie beherrschenden induktiven Methode zu erweitern.

Auch nicht in dem persönlichen Austausch der Meinungen und der Erweiterung der individuellen Anschauungen allein wird ein Kongress seine Bestimmung suchen dürfen, so werthvoll auch diese Momente sicherlich sind — sondern es unternehmen müssen, konkrete Aufgaben zu stellen, welche gemeinsam in jedem Lande nach gleichen Gesichtspunkten oder nach einem Gesammtplane oder nach seinen individuellen Eigenthümlichkeiten zu lösen sind —, einheitliche Methoden, einheitliche Arbeitsmittel aufzusuchen. Auch in dieser Richtung hat der Geologen-Kongress bereits wichtige Schritte gethan. Die Fertigstellung der geologischen Karte zunächst für Europa wird die Bedeutung eines wissenschaftlichen Fortschrittes ersten Ranges erlangen und selbst den Nachbarwissenschaften der physikalischen Geographie, der Pflanzen- und Thierkunde, auch der Geschichte und Ethnologie ein unentbehrliches Hülfsmittel zuführen. Die Vereinbarung über die Farben und Zeichen mag zunächst nur bezüglich der Ausführung der Karte von praktischer Bedeutung erscheinen, aber sie enthält, wenn mich nicht Alles trügt, den Kern für fruchtbare, verwandte Bestrebungen. Mit dieser Vereinbarung und mit der in Aussicht genommenen einheitlichen Benennung der Spezies in der Paläontologie scheint mir bereits der Weg betreten zu sein, welcher wohl mehr, als viele andere Hemmnisse zu beseitigen und die Arbeit zu fördern geeignet ist —, dessen Ziel nur sein kann die Feststellung einheitlicher Arbeitsmittel und Methoden, und weiterhin die Herstellung eines internationalen Wörterbuchs für die technischen Bezeichnungen in jeder Kultursprache.

Ich bin am Schluss und ich habe nun den einen Wunsch, dass Sie aus meinen langen Ausführungen das hohe Interesse ersehen wollen, welches die Preussische Regierung Ihren Bestrebungen entgegenbringt. Uns alle durchdringt die Ueberzeugung, dass der internationale geologische Kongress schon in bedeutsamer Weise in die wissenschaftliche Arbeit eingetreten ist, dass ihm der hohe Beruf inne wohnt, in der Organisation derselben eine erfolgreiche Thätigkeit zu entfalten.

Und wenn ich im Eingange meiner Rede Ihnen ein herzliches Willkommen zugerufen habe, so schliesse ich mit dem alten deutschen Bergmannsrufe: Glück auf, Glück auf zur harmonischen Arbeit, Glück auf zum fruchtbringenden Schaffen zur Mehrung und zum Gedeihen der Wissenschaft.

(Vifs applaudissements.)

M. le Président donne la parole à Son Excellence M. von Dechen:

Messieurs,

c'est aujourd'hui la troisième fois, que le Congrès géologique international se réunie, et par le choix unanime du Comité d'organisation, suivant le procédé posé à Bologne, j'ai été appelé à ouvrir sa session.

Je ne peux qu'exprimer les regrets les plus profonds de ce que le digne et célèbre président d'honneur du congrès de Bologne, M. Sella, manque aujourd'hui à sa place, et vous, Messieurs, regrettez certainement la perte de cet excellent homme d'état et du savant profond comme le fait l'Italie entière.

J'ai donc le haut honneur d'adresser à vous, Messieurs, qui êtes venu de tous les pays du monde, de l'Angleterre, de l'Autriche, de la Belgique, du Danemark, de l'Espagne, des États-Unis, de la France, de l'Hongrie, de l'Italie, de la Norwége, du Portugal, de la Roumanie, de la Russie, de la Suède, de la Suisse pour prendre part à nos travaux dans le service des sciences géologiques, mes salutations les plus cordiales et les plus respectueuses.

Je sais très bien, Messieurs, que ce n'est qu'un témoignage des sentiments de bienveillance personnelle, que les membres distingués du comité d'organisation ont bien voulu m'offrir en m'appelant à la

Présidence d'honneur de cette illustre association, et je saisis cette première occasion pour leur en offrir mes remerciments les plus chaleureux.

Je sais très bien aussi, que ce n'est qu'à mon âge avancé, que je dois cette distinction. Soixante et deux ans se sont écoulés depuis que j'ai fait mes premières observations géologiques. J'ai fait la connaissance personnelle des Coryphées de notre science, des George Cuvier, Alexandre Brongniart, d'Aubuisson de Voisins, de Cordier en dix-huit cents vingt trois à Paris, de Buckland, Conybeare, Greenaugh, Fitton en dix-huit cents vingt sept en Angleterre, et c'est dans cette même année que j'ai été élu Foreign Member of the Geological Society of London. A cette époque Sir Rod. Murchison et Sir Charles Lyell commencèrent leurs études géologiques, qui depuis ont exercé une influence si profonde sur le progrès et le développement de notre science. J'ai entretenu avec ces savants les rapports les plus amicaux jusqu'au déclin de leurs jours.

Pendant trente six ans Alexander von Humboldt, pendant trente ans Leopold von Buch ont été pour moi les guides bienveillants de mes études, les protecteurs de mes efforts.

Vous me pardonnerez, Messieurs, que je parle si amplement de moi même, mais au-delà du cercle des membres de la société géologique allemande je ne suis guère connu par la majorité des géologues réunis dans cette salle. J'ai donc cru vous devoir quelques mots sur la voie, qui à travers une longue vie m'a conduit à ce siège si honorable que j'occupe aujourd'hui en face de vous.

Le congrès splendide de Bologne vous a assigné le champ de vos travaux. Vous trouverez plusieurs travaux préparatoirs, qui ont été exécutés depuis. Ils seront soumis à vos discussions et décisions.

C'est avec une vive joie que nous avons accueilli il y a quatre ans le choix de cette ville pour notre présente réunion, et nous vous sommes très reconnaissants de l'honneur, que vous lui avez fait par ce choix, preuve de l'appréciation des efforts émanés d'ici pour notre science. — La succession des deux villes, dans lesquelles le congrès a pris son siège, de Bologne et de Berlin, nous offre un contraste remarquable. A Bologne ont été éveillé les souvenirs de ces temps lointains, qui ont vu la régéneration des sciences après un passé sombre. Pour notre science aussi des noms illustres brillent de cette époque. En même temps nous avons vu le dénouement d'un enthousiasme plein de jeunesse, qui sortant des cercles de la science s'étend sur une nation pleine de talents et de verve. Le Roi lui même et le gouvernement se sont mis à la tête de ce mouvement.

Partout les preuves de ces faits se présentent aux yeux des membres étrangers du congrès de la manière la plus frappante. Dans tous les pays les rapports des délégués, qui ont été témoins de ces progrès, ont été reçus avec le plus vif intérêt. Partout on a reconnu, qu'un nouveau centre a été gagné pour notre science, et que l'on peut en attendre les influences les plus favorables pour son progrès.

L'auguste roi d'Italie conserve toujours les sentiments gracieux pour le progrès de notre science qu'il a démontré d'une manière si brillante à Bologne.

Ici au contraire tout est nouveau. Ce que vous voyez est le produit de deux siècles, en grande partie du siècle courant et même des dernières dizaines d'années seulement. Il ne vous échappera pas, que dans ces circonstances il nous reste beaucoup à faire; des travaux non encore achevés, des lacunes à combler ne vous étonneront pas. Cependant nous espérons que vous emporterez dans vos pays la conviction, que le travail sérieux et solide n'a pas fait défaut et que l'amour du travail règne ici partout.

Le congrès de Bologne a pris la résolution de faire exécuter à Berlin une carte géologique de l'Europe par les soins d'une commission internationale et sous la direction de MM. Beyrich et Hauchecorne. Ce travail, qui sera d'une haute importance pour notre science, a été l'objet des délibérations de la commission lors de la réunion de la société géologique de France à Foix en dix-huit cents quatre-vingt deux et lors de celle de la société des naturalistes de la Suisse à Zurich en dix-huit cents quatre-vingt trois. Les trois quarts de la base topographique de la carte, dont l'échelle fut arrêtée à Bologne à un quinze-cents-millième, ont déjà pu être achevés; à votre visite de l'exposition dans les salles de l'Institut géologique vous verrez tout-à-l'heure, jusqu'à quel point ce travail est avancé.

Il s'agit maintenant de s'entendre sur la légende de la carte. Dans vos discussions à cet égard vous voudrez-bien considérer, que vos décisions s'appliqueront à la première édition de la carte et qu'il sera infiniment plus facile de trouver dorénavant les corrections pour une deuxième édition, que de conduire à une solution définitive les questions qui vous occuperont aujourd'hui. Plus vous tâcherez d'activer le travail par des résolutions promptes et décisives et plus vous rendrez de services à notre science.

L'unification de la nomenclature et des figurés n'est pas aussi urgente, que le travail dont je viens de parler. Ce n'est que les groupes, les systèmes et les séries, dont il s'agit pour la confection de la carte; vous pourrez laisser la sous-division des séries aux congrès, qui nous suivront.

Vous aurez ensuite à vous occuper du dictionnaire géologique, dont M. Vilanova vous soumet un essai espagnol-français tres-judiciaire. Vous aurez à décider, qu'un dictionnaire géologique français soit fait sur le modèle du dictionnaire de l'Académie et chaque pays y joindra un dictionnaire dans son idiome. Tout le monde alors aura le moyen de s'entendre dans toutes les différentes langues, dans lesquelles paraissent des mémoires géologiques.

Vous aurez enfin à vous occuper de l'Index palaeontologicus, dont M. Neumayr va proposer le projet à votre examen et attend de vous une décision, afin que ce travail aussi utile que nécessaire puisse-t-être entamé le plus promptement possible. Ce travail exigera de longues années; ce ne serons pas nous, qui jouiront des fruits de ces efforts, mais les géologues, qui nous suivront.

Je suis à la fin de mes paroles. Je vous rappèle, que le mieux est souvent l'ennemi du bon. Je vous appèle à l'oeuvre avec le salut des mineurs d'Allemagne, qui ont posé la base de notre science dans ce pays,

Glück auf!

M. le Président donne la parole à M. Beyrich:

Messieurs,

Lorsque le congrès géologique international de Bologne a décidé, que sa troisième session aurait lieu à Berlin en 1884, il m'a fait l'honneur de me confier la mission de pourvoir à l'organisation de cette session.

En acceptant ce mandat honorable, j'ai offert au congrès de Bologne mes remerciments et ceux de mes compatriotes non seulement pour le choix de Berlin, mais pour l'honneur, qu'il avait fait par son vote à notre patrie allemande. C'est la patrie des Werner, Humboldt, Buch, qui a été honorée, la patrie de ces hommes, qui, au commencement de notre siècle, ont tant contribué au développement de la Géologie.

En peu de mots, Messieurs, je vous rendrai compte, de la manière dont je me suis efforcé de m'acquitter de la mission, qui m'a été confié à Bologne.

J'avais reçu, en commun avec mon collègue, M. Hauchecorne, par notre gouvernement le mandat de prendre part aux délibérations du congrès de Bologne dans l'intérêt de l'institut géologique de Berlin. Le rapport que nous avons fait, après notre retour, et la notification du choix de Berlin pour le troisième congrès ont été accueillis avec la plus haute bienveillance par le gouvernement; M. le Ministre des travaux publics, M. le Ministre des cultes et M. le ministre de l'agriculture ont bien voulu promettre au Comité leur puissant concours.

Pour la formation du Comité d'organisation nous avons demandé l'avis des membres de la société géologique d'Allemagne rassemblés à Stuttgart au mois de Septembre 1883. Une invitation de se réunir à Berlin pour la constitution du comité organisateur fut adressée à tous les professeurs de géologie et minéralogie des Universités et des Instituts techniques allemands, aux directeurs des divers services géologiques et à plusieurs autres géologues distingués. Le comité d'organisation définitivement constitué adressa dans sa séance du 28 Décembre 1883 la demande à Son Exc. M. von Dechen, de vouloir bien seconder les travaux du comité par ses sages conseils et son éminente expérience, et d'assurer partout un accueil bienveillant à nos travaux, en acceptant le titre de Président d'honneur de notre comité. En même temps M. Hauchecorne acceptait la mission laborieuse de sécrétaire général.

L'année passé, au printemps, tout était préparé, Messieurs, pour Vous recevoir et pour Vous souhaiter la bienvenue à l'époque désignée par le vote du congrès de Bologne pour la troisième réunion du congrès.

Mais alors l'invasion du choléra dans le midi de la France repandait la terreur dans toute l'Europe, et fit craindre, que la participation au congrès ne fût pas aussi générale que l'intérêt du congrès le faisait désirer. Dans ces circonstances nous avons cru devoir prendre en considération le renvoi du congrès à l'année présente. Mais ce n'est qu'après de longues hésitations et après avoir consulté la plupart des géologues allemands, quelques uns des pays voisins et principalement l'illustre président du congrès de Bologne, et après avoir reçu des votes, dont la grande majorité reconnut la nécessité de la mesure proposée, que nous nous sommes décidés pour l'ajournement.

Messieurs! Ce même terrible fléau désole encore dans ce moment de belles provinces des pays méridionaux de l'Europe et nous prive de la présence de plusieurs collègues distingués, qui après avoir annoncé leur participation au congrès ont été contraints par le choléra de renoncer à leur dessein.

Les travaux, Messieurs, qui nous attendent, seront en partie la suite de ce qui a été fait à Bologne.

Qu'il me soit permis d'emprunter quelques mots au Comte-rendu de la session du 2e congrès géologique international, pour donner une idée de la nature des travaux qui s'imposent à ceux de nos collègues, qui n'ont pu prendre part aux intéressantes déliberations des géologues rassemblés à Bologne.

Le but du premier congrès réuni à Paris — tel qu'il a été précisé par le comité fondateur de nos congrès internationaux à Buffalo en 1876 — était principalement de fixer des règles pour la confection des cartes, pour la nomenclature et les classifications en géologie.

Le congrès de Paris, pour aborder cette tâche et pour faciliter les travaux de Bologne, avait nommé deux commissions internationales pour l'unification de la nomenclature et des figurés géologiques. En outre, une troisième commission fut chargée d'étudier les règles à suivre pour établir la nomenclature des espèces en paléontologie et minéralogie.

Deux séances laborieuses ont été consacrées à Bologne à la discussion relative à l'unification de la nomenclature. Deux autres ont eu pour objet la question des figurés. Une dernière séance fut consacrée à l'étude sérieuse des règles à suivre dans la nomenclature des espèces.

En ce qui concerne la question des figurés et celle de l'unification des procédés graphiques le congrès a voté plusieurs résolutions importantes et a décidé qu'une carte géologique d'Europe sera exécutée à Berlin avec la coopération d'un comité international auquel ont été renvoyées, pour être résolues, les questions qu'on n'a pu trancher à Bologne.

En ce qui regarde l'unification de la nomenclature la difficulté a été si grande et l'entente a si peu progressé, que l'on n'a pu faire que quelques pas vers le but proposé. On a reconnu combien était fondé le jugement éclairé prononcé par le Président du congrès de Paris à la séance d'ouverture.

»Pour atteindre notre but — dit M. Hébert — nous aurons certainement à surmonter beaucoup d'obstacles, de nombreuses difficultés, et *ces difficultés ne sont pas toutes de nature à êtres levées par un congrès*. On ne saurait ici invoquer la loi du nombre: nulle majorité ne saurait imposer des convictions, que le sentiment du vrai seul peut amener. Cependant, de l'échange des idées, de la discussion des faits et des opinions, résultera nécessairement, pour les amis de la vérité, une salutaire influence; et des réformes spontanées pourront être la conséquence de nos réunions.«

Le congrès de Bologne, pour applanir les divergences existantes autant que possible, a nommé une nouvelle commission internationale de nomenclature géologique, qui devait se réunir comme le comité de la carte géologique d'Europe au moins deux fois avant le prochain congrès. Ces deux réunions ont été tenues en France à Foix en 1882 et en Suisse à Zurich en 1883 et les Comptes Rendus en ont été publiés par les soins des secrétaires des séances, MM. Delaire et Fontannes pour la première et M. Fontannes pour la seconde.

MM. Dewalque de Liège et Renevier de Lausanne ont bien voulu se charger de vous présenter des Rapports sur les résolutions des deux commissions, qui exigent votre ratification.

Pour ce qui se rattache aux règles à suivre dans la nomenclature des espèces, le conseil du congrès de Bologne a pensé, que ces questions ne pouvaient être entièrement résolues dans un congrès exclusivement géologique.

Le congrès a décidé, qu'un appel devrait être adressé aux sociétés zoologiques et botaniques, et surtout aux premières pour les prier de concourir à la formation d'un comité international, qui aurait pour but la détermination des lois de nomenclature biologique et l'établissement de règles semblables dans la botanique et dans la zoologie.

Un projet intimement lié aux questions concernantes les lois de la nomenclature des espèces a été présenté par M. Neumayr à la séance des commissions internationales à Zurich. C'est le projet de publication d'un Nomenclatur palaeontologicus.

Les commissions en appuyant en principe et sur tous les points fondamentaux le projet, ont voté à l'unanimité, que le congrès de Berlin soit prié de mettre le rapport de M. Neumayr à l'ordre du jour, afin que l'opportunité de cette publication puisse être discutée et qu'il soit procédé, s'il a lieu, à la nomination d'un comité d'exécution.

Enfin un autre projet mérite d'être pris de nouveau en considération par le congrès, c'est l'élaboration d'un lexique polyglotte de géographie et de géologie, qui a été proposée par M. Vilanova au congrès de Bologne. — La publication d'un dictionaire hispano-français, achevé par M. Vilanova et présenté au congrès, devra faciliter l'appréciation de la grande utilité d'un tel ouvrage, qu'il faudrait traduire dans les diverses langues de l'Europe.

Voilà, Messieurs, les travaux qui s'imposent à votre zèle si vous voulez poursuivre l'oeuvre si bien commencée au congrès de Bologne.

En outre le comité d'organisation a cru devoir faire droit au voeu du congrès de Bologne demandant, qu'à l'avenir une place fut réservée aux études purement scientifiques à côté des travaux d'unification. Dans notre programme du 15 Juillet nous avons demandé aux géologues qui avaient l'intention de prendre part au congrès de vouloir bien annoncer, s'ils avaient l'intention de faire quelque communication. La liste assez nombreuse a été communiquée au conseil, qui décidera, quels discours pourront trouver place dans nos sessions dont le temps est limité.

Enfin, Messieurs, nous n'avons pas oublié le désir du congrès de Bologne, qu'une exposition de collections et de cartes géologiques accompagne, à l'exemple donné à Bologne, dorénavant chaque session du congrès. — Vous verrez, Messieurs, encore aujourd'hui, ce que nous avons pu faire.

M. le Président prend la parole:

M. Capellini:

Monsieur le Ministre,
Messieurs les membres du comité d'organisation,
Messieurs les membres du congrès.

En 1881, à Bologne, les membres du 2me congrès géologique international m'ont fait l'honneur insigne de me décerner la présidence. C'est à ce titre que je dois aujourd'hui d'occuper ce fauteuil, en attendant la constitution du bureau qui doit présider aux délibérations du 3e congrès.

C'est à ce titre aussi, que je dois l'honneur de remercier, au nom de cette savante et nombreuse assemblée, Son Exc. Mr. le Ministre des cultes pour les paroles de bienvenue qu'il vient de nous adresser au nom du Gouvernement Allemand et de lui exprimer notre gratitude pour l'intérêt qu'il temoigne au succès de notre oeuvre.

L'organisation d'un congrès comme celui qui nous réunit exige des grands dévouements, impose des nombreux labeurs. Aussi devons nous une sincère reconnaissance à tous ceux qui ont assumé une part de cette tâche. Pourquoi faut-il qu'une mort prématurée nous ait enlevé le président d'honneur du 2me congrès, Dr. Sella, qui dans cette circonstance solennelle eut été un si digne interprête de notre unanime sentiment?

Si je ne puis l'exprimer avec l'aimable éloquence de l'homme d'état éminent, du savant dévoué à notre oeuvre dont nous déplorons la perte, que tous les membres du comité d'organisation soient bien persuadés du moins de sa profonde sincérité!

Qu'il me soit permis aussi de dire à Son Exc. M. von Dechen combien nous sommes heureux de trouver à notre tête à Berlin le Nestor des géologues allemands, le savant dont le nom était déjà connu dans toute l'Europe, alorsque la grande majorité d'entre nous épelait à peine dans le grand livre de la nature.

Le comité d'organisation qui en outre a installé à la *Bergakademie* avec une entente que vous pourrez bientôt admirer une exposition géologique et paléontologique du plus haut intérêt, a bien voulu reconnaître l'heureuse influence que le haut Protectorat de S. M. le Roi d'Italie avait eue sur la réussite de notre deuxième session. Au mois d'août dernier, il m'a chargé de présenter a Sa Majesté un exemplaire du programme de la Troisième session, en témoignage de ses sentiments de profonde gratitude. Sa Majesté a daigné me charger de remercier nos illustres confrères et d'être auprès d'eux l'interprète des voeux qu'elle forme pour que le congrès de Berlin fasse franchir une nouvelle et brillante étape à l'oeuvre dont les progrès intéressent si vivement la science.

Et maintenant permettez moi de donner la parole a Mr. le Prof. Beyrich, président du comité d'organisation, dont le dévouement et les lumières si puissament secondés par la haute intelligence et l'activité sans bornes de Mr. le secrétaire général Hauchecorne, ont assuré les succés de cette session et infusé ainsi à l'oeuvre des congrès géologiques internationaux des forces nouvelles qui en garantissent désormais la féconde vitalité!

M. CAPELLINI continue:

Messieurs, nous allons procéder à l'élection du bureau pour la 3ᵉ session. Puisqu'on a bien voulu accepter le règlement qui a servi de guide au congrès de Bologne, je rappellerai que l'article 6 porte que »Le bureau sera élu, à la première séance, sur une liste de présentation dressée par le conseil«.

Le conseil a donc préparé une liste qui a été distribuée, et je prie l'assemblée de se prononcer sur le point de savoir si elle entend approuver cette liste par acclamation, ou si elle préfère procéder au vote par scrutin secret.

Je prie les membres qui sont d'avis d'admettre la liste par acclamation, de bien vouloir se lever.

(Tous les membres se lèvent.)

La liste est donc approuvée à l'unanimité.

Voici, Messieurs, la composition de cette liste:

Président d'honneur:
M. le Dr. von Dechen.

Président:
M. Beyrich.

Vice-Présidents:
MM. Credner, Fraas, von Guembel (Allemagne)[1]), Stur (Autriche), Dewalque (Belgique), Johnstrup (Danemark), Vilanova (Espagne), James Hall (États-Unis), Jacquot (France), Hughes (Grande-Bretagne), de Szabó (Hongrie), Blanford (Indes), de Zigno (Italie), Kjerulf (Norvége), van Calker (Pays-Bas), Choffat (Portugal), Stefanescu (Roumanie), Inostranzeff (Russie), Torell (Suède), Renevier (Suisse).

Secrétaire général:
M. Hauchecorne.

Secrétaires:
MM. Fontannes, Bornemann père, Fornasini, Wahnschaffe.

Trésorier:
M. Berendt.

Sont de droit *Membres du Conseil,* d'après les statuts:
MM. Benecke, Dupont, Ewald, Frazer, Gaudry, Geikie, Giordano, von Hantken, de Lapparent, Lepsius, Mayer-Eymar, von Mojsisovics, Neumeyr, Newberry, Pilar, von Richthofen, Struever, Taramelli, Topley, Williams, von Zittel.

(Applaudissements.)

Le bureau étant constitué, M. Beyrich s'exprime dans les termes suivants:

Permettez moi, Messieurs, de vous offrir mes bien vifs remerciments pour l'honneur que vous voulez bien me faire en m'appellant à présider cette assemblée où siègent les représentants les plus illustres de la science géologique.

La tâche que vous m'avez imposée est lourde, Messieurs, et je me permets de compter sur toute votre indulgence, pour le cas où elle excéderait les forces dont je dispose.

(Applaudissements.)

---

[1]) D'après le règlement le pays où se tient le congrès a le droit d'avoir plusieurs vice-présidents.

Messieurs, conformément aux usages admis antérieurement, M. Capellini, en qualité d'ancien président du congrès de Bologne, et M. le Dr. von Dechen, en qualité de président d'honneur du congrès actuel, font de droit partie du bureau.

Ce soir, à 6 heures, aura lieu une séance à l'ordre du jour de laquelle figurera un rapport de M. Renevier sur la carte de l'Europe.

La séance est levée à midi et demi.

DEUXIÈME SÉANCE DU MARDI 29 SEPTEMBRE 1885.

Présidence de M. Beyrich.

La séance est ouverte à $6^1/_4$ h.

M. le Président: Avant d'aborder l'ordre du jour, j'accorde la parole à M. Hauchecorne pour faire quelques communications à l'Assemblée.

M. Hauchecorne: MM., vous avez reçu la première liste des membres présents à Berlin. Les membres qui ne l'auraient pas encore en leur possession, la recevront des huissiers du Reichstag.

Je prie tous les membres présents d'avoir la bonté de faire connaître au Bureau s'ils ont amené leurs dames. Nous ferons tout ce qui dépendra de nous pour rendre agréable leur séjour dans cette ville.

Nous avons reçu la lettre suivante de M. le Dr. Reiss, président de la Société géographique de Berlin:

Ew. Hochwohlgeboren

beehre ich mich die Mittheilung zu machen, dass die Gesellschaft für Erdkunde auf Sonnabend den 3. October eine ausserordentliche Sitzung anberaumt hat, in der Hoffnung, die Mitglieder des III. internationalen Geologencongresses in ihrer Mitte begrüssen zu können.

Ich wende mich an Euer Hochwohlgeboren mit der Bitte, die Einladung der Gesellschaft für Erdkunde den Mitgliedern des Congresses gütigst übermitteln und die beiliegende Tagesordnung in der Ihnen geeignet erscheinenden Weise zur Vertheilung bringen zu wollen.

J'ai également à vous faire connaître que M. le Ministre des travaux publics a fait dresser un plan géologique de la ville de Berlin; ce plan est plié de façon à pouvoir être mis facilement en poche. Il est à la disposition de tous les membres. Vous pourrez le recevoir au bureau contre votre signature.

M. le Ministre des cultes a fait préparer un catalogue des collections minéralogiques de l'École polytechnique de Charlottenburg. Ce catalogue important sera distribué à tous les membres indistinctement, après la séance de ce soir.

M. le Ministre des cultes offre également à MM. les étrangers: 1° un guide des musées royaux de la ville; 2° une publication sur les fresques de l'ancien musée; 3° les Gobelins, d'après les cartons de Raphaël.

MM. les étrangers. recevront ces publications contre leur signature.

M. le Ministre des cultes a bien voulu décider aussi que tous les musées de son ressort seraient ouverts depuis 9 heures du matin, au lieu de l'heure réglementaire, qui est 10 heures.

Vous trouverez tous les renseignements nécessaires en ce qui concerne la visite des musées, dans une note que le Bureau vous fera distribuer.

Indépendamment des musées d'art proprement dits et du musée d'art appliqué à l'industrie, il y a l'école polytechnique de Charlottenburg, une des institutions les plus importantes, établie récemment à Berlin.

M. le Dr. Dobbert, recteur actuel de cette école, a écrit au Bureau la lettre suivante par laquelle il invite spécialement les membres du Congrès à visiter cet établissement:

Euer Hochwohlgeboren

beehre ich mich unter Bezugnahme auf die am 23. d. Mts. stattgehabte Besprechung ganz ergebenst mitzutheilen, dass der auf Donnerstag den 1. Oktober festgesetzten Besichtigung der Technischen Hochschule durch die Herren Theilnehmer an dem Internationalen Geologen-Kongress diesseits mit Vergnügen entgegengesehen wird, so wie, dass die Technische Hochschule und deren Sammlungen resp. Laboratorien vom 28. September an für die geehrten Mitglieder des Kongresses täglich von 9 Uhr ab zugänglich sein werden, und zwar:

das mineralogische Museum
    Vorsteher: Herr Professor Dr. Hirschwald,
das Laboratorium für anorganische Chemie
    Vorsteher: Herr Professor Dr. Rüdorff,
das Laboratorium für organische Chemie
    Vorsteher: Herr Professor Dr. Liebermann,
das metallurgische Laboratorium
    Vorsteher: Herr Professor Dr. Weeren,
das elektrotechnische Laboratorium
    Vorsteher: Herr Professor Dr. Slaby,
die photochemische Sammlung und deren geologisch-photographische Abtheilung
    Vorsteher: Herr Professor Dr. Vogel,
die mechanisch-technologische Sammlung
    Vorsteher: Herr Professor Hörmann,

die geodätische Sammlung
    Vorsteher: Herr Professor Dr. Doergens,
das physikalische Kabinet
    Vorsteher: Herr Professor Dr. Paalzow,
die kinematische Sammlung
    Vorsteher: Herr Geheimer Regierungsrath Prof. Reuleaux,
die Sammlung für Eisenbahnbetrieb
    Vorsteher: Herr Professor G. Meyer,
die Sammlung für das Bau-Ingenieurwesen
    Vorsteher: Herr Professor Dr. Winkler,
die mechanischen Werkstätten
    Vorsteher: Herr Professor Consentius,
die Sammlung für Hochbaukonstruktionen
    Vorsteher: Herr Professor Koch,
das Beuth-Schinkel-Museum
die Callenbach-Sammlung   Vorsteher:
    (Modelle kunstgeschichtlich bedeutsamer   Herr Professor
    Bauwerke)   Grell.
die Gipsabgusssammlung
    Mit der Technischen Hochschule in Verbindung stehend:
die mechanisch-technische Versuchsanstalt
    Vorsteher: Herr Ingenieur Martens,
die Prüfungs-Station für Baumaterialien
    Vorsteher: Herr Dr. Böhme.

Schliesslich beehre ich mich, Euer Hochwohlgeboren ergebenst mitzutheilen, dass die Herren Vorsteher und Assistenten der Sammlungen p. p., soweit dieselben nicht verreist oder anderweitig verhindert sind, gerne bereit sind, während der Kongress-Tage die etwa gewünschten Erläuterungen zu ertheilen.

La visite de l'école polytechnique aura lieu Jeudi, et je prie ceux qui désirent y prendre part, de vouloir se faire inscrire.

Nous avons reçu une invitation de M. le ministre de l'agriculture, représenté par le recteur de la haute école d'agriculture M. le prof. Orth, membre du congrès, à l'effet de visiter ce bel établissement et ses riches collections.

Je me permets de prier MM. les membres du conseil de se réunir ici demain, à 11 heures, pour fixer l'ordre du jour des séances ultérieures et nous occuper des affaires du congrès en général.

M. le PRÉSIDENT donne la parole à M. Renevier, secrétaire général de la commission de la carte géologique internationale de l'Europe, pour la lecture du rapport sur cette carte:

M. Renevier: MM., ce que je vais vous lire n'est pas mon rapport, mais c'est celui de la commission de la carte géologique. Ce rapport que j'avais préparé, comme secrétaire général, a été lu hier soir, en séance de la commission; chacune des propositions, que je vais vous faire connaître, a été discutée et votée par cette commission; l'une d'elles a même été modifiée, et finalement le rapport a été adopté dans son ensemble.

Cela dit, MM., voici le rapport:

RAPPORT SUR LA CARTE GÉOLOGIQUE D'EUROPE PRÉSENTÉ AU CONGRÈS AU NOM DE LA COMMISSION INTERNATIONALE.

Par le Secrétaire général E. Renevier.

Messieurs et honorés confrères!

Le Congrès international de Bologne, dans ses séances des 29 et 30 Septembre 1881, a décidé l'entreprise d'une Carte géologique d'Europe à l'échelle du 1 : 1 500 000ᵉ; et en a confié l'exécution à une commission de 8 membres, composée de Messieurs:

Beyrich \ formant le Directorium \
Hauchecorne / à Berlin pour l'**Allemagne.**

Daubrée, représentant la **France.**

Giordano, » l'**Italie.**

De Moeller, » la **Russie.**

Von Mojsisovics, » l'**Autriche-Hongrie.**

Topley, » la **Grande-Bretagne.**

Renevier, secrétaire général, représentant la **Suisse.**

Ainsi qu'il avait été convenu à Bologne, cette commission s'est réunie en 1882 à **Foix** et en 1883 à **Zurich**, pour régler diverses questions relatives à l'exécution de la Carte. Je vous en entretiendrai ci-après. Dans ces deux sessions elle n'a malheureusement pas pu se trouver au complet, mais elle était pourtant en assez forte majorité, pour pouvoir délibérer, dans plusieurs séances consécutives, soit à elle seule, soit réunie à la Commission de nomenclature.

Depuis lors la Commission a appris que M. de Moeller, ayant dû quitter St. Pétersbourg par suite de son appel à d'autres fonctions dans l'Oural, a donné sa démission de membre de la commission. En conséquence nous devons prier le Congrès de bien vouloir remplacer M. de Moeller par M. Karpinski, son successeur dans la direction de la Carte géologique de Russie.

J'ai à faire connaître au Congrès successivement:
I. Les conditions de publication de la Carte.
II. L'avancement des travaux de la base topographique.
III. Les décisions et propositions de la Commission internationale pour le figuré geologique.
Ce seront là les divisions de mon Rapport.

I. Conditions de publication.

Le Directorium a passé un contrat avec un éditeur de Berlin, la maison D. REIMER & Cie, qui se charge du matériel de l'entreprise dans d'exellentes conditions scientifiques et économiques.

La Carte sera divisée en 49 feuilles (7 $\times$ 7), de 48 cm sur 53 cm de côtes. Ces 49 feuilles réunies formeront un rectangle de 3,36 m de haut sur 3,72 m de large. M. le prof. KIEPERT de Berlin s'est chargé de préparer la base topographique, qui sera entièrement retravaillée d'après les documents les plus récents, qui pourront lui être procurés.

La maison D. REIMER & Cie entreprend la publication à ses frais, à la seule condition que la commission internationale lui garantisse le placement de 900 exemplaires, à 100 fr. l'exemplaire, et lui fournisse des acomptes par anticipation. Le prix de souscription de 100 fr. sera porté ensuite à 125 fr., prix de librairie. La commission a réparti comme suit cette souscription de garantie. Chacun des 8 grands états de l'Europe (Grande-Bretagne, France, Espagne, Italie, Autriche-Hongrie, Allemagne, Scandinavie, Russie) s'engage pour 100 exemplaires. Les 6 petits états (Belgique, Pays-Bas, Danemark, Suisse, Portugal, Roumanie) se partagent entre eux les derniers 100 exemplaires.

Chacun des états sus-nommés a promis son concours, conformément à la distribution ci-dessus, à l'exception toute-fois de l'Espagne dont la réponse n'est point encore parvenue. La commission avisera à ce qu'il y aurait à faire pour l'obtenir.

Quant au figuré géologique il sera naturellement fourni par les Comités nationaux, chacun pour son propre pays, et uniformisé par les soins du Directorium, qui en outre aura à les compléter par tous les documents accessibles, publiés ou inédits. — La chromolithographie sera faite par l'éditeur, conformément à la gamme internationale fixée à Bologne et complétée dans notre session actuelle.

II. Basé topographique.

Le travail confié à M. le prof. KIEPERT est passablement avancé. Sur les 49 feuilles de la Carte, 32 sont achevées et gravées; 29 d'entre elles ont été réunies en un panneau afin que le Congrès puisse se rendre compte de l'effet d'ensemble. Il est regrettable sans doute que, vu la petitesse de l'échelle, on n'ait pu y figurer le relief du sol, mais cela aurait renchéri beaucoup la carte, et gêné l'application des couleurs. Vous pouvez juger, Messieurs, de la finesse et de la netteté de ce travail, par le panneau partiel, qui est placé sous vos yeux.

Quelques points restent encore à résoudre, avant que le tirage de ces feuilles puisse être effectué. — Voici les principaux:

Les noms de localités devront-ils figurer in extenso, ou au moins ceux des villes principales, ou des régions? ou se contentera-t-on de leurs initiales?

Les glaciers devront-ils figurer sur la Carte? et comment les représentera-t-on?

Les rivages seront-ils accusés par une hachure quelconque?

Tout autant de questions que la Commission de la Carte aura à trancher pendant la session de Berlin.

Quant aux autres feuilles du sud et de l'est, qui manquent encore, on travaille à quelques-unes d'entre elles, mais pour plusieurs les matériaux géographiques font défaut. C'est le cas en particulier pour l'Est de la Russie, pour l'Asie mineure, et pour quelques parties du nord de l'Afrique. Les membres du Congrès, qui seraient en position de le faire, ne manqueront pas, j'espère, d'aider la Commission à se procurer ces documents.

III. Figurés géologiques.

Quant au travail géologique il est beaucoup moins avancé. Nous dirons même qu'il est en retard sur nos prévisions. Cela tient essentiellement aux comités nationaux, dont plusieurs n'ont point encore envoyé les matériaux qu'ils devaient fournir.

Les parties de la carte géologique les plus avancées sont essentiellement l'Allemagne et l'Italie. On peut considérer comme prêts pour la chromo-lithographie les pays suivants: **Prusse, Saxe, Hesse-Darmstadt, Wurtemberg, Baden, Alsace-Lorraine, Luxembourg et Italie.** — La **Bavière** pourra être facilement réduite des travaux récents de M. von GUEMBEL. L'**Autriche** de la dernière carte d'ensemble de M. DE HAUER. L'**Angleterre** et la **France** sont en partie réduites d'après les cartes détaillées de ces pays, et leurs cartes partielles viennent de nous être présentées à Berlin.

C'est au moyen de ceux de ces matériaux qui sont entre les mains du Directorium, déjà depuis quelque temps, que M. HAUCHE-

CORNE a pu faire colorier à la main, suivant la gamme conventionelle votée à Bologne, les deux feuilles centrales C. IV et C. V, que vous avez sous les yeux. Ces deux feuilles réunies, quoique incomplètes, vous donnent déjà une idée de ce que pourra être l'ensemble de la Carte. Il en ressort d'une manière très évidente que le Congrès de Bologne a été bien inspiré dans son choix de couleurs, et tout spécialement dans le principe qu'il a posé de marquer les subdivions des Périodes par des teintes graduées de la couleur conventionelle, dont les plus foncées représentent les étages les plus anciens.

Une carte particulière, en cours de publication, a adopté également la gamme internationale, et confirme encore mieux cette favorable impression. Je veux parler de la carte de France en 48 feuilles, à l'échelle du 1 : 500 000ᵉ de Messieurs VASSEUR et CAREZ, dons 13 sections ont déjà paru, et figurent à l'exposition cartographique de la *Bergacademie*. Les auteurs ont réussi à représenter les étages jurassiques par 7 nuances graduées de bleu, et les étages crétaciques par 8 nuances de vert. Quoique si nombreuses ces nuances sont parfaitement distinctes à proximité, tandis que de loin on embrasse facilement d'un coup d'oeil les régions jurassiques, les régions crétaciques, etc. Ce résultat doit nous encourager à poursuivre dans la même voie en arrêtant les couleurs qui restent à fixer.

J'en viens maintenant aux questions encore en suspens, qu'il est nécessaire de trancher maintenant, pour permettre la poursuite et l'achèvement du travail.

Sur les dix résolutions proposées au Congrès de Bologne pour l'unification des procédés graphiques, les deux dernières ont été remplacées par l'institution du comité de la Carte géologique d'Europe; sept ont été adoptées, avec, ou sans modifications; une seule a été renvoyée au Comité de la Carte, pour qu'il fasse des propositions au Congrès de Berlin. (No. III.)

Tout ce qui concerne les couleurs affectées aux terrains archéens et à ceux des Ères secondaire et tertiaire est ainsi réglé, de même que l'emploi des notations, nuances, hâchures, et signes divers. Il ne reste donc plus à fixer que les teintes à affecter aux systèmes de l'ère primaire et aux roches éruptives, plus quelques questions de détail, qui sont plutôt du ressort de la Commission.

Pour *l'ère primaire* ou *paléozoaire* le rapport lu à Bologne proposait les couleurs suivantes:

gris pour le *Carbonique* (Permien compris)
brun pour le *Dévonique*
violet pour le *Silurique* (Cambrien compris).

La décision intervenue à Bologne, d'appliquer la couleur violette au Trias, nous oblige à modifier le troisième terme de cette proposition. Quant aux deux autres ils ont été adoptés par le Directorium dans la Tabelle provisoire, et dans les feuilles coloriées à la mains, qui vous sont soumises. En effet le Permien, le Houiller et le Culm y sont représentés par 3 nuances de gris, et les subdivisions du Dévonique par trois nuances de brun.

Quant au *Silurique* le Directorium l'a représenté, dans son essai de coloriage, par des teintes d'un vert foncé. Mais n'y aurait-il pas à craindre que cette couleur ne produisît une confusion avec le vert du Crétacique, dont les étages inférieurs devront être nécessairement vert foncé? Ne serait-ce pas le cas de différencier d'avantage ces deux systèmes, si lointains dans l'échelle? — La commission devra étudier ce point, mais elle n'est pas prête à vous faire une proposition ferme. Elle prie donc le Congrès d'adopter les couleurs proposées pour les deux périodes supérieures, et de s'en remettre à elle pour le choix d'une teinte affectée au Silurique.

Quant au mode de représentation des Roches éruptives, la Commission d'unification n'avait fait, à Bologne, aucune proposition. En revanche une proposition du Comité suisse a rencontré une adhésion assez générale dans le sein de la Commission, à Foix et à Zurich. Cette proposition est d'employer des teintes rouges, vives et intenses, plutôt opaques, pour désigner les roches éruptives, et de former de celles-ci 5 groupes:

1. Eruptions anciennes acides,
2. » » basiques,
3. » récentes acides,
4. » » basiques,
5. » modernes.

Le directorium de la carte s'est déclaré satisfait de ce mode de représentation, en demandant toutefois à pouvoir distinguer par des nuances spéciales, d'une part les Porphyres euritiques, de l'autre les Serpentines. Cette distinction nous paraissant en effet utile, la Commission propose au Congrès d'adopter les 7 divisions de la Tabelle provisoire, qui vont du rouge vif clair au rouge brun foncé.

Quelques autres questions de détail, mais néanmoins d'une portée générale, se sont encore présentées:

a) Comment représentera-t-on sur la Carte les terrains d'un Système connu, mais dont on ne peut pas préciser la subdivision? — De divers côtés il a été proposé d'employer la nuance moyenne, avec le monogramme sans exposant; p. ex.: *Jurassique indéterminé* = bleu moyen avec *J*.

b) Comment faire si les subdivisions sont bien déterminables, mais que l'échelle de la Carte ne permette · pas de les figurer? — On peut employer alors la teinte moyenne, accompagnée d'un monogramme à plusieurs exposants; p. ex.: *Jurassique complet*, en bande étroite = bleu moyen avec J^{1-3}.

c) Comment représenter un terrain d'âge douteux, même en ce qui concerne son système? Ce cas se présentera souvent dans les Alpes, et sans doute aussi ailleurs. — Le Comité Suisse a proposé pour ce cas la pratique suivante: Employer la couleur du terrain le plus probable, mais avec des réserves incolores, produisant l'effet d'un pointillé. Au monogramme on ajouterait alors le signe de doute; p. ex.: *Jurassique douteux* = bleu pointillé de réserves, avec $J?$

d) Enfin la représentation des terrains d'âge certain, mais d'affinité controversée, présentera aussi quelque difficulté. C'est le cas p. ex. du *Gault*, que les uns veulent joindre au crétacique inférieur, et d'autres au crétacique supérieur. C'est le cas également du *Rhétien* que ceux-ci attribuent au Trias, et ceux-là au Lias. Sur notre Carte à petite échelle, ces terrains ne formeront qu'un mince liseré, qui même n'existera que par places. Cependant, en raison justement des divergences de vues à l'égard de ces terrains, il importe de les figurer d'une manière bien distincte, qui ne préjuge pas la question de leur affinité, variable très probablement suivant les pays. — Nous avons proposé pour cela un moyen très simple et très pratique, qui paraîtrait devoir réunir les suffrages. Il s'agit de figurer ces terrains par une ligne de points en teinte vive, sur la limite même des deux couleurs en contact. Ainsi p. ex. le *Rhétien* serait représenté par une ligne de points rouges, au contact du violet et du bleu foncé. De cette manière aucune des deux écoles ne serait lésée, et la question d'affinité, soit de groupement, demeurerait intacte.

Ces 4 questions, tout importantes qu'elles soient, sont plutôt du ressort de la Commission de la Carte, qui prie le Congrès de lui en abandonner la solution.

Conclusion.

En vue de faciliter la discussion et la notation, je résume maintenant les propositions qui vous sont soumises par la Commission de la Carte. Leur solution par le Congrès est indispensable pour que notre Directorium puisse continuer son important travail, et le mener à bonne fin avec le concours de la Commission internationale.

Résolutions.

I. M. DE MOELLER, démissionnaire, est remplacé dans la Commission par M. KARPINSKI.

II. Le système *Carbonique*, soit Permo-carbonifère, sera représenté par la *couleur grise*, en 3 nuances distinctes.

III. Au système *Dévonique* seront affectées les nuances du *brun*.

IV. La couleur du *Silurique* est laissée au choix de la Commission de la Carte.

V. Les roches éruptives seront représentées par 7 teintes allant du *rouge vif clair* au *rouge brun foncé*.

VI. La solution des autres questions mentionnées dans le Rapport est de la compétence de la Commission de la Carte.

Voilà Messieurs les 6 points sur lesquels nous demandons votre vote; et puisse la Carte à laquelle nous travaillons être bientôt entre les mains de tous et se montrer réellement utile pour l'enseignement géologique, et pour la clarification des idées.

Au nom de la Commission internationale:

E. Renevier, prof.
Secrétaire général.

M. le PRÉSIDENT: Au nom du congrès je remercie et je félicite l'honorable rapporteur, à l'occasion de l'excellent travail qu'il vient de nous soumettre.

Avant d'aborder la discussion spéciale des résolutions proposées, quelqu'un a-t-il une observation à présenter à un point de vue général?

M. CAPELLINI. Le rapport mentionne que la partie Nord de l'Italie est prête. J'ai le plaisir le Vous annoncer que la partie centrale et la partie Sud sont prêtes également. J'ai l'honneur de les déposer sur le Bureau, au nom de M. Giordano.

(Applaudissement.)

Je prie donc l'honorable rapporteur de vouloir modifier son rapport en conséquence.

M. RENEVIER. Parfaitement.

M. CAPELLINI. Je dois dire que tout les efforts possibles ont été faits, pour que ce travail soit digne de l'oeuvre qu'il est destiné à compléter.

M. NIKITIN. Je tiens à déclarer, de la part du Comité géologique russe, que la moitié de la carte géologique nationale de Russie est également prête. Sept feuilles sont déjà achevées; elle sont actuellement en route; elles seront à Berlin aujourd'hui ou demain, et je les ferai voir à l'exposition du congrès dans la Bergakademie.

M. le Président: Nous allons aborder la discussion des résolutions proposées.

M. Renevier: La première résolution est ainsi conçue:

I. M. de Moeller, démissionaire, est remplacé dans la commission par M. Karpinski.

Cette résolution est adoptée à l'unanimité.

M. Renevier: Voici la deuxième proposition:

II. Le système *Carbonique*, soit Permocarbonifère, sera représenté par la *couleur grise,* en 3 nuances distinctes.

M. Hughes: Je crois qu'il faut choisir des couleurs qui puissent être adoptées dans chaque pays. En Angleterre, nous ne pourrons jamais joindre le permien au carbonique. Dans notre pays il y a entre les deux terrains une grande discordance au point de vue paléontologique et stratigraphique.

M. le Président: Nous avons proposé que le permien entre dans la serie des couleurs du carbonifère, de manière que des teintes de gris soient adoptées, du plus foncé jusqu'au moins foncé. Si j'ai bien compris ce qui vient d'être dit, M. Hughes a déclaré qu'en Angleterre le permien ne peut être séparé du carbonifère.

M. Hughes: Le permien peut être réuni à la partie inférieure du triasique, mais pas à la partie supérieure du carbonique.

M. le Président: Vous demandez donc que le permien soit réuni avec le triasique?

M. Hughes: Oui, mais pas avec le carbonique.

M. Dewalque: Je crois que la question se complique d'une question de classification, et que l'ordre logique de la discussion eût été de discuter la classification et la légende de la carte, avant la couleur. Je n'ai pas l'intention cependant de m'opposer à la marche qui a été suivie. Je me bornerai à présenter un amendement à la résolution qui nous est soumise. Je propose de dire, que la couleur grise sera appliquée aux deux divisions des terrains carbonifères et au permien, en supprimant l'expression: permo-carbonique, sur laquelle porte le différend.

M. Hauchecorne: La proposition faite par M. Renevier au nom de la commission de la carte n'est pas en opposition avec la manière de voir de M. Hughes. Si la commission de la carte a proposé de joindre dans un certain sens le permien au carbonifère, elle a été d'avis cependant qu'il fallait pouvoir les distinguer sur la carte. Ainsi pour le permien la commission a choisi une couleur qui est plutôt de l'ocre que du gris; elle a adopté un gris très-brunâtre, ce qui permet de différencier parfaitement le permien du carbonifère. Il est donc très-facile de faire ressortir les trois formations du carbonifère supérieur, du carbonifère inférieur et du permien. Cependant nous avons voulu indiquer la correspondance et la transition du terrain permien, surtout de ses étages inférieurs, dans le terrain carbonique en choisissant pour le permien une couleur qui indique son voisinage du terrain carbonique. Si M. Hughes voulait bien s'approcher de la carte, je suis convaincu qu'il se déclarerait satisfait. Je crois que cela n'offrira pas même de difficultés pour des pays où les différences sont encore plus difficiles à établir, surtout pour la Russie, où l'on pourra faire voir le permien, sans le séparer entièrement du carbonique; où plutôt les difficultés s'offriront pour séparer le carbonifère inférieur du carbonifère supérieur, le carbonifère stérile du carbonifère riche en houille, comme nous le faisons en Allemagne. Je serais heureux, si dans l'intérêt de la représentation de l'Angleterre dans la confection de la carte, M. Hughes voulait bien se rallier à cette manière de voir.

M. Nikitin: Quelques géologues russes pensent que l'expression »permo-carbonique« ne pourrait être employée pour les deux terrains carbonifère et permien; car ce terme est déjà employé pour un étage qu'on appelle intermédiaire, comme cela se voit en Amérique, dans le Tirol etc. Il y aurait donc une confusion, si l'on se servait de ce terme dans le sens que M. Renevier a indiqué.

M. Renevier: Je n'ai employé le terme »permo-carbonique« qu'à titre d'explication. Il est bon de rappeler du reste que ce terme est employé dans ce sens-là dans tous les traités qui ont été publiés sur la matière.

M. Nikitin: Il était déjà employé dans un autre sens auparavant.

M. Renevier: Oui, mais je me suis servi de préférence du terme »carbonique« pour comprendre un ensemble. Je ne veux pas entrer dans la discussion en ce qui concerne la classification; je me borne à déclarer — je le répète — que j'ai mis l'expression »permo-carbonique« à titre de synonymie pour expliquer complètement ce qu'il fallait entendre par le mot »carbonique«. Je sais bien qu'on s'est servi de l'expression »permo-carbonique« pour indiquer une division intermédiaire, seulement aucune espèce de doute ne peut surgir, en présence de la rédaction de la deuxième résolution.

La deuxième résolution est adoptée à une grande majorité.

M. Renevier: Voici la troisième résolution qui vous est proposée:

III. Au système *Dévonique* seront affectées les nuances du *brun*.

Cette résolution est adoptée.

Quatrième proposition:

IV. La couleur du *Silurique* est laissée aux choix de la commission de la carte.

M. Dewalque: Si je comprends bien cette proposition le système silurique comprend le silurien et le cambrien.

M. Renevier: Oui.

M. Dewalque: Je constate que le rapport de la commission de la carte anticipe sur la discussion. Dans les précédentes sessions, il avait été décidé qu'on s'abstiendrait de donner un nom à la réunion du cambrien et du silurien, afin de laisser intacte la question scientifique.

M. Renevier: Il est bien difficile de désigner quelque chose sans y donner un nom. Vous avez admis qu'on parle du jurassique, et cependant on a suspendu la désignation de tous les termes, aussi bien du jurassique que du silurique. J'ai eu soin de dire dans le rapport: »silurique, cambrien compris«. Je me sers précisément du mot »silurique«, pour ne pas employer le terme »silurien« dont le sens est plus restreint. Je ne saurais trop comment faire pour indiquer qu'il faut laisser à la commission le choix de la couleur à employer, pour désigner un terrain qu'on ne veut pas nommer. Il faut bien lui donner un nom quelconque. Si M. Dewalque veut admettre que ce terme est provisoire et qu'il sera revisé lors de la discussion sur la question de nomenclature, c'est fort bien; mais je ne m'occupe en ce moment que de la question de la carte. Vous savez tous ce que cela veut dire, et quant au terme lui-même, il donnera lieu à une discussion ultérieure. Encore une fois, il faut bien employer un terme quelconque comme pour les autres choses à l'égard desquelles nous n'avons pas encore spécifié le nom qu'il convenait de choisir.

M. le Président: Est-on d'accord pour admettre ce terme, sans se prononcer sur la question de division qui pourrait être étendue?

M. Renevier: Pardon, je n'ai pas compris ainsi l'observation de M. Dewalque. L'honorable membre a critiqué l'emploi du nom en question. Il est d'accord avec la commission qu'il s'agit d'un groupe; mais il ajoute que nous n'avons pas encore fixé le nom de silurique pour le désigner. Je lui réponds qu'il faut bien choisir un nom quelconque; seulement, je le répéte, ce nom est provisoire.

M. Dewalque: Je ne m'oppose pas à ce que le choix de la couleur soit abandonné à la commission; au contraire, je tiens à déclarer que je ne veux pas préjuger la question de savoir si la commission ferait mieux d'adopter une ou deux couleurs. Mon observation tend à dire qu'il est fort possible de désigner le terrain dont la couleur est laissée au choix de la commission, de manière à ne pas préjuger une solution scientifique.

M. Renevier: La commission elle-même vous a proposé cela.

M. Hughes: Je partage la manière de voir de M. Dewalque. Je proteste contre l'abolition de l'ancien mot »cambrien«. Les roches cambriennes ne se trouvent pas dans la région des silures. A titre de compromis, je veux bien consentir à adopter pour le moment une couleur pour le silurien et pour le cambrien.

M. Jacquot: Je me rallie à l'opinion qui vient d'être émise par l'honorable préopinant. En France nous distinguons parfaitement le silurien et le cambrien, et nous ne pouvons pas admettre qu'une confusion ait lieu sous ce rapport. Il faut donc faire cette distinction. Je ferai remarquer que le cambrien est parfaitement signalé et colorié avec des teintes adoptées par la commission de la carte. Le silurien est fort bien distingué aussi, et les deux choses ne se confondent nullepart. En France, ces terrains sont très-répandus, par exemple en Bretagne, dans les Pyrénées etc., et partout la distinction est faite d'une manière très-nette.

M. Renevier: Il n'est pas question de confondre quoique ce soit, mais, — de même que pour le jurassique, pour le triasique et autres, — d'avoir une seule couleur fondamentale pour désigner les différents termes qui seront représentés par des nuances de cette couleur fondamentale. Cela est conforme à la décision qui a été prise l'année dernière à Zürich par les commissions réunies de la carte et de nomenclature. Dans son rapport, M. Dewalque dit qu'il y a eu une faute d'impression, en ce sens qu'on a oublié un des numeros. Il y avait trois numéros, je pense, mais les commissions réunies avaient décidé de faire un seul groupe et de n'admettre qu'une seule couleur. Par conséquent, les deux commissions ont été parfaitement d'accord.

La commission de la carte vous proposerait une couleur, si elle avait pu se livrer aux études nécessaires; mais, comme elle n'a pas encore pu se mettre complètement d'accord à ce sujet, elle vous propose de lui laisser le choix de cette couleur destinée à représenter trois divisions au moyen de teintes différentes.

M. Jacquot: On nous a distribué une légende à laquelle j'adhère complètement et où le cambrien et le silurien étaient très-nettement distingués. Il me semble qu'il n'y a pas de raison pour aggréger — pour ainsi dire — des choses différentes. Je demande donc qu'on maintienne ce qui a été fait précédemment.

M. Hauchecorne: Je crois que, pour ne pas perdre de temps, on pourrait admettre une proposition ainsi conçue:

> Le congrès abandonne à la commission de la carte le choix de la couleur à adopter pour le silurien et le cambrien.

Je crois que l'on peut avoir confiance dans la commission qui séparera parfaitement les trois formations: silurien inférieur, silurien supérieur et cambrien.

Il n'y aurait pas de vote décisif sur la question scientifique. Nous admettrions seulement une solution pratique au point de vue de la confection de la carte.

M. Jacquot: Je me rallie à cette manière de voir.

M. Renevier: La résolution serait donc ainsi amendée:

> Les couleurs du silurien et du cambrien sont laissées au choix de la commission de la carte.

> La résolution est adoptée.

Cinquième proposition:

V. Les roches éruptives seront représentées par 7 teintes allant du *rouge vif clair* au *rouge brun foncé*.

Sixième proposition:

VI. La solution des autres questions mentionnées dans le Rapport est de la compétence de la Commission de la Carte.

M. Choffat: Il est un point qui a été posé par quelque comités internationaux et qui n'est pas traité dans le rapport; la commission de la carte n'a pas eu de mission de le trancher. Je veux parler de l'adjonction du callovien au malm. Il est bien difficile de s'opposer aux décisions de la commission, mais en ajoutant le callovien au malm, la limite entre ces deux groupes ne sera plus paléontologique, mais bien pétrographique; c'est-à-dire: que cette limite variera d'âge suivant les contrées.

M. Hauchecorne: Cette question ne pourrait être tranchée par le congrès; c'est un point de détail que vous pourriez abandonner à la commission. Celle-ci pourra tout aussi bien résoudre la question soulevée par M. Choffat, qu'elle a résolu le reste.

Je prie donc l'honorable membre de retirer sa proposition.

M. Choffat: Je veux bien la retirer, mais, en ce qui concerne le Portugal que je suis chargé de colorier, il m'est impossible d'admettre cela. Je n'entrevois pas de raison qui puisse obliger à joindre le callovien au malm.

M. Hauchecorne: Il serait préférable de discuter cette question lorsque nous aurons reçu les matériaux nécessaires de la commission géologique du Portugal. Si la commission de la carte et la commission géologique du Portugal ne s'entendent pas à ce sujet, nous aurons toujours le temps de revenir sur ce point lors de notre prochaine réunion.

M. Choffat: Ces matériaux ont été envoyés il y a au moins un an. Ce sont deux brochures concernant le Portugal.

M. Hauchecorne. Nous n'avons pas à représenter dans la carte de l'Europe des mémoires, mais seulement des cartes dessinées.

La résolution est adoptée.

La séance est levée à sept heures quarante minutes.

TROISIÈME SÉANCE DU MERCREDI 30 SEPTEMBRE 1885.
Présidence de M. von Dechen.

La séance est ouverte à 2 heures.

M. le Président donne la parole à M. le Secrétaire général.

M. Hauchecorne: Demain aura lieu l'excursion à Charlotten-burg, afin de visiter l'École polytechnique. Le départ aura lieu à 9 h.

Nous avons arrêté comme suit l'ordre du jour des séances suivantes: Aujourd'hui, discussion sur la nomenclature, jusqu'a 4 h. Les jours qui suivront, nous continuerons cette discussion, s'il y a lieu, et ensuite nous aborderons l'examen du *nomenclator palaeonto-logicus*. Puis suivra la discussion de la proposition de M. Vilanova sur un dictionnaire polyglotte de géologie.

DISCUSSION DU RAPPORT DE M. DEWALQUE SUR LA NOMENCLATURE.

M. Dewalque: MM., vous avez tous reçu le rapport que j'ai eu l'honneur de rédiger comme secrétaire de la commission de nomenclature.

Le conseil a été d'avis qu'il fallait commencer par la question de la classification des formations stratifiées. Je vous prie donc de bien vouloir vous reporter à la page 13 in fine:

A. Système archéen, Nᵒˢ 1, 2 et 3. — La première question à résoudre est celle de savoir s'il doit être compris dans la série paléozoïque. La négative ne semble pas douteuse. En conséquence et conformément à la proposition du rapport français, nous proposons au congrès de décider que ce système formera un groupe, appelé *groupe primitif*. La désinence du mot *primitif* rappellera les caractères qui le distinguent des groupes *primaire*, *secondaire*, etc.

Ce groupe ne comprend qu'un système, le système *archéen*.

Le nom de *système archéen* est loin d'avoir réuni tous les suffrages; ainsi, le comité anglais propose le nom de *précambrien*, le comité belge celui de *cristallophyllien*, le comité hongrois celui de *schistes cristallins*.

Les comités anglais, belge, espagnol et hongrois acceptent la division en trois groupes proposée par le projet de légende de la carte. D'autre part, le comité français ne comprend, dans sa *série primitive*, que deux divisions, qu'on dénommera plus tard; la troi-sième division entre dans le *système cambrien*. Le Portugal et la

Roumanie ont une même manière de voir, moins radicale: les deux premières divisions constitueraient le *système cristallophyllique* (comité portugais) ou *laurentien* (comité roumain). La troisième division deviendrait le *système archaïque* ou *huronien*.

M. BLANFORD: Je demande s'il est nécessaire de former un groupe pour le système archéen. Je crois qu'il serait préférable d'attendre que la question ait été mieux discutée avant de donner un nom à ce groupe.

M. HUGHES: Nous n'avons pas encore trouvé le complément de ce groupe; il faut donc attendre; peut-être trouvera-t-on en Amérique, en Angleterre ou ailleurs d'autres systèmes appartenant au même groupe.

Puisque j'ai la parole, je demande la permission de relever une erreur. Le comité anglais n'a pas proposé le nom de *précambrien*, mais *archéen* — et entre parenthèse comme un terme explicatif seulement, le mot »*précambrien*«. Le rapport anglais commence en disant: »Les roches archéennes«.

M. DEWALQUE: L'observation des savants orateurs que vous venez d'entendre conduit à ceci: il n'y aura pas de *groupe primitif*, et le système archéen sera compris dans le groupe »*paléozoïque*«.

Des membres: Non, non.

M. DEWALQUE: Alors c'est un groupe à part; il n'y a pas à sortir de là.

M. HUGHES: C'est la petite partie d'un groupe dont nous espérons trouver le complément.

M. DEWALQUE: Nous sommes donc d'accord pour reconnaître que ce système n'est pas paléozoïque; il forme par conséquent un groupe. (*Non.*) Un groupe ou une partie d'un groupe.

M. BLANFORD: Je me suis peut-être mal exprimé. Je voudrais qu'on ne nommât pas encore un groupe, mais qu'on laissât la question en suspens, car je pense qu'elle n'est pas assez mure. Il suffirait peut-être de laisser pour le moment le système archéen sans nom de groupe.

M. DE LAPPARENT: Je crois que l'on pourrait appliquer ici le nom de terrain, conforme à la dénomination, souvent usitée, de *Grundgebirge*, mais je suis hostile à l'emploi du mot »système« ou du mot »groupe«, parce que je considère cette base de toutes les formations stratifiées comme possédant un caractère à part. Si la majorité du Congrès partage cette opinion, c'est-à-dire si elle croit pouvoir admettre que le terrain en question ne contiendra jamais de fossiles, il faut donner à son nom une désinence qui l'écarte de tous les autres termes. Dans le cas contraire, il faut le faire entrer dans la série paléozoïque. Mais, dans un sens ou dans l'autre, il importe qu'il n'y ait pas d'équivoque.

M. Dewalque: Je propose de décider que le système archéen n'entre pas dans le groupe paléozoïque.

M. Renevier: J'appuie les observations de M. de Lapparent. Je ne suis pas d'avis qu'on dise: terrain primitif, parce que ce serait préjuger la question de l'origine. Je préférerais dire: le terrain archéen. Je laisserais en suspens la question de savoir si ce sont des formations antérieures à la vie organique, ou si l'on n'y trouvera pas des traces de vie organique, quoique je sois porté à croire qu'on en a déjà trouvé. Mais la question n'étant pas évidente le nom qu'on donnera à ces dépôts ne doit pas la trancher.

M. Dewalque: L'expression »terrain« est rayée du langage géologique.

M. Renevier: Je vous demande pardon; elle est rayée du langage systématique et ne doit pas désigner une certaine subdivision de la classification chronologique des terrains; mais vous ne pouvez pas la rayer du langage en général. Le terme de terrain reste, comme M. d'Omalius l'avait proposé, en terme tout-à-fait général et vague, en ce sens, que la valeur de la subdivision n'est pas précisée. C'est par un compromis que le mot »terrain« a été remplacé à Bologne par le mot »système«, aussi bien que celui de »formation« usité en Allemagne dans le même sens, mais cela seulement dans le sens de division de second ordre, et non dans son sens général. J'engage donc le congrès à conserver le mot »terrain« dans un sens général pour désigner une subdivision d'une valeur quelconque.

M. le Président: Il faut d'abord avoir des groupes et ensuite des systèmes. Nous n'avons pas d'autre division au point de vue de la légende de la carte. Nous ne pouvons pas admettre une expression vague; il faut quelquechose de précis. Nous devons donc nous en tenir aux dénominations admises par le congrès de Bologne et qui sont les termes »groupe« et »système«. Telle est, Messieurs, mon opinion.

M. Hughes: Nous pourrions admettre le terme »groupe archéen«.

M. Beyrich: Je propose d'adopter le nom de groupe, et d'ajourner la question du système.

M. Renevier: Je me permets de faire observer que nous ne disons ni groupe ni système pour les roches éruptives; nous disons »les roches«, précisément parce que nous ne connaissons par leur valeur dans la série chronologique. Il se pourrait que ce qu'on propose de nommer »groupe archéen« eût la même valeur dans son ensemble que les trois groupes des temps organiques. J'aimerais mieux employer ici le mot »groupe« que celui de système. Mais puisque vous ne dites pas »système« ou »groupe« pour les roches éruptives, vous pouvez employer le terme »terrain« qui ne préjuge pas la valeur de la subdivision, c'est-à-dire: la question de savoir s'il s'agit d'une subdivision des temps organiques ou d'une subdivision antérieure aux temps organiques. En résumé, je me rallierai, si c'est nécessaire, au mot »groupe« plutôt qu'au mot »système«; mais je préférerais cependant un terme plus général.

M. BEYRICH: Il n'y a pas de terme plus général que celui de »groupe«.

M. STEFANESCU: Je me rallie à l'opinion qui veut admettre le nom de groupe pour toutes les couches plus anciennes que les couches paléozoïques que nous connaissons jusqu'ici.

M. HAUCHECORNE: L'assemblée est-elle d'avis de dire »système archéen« ou »groupe archéen«?

M. LEPSIUS: Il faut d'abord voter sur la question de savoir si l'on employera le mot »groupe« ou le mot »système«.

M. DEWALQUE: Il est évident que sur la carte nous aurons trois divisions. Dans un tableau systématique, elles devront être réunies par une accolade, comprenant le système et par une accolade indiquant le groupe. Le rapport de la commission propose de dire: groupe primitif, système archéen. La méthode la plus logique consiste à se prononcer sur le nom à donner au groupe et sur le nom à donner au système. Si la proposition du rapport est adoptée, les mots »groupe primitif« et »système archéen« seront en pratique deux expressions synonymes.

M. BLANFORD: Pour trancher plus nettement la question, au lieu de »groupe primitif« je propose de dire »groupe archéen«.

M. HAUCHECORNE: M. Lepsius propose de voter d'abord sur le choix des mots »groupe« ou »système«. Ceux qui sont d'avis d'adopter le mot »groupe«, sont priés de lever la main.

Le terme »groupe« est adopté.

M. HAUCHECORNE: Il s'agit maintenant de choisir entre les mots »archéen« et »primitif«.

M. RENEVIER: Afin de ne pas préjuger une question qui ne peut pas être tranchée dans l'état actuel de la science, nous devons préférer le mot »archéen« et cela d'autant plus que nous disons »ère primaire«. Nous venons de voter le mot »groupe«; nous aurions donc un groupe primitif et un groupe primaire, ce qui serait assez étrange et prêterait à confusion. Pour le surplus, il faut laisser à l'avenir et aux recherches scientifiques le soin de résoudre la question d'origine.

M. Hauchecorne: Ceux qui désirent choisir le mot »archéen«, sont priés de lever la main.

Le mot »archéen« est adopté.

M. Dewalque: D'après le projet de légende de la carte, il y a trois divisions affectées à cet ensemble auquel vous venez de donner le nom d'archéen. Comme secrétaire, je n'ai pas été en mesure de vous faire des propositions au sujet des noms à donner à ces trois divisions. Il me semble que les géologues américains devraient commencer la discussion et nous indiquer les divisions les plus convenables.

M. Hauchecorne: M. Dewalque devrait pourtant se décider à présenter une proposition pour qu'il y ait une base de discussion.

M. Dewalque: Je n'ai pas sous les yeux le projet de légende de la carte; je veux parler des trois divisions de l'archéen.

M. Hauchecorne: Pour la gamme de la carte, nous avons proposé, en ce qui concerne le groupe dont il s'agit, les trois termes: 1) schistes azoïques; 2) schistes cristallins et 3) gneiss et protogine.

M. Dewalque: De haut en bas?

M. Hauchecorne: Oui. Le congrès veut-il admettre cette classification?

M. Hughes: Ces termes sont-ils chronologiques ou lithologiques?

M. Hauchecorne: Le terme de »schistes azoïques« est chronologique pour ainsi dire; les deux autres termes sont lithologiques. M. Hughes insiste-t-il pour qu'on choisisse d'abord un système pétrographique ou un système déterminant la consécution de l'âge; ou bien se contenterait-il de la classification reçue généralement?

M. Hughes: Pour le moment je serais d'avis d'admettre des divisions pétrographiques, qui auront pour certains endroits une valeur chronologique, mais de ne pas parler d'une corrélation chronologique de ces divisions entre les divers pays.

M. Renevier: Pour ma part, je suis prêt à accepter les trois expressions qui viennent d'être indiquées, en me plaçant à un point de vue opportuniste.

M. Jacquot: Je partage la manière de voir de M. Hughes, en me fondant sur l'autorité de M. Lory, qui n'a pas trouvé de division rationnelle entre les gneiss et toute cette série de terrains si étendus dans les Alpes du Dauphiné et de la Savoie. Il a admis que ces roches devaient être réunies sous une même teinte et sous une même notation. Je pense donc qu'il n'y a pas de division géologique possible dans l'état actuel des choses. Ainsi la feuille de Grenoble ne porte qu'une seule teinte pour les trois divisions adoptées dans la légende de la carte de l'Europe. M. Lory a une telle autorité en cette matière, en égard à ses explorations dans les Alpes, qui remontent à trente ou trente-cinq ans, qu'il y a lieu de la prendre en très-sérieuse considération.

M. Firket: La division au point de vue lithologique peut-être très-utile, et celle qui a été présentée par le comité de la carte est bonne, à condition de faire disparaître le terme »azoïque« qui préjuge la question de la non-existence de fossiles. En remplaçant ce terme par celui de »schiste argileux« en opposition avec le terme de »schistes cristallins«, je crois qu'on mettrait tout le monde d'accord.

M. le Président: Je prie l'assemblée de se prononcer.

M. Jacquot: Il y a lieu de mettre d'abord aux voix la proposition qui s'écarte le plus de celles de la commission, c'est-à-dire la proposition de M. Hughes appuyée par M. Renevier et que j'appuie également. C'est la manière la plus rationnelle de procéder.

M. Renevier: Dans le tableau qui a été présenté à Zurich par le Directorium de la carte aux commissions réunies il n'y a qu'un seul numero indiqué pour l'archéen; c'est le No. 25, Schistes cristallins.

M. Hauchecorne: Les divisions admises à Zurich n'ont pas encore été votées par le congrès; c'est pourquoi nous nous en sommes tenus pour la confection de la carte à la division du système archéen généralement reçue.

M. Renevier: Le directorium de la carte lui-même nous a proposé le seul No. 25.

M. Hauchecorne: Pour ma part, je ne suis pas édifié au sujet de la classification proposée par M. Hughes.

M. Renevier: Il s'agit, si j'ai bien compris M. Hughes, de ne pas faire maintenant de subdivision du groupe archéen.

M. Fontannes: Je pense qu'il y a une confusion entre ce qu'ont dit MM. Jacquot et Hughes. M. Hughes accepterait, je crois, les termes »schistes azoïques, schistes cristallins, gneiss et protogine«, sans leur donner aucune signification chronologique. M. Jacquot demande qu'il n'y ait pas de division dans ce groupe.

M. Jacquot: Ma proposition est radicale; elle tend à admettre une seule couleur, parce qu'il est impossible d'établir une division géologique rationnelle dans les conditions que j'ai définies. La proposition peut donc être formulée ainsi: Pas de division géologique; une seule teinte.

M. Hauchecorne: Il me semble que nous avons la tendance de ne pas laisser disparaître de la carte d'un pays des choses qu'on est habitué à y voir séparées. Or il y a des pays où la division dont il s'agit, est bien connue et bien nette. La besogne de la commission de la carte serait facilitée, si les trois choses étaient réunies; mais ce serait peut-être reculer au lieu d'avancer. A cet égard il serait regrettable de n'admettre qu'une seule couleur.

M. Stefanescu: Les couches dont il s'agit, sont très-bien représentées en Roumanie, surtout dans la partie nord-ouest. Dans les feuilles qui ont déjà paru, les schistes cristallins sont fort développés. Mais j'avoue qu'il serait extrêmement difficile de faire des subdivisions bien tranchées, car les schistes alternent très-souvent. Je suis donc également d'avis qu'il ne faut admettre qu'une seule couleur.

M. Lepsius: Je propose la clôture de cette discussion.

Marques d'approbation.

M. Fontannes: M. Hughes propose d'adopter le terme »groupe archéen« pour toutes les roches précambriennes ét d'indiquer d'une manière quelconque sur la carte les caractères pétrographiques, mais sans subdivision chronologique.

M. Dewalque: On peut donc adopter les trois subdivisions qui vous sont soumises, mais il est entendu que le congrès ne veut pas faire une classification chronologique, mais seulement pétrographique.

M. de Lapparent: Je demande la suppression du mot »protogine«. Quelque soit mon respect pour l'opinion professée par nos pères en géologie, qui regardaient la protogine comme la première formée entre toutes les roches, je ne conçois pas pourquoi l'on voudrait faire au gneiss chloriteux une situation différente de celle des gneiss à biotite, à muscovite, à amphibole, etc. Pourquoi créer cette exception en faveur d'une roche qui, d'ailleurs, peut aussi se rencontrer sous la forme franchement éruptive? Je réclame donc la suppression du privilège de la protogine.

M. Hauchecorne. Nous ne demandons pas mieux.

M. Renevier: Il faudrait laisser à la commission de la carte de faire deux ou trois divisions ou de n'en pas faire. Il ne faut pas établir en principe l'obligation de faire trois divisions. La commission appréciera.

M. Dewalque: Il est certain qu'on pourrait se contenter de trois, deux ou une couleur. Mais enfin, la direction de la carte propose la division en trois couleurs, et je ne considérerais pas comme une grave imprudence de l'admettre.

M. Renevier: La commission de la carte n'a pas proposé cela.

M. Dewalque: J'ai dit; la *direction* de la carte.

M. Hauchecorne: Nous le proposons au congrès.

M. de Lapparent: Il ne faut jamais se plaindre que la mariée soit trop belle. Pourquoi donc refuser la triple division proposée par la direction de la carte? Pourquoi se priver de cet avantage dans les pays où l'on nous affirme que la chose est réalisable? (Approbation.)

M. Hauchecorne: Ceux qui sont d'avis d'adopter la proposition de M. de Lapparent tendant à supprimer le mot »protogine«, sont priés de lever la main.

Adopté.

M. Hauchecorne: La direction de la carte accepte la proposition de M. Hughes, dont M. Fontannes a donné lecture, et je prie l'assemblée de se prononcer à ce sujet.

Adopté.

M. Dewalque: Nous reprenons la question de la classification:

B. Nᵒˢ 4, 5 et 6. La conférence de Zurich a admis provisoirement la réunion en un seul système, pour lequel un nom reste à déterminer, des diverses assises correspondant au cambrien et au silurien des Iles Britanniques. Les comités français, portugais, et roumain proposent le nom de *système silurien*. Avant de voter sur cette proposition, le congrès aura d'abord à se prononcer sur les noms à donner aux trois groupes et sur leur réunion en un seul ou en deux systèmes. En effet, le comité hongrois propose un système *cambrien* et un système *silurien*, celui-ci comprenant les groupes 5 et 6 réunis; le comité belge aurait proposé un groupement analogue, s'il n'avait préféré se conformer à la décision prise à Zurich par une grande majorité.

Le comité français ne propose pas de nom pour les trois groupes. Le comité roumain les désigne sous les noms inadmissibles (ils devraient être univoques) d'*inférieur, moyen* et *supérieur*. Le comité belge propose les termes: *cambrien, ordovicien* et *silurien*; le portugais substitue à ce dernier le nom de *bohémien*. Nous avons déjà rappelé que le comité anglais n'a pas été appelé à se prononcer sur les projets de rapport qui lui ont été soumis.

Depuis l'envoi des rapports des comités nationaux, la question à résoudre s'est compliquée. M. Jules Marcou, dans un important travail publié par l'Académie américaine des sciences et des arts, et intitulé *The Taconic system and its position in stratigraphic geology,* a revendiqué la priorité pour le terme *taconique,* dont le *cambrien ci-dessus* (à faune primordiale) serait l'équivalent. Pour nous, la chose paraît démontrée. En pareil cas, le terme *cambrien* serait appelé à remplacer l'*ordovicien;* le nom de *silurien* reviendrait de droit au groupe 6. Si nous ne nous trompons, cette solution écarterait bien des difficultés.

Nous proposons donc au congrès de déterminer d'abord les noms que doivent porter les groupes 4, 5 et 6.

Il aura ensuite à décider s'ils constitueront un ou deux systèmes; puis le nom ou les noms à employer.

M. Geikie: La question de la classification des roches cambriennes et siluriennes est avant tout une question anglaise, et il me semble que nous ne sommes pas prêts à discuter cette question. Je propose donc de l'ajourner jusqu'au prochain congrès qui se tiendra, j'espère, à Londres. D'ici là nous nous serons probablement mis d'accord.

M. Hughes: J'appuie cette proposition.

M. Hauchecorne: La direction de la carte se rallie à cette proposition.

M. le Président: Il est donc entendu qu'il y aura trois divisions pour les terrains comprenant le cambrien, le silurien inférieur et le silurien supérieur. La question des noms sera discutée au prochain congrès.

M. Capellini: Je regretterais que cette proposition fût admise, car lors du prochain congrès nous n'aurons pas encore une seule feuille de la carte qui sera tirée.

M. Hauchecorne: Sur la première feuille que nous tirerons, nous mettrons simplement: silurien inférieur, silurien supérieur et cambrien. Si le congrès de Londres décide que les noms doivent être modifiés, nous les changerons.

M. Capellini: Je me rallie à la proposition.

La proposition est adoptée.

M. Dewalque: Nous passons à la lettre *C. Système devonien*, N° 7, 8 et 9.

a) Conformément aux seules propositions qui aient été faites, le congrès est prié de décider que les trois séries de ce système porteront respectivement les noms de *rhénan*, d'*eifelien* et de *famennien*.

M. Renevier: Je suis étonné que le secrétaire général propose le terme »*rhénan*« plutôt que celui de »coblenzien« qui est de la même série que »eifelien« et »famennien«. Le mot »rhénan« appartient à une autre nomenclature.

M. Dewalque: Les souvenirs de l'honorable préoppinant sont peu précis sur le fond de la question. Le nom de rhénan est peut-être antérieur à celui de coblenzien ou en tout cas contemporain. Le terme coblenzien à été fréquemment employé, au moins dans sa forme allemande »Coblenzschiefer«, mais alors dans une acception plus restreinte, non identique à celle de devonien inférieur. C'est pourquoi il n'a pas été proposé.

M. Renevier: Je n'insiste pas, parce que je ne me suis pas spécialement occupé de la question; mais je voudrais qu'un membre plus compétent que moi prenne la parole à ce sujet.

M. de Lapparent: Le mot »coblenzien« est employé constamment, par les auteurs qui s'occupent du devonien, dans un sens restreint; et l'on distingue par dessous le taunusien et le gédinnien, qui font encore partie du rhénan. Par conséquent nous n'avons pas de confusion à craindre en adoptant le terme »rhénan«, tandis qu'il serait regrettable de sanctionner, en lui donnant un sens large, une expression qui a été utilisée jusqu'ici avec une acception plus limitée.

M. Renevier: Je me déclare satisfait.

La proposition *a* est adoptée.

M. Dewalque: *b*. Nous lui proposons de décider ensuite que les couches à calcéoles doivent faire partie de la série eifelienne.

C'est ce qui a presque toujours été fait partout. Je pense qu'il est important que le congrès se prononce sur ce point, car la chose se présentera sur la carte d'une manière notablement apparente. Je demande au congrès de décider que les couches à calcéoles seront considérées comme devonien moyen.

M. Dupont: La proposition de M. Dewalque est en définitif la ratification du système généralement suivi surtout en Allemagne et je m'y rallie volontiers. Mais je me demande, si, pour la même raison, il ne faudrait pas adjoindre au devonien moyen les schistes et calcaires à Rhynchonella cuboïdes. La faune de l'horizon des Calcéoles ne montre pas plus de différences, à mon avis, avec la faune du devonien inférieur et avec la faune du calcaire à Stringocéphales que la faune de l'horizon à Rhynchonella cuboïdes n'en montre avec cette dernière et avec la faune à Cyrtia Murchisoniana définie par M. Gosselet. C'est à l'apparition de celle-ci que se présente le principal changement paléontologique dans la partie supérieure du devonien. Pour rester strictement logique, il faut en conséquence relever la limite du devonien supérieur.

M. Beyrich: Je désirerais savoir si, d'après M. Dupont, les couches à Goniatites devraient être séparées des couches à Rhynchonella cuboïdes.

Tous les géologues allemands rattachent les couches d'Iberg au devonien supérieur.

M. Dupont: Il y a un changement très-considérable dans la faune au-dessus des couches à Rhynchonella cuboïdes et si une limite paléontologique doit être tracée dans la partie supérieure du devonien, c'est en ce point de la série qu'il y a lieu de le faire.

M. Renevier: Si je prends la parole sur ce sujet ce n'est pas pour énoncer une opinion personelle. Mais je désire rappeler l'opinion d'un des géologues, les plus competents en fait du devonien, M. Gosselet de Lille, qui a établi la limite des devoniens inférieur et moyen entre les couches à Calcéoles et les couches à Stringo-céphales. Certes M. Gosselet est une autorité en cette matière.

M. Dupont: M. Gosselet a fait remarquer, en 1873, que, si l'on étendait la définition du devonien moyen jusqu'aux schistes à Calcéoles, si on ne la restreignait pas exclusivement aux couches à Stringocéphales, il fallait lui adjoindre également les couches à Rhyncho-nella cuboïdes. C'est cette manière de voir que je reprends ici.

Comme j'ai eu l'honneur de le dire, les rapports paléontologiques entre les couches à Calcéoles et celles à Stringocéphales sont à peu près de même valeur que ceux qui existent entre les couches à Stringocéphales et celles à Rhynchonella cuboïdes. Mais c'est au-dessus de celles-ci qu'il y a un changement considérable dans la faune, et que par conséquent se trouve la limite la plus rationnelle.

M. le Président: Je ferai remarquer que, vers le côté droit du Rhin, les choses sont disposées de manière qu'il est impossible de mettre les couches à Calcéoles dans le devonien supérieur; il faut les laisser réunies au devonien moyen.

Telle est mon opinion et celle des géologues allemands en général, et comme le terrain est beaucoup plus étendu en Allemagne qu'en Belgique, je crois qu'il faut s'en référer à l'avis des géologues allemands.

Je crois donc que nous pourrions nous prononcer à ce sujet.

Ceux qui sont d'avis de mettre les couches à Calcéoles dans le devonien moyen, sont priés de lever la main.

Adopté.

M. Dewalque: Vient maintenant l'amendement de M. Dupont, consistant à dire que les couches à Rhynchonella cuboïdes font partie du devonien moyen et non pas du devonien supérieur.

Cette proposition n'est pas adoptée.

M. Dewalque: c) Enfin, nous proposons au congrès de décider que la limite supérieure du système devonien se trouve à la base du calcaire carbonifère; c'est-à-dire que ce système comprend les psammites du Condroz, le *Lower carboniferous* (Kiltorkan, Marwood, Pilton), l'*Old Red* supérieur ou le grès calcifère (Dura-Den) etc.

M. Geikie: Le rapport contient une erreur. Le »*Lower carboniferous*« et »le grès calcifère« ne font pas partie du devonien en Angleterre.

Les gisements de Kiltorkan, de Marwood, de Pilton et de Dura-Den appartiennent réellement à l'*Old Red*.

M. Dewalque: Vous supprimeriez donc les mots »*Lower carboniferous*« et »grès calcifère«.

M. Geikie: Certainement.

M. Dewalque: Nous sommes donc d'accord.

M. Renevier: Je désire savoir ce que M. Dewalque fait de la division, qui avait été établie par Oswald Heer sous le nom d'étage *Ursien*.

M. Dewalque: Il représente les psammites du Condroz.

M. Renevier: Cependant Heer avait trouvé que la flore était très semblable à celle du Culm.

M. Dewalque: Oui, mais il y a autre chose que les plantes à considérer. L'assise supérieure du devonien belge et anglais présente de même une petite flore qui a des rapports assez intimes avec celle du système carbonifère; mais elle est accompagnée d'une faune marine assez nombreuse, qui est essentiellement devonienne.

M. Renevier: Vous voyez, MM., l'inconvénient de prendre une décision sur une question de limites.

Plusieurs d'entre nous ne sont pas compétents pour trancher une question de cette nature. Beaucoup de savants plus compétents que nous ne sont pas présents, et ils trancheraient peut-être ce point tout autrement.

Nous allons donc aboutir à établir des limites un peu par confiance en notre honorable secrétaire général.

M. Dewalque: Mais nous sommes ici pour fixer les limites.

M. Renevier: Pourquoi déterminer des limites d'une manière absolue? Pourquoi ne pas laisser aux géologues belges et autres le soin de comprendre le devonien comme ils l'entendent? Les différences seront insignifiantes sur une carte à cette échelle.

Je crois que nous allons faire une mauvaise besogne, et je m'oppose à l'adoption de ce paragraphe.

M. Capellini: Je trouve qu'au point de vue de l'avancement de la carte il n'est pas du tout nécessaire de fixer ces limites, et que M. Renevier a parfaitement raison. Il ne faut pas se prononcer si promptement. La suppression complète de ce paragraphe permettrait d'avancer et en même temps on ne préjugerait pas ce qui pourra être fait en vue de mieux préciser les limites.

M. Dewalque: Nous sommes réunis ici pour prendre des décisions et pour mettre de l'uniformité dans nos résolutions. Je considère qu'au point de vue de la représentation des terrains de l'Angleterre, de l'Amérique et de la Belgique, il est indispensable de s'entendre sur les limites à adopter. Chacun pourra faire ce qui lui conviendra personnellement, mais, je le répète, pour la carte de l'Europe il faut admettre une limite uniforme. Or, s'il est une chose bien établie, c'est la concordance de notre devonien le plus élevé avec les couches des îles britanniques. Je prie donc le congrès de se prononcer, car je considère la question comme épuisée.

M. Capellini: Je ne crois pas qu'il soit nécessaire de se prononcer à ce sujet, pour permettre à la commission et surtout à la direction de la carte de faire avancer le travail. Ce serait nous engager dans une voie qui pourrait nous mener loin. Je prie donc M. Hauchecorne de faire connaître son opinion sur ce point.

M. Hauchecorne: Je suis comme M. Dewalque d'avis qu'il faut fixer la limite d'une manière définitive.

M. Beyrich: M. Renevier devrait faire une proposition. Je ne conçois pas qu'il dise qu'il est impossible de tracer une limite.

M. Renevier: Je crois que M. Beyrich ne m'a pas compris. Je me suis placé uniquement au point du vue du principe. D'après moi, nous risquerions d'apporter des entraves à la liberté scientifique. Je pense donc qu'il serait préférable de ne pas entrer dans de semblables détails.

M. de Lapparent: Je suis réellement surpris que la question soit discutée, alors que la proposition du Comité n'est pas combattue par les seuls qui y aient un intérét direct. La proposition de M. Dewalque consiste à assimiler certaines couches d'Angleterre avec des horizons déterminés du Continent. Aucun géologue anglais n'a protesté, et nous avons ici une assez brillante représentation de la géologie anglaise, pour considérer ce silence comme un assentiment. Si donc les Anglais, seuls intéressés dans la question, acceptent la proposition de M. Dewalque, nous pouvons, nous aussi, la voter sans crainte. Je crois pouvoir ajouter, sans blesser aucunement nos collègues anglais, qu'autrefois un des leurs avait consacré toute son énergie à obtenir la suppression du système devonien, bien qu'il avouât n'avoir jamais vu la série devonienne de la Belgique et du Rhin. Si les géologues anglais acceptent la proposition de M. Dewalque, on pourra dire que le Congrès a mis fin à la dispute que M. Jukes avait autrefois soulevée. Le résultat est assez intéressant pour ne pas le négliger, si nous pouvons y atteindre sans discussion.

Marques d'approbation.

La proposition de M. Dewalque est adoptée.

La séance est suspendue à $4\frac{1}{4}$ et reprise à 4 heures 45 minutes.

Les communications scientifiques suivantes sont faites:

par M. **Albert Gaudry:** Sur les similitudes que plusieurs reptiles ont eues dans divers pays du monde vers la fin des temps primaires[1]),

par M. **E. Mojsisovics von Mojsvár:** Arktische Triasfaunen[2]),

par M. **J. S. Newberry:** Sur les restes de grands poissons fossils récemment découverts dans les roches devoniennes de l'Amérique du Nord[3]).

M. le Président offre aux orateurs les remerciments du congrès.

La séance est levée à 6 heures 50 minutes.

---

[1]) v. pag. 1.

[2]) v. pag. 5.

[3]) v. pag. 11.

QUATRIÈME SÉANCE DU JEUDI 1ᵉʳ OCTOBRE 1885.

Présidence de M. VON DECHEN.

La séance est ouverte à 2 heures.

M. FONTANNES donne lecture du procès verbal de la séance du 29 septembre à $10\frac{1}{2}$ heures.

M. RENEVIER: J'avais compris que la proposition relative au carbonique n'avait pas été modifiée, mais qu'elle avait été adoptée après les explications données par M. Hauchecorne.

M. FONTANNES: La modification porte sur la forme et non sur le fond.

M. RENEVIER: Il faudrait dire alors: La proposition, sous réserve de la suppression du mot »carbonifère«, est adoptée.

M. FONTANNES: Parfaitement, mais je dois faire remarquer que les procès verbaux sont rédigés succinctement. Je saurais gré d'ailleurs aux honorables membres qui voudront bien me signaler les modifications à introduire dans les procès verbaux.

Le procès verbal est adopté.

M. HAUCHECORNE: Nous sommes tous très-satisfaits de la façon remarquable dont M. Fontannes s'est acquitté de sa tâche.

(Applaudissements.)

M. FONTANNES donne lecture du procès verbal de la séance du 30 sept. à 2 heures.

Le procès verbal est adopté.

M. le PRÉSIDENT: J'adresse à mon tour mes plus sincères félicitations à M. Fontannes qui remplit ses fonctions de secrétaire d'une façon si distinguée.

(Applaudissements.)

M. CAPELLINI: La présidence du congrès vient de recevoir du syndic de la ville de Bologne le télégramme suivant:

Bologna che con giusto e nobile orgoglio serba incancellabile ricordo dell' altissimo onore di essere stata sede del socondo congresso geologico internationale manda agl' illustri scienziati intervenuti al Terzo congresso un saluto affettuoso, augurando dai loro studi nuove conquiste a incremento della civilta

Sindaco Tacconi.

M. HAUCHECORNE: Au nom de la présidence du congrès, permettez moi de vous rappeler, messieurs, les beaux jours que nous avons passés en Italie lors de la réunion du précédant congrès.

Nous n'oublierons jamais l'accueil cordial qui nous a été fait, et je vous prie de vous lever avec moi en l'honneur de la ville de Bologne et de son excellent syndic à qui nous aurons l'honneur d'envoyer au nom du congrès la réponse au télégramme qui vous a été lu.

L'assemblée toute entière se lève et accueille par de vifs applaudissement les paroles de M. Hauchecorne.

Suite de la discussion de la question de la nomenclature.

M. Dewalque: Je reprends le rapport au bas de la page 15.

D. Système carbonifère, Nᵒˢ 10 et 11.

a) On a vu que la conférence de Zurich avait longuement agité la question de savoir si ce système ne doit pas être réuni au suivant. Le rapport portugais est le seul qui propose la réunion. Nous proposons donc au congrès de décider d'abord que le système carbonifère conservera ses limites actuelles.

b) La conférence de Zurich a approuvé le projet de légende de la carte, par lequel le système carbonifère est divisé en deux séries. Le rapport français, s'appuyant sur les résultats fournis par la botanique fossile, propose une division en trois séries, permettant de distinguer de la plupart des bassins de l'Europe centrale la bande houillère du nord de la France, de la Belgique et de la Westphalie. Le congrès aura à se prononcer sur ce point.

c) La division inférieure est essentiellement formée par le calcaire carbonifère, *Mountain limestone*, *Bergkalk* et le *Culm*. Quelle est exactement sa limite supérieure? Les rapports des comités nationaux ne s'expliquent guère sur ce point. Nous proposons au congrès de la fixer à la base du *millstone-grit*, conformément au projet de légende présenté par la direction de la Carte.

d) Dans l'hypothèse que le congrès maintienne la division de ce système en deux séries, nous proposons de les appeler *bernicienne* et *houillère*.

E. Système permien, Nᵒˢ 12 et 13.

a) Le congrès a d'abord à choisir le nom du système: on sait que beaucoup de géologues préfèrent l'expression *Dyas* ou système *dyasique*.

b) Y a-t-il lieu de diviser ce système en deux séries?

c) Quelle est la limite à donner à ces séries?

d) Quels noms porteront-elles?

M. Renevier, suivi par M. Mayer-Eymar, proposent les noms de *lodévien* et de *thuringien*.

Pour le moment la discussion doit se renfermer, me paraît-il, dans les limites suivantes: maintiendra-t-on un système carbonifère et un système permien ou dyasique, ou bien réunira-t-on les deux en un seul? Je vous ai lu la proposition de la commission; à une exception près, on demande donc le maintien des l'état des choses généralement adopté.

M. DE LAPPARENT: Je demande au congrès de vouloir bien décider qu'il n'y aura pas deux systèmes distincts pour le carbonifère et pour le permien. A mon sens, la règle qui doit nous guider pour la création d'un système, c'est que cet ensemble soit divisible en plusieurs étages, et que chacun de ceux-ci puisse être caractérisé par une faune pélagique, susceptible elle-même d'être subdivisée en plusieurs zones paléontologiques.

Pour les terrains secondaires nous avons un précieux élément d'appréciation grâce à l'évolution des céphalopodes, et les travaux de nos confrères, notamment de ceux d'Allemagne et d'Autriche, nous ont appris le parti qu'on pouvait tirer de la famille des ammonites, pour diviser les étages en zones paléontologiques. On comprend qu'il y ait réellement lieu de faire des étages, lorsque, dans chacun d'eux, il est possible de distinguer des horizons caractérisés, non seulement par des espèces, mais par des genres d'ammonitidés.

Cela posé, je demande connaître à ceux qui ont l'avantage de connaître mieux que moi les types pélagiques du permien, s'il leur est possible de nous présenter une faune pélagique permienne, susceptible d'être divisée en nombreux horizons. Je ne le crois pas; je pense qu'au point de vue pélagique le permien est une division très-limitée, qui n'a présenté qu'une très-faible variété de formes organiques. Dans le nord même nous voyons ces formes tout-à-fait atrophiées, comme si elles représentaient des êtres destinés à une vie franchement marine, et obligés de vivre dans des espèces de mers caspiennes, inhospitalières pour eux.

Quant à la flore terrestre, c'est une dépendance étroite de la flore carbonifère; à peine est-elle caractérisée par quelques genres nouveaux. Ceux qui se sont occupés de paléontologie végétale, n'ont pu l'élever à l'état d'unité distincte. D'après les auteurs qui ont étudié les montagnes Rocheuses, la partie orientale de l'Europe, et la partie occidentale de l'Asie, il n'y a qu'une seule faune pélagique permienne, étroitement liée à la faune houillère moyenne et à la faune triasique dont elle renferme en quelque sorte le présage, par les premières formes d'ammonitidés qu'on voit éclore dans ce permien marin. Si donc on veut faire quelque chose de philosophique, il faut adopter un seul système qui sera divisé en trois grands étages: l'un, inférieur, dont la caractéristique est le grand développement des formations marines en Europe; un étage moyen, pendant lequel les continents se dessinent avec une ampleur qu'ils n'avaient jamais eue encore — c'est le moment où la flore carbonifère se développe et où ses débris s'entassent dans les lagunes ou dans les lacs pour former le terrain houiller —; enfin un troisième étage, pendant lequel nous voyons les mers essayer un timide retour dans le nord de l'Europe, tandis qu'au sud, dans la région méditerranéenne, se dessine pour la première fois cette Méditerranée pélagique, qu'on retrouvera mieux caractérisée encore pendant les périodes triasique et jurassique. De cette façon nous aurons un système bien défini, comportant trois grandes subdivisions paléontologiques, dont chacune sera subdivisible en zones distinctes. Autrement si l'on veut donner au permien une existence distincte, on échappera difficilement au reproche d'avoir constitué une unité qui n'aura rien de comparable avec les autres.

Approbation.

M. Dewalque: Je dois faire remarquer que je suis seulement ici le rapporteur de la commission; je n'ai donc pas d'opinion personnelle à faire valoir.

M. Beyrich: En Allemagne le système permien est parfaitement caractérisé par sa faune de vertébrés, qui permet de distinguer deux étages très-bien fondés sous le point de vue paléontologique: l'étage du »Rothliegende«, dont la faune de vertébrés se rattache intimement au carbonifère; et l'étage du »Zechstein«, dans lequel presque toutes le espéces sont des apparitions nouvelles, qui n'ont pas existé antérieurement.

Pour la partie de la carte géologique de l'Europe, qui représentera l'Allemagne, nous ne saurions donc nous passer d'une séparation nette des systèmes carbonifère et permien, aussi peu que de la division du système permien dans les étages du »Rothliegende« et du »Zechstein«, qui se distinguent aussi par un gisement indépendant et par une stratification discordante.

M. Jacquot: Il serait intéressant que M. Dewalque voulût bien nous faire connaître les opinions émises par les diverses commissions internationales sur ce sujet tout spécial. Cela a une importance capitale au point de vue du vote du congrès. Y a-t-il eu une majorité considérable pour la division proposée dans le rapport de M. Dewalque? y a-t-il eu, au contraire, des avis émis dans le sens de la manière de voir que M. de Lapparent a développée?

M. Dewalque: En réponse à la demande de l'honorable préoppinant, je ne puis que répéter ce que j'ai dit tout à l'heure. La seule proposition tendant à réunir le tout en un seul système émane du comité portugais. Les autres comités ont maintenu les deux systèmes, à commencer par le comité français.

M. de Lapparent: Je ne voudrais pas que M. Dewalque pût croire qu'il y ait une contradiction entre mon opinion personnelle et celle que j'aurais exprimée dans le rapport présenté au nom du comité français. Ce comité a été, pour ainsi dire, constitué en partie double: Les premiers travaux, dirigés par notre éminent confrère M. Hébert, ont eu pour objet la confection d'une légende; plus tard on a dû s'occuper du rapport qui devait être envoyé à M. le secrétaire général. A ce moment, sur le désir de M. Hébert, la présidence du comité français a passé en d'autres mains et le nouveau président a cru bien faire de respecter absolument l'oeuvre de classification qui lui avait été transmise. Le silence du rapport français sur cette question ne doit donc pas être interprété comme une adhésion de ma part à une doctrine différente de celle que je viens de soutenir.

M. Renevier: Le comité suisse a également englobé le permien avec le carbonifère sous le nom de carbonique. En faisant son rapport, M. Mayer-Eymar n'a pas cru devoir reproduire tout ce qui avait été imprimé et publié. Voilà tout ce que j'avais à dire pour le moment; peut-être reprendrai-je la parole sur le fond de la question.

M. Choffat: L'épaisseur est une des raisons que l'on fait valoir pour considérer le Permien comme un système spécial. A ce sujet je ferai remarquer qu'en Portugal les formations mésozoïques ont des épaisseurs beaucoup plus grandes que dans l'Europe centrale. Par exemple nous avons de 1000 à 1200^m pour notre Malm inférieur, c'est-à-dire pour les strates comprises entre la zone à Ammonites athleta et la zone à Pterocena oceani, autrement dit pour l'oxfordien et l'Astartien.

Ces épaisseurs considérables pour les terrains mésozoïques n'existent pas seulement en Portugal mais aussi en Algérie. Elles nous prouvent combien la question de l'épaisseur a peu d'importance.

M. Capellini: A Zurich nous n'avons rien décidé à ce sujet. Le texte du compte rendu des séances tenues à Zurich, qui a été soumis à tous les membres présents, avant d'être imprimé, porte ce qui suit:

»Le président résume les débats. Il ne se présente aucune difficulté pour les N° 10 (Carbonifère inférieur, Culm, Mountain-limestone) et 11 (Carb. sup., Houiller, Millstone-grit etc.); quant au Permien les uns voudraient le rattacher au Carbonifère dont il ne représenterait que la division supérieure; les autres, au contraire, seraient d'avis qu'il tranchât vivement au milieu des assises qui l'entourent.

Ces deux solutions, mises successivement aux voix, réunissant le même nombre de suffrages, il est décidé que la direction de la Carte appellera de nouveau sur cette question l'attention des Comités nationaux.«

Rien n'a donc été préjugé. Par conséquent, M. de Lapparent peut fort bien faire valoir son opinion, à-présent qu'il occupe la place de M. Hébert.

M. HUGHES: Je ne puis mieux faire que de vous soumettre la gamme que j'ai sous les yeux et qui est relative au permien et aux autres couches.

Je pense qu'il y a très-peu de couches pélagiques dans le permien, parce que celui-ci se trouve tout-à-fait au bord de la mer et est suivi de couches triasiques littorales.

(M. Hughes donne au Congrès des explications au sujet du diagramme qu'il met sous les yeux de l'assemblée.)

Il n'est pas toujours possible, dit en continuant M. Hughes, d'avoir une échelle stratigraphique parfaitement en concordance avec l'échelle paléontologique. Il faut adopter une classification naturelle et tantôt considérer la stratigraphie, tantôt avoir d'avantage égard à la paléontologie.

En examinant la carte d'Angleterre, vous constaterez que certains endroits sont pleins de fossiles.

Si vous prenez la liste des géologues, vous verrez ordinairement que là où il y a beaucoup de fossiles, se trouve au centre un grand géologue.

(Rires.)

Le pour-cent des fossiles change de temps en temps, mais les lacunes ne changent pas et ma conclusion est celle-ci: je voudrais joindre le permien aux couches supérieures.

M. JACQUOT: Vous admettez l'opinion généralement partagée par les commissions internationales qui ne veulent pas aggréger le permien au houiller?

M. HUGHES: Parfaitement.

M. DE LAPPARENT: Je ne puis laisser nos confrères sous l'impression de la démonstration, certainement très-heureuse et très-propre à faire impression, que vient de donner M. Hughes. Je demande la permission de ne pas accorder aux discordances de stratification l'importance qu'il veut bien leur attribuer. Depuis quelques années nous avons eu maintes occasions de reconnaître à quel point les discordances sont capricieuses, locales, et souvent sans influence sur les faunes. Par exemple, l'une des plus grandes discordances observées dans les temps géologiques est celle qui sépare dans l'Europe occidentale le terrain houiller moyen du terrain houiller supérieur; c'est-à-dire les bassins de la Westphalie, de la Ruhr, du Nord et du Pas de Calais, des bassins de St. Étienne et du midi de la France. Cependant bien peu de personnes ont proposé d'établir même une limite d'étage entre le terrain houiller moyen et le terrain houiller supérieur.

Il ne faut donc pas se laisser trop séduire par ces arguments, tirés des discordances de stratification, et si faciles à présenter sous une forme graphique saisissante.

M'appuyant sur tous les travaux qui ont paru, je dis que la faune pélagique permienne représente tout au plus une unité comparable à la faune houillère à *fusulines*, ou à la faune anthraxifère à *Productus*. Par conséquent, on ne saurait en faire une unité équivalente à celle du système carbonifère.

Si nous étions en état de reconstituer la géographie de toute l'Europe pendant les différentes périodes, et que l'on pût me montrer que la géographie permienne diffère beaucoup de la géographie houillère pour se rapprocher d'avantage de la géographie triasique, je devrais m'avouer vaincu; mais contre la solution préconisée par M. Hughes et tendant, en somme, à faire rentrer le permien dans la série mésozoïque ou secondaire j'invoquerai un argument qui n'est pas d'ordre paléontologique et pour lequel je réclame, au besoin, le secours de nos confrères les pétrographes. Si l'on étudie la répartition chronologique des éruptions, tout le monde sera d'accord pour reconnaître que les épanchements porphyriques et mélaphyriques du permien sont la suite toute naturelle et, en quelque sorte, la clôture des épanchements carbonifères. Cela suffit, à mon sens, pour établir que le permien est une dépendance de l'ère paléozoïque plutôt que des temps secondaires.

M. von Koenen: Je ne crois pas inutile de rappeler que dans le nord de l'Allemagne, autour du Harz et à l'est du massif paléozoïque rhénan la partie inférieure du permien se trouve toujours en discordance absolue avec les couches plus anciennes, avec le carbonifère aussi bien qu'avec le devonien. Dans ces conditions il serait avantageux d'adopter des couleurs différentes.

Il n'y a pas moyen de séparer par une grande limite le »Zechstein« du »Rothliegende«.

Mais il serait bon de séparer le »Zechstein« des trias avec lesquels il a très-peu de ressemblance, soit lithologique, soit paléontologique.

M. le Président: Je me permets de faire remarquer que le »Rothliegende« consiste en Allemagne en des couches d'une épaisseur très-différente, mais il y a toujours un gisement transgressif sur les couches du carbonique et sur les couches devoniennes.

Les couches antérieures au »Rothliegende« sont redressées et leur surface a subi de grandes modifications. Mais la base du »Rothliegende« n'a pas encore été touchée.

Le »Rothliegende« s'étend des bords de la Weser au-delà de l'Elbe et de l'Oder jusqu'aux frontières de la Pologne, et même dans ce dernier pays il existe du »Rothliegende« et du »Zechstein«.

Viennent alors les grandes contrées de la Russie au versant occident des mont ourals, où il est difficile de séparer le »Zechstein« du »Rothliegende«.

Mais il y a des couches plus étendues que dans l'ouest de l'Europe qui appartiennent à ces deux séries.

Il faut une couleur spéciale pour le »Rothliegende« et pour le »Zechstein« dans l'ouest de l'Europe.

M. Blanford: Je crois qu'il s'agit d'une question très-importante qui concerne autre chose que l'Europe.

Je vous prie de remarquer qu'en dehors de l'Europe il n'existe pas de vrai permien. Il y a dans l'Inde un carbonifère supérieur qui est intimement lié avec le carbonifère moyen par des espèces et non pas par des genres, et qui contient cependant plus de représentants de genres mésozoïques que le »Zechstein«, parmi eux un vrai *ammonites*.

Le trias vient au-dessus sans discordance, mais on peut le reconnaître immédiatement par sa faune.

Je crois que la faune du »Zechstein« est locale.

Je pense aussi qu'au point de vue de la géologie en général on fera bien de faire du permien la série supérieure du carbonifère.

M. Capellini: Je demande si dans l'impression du compte rendu du congrès de Zurich il n'y a pas une erreur quant à l'opinion émise par M. Blanford. Je lis en effet ceci: »M. Blanford déclare qu'en Angleterre il est le plus souvent difficile de séparer le Permien du Lias, tandis que la limite est très-nette entre le Permien et le Carbonifère.«

Ou bien la rédaction est vicieuse, ou bien M. Blanford a changé d'avis.

M. Blanford: C'est une erreur; je ne me suis pas exprimé en mon nom personnel, mais en l'absence de M. Hughes. J'ai déclaré à Zurich que tel était l'avis du représentant de l'Angleterre. Je vous remercie en tout cas de m'avoir signalé cette erreur; cela m'a permis de la rectifier.

M. Stur: Meine Herren! In Oestreich giebt es Stellen, wo über einem sehr mächtig entwickelten Culm ganz concordant das untere Carbon folgt. Das ist in der Gegend von Mährisch-Ostrau.

Wir haben Gegenden, in welchen von Culm keine Spur vorhanden ist, und es ist das untere Niveau der Steinkohlenformation, dasjenige, was ich »Schatzlarer Schichten« genannt habe, ganz vollständig entwickelt. Es giebt Gegenden in Oestreich, wo über den Schatzlarer Schichten nichts weiter vorkommt.

Es ist aber namentlich das niederschlesische Gebiet in dieser Beziehung sehr wichtig. Es folgen auf das untere Carbon über den Schatzlarer Schichten ganz eigenthümliche Carbonschichten, die man bis jetzt sehr wenig gekannt hat, die eine eigenthümliche Flora haben. Man könnte das hier in dieser Versammlung Mittelcarbon nennen.

Ueber diesem Mittelcarbon folgen in Niederschlesien an einer anderen Stelle Conglomerate, und in diesen Conglomeraten ist das Obercarbon ganz gut entwickelt, und zwar durchaus concordant.

Es giebt in Böhmen eine Gegend, wo vom Culm und vom Unter- und Mittelcarbon keine Spur vorhanden ist, wo das Obercarbon ausserordentlich schön entwickelt ist, und zwar hat das Obercarbon mehrere Schichtenfolgen, die ganz vollständig concordant sind, verschiedene Flötze, verschiedene Floren führen.

In Mittelböhmen folgt über dem Obercarbon ganz regelmässig das Perm. Wir haben sehr viele Gegenden namentlich in Böhmen und bei Budweis, wo unmittelbar über den krystallinischen Schichten das Rothliegende aufliegt.

In Mittelböhmen, nicht fern von Prag, liegt auf dem Granit direct ein Conglomerat, welches einmal mit einer Bohrung untersucht worden ist und welches über 405 Fuss mächtiges Rothliegendes erwiesen hat, ohne dass eine Spur von der Steinkohlenformation da wäre. Wir haben in Rositz obere Steinkohlenformation, oberes Carbon mit geneigten Schichten, das beginnt mit einem Conglomerat, welches jedenfalls nicht das untere Carbon vertritt. Dann kommt eine Ablagerung von 3 Flötzen und ganz vollkommen concordant ist in Rositz mittelst eines Querschlages erwiesen worden, dass auf den höchsten Schichten mit reiner Carbonflora auf eine Reihe von 35 Fuss eine Schieferablagerung folgte, in welcher die Flora des obersten Carbons mit Einsprengungen von jener Art, die wir sonst im Rothliegenden zu sehen pflegen, mit einander gemischt vorkommen. Nachdem aber diese 35 Fuss durchquert worden sind, hat man in der folgenden Schichtenreihe keine Spur von irgend einer Art Carbon-Flora gefunden, und es sind dort nur die uns als gewöhnlich und charakteristisch bekannten Pflanzen des Rothliegenden vorgekommen.

Daraus möchte ich also schliessen, um es kurz zu sagen: es giebt bei uns Gegenden, wo aus dem Culm ins Untercarbon eine Concordanz bis zur vollen Entwickelung des Untercarbon bekannt ist. Es giebt Gegenden, wo zwischen Culm und Untercarbon eine vollständige Discordanz vorhanden ist, und die geht so weit, dass das Eine vollkommen das Vorkommen des Untercarbon ausschliesst. Es ist also zwischen Culm und Untercarbon stellenweise eine Discordanz vorhanden, stellenweise ein vollständiger Uebergang.

Dasselbe findet statt zwischen Untercarbon und Obercarbon. Die beiden kommen ganz vollständig getrennt vor, also mit grosser Discordanz, treten aber auch so über einander gelagert auf, dass keine Spur von einer Trennung wahrnehmbar ist. Ganz dasselbe ist zwischen dem Obercarbon und dem Rothliegenden der Fall. Das Obercarbon ist stellenweise vollkommen getrennt vom Rothliegenden und durch einen allmählichen Uebergang im Gestein so auseinander liegend, dass man nicht sagen kann, hier beginnt das Rothliegende und hier hört die Steinkohlenformation auf. Es ist also daraus sehr schwer eigentlich zu entnehmen, wo hier die Grenze zwischen den einzelnen Etagen gezogen werden soll, und es ist nicht zu verwundern, wenn einer von den Herren Collegen sagte: zwischen dem Culm und dem Carbon ist kein Unterschied, — oder, wie Herr College Hughes sagt: zwischen dem Rothliegenden und der Trias ist keine Trennung. Dafür hätten wir aus den Alpen ebenfalls Beispiele.

Trotzdem glaube ich, wenn man auch Fälle findet, wo eine einzelne Abtheilung der Steinkohlenformation über einer andern vorkommen sollte, dass wir doch ganz gut trennen können den Culm, das Unter-Carbon, das Ober-Carbon und das Rothliegende, und wir für alle diese drei Abtheilungen eine Farbe haben könnten.

Ein anderes ist es, wenn es sich um die Ausführung dieser Trennung handelt und wenn man sich fragt, an welchen Stellen diese drei übereinanderfolgenden Etagen in den Profilen vorhanden sind. Wenn man die Grenzen auf einer Karte projicirt im Umfange unserer geologischen Karte, so ist der Raum zwischen dem Culm und dem Rothliegenden ein so geringer, dass man ihn kaum mit einem Federstrich bezeichnen könnte. Also trotzdem, dass die Schichten manchmal ganz vollständig in einander übergehen, würde ich doch dafür sein, dass man die Abtheilung Rothliegendes von der Trias trennt und für Ober-Carbon und Unter-Carbon zwei Farben und für Culm eine Farbe wählt. Es wird Fälle geben, wo man diese Dinge gut unterscheiden kann, aber auch Fälle, wo man nicht im Stande sein wird, sie auf den Karten zu trennen.

(Applaudissements.)

M. Nikitin: Je pense que toutes nos divisions sont absolument artificielles. Nous avons entendu dire qu'il y a des terrains transitifs entre le carbonifère et le permien.

M. Hughes dit que le permien est intimement lié au trias, et M. Blanford pense que dans l'Inde on ne peut pas séparer le carbonifère du permien. Permettez-moi d'appeler votre attention sur ce qui existe en Russie.

Si l'on partage l'opinion de M. de Lapparent on doit aussi unir le carbonifère, le permien et le trias de la Russie.

Nous avons deux rayons en Russie. Dans le bassin de la Wolga les calcaires carbonifères sont partagés en deux étages. Ces calcaires sont nettement distingués des calcaires d'une autre catégorie, qui contiennent une faune du Zechstein inférieur de l'Allemagne entremêlée de quelques formes propres aux couches superieures du permocarbone. Ici la limite est exacte. Dans le versant ouest de l'Oural les couches sont toutes différentes. On y trouve sur le calcaire carbonifère supérieur un étage de marnes, de grès qui contiennent la faune mixte à moitié carbonifère, moitié permienne. C'est *l'étage d'Artinsk*, qui est suivi par des calcaires et des dolomites, dont la faune présente déjà plus de formes permiennes, en conservant toujours ce caractère général du permocarbone de la Nebraska et du Tyrol. Les dolomites de ce genre passent immédiatement en des calcaires du Zechstein russe ci-dessus nommés. Si l'on considère la limite supérieure de ce Zechstein russe, ou le calcaire de la Wolga que M. Murchison à nommé calcaire *permien*, on voit que ce calcaire est recouvert par l'étage des marnes irisées. Ces marnes sont intimement liées avec le calcaire permien. Il y a des couches intercalées qui ont aussi une faune permienne. Cependant la plupart des fossiles rencontrés dans l'étage des marnes irisées ont un caractère triasique, et ces marnes mêmes sont recouvertes par les calcaires de Bogdo, qui doivent être admis et parallelisés avec les couches supérieures du trias inférieur (Werfener Schichten suivant Moisisovics).

Nous ne pourrions pas trouver des limites tout-à-fait distinctes entre ces terrains de différents âges; ces limites seront entièrement artificielles, et si nous sommes forcés à présent de les fixer c'est seulement selon moi la nécessité cartographique.

M. Renevier: J'ai été très-heureux d'entendre le discours de M. Stur. Il a confirmé l'impression que j'ai depuis longtemps et que j'ai manifestée bien souvent, à savoir que les séparations basées sur les lacunes et sur les changements pétrographiques sont essentiellement régionales et locales. Je suis d'accord avec M. Nikitin pour reconnaître que toutes nos divisions sont arbitraires ou plutôt conventionelles. Dans les Alpes par exemple, la séparation entre le jurassique et le crétacé est très-difficile à établir. Les séparations sont basées sur certaines observations dans des pays donnés; mais, si nous voulons nous conformer aux vrais principes, il ne faut pas chercher à se servir pour ces séparations des accidents locaux et régionaux.

Remarquez que ceux qui se sont livrés à des études approfondies à cet égard dans ces dernières années, ont été tous d'accord pour dire qu'il existe une grande similitude entre la faune et la flore du permien et du carbonifère. M. Oswald Heer a appelé le permien »Obercarbon«, et ses observations ont été confirmées par les études remarquables faites en France par M. Grandier et par d'autres encore dont les noms m'échappent.

Ainsi, en ce qui concerne les Brachiopodes, Dawidson a constaté que souvent les mêmes genres et les mêmes espèces existent dans le permien et dans le carbonifère.

Quant aux reptiles, ceux que M. Gaudry vous a montrés, ont une grande analogie avec ceux du carbonifère. Ce sont généralement les mêmes types.

Les belles études de M. Fritsch sur les »Gaskohlen de la Bohème« ont donné le même résultat. Il vous a montré à Zurich que la faune était, pour ainsi dire, semblable dans le permien et dans le carbonifère. Si nous voulons faire quelque chose de rationnel et de vraiment utile à la science, nous devons nous baser essentiellement sur les analogies paléontologiques. C'est toujours d'après les modifications plus ou moins intenses de la faune et de la flore qu'il faut établir des groupes. Nous devons aussi chercher à faire des groupes ayant une certaine proportionnalité les uns avec les autres.

Or, comme on l'a fort bien dit avant moi, c'est un manque complet de proportionnalité que de faire un système du permien et un système du jurassique ou du crétacé. Ce sont des divisions d'ordre différent. Il faut marquer le permien, cela va sans dire; il faut aussi marquer ses différentes facies et ses subdivisions. On les marquera en modifiant les teintes, et la commission a annoncé qu'elle le ferait. Mais, pour obtenir des groupes rationnels, il faut, je le répète, s'en rapporter aux donnés paléontologiques et non pas à des circonstances stratigraphiques pûrement locales.

M. NEWBERRY: Je sais bien qu'il s'agit à ce moment de la carte géologique de l'Europe, et il est peut-être témeraire de la part des Américains de se mêler à cette discussion.

Je me borne à dire que je suis chargé par mon honoré confrère, M. Hall, de déclarer que, dans son opinion, il n'y a pas de permien proprement dit en Amérique. J'ajoute à cela que j'ai traversé tous les États et les Territoires de notre pays et j'ai examiné dans mille endroits les soi-disant couches permiennes, et je puis dire définitivement qu'il n'y a rien là-bas qui représente le permien du nord de l'Europe. Il est vrai qu'au sommet de notre système carbonifère il y a quelques genres de Mollusques (*Monotis, Bakevellia, Pleurophorus* etc.) qui sont regardés comme permiens, mais ils sont mêlés avec des espèces de *Productus, Spirifera* et d'*Athyris* les plus caractéristiques du terrain houiller. Il n'y a pas de discordance de stratification; la flore et la faune sont entièrement paléozoïques en *facies*. Aussi nous n'avons rien trouvé de la faune caractéristique du Zechstein, ni des Schistes de Mansfeldt. Par consequent, je suis fondé à dire que, quant au permien proprement dit, il n'existe pas dans les États-Unis. Je dois ajouter cependant que dans notre pays la partie inférieure du Trias manque généralement. Par consequent, il y a dans notre histoire géologique une lacune pendant laquelle le permien, si bien marqué dans ce pays-ci, a été déposé.

M. CAPELLINI: Je crois qu'il faudrait discuter longtemps encore avant de pouvoir nous entendre sur cette grave question. Bien que la majorité soit favorable à la réunion, il y a un nombre respectable de membres qui ont étudié la question à fin et qui sont partisans de la division. Il est près de 4 heures, et je ne pense pas que nous puissions trancher en 10 minutes un point de cette importance. Nous pourrions donc demander à la commission de la carte si elle croit pouvoir faire avancer son oeuvre en ajournant la question.

M. TOPLEY: Pour ma part, je partage la manière de voir de M. Hughes. En Angleterre, il est important de distinguer le permien du carbonifère. Cette question doit être considérée comme capitale.

M. DE LAPPARENT: Je crois qu'il y a un inconvénient à multiplier les ajournements, surtout lorsqu'on rencontre sur son chemin d'importantes questions de principe.

Il est certain que les limites seront toujours difficiles à tracer; c'est une question d'appréciation, mais il ne s'agit pas ici de limites.

Mais allons-nous admettre qu'on doit définir un système d'après les habitudes reçues, d'après l'affection que tel ou tel géologue a pu concevoir pour un terrain qu'il a bien étudié, ou bien nous guiderons-nous d'après des considérations générales, susceptibles d'intéresser les géologues du monde entier?

Je demande donc au congrès de décider, à titre de principe, que pour qu'un système ait le droit d'exister, il faut qu'il puisse être reconnu dans le monde entier, et qu'en outre on puisse le diviser en zones distinctes.

Approbation.

M. NEUMAYR: C'est précisément parce qu'il s'agit d'une question de principe qu'il faut, selon moi, l'ajourner. Les questions de ce genre doivent être discutées librement dans les publications scientifiques et ne pas être tranchées par la majorité d'un congrès qui pourrait se laisser séduire par l'éloquence d'un orateur distingué. Au nom de la science je m'oppose donc au vote d'une pareille question de principe.

M. CAPELLINI: Peut-être la commission de la carte pourrait-elle nous présenter une solution qui concilierait toutes les opinions. S'il est nécessaire que la question soit décidée au point de vue de l'avancement de la carte, nous la résoudrons.

M. HUGHES: Sur cette question de la proportion des systèmes je reponds à M. Renevier, que je me souviens d'un vieil ouvrage où toutes les pierres sont divisées en pierres grosses et en pierres petites.

Mais cela n'est pas scientifique.

Il me semble qu'il serait préférable d'adopter la proposition de M. Neumayr et de laisser la question en suspens.

M. HAUCHECORNE: Nous avons intérêt à faire paraître sur la carte ce que les différents pays nous fourniront. Si quelques pays indiqueront le permien sur leurs cartes, il faudra bien le représenter.

Nous laisserons en suspens la décision sur la réunion scientifique des deux groupes.

M. le Président: Il s'agit d'un principe scientifique sur lequel il faut se prononcer, à fin de permettre à la direction de la carte de terminer la plus grande partie de la carte pour notre prochaine réunion.

M. Dewalque: L'assemblée pourrait voter la proposition suivante:

> »Le congrès, sans vouloir se prononcer sur le fond, et considérant l'importance d'assurer l'exécution de la carte, maintient provisoirement la classification actuelle: carbonifère et permien.«

M. Hughes: Je désirerais voir ajouter: »sans mettre une accolade sur la légende«.

M. de Lapparent: Aucun de nous n'a songé à enlever à la direction de la carte la faculté de distinguer le carbonifère inférieur, le carbonifère supérieur et le permien. Nous avons seulement demandé que la division faite par le rapport entre un système carbonifère et un système permien ne fût pas ratifiée par le congrès. Nous demandons qu'on laisse en suspens la question de la réunion des 2 nuances du carbonifère et de la nuance du permien sous une même accolade, mais sans changer quoi que ce soit, à ce que la direction de la carte a déjà fait.

M. Hauchecorne: Nous sommes donc d'accord.

La proposition de M. Dewalque est adoptée.

La séance est suspendue à $4\frac{1}{4}$ et reprise à 5 heures.

Les communications scientifiques suivantes sont faites:

par M. **J. de Szabó**: Classification des roches adoptée dans la nouvelle carte géologique du district minier de Schemnitz en 1885 [1]),

par M. **le Baron de Zigno**: Sur une nouvelle espèce fossile de Myliobates [2]),

par M. **Charles Mayer-Eymar**: Preuves de l'équivalence des périhélies et des étages [3]),

par M. **Reusch**: Ueber krystallinische Gesteine von der Westküste von Norwegen. — Ueber einen bei Bergen gefallenen Meteoriten [4]).

---

[1]) v. pag. 15.
[2]) v. pag. 24.
[3]) v. pag. 26.
[4]) v. pag. 32.

CINQUIÈME SÉANCE DU VENDREDI 2 OCTOBRE 1885.

Présidence de M. CAPELLINI.

La séance est ouverte à 2 heures.

M. HAUCHECORNE: J'ai à vous annoncer une bonne nouvelle: M. le baron de Richthofen, notre très-cher et très-estimé collègue, qui avait été empêché jusqu'ici d'assister à nos séances, se trouve aujoud'hui parmi nous.

(Applaudissements.)

M. le conseiller Abich, retenu chez lui par un accident tout-à-fait imprévu nous a envoyé un télégramme par lequel il nous annonce qu'il espère pouvoir reprendre très-prochainement ses travaux.

M. le PRÉSIDENT: J'ai l'honneur d'annoncer à l'assemblée que le conseil a appelé dans son sein M. le baron de Richthofen, M. Kjerulf et M. Taramelli.

Je vous propose, MM., de tenir demain une séance à 10 heures du matin, pour remplacer la moitié de notre réunion de cet après-midi; celle-ci sera nécessairement plus courte à cause du banquet qui aura lieu à 4 heures.

Adhésion.

Le conseil a cru devoir nommer une commission internationale de nomenclature qui siégera entre le congrès de Berlin et celui qui se tiendra probablement à Londres. D'après les réglements la commission internationale de nomenclature cesse ses fonctions au moment où le congrès se réunit. Il faut donc pourvoir au remplacement de cette commission et le conseil a le droit de dresser et de proposer à l'assemblée la liste des personnes qui doivent composer la nouvelle commission.

Voici cette liste:

COMMISSION INTERNATIONALE
POUR L'UNIFICATION DE LA NOMENCLATURE GÉOLOGIQUE.

Allemagne	ROEMER, F., professeur à l'université de Breslau.
Australie	LIVERSIDGE, A., professeur à l'université de Sydney.
Autriche	NEUMAYR, M., professeur à l'université de Vienne.
Belgique	DEWALQUE, G., professeur à l'université de Liége.
Canada	HUNT, T. STERRY, membre du Geological Survey, à Montréal.
Danemark	JOHNSTRUP, F., professeur à l'université de Copenhague.

Espagne	VILANOVA, J., professeur à l'université de Madrid.
États-Unis	HALL, J., directeur du Musée d'histoire naturelle, à Albany.
France	LAPPARENT, A. DE, professeur à l'Institut catholique, à Paris.
Grande-Bretagne	HUGHES, T. Mc. KENNY, professeur à l'université de Cambridge.
Hongrie	SZABÓ, J. DE, professeur à l'université de Budapest.
Inde	W. BLANFORD, à Londres.
Italie	CAPELLINI, J., professeur à l'université de Bologne.
Norvège	KJERULF, T., professeur à l'université de Christiania.
Pays-Bas	CALKER, F. J. P. van, professeur à l'université de Groningue.
Portugal	DELGADO, J. F. N., directeur du service géologique, à Lisbonne.
Roumanie	STEFANESCU, G., professeur à l'université de Bucharest.
Russie	INOSTRANZEFF, A., professeur à l'université de St.-Pétersbourg.
Suède	TORELL, O., directeur du service géologique, à Stockholm.
Suisse	RENEVIER, E., professeur à l'Académie, à Lausanne.

Je prie ces messieurs de former leur bureau dans le cours de la séance; des urnes sont à leur disposition à cet effet.

M. FONTANNES donne lecture du procès verbal de la séance du 1er octobre; la rédaction en est approuvée.

Suite de la discussion de la question de la nomenclature.

M. DEWALQUE: Nous sommes arrivés à la lettre:

F. Système triasique, N°s 14, 15 et 16. — a) La division en trois séries, proposée par le projet de légende, est généralement acceptée. Le congrès aura à décider s'il la préfère à la division en deux, proposée par les comités hongrois et portugais.

b) Quelles sont les limites des séries adoptées?

c) Quels seront les noms de ces séries?

On a proposé les noms de *pécilien*, *conchilien* et *keuprique*, qui ont la priorité, et ceux de *vosgien*, *wurtzbourgien* et *carnien*.

M. RENEVIER: Je ne veux pas prolonger ce débat; mais je désirerais que l'on prît garde à une chose. Si l'on tient à ne pas préjuger la question, il ne faut pas dire: »en trois *séries*«, si non on forcera les Autrichiens à entamer une discussion à ce sujet. Il vaudrait mieux dire: »en trois *termes*«.

M. Dewalque: Il ne me semble pas qu'un système puisse être divisé en autre chose qu'en trois séries.

M. Renevier: Si M. Dewalque voulait y mettre un peu de bonne volonté, je suis persuadé qu'il pourrait arranger cela.

(Rires.)

M. Stefanescu: Puisqu'on a adopté au congrès de Bologne le mot de séries pour les divisions qui viennent après le système, et que ces séries se divisent ensuite en étages, afin de ne pas préjuger la question de savoir si les divisions du triasique seront des séries ou des étages, je serai d'avis de remplacer le mot »séries« par celui de »parties«.

M. le Président: Si M. le secrétaire ne cède pas, je devrai mettre d'abord aux voix la proposition de la commission.

M. Dewalque: Je ne puis pas laisser dire que je ne cède pas.

(Rires.)

Je maintiens seulement que la division d'un système se fait en séries. Si le congrès est d'avis de ne pas employer cette expression, je n'y ferai pas d'objection; mais il faudra dire alors, si ces divisions sont des séries ou non. Si elles ne sont pas de séries, vous ne pourrez pas leur appliquer les divisions qui sont proposées deux lignes plus bas.

M. Renevier: Je suis bien fâché de devoir encore prendre la parole; mais je dois rappeler qu'en raison de l'obligation où nous nous trouvons de hâter le travail de la carte, il a été dit qu'on renoncerait pour le moment à s'occuper d'une division systématique régulière, qu'on reprendrait cette discussion plus tard, et que l'on ne s'occuperait actuellement que de la légende de la carte. Les Autrichiens objectent que le Trias ne peut pas être divisé en 3 parties égales; ils disent que 2 de ces parties ne font qu'une unité. Si vous n'employez pas le mot »termes«, vous les obligerez à protester, s'ils sont conséquents avec eux-mêmes.

M. Dewalque: Cela revient à dire que la carte est fondée sur l'absence de classification systématique.

M. Renevier: Il vaut mieux dire cela que de faire une classification mauvaise et qui gênerait la liberté scientifique.

M. Blanford: Plusieurs d'entre nous sont d'un avis différent sur la question des séries. Si l'on voulait employer le mot »terme«, tout le monde serait d'accord.

M. le Président: Je mets aux voix l'amendement de M. Renevier appuyé par MM. Stefanescu et Blanford.

Cet amendement n'est pas adopté. La rédaction proposée par la commission de la carte, qui divise le Trias en trois séries, est adoptée.

M. Dewalque: Afin de gagner le temps, il a été décidé par le conseil qu'on ne s'occuperait pas de la question des noms. Nous passons donc à la lettre:

G. Système jurassique, N°s 17, 18 et 19. — a) La division en trois séries est généralement acceptée: quels noms leur donnera-t-on?

Les seules expressions proposées sont (sans compter *inférieur*, *moyen* et *supérieur*), *Lias*, *Dogger* et *Malm*, qui ont plusieurs défauts. Rappelons seulement que, d'après les règles admises, ces noms doivent être des adjectifs, à ajouter au mot *série*. Si l'on peut dire série *liasique*, peut-on faire accepter série *doggérique* ou *malmique*?

La seconde pourrait être appelée *bathonienne*, en prenant ce mot dans son acception primitive. Je cherche en vain un terme pour la troisième, car elle comprend ce que Brongniart, je pense, et d'Omalius avaient divisé en *oxfordien* et *portlandien*. On trouvera sans doute quelque dénomination géographique convenable.

Entrerons-nous dans la question des noms?

M. le Président: Non. — Êtes-vous d'avis, Messieurs, de diviser le système jurassique en 3 séries? Je mets cette proposition aux voix.

La proposition est adoptée.

M. Dewalque: Vient donc maintenant.

b) Le *rhétique* (non compris l'hettangien) doit-il être réuni au trias ou au lias?

Le rhétique, y compris l'hettangien, doit-il former la première série du système jurassique, qui comprendrait alors quatre divisions?

En admettant pour la carte trois teintes pour le système triasique et trois pour le jurassique, ne peut-on représenter le rhétique par un figuré spécial? Dans l'affirmative, faut-il prendre ce mot *sensu stricto* ou *sensu lato*?

C'est ce qui avait été proposé à Zurich pour autant que la chose fût pratiquement possible. La discussion doit donc porter, je crois, sur le rhétique dans un sens restreint.

M. Hauchecorne: Pour la carte de l'Europe, nous proposons ceci: Dans les parts contribuées par les différents pays le rhétique pourrait aussi bien être figuré dans le haut du système triasique que dans le bas du système jurassique. La gamme des couleurs contiendrait à cet effet une bande en hachure dans le haut du Triasique et dans le bas du Jurassique. Il serait laissé à la rédaction définitive de la carte de choisir un figuré unique. Je vous engage, Messieurs, à vous rallier à cette proposition.

Approbation.

M. Dewalque : Il y a encore deux question de limites; d'abord :

c) D'après la majorité des avis exprimés, la limite supérieure de la série liasique passe à la base de la Zone à *Ammonites opalinus.*

M. Renevier : C'est encore exactement le même cas que celui dont on vient de parler. Si nous ne voulons pas entamer une longue discussion, il vaut mieux ne pas essayer de trancher la question en ce moment. La plupart des Français mettent l'Opalinus dans la partie supérieure du lias. Il serait sage de s'abstenir d'énoncer un principe qui ne serait accepté que par lassitude ou qui entrainerait de longues discussions.

M. le Président : L'assemblée est-elle d'avis de passer outre?

Adhésion.

M. Dewalque : Nous passons à la lettre

d) D'après la majorité, la limite supérieure de la série bathonienne ou dogger passe à la base du callovien.

M. Choffat : Comme la question de la limite supérieure du dogger ne peut pas être traitée en 2 minutes, et que nous n'avons malheureusement pas le temps de la discuter, je propose de porter au protocol le paragraphe suivant :

> Vu le peu d'étendue que le callovien occupera dans la carte de l'Europe, il est laissé à chaque pays la liberté de le grouper comme il l'entendra.

Adopté.

M. Dewalque : Nous arrivons à la lettre :

H. Système crétacé, N°s 20 et 21. — a) Nous avons déjà rappelé les débats de la conférence de Zurich sur la division de ce système. Si l'on se place au point de vue des exigences de la carte projetée, il semble que la division en deux séries s'impose.

C'est toujours l'avis de la commission de la carte, n'est-ce pas?

M. Hauchecorne : Oui.

M. Dewalque : Voici la lettre :

b) En ce cas, la majorité est d'avis que le gault doit être réuni au crétacé inférieur.

c) Nous rappelons que la conférence de Zurich a émis le voeu que le trait marquant la limite entre les deux séries fût renforcé là où le gault existe.

M. Renevier: M. le secrétaire général aurait dû lire encore le paragraphe suivant. Nous sommes en présence d'un cas semblable à celui du rhétique. La commission a admis plus ou moins en principe, quelle chercherait à satisfaire tout le monde en employant un système de représentation qui puisse se placer à la limite. Je crois que M. Hauchecorne est disposé à demander la même chose que pour les deux cas précédents. Le gault doit être laissé à l'appréciation des différents pays.

M. Hauchecorne: Nous avons proposé pour la figuration la même chose que pour le rhétique. Il y aurait une hachure, et les différentes nations feraient ce qui leur conviendrait.

M. Dewalque: Il faut donc mettre aux voix la division en deux séries.

»Le système crétacé est divisé en 2 séries.«

Adopté.

Vient maintenant: »Le gault doit être réuni à la série inférieure.«

M. le Président: La commission de la carte fera son possible pour représenter le gault là où il existe, mais il est parfois difficile de l'indiquer sur une carte à petite échelle. La commission propose de le réunir au crétacé inférieur.

M. Renevier: Je m'y oppose. A Zurich M. Hébert a protesté contre cette réunion. Au point de vue paléontologique, il a dit, comme moi, que les affinités paléontologiques du gault existent plutôt avec le crétacé moyen qu'avec le crétacé inférieur.

M. Beyrich: Il y a des paléontologues qui ne sont pas de l'avis de M. Renevier. Ils pensent que le gault appartient au crétacé inférieur.

C'est là une question que nous ne pouvons pas trancher ici. Il suffit de constater qu'il y a des opinions divergeantes.

M. de Lapparent: Je n'avais pas demandé la parole. Mais puisque M. le Président me la donne, je me déclare heureux de pouvoir me ranger à la suite d'un chef de file tel que M. Beyrich. Je ne suis pas assez paléontologue pour émettre sur la faune du gault une opinion personnelle; mais je dois dire que dans l'ouest de la France, le gault fait défaut partout, alors que le crétacé supérieur y est très-développé.

Si l'on pouvait aujourd'hui dresser la carte des rivages de la mer du gault en France, on trouverait, je crois, plus de raisons de réunir cette division avec le bas qu'avec le haut.

Néanmoins je ne m'opposerais pas à une solution mixte, si elle devait prévaloir, comme celle qui a été adoptée pour le rhétien.

M. le Président: Je mets aux voix la proposition suivante: Le gault sera réuni au crétacé inférieur, quand on ne peut pas le représenter à part sur la carte géologique de l'Europe.

Adopté.

M. Dewalque: Nous abordons

le **Système tertiaire.** D'après le rapport, la discussion aurait dû porter sur la classification. Il s'agirait d'abord de savoir si tout cet ensemble doit former un seul ou plusieurs groupes. Je crois que cette question peut être réservée pour des discussions futures. Il conviendrait pour le moment de connaître les subdivisions à établir dans l'ensemble des terrains tertiaires.

M. Stefanescu: D'après certaines opinions, il y aurait 2, 3, 4 et même 5 systèmes. Il y a donc lieu de discuter la classification de la totalité en systèmes ou groupes.

M. Dewalque: Ou en séries.

M. Mayer-Eymar: Je ne comprends pas qu'on se permette de vouloir changer la signification d'un nom introduit par des maîtres comme Lyell et d'autres.

Nous devons protester contre ces changements arbitraires.

Quant aux grandes coupures à établir dans l'ensemble des terrains tertiaires, la discussion de cette question m'entrainerait beaucoup trop loin; et comme je ne saurais convaincre personne par quelques paroles je préfère m'en rapporter aux membres de la commission de la carte.

Qu'ils adoptent deux, trois ou quatre divisions, s'ils le jugent à propos. Pour moi, qui n'en admet plus aucune je dois dire que cela m'est bien égal.

M. Hauchecorne: A Zurich il n'a pas été question de paléocène. Nous avons donc établi 4 divisions. Il me paraît, que nous pourrions les garder.

M. von Koenen: Le long des Alpes il n'y a pas de Paléocène tant que je sache; l'Oligocène sera délimité partout, à ce qu'il paraît, à-peu-près de la même manière, qu'on l'appelle Miocène inférieur ou Oligocène.

La question est de savoir si en France et en Angleterre on jugera bon d'accepter la division Paléocène.

En Russie, je ne crois pas qu'on soit à même de dire si telle ou telle série tertiaire appartient au Paléocène ou à l'Éocène.

Quoi qu'il en soit, je crois que nous pourrions abandonner à la commission de la carte le soin de décider cette question.

M. Stefanescu: On a dit qu'il y avait 3, 4 ou 5 divisions. Celles-ci sont-elles des étages, des systèmes ou des séries? Quoi qu'il en soit, il faut les réunir en une accolade quelconque.

Si ce sont des séries, où les placera-t-on?

M. Neumayr: Il s'agit encore une fois d'une grande question de principe, et je propose de ne pas entrer dans une discussion plus approfondie à ce sujet, ainsi que je l'ai proposé hier pour une autre question.

M. Blanford: Nous pourrions nous abstenir de trancher la question, mais il serait toujours utile de la discuter, si nous avions le temps de le faire aujourd'hui.

M. le Président: Je suis persuadé que la direction de la carte fera tout son possible pour contenter tout le monde, et je propose de lui accorder un vote de confiance en ce qui concerne l'exécution de ce travail important, sans qu'elle doive attendre la réunion d'un nouveau congrès pour lever les difficultés qui pourraient se présenter et qui n'auraient pas été prévues.

M. Choffat: Sauf pour la nomenclature.

M. le Président: Il s'agit de l'arrangement de la carte.

Approbation.

M. Dewalque: Dans le rapport j'ai laissé entrevoir différentes solutions, mais j'ai ajouté:

Il serait peut-être plus pratique de considérer spécialement les nécessités de la carte géologique de l'Europe et — renvoyant au prochain congrès la discussion de la classification à adopter au point de vue purement scientifique, — de demander d'abord au congrès de Berlin s'il est d'avis que les six divisions proposées par la Direction soient représentées sur la carte. Il est extrêmement probable que la réponse sera affirmative.

C'est en définitif le sens de la proposition qui vient d'être formulée par l'honorable président.

M. le Président: Parfaitement. Les membres de la direction de la carte ne feront rien qui aille à l'encontre de nos désirs, et il ne faut pas qu'ils aient les mains liées d'ici au prochain congrès.

Je mets aux voix la proposition de M. Dewalque qui est d'accord avec la mienne.

Adopté à l'unanimité.

M. Dewalque donne lecture de la partie du rapport qui concerne les **Formations plutoniennes** [1]).

---

[1]) v. pag. 331.

M. von Dechen: Il n'y a pas de différence entre les volcans éteints et les volcans actuels. Les volcans éteints peuvent faire éruption demain, dans un siècle ou dans mille ans. Il faudrait donc une seule couleur.

Il y a aussi des tuffs pour lesquels il faudrait admettre une couleur spéciale, à-peu-près la même que pour les masses solides, mais beaucoup plus claire par des hachures.

M. Beyrich: M. de Richthofen aurait-il la bonté de nous faire connaître son opinion à ce sujet?

M. de Richthofen: Je suis arrivé seulement ce matin et je n'ai reçu le rapport qu'il y a une heure; je ne suis donc pas à même de me prononcer en parfaite connaissance de cause.

M. Hauchecorne: M. von Dechen propose une couleur unique pour les volcans éteints et actifs, de sorte que ceux-ci resteraient réunis. Les tuffs auraient une couleur spéciale. C'est une question d'exécution.

Lorsque nous recevrons d'un pays quelconque une division exacte des masses de tuffs stratifiés etc., nous trouverons facilement un moyen de figuration sur la carte. Nous inviterons donc les géologues des différents pays à bien vouloir, autant que possible, faire figurer sur leurs cartes les volcans éteints et actifs, ainsi que les tuffs.

M. Blanford: Je ne crois pas qu'il faille discuter actuellement la question de la distinction des roches volcaniques, bien que je regrette que la commission de la carte ait préféré une classification petrologique au lieu de la classification chronologique, recommandée par plusieurs comités nationaux.

Mais il est un autre point sur lequel j'appelle l'attention du congrès.

Les laves stratifiées ou éruptions des fissures ne sont pas très-étendues en Europe, mais elles occupent un espace énorme dans l'Amérique du Nord, l'Afrique et les Indes.

Il faudrait employer sous ce rapport une couleur ou au moins un pointillé pour ces formations.

M. le Président: La direction de la carte fera tout son possible pour représenter sur la carte ce qui lui sera indiqué, de manière à concilier toutes les opinions. Ce sera une lourde charge, mais je suis persuadé qu'elle s'en acquittera à la satisfaction de tout le monde [1]).

Adopté.

____

[1]) La direction de la carte a dressé un tableau, dans lequel les différentes espèces de roches sont classées dans les 7 groupes de roches éruptives contenus dans la gamme de la carte. Ce tableau, qui n'est qu'un programme provisoire, se trouve pag. cxxxv.

M. le Président donne la parole à M. Neumayr pour une communication concernant un

Nomenclator palaeontologicus.

M. Neumayr: Messieurs! La proposition de publier une liste de tous les fossils décrits jusqu'à présent a un but essentiellement pratique. La litérature paléontologique s'accroit d'une manière si effrayante, qu'il est presqu' impossible de tenir compte de tous les genres et de toutes les espèces, et en effet il y a là une des principales difficultés pour les travaux paléontologiques. Le projet, que j'ai l'honneur de vous soumettre, a le but d'amoindrir cette difficulté, cette friction de la machine, en présentant un résumé complet de la litérature paléontologique.

Outre ce but pratique l'oeuvre aura un certain intérêt théorique, en donnant les premiers matériaux pour une statistique de la vie organique des époques passées.

L'utilité d'un pareil projet a été reconnue de toute part, et malgré les difficultés énormes qu'en prête l'exécution, je pense qu'elles pourront être surmontées, si le congrès international veut s'interesser à ces travaux et les appuyer de son autorité.

Le Nomenclator paleontologicus, tel qu'il est projeté, devra se composer de plusieurs parties; il y aura dabord une série de volumes, dont chacun contiendra les matériaux sur une des grandes divisions du règne animal ou végétal, sur les Protozoaires, les Coelentérés, les Vertébrés, les Cryptogames, etc. Les classes qui comptent un trop petit nombre d'espèces seront jointes à une classe voisine, par exemple les Vers aux Molluscoïdes; les classes qui sont d'une grandeur excessive, comme les Mollusques, devront être subdivisées. Dans chacun de ces volumes tous les genres et les espèces seront arrangés par ordre alphabétique, les synonymes seront indiqués, marqués par des caractères typographiques spéciaux; en outre on indiquera les localités, le gisement, on citera les principaux ouvrages où se trouve la déscription de chaque espèce.

Dans une seconde partie seront réunies tous les noms à l'exclusion des synonymes, par ordre zoologique ou botanique, de manière qu'on aura une énumération complète et systématique de tout ce que nous connaissons.

Enfin il y sera joint un Index, qui occupera un volume pour soi.

Le tout formera un ensemble de 15 volumes à-peu-près chacun de 60 à 70 feuilles de 16 pages chacune, soit un ensemble de 1000 feuilles ou de 16 000 pages.

Il sera établi qu'on fera aussi peu de critique que possible, et qu'on ne donnera aucun nouveau nom dans le Nomenclator. La langue du Nomenclator sera la langue latine; une préface donnant les dates historiques sur l'exécution, les noms des collaborateurs, etc. sera écrite en Français.

Il ne sera pas utile d'entrer plus dans les détails du projet, ou dans les motives qui ont fait choisir cette forme; la division du Nomenclator en parties correspondantes aux grandes classes a été choisie pour faire paraître l'oeuvre au fur et à mesure que le manuscrit sera terminé pour un volume sans qu'il soit nécessaire d'attendre, pour commencer l'impression, l'arrivé de tous les volumes.

Pour l'exécution il sera nommé un redacteur, qui rassemblera les manuscrits et les arrangera d'une manière convenable, et qui aura la charge de toute la partie méchanique et administrative. Cette besogne ne pouvant être accomplie par un seul rédacteur, il lui sera adjoint un assistant.

Il y aura en outre un comité de rédaction, qui sera chargé d'entreprendre avec le rédacteur le choix des collaborateurs, qui décide sur tous les points de détail et tous les cas douteux de l'exécution, et qui représentera le congrès vis-à-vis du rédacteur.

Pour l'exécution matérielle un nombre de 30 à 40 savants se partageront dans les diverses parties du règne animal, il livreront leurs manuscrits faits d'après les règles à établir par le comité de rédaction. Ils seront aidés par des collaborateurs nationaux qui aideront à trouver et à examiner la literature des diverses pays.

Si de cette manière l'exécution sera votée aujourd'hui par le congrès, la publication du 1. volume pourra commencer en 2—3 ans; dans les conditions les plus favorables l'oeuvre entier occupera 10 ans à-peu-près, mais la durée sera probablement plus grande.

La plus grande difficulté à vaincre sera de se pourvoir à la partie matérielle de l'entreprise. Les frais de la publication s'élèveront selon toute probabilité à plus de 200000 Francs, et il n'est pas vraisemblable qu'un éditeur veuille risquer une pareille somme sans avoir certaines garanties pour la réussite. En mettant le prix à 45 Centimes par feuilles de 16 pages, ou à 400—450 Francs pour le tout, il faudrait 600 prénumérations à-peu-près pour couvrir les frais. Quoique ce nombre aussi bien que la somme soient très-élévés, il y a cependant lieu d'espérer que les diverses corporations scientifiques, qui ont de l'intérêt à la publication, voudront sousscrire un nombre suffisant, si l'entreprise leur est recommandée par le congrès international.

La séance est levée à 4 heures.

SIXIÈME SÉANCE DU SAMEDI 3 OCTOBRE 1885.

(MATIN.)

Présidence de M. BEYRICH.

La séance est ouverte à 10 heures 15 minutes et vouée entièrement aux communications scientifiques suivantes:

M. **F. Noetling**: Ueber eine Reise in Syrien und im nördlichen Palästina [1].

M. **E. Dupont**: Sur une méthode propre à déterminer l'origine des calcaires [2].

M. **E. Naumann**: Ueber die Geologie Japans [3].

M. **A. Huyssen**: Beobachtungen über Temperaturen in tiefen Bohrlöchern [4].

M. **Mac Gee**: Communication du Directeur du United States Geological Survey sur les méthodes cartographiques employées par cet institut [5].

---

[1] v. pag. 38.
[2] v. pag. 44.
[3] v. pag. 46.
[4] v. pag. 55.
[5] Cette communication a été remplacée par celle qui se trouve pag. 221.

SEPTIÈME SÉANCE DU 3 OCTOBRE.

Présidence de M. CAPELLINI.

La séance est ouverte à 2 heures.

M. FONTANNES donne lecture du procès verbal du 2 octobre; la rédaction en est approuvée.

M. HAUCHECORNE: J'ai reçu la lettre suivante de la part de M. le prof. Alt de Cracovie:

»Durch meinen Gesundheitszustand leider verhindert, den sehnlichst gehegten Wunsch zu erfüllen, an der diesjährigen Versammlung in Berlin persönlich theilzunehmen, bin ich so frei, Euer Hochwohlgeboren hiermit zu ersuchen, in meinem Namen bei jener Versammlung eine Vorlage machen zu wollen, welche nicht ohne allgemeines Interesse sein dürfte.

Schon seit mehreren Jahren mit der Untersuchung der natürlichen Verhältnisse Galiziens beschäftigt, hat die k. k. Krakauer Akademie der Wissenschaften in Krakau den Beschluss gefasst, eine geologische Karte des Landes herauszugeben, und mich mit der Leitung dieser Herausgabe betraut. Diesem Unternehmen schloss sich auch der galizische Landesausschuss an, über dessen Auftrag schon seit einigen Jahren eine geognostische Untersuchung besonders des gebirgigen Theiles von Galizien und der Naphthagegenden des Landes vorgenommen wird; die Ausführung der Karten in Farbendruck hat das k. k. militärgeographische Institut in Wien übernommen.

Die beiliegenden 4 Karten sollen die erste Lieferung dieses Atlasses bilden, welcher auf der Basis der geographischen von dem gedachten Institute im Maassstabe von 1 : 75 000 herausgegebenen Karten, auf eine Weise ausgeführt werden wird, wovon die beiliegenden Karten ein Muster geben sollen. Jeder solchen Lieferung soll auch ein Heft mit erläuterndem Texte beigegeben, und, wo es nöthig ist, z. B. für die Tatra, auch Specialkarten in dem grösseren Maassstabe von 1 : 25 000 hergestellt werden. Ich hoffe, dass wir auf diese Weise ein entsprechendes Bild der geognostischen Verhältnisse unseres Landes erhalten, welches nicht nur im Allgemeinen ein rein wissenschaftliches, sondern mit Rücksicht auf die Naphthaführung unserer Karpathen, die Kohlen- und Erzlager des Krakauer Gebietes und die Phosphorite Podoliens auch ein technisches Interesse erwecken dürfte. Wenn Euer Hochwohlgeboren sich die Mühe nehmen wollten, diese Karten mit dem zu vergleichen, was bis jetzt über diesen Theil Galiziens bekannt geworden, würden Sie darin wohl bedeutende Unterschiede und, wie ich glaube, einen wirklichen Fortschritt finden; und so lange es mir beschieden ist, die Leitung dieses Unternehmens in Händen zu behalten, wird es meine Sorge sein, dahin zu trachten, dass es auch für die Zukunft so bleibe. Freilich ist dies ein Unternehmen, welches nicht in ein oder zwei Jahren beendet sein kann; zur Beschleunigung der Herausgabe dürfte jedoch der Umstand nicht unwesentlich beitragen, dass die die Karpathen betreffenden Blätter mit denen des übrigen Galiziens zugleich bearbeitet und herausgegeben werden sollen.

Ueber die Art der Ausführung erlaube ich mir noch folgende Bemerkungen: Was die Colorirung betrifft, werden Sie schon aus den beiliegenden Blättern ersehen, dass ich mich, so viel als nur immer möglich, an die für die geologische Karte von Europa vereinbarten Grundsätze und Farbentöne gehalten habe, und so soll es auch für die Zukunft bleiben.

Nur für den alten rothen Sandstein (Oldred) habe ich eine besondere rothe Farbe gewählt, einerseits darum, weil die in dem in Bologna vereinbarten Schema für das Devon gewählte Farbe zu wenig von der Farbe des Silur absticht, so dass, wo so schmale Streifen beider Farben aneinander stossen, die Deutlichkeit darunter leidet, andererseits, weil noch neuerdings die Zugehörigkeit dieser, Cephalaspis und Pteraspis führenden Sandsteine zum eigentlichen Devon wieder in Zweifel gezogen wurde, so dass z. B. Lankester sie noch zum Ober-Silur nehmen will, so dass mir die Wahl einer besonderen Farbe hierfür angezeigt erschien, welche die Frage der Zugehörigkeit dieser Schichten zu dieser oder jener der beiden Formationen noch offen lässt.

Die für die Karte gewählte Terminologie ist wohl die polnische; was jedoch die Brauchbarkeit derselben auch für andere Nationen kaum schmälern dürfte, da in dem Farbenschema ausser den polnischen auch die deutschen Bezeichnungen für die verschiedenen Formationsglieder angeführt sind.

Ueber die Art der Bezeichnung der Unterabtheilungen einer Formation innerhalb des in Bologna vereinbarten Raumes wurde dort nichts Definitives festgesetzt; die Rücksicht auf die Erzeugungskosten der Karten machte es nothwendig, zu diesem Zwecke keine anderen Farben zu wählen, als welche schon ohnehin auf diesen Blättern Verwendung fanden, doch werden die auf denselben gebrauchten Zeichen und Farbentöne auch auf den späteren Blättern genau beibehalten werden, damit keine Verwirrung entstehe, und

meines Erachtens thut die gewählte Bezeichnungsweise der Deutlichkeit keinen Eintrag. Die Rücksicht auf die Erzeugungskosten konnte
aber nicht ausser Acht gelassen werden, da es sich zugleich um
möglichste Wohlfeilheit handelt, um dieser in 500 Exemplaren auf-
gelegten Karte auch im Lande selbst eine möglichst grosse Verbreitung zu sichern. Eine Farbenskala für den ganzen Atlas und
für alle in demselben zur Darstellung gelangenden Formationen
schon jetzt zu geben, war nicht möglich, da noch nicht alles über-
sehen werden kann, was in dieser Beziehung nöthig sein wird.

Der Atlas wird in Lieferungen à 4 Blätter erscheinen und
jeder Lieferung ein Heft Erläuterungen beigegeben, und damit dieselben Erläuterungen für alle 4 Blätter einer Lieferung gelten
können, werden stets aneinander stossende Blätter zu einer Lieferung
vereinigt werden. Da übrigens weder der Landesausschuss, noch
die Akademie der Wissenschaften ein anderes Interesse hat, als den
Karten die möglichst grösste Ausbreitung zu verschaffen, wird auch
der Preis ein möglichst billiger werden. Die Herausgabe wird beginnen, sobald der Text zur ersten Lieferung fertig ist. Jede Karte
trägt rechts unten den Namen des Geologen, welcher die Aufnahme
besorgte.

Diese Andeutungen dürften genügen, um Euer Hochwohlgeboren
in den Stand zu setzen, die Vorlage dieser ersten 4 Blätter mit
einigen erläuternden Worten zu begleiten, um was ich sehr bitte«.

M. von Dechen: J'ai reçu une nouvelle lettre par laquelle M. Abich
annonce qu'il expère être rétabli sous peu. Il a pris la résolution
de se rendre à St. Pétersbourg pour se mettre d'accord avec ses
collègues de l'Académie de cette ville sur la carte géologique du Caucase et de l'Arménie russe.

Nous serons heureux que ce savant distingué puisse reprendre
prochainement ses remarquables travaux. Je vous prie de m'autoriser à lui adresser les remerciments du congrès pour ce qu'il a déjà
fait et pour ce qu'il pourra faire encore dans l'intérêt de la science
géologique.

Marques unanimes d'approbation.

M. le Président: Je prie M. von Dechen de se faire l'interprète des sentiments du congrès auprès de l'honorable M. Abich.

Nous avons entendu la communication de M. Neumayr sur le
nomenclator palaeontologicus. Pour marquer tout l'intérêt que nous
portons à cet ouvrage, je vous propose de décider qu'il sera publié
sous les auspices du congrès et qu'il sera nommé une commission à
cet effet. Celle-ci serait composé de MM. Etheridge, Gaudry, Neu-

mayr et von Zittel, avec faculté de s'adjoindre d'autres savants. Enfin, le congrès autoriserait la dite commission à s'adresser aux associations scientifiques intéressées à la publication, en vue d'obtenir leur secours matériel.

La proposition est approuvée.

M. Vilanova: Messieurs, lorsqu'a siégé à Paris le premier congrès pour l'unification du langage, j'ai eu l'honneur de proposer, afin de résoudre toutes les difficultés, qu'offrent en général les questions de langage, de rédiger une espèce de

Codex linguistique géologique et géographique. Le congrès a bien voulu se rallier à cette idée, et j'ai soumis au congrès de Bologne 500 feuilles environ du dictionnaire, d'après les bases que j'avais proposées à Paris, comprenant les noms espagnols, la synonymie ou l'équivalent en langue française, l'étymologie, et ensuite la définition en français, parce que le français est la langue universelle, en y ajoutant quelques desseins afin de faciliter l'intelligence de la définition de tel ou tel mot.

Le congrès de Bologne a nommé une commission présidée par M. Beyrich qui a bien voulu faire un rapport favorable, en m'engageant à poursuivre cette oeuvre.

J'ai l'honneur de vous présenter le travail entièrement terminé au point de vue du langage espagnol. J'en ai envoyé des exemplaires à plusieurs collègues faisant partie de cette commission; ils se chargeront de ce qui concerne la synonymie dans les différentes langues de l'Europe, et ils rectifieront les erreurs que j'aurais pu commettre. Cela permettra de faire un jour un lexicon polyglotte. Un dictionnaire semblable peut être reduit à un simple lexicon conforme aux bases que j'ai signalées, ou bien il peut devenir une encyclopédie géologique et géographique.

C'est à l'assemblée à décider si elle préfère un simple lexicon indiquant les noms en anglais, en allemand, en russe, etc., en ajoutant ensuite après l'étymologie une simple définition. Si après les mots »groupe silurien, etc.« on voulait ajouter tous les développements possibles, le dictionnaire deviendrait, pour ainsi dire, encyclopédique. Malheureusement, je n'ai pas d'exemplaires en nombre suffisant pour tous ceux qui peuvent s'intéresser à un travail de ce genre. Je me ferai un plaisir d'en faire parvenir de Madrid à ceux qui désireront en avoir à leur disposition.

Dans la rédaction de mon travail, je me suis conformé à l'opinion d'une des plus grandes célébrités Berlinoise, M. de Humboldt, savant très-estimé dans mon pays.

A l'époque où M. de Humboldt a fait un voyage dans l'Amérique latine qui appartenait alors à l'Espagne, il a reçu de mon gouvernement l'appui qu'il méritait. Nous avons conservé les collections splendides dont il nous a fait hommage, et nous gardons dans nos archives comme documents d'une grande valeur la longue correspondance que nous avons échangée avec lui.

Après s'être livré à un grand nombre d'observations au point de vue scientifique, linguistique etc., M. de Humboldt a déclaré dans plusieurs de ses travaux que sous le rapport géographique et même géologique la langue espagnole est peut-être la plus riche de toutes les langues connues, parceque l'Espagne a profité de ses dominations sur différentes contrées pour s'approprier certains mots auxquels elle a donné ensuite la structure de la langue espagnole. C'est ce qui lui a permis d'avoir une langue très-variée. Lorsque j'ai commencé ce travail, j'ai constaté que plusieurs noms espagnols n'ont pas leur correspondant dans d'autres langues de l'Europe. Par un sentiment de fierté nationale, je voudrais voir confirmer les idées de l'illustre de Humboldt. La réalisation de ce projet de dictionnaire ne donnerait pas lieu à de bien grandes difficultés, et la dépense qu'elle entrainerait, ne serait pas considérable.

J'espère que pour la prochaine session qui aura lieu à Londres, les personnes qui ont bien voulu se prêter à collaborer à cet ouvrage, feront ce qui dépendra d'elles, pour le compléter.

(*Applaudissements.*)

M. le Président: Au nom du congrès j'adresse mes remercîments à M. Vilanova et je forme des voeux pour que son travail soit mené à bonne fin.

M. Fontannes: Dans l'intervalle des congrès de Bologne et de Berlin M. de Gregorio a fait parvenir au conseil deux projets:

Sur la constitution d'une societé géologique internationale
et

Sur la publication d'un grand journal géologique international.

Depuis l'ouverture de la session de Berlin, le bureau a eu le plaisir de recevoir de M. Topley les épreuves du dernier volume du géological record, années 1880 — 84. Il a semblé au conseil que cette publication répond complétement aux désiderata formulés par M. de Gregorio. Les membres que la question intéresse, pourront prendre connaissance de ce travail.

M. le baron Levi: Il serait très-important que la proposition de M. Gregorio fût mise aux voix, car on pourrait de cette façon fonder une revue internationale géologique qui permettrait d'établir des rapports entre tous les pays et de consacrer la confraternité de tous les savants.

M. le Président: La question sera étudiée d'ici au prochain congrès.

M. Fontannes: Vu l'heure avancée, j'ai cru pouvoir me dispenser d'énumérer toute à l'heure les raisons pour lesquelles le conseil n'avait pas jugé à propos de donner suite à ce projet; mais M. de Gregorio peut être assuré que sa proposition sera examinée avec toute l'attention désirable.

M. le Président: D'après le règlement du congrès, il n'est pas permis de soumettre à l'assemblée ce qui n'a pas été approuvé par le conseil. Il n'est donc pas possible de statuer sur les propositions de M. de Gregorio.

M. von Dechen présente la lettre suivante de M. James D. Dana, datée de New-Haven 9 septembre 1885.

New-Haven, Connecticut Sept. 9. 1885.

My highly esteemed Sir,

I write a word at this time to express my regret that I am unable to be present at the meeting of the International Geological Congress at Berlin. It would give me great pleasure to make the personal acquaintance of the many eminent Geologists of Europe, and especially of the honored President of the Congress and to profit by the discussions of the several sessions.

I took the liberty a few days since of sending to your address, by post, a copy of two of my recent papers. The part of my own geological investigations that bears on the question that will come before the Congress relate particularly to the age of the so-called Taconic system of rocks, so named from the Taconic Range on the north-and-south-western borden of New-England, and on the value of lithological distinctions as a mean of distinguishing the age of crystallin rocks. — As there is a wide diversity of opinion among geologists on both of these points, and since I cannot take part in the discussions, I here mention the results to which I have been led by nearly ten years of study in the Taconic regions, and over its continuation northward and southward. — They are there.

1. The Taconian rocks, or those of the Taconic Range, on which the Taconic system was instituted by Prof. E. Emmons in 1842, are of lower Silurian age, none of them older than the »Potsdam Sandstone« of the New-York series, now regarded as the top of the Cambrian.

2. There is no horizon of unconformability at any place in the series between the quarzite representing the Potsdam Sandstone and the top of Lower Silurian.

3. The Lower Silurian rocks of the Taconic include phyllites, Sericite (hydronomica) schists, chloritic Sericit schists, Mica schists, chloritic Mica schists, garnetiferous and staurolitic Mica schists, and quarzite. — Whether Gneiss is also included, I have left still an open question, but shall before long publish al the subject. These results are based on long-continued stratigraphical investigation, and also on the existence of fossils in portions of the rocks where least metamorphosed. In the discoveries of fossils before announced I have added this summer that of others, unquestionably Lower Silurian, in limestone of the original Taconic system of Emmons — his »Sparry limestone« situated directly west of the Taconic Range, and dipping under the Taconic schists. The locality is just west of the centre of this range, in the town of Canaan, New-York.

I should add that the Lower Silurian age of the Taconic system was urged by Professors Rogers, Hall and Malthen about the time the system was first announced by Prof. Emmons; and has since been held, after a careful study of portions of the region by Sir William Logan of Canada, Prof. C. H. Hitchcock of the Vermont Geological Survey and M. A. Wing of Vermont.

In fact all investigators of the rocks of the Taconic region have reached the same conclusion.

I use the term Lower Silurian here as it was formerly used in the Science. But the Potsdam Sandstone, I would, as has been done by others, refer to the Cambrian, making it the Upper Member of the Cambrian or Primordial. The rest remains as »Lower Silurian«; and this old name has had its place so long in the Science that more in convience than good, it appears to me, would come from introducing a substitute. Cambro-Silurian the series can not rightly be called, since it is not a combination of the Cambrian and Silurian, analogous to Jura-Trias.

I beg you will pardon my writing at so much length and believe me,

with the highest esteem

faithfully yours

James D. Dana.

M. Nikitin: Je n'ai pas demandé la parole pour faire une communication scientifique, mais bien pour vous présenter des cartes qui ont été préparées par le comité géologique russe pour le congrès.

Je vous présente la moitié de la carte internationale pour la Russie qui est seule prête en ce moment. Dans notre pays, nous n'avons qu'une toute petite carte géologique de M. Murchison qui a été corrigée dans les éditions postérieures par M. Helmerson et puis par M. de Moeller. Tous les faits géologiques existant dans la littérature géologique russe se trouvent dispersées dans plusieurs éditions périodiques. Il fallait donc réunir tous ces matériaux, les classer, les dresser sur une carte d'une échelle détaillée et en suite les réunir sur une carte dont l'échelle est à-peu-près celle de la carte proposée par le congrès international. Pour la Russie il ne s'agissait pas d'un travail de rédaction; il fallait créer la carte puisque celle-ci n'existait pas. C'était un travail considérable eu égard à la grande étendue du territoire.

Après la démission de M. de Moeller, le comité a partagé ce travail entre ses membres. Notre directeur, M. Karpinsky, a dressé la carte pour les parties de l'ouest et du sud de la Russie. Pour ma part, je suis chargé de dresser la carte des régions centrales et sud-est, c'est-à-dire du grand bassin de la Wolga. Mon collègue, M. Tschernyschow, géologue en chef, a dressé la carte pour la partie nord de la Russie, et M. Michalsky, qui s'occupe du lever géologique de la Pologne, a dressé la carte de cette contrée. Ces personnes sont, chacune en ce qui la concerne spécialement, responsables de l'exactitude de leur travail. Nous avons été également aidés dans notre besogne par plusieurs géologues russes qui nous ont communiqué des faits non encore publiés jusqu'ici. La carte internationale paraîtra un peu tachetée; les parties non colorées dominent. Elles représentent des parties non explorées ou bien, pour la plupart, des régions couvertes par de grands amas superficiels, c'est-à-dire des couches de sable, des marnes aux blocs erratiques recouvrant des roches d'un âge inconnu. C'est absolument comme dans le rayon de l'Allemagne du nord.

La seconde partie de la carte, c'est-à-dire la partie Est de la Russie comprenant l'Oural, pourrait être dressée en un an et demi environ. La partie comprenant le Caucase sera faite par M. Abich, ainsi qu'on vous l'a déjà dit précédemment. De cette façon, la carte sera entièrement exécutée.

J'ai l'honneur d'offrir également au congrès les dernières publications des membres du comité géologique russe. Je présente une carte géologique de 6 feuilles représentant la partie russe de l'Asie centrale, c'est-à-dire le Turkistan. Cette carte a été dressée par nos géologues voyageurs, MM. Mouschketow et Romanowsky.

Je présente encore au congrès une carte représentant le versant est de l'Oural dressée par M. Karpinsky.

Enfin je présente au congrès les 3 feuilles déjà achevées de la carte géologique générale de la Russie d'Europe qui sera publiée en 144 feuilles.

M. VASSEUR: Lors de la session de Bologne, sur la proposition de M. van den Broeck, le congrès a émis le voeu que chaque nation dressât la carte géologique de son territoire à l'échelle de $\frac{1}{500000}$.

Une carte semblable offre le précieux avantage de représenter les divisions stratigraphiques de première importance.

M. Carez et moi nous avons cru pouvoir entreprendre l'exécution de ce travail, et j'ai l'honneur d'en présenter au congrès un premier spécimen. 13 feuilles sont actuellement imprimées, d'autres sont soumises à la gravure ou à l'impression. Le travail comprendra dans son ensemble 48 feuilles; 5 d'entre elles sont destinées au titre et à la légende. Quant au colorit nous nous sommes conformés à la décision du congrès de Bologne. 49 teintes sont appliquées aux figurés géologiques. Le tertiaire est représenté par le jaune; le vert représente le crétacé, le bleu le jurassique, le violet le trias. Enfin, pour les terrains primaires, nous avons adopté un gris jaune pour le permien, deux gris pour le carbonifère et le houiller; des bruns roses ou rougeâtres pour le devonien, des rouges chair pour le silurien et un rose de carmin pour l'archéen. Les rouges ont été réservés pour les roches éruptives. Les feuilles que je présente ici, ont été rassemblées à l'exposition géologique de la Berg-Akademie, et l'examen de ce panneau vous aura convaincus j'espère, de l'excellence des principes exposés à Bologne en ce qui concerne le coloriage des cartes géologiques.

M. le PRÉSIDENT: Pour nous Italiens, nous ne sommes pas encore en état de publier cette carte, parce que la topographie n'est pas complète. Nous ferons notre possible pour hâter ce travail.

M. HAUCHECORNE: Il est regrettable que l'écriture des belles cartes présentées par M. Nikitin soit en langue russe. Il serait désirable d'employer des caractères appartenant à la langue latine tout au moins au point de vue de la représentation de la carte de l'Europe; sinon, nous ne pourrions profiter des trésors que ces cartes pourraient contenir.

M. NIKITIN: Les cartes que j'ai présentées, sont publiées en langue russe, mais tout ce qui intéresse la géologie, tel que les noms des rivières, des places où existent des affleurements, est rendu en caractères latins. En outre, toutes les publications du comité géologique russe sont accompagnées d'un résumé très-complet en français et en allemand.

Après ces discussions des communications scientifiques sont faites:

par M. **Ochsenius:**
»Ueber die Bildung von Steinsalzflötzen und Mutterlaugensalzen«[1]).

par M. **F. Pošepný:**
»Ueber die Bewegungsrichtung der unterirdisch circulirenden Flüssigkeiten«[2]).

D'autres communications, une deuxième de M. Pošepný: »Ueber eine zum allgemeinen Gebrauche sich eignende Richtungsangabe«,

de M. V. T. Blanford: »Note sur la classification des roches de l'Inde Brittanique«,

de M. A. Inostranzeff: »Sur la variabilité de la concentration et de la composition des sources minérales«,

et un travail important de M. G. F. Dollfus (présentée par M. Jacquot): »Notice sur une nouvelle carte géologique des environs de Paris«,

sont retenues à cause du manque de temps et seront imprimées dans le compte rendu[3]).

M. le PRÉSIDENT: Messieurs, il s'agit de savoir où siégera le prochain congrès. Déjà à Bologne nos collègues d'Angleterre avaient manifesté le désir de nous recevoir dans leur pays; c'est par amabilité pour l'Allemagne qu'ils ont consenti à siéger d'abord à Berlin. Cette année nos honorables confrères ont renouvelé leur demande, et à unanimité le conseil l'a acceptée de grand coeur. Au nom du conseil j'ai donc l'honneur de soumettre au congrès la résolution suivante:

Le congrès géologique international tiendra sa quatrième session à Londres en 1888.

MM. Geikie, Blanford, Hughes et Topley formeront le comité du congrès sous plein pouvoir de se compléter pour l'organisation.

Le congrès sera convoqué entre le 15 août et le 15 septembre; l'époque précise sera déterminée par le comité anglais.

Adopté par acclamation.

---

[1]) v. pag. 63.
[2]) v. pag. 71.
[3]) v. pag. 77, 81, 85 et 98.

M. Hughes: Messieurs, je pense que nous avons bien fait de céder à Bologne devant le désir de l'Allemagne, en présence de la réception si cordiale qu'elle nous a faite. Ce que nous avons appris ici, nous permettra également de faire en 1888 mieux que nous n'aurions pu faire probablement cette année. C'est au nom de 137 confrères anglais dont j'ai remis la liste à M. le président que j'ai l'honneur de vous inviter. Je puis vous assurer, Messieurs, que nous ferons tout ce qui dépendra de nous, pour vous faire l'accueil que vous méritez à tant de titres, et pour permettre au congrès de Londres d'obtenir de bons résultats.

(Applaudissements.)

M. Geikie: Je tiens à vous dire à mon tour que les géoloques anglais suivent avec le plus vif intérêt les progrès de la science géologique, et je puis vous garantir que, lorsque vous viendrez en Angleterre, ils vous feront un accueil cordial et empressé.

(Applaudissements.)

M. Capellini: Je cède la présidence à notre cher et illustre M. Beyrich pour lui permettre de procéder aux formalités de la clôture de la session.

M. Beyrich prend place au fauteuil de la présidence.

M. Capellini: Avant la clôture officielle du congrès permettez moi de vous proposer quelques remerciments.

I° A Sa majesté l'Empereur Guillaume, qui a daigné faire recevoir le congrès à Berlin par le gouvernement et le faire gracieusement accueillir par Son Ministre des Cultes;

dont la haute protection s'est étendu sur toutes les entreprises du conseil et dont la bienveillance trouvera encore l'occasion de se manifester dans le courant de l'excursion du congrès à Potsdam.

II° Au gouvernement Prussien et tout spécialement au Ministre des travaux publics, qui a bien voulu se charger de l'organisation du congrès de Berlin et de la superbe exposition géologique au palais de la Landesanstalt et qui a fourni au congrès les moyens pour les excursions au Harz et à Stassfurt.

III° Au Ministre des Cultes, qui a bien voulu nous recevoir à Berlin et ouvrir notre session avec son magnifique discours et qui a mis à la disposition du conseil un si grand nombre de publications de grande valeur.

IV° Au Président du Reichstag allemand, M. de Wedell-Piesdorf, qui a mis ce beau local à notre disposition pour nos réunions.

V° A Messieurs les directeurs des musées et des institutions scientifiques qui ont tous ouvert au géologues du congrès leur belles collections et leur laboratoires.

VI° Au Président d'honneur M. v. Dechen.

VII° Au comité d'organisation, à notre Président Beyrich et à l'infatigable sécretaire général, M. Hauchecorne.

(Applaudissements prolongés.)

M. BEYRICH: Meine Herren! Gestatten Sie mir, mich für die letzten Worte, die ich an Sie zu richten habe, der Sprache zu bedienen, in der ich zu denken gewohnt bin.

Als eine grosse Zahl der hervorragendsten Geologen des alten und des neuen Continents in Paris zu dem ersten internationalen Geologen-Congress versammelt waren, hatte in Deutschland der Gedanke, dass Congresse unserer Wissenschaft einen grossen Nutzen gewähren könnten, noch nicht Wurzel gefasst. Deutschland fehlt unter den Ländern, denen die Vicepräsidenten des Pariser Congresses angehörten.

Anders war es bei dem zweiten Congress in Bologna. Die ausgezeichneten Arbeiten der in Paris gewählten Commissionen hatten uns belehrt, dass die wichtigsten und schwierigsten geologischen Probleme würden zur Sprache kommen bei der Erörterung der von Anfang an den geologischen Congressen vorgezeichneten Aufgaben.

Da glaubten wir denn auch nicht fehlen zu dürfen, um unsere Meinungen mit denen unserer Collegen austauschen zu können.

Wie sehr aber waren wir überrascht über das, was uns in Bologna geboten wurde. Wir sahen, dass die Geologie in Italien bereits eine populäre Wissenschaft geworden war, und wir betrachteten bewundernd das, was die Geologen Italiens, mit frischer jugendlicher Kraft voranschreitend, vor unseren Augen ausgebreitet hatten.

Wie schwer war da die Aufgabe, die uns gestellt wurde, als Italien und seine Gäste uns zuriefen: Wir wollen das nächste Mal nach Deutschland kommen, damit auch Ihr zeigen könnt, was Ihr zu leisten im Stande seid.

Möge es uns denn nun gelungen sein, Ihnen zu zeigen, dass auch hier mehr vorhanden ist, als Sie vielleicht erwartet haben.

Die hohe Ehre, welche mir zu Theil wurde, indem Sie mir die Würde des Vorsitzenden dieser grossen Versammlung hervorragender Geologen übertrugen, ist kaum verdient durch das Wenige, was ich in unserer Wissenschaft zu leisten im Stande war.

Nehmen Sie meinen wärmsten Dank für das mir erwiesene Wohlwollen und für die Nachsicht, die Sie meiner Führung gewährt haben.

(Applaudissements.)

M. VON DECHEN: Messieurs, je tiens à vous remercier de tout mon coeur pour l'accueil que vous avez fait au choix du comité organisateur de ce congrès. Vous avez eu la gracieuseté de me nommer président d'honneur. Jamais je n'aurais cru pouvoir prendre place un jour à ce siège qu'un homme plus méritant aurait dû occuper.

Je me rappelle, Messieurs, le premier congrès scientifique qui a siégé dans cette ville en 1828 sous les auspices de M. le baron Alexandre von Humboldt. 57 ans se sont écoulés depuis lors. A cette époque Berlin était une petite ville qui comptait à-peu-près 150 000 habitants. Les collections qui existaient à cette époque à Berlin, étaient bien insignifiantes, si on les compare aux splendeurs artistiques qu'elle possède aujourd'hui. L'école polytechnique était située alors rue de cloître dans un local fort restreint. Aujourd'hui, c'est un magnifique institut que vous avez tous pu admirer ces jours-ci. Cependant, Messieurs, ce n'est guère que depuis 10 ans que Berlin a fait le développement remarquable que vous avez constaté.

Je vous invite, Messieurs, à rapporter dans vos pays respectifs le souvenir de l'amour du travail qui règne dans notre ville, et je suis persuadé que votre séjour ici vous aura permis de constater que mes paroles sont l'expression fidèle de la vérité.

Puissent, Messieurs, les jours que vous avez passés chez nous, ne pas s'effacer de votre mémoire!

(Applaudissements.)

M. HAUCHECORNE: Permettez-moi à mon tour, Messieurs, de prononcer quelques mots en réponse aux excellentes paroles de M. Capellini.

Nous sommes, a-t-on dit, de pauvres hommes — nous les piocheurs de cette oeuvre. Je dis au contraire que nous sommes riches, puisque nous avons gagné le plus haut prix de nos efforts, puisque nos collègues qui sont venus à Berlin, se sont déclarés satisfaits du travail que nous avons préparé. Nous avons cherché à réaliser des progrès, et j'espère qu'ils ne feront que s'accroître dans l'avenir.

Je suis surtout heureux de l'entente cordiale qui règne entre les géologues de tous les pays; ils se sont réunis d'abord en petit nombre à Paris; ils ont été plus nombreux à Bologne, et le chiffre en a augmenté encore à Berlin.

Nous pouvons dire, Messieurs, que nous resterons non seulement des collaborateurs, mais aussi des amis.

En attendant que nous consacrions une nouvelle fois notre union à Londres, permettez-moi de vous adresser en terminant le cri de Glück auf! Qu'il reste l'enseigne de notre congrès et de tous les congrès futurs.

(Vifs applaudissements.)

M. DE LAPPARENT: Messieurs, les sentiments de gratitude des géologues étrangers ne seraient pas suffisamment exprimés par ce qu'a dit l'honorable M. Capellini, quelque riche qu'ait pu vous paraître l'énumération qu'il a faite.

Certainement la part des organisateurs de ce congrès est immense, mais nous ne pouvons pas oublier qu'une grande partie du succès revient aussi à l'accueil particulièrement cordial que nos confrères d'Allemagne réservaient à ceux qui se sont rendus dans cette belle ville de Berlin.

C'est un des privilèges de notre science, MM., — et peut-être le meilleur, — que l'obligation où elle se trouve de mettre en contact immédiate des savants de toutes les nations.

La géologie ne nous apprend pas seulement, MM., à quel point les frontières politiques sont quelquefois artificielles; c'est une condition indispensable de ses progrès, que toutes les questions difficiles soient résolue sur place par un travail en commun qu'aucun échange de publication ou de correspondance ne pourra j'amais remplacer. Alors, dans ces rencontres, les idées s'élargissent, les préjugés tombent, les hommes apprennent à se connaître et à s'aimer.

(Bravo.)

A quel point ce résultat peut-être obtenu, nous en avons, MM., depuis le commencement de cette semaine la plus éclatante démonstration au sein de ce congrès.

Dans cette ville si hospitalière, où nous avons reçu un accueil si cordial, tout a été préparé et organisé de telle sorte que non-seulement nos aspirations scientifiques, mais même nos goûts artistiques, et j'oserai ajouter nos goûts pour le plaisir, ont été satisfaits de la manière la plus complète.

C'était autrefois chez nos pères une opinion généralement reçue, que lorsque deux hommes avaient rompu le pain ensemble il ne devait plus y avoir entre eux ni combats, ni disputes.

Eh bien, les géologues font mieux que de rompre le pain ensemble; ils rompent des pierres dont ils se partagent fraternellement les débris.

(Applaudissements.)

Combien donc leur union doit-elle être plus intime? N'est-ce pas dans la mesure même où la dureté de la pierre l'emporte sur celle du pain?

(Nouveaux applaudissements.)

Souhaitons donc, comme l'exprimait M. Hauchecorne en termes éloquents et émus, que cette union de tous les géologues aille sans cesse en s'affermissant; c'est certainemant le but le meilleur et le plus utile de ce congrès.

Ainsi qu'on l'a fort bien dit, l'union a été fondée à Paris, cimentée à Bologne, et consacrée définitivement à Berlin. Elle ne pourra plus qu'être enregistrée pas des congrès futurs.

Honneur donc, MM., a la science géologique qui produit d'aussi féconds résultats; honneur à nos confrères d'Allemagne, qui cultivent avec tant d'éclat toutes les branches de cette science; qui lui bâtissent des palais en vérité plus beaux que ceux des rois, donnant ainsi aux minéraux et aux fossiles la même magnifique hospitalité qu'ils offrent aux géologues.

Prions les d'accepter, MM., tous nos remercements, et résumons les, en leur addressant du fond du coeur le cri traditionnel: Glück auf!

(Applaudissements répétés.)

M. le Président: Si personne ne demande plus la parole, je déclare close la troisième session du congrès de géologie.

La séance est levée à 5 heures.

PROCÈS-VERBAUX
DES 3 SÉANCES TENUES A BERLIN EN 1885
PAR
LA COMMISSION DE LA CARTE GÉOLOGIQUE D'EUROPE.

PREMIÈRE SÉANCE — 28 SEPTEMBRE A 7¹/₂ HEURES DU SOIR.

Présents: MM. BEYRICH, HAUCHECORNE, VON MOJSISOVICS, GIORDANO, TOPLEY et RENEVIER, membres de la Commission,

et MM. Capellini, Jacquot, Geikie, Torell, von Guembel, Dupont, Stur, Lepsius, Credner, invités à prendre part aux délibérations avec *voix consultative*.

M. Daubrée étant absent, la présidence est dévolue à M. BEYRICH.

M. HAUCHECORNE annonce la démission de M. de Moeller qui a été appelé à de hautes fonctions dans l'Oural, et qui a proposé pour son successeur M. KARPINSKI, directeur actuel de la Carte géologique de Russie.

A ce sujet on discute la question de savoir si la Commission demandera au Congrès l'autorisation de s'adjoindre d'autres personnes, dont la coopération lui serait utile. Il est reconnu que cela est inutile, la Commission pouvant toujours *accorder voix consultative* dans ses séances aux géologues, aux lumières desquels elle voudrait avoir recours, et le nombre de 8 étant suffisant pour les décisions à prendre.

M. RENEVIER lit le rapport au Congrès, qui lui a été demandé par le Directorium. Ce rapport est approuvé dans son ensemble pour être présenté au Congrès et imprimé.

Les 6 résolutions qui en forment la conclusion sont successivement discutées et mises aux voix. — La 1ʳᵉ est modifiée dans le sens ci-dessus indiqué; les 5 autres sont votées sans modifications. Quelques observations sont présentées par MM. Jacquot, von Mojsisovics, Giordano etc., et quelques modifications de détail sont apportées au corps du rapport.

M. Jacquot présente la minute partielle de la France, destinée
à la Carte d'Europe. Il explique que c'est sur la demande de
M. Daubrée, que le Ministère l'a chargé de fournir au Directorium
les matériaux géologiques demandés. Ce n'est que l'année prochaine
que cette carte dans son ensemble pourra être livrée à M. Hauchecorne pour être utilisée dans la Carte internationale.

M. Topley présente une carte géologique partielle de l'Angleterre,
coloriée à la main sur les feuilles de la Carte d'Europe, et destinée
aussi, lorsqu'elle sera terminée, à être remise au Directorium.

Pour le cas probable où le Congrès voterait la résolution VI,
voici les questions mentionnées au rapport qui seraient laissées à la
compétence de la Commission de la Carte, et qui devraient si possible être résolues par elle pendant la session de Berlin, pour que
les travaux ne soient pas retardés.

1. Carte muette, ou avec noms de villes ou de régions?
2. Les glaciers devront-ils être figurés?
3. Marquera-t-on les rivages par une hâchure?
4. Choix de la couleur du Silurien et Cambrien.
5. Représentation des Systèmes dont les subdivisions ne peuvent
   être déterminées [p. LXV a)].
6. Représentation des Systèmes dont les subdivisions ne peuvent
   être marquées faute de place [p. LXVI b)].
7. Représentation des Systèmes douteux [p. LXVI c)].
8. Représentation des subdivisions dont le groupement ou l'affinité est controversée [p. LXVI d)].

Berlin le 1er Octobre 1885.

Le Secrétaire général:
É. Renevier, prof.

DEUXIÈME SÉANCE. — 2 OCTOBRE A 9 H. MATIN.
Présidence de M. Beyrich.

Présents: Beyrich, Hauchecorne, von Mojsisovics, Topley,
Renevier. — M. Giordano a fait excuser son absence.

En outre MM. Stur, von Guembel, Geikie et Capellini assistent
à la séance avec voix consultative.

M. Renevier lit le procès-verbal de la séance du 28 Septembre,
qui est adopté.

M. Hauchecorne fait diverses communications sur les moyens
de faire avancer le travail de la Carte.

i

M. Stur lit un mémoire, concluant à ce que, avant la publication de la carte internationale d'Europe, chaque pays publie sa carte particulière, en se servant pour cela de la base topographique qu'on vient d'établir.

M. Hauchecorne répond que cela est impossible. Il est appuyé par divers membres.

A la votation la proposition de M. Stur est repoussée, mais on décide que le figuré géologique de l'Autriche sera demandé à M. Stur, comme directeur du service officiel.

M. Hauchecorne explique qu'il voudrait pouvoir achever une ou deux feuilles géologiques pour les présenter en épreuve à la session du Comité de la Carte de 1886, qui suivant lui devrait avoir lieu à Berlin ou à Paris.

MM. Stur, Geikie et von Guembel s'engagent à fournir pour la fin de Janvier 1886 les figurés géologiques de leur pays respectifs.

Il est décidé que la Session du Comité de la Carte aura lieu à Paris en Septembre 1886, et que le Directorium y présentera des *épreuves* en couleurs imprimées, tout au moins de la feuille C. V., mais sur la base topographique sans noms.

Les chefs de services ayant collaboré à la Carte seront admis aux séances avec voix consultative.

La Commission s'occupe ensuite à régler les questions laissées à sa compétence par le Congrès, et résumées à la fin du dernier procès-verbal. On décide:

1. La Carte ne sera pas muette, mais elle devra contenir aussi peu de noms que possible; essentiellement les noms des grandes villes, des fleuves, et des régions géographiques que chaque pays désignera. Ces noms seront écrits en *lettres latines*, mais orthographiés dans la langue du pays même.
2. On marquera les glaciers, mais ils seront laissés en blanc jusqu'à la Session de Paris, où on pourra juger s'il vaudrait mieux les distinguer par une teinte.
3. La mer et les lacs seront aussi laissés en blanc, mais toutes les terres recevront une teinte, même les Alluvions, pour lesquelles la teinte sera très-légère.

Une prochaine séance est fixée à demain Samedi à 8 heures du matin.

Séance levée à 11 heures.

E. Renevier, prof.

TROISIÈME SÉANCE. — 3 OCTOBRE 1885.
Présidence de M. BEYRICH.

Présents: MM. BEYRICH, HAUCHECORNE, TOPLEY, VON MOJSISO-
VICS et RENEVIER.

Assistent à la séance avec voix consultative MM. DUPONT et
VON GUEMBEL.

M. RENEVIER lit le procès-verbal de la séance du 2 Octobre,
lequel est adopté.

La discussion continue sur les questions à résoudre:

4. Couleur du Silurien et Cambrien. — A l'inspection de la
Carte coloriée à la main, on reconnaît que la teinte employée
pour le Silurien est trop distincte de celle du Cambrien. La
première est trop verte et pourrait amener à quelque confusion avec le vert foncé du néocomien; la seconde est plutôt
trop brune et ressemble trop au Devonien supérieur, au
moins sur la tabelle. La Commission décide de choisir pour
ces trois divisions un *gris-verdâtre* gradué, dont la teinte la
plus foncée appartiendrait au Cambrien.

5. Représentation des Systèmes sans subdivision possible. —
Le mode indiqué dans le rapport p. LXV a) est adopté, c'est-
à-dire la teinte moyenne avec le monogramme sans exposant,
p. ex.: *Jurassique indéterminé* = bleu moyen avec J.

6. Représentation des bandes trop étroites pour permettre de
marquer les subdivisions. — On adopte également l'emploi
de la teinte moyenne, avec le monogramme muni de plusieurs
exposants; p. ex.: *Jurassique complet* en bande étroite =
bleu moyen avec J^{1-3}.

7. Représentation des systèmes douteux. — La Commission
adopte pour essai le mode proposé, c'est-à-dire l'emploi de
la teinte moyenne avec des réserves incolores, accompagnée
du monogramme avec signe de doute, p. ex.: *Jurassique
douteux* = bleu moyen avec réserves incolores pointillées et J?

8. Enfin pour les étages dont le groupement est encore contesté,
comme le Rhétien, le Callovien, le Gault, etc., on décide de
les représenter par des lignes de points en teinte vive, ou
par des hâchures, placées à la limite des teintes adjacentes,
de manière à ne pas préjuger la question de leur attribution;
en laissant d'ailleurs les représentants de chaque nation libres
de leur donner la place qu'ils croient la plus juste dans
leurs pays.

Passant à la question des monogrammes, la Commission se range à la décision prise à Bologne d'employer les initiales latines pour les terrains sédimentaires, et les initiales grecques pour les terrains éruptifs; mais en raison des difficultés d'exécution, elle décide de mettre partout les initiales minuscules, qui prennent moins de place. Puis on fait choix des monogrammes suivants:

q pour le *Quaternaire*.

m_4, m_3, m_2, m_1 pour les 4 divisions du *Tertiaire* (le t étant réservé au Trias).

c_2, c_1 pour les 2 divisions du *Crétacique*.

i_3, i_2, i_1 pour les 3 divisions du *Jurassique* (i plutôt que j comme exigeant moins d'espace).

t_3, t_2, t_1 pour les 3 divisions du *Triasique*.

p pour le *Permien*.

h_2, h_1 pour les 2 divisions du *Carbonifère* ($h =$ houiller; le c étant déjà attribué au Crétacique).

d_3, d_2, d_1 pour les 3 divisions du *Devonique*.

s_2, s_1 pour les 2 divisions du *Silurien* et

cb pour le *Cambrien*.

a^3, a^2, a^1 pour les 3 roches de l'*Archéen*.

Dans ce dernier cas on mettra l'exposant en haut, pour ne pas désigner un ordre d'âge, mais seulement trois sortes de roches.

Enfin pour les terrains éruptifs:

$\gamma =$ *Granites*, etc.

$\pi =$ *Porphyres*, etc.

$\tau =$ *Trachytes*, etc.

$\mu =$ *Mélaphyres*, etc.

$\sigma =$ *Serpentines*, etc.

$\beta =$ *Basaltes*, etc.

$\nu =$ *Laves des volcans éteints et actifs*.

$\nu' =$ *Tuffes et Aggrégats des dits*.

C'est sur ces bases et celles précédemment fixées déjà, que seront préparées les épreuves en couleur que le Directorium soumettra à la Commission l'année prochaine à Paris.

Les matières à traiter étant ainsi épuisées, la séance est levée à dix heures et demie.

E. Renevier, prof.

NB. Ce dernier procès-verbal a été adopté dans une séance supplémentaire à Thale le 6 Octobre.

BEYRICH.　HAUCHECORNE.　E. RENEVIER, prof.

Propositions concernant la classification des roches éruptives.

Dans la 2me séance de la Commission de la carte du 2 Octobre les directeurs ont fait communication des propositions suivantes:

Classification des roches éruptives
à suivre pour la
Carte géologique internationale de l'Europe.

La gamme des couleurs provisoire de la carte géologique internationale de l'Europe contient 7 couleurs pour les roches éruptives, dont 3 pour les roches acides, 3 pour les roches basiques et une pour les éruptions actuelles.

Dans le but de l'unification nous proposons, d'après une classification établie par le Professeur Dr. Lossen, que nous suivrons pour l'Allemagne, de réunir les différentes roches dans les 7 groupes comme suit:

1. **Roches granitiques.** (Couleur des Granites, Syénites etc.)
   Granit. (Granitit, Amphibolgranit, Protogin e. p.)
   Syenit. (Augitsyenit, Monzonit, Miascit, Ditroit, Foyait.)
   Quarzdiorit. (Tonalit, Banatit, Quarzglimmerdiorit.)
   Quarz-Norit. Quarzfreier Diorit e. p.

2. **Roches porphyriques.** (Couleur des Porphyres.)
   Quarzporphyr. (Felsitporphyr, Granitporphyr, Granophyr, Pyromerid, Mikrogranulit, Mikropegmatit, Pyroxen - Quarzporphyr, Quarzkeratophyr, Felsit-Pechstein.)
   Quarzfreier Porphyr. (Syenitporphyr, Orthoklasporphyr [Orthophyr], Augitsyenitporphyr [Rhombenporphyr], Keratophyr.)
   Quarzporphyrit et Porphyrit e. p., event. Quarz-Kersantit.

3. **Roches trachytiques.** (Couleur des Trachytes, Phonolites etc.)
   Quarztrachyt. (Rhyolith, Liparit avec Obsidian, Pechstein et Perlstein.)
   Trachyt. (Sanidin-Trachyt, Sanidin-Oligoklas-Trachyt, Trachyt-Obsidian.)

Phonolith.

Quarz-Andesit (Dacit), Quarz-Propylit, Propylit.

Amphibol-Andesit, Glimmer- (Biotit-) Andesit, Augit-Andesit
(e. p.) Bronzit-Andesit (Hypersthen-An-
desit).

Dacit-Obsidian, Dacit-Pechstein, Dacit-Perlstein.

4. **Roches ophiolitiques.** (Couleur des Serpentines.)
Serpentin (Ophiolit), Diallag-Serpentin, Bronzit-Serpentin.
Gabbro (Euphotid), Olivin-Gabbro, Saussurit-Gabbro, Zobten-
fels. Norit (Hypersthen-Gabbro, Bronzit-Gabbro, Enstatit-
Gabbro). Labradorfels, Diallagfels, Olivinfels.
Diorit sans Quarz e. p., Corsit, Augit-Diorit, Gabbro-Diorit.

5. **Roches diabasiques et mélaphyriques.** (Couleur des
Mélaphyres etc.)
Diabas, Olivin-Diabas, Palaeopikrit, Proterobas, Quarz-Diabas,
Salit-Diabas. Leukophyr, Epidiorit, Augitporphyr,
Labradorporphyr (Porfido verde antico).
Ophit, Eukrit-Diabas.
Melaphyr avec ou sans Olivin, Augitporphyrit, Porphyrit e. p.,
Bronzit-Porphyrit, Diabas-Porphyrit.
Eukrit-Melaphyr.
Glimmer-Diabas et Glimmer-Melaphyr, Lamprophyr, Kersantit.

6. **Roches basaltiques.** (Couleur des Basaltes, Dole-
rites etc.)
Dolerit, Anamesit, Feldspathbasalt, Eukrit-Basalt (avec ou
sans Olivin, donc Augit-Andesit de Rosenbusch e. p.).
Nephelin-Dolerit (Nephelinit), Nephelin-Basalt.
Leucitophyr (Leucitit), Leucitbasalt, Hauynophyr.
Tephrit et Basanit, Buchonit.
Limburgit, Magmabasalt.
Melilithbasalt.
Teschenit et Pikrit.

7. **Roches des éruptions actuelles.** (Couleur des éruptions actuelles.)
Les roches de tous les centres volcaniques, qui se sont éteints
seulement pendant l'ère quaternaire ou qui ont été actifs
dans l'époque historique ou qui le sont encore actuellement.

BEYRICH.   HAUCHECORNE.

Ces propositions n'ont pu être discutées à cause du manque de temps, mais les directeurs de la carte en ont délivré des copies à tous les membres de la Commission et à tous les chefs des services géologiques nationaux présents à Berlin, avec prière de vouloir s'en servir pour les matériaux, qu'ils contribueront à la carte internationale de l'Europe.

EXPOSITION GÉOLOGIQUE.

Conformément au programme une exposition géologique a eu lieu dans les salles de la »Geologische Landesanstalt und Bergakademie« pendant la durée de la session.

Un catalogue détaillé des riches collections géologiques et minéralogiques réunies dans cette exposition a été délivré aux membres du congrès présents à Berlin. Les membres, qui n'ont pu assister à la session, le reçoivent avec le présent compte rendu.

Il faut mentionner encore les collections suivantes, qui étaient arrivées après la clôture du catalogue: Une très-belle collection de l'institut géologique de Suède, contenant les fossiles du grès a Eophyton (14 espèces), la faune primordiale de la Suède (184), les roches de Dalsland (46) et celles des séries alpines de la Suède (23). — Une collection de roches exposée par l'institut géologique de la Norvège (10). — Une collection: Specimens of rocks, principally composed of the detached spicules of siliceous sponges from the lower and upper greensand of the South of England, collected and exhibited by Dr. G. J. Hinde (14). — Une collection de minéraux et de gangues des filons de Gennamari et d'Ingurtosa en Sardaigne, exposée par M. Bornemann (14). — Une belle collection de vertébrés fossiles des phosphorites de Quercy (Lot), exposée par M. Dagincourt. — Une riche collection de roches et de minéraux utiles du Japon, exposée par l'institut géologique impérial du Japon (87).

A côté des collections de minéraux et fossils se trouvait une très-riche exposition de cartes géologiques, à laquelle ont pris part les exposants suivants: les instituts géologiques de l'Alsace-Lorraine, de la Belgique, des États-Unis, de la Grande-Bretagne, de la France, de Hessen-Darmstadt, de Hongrie, du Japon, de l'Italie, de la Norvège, du Portugal, de la Prusse, de la Roumanie, de la Russie, du royaume de Saxe et de la Suède, avec des cartes générales et de détail de leurs pays.

Le président d'honneur, M. von Dechen, avait exposé ses cartes des provinces Rhénane et de Westphalie, de la Prusse, de l'Allemagne, de l'Europe centrale; MM. Delvaux, v. Erdtborn et Cogels quelques feuilles de la carte détaillée de la Belgique; M. Dewalque une carte des environs de Verviers; M. Ewald une carte d'une partie de la province de Saxe; M. Geinitz (Rostock) une carte du Mecklembourg; M. Gillieron la feuille XII de la carte de la Suisse (Fribourg et Bern); M. Hall des cartes du Mosquito-Range et de New-Jersey; M. Knop une carte du Kaiserstuhl en Brisgau; M. Mayer-Eymar une carte d'une partie de la Ligurie; M. Nicolis des cartes des environs de Vérone; M. von Richthofen l'Atlas géologique de la Chine; M. Stapff la carte géologique d'une partie du chemin de fer du St. Gothard; M. Stelzner une carte d'une partie de la République Argentine; MM. Vasseur et Carez les premières feuilles de la carte de la France à l'échelle de 1 : 500000. L'Afrique du Nord était représentée par 6 cartes de M. le prof. Schweinfurt, la carte du Sahara de M. Rolland et la carte du désert de Libye de M. von Zittel.

La maison Dietrich Reimer à Berlin, éditeur de la carte géologique internationale de l'Europe, avait exposé 35 feuilles de la base topographique de la carte exécutée par le prof. Kiepert, réunies dans un grand tableau.

L'exposition a été organisée par le secrétaire général du congrès.

EXCURSIONS.

Le lendemain de la clôture de la session, le 4 Octobre, la première excursion générale a été faite à Potsdam et ses environs pour visiter les parcs et châteaux impériaux et jeter en même temps un coup d'oeil sur le quaternaire de ce pays. 176 membres du congrès ont assisté à cette course.

Sa Majesté l'Empereur avait eu la grace d'ordonner, que les géologues seraient guidés par les fontionnaires de la maison impériale et de l'administration des jardins et que les grandes eaux de Sanssouci et de Babelsberg jailliraient.

Dans la matinée un petit nombre de géologues ont visité l'observatoire astrophysique établi au Telegraphenberg près Potsdam. Le secrétaire perpétuel de l'académie des sciences, M. le professeur Auwers, était venu de Berlin pour diriger avec les professeurs Vogel et Spörer cette visite.

Le 5 Octobre à huit heures d. m. 104 membres du congrès se sont rendus à Thale au pied du Harz, où on est arrivé vers midi. Au départ de Berlin une carte géologique détaillée des environs de Thale (à l'échelle de 1 : 25000), préparée à cet effet par la Geologische Landesanstalt a été délivrée aux géologues qui assistaient à l'excursion. Le reste de la première journée a été consacré à étudier, sous la direction de M. le prof. Dames de Berlin, les profils assez complets des strates du trias et du crétacé supérieur qui s'alignent au pied nord du Harz.

Dans la journée du 6 Octobre on visita sous la direction de M. le prof. Lossen dans le massif du Harz même, au Sud de Thale, le granit du Ramberg et son apophyse porphyrique connue sans le nom du Bode-Gang (filon de la vallée de la Bode), les schistes des étages du devonien inférieur du Harz (Wieder Schiefer, Hauptquarzit, Zorger Schiefer, Elbingeroder Grauwacke), la zone des ces couches métamorphosée par le Granit, et le Diabas.

Le 7 Octobre les membres du congrès se sont transportés par un train spécial à Stassfurt pour visiter les célèbres mines de sel gemme et de sel de potasse de cette localité. A la gare richement décorée un accueil chaleureux leur a été fait de la part du Chef du district minier de la province de Saxe, M. le Berghauptmann baron von der Heyden-Rynsch, de Halle, entouré des directeurs et employés des mines royales de Stassfurt, de la mine Leopoldshall du duché d'Anhalt, de la mine Neu-Stassfurt, des autres mines privées adjacentes et des fabriques de produits chimiques des environs. Après l'allocution du Berghauptmann le directeur des mines royales, M. le conseiller des mines Schreiber, faisait une exposition très-intéressante sur la géologie et l'exploitation des gites de sel, éclaircie par des plans et coupes et par des collections des produits des mines.

A cause du grand nombre des géologues la descente dans les mines devait avoir lieu en trois groupes, dont l'un descendait dans la mine royale de Stassfurt, l'autre à Leopoldshall et le troisième à Neu-Stassfurt.

Les administrations des mines s'étaient empressées de rendre la course souterraine aussi instructive et agréable que possible. Partout les parois des galeries en travers-bancs et des chantiers énormes d'exploitation étaient frais et luisants, de sorte que la composition des gites pouvait être parfaitement reconnue. Dans chacune des 3 mines un repas sous terre a été offert aux visiteurs, dont le souvenir singulier leur restera ineffaçable.

Remontés au jour les membres du congrès se sont réunis avec leurs hôtes à un repas solennel, qui termina les excursions officielles.

Les jours suivants de la semaine ont encore été employés par un nombre restreint de géologues pour faire des excursions dans les environs de Leipzig, de Taucha, de Annaberg et Mittweida et de Wiesenthal en Saxe sous la direction de M. le prof. Credner, directeur de l'institut géologique de la Saxe, et dans les environs de Dresden, la suisse saxonne et la vallée de Plauen sous la direction de M. le prof. Geinitz à Dresden.

TROISIÈME PARTIE

COMMUNICATIONS SCIENTIFIQUES.

Sur les similitudes que plusieurs reptiles ont eues dans divers pays du monde vers la fin des temps primaires.

Par M. Albert Gaudry.

Au moment où sur plusieurs points du monde on découvre des reptiles permiens, il n'est peut-être pas sans utilité de prévenir les paléontologistes que le Muséum de Paris a des pièces de ces reptiles qui peuvent contribuer à jeter quelque lumière sur l'histoire de l'évolution des quadrupèdes anciens.

Pour donner une idée de ces pièces, je présente au Congrès une photographie exécutée de grandeur naturelle d'après un squelette entier d'Actinodon qui a été découvert récemment. Depuis 1867, époque où j'ai publié une description de cet animal accompagnée d'une planche in-folio, plusieurs nouvelles pièces d'Actinodon ont été recueillies et décrites. Jusqu'à présent néanmoins, à part de petits individus dont la détermination est encore un peu indécise, nous n'avions pas de squelette entier. Grâce à M. Bayle, Directeur de la société lyonnaise des schistes bitumineux d'Autun, nous possédons maintenant deux squelettes entiers; ils ont été trouvés dans le permien andessus du Boghead, aux Télots près d'Autun (Saône et Loire). Uu habile artiste du Muséum de Paris, M. Stahl, les a dégagés du schiste très dur où ils étaient enfermés; la photographie que j'ai l'honneur de présenter au Congrès reproduit l'un d'eux; elle a été retouchée par M. Formant. L'animal est vu sur le dos; il a 0^m,75 de long.

Je m'éloignerais du but de ce Congrès international si je donnais une description de nos nombreuses pièces de l'Actinodon. Je veux seulement dire ici que la comparaison de ces pièces avec celles que plusieurs de nos savants confrères ont décrites me semble mettre en lumière ce qu'on pourrait appeler un fait de paléontologie internationale; ce fait c'est la similitude des formes chez des êtres qui se trouvent dans des pays de la terre très différents. Notre Actinodon d'Autun a quelques traits frappants de ressemblance avec l'Archegosaurus de la Prusse rhénane, avec le Chelydosaurus de la Bohème décrit dans le grand ouvrage de M. Fritsch, avec le Zygosaurus que notre éminent confrère M. Geinitz a signalé dans la Saxe, avec le Platyops de la Russie que l'habile paléontologiste de Moscou, M. Trautschold, vient de nous faire connaître et qui a vécu à plus de 3000 Kilomètres du centre de la France, avec le Gondwanosaurus de l'Inde si bien étudié cette année par M. Lydekker et qui a été recueilli à plus le 7000 Kilomètres à l'Est de la France, avec le Cricotus, le Trimerorachis et surtout avec l'Eryops et le Rachitomus que l'infatigable M. Cope a découverts dans le Texas à plus de 8000 Kilomètres à l'Ouest de notre pays. Il faudrait peut-être citer aussi parmi les contrées qui ont fourni des animaux du même groupe l'Illinois[1]) et le Spitzberg[2]). Ces divers reptiles semblent avoir été à certains égards à peu près dans le même état d'évolution. Les uns et les autres ont eu leurs corps de vertèbres imparfaitement ossifiés, séparés en trois éléments: un hypocentrum et deux pleurocentrum. Leur tête par ses trous bien développés et bien soudés contraste avec la colonne vertébrale et montre une fois de plus que les anciens quadrupèdes s'éloignent beaucoup de l'être idéal que de célèbres naturalistes ont imaginé sous le nom d'archétype vertébral. Les extrémités des os des membres unies entre elles par des cartilages et formant plus souvent des amphiarthroses que des diarthroses[3]) avaient des mouvements généraux plutôt que des mouvements variés des os les uns sur les autres comme dans les vertébrés supérieurs. Chez l'Actinodon et plusieurs autres reptiles permiens, la partie du corps placée entre la tête et la queue semble avoir été disposée pour supporter le poids du corps dans la reptation; elle présentait: en

[1]) M. Cope a mentionné le genre Cricotus dans un bone-bed de l'Illinois qu'il regarde comme permien.

[2]) Nous avons dans le Muséum de Paris des moulages de tête, d'entosternum, de clavicule et de côtes provenant du Spitzberg qui avaient été envoyés par le Musée de Stockholm pour l'Exposition internationale de géographie et qui rappellent l'Archegosaurus. Toutefois nous n'osons rien affirmer au sujet de ces pièces, car on a trouvé en même temps des vertèbres que M. Hulke a inscrites sous les noms d'Ichthyosaurus polaris et Nordenskiöldi et qui indiquent des animaux plus avancés dans leur évolution que les Archegosaurus.

[3]) Cette observation ne s'applique pas à toutes les parties du squelette; par exemple, dans l'Actinodon, les articulations de l'humérus avec la cavité glénoïde et du fémur avec la cavité cotyloïde devaient être des diarthroses et non de simples amphiarthroses.

avant une grande plaque sternale avec de larges clavicules, en arrière un vaste ischion, au milieu un plastron formé d'écailles allongées et ganoïdes, soutenu par de larges expansions des côtes sur la face ventrale qui rappellent un peu la disposition de l'Hatteria de la Nouvelle Zélande.

Voilà un ensemble de particularités qui caractérisent plusieurs reptiles de la fin des temps primaires et font opposition avec celles des Dinosauriens secondaires qui avaient une tête légère, une cage thoracique faiblement développée sur la face ventrale, des vertèbres et des membres bien solidifiés dont les formes annoncent des êtres aussi bien disposés pour marcher que les labyrinthodontes l'ont été pour ramper.

Par leur colonne vertébrale et leurs membres dont l'ossification est très avancée, mais cependant n'est pas tout à fait achevée, les reptiles permiens du groupe de l'Actinodon représentent bien le stade que les Evolutionnistes peuvent s'imaginer pour l'époque qui a précédé immédiatement celle où le monde des reptiles a reçu son complet développement; ce stade de la fin du primaire est un peu inférieur aux stades secondaires.

Assurément l'histoire des temps géologiques fournit plusieurs preuves de l'inégalité avec laquelle l'évolution des êtres s'est produite. L'étude même des reptiles primaires prouve qu'il y a eu quelqu' inégalité dans l'évolution, car plusieurs des reptiles des époques permienne et même houillère ont eu des vertèbres bien ossifiées; il faut donc admettre que l'ossification s'est produite chez certains genres plus tôt que chez d'autres.

Cependant c'est une chose digne de remarque que la similitude dans l'état d'évolution de plusieurs reptiles qui ont vécu vers la fin des temps primaires en Prusse, en Bohême, en Saxe, en France, en Russie, dans l'Inde, le Texas et peut-être aussi dans l'Illinois et le Spitzberg. On pourrait citer des faits semblables pour des êtres d'autres époques géologiques, et il est à noter que, même de nos jours, la plupart des groupes d'animaux indiquent à peu près le même état d'évolution sur des points très différents de l'hémisphère boréal. Il me parait donc permis de supposer qu'en dépit d'inégalités partielles, la nature organique a offert certains traits généraux dans son évolution à travers des pays du monde très éloignés.

Je ne parle ici qui de l'hémisphère boréal. Quand on voit dans les Régions australes des plantes comme les Araucaria, des mollusques comme les Trigonies, des poissons d'eau douce comme les Ceratodus, des poissons de mer comme les Cestracion, un reptile comme

l'Hatteria, des oiseaux comme les Dinornis, et des mammifères mar-
supiaux, on doit reconnaître un état plus archaïque que n'est l'état
de l'Europe actuelle. Il est donc possible que la marche de l'évolution ait offert des différences plus marquées d'un hémisphère à
l'autre.

J'ose appeler sur ces difficiles, mais curieuses questions l'attention des membres du Congrès international de géologie.

Arktische Triasfaunen.

Von Hrn. E. Mojsisovics von Mojsvár.

Ich möchte mir erlauben, Ihre Aufmerksamkeit für einige Minuten zu erbitten, um Ihnen in kurzen Zügen die Resultate einer kleinen Arbeit vorzulegen, welche ich soeben in den »Memoiren der Petersburger Akademie« veröffentliche. Den Gegenstand dieser Arbeit bilden Fossilien, welche der frühzeitig verstorbene russische Forscher Czekanowski von den Ufern des Eismeeres von der Mündung des Olenek im nördlichen Sibirien nach Petersburg gebracht und welche nach seinem frühzeitigen Tode mir durch die Güte des Herrn Magisters Schmidt aus Petersburg aus den Sammlungen der Petersburger Akademie zur Bearbeitung überlassen wurden.

Den zweiten Theil der erhaltenen Sammlungen bilden die ausserordentlich reichhaltigen und wichtigen Materialien, welche die verschiedenen schwedischen Expeditionen im Laufe der letzten Dezennien von der Westküste Spitzbergens nach Stockholm gebracht haben.

In Nord-Sibirien sind es hauptsächlich zwei Fundorte, welche die Aufmerksamkeit der Paläontologen in Anspruch genommen haben. Die eine dieser Lokalitäten ist dieselbe, von welcher bereits in den vierziger Jahren einige wenige Fossilien in die Hände des Grafen Keyserling nach Petersburg gelangt waren, welche bereits im Jahre 1848 die Anwesenheit von Triasschichten an den Ufern des Eismeeres bewiesen. Diese Lokalität ist unter den sibirischen entschieden die interessanteste. Es hat mir ein reichhaltiges Material für diese Lokalität zur Verfügung gestanden, und die Fauna besteht, um es kurz zu sagen, aus verschiedenen Arten der Gattungen Dinarites, Ceratites, Sibirites, Xenodiscus, Meekoceras, Prosphingites, Atractites, Nautilus. Keine von den vorkommenden Arten stimmt mit irgend einer Form, mit irgend einer Art überein, die sich unter den uns bisher bekannten europäischen oder auch asiatischen Arten findet; — wenn ich sage »asiatisch«, so meine ich: indisch. — Es sind durchaus neue Formen, und der Paläontologe sieht sich, wenn er gefragt wird, gezwungen, zu sagen, dass eine direkte scharfe Altersbestimmung in diesem Falle nicht möglich ist, dass er nur in der Lage ist, eine homotaxe Altersbestimmung vorzuschlagen nach dem zoologischen Verwandtschaftsverhältniss, welches die repräsentirten Formen zeigen mit solchen Arten und solchen Formenreihen, die wir aus bereits wohlhorizontirten Gegenden kennen.

Nach diesen Gesichtspunkten bin ich zu dem Resultat gelangt, dass die Schichten der Olenek-Mündung mit dieser reichhaltigen Fauna beiläufig mit unseren alpinen Werfenerschichten homotax sind.

Eine zweite sibirische Lokalität, welche uns zur Bearbeitung zugesandt wurde und deren Detailstudium ich meinem Kollegen von der geologischen Reichsanstalt Herrn F. Teller überlassen habe, ist Werchojansk. Hier finden sich keine Cephalopoden. Die Fauna besteht vorzüglich aus Aviculaceen und zwar vorherrschend aus Schalen der Gattung Pseudomonotis, einer Gattung, welche ausserordentlich nahe mit der alpinen Monotis verwandt ist. Man ist selbst in Verlegenheit, die vorkommenden Schalen nicht für die alpine Monotis salinaria zu halten; und das Resultat der Untersuchungen von Teller hat dazu geführt, dass die Mehrzahl der in Werchojansk vorkommenden Exemplare den Namen Pseudomonotis ochotica zu tragen hat. Es hat der Graf Keyserling bereits in den vierziger Jahren in dem russischen Reise-Werk von Middendorff von dem Ochotskischen Meere eine Avicula ochotica beschrieben. Diese ist identisch mit der Hauptform von Werchojansk. Ich werde später die Ehre haben mitzutheilen, dass nach anderen Funden und nach der grossen Uebereinstimmung, welche die Fauna von Werchojansk mit anderen Vorkommnissen zeigt, höchst wahrscheinlich diese Pseudomonotisschichten einem bedeutend höheren Niveau der Triasschichten angehören als die Schichten des Olenek, und zwar bereits der norischen Stufe.

Aus Spitzbergen haben Fossilienreste aus drei Niveaus vorgelegen, welche auch in petrographischer Beziehung sehr wohl zu unterscheiden waren, so dass eine Konfundirung der einzelnen Etagen und Fundorte kaum möglich war. Die untere dieser Etagen liegt konkordant auf einem erst in den letzten Jahren von den schwedischen Geologen aufgefundenen Schichtensystem, dessen Altersbestimmung noch fraglich ist. Es befindet sich diese Schichtenreihe zwischen dem sogenannten Permocarbon und den sicheren Triasschichten und erinnert sowohl nach ihrem petrographischen als auch faciellen Habitus ausserordentlich an unsere Werfenerschichten. Diese beiden unteren Etagen der spitzbergischen Trias bestehen hauptsächlich aus Ceratites, welche zum Theil in naher Verwandtschaft mit Formen des Olenek stehen, ferner aus Monophyllites, aus sehr vielen Ptychiten und aus einer sehr interessanten, erst kürzlich von Hyatt benannten Gattung aus der Familie der Arcestiden, welche zuerst aus den permocarbonischen Schichten von Artinsk im Ural und ebenso aus dem oberen Productus-Kalkstein der Salt Range bekannt geworden war, der Gattung Popanoceras. Es ist das ein höchst merkwürdiger Typus, dessen Loben monophyll sind und zu welchem auch die ausserordentlich interessante, vor einigen Jahren von Herrn Geheimrath Beyrich aus Timor beschriebene Form (Pop. megaphyllum) gehört. Diese beiden Horizonte der spitzbergischen Trias sind unzweifelhaft Muschelkalk, wenn wir diese homotaxe Altersbestimmung auch hier anwenden dürfen. Eine nähere innigere Beziehung zu europäischen Vorkommnissen besteht nicht. Dagegen zeigen sich namentlich unter den Ptychiten und Ceratiten ziemlich nahe Beziehungen zur indischen Trias, zu den Formen, welche durch Oppel, Blanford und Stoliczka u. s. w. bekannt geworden sind. Es ist merkwürdig, zu konstatiren, dass in der Trias sich hier ein ganz ähnliches Verwandtschaftsverhältniss zwischen den arktischen und den indischen Gebieten zeigt, wie es mein Freund Neumayr für die jurassischen Faunen nachzuweisen in der Lage war.

Ueber diesem Muschelkalk kommt noch ein jüngerer Schichtkomplex vor, der bis jetzt sehr arm an Fossilien geblieben ist. Ich will aus demselben blos das Vorkommen einiger echten Halobien (Halobia Zitteli) und einiger nicht gut erhaltener Ammoniten anführen. Aus dem Auftreten der Gattung Halobia in diesem Schichtenkomplex darf man wohl schliessen, dass man es mit einem Gliede der oberen Trias, und zwar der unternorischen Stufe, zu thun hat.

Ich habe bisher bei meinen Vergleichungen absichtlich nicht von den amerikanischen Triasvorkommnissen gesprochen und ebensowenig von den anderen Vorkommnissen der Trias, die sich am pacifischen Ocean finden. Meine Untersuchungen haben mich zu dem merkwürdigen Ergebniss geführt, dass eine ausserordentlich nahe faunistische Verwandtschaft besteht zwischen den eben erwähnten beiden arktischen Vorkommnissen und der Triasentwickelung, wie sie uns die nordamerikanischen Paläontologen im Laufe der letzten Jahrzehnte kennen gelehrt haben. Wenn auch nur in einem Falle eine vollkommen gleichalterige Bildung aus Nordamerika uns vorliegt, so gestattet uns der zoologische Charakter in den übrigen Fällen, zu konstatiren, dass wir es hier jedenfalls mit den Ablagerungen einer einheitlichen zoologischen Provinz zu thun haben, dass, wenn auch die Niveaus nicht die gleichen sind, die wir bis heute aus den nordamerikanischen Gegenden kennen, doch unzweifelhaft der Typus der

Fauna ein solcher ist, dass wir sagen müssen: sie gehören einem und demselben Bildungsraum und einer und derselben Meeresprovinz an. Diejenigen nordamerikanischen Vorkommnisse, die am ehesten eine direkte Parallelisirung mit den eben geschilderten arktischen gestatten würden, sind die erst in den letzten Jahren aus den Staaten Idaho und Wyoming bekannt gewordenen, durch White beschriebenen Meekoceras-beds, welche dort an der Basis der red marls liegen, die in den weiter nach Osten liegenden Theilen des nordamerikanischen Kontinents eine grosse Verbreitung haben und dort eine ähnliche Rolle spielen wie der Keuper in Deutschland und wie die Trias-entwickelung in England, wo bekanntlich der Muschelkalk ganz und gar fehlt und sofort über dem bunten Sandstein der rothe Mergel als Vertreter der höheren Triashorizonte folgt.

Ausser diesen Meekoceras-beds von Idaho, welche ich beiläufig den Schichten vom Olenek gleichstelle und dadurch für homotax erkläre mit unseren Werfenerschichten, sind aus Nordamerika erst wieder bedeutend höhere Triasniveaus bekannt, und das sind die Schichten, welche von Gabb und Meek aus Californien und dem Staate Nevada beschrieben worden sind und welche dort an der Basis der Star Peak-Gruppe vorkommen und bereits vollkommen den Charakter einer obertriadischen Fauna an sich tragen. Nach der zoologischen Entwickelung, welche die von Gabb und Meek beschriebene Fauna zeigt, kann es kaum einem Zweifel unterliegen, dass diese Fauna eben beiläufig mit europäischen unternorischen Schichten homotax ist. Was diesen Schichten für uns momentan ein besonderes Interesse verleiht, das ist das Vorkommen von Pseudomonotis, welche bei Werchojansk und am Ochotskischen Meerbusen eine so grosse Rolle spielt. Die Pseudomonotis subcircularis, welche in diesen Schichten vorkommt, gehört dem Formenkreise der Pseudomonotis ochotica an; ja, es ist sogar möglich, dass sie mit dieser Art identisch ist. Ablagerungen desselben Typus mit der gleichen Pseudomonotis sind uns in den letzten Jahren aus dem höheren Norden, aus den pacifischen Antheilen des nordamerikanischen Kontinents, aus Canada und Alaska, durch die Bemühungen der canadischen Geologen bekannt geworden. Erst in diesen Tagen, hier in Berlin, wurde mir durch Herrn Prof. Steinmann die Mittheilung, dass auch in Peru das Vorkommen von Triasschichten in ähnlicher Entwickelung wie die eben geschilderte konstatirt sei. Herr Prof. Steinmann war so gütig, mir mitzutheilen, dass unter den von Reiss und Stübel aus El Tingo in Peru mitgebrachten Fossilien sich unzweifelhaft die Pseudomonotis subcircularis befindet in Begleitung einiger Cephalopoden, welche bis heute noch nicht näher untersucht sind. Jedenfalls geht aus diesem Vorkommen hervor, dass diese Pseudomonotis eine ausserordentliche Verbreitung in den pacifischen Regionen hat. Man hat nun bereits längs der ganzen östlichen Begrenzung des pacifischen Oceans einzelne Fundorte nachgewiesen. Auf der andern Seite des pacifischen Oceans sind im Laufe der letzten Jahre durch Herrn Prof. Naumann gleichfalls Triasversteinerungen aus Japan bekannt geworden. Ich habe durch die freundliche Vermittlung meines Freundes Zittel Gelegenheit gehabt, einige japanische Fossilien zu sehen, und es kann nach denen keinem Zweifel unterliegen, dass die in Japan vorkommende Pseudomonotis die Pseudomonotis ochotica ist, welche wir vorher vom Ochotskischen Meerbusen und von Werchojansk angeführt haben.

Es ist aber dieselbe Form noch weiter im Süden gefunden worden. Die neuseeländische Pseudomonotis richmondiana dürfte wahrscheinlich das Schicksal erleben, unter die Synonyma der Ps. ochotica gezählt zu werden; es ist beinahe kein Unterschied ausser der Erhaltung zwischen den neuseeländischen Exemplaren der Ps. richmondiana und denen der Ps. ochotica aus Werchojansk zu konstatiren. Die gleichen Fossilien sind aber auch bekannt von Neu-Caledonien und einigen benachbarten Inseln, wo durch die Bemühungen französischer Geologen in den letzten Jahren Triasbildungen entdeckt wurden.

Ausser diesen Pseudomonotis sind aus den neuseeländischen Fundorten im Laufe der letzten Jahre einige Cephalopoden konstatirt worden, über die ich allerdings aus persönlicher Anschauung ein Urtheil abzugeben nicht in der Lage bin, welche aber nach den Identifizirungen, welche sie von den neuseeländischen Geologen erfahren haben, darauf schliessen lassen, dass es obertriadische Formen sind, und zwar solche wie sie sich in unsern Alpen blos in norischen Hallstätter Kalken finden. Es führt mich dies auf ein anderes sehr wichtiges Ergebniss, nämlich auf die sehr merkwürdige Thatsache, dass sowohl in den sibirischen wie in den spitzbergischen Faunen eine ganze Reihe von Typen vertreten sind, welche in unseren obertriadischen Ablagerungen bisher blos aus den Hallstätter Kalken, aus der von mir sogenannten juvavischen Provinz, bekannt geworden sind. Die Uebereinstimmung geht trotz der Verschiedenheit der Niveaus und der Entfernungen so weit, dass man beinahe im Zweifel sein möchte, ob man nicht einige Arten identificiren könnte. Es ist das aber sicher nicht der Fall; wir haben es nur mit nahe verwandten Formen und Vorläufern von juvavischen Typen zu thun.

Noch auffallender wird diese Verwandtschaft mit juvavischen Formen, wenn wir die nordamerikanischen Cephalopoden vergleichen, welche von Gabb und Meek beschrieben worden sind. Hier ist die Uebereinstimmung eine geradezu frappirende, und es sind die bezeichnendsten Gattungen der Hallstädter Kalke, welche sich dort wiederfinden, die in den anderen Gebieten der europäischen Trias bisher vollständig unbekannt geblieben sind.

Ich habe noch hinzuzufügen, dass in derjenigen Region, welche die geographische Vermittelung zwischen den pacifischen Gebieten und den europäischen bilden, in dem Himalaya, die obere Trias gleichfalls einen juvavischen Typus zeigt, dass dort gleichzeitig eine Reihe von Gattungen auftritt, die den der mediterranen Provinz fremd sind und welche wir aus Europa blos aus den Hallstätter Kalken kennen.

Ich glaube, dass die ausserordentlich frappirende Uebereinstimmung der arktisch-pacifischen Triasvorkommnisse nothwendig dahin führen muss, dass wir, bevor wir vielleicht weiter und schärfer unterscheiden können, vorläufig dieses grosse Gebiet, welches den ganzen pacifischen Ozean begrenzt, als arktisch-pacifische Triasprovinz betrachten. Diese arktisch-pacifische Triasprovinz steht zunächst in nahen Beziehungen zur indischen Triasprovinz. Diese vermittelt wieder mit den europäischen Vorkommnissen. Hier aber tritt das merkwürdige Verhältniss ein, dass die oberen Triasbildungen Europa's zum grössten Theile sich als autochthone herausstellen, als solche, welche aus der Fauna des Muschelkalks sich entwickelt haben, während die bisher so räthselhaft gebliebenen Vorkommnisse der nordöstlichen Kalkalpen sich nun darstellen als ein Ausläufer, als eine dépendance — wenn ich hier den Ausdruck gebrauchen darf — dieser grossartigsten Triasprovinz, welche wir bisher kennen: der arktisch-pacifischen Triasprovinz.

So scheint sich für uns in Europa das Resultat zu ergeben, dass nicht blos die germanische Trias und speziell der germanische Muschelkalk eine Spezialität von Europa ist, sondern auch die mediterrane Trias, welche, wie ihr Name ausdrückt, in den Umgebungen des Mittelländischen Meeres sich findet.

Ich erlaube mir, durch die Hand des Herrn Präsidenten die Tafeln, welche die arktischen Fossilien enthalten, mitzutheilen und bitte diejenigen Herren, welche sich dafür interessiren, sich dieselben gefälligst anzusehen.

Sur les restes de grands poissons fossils récemment découverts dans les roches devoniennes de l'Amérique du Nord.

Par M. **J. S. Newberry**.

1. Dinichthys.

J'ai décrit, il y a dix ans dans mon rapport sur la paléontologie de l'Etat d'Ohio (Etats-Unis), deux grands poissons fossils provenants des schistes bitumineux que j'appèle les *Huron Shales* et qui forment la partie supérieure du système Devonien.

J'ai nommé ces grands poissons *Dinichthys*, c'est-à-dire poisson terrible, parcequ'ils étaient si grands et si bien pourvus de moyens pour l'attaque et la défense.

Dans le genre que je fais construire pour recevoir ces poissons les deux espèces premièrement décrites (*D. Stertzeri* et *D. Terrelli*) sont à-peu-près de la même grandeur, ayant une longueur totale du corps environ de quinze pieds.

La tête est triangulaire et a trois pieds de largeur, deux pieds et demi de longueur.

Le crâne est composé de plusieurs plaques osseuses solidement soudées entre elles. La surface extérieure est presque lisse, mais finement granulée et marquée par quelques sillons qui forment une sorte d'ornamentation à grosses figures.

La partie supérieure du corps était protégée par une grande plaque qui avait deux pieds de largeur et de longueur. Elle était très épaisse et arrondie en arrière, était plus mince et tronquée en avant. Cette grande plaque correspond exactement à *l'os medium dorsi* de *Coccosteus* comme décrit par Prof. Richard Owen. Les parties latérales du corps étaient couvertes par de grandes plaques triangulaires et par deux plaques quadrangulaires ayant un diamètre d'un pied, les dernières sont les »os supra-scapulaire« de Owen, les »post-temporals« de M. Kitchen-Parker. Chacune de ces plaques porte sur le bord antérieur un condyle par lequel elle était articulée à la tête. Cette articulation est une des plus complètes et remarquables de toutes trouvées dans le règne animal. Le condyle était conique et contracté en arrière de telle manière, que quand il est introduit dans l'alvéole creusée dans l'angle de la tête pour le recevoir, c'est impossible de séparer l'os supro-scapulaire de la tête sans tirer le condyle verticalement de l'alvéole.

La partie inférieure du corps était protégée par un plastron composé de cinque plaques dont l'une était centrale et allongée, formant une sorte de Sternum; les autres plus larges deux de chaque côté, semblables à celles qui composent le plastron de *Coccosteus*, mais cent fois plus grandes.

La denture de *Dinichthys* est très forte et efficace. L'os dentaire de la machoire inférieure consiste en une seule pièce très dense et solide qui a une longueur de deux pieds. Postérieurement elle est aplatie et spatuliforme et était, sans doute, couverte de cartilage, qui aussi a du former l'articulation de la machoire, mais qui a complètement disparu. L'extrémité antérieure de la machoire est pointue, tournée en haut et forme une grosse dent pyramidale et aigue. En arrière de cette dent il y a une seconde, plus petite, et de là le bord de la machoire est comprimé et endurci, dans certaines espèces couronné de dents coniques aigues; dans d'autres espèces le bord est tranchant et ne porte pas de dents.

La denture de la machoire supérieure se compose en avant de deux grandes dents triangulaires; à chaque côté, de plaques oblongues épaisses et très denses, quelquefois à bords tranchants et aiguisés par la friction avec le bord de la machoire inférieure, quelquefois portant des dents coniques.

Depuis la publication de mon rapport nous avons découvert trois ou quatre espèces nouvelles de *Dinichthys*, dont les restes ont jeté encore de la lumière sur la structure de ces êtres remarquables.

Par exemple la découverte d'une tête presque complète tout récemment faite a montré que les yeux étaient très grands et qu'ils étaient entourés d'un cercle de plaques sclérotiques comme dans *l'Ichthyosaurus* et les oiseaux de proie. Dans cette espèce la tête a une longueur d'un pied, l'œil a un diamètre de trois centimètres, le cercle des plaques sclérotiques un diamètre de quatre pouces.

M. A. von Koenen dans son mémoire sur les Placodermes[1] avait

---

[1] Beitrag zur Kenntniss der Placodermen des norddeutschen Oberdevons. Göttingen 1883.

déjà annoncé la découverte d'une chose pareille dans *Coccosteus.*
Mais ses échantillons indiquent que dans ce genre les yeux étaient
entourés d'un anneau solide et simple, tandis que dans *Dinichthys*
l'anneau sclérotique était composé d'au moins quatre pièces.

M. von Koenen a aussi décrit et figuré une sorte d'épine qu'il
a découvert au côté de son *Coccosteus Bickensis* et qu'il appelle Ruder-
organe. Il pense que cet organe doit appartenir à la nageoire pectorale.

Nous avons trouvé aussi à côté des plaques de *Dinichthys* des
bâtons osseux presqu' aussi grands que le bras d'un homme et nous
avons soupçonné qu'ils pouvaient appartenir aux nageoires. Mais
nous n'en avons pas encore les épreuves satisfaisantes.

2. Titanichthys.

Tout récemment on a trouvé près de la ville de Cleveland, Ohio,
plusieurs têtes d'un placoderme allié à *Dinichthys* mais encore plus
grand. La tête qui avait une largeur de trois pieds huit pouces a
la forme triangulaire de celle de *Dinichthys*, mais les angles sont plus
arrondis et l'ornamentation de la surface du crâne présente une figure
différente. Les os supra-scapulaires et les plaques suborbitales sont
très semblables dans les deux genres. Mais l'articulation entre la
tête et les plaques du corps est essentiellement différente.

La grande plaque du dos a à-peu-près la même forme, mais
est plus arrondie, plus mince et la manche est plus étroite que dans
Dinichthys.

La plus frappante distinction, cependent, entre les deux genres
se montre dans la denture, à juger de la machoire inférieure, la seule
partie de la denture jusqu'à-présent connue.

Celle-ci a une longueur de trois pieds, mais n'est pas si massive
que celle des grandes espèces de *Dinichthys*, est aussi moins courbée
et la partie postérieure est tournée en bas au lieu d'en haut.

L'extrémité antérieure est moins aigue et sa courbure est plus
legère. Sur le bord supérieur, dans le lieu où les petites dents ou
le bord tranchant sont placés dans *Dinichthys*, il y a un assez profond sillon creusé dans lequel je soupçonne qu'il a été planté une
grosse dent à bord tranchant; mais sur cette question nous devons attendre la découverte d'autres échantillons. La machoire dont
je vous montre une esquisse, est la seule connue jusqu'à présent et
elle a été trouvée dans le mois passé.

Quant à la relation, que ces grands poissons présentent avec
d'autres poissons, vivants et fossils, je puis dire que *Dinichthys* et

Titanichthys sont liés très intimement à *Coccosteus* et à *Heterosteus* et *Homosteus* de Pander — dont le dernier est le fameux *Asterolepis* de Hugh Miller.

Touts ces Placodermes composent une famille naturelle, à laquelle nous pouvons convenablement donner le nom de *Dinichthydae*.

Entre les poissons vivants nous ne trouvons pas de Placodermes proprement dits. Les comparaisons qui ont été faites avec *Arius*, *Bagrus* et d'autres siluroides, est selon mon idée toute superficielle et n'a pas de valeur. Nous trouvons, cependant, une ressemblance très remarquable entre les dentures de *Dinichthys* et *Lepidosiren* et je suis persuadé que nous avons dans les *Protopterus* et *Lepidosiren* des représentants de cette ancienne famille.

Finalement je dois dire que toutes les esquisses que je vous montre sont exactement de la grandeure naturelle.

Classification des roches adoptée dans la nouvelle carte géologique du district minier de Schemnitz en 1885.

Par M. J. de Szabó.

La carte géologique que j'ai l'honneur de présenter comprend une région de 5,5 lieues carrées autrichiennes avec la légende suivante:

Alluvium. Tufs calcaires.

Diluvium. Argile plastique (= latérite), connue dans le pays sous le nom de »nyirok«.

Groupe kénozoïque. 1. Basalte.

    2. Trachyte pyroxénique
        a) normal,
        b) modifié comme grünstein,
        c) ses conglomérats et sédiments.
          Dépôts siliceux d'eau douce.

    3. Trachyte micacé à andésine-labrador
        a) normal,
        b) son grünstein,
        c) son rhyolithe,
        d) ses conglomérats et sédiments.

    4. Trachyte micacé à orthose-andésine
        a) normal,
        b) son grünstein,
        c) son rhyolithe,
        d) ses conglomérats et sédiments.
          Couches à nummulites.

Groupe mésozoïque. 1. Diorite à diallage.

    2. Calcaire et dolomie.

    3. Trias.

Groupe paléozoïque. 1. Phyllites.

    2. Quartzite, arkose (aplite).

    3. Micaschiste, gneiss.

Ma carte géologique est la cinquième que nous avons de ce district minier si important, et qui ont été publiées dans des intervalles considérables. La première de Beudant en 1822, la deuxième par Pettko en 1853, la troisième et la quatrième par les géologues de la »Geologische Reichsanstalt« de Vienne, une feuille contenant aussi les alentours de Schemnitz par Andrian en 1866, et l'autre comme une carte géologique détaillée de Schemnitz par Lipold en 1867.

Depuis ce temps la pétrographie a pris naissance et j'ai cru remplir un devoir en entreprenant des études pétrographiques et géologiques combinées dans une contrée si compliquée et tant de fois mentionnée dans la litérature.

Tous les échantillons étudiés dans mon laboratoire ont été marqués sur la carte (à-peu-près 3000), de sorte que les circonstances géologiques étaient connues et ont pu être prises en considération. J'ai l'honneur de présenter le résultat de 8 ans de travail, avec la collaboration des Mrs. Cseh et Gesell dans la carte (1 : 14 400) et dans la vue panoramique de Schemnitz.

Schemnitz est une contrée éminemment trachytique, mais elle ne forme qu'une petite partie du groupe trachytique de la Hongrie appelé le groupe trachytique de Schemnitz. Ce groupe diffère de tous les autres groupes trachytiques du pays par la présence simultanée d'une roche éruptive mésozoïque et par le rapport intime avec les roches paléozoïques.

Je parlerai d'abord de la pétrographie des roches éruptives, et puis je traiterai leur rapport tectonique et chronologique.

A. La pétrographie des roches éruptives du district de Schemnitz.

Famille des trachytes.

Comme la masse du basalte est insignifiante je commence par les trachytes.

Je comprends sous le nom de trachyte, dans le sens originaire, telles roches feldspatiques cristallines de l'ère kénozoïque, qui ne contiennent pas l'olivine comme minéral essentiel, et dans lesquelles le feldspath se trouve presque toujours dans un état vitreux. J'ai tâché de montrer dans les trachytes de Schemnitz, ce que j'ai trouvé dans les autres districts trachytiques de la Hongrie, d'abord qu'on peut specifier les trachytes non seulement d'après l'association minéralogique, mais aussi d'après leur âge relatif; ensuite que l'association minéralogique et les relations tectoniques étant les mêmes, les propriétés du »habitus« peuvent différer à un tel degré, qu'on s'est décidé à donner un nom spécifique à ces roches, que je ne considère que comme des modifications secondaires de l'état normal.

Le lien le plus intime, dans la famille des trachytes, est dû au feldspath formant dans les membres de cette famille de roches une série non-interrompue dans le sens de la basicité, en correspondance avec l'âge relatif de l'éruption. Dans le cycle d'éruption trachytique les membres les plus anciens sont les trachytes à orthose-andésine. Ensuite viennent les trachytes à oligoclase-andésine, puis ceux à andésine-labrador, pour finir avec les trachytes à bytownite-anorthite.

Quoiqu'étant le plus essentiel des minéraux constituant les roches composées silicatées, le feldspath ne permet pas à simple vue de distinguer les trachytes. Mais heureusement quelques minéraux accompagnants les feldspaths peuvent servir à faire même sur place des distinctions entre les membres de la famille trachytique. Quant à la valeur chronologique c'est le mica noir qui sert de guide instantané. Il permet d'établir deux divisions: celle des trachytes avec mica, et celle des trachytes sans mica.

Le mica noir accompagne les feldspaths acides et neutres, sa présence accuse conséquemment les trachytes anciens, tandis que les trachytes sans mica, mais caractérisés pour la plupart par du pyroxène accompagnant les feldspaths neutres et basiques, sont plus récents. Dans un cycle d'éruption ce sont les trachytes micacés qui sortent comme les premiers produits de l'activité volcanique dans une certaine contrée et dans une certaine époque; tandis que les trachytes pyroxéniques ont conclus l'activité volcanique caractérisée par l'ordre graduel de la basicité dans les feldspaths dominants.

En réunissant toutes les données fournies par mes études des contrées trachytiques on peut établir les cinq types suivants:

I. Trachyte pyroxénique (à bytownite-anorthite).
II. » amphibolique (à labrador-bytownite).
III. » micacé (à andésine-labrador).
IV. » » (à oligoclase-andésine).
V. » » (à orthose-andésine).

Il est bien rare de trouver une contrée où tous ces types soient réunis. Pour la carte du district de Schemnitz, il n'y a que quatre types, et même de ces quatre types le III et IV peuvent être réunis, de sorte que dans la légende ne figurent que trois types trachytiques.

Condition normale et modifiée des trachytes.

En prenant l'association minéralogique comme base de classification, il est évident, que parfois l'association minéralogique et les
conditions tectoniques et stratigraphiques restant les mêmes, la roche
a subi des modifications très variées et très différentes dans leur
aspect extérieur, de sorte que les mineurs, non moins que les géologues, ont employé des noms différents pour désigner ces roches.
Les noms les plus importants de cette classe sont le »grünstein
trachytique« et le »rhyolithe«.

Richthofen a donné le nom de propylite au grünstein trachytique
non par une simple substitution, mais en lui attribuant aussi le plus
grand âge dans la série des roches trachytiques. L'étude des roches
trachytiques de la Hongrie et des roches semblables des montagnes
de Washoe (Nevada) tant à la surface que dans les mines du fameux
»Comstock Lode« a eu pour résultat, grâce aux observations géologiques et pétrographiques, de montrer que le propylite ne constitue
pas une roche indépendente, mais que le grünstein trachytique est
le produit de l'action solfatarienne qu'ont pu subir tous les types
trachytiques. Vous voyez dans la légende que ce fait constaté figure
d'une manière, qui dénote la modification de l'état normal.

Le changement en *rhyolithe* est effectué par un agent de nature
opposé, savoir la chaleur produite par l'activité volcanique postérieure.
En partant d'un principe de classification basé sur l'accordance des
relations tectoniques et de l'association minéralogique, on peut se
convaincre, que les rhyolithes les plus hialins ne sont qu'une formation locale, et quoique leurs variétés soient innombrables, leur association minéralogique est toujours correspondante à un des types
trachytiques établis.

Le trachyte pyroxénique ne montre pas en quantité assez considérable ses modifications rhyolitiques pour les indiquer, mais les
trachytes micacés et principalement les trachytes micacés à orthose
forment des masses considérables plus où moins hialines, que j'ai
indiqué sur la carte.

Vous voyez dans la légende une double classification pour la
famille trachytique: d'abord la classification macrographique pour
l'usage du géologue sur place ou pour le mineur, puis une classification systématique détaillée après avoir fait l'étude pétrographique.

D'après la classification macrographique on a à Schemnitz un
trachyte (ou andésite) pyroxénique, et un trachyte micacé, avec les

modifications relatives, savoir le grünstein du trachyte pyroxénique et le grünstein du trachyte micacé et enfin le rhyolite du trachyte micacé.

Il est à remarquer que le trachyte pyroxénique des environs de Schemnitz contient toujours deux membres de cette famille, l'augite et l'hypersthène. L'hypersthène est souvent dominant. Le mont le plus élevé sur la carte le Szitna, et la continuation du massif du trachyte pyroxénique au sud-est, est très riche en hypersthène (Cross, Schmidt). C'est ainsi qu'on peut classer aussi les conglomérats et sédiments des divers types trachytiques par la détermination du type des débris composant ces roches klastiques. Dans le cas d'un mélange des débris c'est le type le plus récent qui détermine l'âge.

B. Le rapport tectonique et chronologique des roches du district de Schemnitz.

Je vais tâcher d'établir le rôle des unités pétrographiques des roches dans la constitution des montagnes et de fixer leur âge relatif. Je commence par les roches anciennes, qui semblent se comporter comme des éléments passifs envers toutes les autres roches dans leurs alentours, et je ferai suivre les roches dont l'ordre de formation va successivement vers l'état actuel.

Je parlerai

    A) des roches stratifiées ou métamorphiques qui ont précédé l'apparition du trachyte.

    B) D'une roche éruptive qui a précédé le trachyte.

    C) Du cycle d'éruption du trachyte.

    D) Du basalte.

    E) De l'âge des filons métallifères de Schemnitz.

A) *Les roches stratifiées* ou métamorphiques, qui ont composé la contrée de Schemnitz avant l'apparition du trachyte, sont les suivantes: le gneis savec les phyllites qui accompagnent le quartzite, et les grandes masses d'une arkose (aplite), des couches triasiques, le calcaire et la dolomie qui reposent sur les dernières et enfin les couches nummulitiques.

Comme toutes ces roches montrent un grand bouleversement, il faut pour les voir dans une condition plus normale se rendre plus haut au nord, où les mêmes roches se trouvent hors de l'influence immédiate de l'éruption trachytique. Dans les montagnes de Herrengrund et d'Altgebirg on peut se convaincre que la base des roches stratifiées de Schemnitz est formée par le gneiss et micaschiste, puis viennent les couches dont l'ensemble est nommé dans les Alpes et même dans leur continuation vers l'est »la zone de Grauwacke«. Dans cette zone la roche dominante est une arkose klastique qui passe au quartzite. Les variétés très riches en feldspaths ont été nommées par Pettko »aplite«. Les variétés moins riches en feldspaths mais plus riches en quartz contiennent assez souvent des tourmalines noirs d'origine secondaire.

Les quartzites sont recouverts par les argilophyllites avec des intercalations de schistes calcaires ou dolomitiques, mais dépourvues de traces organiques.

L'ensemble de ces roches se trouve au-dessous d'une zone peu épaisse, mais caractérisée par la présence des fossiles triasiques inférieurs, nommée par les géologues »Werfener Schichten«.

Viennent ensuite le calcaire et la dolomie superposées au trias, que je considère d'être rhétiques d'après quelques traces ressemblant à la section d'un megalodus.

B. *Roche éruptive mésozoïque* nommée jusqu'ici »siénite à fin grain«. Elle est d'abord plus ancienne que les trachytes, car elle est traversée par ceux-ci, et forme des inclusions dans les trachytes. D'autre part elle traverse les couches paléozoïques et triasiques, alors on en peut autant dire que c'est une roche éruptive, qui appartient aux systèmes supérieurs du groupe mésozoïque.

Dans l'association minéralogique on trouve de la biotite, de l'amphibole, du labrador, du quartz et comme minéral dominant du diallage, qu'on ne connait dans aucune autre roche de Schemnitz; je le nomme diorite à diallage.

C. Le cycle d'éruption trachytique.

Tous les géologues sont d'accord, que la formation trachytique de la Hongrie est en général miocène; mais il s'agit de parler de l'age relatif des trois types que j'ai discerné dans la carte. On peut se convaincre que le trachyte micacé à orthose a traversé les couches paléozoïques et triasiques, mais il perce aussi la diorite, et en contient des inclusions. Mais, d'autre part, il ne forme jamais des dykes dans le trachyte micacé à andésine-labrador, ou dans le trachyte pyroxénique. Les conglomérats et sédiments composés exclusivement des débris de ce type se trouvent recouverts par les laves des deux autres types trachytiques. Le trachyte micacé à orthose est donc le type le plus ancien. Dans ses variétés très altérées j'ai trouvé dans les parois des fissures de petits cristaux très nets d'adulaire trachytique bien caractérisant ce type.

Le trachyte micacé à andésine-labrador a percé les couches paléozoïques et mésozoïques, puis la diorite, dont il contient aussi des inclusions. Il fait des intrusions dans le trachyte à orthose, qu'on voit très bien entre autres dans la grande galérie d'écoulement, dite »Josephi II. Erbstollen«. Il couvre avec ses laves les conglomérats et sédiments du trachyte à orthose dans la petite vallée de Sigmundschacht, ou dans le Dreifaltigkeit Erbstollen, où les sédiments sont bien caractérisés par la présence de feuilles de *Carpinus grandis*. D'autre part ce trachyte micacé ne forme jamais des dykes dans le trachyte pyroxénique.

Enfin vient *l'éruption du trachyte* pyroxénique, qui fait des irruptions dans le calcaire mésozoïque en plusieurs localités, il soulève le trachyte à orthose, qui dans ce contact se trouve presque toujours modifié en rhyolithe; il perce le trachyte micacé à andésine-labrador entre autres au sommet du mont Szitna, où ses laves couvrent à l'est les conglomérats du trachyte à orthose, à l'ouest ceux du trachyte à andésine. On trouve intercalé dans ses laves des roches paléozoïques: les quartzites, les arkoses, le gneiss et même des sédiments de trachytes micacés contenants des lignites altérés en soi-disant anthracite, retrouvé dans les travaux souterrains.

Mais la plus intéressante inclusion des laves du trachyte pyroxénique sont les débris de bancs nummulitiques qu'on a signalé jusqu'ici seulement dans la vallée de Vihnye, mais j'en connais aussi une seconde localité dans la vallée parallèle au nord de la première (Kontra völgy).

C'est la preuve chronologique de la plus haute importance pour l'âge des trachytes et des grünstein comme des modifications des trachytes.

Mais comme nous connaissons trois types trachytiques, les inclusions de débris de bancs nummulitiques disent autant, que le trachyte pyroxénique est postérieur aux couches nummulitiques.

Pour résoudre la question de l'âge des trachytes micacés, il n'y a pas à Schemnitz des points d'appui; il faut se rendre à Budapest et dans le groupe trachytique que je nomme danubien, au coin où le Danube se tourne vers le sud. Ici on peut se convaincre que les premières traces du trachyte se trouvent dans les couches qui appartiennent à l'éocène supérieur (d'Hébert), où oligocène inférieure (de Hantken = E. Bartonien, Ch. Mayer). On trouve dans les tufs du trachyte micacé à orthose les fossiles suivants: Nummulites intermedia d'Arch.; N. Molli d'Arch. et d'autres foraminifères caractéristiques pour cet étage; tandis que les couches

nummulitiques, qui suivent en bas (D. Parisien, Ch. Mayer) caractérisées par N. Lucasana et N. perforata, ne contiennent jamais des
débris trachytiques. Les débris de bancs nummulitiques de Vihnye
appartiennent à cet horizon nummulitique inférieur.

En commençant par les couches d'Oligocène inférieur, dont le
synonyme donné par M. Hantken est »les couches à Clavulina Szaboi«,
on rencontre en haut des débris trachytiques incessemment, mais de telle
manière, que les débris du trachyte pyroxénique ne se mélent aux
débris du trachyte micacé que seulement dans l'étage sarmatien.

Les âges relatifs des trois types trachytiques dans le district de
Schemnitz peuvent être fixés de la manière suivante:

Le trachyte pyroxénique (à bytownite-anorthite) est pontique
et sarmatien (pliocène, miocène).

Le trachyte micacé à andésine-labrador est méditerranéen (miocène).

Le trachyte micacé à orthose-andésine a commencé à apparaître
dans l'oligocène inférieur, mais les éruptions ont eu lieu aussi au commencement du miocène.

D. Le basalte.

Dans le district de Schemnitz l'éruption kénozoïque a touché
à sa fin avec le basalte. Le basalte de Calvarienberg s'est fait jour
à travers le trachyte micacé à orthose-andésine, mais un peu plus
à l'est le basalte sort du trachyte micacé à andésine-labrador. Dans
d'autres parties de la Hongrie il est bien établi, que l'éruption
basaltique a eu lieu après la formation des couches à congéries.

E. L'âge des filons métallifères.

Tous les filons métallifères sont tertiaires, mais on y peut
distinguer deux groupes: les filons formés avec le concours du
trachyte pyroxénique, conséquemment trouvés aussi dans le grünstein
du trachyte proxénique, et les filons formés sans le concours du
trachyte pyroxénique, où on ne rencontre alors que les grünstein
des trachytes micacés.

Un coup d'œuil sur la carte géologique de Schemnitz nous
montre, que les filons métallifères à l'est du mont Tanád sont formés
après l'éruption du trachyte pyroxénique de ce volcan, les filons à
l'est du Tanád sont à peu près tous parallèls avec la crète du Tanád;
mais les filons à l'ouest du Tanád dans les vallées de Hodrous et
de Vihnye sont plus anciens. Ici une éruption du trachyte pyro-

xénique n'a pas eu lieu. La formation de ces filons a commencé après la fin de l'éruption du trachyte micacé, mais avant le commencement de l'éruption du trachyte pyroxénique.

Pour le groupe des filons à l'est du Tanád, c'est à dire pour les filons métallifères de Schemnitz proprement dit, je suis d'accord avec Mr. Lipold; leur formation a commencé dans le pliocène supérieur, elle a été continuée pendant l'époque quaternaire et dans une certaine manière se continue jusqu'à nos jours. Au contraire le groupe des filons de Hodrons et de Vihnye est pour la plupart plus ancien; le commencement de leur formation a pu avoir lieu dans le miocène supérieur, avec une continuation, qui également n'a pas encore touché à sa fin.

J'ai tâché de montrer que les divers membres d'une classe des roches éruptives peuvent aussi bien être déterminés dans leur relations tectoniques et chronologiques que c'est le cas avec les roches d'origine neptunienne.

Sur une nouvelle espèce fossile de Myliobates.

Par M. le Baron de Zigno.

En faisant hommage au Congrès de la Monographie d'une nouvelle espèce fossile de Myliobates, je prends la liberté d'ajouter quelques mots pour soumettre aux savants paléontologues ici présents les conclusions, auxquelles j'ai été amené par l'étude de ce fossile et qui me paraissent être d'un intérêt général.

Nous savons tous que les mers actuelles ne renferment que 8 espèces de ce genre, tandis qu'à l'état fossile on en a réconnu jusqu'à présent environ 50, dont 18 furent trouvées dans les terrains . tertiaires de l'Italie.

Ces espèces ont été toutes fondées sur des plaques dentaires ou sur des aiguillons. Il n'est pas à ma connaissance qu'on aie jamais découvert jusqu'ici un squelette entier de *Myliobates* à l'état fossile. L'exemplaire dont je vous présente la figure et la description a été trouvé à Bolca et appartient à la Collection du Comte Gazola de Vérone.

Nous savons que vers la fin du siècle passé l'ancienne Collection Gazola a été transportée à Paris et que le célèbre Agassiz l'a illustrée dans son grand ouvrage sur les Poissons fossiles, mais il n'est pas généralement connu que depuis ce temps les descendants du Comte Gazola ont continué l'exploitation du Mt. Bolca et sont parvenus à réunir une Collection encore plus nombreuse et qui contient des espèces que Mr. Agassiz n'a pas pu étudier.

En examinant ces espèces tout dernièrement, je fus frappé par la forme d'une Raie, que je jugeai d'abord pouvoir être nouvelle.

Ayant obtenu du propriétaire la permission de l'étudier j'ai pu m'assurer que je ne m'étais pas trompé et que non seulement c'était une espèce non décrite mais, ce qui est plus important, que cette pièce nous présentait le premier exemple d'un squelette entier de Myliobates à l'état fossile.

Sur ce magnifique exemplaire on distingue nettement la forme des nageoires pectorales et ventrales, des cavités toracique et abdominale, de la queue et de son aiguillon et la forme particulière du rostre qui se termine en une courte pointe acuminée.

Mais le caractère le plus important est fourni par la plaque dentaire de la machoire inférieure qui nous présente les caractères qui distinguent les plaques dentaires des *Myliobates*. Elle est composée de 9 dents centrales lisses et contigues de forme transversalement hexagonale et de plusieurs petites dents latérales en losange, qui se sont détachées et gisent éparses des deux côtés de la série centrale.

Quoique, ayant compulsé toute la Bibliographie relative et consulté par lettre les savants paléontologues qui m'honorent de leur correspondance, je sois amené à croire avec fondement, que cet exemplaire d'un squelette fossile complet de *Myliobates* soit l'unique existant, je me permet de soumettre ce fait aux illustres paléontologues du Congrès, les priant de vouloir bien rectifier cette conclusion dans le cas que l'existence de quelque autre squelette fossile de ce genre fût à leur connaissance.

Preuves de l'équivalence des périhélies et des étages.

Par M. Ch. Mayer-Eymar.

Il est des découvertes scientifiques que l'on ne saurait mieux comparer qu'au jour naissant. Comme lui, en effet, elles percent rapidement les ténèbres et leur lumière vient éclairer d'un nouveau jour aussi bien les hauts sommets de nos connaissances acquises, que les vallées brumeuses des questions difficiles, au sujet desquelles, hier encore, nous étions profondément divisés. Telle est, j'ose le dire, la connaissance toute nouvelle de la loi cosmique qui a présidé à la formation des divisions stratigraphiques, que nous nommons étages et sous-étages. Ignorée jusqu'à ce jour, tant par suite de l'insuffisance des données stratigraphiques, qu'à cause de la direction erronée dans laquelle nous cherchions l'explication des lignes de séparation des terrains, la nouvelle loi vient nous expliquer d'une manière satisfaisante une telle foule de faits stratigraphiques et paléontologiques, que son application conséquente paraît désormais suffire presque à elle seule pour nous permettre de répartir dans un cadre aussi admirablement fixe et régulier, que singulièrement détaillé, toute la série des terrains fossilifères. Cette loi, c'est l'équivalence, sous le rapport chronologique, des périhélies du globe et des étages sédimentaires.

Malgré l'intérêt du sujet, vous ne me demanderez sans-doute point, Messieurs, d'aborder aujourd'hui l'historique de la découverte de la nouvelle loi. Qu'il suffise donc de vous rappeler que cette découverte est l'oeuvre commune et successive, quoique plus ou moins inconsciente, de toute une série de savants, mathématiciens, astronomes, ou géologues, des nationalités les plus diverses, savants dont chacun, on peut le dire, a, malgré les tâtonnements et les erreurs qui lui sont propres, contribué pour sa part au dévoilement de la vérité. Je veux surtout parler des Français *Leverrier*, *Adhémar* et *Julien*, de l'Anglais *James Croll*, du Belge *Le Hon*, de l'Allemand *Schmick* et de notre confrère, Mr. *Pilar*, d'Agram, ici présent, dont les noms aumoins, si non tous les ouvrages, nous sont à tous plus ou moins familiers.

Or, des recherches de ces savants, consignées depuis moins d'un demi-siècle dans les annales de la science par des publications rapidement successives, il résulte en définitive comme première loi, qu'à chaque nouvelle périhélie — et vous savez que l'actuelle est d'à peu près 21 000 ans, tandis que les précédentes ont nécessairement dû être de plus en plus un peu plus longues — l'axe de la terre a dû, à un moment donné, basculer sous le poids des liquides extérieurs et intérieurs, aussi bien que des glaces, acumulés autour du pole de l'une des hémisphères, pendant la demi-périhélie durant laquelle cette hémisphère a eu, par suite de sa position désavantageuse, en moyenne, environ cinq jours par an, soit 154 ans d'été de moins que l'autre hémisphère, tandis que cette axe chavirait de l'autre côté, à son tour et pour les mêmes raisons, à un moment donné de la seconde demi-périhélie. Et comme la conséquence de cette loi de bascule on peut dire soudaine et à peu près régulière a dû être l'envahissement comparativement rapide par la mer des terres basses de l'hémisphère désavantagé et, du même coup l'abaissement tout aussi soudain pour ainsi dire du niveau des mers de l'autre hémisphère, vous avez là, Messieurs, par une seconde loi, l'explication aussi simple que naturelle et complète du phénomène de la division générale et principale des dépôts marins en étages plus ou moins nettement séparés, sous le double rapport pétrographique et paléontologique, et composés chacun de deux sous-étages, qui le sont moins bien, d'ordinaire.

Comme vous le voyez, Messieurs, ce n'est nullement moi tout-seul qui viens de trouver le mot de l'énigme que nous a si longtemps présentée la formation des étages sédimentaires; mais si j'ai eu le bonheur de contribuer pour une bonne part à son explication, je le dois au simple avantage que j'ai sur mes collaborateurs à cette oeuvre, de connaître mieux qu'eux et d'une manière suffisante pour le but à atteindre, plusieurs séries de terrains; car j'ai pû ainsi du premier coup appliquer sans efforts à un si grand nombre d'étages les règles de la nouvelle loi, que bien vite sa justesse ne m'a plus été douteuse.

Maintenant, il s'agit de vous démontrer ici la réalité de la nouvelle loi par un nombre d'exemples d'application au moins suffisant pour en déduire la règle, car vous ne me permettrez pas, je pense, d'étendre à cette heure mes investigations à tous les systèmes sédimentaires, comme je pourrais le faire, grâce au manuscrit que j'ai apporté. Je choisirai donc, pour vous convaincre, deux séries de dépôts des mieux connues, la série tertiaire inférieure des bassins anglo-parisien et nord-subalpin et la série crétacée de l'Europe, séries auxquelles j'ai déjà appliqué, l'année dernière et cet été, en des tableaux imprimés que j'ai donnés à beaucoup de vous, le mode de classification à peine modifié de ce qu'il était auparavant, qu'entrainent les fixations de la nouvelle loi stratigraphique.

Vous savez, Messieurs, que la série tertiaire marine du bassin dit anglo-parisien compte quatorze sortes principales, c'est-à-dire non locales, de dépôts et que ces dépôts se nomment: le calcaire pisolitique, le calcaire grossier de Mons, les sables de l'île Thanet ou de Bracheux, les lignites, l'argile de Londres, les sables de Bagshot ou de Compiègne, le calcaire grossier inférieur, le calcaire grossier supérieur, l'argile de Barton ou les sables de Beauchamp inférieurs, les sables de Beauchamp supérieurs, le gypse de Montmartre ou les sables oligocènes inférieurs, les marnes vertes à Cyrènes de Montmartre ou de Hénis, les sables de Fontainebleau inférieurs ou de Klein-Spauwen et enfin les sables d'Ormoy ou les marnes de Boom. Or, il se trouve déjà et justement que ces quatorze assises se groupent le plus naturellement du monde, deux par deux en sept étages, auxquels il a. été donné les noms de Flandrien ou Garumnien, Suessonien, Londinien, Parisien, Bartonien, Ligurien et Tongrien, bien avant que l'on eut songé à expliquer leur mode de formation. Voici donc déjà un grand fait stratigraphique qui parle en faveur de la loi de sédimentation générale. Si maintenant nous comparons de plus près ces sept étages et quatorze sous-étages, que voyons-nous encore de curieux? Nous voyons que chaque sous-étage *supérieur*, — le calcaire grossier de Mons, représenté près de Paris par les marnes strontianifères de Meudon, les lignites avec leur calcaire d'eau douce, les sables de Compiègne avec leurs nombreuses Cyrènes, Mélanopsis et Néritines, le calcaire grossier supérieur avec ses marnes vertes, les sables de Beauchamp supérieurs avec leur calcaire d'eau douce de St. Ouen, les marnes vertes de Montmartre avec leurs Cyrènes et leurs Bithynies et enfin les sables de Fontainebleau supérieurs avec leur calcaire d'eau douce d'Ormoy — présente régulièrement un faciès de mer beaucoup moins profonde, lorsque encore marin, que chacun des sous-étages inférieurs, avec lesquels ils alternent. Or, c'est là, à coup sûr, un second grand fait stratigraphique qui concorde merveilleusement avec la loi cosmique que nous avons trouvée, tandis que la parfaite régularité du phénomène ne nous invite guère, vous le reconnaîtrez, à l'attribuer aux hasards de la contraction de l'écorce terrestre ou des soulèvements volcaniques de la région qui le concerne.

Mais il y a bien plus. Si, quittant le bassin anglo-parisien nous étudions à leur tour au même point de vue les principaux étages éocènes du versant nord des Alpes, nous nous étonnons tout d'abord de retrouver parmi la faune parisienne inférieure du Kressenberg et d'Einsiedeln un si grand nombre d'espèces communes caractéristiques du même niveau dans le bassin parisien, tandis que nous ne rencontrons qu'une espèce caractéristique et en tout dix espèces du calcaire grossier supérieur du bassin de Paris dans les couches de cet âge de la zone Titlis-Diablerets-Gap-Allons, riches pourtant, à cette heure, d'une centaine d'espèces. Mais notre présomption[1]), que la mer éocène du bassin anglo-parisien a dû à certaines époques communiquer par l'est de la France avec la mer subalpine, devient bientôt de la certitude lorsque, après nous être assuré que les faunes éocènes des environs de Bordeaux (Médoc et Blayais) et de Bayonne (Biarritz et Chalosse) n'ont longtemps que des affinités bien faibles avec celles des environs de Paris et constaté ainsi que nos nombreuses espèces probantes ne sont point venues de Paris en Suisse en contournant l'Angleterre, la France et l'Espagne, nous continuons nos investigations par l'étude du Bartonien de la chaîne du Pilate, si magnifiquement développé sur la rive nord du lac de Thoune. Ici, en effet, nous rencontrons derechef, dans les parties inférieure et moyenne de cet étage, aux localités du Niederhorn, des Ralligstoecke, de Leimbach et de Schimberg, un si grand nombre d'espèces communes caractéristiques de l'argile de Barton et des sables de Beauchamp inférieurs et moyens,[2]) — tandis que les couches à Orbitoides, qui forment la partie supérieure de l'étage, ici comme à Biarritz (Très-Pots), à Nice (la Penne et la Mortola) et, en général, dans tout le Midi de l'Europe, ne nous offrent derechef aucune affinité perceptible avec les sables de Beauchamp supérieurs de Paris — que nous ne pouvons hésiter un instant à admettre l'union nouvelle des mers séquanienne et subalpine pendant la première époque bartonienne et leur nouvelle séparation durant la seconde moitié de

---

[1]) System. Verzeichn. der Verstein. des unter. Paris von Einsied., 1875, p. 19.

[2]) Je cite de mémoire, mais sans crainte de me tromper, même une fois : Ostrea Defrancei, O. cubitus, Anomia echinulata, A. pellucida, Perna Lamarcki, Avicula Defrancei, Mytilus Nysti, Arca appendiculata, A. Anversensis, Pectunculus deletus, P. depressus, Nucula lunulata, Cardita Davidsoni, C. divergens, C. pusilla, C. sulcata, Crassatella longirostris, C. puella, Lucina Rigaulti, L. saxorum, Chama papyracea, C. turgidula, Cyrena deperdita, Corbula ficus, Dentalium grande, Serpulorbis cancellatus, S. clathratus, Turritella granulosa, Rostellaria rimosa, Voluta labrella etc. etc.

l'âge en question: et cela d'autant moins encore, que la roche dite grès du Hohgant, qui constitue plus des trois-quarts de ce Bartonien inférieur de Thoune, se trouve être en un grand nombre de bancs, à peu près identique avec le grès de Beauchamp du bassin parisien. Or si, après avoir goûté les deux arguments capitaux que je viens de vous soumettre, vous voulez bien vous rappeler que j'ai cité, depuis assez longtemps déjà, du canton d'Appenzell un dépôt londinien, assez semblable à l'argile de Londres sous les deux rapports pétrographique et paléontologique et compté plus récemment dans le terrain nummulitique inférieur de l'Ariège et de l'Aude, toute une série d'espèces londiniennes du bassin anglo-parisien, espèces qui n'ont pû arriver au pied nord-est des Pyrénées que par un bras de mer passant par la Bourgogne et la vallée du Rhone; si vous vous rappelez que la faune oligocène de Haering en Tirol, énumérée par M. Gümbel, et surtout celle de même âge des bords du lac Aral, recensée par M. Fuchs, ont trop de ressemblance avec celle du Ligurien *inférieur* du nord de l'Allemagne pour être autochtones et qu'elles doivent être au moins en partie des colonies de celle-ci, tandis que nous remarquerons ensemble, que la mer du nord du Ligurien *supérieur* (niveau de Hénis) n'a laissé de traces ni au pied des Alpes ou du Caucase ni même dans le nord de l'Europe; si enfin vous voulez bien admettre avec moi, que l'identité des faunes des sables de Weinheim et des marnes et grès du Jura qui leur font suite avec les sables de Fontainebleau *inférieurs*, commande le passage de la mer tongrienne inférieure (sensu strictiore) le long du pied sud du Hundsrück, tandis que ce détroit n'existait certainement plus à l'époque des sables de Fontainebleau *supérieurs*: vous reconnaîtrez avec moi, qu'anmoins à partir de l'âge londinien, jusque et y compris l'âge tongrien (sensu strict.), la mer du Nord *à chaque première époque* a tellement monté dans cette espèce de sac, qu'a longtemps été le bassin éocène anglo-parisien, qu'elle a chaque fois débordé à l'Est (par les contrées de Langres ou de Saarbrücken sans doute), pour se réunir avec la mer ample du Midi de l'Europe, tandis *qu'à chaque seconde époque* ces deux mers ont tellement baissé, que non seulement elles se sont séparées, mais que la mer du Nord paraît même avoir quelquefois complètement quitté les terres émergées de nos jours. Voilà donc, si la raison ne nous trompe, tout un ensemble de faits qui, à eux seuls déjà, prouvent suffisamment l'existence de la loi cosmique de la formation des étages et des sous-étages, c'est-à-dire, l'équivalence des périhélies et des demi-périhélies à ces deux sortes de divisions stratigraphiques.

Maintenant, Messieurs, si vous désirez encore plus de preuves de la réalité de la nouvelle loi, je puis, grâce aux études récentes que j'ai faites à ce point de vue, vous en fournir dès maintenant presqu'autant qu'il y a d'étages à distinguer dans la série stratigraphique. Mais l'heure avancée ne me permet point d'entrer dans de nouveaux détails au sujet de l'intéressante question que je traite. Je me bornerai donc à vous faire remarquer que la classification du système crétacé, telle qu'elle résulte depuis longtemps de nos recherches communes, concorde à ravir et dans tous ses détails, moins un seul facilement rectifiable, avec la loi dont il s'agit. Il se trouve en effet justement, que chacun des étages distingués par d'Orbigny, Desor et Thurmann dans la série crétacée se divise naturellement et a été divisé en deux sous-étages; qu'ici encore chacun des sous-étages supérieurs comprend en général des dépôts de mer moins profonde (grès, calcaires, bancs de coraux ou de rudistes) que ceux de chaque sous-étage inférieur (schistes, marnes bleues, craie marneuse) et qu'enfin, dans bien des cas (Valenginien inférieur, Néocomien inférieur, Cénomanien inférieur, Turonien inférieur, Danien inférieur), l'empiètement du nouvel étage sur les territoires non occupés par les derniers dépôts de son prédécesseur est manifeste et implique un élargissement énorme de la mer. Or, ce sont là encore et toujours autant de faits qui parlent sans réplique en faveur de la loi que nous connaissons.

Je termine, Messieurs, en vous annonçant que je compte continuer chaque année mes essais de classification des terrains sédimentaires conforme à l'équivalence des périhélies et des étages, dont j'ai remis presque à vous tous les deux premières feuilles, concernant les terrains tertiaires et les terrains crétacés, de manière à avoir terminé cette publication avant l'époque de notre prochain congrès. Grâce aux explications que plusieurs de vous ont bien voulu me donner dans cette enceinte et aux éclaircissements qui ont résulté de nos discussions, tant publiques, que par groupes de connaisseurs, notamment en ce qui concerne le Rhétien supérieur, le Dartmouthien supérieur à Rhynchonella cuboides, le Coblencien inférieur et les six niveaux de Graptolithes du système taconico-silurique, cette classification me paraît facile aujourd'hui, dumoins en ce qui concerne l'immense majorité des étages. Quant aux conséquences de la nouvelle loi, relativement à la classification future des terrains de sédiment de l'autre hémisphère, à la terminologie définitive des étages et des sous-étages et à l'arrangement des coupures de second et de troisième ordres, dont nous ne saurions nous passer, c'est là un thème que nous discuterons sans-doute à son tour et à fond, au quatrième congrès de notre association.

Ueber krystallinische Gesteine von der Westküste von Norwegen.

Von Hrn. Reusch.

Auf der Westküste von Norwegen haben krystallinische Schiefer: Gneiss, Glimmerschiefer, Hornblendeschiefer u. s. w. eine bedeutende Verbreitung. Das Gebiet ist dadurch von Interesse, dass die Gesteine auf weiten Strecken schön entblösst an den Gestaden des Atlantischen Meeres liegen und dadurch, dass an vier Orten zwischen krystallinischen Schiefern Schichten gefunden sind, welche Fossilien von mittlerem silurischem Alter enthalten. An einer Lokalität, Ulven, in der Nähe von Bergen, liegen die Fossilien, Korallen, Trilobiten u. s. w. in einem Phyllit oder, richtiger gesagt, in einem Muskovitschiefer mit eingesprengten Individuen von Biotit. An einer anderen nicht weit entfernten Lokalität, Os, erscheinen die Fossilien mit hellen Durchschnitten in einem dunkelgrauen Kalkstein. In beiden Fällen sind die ursprünglichen Formen durch starke Druckkräfte verändert. Sie sind zusammengedrückt und überdies in die Länge gezogen. Wo ich Gelegenheit gehabt habe die Richtung, in welcher die grösste Dehnung stattgefunden hat zu bestimmen, scheint diese einen nicht bedeutenden Winkel mit der Horizontallinie zu bilden und dem Streichen der Gesteine zu folgen. Leichter als bei den recht seltenen und oft undeutlichen Fossilien kann man die Pressungs- und Streckungsphänomene bei den mit den fossilienführenden Schichten zusammengelagerten Konglomeraten studiren. Von diesen hat man zweierlei: ein Quarzkonglomerat, dessen Gesteine oft schön die Pressung und Streckung zeigen. Es ist ausgestellt ein Block, an dem man den Gegensatz zwischen den rundlichen Konturen der Rollsteine im Schnitt quer gegen die Streckungsrichtung und die ovalen Konturen dieser letzteren parallel sieht. Eine andere Art Konglomerat ist polygener Natur von verschiedenartigen Rollsteinen zusammengesetzt. Dieses Konglomerat ist in hiesiger Gegend weit mehr zusammengedrückt

und stark gestreckt; durch Neubildung von Biotit und andere Veränderungen ist überdies die ursprüngliche Natur des Gesteines verändert. Die Umwandlung des Gesteines geht so weit, dass man zuletzt einen glimmerreichen Schiefer erhält, in welchem Niemand ein
Konglomerat vermuthen sollte. Die gepressten Konglomerate zeigen
oft Faltungen, wobei man sieht, dass die ausgepressten Rollstücke
mit gefaltet sind.

Das erweichende Quarzitkonglomerat findet sich in der Nachbarschaft einer schönen Gneissvarietät. Dieser Gneiss, den ich
Quarzaugengneiss nenne, ist ziemlich massiv und zeichnet sich dadurch
aus, dass der Quarz in rundlichen Augen ausgebildet ist. Dieser
silurische Gneiss lässt sich in dicke Säulen hauen, deren Längsseiten
gestreift sind, während der Querbruch ganz granitisch aussieht. Man
findet, wenn man einmal darauf aufmerksam geworden ist, dass dies
eine ziemlich gewöhnliche Struktur bei gneissartigen Gesteinen ist;
interessant ist hier, dass die Streckung der Rollstücke im Konglomerat
und die stengelige Struktur im Gneiss gleichgestellt ist. Auch an
einer anderen Lokalität, den Sund-Selljern, habe ich gefunden, dass
die Streckung eines Konglomerates und die Streckung eines Gneisses
zusammenfällt. Der dortige Gneiss ist nicht wie der Quarzaugengneiss massiv, sondern zeigt Schichtung und der Glimmer tritt auf
den Schieferungsflächen in parallel gestellten Bändern auf. Diese
schon altbekannte Gneissstruktur, die man schon früher Streckung
genannt hat, ist also höchst wahrscheinlich wirklich durch eine Ausdehnung des Gesteins hervorgerufen.

Beachtenswerth sind einige Fälle, in welchen die Pressung eines
Konglomerates stattgefunden hat in einer Richtung, die schief gegen
die Lagerung des Gesteins steht.

Die vorliegende schematische Zeichnung zeigt ein aus dem Gebirge
herausgeschnittenes Stück von dem Konglomerat auf dem Inselchen
Bratö bei Karmö. Man hat eine Wechsellagerung von Quarzitkon-
glomerat und einem veränderten Sandstein, welcher ein gneissähnliches
Aussehen erhalten hat. Die Schichtung fällt gegen Südsüdwest ein.
Man sieht sie deutlich in diesem Schnitt, der ein Profilschnitt ist.
Unabhängig davon ist die Schieferung des Sandsteins, die 45° gegen
Norden geneigt ist. Die Gerölle des Konglomerates sind alle platt
gedrückt mit den grössten Dimensionen in dieser Schieferungsfläche;
ein hiermit paralles Zerklüftungssystem durchsetzt das Gestein.
Eine solche Zerklüftungsfläche ist dem Beschauer zugekehrt. An
dieser sieht man, dass nicht nur eine Pressung des Gesteins, sondern
auch eine Streckung desselben stattgefunden hat.

Um in Natura ein solches Konglomerat zu zeigen, wo die Rollsteine in einer Richtung unabhängig von der Lagerung gepresst sind, ist von einer anderen Lokalität eine Felsplatte ausgestellt, die diese Verhältnisse zeigt.

Von einer anderen naheliegenden Lokalität ist auch eine Zeichnung da, die ein sandsteinartiges Lager zwischen zwei verschiedenen Konglomeraten darstellt. Die Gerölle sind, wie man sieht, gepresst, so dass die grössten Dimensionen der Querschnitte ziemlich genau senkrecht gegen die Schichten stehen. Die Pressung hat, wie man sieht, die Schichten gefaltet. Es sind nicht nur fossilienführende Schiefer, Konglomerate und Gneisse, die Pressungs- und Streckungsphänomene darbieten. Bemerkenswerth sind viele Gänge von verändertem Diabase, die unter dem allgemeinen Drucke schieferig, ja ganz dünnschieferig geworden sind. Doch sieht man noch oft deutlich, dass die Gänge an den Grenzen mehr feinkörnig auskrystallisirt sind als in der Hauptmasse.

Auch andere Eruptivgesteine zeigen ähnliche durch Druck hervorgerufene Veränderungen. Als Beispiel dieses ist hier etwas schematisirt abgebildet ein ca. 6 m hoher Fels am Gestade des Aalfjord; man sieht einen röthlichen Granit erfüllt von Bruchstücken eines hornblendereichen grauen Gneisses. Die eine Fläche des Felsens, die quer gegen die Streckungsrichtung steht, zeigt die Gneissbruchstücke mit eckigen unregelmässigen Konturen, die andere, der Streckungsrichtung entlang, zeigt die Gneissstücke alle in eine Richtung ausgedehnt. Die Streckung ist hier kein lokales Phänomen, etwa eine Ausziehung von halb geschmolzenen Bruchstücken beim Hervorquellen des Granits. Wenn man die Gegend studirt, findet man vielmehr, dass die Streckung eine allgemeine ist, man bemerkt sie im reinen Granit wie im Gneiss, wie auch da, wo der Granit, wie hier, in Adern den Gneiss durchschwärmt.

Es würde zu weit führen, wenn ich weiter darauf eingehen wollte, welchen Einfluss die Pressungen und Streckungen ausüben auf die geotektonischen Verhältnisse, so wie sie auf den geologischen Karten dargestellt werden.

Ich wünsche zuletzt nur die Aufmerksamkeit meiner Kollegen auf gewisse Zeichen zu lenken, die mir nützlich erscheinen, um die Streck- und Pressrichtungen auf Detailkarten anzugeben. Als Zeichen für Streckung schlage ich vor einen kleinen Ring, von dem ein Strich ausgeht in die Richtung, wohin die Streckung neigt. Den Strich macht man klein, wenn die Neigung stark, und lang, wenn die Neigung ziemlich flach ist. Wenn die Streckrichtung horizontal ist, zeichnet man zwei Ringe, die durch einen kleinen Strich verbunden sind.

Um die Stellung von Druckflächen anzugeben, Transversalschieferung in Phylliten, Schieferung in gneissartigen Gesteinen, von der man nicht behaupten will, dass sie Schichtung sei, Pressflächen in Konglomeraten u. s. w., schlage ich vor, dass man nicht die gewöhnlichen Fallzeichen benutze, sondern diese: ein Strich, von dem zwei andere in die Neigungsrichtung ausgehen. Wenn die Neigung steil ist, macht man die Querstriche klein; wenn die Transversalschieferung vertikal steht, macht man sie so, wie in 6 des nachfolgenden Schema's.

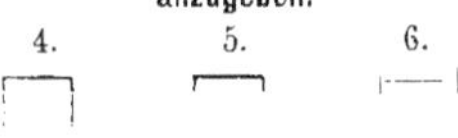

Zeichen, um die Lage von Streckrichtungen auf Karten anzugeben.	Zeichen, um die Lage von Pressflächen (Transversalschieferung etc.) auf Karten anzugeben.
1. Schwache Neigung.	4. Schwache Neigung.
2. Steile Neigung.	5. Steile Neigung.
3. Horizontalstellung.	6. Verticalstellung.

Mit der Erlaubniss unseres hoch verehrten Herrn Präsidenten erlaube ich mir die Aufmerksamkeit der Versammlung auch in Bezug auf ein anderes Thema, nämlich einen Meteoriten, in Anspruch zu nehmen.

Am 20. Mai vorigen Jahres wurde in der Stadt Bergen und in der Gegend südlich davon ein Feuermeteor sichtbar, das mit starkem Getöse zersprang. Von der Feuerkugel fiel ein Stein, der ca. 12 kg wiegt, herab. Ein Modell dieses Steines, der im Mineralienkabinet der Universität Christiania aufbewahrt wird, ist hier ausgestellt. Es wurden ferner ein Stein, der etwa 1 kg wiegt und hier mitgebracht ist, dazu einige kleinere Stücke aufgehoben.

Ein Schnitt durch das Gestein zeigt eine ganz ungewöhnlich deutliche Brecienstruktur. In einer dunkleren Masse liegen zahlreiche helle Bruchstücke. Durch genauere Betrachtung sieht man, dass die Bruchstücke von sehr verschiedener Grösse sind, und dass alle Zwischenstufen zwischen den grössten und den ganz kleinen, die als minimale Flecken in der dunklen Masse auftreten, sich finden lassen. Die kleinsten Bruchstücke sind sehr oft abgerundet. In dieser Weise wird die Kugelgebildung, die Chondritstruktur, welche unsere wie so viele andere Meteorite auszeichnet, hervorgerufen. Die Chon-

dritstruktur ist in diesem Gestein eine deutliche Bruchstückstruktur.
Durch mikroskopische Untersuchung erfährt man, dass Bronzit,
Olivin und metallisches Eisen die Hauptbestandtheile des Gesteins
sind; man gewinnt auch durch das Mikroskop Bestätigung des Ueber-
ganges zwischen den grossen und den kleinen zum Theil kugelförmigen
Bruchstücken.

Das mikroskopische Bild von zwei der vollkommeneren Kugeln
ist auf den hier aufgehängten Zeichnungen gegeben. Das eine Bild
zeigt ein dicht von Enstatitindividuen erfülltes braunes Glas. Das
andere zeigt eine monosomatische Olivinkugel, die von braunem
Glas in einer Weise erfüllt ist, die an die Zellenstruktur der Pflanzen
erinnert, aber nichts damit zu thun hat, was wohl hier nicht hervorgehoben zu werden braucht. Die Kugel giebt Zeugniss von Druck-
kräften, die in diesem kleinen Weltkörper einmal wirksam waren.
Sie wird von einer verwerfenden Spalte durchzogen, und die Olivinstäbe im Glase sind gebogen. Auch die Olivinsubstanz selbst zeigt
optische Anomalien, die ohne Zweifel durch Druck hervorgerufen
sind. Zwischen gekreuzten Nicols löscht nicht das ganze Individuum
gleichzeitig aus, sondern es wandert während des Drehens ein dunkler
Schatten darüber hin, indem nur diejenigen Partien der gekrümmten
Olivinstäbe dunkel werden, welche mit einem Nicolhauptschnitt an-
näherud parallel stehen.

Das mikroskopische Studium unseres Gesteins lehrt ferner, dass
auch die grösseren hellen Bruchstücke Chondrite sind. Es hat also
eine zweimalige Desaggregation stattgefunden; ein vorhandenes
Bruchstückgestein ist in kleine Stücke aufgelöst worden und diese
sind wieder verkittet. Eine naheliegende Vergleichung ist die mit
einem Konglomerate, das aufgelöst wird in Rollstücke, von welchen
sich wieder ein neues Konglomerat bildet.

Ausser diesem Gestein habe ich auch drei andere in Scandinavien
niedergefallene Meteoriten mikroskopisch untersucht. Von diesen
scheint mir besonders der am 28. Juni 1876 bei Ställdalen niedergefallene einiges Interesse darzubieten. Auch dieser Meteorit giebt
Zeugniss von einer Desaggregation, diese hat aber in einer anderen
Weise stattgefunden als bei dem vorigen. Ein ursprünglicher Chondrit
ist theilweise geschmolzen, die geschmolzene im durchfallenden Lichte
braune Substanz durchzieht, erfüllt mit aderförmig ungeschmolzenen
Resten, das Gestein. Unsere Figur zeigt einen mikroskopischen
Schnitt davon. Diese innere Schmelzung ist natürlich etwas ganz
Anderes als die nur ganz oberflächliche Erhitzung, die durch das

Glühen des Feuermeteors beim Eindringen in die Atmosphäre veranlasst wird.

Zu diesen Bemerkungen über die zwei skandinavischen Meteorite möchte ich gern einige Worte zufügen über die kosmische Stellung der Meteorsteine. Ich habe ein Studium der bekannten Falldaten vorgenommen und dadurch als wahrscheinlich gefunden, dass es mindestens einige Meteoritenschwärme giebt, die wie die bekannten Sternschnuppenschwärme zu unserem Sonnensystem gehören und die Sonne in Perioden von zwischen sechs und acht Jahren umkreisen. Zu diesem Resultat bin ich dadurch gekommen, dass ich gesehen habe, dass die Erde zu gewissen Stellen ihrer Bahn oder, was ja dasselbe ist, an bestimmten Tagen mit einem Zwischenraume von sechs bis acht Jahren von Meteorsteinen getroffen wurde. Bemerkenswerth ist, dass fast alle Kometen, deren Umlaufzeit bekannt ist, auch dieselbe Periodicität zeigen. Man hat also hier ein neues Moment, das die Meteorite in Verbindung mit den Kometen stellt.

Bei diesen Studien habe ich sehr den Mangel gefühlt an einer Zusammenstellung des die Meteoriten betreffenden Materials; eine kritische, bis auf die neuere Zeit geführte Zusammenstellung der sicher konstatirten Meteoritenfälle ist nicht vorhanden. Die Meteoriten sind im höchsten Grade ein internationaler Studiengegenstand. Eine durch Zusammenwirken von Forschern aus verschiedenen Ländern geschaffene Darstellung von dem, was die Literatur über beglaubigte Meteoritenfälle enthält, wäre sehr erwünscht. Ohne einen bestimmten Vorschlag zu stellen, erlaube ich mir die Aufmerksamkeit des internationalen Kongresses hierauf zu lenken.

Ueber eine Reise in Syrien und im nördlichen Palästina.

Von Hrn. F. Noetling.

Gestatten Sie mir, meine Herren, dass ich Ihnen einige Worte über eine Reise in Syrien und im nördlichen Palästina sage, die ich im Laufe des letzten Sommers dort ausgeführt habe.

Ueber Palästina besitzen wir ja wichtige geologische Monographieen von Fraas und Lartet. Man könnte hieraus schliessen, dass die geologische Kenntniss dieses Landes schon vollkommen ausreichend und erschöpfend behandelt sei; aber es war mir doch vergönnt, ein Gebiet zu untersuchen, welches bis dahin nur von wenigen Europäern betreten worden ist. Es ist dies das Gebiet östlich des Jordans, und zwar spezieller bezeichnet die Gegend südlich von Damaskus bis zur Stadt Tibne im nördlichen Adschlun.

Die Türkei verhält sich vollkommen ablehnend gegen den Besuch eines Europäers in diesen Gegenden; ja, sie macht die grössten Schwierigkeiten Dem, der es versucht, jenseits des Jordans reisen zu wollen, und nur besonders glückliche Umstände ermöglichten es mir, in jenes Gebiet einzudringen. Es wird darum nicht uninteressant sein, wenn ich Ihnen hierüber einige Mittheilungen mache und daran anschliessend das Gebiet des nördlichen Syriens, speziell des Hermon mit seinem interessanten Jura-Vorkommen, näher bespreche.

Das Gebiet jenseits des Jordans geht allgemein unter dem Namen Haurān, und zwar fasst man unter diesem Namen jene Gegend zusammen, welche sich östlich vom See Tiberias in unabsehbarer Fläche bis zu dem vulkanischen Gebirgsstock des Dschebel Haurān ausdehnt. Der westliche Theil dieses Landes stellt die alte Gaulanitis oder den heutigen Dscholän dar. Kommt man vom See Tiberias, das Jordanthal durchkreuzend, in den Dscholän, so stellt derselbe sich als ein Komplex fast vollkommen horizontal gelagerter Kreideschichten dar. In dieses Plateau sind die Thäler tief eingeschnitten mit nahezu senkrechten Wänden, und man wird ihrer erst gewahr, wenn man sich hart am Rande desselben befindet. Wir haben dort Erosionsthäler, welche in hohem Grade an die Cañons Amerikas erinnern.

Die geologische Zusammensetzung dieses Gebietes ist ausserordentlich einfach. Die ältesten dort auftretenden Schichten gehören dem Unter-Senon an. Es sind bituminöse Schiefer von brauner bis schwarzer Farbe, die jedoch unter der Einwirkung der Sonne an der Oberfläche vollständig ausbleichen und beinahe weiss werden, aber nach der Tiefe zu ihre Farbe bewahren. Diese Schicht ist erfüllt mit zahllosen Fischresten, die aber so schlecht erhalten sind, dass eine Bestimmung derselben nicht möglich erscheint. Diese werden überlagert von einer Bank mit Gryphaea vesicularis, wahrscheinlich der Form, welche Lartet als var. judaica bezeichnet hat. Nur an wenigen Punkten ist diese Schicht aufgeschlossen, am besten im Wadi 'Arab und im unteren Yarmukthal bei el Hammi. Ueberlagert wird dieser bituminöse Schiefer von einem mächtigen Komplex versteinerungsloser weisser Kreidekalke mit Feuersteinbänken. Diese Kalke, welche den grössten Theil des südlichen und mittleren Palästinas zusammensetzen, sind es wohl, welche die sprichwörtliche Unfruchtbarkeit Palästinas bewirken.

Den Schluss des Senons bildet eine sehr charakteristische Breccie aus Bruchstücken älterer Kreideschichten. Hauptsächlich sind es zahllose Feuersteinbruchstücke, eckig und scharfkantig, aber, wie ich hinzufügen möchte, ohne jede Spur von Basalten. Das ist gerade für diese Breccie ausserordentlich charakteristisch.

Dieses Kreideplateau wird überdeckt von einer weiten Lavafläche. Es war mir an dieser Lava interessant, die vulkanischen Eruptionen hinsichtlich ihres Alters ziemlich genau fixiren zu können. Dass diese Laven zunächst postkretaceisches Alter besitzen, beweist die Ueberlagerung der obersenonen Feuerstein-Breccie. Es ist aber nachzuweisen, dass Eruptionen in noch viel jüngeren Zeiten stattgefunden haben. Das Hieromaxthal wird erfüllt durch zwei Lavaströme, welche allerdings heutzutage durch den Fluss vollständig zerschnitten sind, so dass sie nur in Form von zwei Terrassen rechts und links an der Thalwand kleben, öfters auch völlig zerstört sind, so dass nicht einmal ein vollständiger Zusammenhang des Lavastromes auf beiden Thalseiten stattfindet. Es ist also sicher, dass die Eruption des Lavastromes doch in spätere Zeit fällt, als die Erosion des Thales.

Nun aber ist im unteren Yarmukthal zu ersehen, dass dieser Lavastrom ein Flussgeröll überlagert, welches dieselbe Fauna führt, wie sie heute noch im See Tiberias lebt und wie ich sie auch in den Ablagerungen des Jordanthales gefunden habe. Es sind dies Melanopsis sp. sp., Neritina sp. und, besonders interessant, ein Ancylus, den ich bis jetzt noch nicht habe bestimmen können, der aber jetzt im See Tiberias zu fehlen scheint. Daraus geht hervor, dass dieses Flussgeröll, über welches der Lavastrom hinweggeflossen ist, doch wohl ein ziemlich junges Alter besitzt. Da nun dieser Lavastrom weiterhin sich im Jordanthal ausbreitet gegen Westen hin, so müssen wir annehmen, dass das Jordanthal in seinem oberen Theile bereits trocken lag, als dieser Lavastrom das Thal heruntergeflossen ist.

Würde man das Alter des Flussgerölles im Hieromaxthale sowie der Schichten im Jordanthale als diluvial bezeichnen, so würde hiernach dieser Lavastrom mindestens in die alluviale Zeit zu setzen sein. Wir werden also für die Lavaströme des Dscholän ein ausserordentlich junges Alter annehmen müssen, und das ist im Gegensatz zu dem bisher allgemein als kretaceisch geltenden Alter der palästinischen Laven ein sehr interessantes Ergebniss.

Der Lavastrom des Yarmukthales bricht aus einem der bedeutendsten Vulkane, dem Tell el-Farras, hervor, an welchen sich in nördlicher Richtung noch eine Reihe von Vulkankegeln anschliessen, die bis zum Hermon reichen. Leider ist es mir noch nicht möglich, eine Karte dieses Gebietes vorzulegen. Es würde auch deshalb zu schwierig sein, an diesem Orte die einzelnen Vulkankegel genauer zu beschreiben. Eine genaue Karte dieses Gebietes ist augenblicklich in Vorbereitung begriffen, die anderen topographischen Grundlagen sind aber zu ungenau, um sie hier benutzen zu können.

Ich übergehe daher die Besprechung der einzelnen Vulkankegel und möchte nur noch hinzufügen, dass das Ost-Jordanland und speziell der Dscholän und Haurän sich im Gegensatz zu den vulkanischen Eruptionen des West-Jordanlandes dadurch auszeichnet, dass blasende Vulkane, richtige Kratere, vorhanden sind, während im West-Jordanlande, soweit ich es untersucht habe, nur Eruptionen ohne Krater vorkommen.

Ich habe mich hierauf, nachdem ich den Dscholän untersucht hatte, dem Hermon zugewendet. Der Hermon ist jenes Gebirge, welches die höchste Erhebung Palästinas, wohl die höchste Erhebung auf der ganzen Strecke zwischen Kleinasien und Abessynien darstellt; die höchste Spitze, Kasr Antarr, erreicht nahezu 10 000 Fuss Meereshöhe. Dieses Gebirge war seit längerer Zeit besonders dadurch interessant, dass Herr Fraas am südlichen Ende desselben ein

Vorkommen jurassischer Schichten entdeckt hat, die durch ihre faunistische Aehnlichkeit mit gleichaltrigen Schichten Schwabens seit langer Zeit die Aufmerksamkeit der Geologen auf sich gezogen haben.

Was den Hermon selbst betrifft, so setzt er sich zusammen ausschliesslich aus Gesteinen der Kreideformation, und zwar speziell des Turons, — wenigstens die Hauptkette desselben. Das Streichen der Schichten ist etwa von Nordost nach Südwest, mit Einfallen gegen Westen. Am südlichen Ende, auf der Ostseite des Gebirgszuges ist beim Dorfe Medschel esch Schems eine Falte aufgerissen, in welcher ein schmaler Streifen jurassischer Gesteine zu Tage tritt. Das älteste Schichtenglied gehört dem Unter-Oxford an. Es ist ein blauer, unter dem Einfluss der Sonnenhitze ziemlich hart getrockneter Thon, welcher die schönsten Ammoniten in einer Erhaltung führt, die geradezu identisch mit der schwäbischen ist. Wenn man einen Harp. cf. hecticum vom Hermon vergleicht mit einem von Schwaben, so ist die Aehnlichkeit beider so überaus gross, dass man sie verwechseln kann; man muss sie bezeichnen, um sie auseinanderhalten zu können.

Ausser dem Unter-Oxford ist noch eine Reihe von Schichten des weissen Jura aufgeschlossen, deren unterste von blaugrauem Kalk gebildet wird mit einem radialgerippten Pecten, vielleicht verwandt mit dem P. subarmatus; ich habe diese Art z. Z. noch nicht genauer bestimmen können. Darüber folgt die Schicht mit dem bekannten Collyrites bicordata, die überlagert wird von der Lacunosenbank. Diese letztere und ihre Fauna ist ja von Fraas sehr eingehend beschrieben worden. Es ist ein weisser harter splittriger Kalkstein, in welchem die R. lacunosa in grosser Menge vorkommt, aber schwer zu erhalten ist, da sie beim Herausschlagen gern zerspringt.

Den Schluss des Jura's bildet die Glandarienzone, die ich im Gegensatze zu Fraas zum Jura ziehen möchte, da sie sich bei Medschel esch schems in sehr naher Beziehung zur Lacunosenbank befindet; ich fand zum Ueberfluss noch einen z. Z. nicht näher bestimmten Glypticus. Damit schliessen die Juraschichten ab. Ihre Ausdehnung ist übrigens sehr gering, vielleicht 3—4 Kilometer in der Länge und 2 Kilometer in der Breite.

Die nächst ältere Schicht, welche im Hermon auftritt, ist die Sandsteinformation Fraas'. Dieser Sandstein, welcher sich am Hermon findet, ist, wie Fraas nachwies, zweifelsohne kretacëischen, aber meiner Ansicht nach turonen und nicht cenomanen Alters. Ich stütze diese

Ansicht darauf, dass ich bei 'Abeih, südlich von Beirut, in eben dieser Sandsteinformation eine Reihe von Nerineen gefunden habe, welche in sehr nahen Beziehungen zu den Formen der darüber liegenden Schichten von zweifelsohne turonem Alter stehen.

Die Sandsteinformation ist charakterisirt durch eine Reihe von Basaltausbrüchen, welche ihr aber konkordant eingelagert sind und welche namentlich viel mit versteinerungsführenden Tuffablagerungen in Verbindung stehen. Dass Kohlen und Bernstein (?) im Sandstein vorkommen, ist schon so ausführlich beschrieben worden, dass ich hier nicht weiter darauf einzugehen brauche.

Bei 'Abeih führt die Sandsteinformation über der Schicht mit Trigonia syriaca Fr. jene reichhaltige Gastropodenfauna, welche von Fraas als die Gastropodenzone von 'Abeih bezeichnet worden ist.

Die zunächst darüber folgende Zone, Fraas' braune Kreide, ist ein gelber mergliger Sandstein, ebenfalls charakterisirt durch zahlreiche Nerineen. Daneben findet sich aber auch eine Trigonia, welche zweifelsohne als Nachfolgerin der älteren Trigonia syriaca anzusehen ist. Ich möchte diese beiden Schichten, die untere Sandsteinformation und die obere (braune) Kreide Fraas' zusammenfassen und sie als unteres Turon — Zone der Trigonia syriaca Fr. — bezeichnen. Dieses Unter-Turon steht petrographisch wie faunistisch in grossem Gegensatze zu den darüberlagernden Schichten des Ober-Turons; letzteres ist eine mächtige Kalkablagerung, theilweise mit eingeschalteten Dolomitlagen und ausgezeichnet durch verschiedene Hippuritenbänke. Die Basis des Unter-Turons bildet die Schicht mit Ammonites syriacus, der sich namentlich häufig in der Gegend von Bhamdūn findet, aber auch von mir an vielen Orten Syriens aufgefunden worden ist. Ueberlagert wird diese Zone, zu der ich auch die »graue Kreide« Fraas' ziehe, durch die eigentlichen Hippuritenkalke (Radiolitenzone Fraas'), die namentlich bei 'Abeih die prächtigsten Radioliten führt, welche besonders dadurch interessant sind, dass die Ober- und Unterschale mit dem ganzen Schlossapparat sich leicht aus dem Gestein herausschälen lässt.

Den Schluss des Turons bildet eine durch zahlreiche Nerineen aber seltenere Radioliten ausgezeichnete Schicht, welche ich im Carmel in der Nähe von Ijzim bei Haifa aufgefunden habe, die eingelagert eine Tuffbank enthält.

Ueber dem Turon folgt nun die senone Kreide in der gleichen Ausbildung, wie ich sie oben aus dem Dscholän beschrieben habe. Bemerkenswerth ist, dass das untere Senon sich durch einen grossen Reichthum an Bitumen und Fischresten auszeichnet. Ersteres con-

centrirt sich vielfach in einzelnen Nestern, welche das längst be-
kannte Asphaltvorkommen des Libanons repräsentiren; letztere sind
besonders häufig und schön bei Hakel und Sahil 'Alma nördlich von
Beirut.

Es war ferner sehr wichtig nachzuforschen, ob in Palästina that-
sächlich alttertiäre Schichten vorhanden sind. Auf der Karte von
Lartet sind namentlich im Carmel Tertiärschichten und zwar der
Nummulitenformation angehörig, aufgezeichnet. Ich habe daraufhin
den Carmel nach allen Richtungen hin durchstreift und kann sicher
behaupten, dass am Carmel und nordwärts desselben keine Schichten
des älteren Tertiärs vorhanden sind, wenigstens keine Schichten mit
echten Nummuliten; das, was bis dahin als Nummuliten bezeichnet
worden ist und was mir unter dieser Rubrik zu Gesicht gekommen
ist, stammt meist aus dem Turon und wird wohl Orbitulites oder
Alveolina sein. Ich bin also geneigt, die Existenz des älteren Tertiärs
wenigstens für das nördliche und mittlere Palästina zu läugnen, wo-
mit aber nicht ausgeschlossen ist, dass jungtertiäre Schichten auftreten wie z. B. in der Bakaá oder bei Tripoli.

Die jüngsten Schichten sind repräsentirt durch einen marinen
Kalkstein, der die ganze Küste von Tripoli an südwärts einfasst.
Dieser marine Kalkstein liegt augenblicklich im Hafen von Jaffa
und nördlich von Haifa genau im Niveau des Meeres, sodass also,
was schon an vielen Orten ausgesprochen wurde, wenn eine Hebung
der Küste wahrscheinlich ist, diese Hebung vielleicht in kurzer Zeit
dadurch nachzuweisen sein wird, dass dieser marine Kalkstein nun
über dem Wasser auftauchen wird. Wahrscheinlich ist auch in
dieser Hebung der Küste der Grund für die Unbrauchbarkeit der
südlichen Häfen Palästina's zu suchen. Der Hafen von Jaffa war
ja zu Salomo's Zeiten von grossen Schiffen besucht, und heute ist
es gefährlich selbst für kleine Kähne, in diesen Hafen einzufahren.

Sur une méthode propre à déterminer l'origine des calcaires.

Par M. E. Dupont.

Les grands amas calcareux qui se développent surtout dans les terrains paléozoïques, présentent généralement de sérieuses difficultés d'interprétation, lorsqu'on les envisage comme des dépôts sédimentaires. Tel est particulièrement le cas pour une partie des calcaires devoniens de la Belgique et des provinces rhénanes. Si je considère les calcaires que nous appelons en Belgique Calcaires frasniens à l'exemple de M. Gosselet et qui sont caractérisés par la faune dite à Rhynchonella cuboïdes, je les vois se présenter en majeure partie sous la forme de tertres ou de murailles entourées de schistes.

Cette disposition de calcaires se combine avec le fait que mettent en évidence les préparations que j'ai l'honneur de placer sous les yeux du Congrès. On reconnaît souvent dans les masses naturelles un grand nombre de coraux; parfois l'existence de ceux-ci se révèle par le polissage. Mais c'est par les plaques minces de grandes dimensions, qu'on peut le mieux démontrer l'origine coralligène de ces roches et connaître l'agencement des éléments qui les composent. Ces éléments sont au nombre de deux principaux: les coraux et leurs débris qui remplissent les vides.

Le même phénomène se représente dans le Calcaire carbonifère belge, mais avec une suite de complications sur lesquels je me permets d'appeler votre attention. Des amas massifs de calcaire gris se développent en forme de murailles interrompues, souvent sur plusieurs rangées parallèles le long d'une partie des bords du bassin, ou bien en forme de petits amas isolés dans l'intérieur du bassin. Ces amas sont entourés de calcaires stratifiés. Or, lorsqu'on étudie leur constitution dans des plaques minces de grandes dimensions, on reconnait qu'ils sont formés par des aggrégats serrés de coraux voisins de quelques-uns de ceux des calcaires devoniens et par des détritus de coraux. L'origine coralligène de ces calcaires massifs est donc clairement évidente.

Quant aux calcaires stratifiés qui s'étendent autour de ces masses coralligènes, ils sont d'origine détritique et se présentent sous un double aspect.

Les uns, de beaucoup les plus intéressants, sont formés par des débris de tiges de crinoïdes accumulés comme de véritables sédiments, tels que des graviers. Ils remplissent notamment la plupart des intervalles entre les murailles coralliennes, dont ils se distinguent nettement à première vue par leur allure stratifiée. Le fait est de grand intérêt, quand on se rappelle l'habitat profondément différent des crinoïdes et des coraux constructeurs des récifs.

Les autres calcaires stratifiés sont formés par des grains amorphes, des débris de coraux et de coquilles, des foraminifères etc. Ils remplissent surtout le centre du bassin, à la manière de dépôts sédimentaires et sont plus récents que les calcaires coralligènes.

De sorte que si nous envisageons ces calcaires carbonifères stratifiés et sédimentaires, crinoïdiques ou amorphes, par rapport à leur rôle vis-à-vis des masses coralliennes, nous arrivons à l'étrange parallélisme suivant avec les couches dévoniennes: ils remplacent dans le Calcaire carbonifère les schistes qui entourent les masses coralligènes dévoniennes.

L'origine corallienne d'une partie de ces calcaires paléozoïques est donc clairement démontrée en fait. On peut dès lors se demander si une telle origine n'implique pas un mode de formation soumis aux mêmes lois que dans les calcaires coralliens actuels. Voici deux préparations. Elles sont bien semblables au point qu'il est nécessaire de connaître la provenance de leurs calcaires pour les distinguer. Cependant le calcaire de l'une vient du Calcaire carbonifère, l'autre d'un récif en voie de formation dans l'Océan pacifique.

La question difficile est de rétablir le profil des anciens récifs, lorsque la région a été soumise à des soulèvements. C'est la principale cause des objections et des hésitations que nous avons vu parfois se produire. Mais son examen nous écarte du sujet que j'ai voulu vous soumettre et je me permettrai de me référer sur ce point aux publications dans lesquelles j'ai cherché à étudier ces intéressants problèmes.

Ueber die Geologie Japans.

Von Hrn. E. Naumann.

Wenn ich mir die Ehre gebe, Ihr Augenmerk auf die fernsten Theile Asiens zu richten, so geschieht dies um Ihnen die Hauptresultate eigener Reisen und Aufnahmen vorzuführen, die ich während der letzten fünf Jahre im Gebiete des japanischen Archipels ausführen zu können das Glück gehabt habe. Es ist jetzt fünf Jahre her, dass die geologische Aufnahme von Japan auf meine Anregung hin in Thätigkeit trat um bis Ende 1884 unter meiner Leitung weitergeführt zu werden und sind die Ergebnisse der kaum vierjährigen Arbeiten in einer Serie von Karten niedergelegt, die bereits voriges Jahr an den internationalen Congress eingesandt wurden. Ich weiss sehr wohl, dass diese Karten neben den zahlreichen classischen Arbeiten der Ausstellung den Eindruck der Unvollkommenkeit und Unzulänglichkeit machen müssen, doch hoffe ich auf Ihre geneigte Nachsicht rechnen zu dürfen, da die Vollendung der Uebersichtsarbeiten in der kurzen Zeit nur durch einen bedeutenden Aufwand von körperlicher Anstrengung und durch Ueberwindung enormer Schwierigkeiten, die sich bei der wissenschaftlichen Erschliessung eines neuen Landes unvermeidlich aufdrängen, möglich geworden ist.

Ein Kranz graziös geformter Inselbogen umgürtet Blumenguirlanden vergleichbar das östliche Asien. Schon die Configuration lässt erkennen, dass der japanische Bogen unter allen der bedeutendste ist. Die Gesetze der geologischen Struktur, die ihn beherrschen, liefern den Beweis, dass ihm die Bedeutung eines Grenzdammes des asiatischen Continentes beizumessen ist, während die benachbarten Inselketten als Anhängsel, als nebensächliche Glieder des Continentes betrachtet werden können. Wild zerfurcht, von üppiger Vegetation überkleidet, breitet sich das Gebirge über alle Theile der Inselkette aus. Der höchste Berg im japanischen Archipel ist der weltberühmte Fujinoyama, ein isolirt aufsteigender vulkanischer Kegel schönster

Gestaltung. Er erhebt sich 3790 m hoch. Die maximale Gipfelhöhe der bedeutendsten Gebirgstheile beträgt wenig über 3000 m. Diese Zahlen mögen gering erscheinen, wenn man sich der Riesen des Himalaya und der südamerikanischen Cordilleren erinnert. Aber nicht zu vergessen sind die gewaltigen Tiefen des dem japanischen Bogen benachbarten Oceans, der Abgründe von ungefähr 8500 m aufzuweisen hat, so dass sich die grösste Niveaudifferenz im Gebiete des japanischen Archipels auf nicht weniger als 12 000 m beläuft. Die grosse bogenförmig verlaufende Welle der Erdoberfläche, die auf der Seite des japanischen Meeres flach anhebt, auf der Oceanseite aber verhältnissmässig steil abfällt und mit deren innerem Bau wir uns jetzt beschäftigen werden, ist also entschieden eine der bedeutendsten unseres Weltkörpers.

Die in Japan vertretenen Systeme sind folgende: Urgneiss, nur an wenigen Stellen zu Tage tretend, fast überall verdeckt; krystallinische Schiefer in grosser Mächtigkeit; die paläozoischen Systeme in enorm mächtiger Entwickelung, unter denen nur Devon und Carbon durch Versteinerungen angezeigt sind und in denen Tiefseesedimente die unbedingt hervorragende Rolle spielen. Die Bildung der Tiefsee verräth sich unter Anderem durch weit verbreitete röthliche, mit Radiolarien gefüllte Thonschiefer, welche ein Analogon des Radiolarienschlammes der jetzigen Tiefsee darstellen. Innerhalb der mesozoischen Reihe ist zunächst die obere Trias vertreten, dann der untere und der mittlere Jura und die obere Kreide. Die mesozoischen Bildungen sind sammt und sonders von seichten Meeren abgelagert worden und enthalten sogar vielorts Süsswasserbildungen. Auch ist die Mächtigkeit dieser Gruppe keine bedeutende. Das Gleiche gilt von den weit verbreiteten Tertiärablagerungen.

Den einfachsten Verhältnissen des Baues begegnen wir im südlichen Theile des Landes und wird es sich empfehlen, zunächst diesem Gebiete näher zu treten, um das Verständniss der verwickelter konstruirten Abschnitte des Bogens zu erleichtern.

Hier finden wir eine durch das Nebeneinanderhinziehen von Chiugoku, dem westlichen, halbinselförmigen Flügel der Hauptinsel, dem Binnenmeere und der Insel Shikoku angezeigte zonenförmige Gliederung auf das deutlichste ausgeprägt und das Streichen der Schichten und Falten, wie auch der Eruptivzüge ist dem Inselbogen ziemlich genau parallel. Der Inselbogen setzt sich aus drei ganz verschieden konstruirten Zonen zusammen und mögen die drei Zonen als Innenzone, von Chiugoku eingenommen, Mittelzone, durch das Binnenmeer oder die sogenannte Inlandsea angezeigt, und Aussenzone, welch' letzterer die Insel Shikoku entspricht, bezeichnet werden. Wir verstehen unter Innenseite die Seite des japanischen Meeres, von der aus, wie wir später sehen werden, die Hauptbewegungen erfolgten, unter Aussenseite die Seite des freien Oceans. Bei einer Durchquerung der drei Zonen von innen nach aussen, die wir jetzt unternehmen wollen, giebt sich der einseitige Bau des ganzen Gebirges auf das unzweifelhafteste zu erkennen. Auf der Innenseite, an der Küste des japanischen Meeres, ist eine Reihe kreisförmiger Lücken im alten Gebirge die zunächst in die Augen fallende Erscheinung. Jeder dieser kesselförmigen Einbrüche ist durch einen Vulkan ausgezeichnet. Vulkanische Gesteine halten sich überhaupt an die Küstengegend des japanischen Meeres und sind sonst der Innenzone, wohlverstanden was den in Rede stehenden Theil des Inselbogens betrifft, vollkommen fremd. Weiter nach aussen gehend gewahren wir eine Anzahl schmaler Züge von Granit, Porphyr und Porphyrit, die mit dem stark gefalteten paläozoischen Gebirge, das die eigentliche Grundmasse bildet, abwechseln. Diese Eruptivgesteine haben an vielen Punkten interessante Metamorphosen der paläozoischen Schichten bewirkt, sind also jünger als diese. Mesozoische Bildungen sind selten und, wo sie auftreten, von bescheidener räumlicher Ausdehnung. Einen etwas grösseren Raum beansprucht das Tertiär und ist die sehr flache Lagerung der Schichten bemerkenswerth.

Wir treten in die Mittelzone ein, in das landschaftlich so reizvolle Binnenmeer mit seinen zahllosen Inseln. Das Eindringen des Meeres erschwert die Beurtheilung, doch weisen zahlreiche Erscheinungen auf eine weitgehende schollenförmige Zerstückelung hin. Durch diese eigenthümliche Zerstückelung und durch das Auftreten einer höchst interessanten Gruppe vulkanischer Gesteine — es sind quarzführende Augitandesite oder halbglasige klingende Andesite u. s. w. — unterscheidet sich die Mittelzone von der Innenzone. Die postcarbonischen, wahrscheinlich sogar postpaläozoischen Eruptivgesteine, unter denen Granit die Hauptrolle spielt, erscheinen in grossen Massen, in weit grösseren Massen als in der Innenzone.

Tritt man nun an die Aussenzone heran, so verlässt man den Schauplatz älterer und neuerer Eruptionen. Es führt uns der Weg zunächst über ein breites, lang hinziehendes Band krystallinischer Schiefer, deren Schichten durch Riesenkräfte zu grossen Falten gestaut erscheinen. Dort nun, wo man in den Streifen krystallinischer Schiefer eintritt, liegt die Grenze der Eruptivregion; denn weiter nach aussen spielen Eruptivgesteine, obwohl sie nicht fehlen, eine durchaus untergeordnete Rolle. Diese Thatsache verdient es, ganz besonders der Beachtung empfohlen zu werden. Die lang wie eine grosse Mauer sich hinziehenden Massen der krystallinischen Schiefer haben gleichsam eine Brustwehr gegen das Emporquellen heissflüssiger Massen gebildet und unter den in der Mittelzone aufgethürmten Graniten, unter dem Zuge der Andesitklingsteine und der quarzführenden Augitandesite haben wir eine Spalte zu suchen, die tief in den Erdkörper einreissen dürfte und deren Entstehung mit der Bildung des grossen, bogenförmig sich hinziehenden Gebirges, dessen höchste Theile als die japanischen Inseln über die Meeresfluth emporragen, in innigstem Zusammenhange stehen muss.

An das Band der krystallinischen Schiefer schmiegt sich nach aussen ein Streifen paläozoischer Gebilde, dann folgt eine grosse Mulde, in der mesozoische Ablagerungen mit vielen Fundplätzen schönster Versteinerungen, wie unter Anderem mitteljurassischer Korallen, Pflanzen desselben Alters oder oberkretacischer Trigonien u. s. w. entwickelt sind. Längs der Ränder dieser Mulde stösst man merkwürdigerweise vielorts auf Hornsteine, die mit den schönsten Spiegeln versehen sind. Zwischen der Mulde und dem Ocean sind dann wieder paläozoische Gebilde entwickelt. Nur dicht an der Küste treten tertiäre Sedimente in beschränkter Verbreitung und mit steiler Schichtenstellung auf.

Wir haben den Inselbogen in querer Richtung dort durchschritten, wo die Verhältnisse des Baues die einfachsten, die ungestörtesten sind, wo die Schichten und Falten mit dem Bogen — hier von Westsüdwest nach Ostnordost — streichen. Folgen wir jetzt dem Inselbogen von diesem Durchschnitt ausgehend in östlicher Richtung, um Bekanntschaft mit grossartigen Störungen zu machen, durch welche beträchtliche Abweichungen vom normalen Bau bedingt werden. Das Band der krystallinischen Schiefer zieht, von einer Meeresdurchbrechung abgesehen, ununterbrochen fort bis zum östlichen Flügel der Halbinsel von Kii, um hier plötzlich abzubrechen. Die Fortsetzung findet sich etwas weiter nordöstlich; denn es hat an dieser Stelle eine Zerreissung und horizontale Verschiebung stattgefunden. Weiterhin biegt das bereits zusehends verschmälerte Band nach Nordosten und Norden um und endet nach dieser grossen Aufbiegung urplötzlich im innersten Herzen des Landes an einem bergumrahmten See, dem See von Suwa. Sämmtliche ausserhalb der krystallinischen Schiefer gelegene Falten ziehen in der beschriebenen Weise erst nach Ostnordost, dann plötzlich nach Nordost und Nord fort; nach dem Suwasee hin keilt sich aber die ganze Aussenzone aus. Mit diesem Auskeilen steht ein Anwachsen des Gebirges zu gewaltigen Höhen in direktem Zusammenhange. Am Innenrande der Aufbiegung der krystallinischen Schiefer bemerken wir einen mächtigen Granitzug, der denselben Bogen beschreibt, wie die krystallinischen Schiefer, er entwächst der grossen Longitudinalspalte, die wir vorhin kennen gelernt haben. Auch diese Spalte verlässt also ihren fast geradlinigen Lauf, schneidet plötzlich quer in den Inselbogen ein und bricht dann ab. Wo bleiben nun die parallel nebeneinander hinziehenden streifenförmigen Bestandtheile des Inselbogens, was bedingt ihr unverzügliches Verschwinden?

Jenseits einer quer über den Inselbogen ziehenden geraden Linie, an der das Abschneiden der den verschiedensten Zeitaltern angehörigen Faltenzüge erfolgt, liegt eine breite Einsenkung. Sie bedeutet eine Lücke des Grundgebirges, eine tiefeinreissende noch blutende Wunde der Erdkruste, eine quere Zersprengung des Inselbogens. Aeltere Eruptivmassen liegen am Grunde dieser grossen, das ganze Gebirge zertheilenden Spalte, sie recken ihre Zackengipfel hier und da zu ansehnlicher Höhe, noch höher aber ragen die Vulkane auf, vor Allem der stolze, mitten aus der Zersprengung emporwachsende Fujinoyama, der noch im Jahre 1707 durch einen ebenso grossartigen wie verheerenden Ausbruch das Volk in Schrecken setzte.

Nun hat die Zersprengung gerade dort stattgefunden, wo ein anderes grosses Gebirge, das ich mit dem Namen der Shichitokette belegt habe, an den japanischen Bogen herantritt und mit ihm verwächst. Die Shichitokette zieht von den sieben Inseln des Idzumeeres, den Shichito, hinunter zu den Bonininseln, sie hat einen nahezu geradlinigen südlichen Verlauf und ist grösstentheils submarin; nur wenige vulkanische Gipfel überragen die Wasser des Meeres. Den Bewegungserscheinungen, die dieses Gebirge hervorriefen, die sein Wachsthum bedingten, haben wir die Zersprengung des japanischen Inselbogens zuzuschreiben.

Auf der Nordostseite der grossen Zersprengung liegt das alte Bergland von Quanto. Es baut sich auf aus krystallinischem Schiefer, paläozoischen Massen, die auch hier den Hauptantheil am Aufbau nehmen, und mesozoischen Bildungen in ganz geringer Ausdehnung. In diesem Berglande beherrscht die Streichrichtung NW.-SO. alle Schichten, die jünger als die krystallinischen Schiefer und älter als Tertiär sind. Auch ist zu betonen, dass das Streichen eine der grossen Transversalspalte genau parallele Richtung einhält. Die krystallinischen Schiefer sind aus zwei Richtungen gefaltet worden, einmal aus NW., also von der Gegend des Centrums des Inselbogens her, und dann aus SW., von der Transversalspalte aus. Hiernach muss die Zersprengung nach Bildung und normaler Faltung der krystallinischen Schiefer erfolgt sein.

Die transversale Streichrichtung herrscht bis in die Gegend des 38. Breitengrades. Bis hierher sind die Verhältnisse der Struktur ziemlich verwickelte. Einschaltungen von Eruptivgesteinen sind meist quer gerichtet. Nördlich vom 38. Breitengrade ist der Bau wieder normal, wenn auch nicht so einfach wie in den Gegenden des Binnenmeeres und seiner Nachbarschaft. Wir finden hier wieder die Gliederung nach Zonen. Die Aussenzone ist scharf abgegrenzt, aber vielfach quer zerbrochen und viel mehr von Eruptivgesteinen durchsetzt als im Süden. Doch fehlen auch hier die vulkanischen Gesteine gänzlich und das Band krystallinischer Schiefer zeigt ganz dieselben Verhältnisse wie in Shikoku. Ueber der grossen Longitudinalspalte erhebt sich eine mit Vulkanen gespickte Kette von Eruptivgesteinen des verschiedensten Alters. Wie sich an der Innenseite von Chingoku eine Reihe kesselförmiger Einbrüche hinzieht, so begegnen wir auch im Norden einer Reihe allerdings viel grösserer und scharf an einander tretender Einbruchskessel, durch je einen Vulkan ausgezeichnet. Von Nord nach Süd haben wir hier den Kessel des Iwaki, des Moriyoshi, des Chokai und des Gwassan.

Es erübrigt, auf die beiden äussersten Glieder des japanischen Bogens, Kiushiu und Yezo, einige kurze Blicke zu werfen. Beide Inseln zeigen das Bestehen der Zonen, wie wir sie vorher kennen gelernt haben. In beiden Fällen tritt ein neuer Inselbogen an das japanische Gebirge heran, im Falle von Kiushiu der Liukiubogen, im Falle von Yezo die Kurilenkette. Diese fremden Bögen bringen allerdings Modificationen des Baues hervor, aber sie sind nicht im Stande, die fundamentalen Gesetze des Baues zu stören. In Kiushiu sowohl, wie in Yezo greift die Aussenzone durch und das Herantreten der Nebenketten der Liukiu und der Kurilen bedingt nur das Auftreten je eines grossen, durch Einbrüche und daraus hervorwachsende zahlreiche Vulkane ausgezeichneten halbinselförmigen Fortsatzes, den die Aussenzone gegen den Ocean hinaus entsendet. Der Liukiubogen und der Kurilenbogen müssen nach dem Vorangehenden von sehr jugendlichem Alter sein. Kiushiu und Yezo zeigen durchaus analoge Verhältnisse, und diese Uebereinstimmung erstreckt sich sogar auf den äusseren Umriss. Wir haben gesehen, dass die zonare Gliederung, von der im Scheitel der Inselcurve gelegenen Zersprengung und den dadurch erzeugten Störungen abgesehen, das ganze Gebirge beherrscht, und wenn wir uns erinnern, dass der japanische Bogen nur Theil eines mächtigen Kreises von Gebirgswällen ist, der fast den ganzen Körper des asiatischen Continentes umschliesst; wenn wir berücksichtigen, dass nach Richthofen die japanischen Faltenzüge mit dem in Kiushiu herrschenden Streichen nach China hinein fortsetzen, so darf man wohl hoffen, die hier in der Kürze beleuchteten Gesetze der Struktur auch in anderen Abschnitten des grossen asiatischen Kreises bestätigt zu finden.

Darüber, dass ein intensiver Schub von der Seite des japanischen Meeres in Wirksamkeit getreten ist, um die Massen gegen den Ocean hinauszudrängen, scheint mir kein Zweifel zulässig zu sein. Die verschiedenen Theile des Bogens sind nämlich ungleich weit vorgerückt. Am weitesten ist Yezo vorgeschritten und die Losreissung in der Tsugarstrasse muss — dafür sprechen zahlreiche Thatsachen — in verhältnissmässig früher, wahrscheinlich frühmesozoischer Zeit erfolgt sein. Der nördlich vom 38. Breitengrade gelegene Flügel der Hauptinsel liegt weiter vor, als der zwischen dem 38.^{0} und der Zersprengung ausgedehnte Abschnitt. Eine Verschiebung kleineren Betrages finden wir bei Shima am Ostcap der Kiihalbinsel. Das ganze südliche Japan erscheint ziemlich weit vorgeschoben, doch sind die der Zersprengung benachbarten Falten an die Transversalspalte oder ihre Ausfüllungen angepresst. Der normale Schub, von der Innenseite des Bogens her wirkend, kann nicht gleichzeitig mit dem von der Transversalspalte resp. vom Shichitogebirge ausgehenden Schub in Wirksamkeit getreten sein, denn sonst könnten die paläozoischen Falten des Berglandes von Quanto einen so genauen Parallelismus mit der Querzersprengung kaum bekunden. Die normalen Hauptfaltungen sind nach der Zersprengung des Bogens in späthpaläozoischer oder frühmesozoischer Zeit erfolgt und gingen mit grossartigen Graniteruptionen Hand in Hand. Sie dauerten durch das mesozoische Zeitalter fort bis in spättertiäre Zeit und dürften jetzt ihren Abschluss noch nicht erreicht haben. Neuere Untersuchungen haben mich zu der Ueberzeugung geführt, dass die grosse Longitudinalspalte, die auf beiden Seiten der Sprengung auftritt, den ganzen Inselbogen entlang zieht und schon vor der Zersprengung existirt haben muss. Die Entstehung der Longitudinalspalte, die im Zusammenhang mit der normalen Faltung der krystallinischen Schiefer erfolgt sein dürfte, repräsentirt also die erste und wichtigste Phase der Gebirgsbildung!

Ich kann nicht umhin, an dieser Stelle des grossen Erdbebens von 1854 zu gedenken, das seine verheerenden Wirkungen bis zu der grossen Longitudinalspalte erstreckte und in der queren Zersprengung eine Hemmung fand. Die Grenze der Erschütterungen läuft der am Eingange des Vortrages beschriebenen, das südliche Japan beherrschenden Leitlinie genau parallel. Es nahm seinen Ursprung auf der Aussenseite des Bogens, wahrscheinlich am Grunde des Oceans. Die Wellen setzten hinein in die Eruptivmasse der Longitudinalspalte, verloren hier ihre Kraft und klangen aus. Viele der grossen historischen Erdbeben gingen wie die Erschütterung von 1854 von der Aussenseite aus, und es ist eins der wichtigsten und interessantesten Resultate, zu denen die Milne'schen Untersuchungen geführt haben, dass die grosse Mehrzahl der jetzigen Erdbeben gleichfalls von der Aussenseite des Bogens her in das Gebirge einbricht. Diejenigen Herren, welche sich specieller für die seismischen Fragen interessiren, erlaube ich mir auf die beiden hochinteressanten Abhandlungen meines Freundes Milne aufmerksam zu machen, die dem Congresse vorgelegt worden sind.

Auch die magnetischen Curven, die Herr Sekino auf Grund seiner mehrjährigen sorgfältigen Beobachtungen auf einer der in der Ausstellung vorgeführten Karten niedergelegt hat — es sind darin nahezu 200 magnetische Ortsbestimmungen verarbeitet — zeigen einen unverkennbaren Zusammenhang mit den Linien des geologischen Baues. Ganz besonders sind es die Curven der Declination, durch welche diese bemerkenswerthe Erscheinung hervor tritt. Diese Curven folgen im Allgemeinen der Leitlinie der Faltungen, wie z. B. die Aufbiegung der südlichen Falten in der Nähe der Zersprengung mit der Linie der magnetischen Abweichung zusammenfällt, um da, wo Complicationen des geologischen Baues, Störungen der normalen Verhältnisse auftreten, grosse Ein- und Ausbiegungen zu beschreiben.

Vor zwei Monaten führte mich die Heimreise an den Pescadoren vorüber. Der Dampfer, auf dem ich mich befand, legte in Makung an, um der französischen Flotte Proviant zuzuführen. Ich kann nicht umhin, einige Beobachtungen anzureihen, die ich von Bord aus zu machen Gelegenheit hatte. Die Pescadoren sind niedere, glatte Inseltafeln. Sie bestehen aus Korallenbänken, welche mit grossen Decken vulkanischer Gesteine wechsellagern. Diese Zusammensetzung dürfte insofern von Interesse sein, als sie des Weiteren die bedeutungsvolle Rolle klar legt, welche vulkanische Ergüsse auf der Innenseite der Inselbögen spielen.

Es möge mir erlaubt sein, jetzt zum Schlusse die Hauptvorgänge der Gebirgsbildung ihrer chronologischen Reihenfolge nach aufzuführen: Zunächst erfolgt Faltung der krystallinischen Schiefer, die

in der Entstehung der Longitudinalspalte ihre Auslösung findet.
Dann: Ablagerung paläozoischer Sedimente in ungeheuren Tiefen.
Während dieses Zeitalters, wahrscheinlich mit Beginn desselben, Em-
porwachsen des Shichitogebirges und dadurch erzeugte Zersprengung
des japanischen Bogens. Faltungen von der Querspalte aus, Bewegungen nach NO. gerichtet. Am Ende des paläozoischen Zeitalters oder mit Beginn des mesozoischen tritt der Schub aus NW.
mit grosser Kraft ein und in seinem Gefolge stehen ausgedehnte
Eruptionen. Der Schub nach aussen dauert mit verringerter Inten-
sität bis in die jüngsten Perioden hinein. Am Ende der Tertiärzeit
wird die vulkanische Thätigkeit eröffnet. Sie ist auf die Innenseite
beschränkt, während sich die Erdbeben meist an die Aussenzone halten.

Wie wir gesehen haben beginnt die Gebirgsbildung in sehr früher
Zeit, nach Bildung der krystallinischen Schiefer. In der jüngeren
Triaszeit dürfte der Bogen bereits ähnliche allgemeine Verhältnisse
gezeigt haben, wie jetzt.

Das, meine Herren, sind die Hauptergebnisse meiner Arbeit,
soweit sie sich auf die Tektonik beziehen. Ich bin mir durchaus
bewusst, dass die hier berührten Fragen tausend andere heraus-
fordern, die ich nicht beantworten kann, dass die Beute, die ich von
meinen Streifzügen in fremden Ländern mitgebracht habe, nur zu
bescheiden ist. Als schönste Genugthuung für meine Bestrebungen
werde ich es betrachten, wenn es mir gelungen sein sollte, der internationalen Forschung ein neues Gebiet erschlossen und denen, die
so glücklich sein werden als Eroberer dieses Gebietes gelten zu
dürfen, die Wege geebnet zu haben.

Beobachtungen über Temperaturen in tiefen Bohrlöchern.

Von Hrn. Huyssen.

Es wird Ihnen bekannt sein, wenigstens einem grossen Theil von Ihnen, dass seit einer Reihe von Jahren die preussische Staatsregierung erhebliche Mittel darauf verwendet, den Untergrund des grossen norddeutschen Flachlandes durch Bohrlöcher zu untersuchen. Seit zwanzig Jahren wurden darauf jährlich 150 000 Mark verwendet; jetzt sind diese Mittel seit einem Jahre auf 250 000 Mark erhöht worden. Es ist eine lange Reihe von Bohrlöchern niedergestossen worden, die sehr interessante Aufschlüsse über das ergeben haben, was von dem grossen norddeutschen Diluvium und Tertiärgebirge bedeckt wird. Auf die Resultate dieser einzelnen Tiefbohrungen will ich jetzt nicht eingehen, Ihnen aber einige in der neuesten Zeit erlangte Ergebnisse mittheilen, welche für die Geologie und die geologischen Theorien von der allergrössten Wichtigkeit sein dürften.

Zunächst die Angabe, dass das tiefste Bohrloch, welches überhaupt bis jetzt niedergestossen worden ist, eine Tiefe von 1656 m oder 5266 preussischen Fussen erreicht hat. Das Bohrloch ist in diesem Augenblick noch im Betriebe, und die Angabe, die ich Ihnen eben mache, ist die vom Schluss der vorigen Woche. Da das Bohrloch noch 44 mm Weite hat, so haben wir die Hoffnung, mit den Betriebsvorrichtungen, die da aufgestellt sind, eine noch weit grössere Tiefe zu erreichen. Soviel mir bekannt, ist diese Tiefe, welche die Höhe der höchsten Berge Norddeutschlands über dem Meere weit übersteigt, noch nirgends in der Welt erreicht worden. Die Ehre, den Bergbau in grösster Tiefe zu betreiben, hat bis jetzt Oesterreich mit seinem Bergwerk in Přzibram, das eine Tiefe von 1000 m erreicht hat; aber in Bezug auf Bohrarbeiten nehmen wir für Preussen die Ehre in Anspruch, die grösste Tiefe erreicht zu haben.

Es ist nun, wie das ja für die Wissenschaft verlangt werden
kann, diese Tiefbohrung auch dazu benutzt worden, die Wärme des
Erdinnern zu untersuchen, und zwar werden in dem Bohrloch, von
dem ich spreche, von 30 zu 30 m Beobachtungen der Wärme gemacht. Ich will noch anführen, dass das Bohrloch zwischen Dürren-
berg und Leipzig bei Schladebach liegt, und dass der Staat es in
der Absicht begonnen hatte, das productive Steinkohlengebirge, das
in der Nähe von Halle, bei Wettin, seit Jahrhunderten bekannt ist
und bergmännisch benutzt wird, aufzuschliessen. Dieser Zweck ist
bis jetzt nicht erreicht worden, und wenn er erreicht wird, so kann
man natürlich in einer Tiefe von 1656 m keinen Bergbau mehr
treiben. Aber die wissenschaftliche Bedeutung des Bohrlochs ist
doch eine so grosse, dass die Kosten daran gewendet werden, um
es soweit fortzusetzen, wie die Betriebsvorrichtungen es gestatten.

Das Bohrloch steht jetzt in Schichten, die entweder dem untersten
Rothliegenden oder dem obersten Carbon angehören. Die Grenze
ist zweifelhaft, und ob sie sich überhaupt wird definitiv feststellen
lassen, das ist nicht ganz sicher, da ja in der Provinz Sachsen
überall das Rothliegende und das Carbon in einander übergehen,
und selbst da, wo Aufschlüsse an der Tagesoberfläche sind, sich
nicht immer mit Sicherheit entscheiden lässt, welcher Bildung die
Gesteine angehören.

Als man in oberen Tiefen bohrte, wusste man nicht, dass man
in so grosse Tiefe kommen würde, wie es geschehen ist, und hatte
da noch nicht das hohe Interesse, Wärmebeobachtungen anzustellen.
Dieselben haben erst in grösserer Tiefe begonnen, und da fand man

bei 1226 m   36,2 ° R.
»   1296 »   36,9 »
»   1326 »   37,7 »
»   1356 »   38,8 »
»   1386 »   39,7 »
»   1416 »   40,4 »
»   1506 »   42,3 »

Man hatte einigemal wegen des Betriebs die Beobachtung unter-
lassen müssen. Bei

1566 m fand man 42,8 ° R.
bei 1596 »   »   »   43,6 » und
»   1626 »   »   »   44   »

Das Bohrloch steht augenblicklich in einem festen Sandstein.

Die allmähliche Zunahme der Wärme, von 30 zu 30 m berechnet, ergibt sich wie folgt:

von 1266 m bis 1296 m 0,7 ° R.
» 1296 » » 1326 » 0,8 »
» 1326 » » 1356 » 1,1 »
» 1356 » » 1386 » 0,9 »
» 1386 » » 1416 » 0,7 »

von da ab springt die Beobachtung über auf 1506 m, also bei einer Tiefenzunahme von 90 m ergab sich 1,9 ° mehr Wärme, was auf 30 m berechnet 0,63 ° R. macht.

Von 1506 m bis 1566 m, also auf 60 m Unterschied, ergab sich 0,5 °, was auf 30 m 0,25 ° R. macht.

Von 1566 m bis 1596 m ergab sich aber wieder 0,8 ° R. und
» 1596 » » 1626 » . . . . 0,4 »

Sie sehen also, meine Herren, dass die beobachtete Zunahme eine ungleiche ist, dass sie nicht genau einem bestimmten Gesetze folgt. Es ergibt sich aber für die ganze Beobachtungsreihe von 1266 bis 1626 m, also auf 360 m, eine Zunahme von 7,8 °, also auf je 30 m durchschnittlich 0,65 °.

Jedenfalls haben also diese Beobachtungen bewiesen, dass eine stetige Zunahme stattfindet. Wenn aber diese Steigerung eine ungleiche ist, so liegt das in der Natur der Sache. Der Betrieb des Bohrloches erfolgt nämlich mittels eines hohlen Gestänges in der Art, dass von oben her Wasser hineingepresst und dass durch den wieder aufsteigenden Wasserstrahl der Bohrschmand heraufgeführt wird. Durch den Betrieb gelangt also immer neues kaltes Wasser in das Bohrloch. Die beobachtete Temperatur kann in Folge dessen niemals so gross sein, wie die, welche ursprünglich in der Tiefe herrscht. Ueberdies ist das Wärmeleitungsvermögen der verschiedenen Gesteine, die man durchbohrt, ein verschiedenes, und insbesondere muss der Unterschied zwischen den schiefrigen Mergeln, die das Rothliegende als vorherrschendes Gestein in dieser Gegend birgt, und dem Konglomerat, welches ebenfalls im Rothliegenden in grossen Mengen vorkommt, sich geltend machen.

Vor allen Dingen aber macht sich geltend der Einfluss des im Bohrloch stehenden Wassers. Dieser Einfluss ist bei früheren Schlussziehungen aus ähnlichen Beobachtungen bei dem Bohrloch von Sperenberg nicht genügend gewürdigt worden. Das Bohrloch von Sperenberg, etwa 28 km südlich von hier, war eines der ersten in der Reihe der Bohrlöcher, die von der preussischen Staatsregierung zur Untersuchung der norddeutschen Ebene niedergestossen wurden. Schon vor 18 Jahren begann diese Arbeit. Man hat dabei eine

Tiefe von 4051 Fuss oder 1274 m erreicht, damals die grösste
Tiefe, in die man irgendwo in das Erdinnere eingedrungen war.
Das Bohrloch ist ausserdem dadurch merkwürdig, dass es das
mächtigste Steinsalzlager entdeckt hat, das man bis jetzt kennt.
Man hat nämlich bei 283 Fuss Tiefe dort Steinsalz gefunden —
das Finden von Steinsalz war auch Zweck jenes Bohrlochs — und
man hat dann von 283 bis 4051 Fuss in dem Steinsalz fortgebohrt,
ohne das Liegende zu erreichen. Man hat damals die Bohrung
aufgeben müssen, weil die Betriebsvorrichtungen zu einem tieferen
Bohren nicht mehr ausreichend waren.

In diesem Bohrloch von Sperenberg, das übrigens noch nicht
nach der Methode mit hineingepresstem und wieder aufsteigendem
Wasser betrieben wurde, haben nun damals ebenfalls Beobachtungen
über die Zunahme der Erdwärme stattgefunden. Das Maximum,
das in diesem Sperenberger Bohrloch beobachtet worden war bei
einer Tiefe von 3390 Fuss, hat betragen 33,6^0 R., wenn bei der
Beobachtung das im Bohrloch stehende Wasser nicht abgeschlossen
wurde. Fand aber bei der Beobachtung der Abschluss des Wassers
im Bohrloch statt, so ergab die Beobachtung 3^0 mehr, nämlich
36,6^0. Sie sehen hieraus, wie gross die Einwirkung des im Bohrloch stehenden Wassers auf die Temperatur unten im Bohrloch ist.
Das kann ja auch nicht anders sein. In Sperenberg ist das Steinsalzlager überlagert von einem sehr klüftigen Gyps. Unmittelbar
daneben ist ein ziemlich grosser Landsee, dessen Wasser nothwendig
durch die Klüfte des Gypses bis auf das Steinsalzlager und in das
Bohrloch kommen musste. Das Steinsalzlager selbst ist für das
Wasser undurchlässig, und besondere Quellen sind in dem Steinsalz
bei der Bohrung nicht entdeckt worden; aber das Wasser des See's
hat fortwährend Zutritt gehabt. Natürlich entzieht das kalte Wasser,
namentlich im Winter, wo es dem Gefrierpunkte nahe ist, nach und
nach dem Gestein, mit dem es in Berührung kommt, seine Wärme.
Dadurch muss sich um das Bohrloch herum eine Zone bilden, die
kühler ist als die sonstige gesammte Gesteinsmasse. In dieser Zone
wird eine um so grössere Wärme herrschen, je weiter von dem
Bohrloch entfernt — und eine um so geringere Wärme, je näher
dem Bohrloch und dem in dem Bohrloch stehenden kühlenden
Wasser.

Die Beobachtungen in Sperenberg haben eine sehr sorgfältige,
ausführliche Bearbeitung gefunden durch Herrn Duncker, der sich
auch mit der Beobachtung selbst viele Mühe gegeben hat und über
die beobachteten Zunahmen eine mathematische Formel berechnete.

Er kam dabei zu dem Resultat, dass in Sperenberg die Steigerung der Erdwärme keine stetige sei, dass dieselbe nach der Tiefe zu wieder abnehme, und unter Zugrundelegung seiner Formel hat er berechnet, dass bei 5162 Fuss Tiefe das Maximum der Temperatur stattfinde, nämlich 40,7 ^{0} R. Von da ab ergibt seine Formel eine Abnahme der Steigerungs-Unterschiede und diese Abnahme ist nach seiner Berechnung so gross, dass bei 10 874 Fuss 0 ^{0} erreicht wird und von da ab negative Wärmegrade eintreten sollen.

Diese Berechnung hat nun leider eine recht grosse Verwirrung in die Wissenschaft gebracht, und es ist mit ein Grund, weshalb ich hier vor Ihnen das Wort ergreife, der Wunsch, etwas dazu beizutragen, diese Verwirrung wieder zu beseitigen. Man hat natürlich von Seiten derjenigen, welche die Existenz eines feuerflüssigen Erdkerns leugnen, die erwähnte Berechnung als ein Beweismittel herangezogen und Trugschlüsse daraus gezogen: Die Frage, ob es wirklich einen heissen, flüssigen Erdkern gibt oder nicht, kann ich hier vollständig unberührt lassen, aber dass aus den Beobachtungen von Sperenberg irgend etwas gegen diese Theorie hergeleitet werden könnte, muss ich entschieden bestreiten. Zunächst also soll, nach Herrn Duncker, das Maximum der Wärme 40,7 ^{0} betragen. Nun haben wir aber in Schladebach bereits 44 ^{0} erreicht. Damit ist schon ein Fehler jener Berechnung nachgewiesen. Die Beobachtungen in Sperenberg haben, wie ich schon erwähnte, ergeben, dass ein Unterschied von vollen 3 ^{0} besteht zwischen der Beobachtung bei Wasserabschluss und einer Beobachtung ohne Wasserabschluss; damit ist der Einfluss des Wassers an sich schon bewiesen. Derselbe ist aber auch bei der Beobachtung mit Wasserabschluss nicht völlig beseitigt, weil die kühlende Einwirkung des Wassers, das vor Anfang der Beobachtung und vor der Herstellung des Abschlusses zu der Beobachtungsstelle, und auch noch nach dem Abschluss zu der Abschlussvorrichtung Zutritt hatte, nicht ganz fortgeschafft werden kann. Diese Einwirkung ist ja selbstverständlich. Das kalte Wasser ist schwerer als das warme Wasser, es muss also, wenn in einem Bohrloch Wasser steht — und das ist in der Regel in Bohrlöchern der Fall — nothwendig allmählich eine Ausgleichung stattfinden. Diese Ausgleichung wird, weil die Wärmequelle in der Tiefe fortdauert, zwar nie vollständig erreicht werden, aber doch nach Jahr und Tag dahin führen, dass die Temperatur unten im Bohrloch sich derjenigen oben im Bohrloch nähert; wer also dann seine Beobachtungen macht, könnte den Schluss ziehen, dass es im Innern der Erde überall fast gleich warm ist.

Die Beobachtung, dass ein Unterschied eintritt, je nachdem Wasser-abschluss oder Wasserzutritt stattfindet, ist auch in Schladebach ge-macht worden. Es ergab sich bei 1278 m Tiefe unter Wasserabschluss 36,4 ⁰ R. und ohne Wasserabschluss 36,1 ⁰, also 0,3 ⁰ Unterschied, und zwar bei Beobachtungen, die unmittelbar auf einander folgten, bei denen also ein längerer Ausgleich nicht hatte stattfinden können. Bei 1308 m Tiefe ergab sich ein Unterschied von 0,2 ⁰, nämlich 36,7 gegen 36,5 ⁰, und bei 1538 m war der Unterschied 37,5 gegen 37,8 ⁰, also auch 0,3 ⁰. Zwei Untersuchungen misslangen, nämlich diejenigen bei 1248 m und bei 1368 m. Man hatte fünf Beob-achtungen machen wollen, aber bei der ersten und bei der letzten gelang der Wasserabschluss nicht vollkommen, und man beobachtete gleiche Temperaturen, sowohl bei einem unvollkommenen wie bei gar keinem Wasserabschluss, nämlich 34,8 ⁰ und beziehungsweise 37,2 ⁰.

Will man in Bohrlöchern Temperaturbeobachtungen machen, so müssen sie, soweit als thunlich, unmittelbar der Bohrarbeit folgen. Ganz unmittelbar ist es nicht möglich und war es namentlich bei der früheren Bohrmethode nicht möglich, weil das Bohrloch erst geschlämmt, gereinigt werden musste, ehe man eine solche Be-obachtung machte. Bei der früheren Bohrmethode blieben nämlich die durch den Bohrapparat zerstossenen Massen zunächst in dem Bohrloch und mussten auf mechanischem Wege herausgeholt werden. Dieses Herausholen oder »Löffeln« erforderte natürlich Zeit. Dann folgten noch die Vorbereitungen zur Temperaturbeobachtung; das Einlassen des Gestänges dauert ja auch mehrere Stunden; und so folgte die Beobachtung, auch wenn man sie beschleunigte, doch recht spät dem Anhauen des Tiefsten im Bohrloch. Dadurch hatte nun natürlich das im Bohrloch stehende Wasser Gelegenheit, die untere Stelle, in der die Beobachtung stattfinden sollte, abzukühlen. Aller-dings ist auch die mechanische Arbeit, das Bohren selbst, in dem Bohrloch eine Wärmequelle und kann die Temperatur unten im Bohrloch erhöhen; aber diese Fehlerquelle ist doch nur ganz gering-fügig gegen die Fehlerquelle durch das in die Tiefe eindringende kältere Wasser. Zu Sperenberg litten alle angestellten Beobach-tungen an dem Einfluss der letzten, so sehr grossen Fehlerquelle. Trotzdem ergeben aber auch die Sperenberger Beobachtungen eine fortwährende stetige Zunahme; und dass diese beobachtete Zunahme nach unten hin etwas geringer wird, das erklärt sich ganz auf natür-liche Weise daraus, dass der Temperaturunterschied zwischen der obersten Wasserschicht im Bohrloch und unten immer grösser wird, je tiefer man kommt. Wenn oben das Wasser in Norddeutschland an der Erdoberfläche durchschnittlich etwa 6° Wärme hat, so ist der Einfluss dieses nur 6° warmen Wassers unten in der Tiefe ja viel grösser, wenn man eine Erdwärme von 36° oder 44° erreicht hat, wie zu Sperenberg und Schladebach, als wenn man blos eine Wärme von 10° bis 20° oder noch weniger erreicht hat. Es wird also in wassergefüllten Bohrlöchern der Grad der beobachteten gegen die wirkliche Erdwärme um so mehr zurückbleiben, je tiefer die Beobachtungsstelle liegt. Dies ist die Wahrheit der von Herrn Duncker entwickelten Formel und die daraus gefolgerte Verminderung in der stetigen Zunahme der Erdwärme nach der Tiefe ist nur scheinbar.

Ich glaube, dass es für die Geologie ein ausserordentlich wichtiges Resultat ist, dass wir einen Punkt in der Erde erreicht haben, wo die Temperatur volle 44° R. beträgt. Ich glaube auch behaupten zu können, dass die Beobachtungen von Schladebach und auch die von Sperenberg die alten, schon im Anfang dieses Jahrhunderts gefundenen Gesetze über die Temperaturzunahme nach dem Erdinnern nur bestätigen, nicht widerlegen, — muss übrigens hinzufügen, dass die Beobachtungen, auf die man sich damals mit stützen konnte, welche im Gestein in Bergwerken gemacht waren, meines Erachtens zuverlässiger sind, als alle Beobachtungen, die man jemals in Bohrlöchern machen kann. Die Fehlerquelle bei Beobachtungen in Bergwerken liegt hauptsächlich an dem Zutritt der Luft. Da aber die Luft ein viel schlechterer Wärmeleiter ist als das Wasser, so ist der die Temperatur mildernde Einfluss der Luft viel geringer als der mildernde Einfluss des Wassers. Es wird deshalb nützlich sein, noch einmal auf Temperaturbeobachtungen in tiefen Bergwerken zurückzukommen. Ich hoffe, dass ich in meiner amtlichen Stellung Gelegenheit haben werde, diese Beobachtungen nochmals aufzunehmen, und es wird dann sehr interessant sein, diese Beobachtungen mit den früheren und mit den in den Bohrlöchern gemachten Beobachtungen zu vergleichen.

Das Schladebacher Bohrloch hat nun mit ungefähr 1300 m die grösste Mächtigkeit des Rothliegenden durchbohrt, die meines Wissens bis jetzt nachgewiesen ist. Die Durchbohrung des Rothliegenden hat uns an dieser Stelle, wie an vielen anderen Bohrstellen, viel Mühe gemacht — auch recht viel Kosten und Sorgen, denn im Rothliegenden bohrt sich's sehr schlecht wegen der zum Theil überaus weichen, zum Theil überaus harten Gesteine, die beide der Bohrarbeit das grösste Hinderniss entgegensetzen. Ich kann also nicht schliessen, ohne denjenigen Herren, die im Verlaufe der Verhandlungen dieses Kongresses das Rothliegende beseitigen wollten, meinen tiefgerührtesten Dank auszusprechen, aber ich knüpfe daran die herzliche Bitte: eskamotiren Sie es uns in Wirklichkeit und nicht blos von der Karte.

Hr. Dr. Lepsius: Ich möchte fragen, ob Anzeichen dafür vorhanden sind, sowohl bei dem Bohrloch in Sperenberg als bei dem neuen, dass die Lagerung nicht horizontal sondern geneigt ist, so dass dadurch die Mächtigkeit der Schichten und des Steinsalzes viel grösser erscheinen könnte als sie in Wirklichkeit ist?

Hr. Dr. Huyssen: Das könnte in Schladebach allerdings der Fall sein, wenn sich eine mir kürzlich zugegangene, aber noch nicht näher geprüfte Angabe bestätigte. Danach wäre der Schichtenfall ziemlich steil, wenn ich mich recht entsinne, in einem Winkel von 45°, und dann rechtfertigte sich allerdings die Annahme, dass die wirkliche Mächtigkeit nicht ganz so gross sei, als die scheinbare, welche sich bei der senkrechten Durchbohrung der Schichten ergab. Aber nach meiner bisherigen Kenntniss der Schladebacher Verhältnisse ist die Lagerung ganz flach, fast horizontal.

Hr. Dr. Lepsius: Ist es in Sperenberg möglich, durch die über einander liegenden Schichten zu konstatiren, ob das Steinsalzlager stark geneigt ist?

Hr. Dr. Huyssen: Es ist im Steinsalz nicht zu erkennen gewesen, weil dasselbe bei dem Bohren zu Mehl zerstossen wurde und die jetzt angewandte Methode, mittels deren man ganze Gesteinskerne heraufholt, noch nicht bekannt war. In dem über dem Salz befindlichen Gyps zeigt sich die Schichtenneigung, soweit sie festzustellen ist, flach. Andere Gebirgsarten sind dort an der Oberfläche nicht bekannt.

Ueber die Bildung von Steinsalzflötzen und Mutterlaugensalzen.

Von Hrn. C. Ochsenius.

Die von Ihnen beabsichtigte Excursion nach Stassfurt hat mich um die Ehre bitten lassen, Ihnen einiges über die Bildung von Steinsalzlagern auseinanderzusetzen. Ich werde mich dabei bestreben, so kurz als möglich zu sein, um ihre kostbare Zeit nur wenig in Anspruch zu nehmen.

Das Wasser des offenen Oceans, aus welchem alle primitiv abgesetzten Steinsalzmassen hervorgehen, enthält bekanntlich im Durchschnitt $3\frac{1}{2}$ pCt. feste, d. h. salzige Bestandtheile. $2\frac{1}{2}$ von diesen Procenten sind Natriumchlorid und der Rest von einem Procent besteht aus Magnesiumverbindungen, Calciumsulfat und Kaliumchlorid; dazu treten noch in geringen Mengen Brom-, Bor-, Lithium- und Jodsalze, sowie Spuren von allen übrigen Elementen, von denen ja sämmtlich Verbindungen existiren, die in salzhaltigem Wasser löslich sind.

Der offene Ocean setzt keinen salinischen Niederschlag ab; wohl aber geschieht dieses unter gewissen Umständen in partiell abgeschnürten Buchten in einer Weise, die uns bei jedem mächtigen Salzflötze entgegentritt, nämlich mit Gips als Liegendem und mit Anhydrit als Hangendem des Steinsalzes.

Drei Punkte über die Entstehungsart derartiger Flötze, die wir fast überall auf der Erde antreffen, blieben bislang im Unklaren, nämlich:

1. das Fehlen von Versteinerungen im Salze selbst, während benachbarte Gesteine gut erhaltene Petrefacten oft in Menge führen;

2. der fast absolute Mangel an leichtlöslichen Magnesia- und Kalisalzen, die sich doch auch im Wasser befunden hatten, und

3. der Ersatz dieser letztern durch einen der schwerlöslichen Bestandtheile, durch Calciumsulfat, das wasserfrei als Anhydrit den sogenannten Anhydrithut der weissen Steinsalzflötze bildet.

Alle diese Umstände ergeben sich aber leicht, wenn ein hydrographisches Element, die Barre, in den Bildungsprocess eingeführt wird. Sobald eine nahezu horizontal verlaufende Barre einen Meerestheil dergestalt vom Ocean abschliesst, dass nur soviel Seewasser über dieselbe einströmt, als die Oberfläche des abgeschnürten Busens auf die Dauer zu verdunsten im Stande ist, und der partiell abgeschlossene Meerestheil keine erheblichen Süsswasserzuflüsse bezw. Regenfälle erhält, so bildet sich ein Steinsalzlager von bekannter normaler Gestaltung.

Es treten in einer solchen Bucht nämlich folgende Erscheinungen ein. Die über die vorgelagerte Barre zuströmenden Wasser verdampfen und reichern durch die eingeführten Salze den Buseninhalt von der Oberfläche nach der Tiefe hin stetig an. Die von der Sonne erwärmten oberen Schichten sinken, weil sie durch den höhern Salzgehalt specifisch schwerer werden, unter und theilen ihren Salzreichthum und ihre höhere Temperatur nach und nach dem ganzen Wasservolumen des Busens mit.[1]

Zuerst werden durch die steigende Salinität die Organismen mit freier Bewegung gezwungen, ihren bisherigen Aufenthalt zu verlassen und gegen Wind und Wellen über die Barre in's freie Meer zurückzukehren, während die der Locomotion entbehrenden zu Grunde gehen und nur undeutliche Reste in den später sich einstellenden Niederschlägen zurücklassen.

Diese letztern beginnen, sobald die Concentration des gesammten Buseninhaltes bis auf etwa die Hälfte des ursprünglichen Volumens vorgeschritten ist, mit der Ausscheidung von Eisenoxydul und Calciumcarbonat, stocken hierauf bis zu dem Punkte, an welchem der Salzgehalt sich verfünffacht hat und lassen dann eine zweite Portion von Calciumcarbonat wahrnehmen, die auf der Wechselzersetzung von vorhandenem Natriumcarbonat mit Gips in Natriumsulfat und kohlensaurem Kalke hervorgeht. Gleichzeitig fängt der Gips an, sich abzusetzen und das eigentliche Liegende zu bilden. Sobald die Salz-

---

[1] Aus dieser Wärmeabfuhr nach der Tiefe erklärt sich die Gleichmässigkeit der Wassertemperatur im Mittelmeer, das bis zu 4000 m $14\,^{\circ}$ zeigt, weil es vom atlantischen Ocean durch die hohe Schwelle der Meerenge von Gibraltar abgeschnürt ist; in entsprechender Tiefe westlich dieser Strasse herrscht dagegen eine eisige Temperatur von $0{-}4\,^{\circ}$. Dabei geht ein chlornatriumreicher unterseeischer Strom vom Mittelmeer sowohl in den atlantischen Ocean, als auch in das schwarze Meer, welche Oberströme in das Mittelmeer senden, daher rührt der verhältnissmässig grosse Gehalt des Mittelmeerwassers an Bittersalzen in den oberen Schichten, wogegen das schwarze Meer, analog der Ostsee, kein nur durch Süsswasser verdünntes Oceanwasser hat, sondern ein Wasser, das sich durch vorwaltende Menge von Chlornatrium auszeichnet.

menge in der Bucht sich nahezu vervielfacht hat, erreicht das Wasser ein specifisches Gewicht von 1,22 und der Niederschlag von Chlornatrium erscheint in den bekannten krystallinisch blättrigen Massen, begleitet von etwas Calciumsulfat, das in derselben Zeit durch einströmendes Seewasser zugeführt wurde.

Wenn nun auch im allgemeinen die Sedimente im umgekehrten Verhältniss ihrer Löslichkeit erfolgen, so wie Usiglio in seinen mustergiltigen Beobachtungen festgestellt hat, so wird dadurch doch nicht ausgeschlossen, dass geringe Quantitäten leichtlöslicher Salze mit in die Niederschläge der anderen übergehen: Bittersalz findet sich z. B. nicht selten dem Steinsalze beigemischt, und zwar vorzugsweise da, wo eingespülter Thonschlamm zugleich mit niederging. Andererseits halten sich einige im Meerwasser nur schwach vertretene Substanzen länger gelöst, als nach den Regeln unserer Laboratoriumsversuche zu erwarten ist. Dieses gilt besonders von den Boraten, namentlich dem Magnesiumborat, sowie auch von der Kiesel- und Titansäure.

Im weiteren Verlauf des Abscheideprozesses bleiben also die Hauptmengen der zerfliesslichen Salze in den oberen Schichten gelöst und bilden bei stetiger Vermehrung des Salzgehaltes und Niederschlages eine stark concentrirte Mutterlaugenschicht über dem Steinsalze, welche neben Natriumchlorid die übrigen Kali- und Magnesiaverbindungen etc. enthält. Annähernd nach Löslichkeitsgraden geordnet haben wir also über dem Steinsalze in den Mutterlaugen von unten nach oben Magnesiumsulfat, Kaliumchlorid, Magnesiumchlorid, Borate, Bromide, Lithiumsalze und Jodverbindungen; auch Chlorcalcium fehlt nicht. Die Mutterlaugenmasse erreicht im Laufe des fortschreitenden Anwachsens der Steinsalzschichten vom Grunde und der Vermehrung des Salzgehaltes von der Oberfläche aus zuletzt das Niveau der Barrenlinie und muss, sobald ihr specifisches Gewicht die Kraft der Strömung des einwärts strömenden Seewassers überwinden kann, dicht über der Barre beginnen auszufliessen. Der Zugang von einfachem Meerwasser wird demnach von nun an sich auf den oberen Theil der Barrenöffnung beschränken, während der untere von ausströmenden Mutterlaugen eingenommen wird.

(Bis hierher hatte Redner durch drei grosse illuminirte Zeichnungen die verschiedenen Stadien des behandelten Prozesses anschaulich gemacht und sagte, bevor er die vierte entrollte: Ich werde mir erlauben, auf diese Phase zurückzukommen, denn hier hat sich in Stassfurt und Kalusz eine Ausnahme in dem Verlaufe der Salzflötzbildung geltend gemacht.)

5

Um diese Zeit fängt die Schlussperiode des Prozesses an, d. h. die Formation des hangenden Calciumsulfatlagers, des sogenannten Anhydrithutes. Mit der Schicht oben eingedrungenen Seewassers vermischen sich Theile der concentrirten Mutterlaugen, die Gegenwart der hygroscopischen Chloride des Magnesiums und Calciums verringert die Verdunstungsfähigkeit der Busenoberfläche und daher stockt der Einfluss von reinem Seewasser allmählich, weil weniger verdampft als zuvor. Vorzugsweise wird Calciumsulfat niedergeschlagen aus dem frisch zutretenden Meerwasser, wogegen die anderen Salze sich mit den Mutterlaugen mischen und diese auf ihrem Wege nach der Barre hin begleiten. Der Gips wird, indem er beim Sinken die verdichteten Mutterlaugen passirt, wasserfrei gemacht und muss sich allmählich als Anhydrit dem Steinsalze auflagern. Zuweilen entsteht hierbei eine Verbindung von Gips mit Magnesium- und Kaliumsulfat (letzteres aus der Umsetzung von Magnesiumsulfat und Kaliumchlorid entstanden) d. i. der Polyhalit, der sich im Hangenden mancher Steinsalzlager findet.

Der Character eines Bittersees, den das Ganze mittlerweile angenommen hat, wirkt auch auf die umgebenden Ufergebiete insofern, als das organische Leben in denselben abstirbt und der kahle Boden mehr mineralischen Detritus liefert als bewachsenes Gelände, so dass von da an mehr Staub, welcher doch Material für den Salzsee abgiebt, in den Busen eingeweht wird; hieraus erklärt sich die öfters im Hangenden eines Salzlagers gesteigerte Mächtigkeit der Salzthonschichten.

(Auch die Formation des Anhydrithutes wird vom Redner durch ein entsprechendes Bild verdeutlicht.)

Bei den hier kurz dargelegten Vorgängen wird wohl selten eine regelmässige, ungestörte Aufeinanderfolge sich vollzogen haben. Jede Niveauveränderung der Barre, z. B. durch Stürme verursacht, wirkt natürlich sehr eingreifend auf die darauf folgenden Niederschläge ein; dieselben können modificirt oder verzögert werden, ja es kann sogar eine Wiederauflösung von schon vorhandenen eintreten. In manchen Fällen übernimmt die Salzsee die schützende Rolle des Anhydrithutes, wenn solcher nicht gebildet wurde, weil die Barre nicht lange genug ihre Höhenverhältnisse beibehielt, aber immerhin wird das Endresultat, das Salzlager, die allgemeinen Merkmale seiner Herkunft aufweisen.

Salzniederschläge aus wässerigen Lösungen unter den erwähnten Verhältnissen haben nun in allen geologischen Epochen von der Gruppe der archäischen Gesteine an stattgefunden, wie das Ueberlagertsein von Salzflötzen durch silurische Schichten im Salt Range in Ostindien beweist. Dabei zeigt auch die Existenz eines Salzlagers primitiver Herkunft entschieden auf das Vorhandensein von Ufern, d. h. von Festland, zur Zeit seiner Entstehung hin. In der Jetztzeit sind die ersten der oben angeführten Factoren noch in Thätigkeit an mehreren Stellen der Ostküste des Kaspischen Meeres, besonders in dem grossen Busen Adschi Darja, dessen enge Mündung, Kara bugas d. h. schwarzer Schlund genannt, durch eine Barre vom Kaspisee selbst partiell abgetrennt ist. Jener Busen bildet einen Theil der salzigsten Partie des erwähnten See's und erhält keinerlei Zuflüsse vom Lande her, nur rückt natürlich in dem Maasse, wie sein Wasser verdunstet, eine entsprechende Menge vom Meere her nach. Im Adschi Darja lebt daher kein Thier, den Boden bedeckt eine Salzschicht von unbekannter Mächtigkeit; Abich erkannte in einem aus der Tiefe des Busens mitgebrachten Probestück Gips mit anhängendem Steinsalz. E. Schmidt fand 1876 in dem von ihm untersuchten Bodensatz des Karabugas keine Spur von Kalium; dagegen enthielten 100 Theile Wasser 8,33 Natriumchlorid, 1,0 Kaliumchlorid, 12,94 Magnesiumchlorid, 0,02 Magnesiumbromid, 6,19 Magnesiumsulfat etc., im Ganzen 28.5 Theile Salze. Diese Zusammensetzung ist mit derjenigen, welche Usiglio's letzte, bei gewöhnlicher Temperatur kein Wasser mehr abgebende Mutterlaugen besitzen, fast identisch. Aehnliche Verhältnisse liegen vor bei Tjuk Karagan, Mertiogi, Kultuk und Karassu, Krasnowodsk etc.

Der Kaspisee giebt also seinen Salzgehalt an die Busen seines Ostufers ab und empfängt nur Mutterlaugensalze zurück. Hieraus erklärt sich auch leicht die Beschaffenheit des Wassers seines Hauptbeckens, welches viel weniger Salze enthält als das des Oceans, aber viel mehr Magnesiaverbindungen aufweist, die auch die Meeresflora und -Fauna an der Ostküste zu einer armseligen machen. Der Oxus, Amu Darja, der noch vor zwei Jahrhunderten in den Adschi Darja mündete, liess kein salinisches Sediment in diesem Busen aufkommen, aber seitdem Sandstürme den erwähnten Strom nach dem Aralsee abgelenkt haben, scheint die Umwandlung des Kaspischen Meeres in einen Bittersee wegen Sandbarrenbildung vor den Buchten der Ostküste beschleunigt zu werden. Für das Zustandekommen eines eigentlichen Anhydrithutes scheinen alle jene Baien zu flach zu sein, aber das gesagte wird hinreichen, um die Entstehung eines leibhaftigen Steinsalzflötzes aus Oceanwasser in einfachster Weise zu erklären.

Kehren wir nun zurück zu dem Zeitpunkte, in dem sich die Anfänge der Anhydritdecke zeigen, so finden wir, dass ein totaler

Barrenabschluss am Beginn dieser Phase die Mutterlaugensalze stagniren und unter günstigen Wärmeverhältnissen auch erstarren lässt.

Derartige Vorgänge haben in der Egeln-Stassfurter Mulde und einigen anderen Localitäten des früheren permischen norddeutschen Salzmeeres stattgefunden. Die Kali- und Magnesiasalze mit Bor- und Bromverbindungen sind dort auskrystallisirt und ausnahmsweise durch aufgelagerte wasserdicht gewordene Thonschichten dem zerstörenden Einflusse von Gewässern entzogen worden. Man findet dort über einem viele hundert Meter mächtigen Steinsalzflötz eine Polyhalit-, eine Kieserit- und eine Carnallitregion. Die erstere birgt im Allgemeinen das zur Zeit des Barrenschlusses im Busenwasser noch vorhanden gewesene Calciumsulfat, die zweite vorwiegend das Magnesiumsulfat und die letztere das Magnesium- und Kaliumchlorid, die Borate und Magnesiumkaliumbromid (Bromcarnallit). Auch Chlorcalcium findet sich unter Anderem im Tachhydrit und dieses kann sich unter Umständen durch Wechselzersetzung umwandeln in Calciumsulfat und Magnesiumchlorid, wenn Magnesiumsulfatlösung zur Wirkung kommt.

Die in dem Stassfurter Lager auftretende Gesammtmasse des Chlormagnesiums entspricht nicht der für die regelrechte Zusammensetzung des Salzlagers erforderlichen Quantität. Es müssen sich Mengen dieser Substanz mit den Lithium- und Jodsalzen noch über die Barre entfernt haben oder sind vom Hangenden aufgesogen worden, (Lithium findet sich nur in den hangenden Salzthonen, nicht so Jod) oder wurden in Lösung später fortgeführt. Ganz vollständig ist daher die Reihe der Mutterlaugensalze in Stassfurt nicht; eine solche finden wir dagegen in den Salpeterfeldern von Tarapacá und Atacama in Chile, wenn auch auf secundärer Lagerstätte. Oberhalb der schützenden Thondecke der Stassfurter sogenannten Abraumsalze hat nach Wiedereröffnung der Barre der Salzbildungsprozess seine Fortsetzung gefunden. Ein hangendes Salzlager, Anhydritdecken u. s. w. legen Zeugniss dafür ab. Das unterste Steinsalzflötz bezeichnet man dort mit dem nicht zutreffenden Namen »Anhydritregion«, weil dünne parallele Calciumsulfatlagen dasselbe in annähernd gleichen Abständen durchziehen; sie führen da die Benennung »Jahresringe«. Diese lassen sich aber nicht durch den unmittelbaren Einfluss der Jahreszeiten, z. B. des Winters, deuten, weil sie bei anderen Salzflötzen, die unter gleichen klimatischen Verhältnissen entstanden, nicht angetroffen werden. Eher scheint bei ihrer Bildung ein ähnlicher Vorgang eingetreten zu sein, wie bei dem Niederschlage der zweiten Partie von

Calciumcarbonat bei Usiglio's Arbeiten. Irgend ein Factor, verwandt mit dem, der die Umsetzung von Gips und Soda in kohlensauren Kalk und schwefelsaures Natron in einem gegebenen Zeitpunkte bewirkte, muss auch hier thätig gewesen sein. Bei Beginn der Action trat die Zersetzung wahrscheinlich allmählig ein, wogegen das Ende ein rasches war, worauf sich namentlich das Verästeln der sogenannten Jahresringe nach unten und ihre glatte Oberfläche nach oben erklärt. Der Factor mag in lokalen Eigenthümlichkeiten, vielleicht periodischen Zuflüssen vom Lande her, gelegen haben, aber rein klimatischer Natur war er sicherlich nicht.

Das wäre ein Umriss des Ausnahmefalles, der in Stassfurt Mutterlaugensalze zum Starrwerden und Fortexistiren oberhalb des zugehörigen Steinsalzflötzes gebracht hat. In den allermeisten Fällen würde die vollständige Ausfüllung eines Busens mit Gips, Steinsalz und Anhydrit bezw. Salzthon als letztes nivellirendes Glied bis zur Barrenhöhe das mathematische Ende des oben geschilderten Prozesses sein, wenn die Natur mit Zirkel und Winkelmass zu arbeiten pflegte. Dieses ist jedoch nicht so, und deshalb wird die Oberfläche vieler Anhydritdecken Vertiefungen behalten, die mit flüssigen Resten von Mutterlaugen gefüllt bleiben. Und diese Reste müssen sehr häufig recht bedeutend gewesen sein; denn sie bilden ein äusserst wichtiges geologisches Agens. (Eine hierauf bezügliche Zeichnung erläuterte auch diese Situation.)

Steinsalzbildungen können nur an den Meeresküsten vorkommen und auch nur in der Nähe von diesen hat der Vulkanismus seinen Sitz; ein Ineinandergreifen beider Gebiete ist daher sehr natürlich. Die Mutterlaugenmengen, die mit ihren Steinsalzflötzen gehoben werden, bahnen sich später einen Weg ins Freie und gelangen dann in tiefere Horizonte. Da bilden sie die Salzseen, wenn sie Vertiefungen mit undurchlassendem Untergrunde finden, oder liefern das Material für unsere Soolen und Mineralquellen, falls sie nach unterirdischem Laufe wieder an die Oberfläche gelangen, in grösserer oder geringerer Entfernung von ihrer Geburtsstätte über einem Steinsalzlager. Während ihrer Bewegung oder bei Aufenthalten trennen sich nicht selten die Sulfate von den Chloriden, Borate bleiben, einmal niedergeschlagen, liegen und geben, von unterirdischer Wärme erreicht, Veranlassung zum Entstehen der Suffioni; Kohlensäure pflegt zu salinischen Lösungen zu treten und sie zu verändern, aber Kochsalz fehlt fast nie, und Bor, Jod, Brom und Lithium sind mindestens durch Spuren repräsentirt. Auffallender Weise wird besonders das Chlornatrium von der Kohlensäure angegriffen, und daraus ergibt sich, dass die Begleiter der Trona, Soda u. s. w. vorwiegend aus Natriumsalzen bestehen müssen, (Natriumchlorid, -sulfat, -borat, -silicat u. s. w.), weil die Carbonate von Calcium und Magnesium als schwer oder nicht löslich abgeschieden werden. Alkalicarbonate zersetzen Kalksilicate unter späterer Production von freier Kieselsäure, sie liefern im Verein mit animalischem Detritus Salpeter; Magnesiumchlorid und -sulfat machen aus Kalksteinen Dolomit, aus gewissen Silicaten Serpentin; Magnesium- und Kalksulfat werden von Organismen zersetzt und produciren Schwefelwasserstoff und Schwefel; Chlormagnesium löst in letzter Instanz alle Metallverbindungen, sogar Gold; daher müssen Mutterlaugen-Salzlösungen mit oder ohne Hülfe von kohlensäurehaltigen Wassern bei der Bildung unserer meisten Erzlagerstätten durch Concentriren des Metallgehaltes der verschiedenen Gesteine in Hohlräumen der mannigfaltigsten Art thätig gewesen sein; sicher ist auch die Entstehung von Petroleum, das bekanntlich immer an Salzgebiete gebunden ist, auf das plötzliche tödtliche Einwirken von Mutterlaugen-Ergüssen auf reiche Meeresfauna- und -Floragebiete zurückzuführen, wobei mitgeführter Schlamm den nöthigen Luftabschluss der Kadaver bewirkte, und die Gegenwart von etwas Aluminiumchlorid alle Repräsentanten aus der Reihe der Hydrocarbone, von dem in Erzgängen zuweilen auftretenden Anthracit bis zu den in Oeldistrikten sich findenden flüchtigsten Kohlenwasserstoffen, herzustellen vermochte. Auch der Bitumengehalt der Soolen gehört hierher; kurz, fast überall in den Ufergebieten früherer oder jetziger Oceane finden wir Beweise von der Thätigkeit von Mutterlaugensalzlösungen, sei es in der Tiefe unserer Schichten, sei es auf den Höhen der Gebirge, auf welche Oceanwasser nicht gelangen, Mutterlaugenreste aber gehoben werden konnten.

Ueber die Bewegungsrichtung der unterirdisch circulirenden Flüssigkeiten.

Von Hrn. F. Pošepný.

Nachdem wir mit stets zunehmender Klarheit einsehen lernen, dass die meisten und bedeutendsten Mineralbildungen der Lithosphäre unseres Planeten in letzter Instanz durch Flüssigkeiten und zwar durch lange Zeit in Bewegung, d. h. in Circulation begriffene Flüssigkeiten veranlasst sein müssen, so gewinnt dieses Kapitel der Geologie immer mehr an Bedeutung. Ursprünglich hatte man bei diesen Fragen die dem Gesteine gegenüber so fremdartigen Erze vor Augen; allein jetzt sieht man sich genöthigt, darin sämmtliche evident sekundäre Mineralbildungen einzubeziehen. Seitdem Prof. F. Sandberger die Existenz exiler Metallmengen in gewissen Gesteinen nachgewiesen hat, ist die Frage der Genesis der Erzlagerstätten in ein neues Stadium getreten. Wir wissen nun bestimmt, dass die Erzlagerstätten durch Anhäufung dieser im Gesteine in geringer Menge vorhanden gewesenen Substanzen entstanden sein mussten, nur über die Mittel und Wege, über die Art des Processes sind wir noch nicht im Klaren. Herr Prof. F. Sandberger hat nun eine Erklärung adoptirt, die wohl in Rücksicht auf seine Entdeckung als die nächstliegende bezeichnet werden kann, nämlich jene durch Lateralsecretion, ohne aber gleichzeitig anzugeben, in welchen Fällen ein solcher Vorgang im Erdinnern faktisch vorausgesetzt werden kann.

Ich habe mir nun die Aufgabe gestellt, gerade diesen Umstand in's Auge zu fassen und zu untersuchen, in wie weit wir nach dem gegenwärtigen Stande unserer Kenntnisse der Vorgänge im Erdinneren dieser Frage näher rücken können.

Ich gehe dabei von dem Grundsatze aus, den die meisten Herren Collegen als richtig anerkennen dürften, dass die sämmtlichen, im Erdinneren anzutreffenden Flüssigkeiten aus dem bekannten oberirdischen Reservoir stammen müssen. Getheilte Ansichten dürften höchstens in Betreff der Herkunft des überhitzten Wasserdampfes der

vulkanischen Gesteine und Laven zum Vorschein kommen und es
wird sich somit empfehlen, diesen Punkt vorläufig, weil wir seiner
zur Erklärung der in Frage stehenden Vorgänge nicht bedürfen, in
die Discussion nicht einzubeziehen.

Bis zu einer gewissen Tiefe ist es möglich, die Circulations-
phänomene direkt zu studiren. Wir wissen, dass ein Theil des atmosphärischen Niederschlages zuerst in die lockere Decke und sodann
in die Grundgesteine einsickert, die Hohlräume und Interstitien derselben bis auf den sogenannten Grundwasserspiegel füllt und an demselben mit verschiedenartigster, von vielen Umständen abhängiger
Geschwindigkeit den tiefsten Terrainpunkten zufliesst, um sich mit
den oberirdisch circulirenden Wasserfäden zu vereinigen. Wasser-
dichte Gesteine lassen diese Flüssigkeiten nur in geringem Maasse
oder gar nicht eindringen; der Grundwasserspiegel wird sich somit
an wasserdichten Gesteinen abstossen und wenn dieselben bis an die
Oberfläche reichen, an diesen Stellen eigentlich gar nicht vorhanden
sein. Sobald wir aber den wasserdichten Gesteinskörper durchstossen,
kommen wir wieder in den Bereich der nun aufsteigenden Grundwässer und wir können somit ganz allgemein sagen, dass wir die
Grundwässer in jeder Gesteinssäule antreffen werden, wenn wir in
die Tiefe vorgehen.

Wir wissen, dass sich der Grundwasserspiegel entsprechend den
atmosphärischen Niederschlagsmengen hebt oder senkt, dass er sich
in Gegenden mit schwerlöslichen Grundgesteinen in der Nähe der
Erdoberfläche hält, in leichtlöslichen Gesteinen hingegen in ansehnliche Tiefen niedersinkt. Nebst diesem zeitweisen Heben und Senken
findet am Grundwasserspiegel eine vorwaltend laterale Bewegung
nach den tiefsten Terrainpunkten hin statt; diese Bewegung ist aber
offenbar blos den obersten Regionen des Grundwassers eigen, und
wenn nicht andere Verhältnisse dazu träten, so müsste das Grundwasser an tieferen Regionen offenbar stagniren. Ueber die Verhältnisse in den tieferen Regionen liefern die bergmännischen Einbaue
einige Anhaltspunkte. Will man gegen die Tiefe vordringen, so muss
man selbstverständlich das Grundwasser continuirlich heben und eine
künstliche Depression des Grundwasserspiegels unterhalten, deren
Gestalt offenbar die eines Kegels mit parabolischer Erzeugenden sein
dürfte. In tieferen Bergbauen werden bekanntlich die Wässer von
mehreren Horizonten aus gehoben, und da zeigt sich in der Regel
eine Abnahme der gehobenen Wassermenge mit der Tiefe.

In dem 1045^m tiefen Bergbau von Přzibram zeigt sich in circa
800^m kein tropfbar flüssiges Wasser, hingegen ist die Luft ent-

sprechend den Druck- und Temperaturverhältnissen mit Wasserdampf gesättigt. Dieses Verhalten zeigt nun offenbar, dass die Menge des Grundwassers oder, wenn man will, der Gesteinsfeuchtigkeit mit der Tiefe immer geringer und in einer gewissen Tiefe so gering wird, dass die daselbst herrschende, höhere Gesteins-Temperatur sie in Dampf zu verwandeln im Stande ist. Wir werden somit in jeder Gesteinssäule, in einer allerdings verschiedenen Tiefe auf eine Region treffen, wo das niedersetzende Grundwasser sich in Dampf verwandelt.

Meister Daubrée's Experimente haben uns darauf aufmerksam gemacht, dass das gegenseitige Verhältniss der mit Flüssigkeit und jener mit Dampf erfüllten Interstitien des Gesteins als capillare Wirkung aufzufassen ist und gezeigt, dass flüssiges Wasser unter solchen Verhältnissen nicht durch gespannte Dämpfe weggetrieben, sondern im Gegentheile angezogen wird, woraus hervorgehen dürfte, dass das Grundwasser seine absteigende Bewegung auch unter dem Grundwasserspiegel beibehält bis zur Erreichung der erwähnten Dampfregion.

Nun trifft man an einzelnen, allerdings nur sporadisch auftretenden, wie man gegenwärtig annimmt, an Störungslinien gelegenen Orten aufsteigende Flüssigkeiten an, die man nicht anders, denn als Phänomene der unterirdischen Circulation auffassen kann. Der Zusammensetzung nach sind es oft nur erwärmte Grundwässer, wie die sogenannten Acrothermen, die direkt auf einen Zusammenhang mit der oberen Region hinweisen. In einigen Fällen aber sind diese Flüssigkeiten sehr substanzreiche, müssen also, wenn sie ursprünglich atmosphärischer Niederschlag waren, längere Zeit mit unter Umständen auflöslichen Gesteinen in Berührung gewesen sein, resp. in denselben circulirt haben. In einigen Fällen sind die aufsteigenden Wässer heiss, werden oft durch Dampf gehoben und in ansehnliche Höhen über die Erdoberfläche geschleudert; in anderen Fällen zeigen sie eine dem Grundwasser nahe Temperatur, dürften also beim Aufsteigen abgekühlt worden sein. Einige enthalten grosse Massen von Gasen absorbirt, besonders häufig Kohlensäure, und zeigen zuweilen eine Intermittenz, die wohl nur durch die Wirkung des Gasdruckes erklärt werden kann. Ich glaube nicht, dass sich das Aufsteigen dieser Quellen auf hydraulischen Druck zurückführen liesse, man könnte dies höchstens bei Acrothermen versuchen; die substanzreichen Quellen müssen aber längere Zeit mit dem Gesteine in Berührung gewesen sein, was eine capillare Wanderung voraussetzt, durch welche der hydraulische Druck aufgehoben werden müsste.

Die aufsteigenden Quellen bewegen sich in offenen Kanälen und dieser Umstand ist geradezu maassgebend für die Auffassung, dass sie den Rückweg des auf capillarem Wege in die Tiefe gedrungenen Grundwassers bezeichnen. Wie einerseits das niedersteigende Grundwasser nicht einfach vom Erdinnern consumirt werden kann, so kann andererseits die Tiefenregion die ansehnliche und continuirliche Menge von aufsteigendem Mineralwasser nicht liefern ohne eine continuirliche Speisung.

Dieser Auffassung zufolge zerfällt die unterirdische Circulation in zwei Theile: die seichte, wodurch der atmosphärische Niederschlag durch die Interstitien der Gesteine niedersinkt und am Grundwasserspiegel eine laterale Austragung an die tieferen Theile der Erdoberfläche stattfindet, und die profunde Circulation, wodurch das Grundwasser durch Capillarwirkung auf grossen Flächen in die Tiefe gelangt, um in offenen Canälen, die direkt oder indirekt bis an die Oberfläche reichen, aufzusteigen. Bei der seichten Circulation findet zuerst Descenz-, sodann Lateral-Bewegung in den offenen Gesteinsinterstitien statt, bei der profunden Circulation zuerst Descenz in Capillargefässen, dann eine laterale Wanderung bis zu den offenen Canälen, und eine Ascenz in denselben.

Ist diese Auffassung für die Jetztvorgänge richtig, so muss sie es auch für die früheren geologischen Perioden sein, da doch keine Abweichung von physikalischen Vorgängen angenommen werden kann.

Herr Prof. F. Sandberger fasst in dem zweiten Hefte seiner Untersuchungen über Erzgänge pag. 159 die Lateralsecretion in dem Sinne auf, »dass das Material für die Ausfüllung der Gänge durch allmähliche Auslaugung des Nebengesteines durch Sickerwässer beigebracht wird, welche dann das Gelöste von beiden Seiten her der Gangspalte zuführen, auf der es durch chemische Zersetzung in schwerlösliche Gangarten und Erze umgewandelt und niedergeschlagen wird.« Der Ausdruck Sickerwässer ist wohl nicht anders aufzufassen, als dass sich die Flüssigkeiten in offenen Interstitien bewegen, aber ein solcher Fall ist zuerst in der ober dem Grundwasserspiegel liegenden Gesteinsregion denkbar, und ein solches, an atmosphärischen Agentien reiches Wasser kann nur oxydirend und chlorisirend einwirken; es kann keinesfalls Schwefelverbindungen schaffen, sondern es wird dieselben vielmehr, wie die oberhalb des Grundwasserspiegels liegenden Regionen der Erzlagerstätten zeigen, zerstören.

Weiter geht aus der wörtlich wiedergegebenen Anschauung hervor, dass Herr Prof. F. Sandberger der Flüssigkeit in der Gangspalte keine Bewegung zumuthet; ohne die Annahme einer solchen lassen sich aber so mächtige Mineralkrusten wie sie an Erzlagerstätten zu finden sind, nicht erklären; es müsste ja auch die Flüssigkeit, welche die gelösten Stoffe bringt, irgend einen Abfluss besitzen, und zwar nachdem der Einfluss von der Seite geschieht, nach oben oder unten. Wir sehen aus diesem letzteren Grunde, dass eine reine Lateralseeretion nicht denkbar ist ohne Zuhilfenahme von Descenz oder Ascenz der Flüssigkeit im Gangraume.

Gehen wir nun zu der Reassumirung der Verhältnisse unter dem Grundwasserspiegel, so muss sofort hervorgehoben werden, dass hier leere, d. h. flüssigkeitsfreie Gang- oder Hohlräume gewissermassen nur als Ausnahmen angenommen werden können, in oberen Regionen wenn den Gasen und Dämpfen nach oben zu kein Ausweg offen steht, und in der Dampfregion selbst.

In der Regel sind wohl alle Hohlräume mit dem Grundwasser erfüllt und dieses befindet sich nicht in dem Zustande der Stagnation sondern in jenem der Bewegung resp. Circulation. An einer nicht bis zur Dampfregion niedergehenden Spalte kann das Grundwasser rascher niedersteigen, als im Nebengesteine und die Folge davon würde ein laterales Zusitzen der Gesteinsflüssigkeit in den Spaltenraum sein. Hier kommt man der Auffassung von Herrn Professor Sandberger noch am nächsten.

In einer tiefer niedergehenden Spalte aber muss sich meiner Ansicht zufolge ein Aufsteigen einstellen und wenn man hier von einem lateralen Zusitzen der Gesteinsflüssigkeiten sprechen wollte, so würde dies erst in der Tiefenregion erfolgen.

Wenn man nun in Bezug auf die Erklärung der Erzgänge zwischen Descenz und Ascenz zu wählen hätte, so müsste man offenbar der Letzteren den Vorzug geben, weil hier Flüssigkeiten zur Austragung gelangen, welche nicht nur die ganze Gessteinssäule absteigend, sondern auch einen bedeutenden Weg in der Tiefenregion lateral durchgewandert haben, während die Descenz nur in den oberen Regionen angetroffen werden kann und die den Hohlräumen lateral zusitzenden Flüssigkeiten sich ihrer Zusammensetzung nach nicht viel von Grundwässern unterscheiden dürften. Was durch Descenz und die entsprechende Lateralaustragung für Einflüsse hervorgebracht werden können, repräsentirt meiner Ansicht nach am besten ein Marmor, an dem durch die verschiedene Färbung der einzelnen Lagen die ursprüngliche Beschaffenheit und die späteren Veränderungen zu constatiren sind.

Während nun Herr Prof. F. Sandberger (l. c. 159) die Entstehung eines kleineren Theiles der Erzgänge durch Descenz zugibt, will er der Ascenz absolut kein Gewicht beilegen, vorwaltend aus dem Grunde, weil bei den ungemein zahlreichen Fassungsarbeiten an aufsteigenden Mineralquellen weder durch ihn noch durch Andere

Metallabsätze entdeckt werden konnten. Hierzu wäre zu bemerken, dass die Beobachtungen an der Ausmündungsstelle doch nicht massgebend für die Vorgänge im Canale selbst sind und dass wir überhaupt wenig Hoffnung haben, diese letztere Action je einmal beobachten zu können. Wir dürften hier, wenn man dem Nachweise von exilen Metallmengen in den Quellenabsätzen keinen Werth beimessen wollte, wie Herr Prof. F. Sandberger, auf indirecte Beweise beschränkt bleiben, allein diese lassen sich in Hülle und Fülle beibringen, so z. B. was die Mineralquellenabsätze von Mineralien betrifft, welche auch als Begleiter der Erze in Gängen auftreten, u. dgl.

Für die Frage, ob ein Erzgang durch Descenz oder Ascenz der Flüssigkeit im Gangraume gebildet wurde, dürfte auch der Umstand maassgebend sein, dass die Erzgänge, selbst da, wo sie in ganz jungen Nebengesteinen aufsetzen und wo die Abtragung durch Erosion nicht bedeutend angenommen werden kann, bis zur Oberfläche in nahezu unveränderter Beschaffenheit heraufreichen. Diese, und dies sind ja die meisten Erzgänge, müssen durch Ascenz gebildet worden sein.

Ein durch Descenz gebildeter Gang hingegen würde erst in einer gewissen Tiefe unter der damaligen Oberfläche anfangen und könnte erst durch Abtragung der obersten Region an der gegenwärtigen Oberfläche ausbeissen. Die Flüssigkeiten, die durch seinen Canal absteigen, müssen entweder in der Tiefe consumirt werden oder, was wahrscheinlicher ist, abermals der Ascenz zu Gute kommen.

Diese Erwägungen zeigen, dass die Ascensionstheorie nicht, wie Herr Prof. F. Sandberger auf Grund seiner Entdeckung und seiner speciellen Auffassung annimmt, als beseitigt betrachtet werden kann, sondern im Gegentheile, dass sie es eben ist, welche die Erscheinungen am ungezwungensten erklärt.

Die Erze und zwar nicht nur die Erzgänge, sondern auch die übrigen Erzlagerstätten stammen allerdings aus dem Gesteine, aber nicht aus dem unmittelbaren Nebengesteine; sie sind durch die Circulation der Flüssigkeiten einem entfernten und tieferen Punkte entnommen worden. Wenn man auch laterale Bewegungen des circulirenden Stromes, eine Auslaugung des Gesteins constatiren kann, so ist dies etwas Anderes, als man unter Lateralsecretion zu verstehen gewöhnt ist.

Die wichtige Entdeckung exiler Metallmengen im Gesteine durch Prof. F. Sandberger kommt also nicht, wie er annimmt, der Lateralsecretion, sondern vorwaltend der Ascensionstheorie zu Gute.

Ueber eine zum allgemeinen Gebrauche sich eignende Richtungsangabe.

Von Hrn. F. Pošepný.

Es kann wohl keinem Zweifel unterliegen, dass die in Literaturquellen vorkommenden verschiedenartigen Richtungsangaben das Verständniss mehrfach erschweren, zum mindesten Zeit rauben, da man sich dieselben behufs leichterer Vorstellung in der Regel erst umgestalten muss. Dieser fatale Umstand fällt noch mehr in's Gewicht, seitdem das tektonische Kapitel der Geologie mehr in den Vordergrund getreten ist und es wäre demnach zu wünschen, dass auch in dieser Richtung eine Einigung erzielt würde.

Für den Geologen, Bergmann und Seefahrer bleibt der Compass aus Gründen, die ich wohl hier nicht anzuführen brauche, für die Bestimmung der Richtung ein Instrument von grossem Werthe und es würde sich eigentlich darum handeln, die Compassablesungen gleichförmig zu gestalten.

Die Seeleute theilen den Quadranten in Hälften, Viertel, Sechszehntel und kommen da mit der allgemein gebrauchten Theilung des Limbuskreises in 360 oder des Quadranten in 90 Theile vielfach in Conflikt, weil in letzteren Zahlen auch Drittel, Sechstel etc. eine Rolle spielen; diese Theilung gilt ja ganz allgemein für Zeitbestimmungen und diese werden nach dem Sonnenstande bemessen. Die seemännische, übrigens auch vielfach von den Geologen angewandte Bestimmung entspricht nicht dem Principe, dass die Richtung ebenso wie die Tageszeit mit dem Sonnenstande zusammen zu hängen hat und sollte füglich bei Geologen nicht zur Verwendung kommen. Die bergmännischen Compässe sind nun allerdings in 360 Grade oder, um eben dem Zusammenhange der Richtung mit der Tageszeit Ausdruck zu geben, in 24 Stunden zu 15 Graden getheilt, aber in nicht ganz übereinstimmender Art und Weise. Soll z. B. die Uebereinstimmung mit dem Sonnenstande erzielt werden, so muss bekanntlich die Theilung widersinnig verlaufen, d. h. von der Rechten zur Linken und nicht, wie auf den Zifferblättern unserer Uhren, von der Linken zur Rechten; bei der Uhr wird das Zifferblatt für fix angesehen, während bei dem Compasse der Zeiger, d. h. die Magnetnadel fix nach Norden zeigt und wir behufs einer Richtungsangabe das Zifferblatt, resp. die Compassbüchse drehen. Nun findet man zuweilen und offenbar ganz unbegründet die Theilung, mag dieselbe in 360 Grade oder 24 Stunden durchgeführt sein, rechtsinnig von der Linken gegen die Rechte verlaufen und der Gebrauch solcher Compässe muss trotz aller verwendeten Aufmerksamkeit Irrthümer herbeiführen.

Um diesen Irrthümern auszuweichen, musste gleichzeitig mit dem Richtungsausdrucke auch der Sinn angegeben werden, in welchem man die Messung gemacht hat, was allerdings die Daten nicht vereinfachte. Weiter ist es in einigen Ländern üblich, den Limbuskreis in 2 mal 24 Stunden zu theilen, ähnlich der jetzigen Stundeneintheilung des Tages, wobei man selbstverständlich Richtung und Gegenrichtung, einen für gewisse Zwecke ganz bedeutenden Umstand, nicht zu unterscheiden vermag.

Aus diesen Erwägungen ergiebt sich von selbst, wie der internationale Compass beschaffen sein sollte.

1) Soll er jedenfalls widersinnig von der Rechten gegen die Linke getheilt sein, damit die Uebereinstimmung der Richtung mit dem Sonnenstande gewahrt bleibe.

2) Ist es gerathen, die Subsummirung von 15 Graden zu einer Stunde schon aus dem Grunde vorzunehmen, um kleinere, leichter übersichtliche Zahlenangaben zu erhalten, besonders aber darum, um die Uebereinstimmung der Richtungs- mit den Zeitangaben zu erzielen.

3) Die Theilung soll nicht 2 mal 12 Stunden, sondern 24 Stunden ausmachen, in derselben Weise, wie die Tagesstunden der Weltzeit continuirlich bis 24 gezählt werden, um, wie erwähnt, die Richtung von der Gegenrichtung unterscheiden zu können.

Ein solcher Compass ist in der That in einigen Ländern, so in Oesterreich-Ungarn, seit langer Zeit in Uebung und es würde sich somit nur darum handeln, ihm eine allgemeine Verbreitung zu verschaffen.

In der geologischen und bergmännischen Praxis ist oft eine approximative Bestimmung der Richtung wünschenswerth; man will eben eine Gruppe von nicht weit von einander differirenden Richtungen mit einem Ausdrucke bezeichnen, und bisher war man in solchen Fällen auf die seemännische Bezeichnung angewiesen, welche eben die Harmonie mit der üblichen Limbustheilung stört. Wenn man sich der Vorsätze »Vor« und »Nach«, »Ante« und »Post«, resp. der Kürzungen A. und P. bedient, so kann man ja sofort die 24 Richtungen des Compasses in den allgemein üblichen Bezeichnungen der Weltgegenden N. O. S. W. zum Ausdrucke bringen und es würde z. B. A. S. W. (Ante Süd-West) die Richtung nach Stunde 14 bezeichnen, d. h. die Richtung, in welcher die Sonne um 14 Stund der Weltzeit, d. h. 2 Stund Nachmittags der jetzt noch üblichen Bezeichnung steht. Während man früher in einem Halbkreise nur 8 Richtungen zu bezeichnen vermochte, kann man deren in der vorgeschlagenen Weise 12 unterscheiden und bleibt dabei stets in genauer Beziehung zum Compasse.

Ferner wäre es gewiss wünschenswerth, dass die durch diese Richtungsangaben beabsichtigte Fixirung von Linien und Flächen, mag sie in der ziffermässigen oder in der approximativen Form erfolgen, möglichst prägnant geschieht. Die Lage einer Fläche wird bekanntlich am einfachsten durch die Angabe der Fallrichtung und die Grösse des Fallwinkels fixirt; eine Angabe der Streichungsrichtung ist hier ganz überflüssig, da sie jederzeit durch Addition oder Subtraction eines Quadranten zur Fallrichtung gefunden werden kann. Bei den Schichtflächen fällt ja ohnedies die Fallrichtung so sehr in's Gewicht, dass man es zum Grundsatz machen sollte, die Lage der Schichtung nur durch die Angabe der Fallrichtung und des Fallwinkels zu fixiren, was am einfachsten in der Gestalt eines Bruches erfolgen kann, dessen Zähler die Fallrichtung in Stunden und Graden und dessen Nenner den Fallwinkel in Graden zum Ausdrucke bringt. Die Ausdrücke $^0/_0$, $^x/_{0}$, $^x/_{90}$ sind wohl leicht zu verstehen; ersterer bedeutet eine horizontale, letzterer eine vertikale Lage.

Ich pflege, wo die Unterscheidung des wahren und falschen Verflächens der Schichtung und der Clivage von Wesenheit ist, diesem Bruche die betreffenden Zeichen γ ₀ vorauszusetzen, die sich ja auch im Drucke leicht geben liessen.

Für die Fixirung von Linien, Gebirgszügen, von Gängen und Dislokationsflächen wäre die Angabe der Streichungsrichtung beizubehalten, wo aber eine Angabe der Verflächungsrichtung nöthig erscheinen sollte, diese sodann in der obigen Weise zum Ansatz zu bringen.

In Anbetracht, dass sowohl eine Gleichförmigkeit als auch eine möglichst grösste Einfachheit der geologischen Richtungsangaben wünschenswerth ist, erlaube ich mir zur Annahme zu empfehlen,

1) den 24 stündigen widersinnig getheilten Compass;
2) die Anwendung der Kürzungen von Ante und Post bei approximativen Angaben;
3) die Fixirung der Lage der Schichtung durch die Fallrichtung und Ansatz in Bruchform.

Note sur la classification des roches de l'Inde Brittanique.

Par M. W. T. Blanford.

Le tableau suivant des principales formations géologiques qui se trouvent dans l'Inde Brittanique et ses dépendances (y-inclus l'Himalaya avec Kashmir, Assam et la Birmanie) est fondé sur les renseignements donnés dans le »Manual of the Geology of India« par M. A. B. Medlicott et moi-même, publié en 1879. Quelques rectifications, dont les plus importantes se rapportent aux roches Vindhyennes et de transition (archéennes), ont été introduites à cause des observations récentes.

Il est toujours nécessaire de se rappeler, lorsqu'on traite de la Géologie de l'Inde et des contrées voisines, que la péninsule de l'Inde paraît avoir été une région terrestre depuis le temps géologique le plus reculé, certainement depuis l'Ère paléozoïque et probablement depuis l'archéen, tandis qu'une grande partie des pays environnants a été, plusieurs fois, submergée au-dessous de la mer. Il y a par conséquent une différence tranchée entre les roches des régions péninsulaire et extra-péninsulaire Indiennes. Entre ces deux se trouve une troisième région, la grande plaine alluviale des fleuves Indus, Gange et Brahmaputra, plaine qui s'étend depuis la Baie de Bengale jusqu'à l'embouchure de l'Indus d'une part, et jusqu'à la tête du vallon d'Assam de l'autre, et qui occupe à-peu-près 300 000 miles anglais carrés (plus de 750 000 kil. carrés) égal à une quatrième partie de l'Inde Brittanique, non comprise la Birmanie.

Les systèmes et leurs subdivisions, qui ont été reconnus jusqu'à présent dans l'Inde Brittanique, sont rangés dans les deux tableaux suivants, dont l'un renferme les formations de la péninsule, l'autre celles de la région extra-péninsulaire. Pour former une échelle de comparaison les systèmes européens sont divisés chacun en trois. Comme l'on n'a pas encore découvert des couches marines fossilifères paléozoïques dans l'Inde péninsulaire, la position des roches qu'on suppose appartenir à cette Ère est excessivement douteuse. Les couches mesozoïques même, y-comprises quelques-unes qui peuvent être paléozoïques supérieures, sont pour la plupart d'eau douce ou sous-aëriennes, et il en résulte que les époques et même les périodes, où l'on a proposé de les ranger pour raisons d'homotaxis, sont non seulement douteuses, mais quelquefois même contradictoires. Ainsi plusieurs paléontologues distingués de l'Europe ont crû que la flore de la série Damuda est jurassique, tandis que les végétaux fossiles des séries Panchet et Ràjmahàl, qui sont plus récentes, se rapportent au Trias et au Lias respectivement, selon l'avis des écrivains d'une grande autorité.

On verra par les tableaux qui suivent la dificulté d'appliquer une échelle rigoureuse à des formations sédimentaires dans les pays lointains de l'Europe.

La note * signifie que la formation n'est pas fossilifère, ? que la position est douteuse.

Classification générale des roches de l'Inde Brittanique. 1. Extrapéninsulaires.

Groupes	Systèmes	Séries	
	Récent		Alluvions modernes etc.
		3. Pleistocène	Graviers anciens de l'Himalaya et Sub-Himalaya*. — Alluvions anciennes*. — Couches lacustres anciennes de Kashmir ou »Karewa«.
	Pliocène	*2. Subappenin*	Sivalik de l'Himalaya. — Couches à mammifères du Tibet. — Manchhar supérieur de Sind*. — »Dehing group«* (Assam). — Dépôts fluviatiles au bois fossile et aux ossements de la Birmanie.
		1. Messinien	Manchhar inférieur et Gâj de Sind. — Siwalik inférieur ou Nâhan de l'Himalaya*. — Tepam group* (Assam). — »Pegu group« (Birmanie).
Cénozoïque		*3. Falunien*	Nari supérieur de Sind*. — Kasauli de l'Himalaya*. — Archipelago séries (Iles Andaman) ?
	Miocène	*2. Mayencien*	Nari inférieur de Sind. — Couches de Mari* (Punjab). — Dagshai de l'Himalaya*.
		1. Oligocène	Khirthar de Sind. — Calcaire à nummulites de Sind, Punjab, Assam, Birmanie, etc. — Couches de l'Indus ou Shiugo (Tibet de l'ouest). — Terrain houiller (coal measures) d'Assam.
		3. Bartonien	
		2. Parisien	b) Ranikot de Sind. — Série nummulitique inférieure du Salt Range (Punjab) et de Baluchistan. — Gypse et sel gemme de Kohat* (Punjab).
	Éocène	*1. Londinien*	a) Palaeocène. Couches à *Cardita Beaumonti* et basaltes intercalés de Sind. — Olive group du Salt Range. — »Negrais group« (Birmanie). — »Port Blair séries«* (Iles Andaman).
		3. Senonien	Calcaire à Hippurites de Quetta, Sind etc. — Grès et calcaire des Monts Suleman (O. Punjab). — Couches de Chikkim (Himalaya). — Dipsang group* (Assam). — Crétacé supérieur des Monts Khasi. — »Mai-i group« (Birmanie).
	Crétacé	*2. Gault*	Crétacé du Mont Sirban, Hazârà (Nord du Punjab).
		1. Néocomien	Couches de la passe Chichali, Salt Range occidental (Punjab).
		3. Malm	Jurassique du Salt Range (Punjab). — Etages Gieumal et Spiti de l'Himalaya.
Mésozoïque	Jurassique	*2. Dogger*	Couches bigarées (Variegated group) du Salt Range? — Schistes de Spiti (partie inférieure)?
		1. Lias	Calcaire de Tagling supérieur (Himalaya). — Trap de Sylhet*?
		3. Rhétien	Calcaire de Tagling inférieur et calcaire de Pàra (Himalaya). — Couches à *Neriuea* et à *Megalodon* d'Hazârà.
	Triassique	*2. Keuper*	»Lilang group« (Himalaya). — »Axial group« (Birmanie).
		1. Werfénien	Couches à *Ceratites*, Salt Range, Punjab. — Trias inférieur (Virgloria et Werfen) di Niti, Milan et Spiti (Himalaya).
		3. Permien	
	Carbonifère	*2. Dinetien*	Calcaires à *Productus* du Salt Range. — Couches de Kuling (Himalaya et Kashmir). — Infra-Trias* et Tanol* d'Hazârà? — Calcaire de Kiol* (Pir Panjal)? — Krol* et Infra-Krol* de l'Himalaya près Simla? — Mandhàli de Gahrwal (Himalaya)? — Série Maulmain (Birmanie).
		1. Bernicien	Manque
Paléozoïque	Devonien		Série de Muth (Himalaya)
		3. Silurien	Série de Bhabeh (Himalaya)
	Cambro-Silurien	*2. Ordovicien*	Manque ?
		1. Cambrien	Série de Shillong* (Assam). — Série de Mergui* (Birmanie).
		supérieur	Gneiss ancien* de l'Himalaya ?
	Archéen	*inférieur*	Gneiss* d'Assam et de la Birmanie.

? Marne à sel du Salt Range* (Punjab). — Blaini* et Infra-Blaini* de Simla. — »Punjab System«* Kashmir. — »Attock slates«* (Punjab).

Classification des roches de l'Inde Brittanique. 2. Péninsulaires.

Groupes	Systèmes	Séries	
Cénozoïque	Récent		Sable des dunes*. — »Regur« ou »black soil«* (terrain noir). — »Red soil«* (terrain rouge). — Alluvions modernes.
	Pliocène	3. *Pleistocène*	Alluvions anciennes aux ossements (Nerbudda, Godàvari, Jumna etc.). — Alluvions du littoral. — Lits soulevés de coquilles marines. — Miliolite de Kattywar? — Dépôts ossifères des cavernes. — Latérite de bas niveau*. — Grès de Cuddalore*. — Couches de Warkili* (Travancore).
		2. *Subappenin*	
		1. *Messinien*	»Upper tertiary« de Cutch. — Graviers aux ossements de l'île de Perim et du Golfe de Cambay.
	Miocène	3. *Falunien*	»Argillaceous group« de Cutch. — Miocène de Kattywar. Couches à *Orbitolites malabarica* ou Quilon beds de Travancore.
		2. *Mayencien*	»Arenaceous group« de Cutch.
		1. *Oligocène*	Calcaire à *Orbitoides* de Cutch.
	Éocène	3. *Bartonien*	Calcaire à nummulites, grès, graviers, de Cutch et de Guzerat. — Latérite de haut niveau*.
		2. *Parisien*	
		1. *Londinien*	»Deccan traps« supérieurs*. — Couches intertrappéennes à *Rana pusilla* de Bombay.
Mésozoïque	Crétacé	3. *Senonien*	»Deccan traps« inférieurs*. — Couches intertrappéennes à *Physa Prinsepi* de l'Inde Centrale. — »Lameta group«. — Couches de Bàg. — Étages d'Arialur, Trichinopoly et Utatur de l'Inde méridionale.
		2. *Gault*	(Manque.)
		1. *Néocomien*	Néocomien de Cutch.
	Jurassique	3. *Malm*	Umia et Katrol de Cutch. — Calcaire de Jesalmir. — Grès di Tripetty près Ellore.
		2. *Dogger*	Chari et Patcham de Cutch. — Couches de Ragavapuram près Ellore
		1. *Lias*	
	Triassique	3. *Rhétien*	
		2. *Keuper*	
		1. *Werfenien*	
	Carbonifère	3. *Permien*	
		2. *Dinetien*	
		1. *Bernicien*	
Paléozoïque	Devonien Cambro-Silurien		Viudhyen* { sup¹. {3. Bhanrer*}{2. Rewah*}{1. Kaimur*} — Karnul* — Bhima*. / inf¹. — Son* — Semri* — Kadapa* — Kaladgi*.
	Archéen		3. { Arvali* {Delhi*.}{Gwalior* — Bijawar* — Champanir*.} Terrains à transition de Behar et de Shillong*. / 2. Gneiss ordinaire* de la Péninsule. / 1. Gneiss* de Bundelkhand.

Gondwàna-System, supérieur:
4. Cutch et Jabalpur.
3. Kota-Maleri.
2. Mahadeva.
1. Ràjmahàl.

Gondwàna-System, inférieur:
4. Panchet.
3. Damuda { Ràniganj. / Baràkar.
2. Karharbàri.
1. Talchir.

Sur la variabilité de la concentration et de la composition des sources minérales.

Par M. A. Inostranzeff.

L'étude variée et approfondie d'un phénomène peut seule donner des résultats durables et en rendre l'exploitation aussi avantageuse que possible. C'est une vérité qu'on ne se lasse pas de répéter — et pourtant combien de phénomènes utilisés par les hommes n'ont été soumis qu'à une étude partielle ou n'ont même jamais été abordés par la science. C'est un de ces phénomènes, les sources minérales, que nous nous proposons de traiter dans l'article présent. Du premier abord on est porté à croire qu'un phénomène aussi bien connu que celui-ci ne peut plus rien fournir de nouveau. Et en effet on pourrait remplir tout un volume d'analyses chimiques de différentes sources minérales aussi bien que douces. Si nous y joignons encore la classification de toutes les sources connues d'après leur composition et leur origine, nous pourrions supposer bien aisément qu'il n'y reste plus rien à étudier.

L'une des branches de la médecine — la balnéologie — est intimement liée avec la question qui nous occupe. Depuis longtemps déjà les balnéologistes avaient signalé ce fait remarquable que l'eau de certaines sources, ne contenant en dissolution que des quantités minimes de matières minérales, peuvent, dans certaines maladies, exercer sur notre organisme une influence des plus favorables. Ceci nous prouve clairement, que même des quantités minimes de substances minérales dissoutes dans l'eau des sources peuvent avoir une grande importance pour la balnéologie. Citons comme exemple les sources ferrugineuses où la quantité de bicarbonate de protoxyde de fer varie de 0,016 à 0,196 gr. dans un litre d'eau (ce qui donne 0,0048 à 0,059 gr. de Fe dans la même quantité d'eau). Les sources alcalino-ferrugineuses de Gélésnovodsk, les plus riches en bicarbonate de fer que nous connaissions, n'en contiennent que 0,0097 gr. dans un litre d'eau. Les sources contenant du brome ou de l'iode nous présentent un exemple encore plus frappant; nous en connaissons plusieurs, dont l'importance pour la balnéologie est due justement à leur teneur en ces éléments. La source de Hall en Autriche, riche en bromure de magnésium et en iodures de sodium et de magnésium, ne contient que 0,056 gr. de Br et 0,037 gr. de J dans un litre d'eau; la source de Kreuznach — 0,03 gr. de Br et 0,0003 gr. de J. D'autres sources recommandées par les médecins pour leur teneur en bromures ou iodures n'en contiennent que des traces. Enfin si nous considérons les sources contenant de l'arsénic nous en tirons à juste titre la conclusion, que l'action guérrissante de certaines eaux n'est due qu'eaux quantités infinitésimales de substances minérales qu'elles contiennent en solution.

Du point de vue géologique l'origine de toutes les sources, minérales ou non, doit être rapportée aux eaux atmosphériques. Malgré la différence de drainage souterrain servant de base à la classification des sources, nous ne laissons pas de considérer l'atmosphère comme leur principal formateur et alimenteur. Nous savons depuis longtemps que la quantité des précipitations atmosphériques change avec les saisons, ce qui peut nous pousser à admettre en théorie aussi la variabilité de la quantité ainsi que de la qualité de l'eau des sources. Nous possédons déjà suffisamment de données qui nous prouvent avec évidence que la quantité d'eau fournie par une source est étroitement liée avec la quantité de précipitations atmosphériques d'un côté, et de la température (les sources de la Crimée méridionale), dont dépend la fonte plus ou moins abondante des neiges accumulées dans les antres et les crevasses ou de la glace des glaciers, de l'autre.

Quant aux changements de qualités qu'éprouve l'eau des sources, nous n'en savons presque rien. Les analyses nombreuses de différentes eaux minérales nous démontrent la grande quantité et la variété des sources, les analyses périodiques d'une même source nous prouvent qu'avec le temps la composition de certaines eaux peut changer. Mais dans quels espaces de temps se produisent ces modifications et n'y en a-t-il pas qui se répètent périodiquement tous les jours — voilà des questions dont la solution ne souffre point de retard pour le médecin qui prescrit un, deux ou plus de bains à prendre ou autant de verres d'eau à boire à son patient. Il est vrai qu'il y a un indice qui nous prouve que la quantité des substances minérales d'une source varie dans un petit espace de temps. Cet indice nous est fourni par les sources salées. Mais malheureusement ces changements ne sont pas encore exprimés par des nombres précis, quoiqu'il soit déjà hors de doute que la quantité de sel gagné à la même source varie avec les saisons. Mais la composition de la source varie-t-elle aussi? c'est ce que nous ne savons pas.

Depuis l'été de 1881 j'ai recueilli quelques données servant à élucider cette question. J'ai résolu de publier les résultats que j'ai déjà obtenus afin d'encourager à l'étude des autres sources ayant de l'importance en balnéologie.

Pendant l'été 1881 j'avais l'occasion d'étudier à fond les sources minérales de Drouskeniki, dans le gouvernement de Grodno, et de publier les résultats de mes recherches dans une brochure intitulée: »Les sources minérales de Drouskeniki.« Ces sources, au nombre de 17 au moins, se frayent leur passage jusqu'à la surface à travers les alluvions du Niéman, qui reposent à leur tour sur des sables d'Oligocène. Ce sont toutes des sources ascendantes, des fontaines pour ainsi dire, qui n'exigent pas l'aide de l'homme pour apparaître à la surface de la terre. La comparaison de l'analyse chimique de 1881 avec les analyses précédentes démontra, que les sources avaient éprouvé avec le temps des changements très curieux. Voici plusieurs analyses de la source No. 2.

	Fonberg 1835	Björklund et Casselman 1867	Palm 1871	Pavloff 1881
Chlor	62,66 pCt.	53,59 pCt.	54,89 pCt.	59,51 pCt.
Sodium	28,50 »	23,73 »	19,42 »	18,00 »
Calcium	8,37 »	10,21 »	11,75 »	14,01 »
Magnesium	1,99 »	2,68 »	3,96 »	7,16 »

La table ci-dessus nous montre avec évidence que pendant l'espace de 46 ans le caractère de la source a éprouvé des modifications essentielles: le chlorure de sodium a été remplacé en grande partie par les chlorures de calcium et de magnésium; l'augmentation du Mg est de 3,6 fois au moins, celle du Ca de 1,6. L'étude de cette source nous prouva de plus que la concentration même de l'eau s'était modifiée, ce qui est démontré non selement par sa densité qui était de 1,0044 en 1835 et 1,0092 en 1881, mais encore par la quantité de substances minérales contenues dans un litre; en 1835 elle était égale à 5,324 gr., en 1867 à 7,6267 gr., en 1871 — 7,8310 gr. et en 1881 à 9,9780 gr.

Il est facile de voir que l'augmentation de la concentration de la source No. 2 n'allait pas du même pas tous les ans, qu'elle se faisait pour ainsi dire par soubresauts; durant les premières 32 années elle était égale à 2,3027 gr., tandis que pour la dernière quinzaine elle égale 2,351 gr. Ainsi nous voyons que non seulement la composition mais aussi la concentration de l'eau a subi différentes modifications: la source alcaline s'est transformée en source alcalino-terreuse. Les autres seize sources qui ne diffèrent presqu'en rien de la source No. 2 — c'est tout au plus si leur concentration est moindre ou leur teneur en sulfate de chaux un peu plus considérable — nous présenteront sans aucun doute les mêmes phénomènes.

Après avoir constaté ces changements se produisant pendant un laps de temps plus ou moins considérable, nous avons tâché d'apprendre si la concentration ne subissait pas aussi quelques modifications pendant de moindres espaces de temps et si la composition chimique des substances contenues dans l'eau de la source ne changeait pas aussi.

C'est avec ce but que j'organisai pendant la haute saison de 1881 des observations quotidiennes sur toutes les 17 sources. Ces observations qui durèrent deux mois étaient portées sur la détermination de la densité de l'eau des sources; le chlor étant un des éléments les plus essentiels de la source, nous le déterminions aussi en le dosant par voie volumétrique; la même chose se faisait pour la chaux. Ces observations eurent pour résultat la constatation d'oscillations quotidiennes exposées dans l'une des tables de la brochure déjà mentionnée. Voici plusieurs nombres.

Pour la source No. 1 la pesanteur spécifique de l'eau varie de 1,0104 à 1,0078; pour la source No. 2 de 1,0103 à 1,0089; pour No. 3 de 1,0073 à 1,0022; pour No. 5 de 1,0013 à 1,0074; pour No. 7 de 1,0049 à 1,0081; pour No. 15 de 1,0050 à 1,0088; pour No. 16 de 1,0047 à 1,0077; pour No. 17 de 1,0043 à 1,0090 etc. etc.

Ainsi nous sommes autorisés à admettre que la concentration des sources varie pérodiquement tous les jours, et que la cause de cette variabilité doit être rapportée à la quantité de précipitations atmosphériques et à la marche de la température. Cette dépendance immédiate est démontrée clairement par les courbes adjointes à la brochure. Si nous comparons la moyenne de densité de toutes les observations avec celles de chaque jour, nous voyons tout de suite que les déviations tournent autour de la moyenne; elles vont de 1,0043 à 1,0062, ce qui correspond à un changement de 14,5 à 17,1 dans la teneur en NaCl (en supposant que la source ne contient que du sel marin).

Pour vérifier ces résultats nous déterminions aussi le chlor, comme je l'ai déjà mentionné plus haut, et ces observations confirmèrent aussi la variabilité quotidienne de la concentration.

Source	No. 1	No. 2	No. 5	No. 16
Chlor	6,07—4,28 gr.	5,975—4,210	—	4,725—1,900
Chaux	1,1362—1,5691	1,1453—1,7172	0,3109—0,9238	—

Ces observations quotidiennes qui durèrent deux mois, nous autorisent à en tirer la conclusion que *la concentration des sources minérales présente des oscillations quotidiennes.*

Mais cette conclusion ne nous satisfaisait pas encore, surtout sous le rapport suivant: si la concentration de la source varie, sa composition chimique ne varie-t-elle pas aussi?

Les observations sur le chlor et la chaux rendent une réponse affirmative parfaitement admissible. En effet, si la concentration seule de la source variait tandis que sa composition resterait invariable, la source deviendrait seulement plus forte ou plus faible, mais il n'y aurait pas d'altération dans les quantités relatives des substances minérales contenues dans l'eau; leur proportion resterait la même que celle trouvée par l'analyse chimique détaillée. Ce n'est pas le cas. Dans la source No. 1, par exemple, j'ai trouvé 6,070 gr. de chlor dans un litre d'eau ayant la densité de 1,0095; une autre fois — 5,595 gr. de chlor dans de l'eau moins dense (1,0093); enfin une troisième fois l'eau avec une densité encore moindre (1,0091) contenait 6,003 gr. de Chlor, etc. etc., c'est-à-dire que quelquefois une quantité de chlor plus considérable correspond à une densité plus petite et au contraire. Nous pourrions citer des exemples parfaitement analogues pour les autres sources, mais nous supposons que ceux-là suffisent déjà complètement.

Pour la chaux nous avons tout-à-fait la même chose; prenons p. ex. la source No. 2 : la densité de 1,0099 correspond à 1,357 gr. de chaux, 1,0098 à 1,1453; 1,0096 à 1,3981 gr. et ainsi de suite.

Toutes ces observations nous prouvent de leur côté, que *la composition chimique des sources éprouve aussi des modifications quotidiennes qui influencent jusqu'à un certain degré le caractère de la source.* Les deux résultats soulignés engendrent la conclusion suivante: *la composition et le caractère de l'eau de différentes sources varient tous les jours et ne présentent aucunement une constance absolue.*

L'été suivant Mlle. Prokopovitch fit des observations quotidiennes sur la densité de 10 sources de Drouskeniki, depuis le 29 Mai jusqu'au 22 Août. Les résultats qu'elle a obtenus sont représentés dans la table si-jointe; le lecteur conçoit facilement que les changements de concentration sont les mêmes qu'en 1881. Il importait surtout de savoir s'il y avait une relation quelconque entre les observations de ces deux années; c'est avec ce but que nous comparons dans la table ci-dessous les résultats pour les cinq principales sources.

No. des sources	Maxim. et min. de densité 1881	Maxim. et min. de densité 1882	Différence pour 1881	Différence pour 1882
1	1,0078—1,0114	1,0064—1,0097	0,0036	0,0033
2	1,0070—1,0104	1,0074—1,0105	0,0034	0,0031
5	1,0013—1,0074	1,0006—1,0067	0,0061	0,0061
15	1,0050—1,0088	1,0044—1,0084	0,0038	0,0040
17	1,0043—1,0090	1,0034—1,0084	0,0047	0,0050

La table nous montre: 1° qu'en 1881 la concentration de la source était supérieure à celle de 1882; 2° que les modifications périodiques d'une même source se font toujours dans les mêmes limites; les petits écartements qu'on y remarque quelquefois ne dépassent pas les erreurs d'observation possibles. Le premier point, c'est-à-dire la supériorité de la concentration de 1881 sur celle de 1882 s'explique facilement par l'excès de neige en 1882; les eaux produites par la fonte des neiges, par conséquent plus abondantes en 1882 qu'en 1881, coupèrent l'eau de la source. Pour expliquer le second point nous faisons remarquer que le manque de neige en 1881 était compensé par l'abondance des pluies au printemps; en somme la quantité de précipitations atmosphériques est à-peu-près la même pour les deux années d'observation.

En tout cas les observations de 1882 confirment complètement celles de l'année précédente en nous prouvant une fois de plus que la concentration des sources varie avec les saisons.

Je prévoyais qu'on objecterait à la variabilité de la concentration, que les sources de Drouskeniki ne sont pas préservées de l'alliage immédiat avec les eaux atmosphériques, et pour me garantir contre cette objection j'entrepris des observations sur le puits artésien de St. Pétersbourg. Ce choix est justifié d'un côté par l'impossibilité pour cette fontaine préservée par un tuyau contre les eaux souterraines de se mêler directement avec celles-ci, et de l'autre par les commodités qu'elle présente grâce à son voisinage avec mon laboratoire.

En perçant le sol[1]) à l'Hôtel des Papiers d'Etat on rencontra trois couches contenant de l'eau. La première se trouve à la profondeur de 77 pieds et fournit de l'eau qui contient dans 10 000 parties 11,7 de matières minérales parmi lesquelles prévalent : le carbonate de soude, le sel marin et les bicarbonates de chaux et de magnésie. La seconde couche se trouve à la profondeur de 388 p.; son eau contient 22,8 parties (dans 10 000 d'eau) de substances minérales et le sel marin (18,5) y prédomine. L'eau de la troisième couche enfin qui commence à la profondeur de 522 p. et descend jusqu'à 658 p. (c'est là qu'on arrêta le forage) contient encore plus de matières minérales (39,5) et le $NaCl$ y prédomine déjà complètement (31,45); le reste est composé de $MgCl^2$ (2,4), $CaCl^2$ (2,3), enfin de bicarbonates de soude, de chaux et de magnésie (en tout 2,5); en dosant le chlore nous avons obtenu 22,6 à 22,5.

Outre les analyses de M. Struve, qui datent de 1865, nous avons celles de M. Souchine (1870) et celles de M. Déschevoff (1873)[2]); nous les donnons toutes dans la table suivante.

	1865	1870	1873
Na	12,655	12,44	12,238
K	0,320	0,323	0,320 [3])
Ca	1,064	1,097	1,070
Mg	0,6144	0,6182	0,6027
Ba	0,0146	0,0152	0,0529
Cl	22,446	22,281	22,289
Br	0,268		
SiO²	0,115	0,0783	0,116

M. Déschevoff en comparant les quantités de la silice et des métaux, rapportés à leurs sulfates, arrive à la conclusion que la concentration du puits diminue; il tâche même d'exprimer la diminution par des chiffres. Nous sommes persuadés néanmoins que ce procédé, où l'on introduit tout-à-fait arbitrairement l'acide sulfurique, ne peut pas être reconnu pour correcte. Il serait plus juste selon nous

---

[1]) H. Struve: Die Artesischen Wasser etc., dans les Mémoires de l'Acad. Imp. des Sciences de St. Pét., VII Série, T. VIII, No. 11.

[2]) Journal des mines, Mai et Juin 1873.

[3]) Ce nombre est près de l'analyse de 1865.

de prendre pour base de comparaison l'un des éléments qui se laissent déterminer avec le plus d'exactitude et il nous semble que les halogènes suffisent le mieux à cette exigence. En comparant les quantités des halogènes dans les trois analyses (elles y sont égales à 22,714; 22,281 et 22,289), nous remarquons sur le champs qu'en 1865 leur quantité était le plus considérable, tandis que pour 1870 et 1873 il n'y a presque pas de différence; aussi n'y a-t-il pas moyen d'y découvrir une régularité quelconque. En se fondant sur ces données on a fini par en tirer la conclusion, que la concentration du puits artésien de St. Pétersbourg diminue, autrement dit que le puits devient plus pauvre en substances minérales.

Nos observations quotidiennes se faisaient de la manière suivante. A dix heures du matin nous puisions dans le puits l'eau que nous emportions dans des bouteilles bien bouchées. Les bouteilles restaient pendant 24 heures à la température de la chambre, après quoi on déterminait la densité de l'eau et sa teneur en halogènes. Pendant les premiers mois nous déterminions aussi la chaux et la magnésie.

Toutes ces observations ont été faites sous ma direction par les licenciés ès sciences: Polénoff (la majeure partie), Kasansky et Ferchmine; elles durèrent une année (du 1 Janvier 1882 jusqu'au 1 Janvier 1883) et ne furent interrompues, à cause du manque de temps, que du 13 Septembre jusqu'au 15 Octobre.

La tables des densités de l'eau du puits nous présente aussi des oscillations quotidiennes. Les densités varient entre 1,0020 (minimum) et 1,0050 (maximum); la différence n'est que de 0,003; mais si nous nous rappelons que la concentration du puits n'est pas forte en général, nous pouvons trouver cette différence assez considérable. La densité minimale a été trouvée le 3 Juin 1882; la densité maximale le 21 Décembre de la même année. La même table nous permet de voir qu'après le minimum de Juin il y a augmentation de densité jusqu'au mois de Décembre, probablement même jusqu'en Janvier, après quoi commence la diminution; du moins la comparaison des moyennes de chaque mois nous autorise à admettre cette conclusion.

Janvier	1,0035	Mai	1,0030	Septembre	1,0032
Février	1,0033	Juin	1,0025	Octobre	1,0032
Mars	1,0032	Juillet	1,0027	Novembre	1,0031
Avril	1,0033	Août	1,0027	Décembre	1,0033

La moyenne de toutes ces densités nous donne 1,0030 — densité moyenne pour toute l'année. M. Struve trouva 1,0037; si nous jetons un coup d'oeil sur notre moyenne de Décembre, nous pouvous bien admettre qu'il avait pris son eau au mois de Décembre et même au commencement du mois, car nous avons trouvé nous-mêmes ce nombre pour l'un des jours de ce mois.

M. Struve trouva 22,714 p. d'halogènes. Dans nos observations qui se faisaient simultanément avec la détermination de la densité nous avons signalé des oscillations entre 21,61 et 24,75. Le minimum correspond au 21 Mai, le maximum — au 24 Janvier. Les 328 observations donnent pour toute l'année la moyenne 22,233, qui diffère (elle est moindre) du nombre trouvé par M. Struve et se rapproche de celui de MM. Souschine et Déschevoff. On pourrait croire à une diminution de concentration. Mais il suffit de jeter un coup d'oeil sur la table qui nous montre que le nombre de M. Struve se retrouve parmi les nôtres, pour repousser tout de suite cette supposition.

Si nous nous donnons la peine de comparer les moyennes mensuelles de la quantité des halogènes (voir la table si-dessous), nous remarquons que le minimum tombe sur Avril et le maximum sur Septembre. A commencer du mois d'Avril la quantité des halogènes augmente sans interruptions jusqu'au mois de Septembre, après quoi elle diminue d'abord rapidement et ensuite assez régulièrement; pourtant en Janvier il y a de nouveau une petite augmentation.

Si nous comparons les courbes (quotidiennes) de densité et des halogènes avec celles des précipitations atmosphériques pour le même espace de temps, ne trouverons-nous pas là une relation de cause et d'effet?

La structure géologique du sol de St. Pétersbourg et de ses environs nous oblige à admettre pour les couches qui alimentent le puits une inclinaison modérée du N au S et par conséquent de chercher la surface nutritive de ces couches au N de St. Pétersbourg. Malheureusement ces contrées manquent absolument d'observations météorologiques, et nous sommes obligés de faire usage, pour nos comparaisons, d'observations faites en ville. Grâce aux courbures considérables de toutes ces lignes leur comparaison ne nous permet pas d'en tirer une conclusion quelconque. Les courbes de moyennes mensuelles présentent plus d'intérêt. Elles nous montrent, pour l'année 1882, un petit rapport entre l'augmentation de la quantité des halogènes et des précipitations atmosphériques et un rapport plus faible encore entre cette augmentation et la diminution de la densité. En tout cas il n'y a pas de stricte coïncidence.

La comparaison des courbes de densité et d'halogènes nous amène à une autre conclusion non moins intéressante.

En admettant l'invariabilité de la composition de la source, nous devrions nous attendre à une coïncidence complète entre les courbes de densité et de chlore, la première dépendant du dernier. Nous ne trouvons pas cette coïncidence attendue. La quantité maximale de chlore tombe sur Septembre, tandis que le maximum de densité se trouve en Janvier: la quantité minimale des halogènes tombe sur Avril, et le minimum de densité est au mois de Juin. Ces divergences s'expliquent facilement par des changements dans la composition de l'eau de la source. Les observations sur les quantités de chaux et de magnésie confirment aussi cette supposition. Pour le mois de Janvier nous avons (en moyenne) 1,606 gr. de chaux, pour Février — 1,704 gr., c. à d. plus, tandis que la quantité de magnésie est supérieure en Janvier (1,030 gr.) et diminue en Févr. (0,997 gr.)

En somme les observations sur l'eau de notre puits artésien nous amènent à la conclusion suivante: *la concentration du puits n'a pas changé depuis sa découverte, mais elle éprouve, ainsi que la composition chimique de la source, des modifications quotidiennes.* La seconde partie de cette conclusion s'accorde parfaitement avec celle qui se rapporte aux sources de Drouskeniki.

L'été passé (1883) le docteur Troïtzky fit des observations analogues aux nôtres sur les sources minérales de Tzékhotzinsk en Pologne, près de la frontière prussienne. Ce sont aussi des sources salées mais d'une concentration bien supérieure à celles des sources précédentes. Ces sources, ouvertes par le forage artésien, se trouvent à des profondeurs suivantes: No. 1 à 1400 pieds, No. 2 à 500, No. 3 à 300 et No. 4 est la moins profonde. L'analyse chimique préliminaire montra que la principale différence entre ces sources consiste en leurs concentrations. Selon les analyses détaillées la source No. 1 contient dans un litre d'eau 38,9 gr. de résidu (dont 33,4 de NaCl); No. 2 — 35,4 (30,2 de NaCl), No. 3 — 19,3 (dont 16,5 de NaCl). Les observations de M. Troïtzky embrassent l'espace de temps depuis le 20 Mai jusqu'au 29 Août 1883. Il déterminait tous les jour la densité et périodiquement la teneur en halogénes. Dans la table No. 1 nous avons le maximum et le minimum de densité pour les quatre sources étudiées par M. Troïtzky et les quantités de NaCl qui leur correspondent par calcul.

No. 1.

No. des sources.	Minimum		Maximum		Différence	
	Densité	Na Cl (calculé)	Densité	Na Cl (calculé)	Densité	Na Cl
1.	1,0243	33	1,0386	52	0,0143	19
2.	1,0263	37	1,0287	40	0,0024	3
3.	1,0235	33	1,0275	38	0,0040	5
4.	1,0129	17	1,0160	23	0,0031	6

No. 2.

	Source No. 1		Source No. 2		Source No. 3		Source No. 4	
	Densité	Na Cl	Densité	Na Cl	Densité	Na Cl	Densité	Na Cl
21. Mai	1,0253	29,1645	1,0288	36,504	1,0258	33,4375	1,0150	18,7785
25. »	1,0380	51,655	1,0282	36,782	1,0272	35,602	1,0155	19,475
6. Juin	1,0325	39,540	1,0279	34,520	1,0254	33,579	1,0152	18.737
15. »	1,0350	46,215	1,0278	35,270	1,0264	33.345	1,0139	18,213
5. Juillet	1,0337	44,460	1,0275	36,520	1,0270	35,945	1,0134	17,895
21. Août	1,0386	52,0343	1,0274	36,145	1,0259	33,640	1,0147	18,587

La table No. 2 nous donne les quantités de Na Cl calculées sur les déterminations périodiques des halogènes.

Les observations de Mr. Troïtzky nous amènent à la conclusion que *la concentration des sources de Tzékhotzinsk est aussi sujette à des variations quotidiennes,* et pour quelques unes d'entre elles, p. ex. pour la source No. 1, ces changements sont assez considérables (19 sur 10 000 p. d'eau). La constatation de l'autre phénomène, la variabilité de la composition de l'eau, présente plus de difficultés. Ces sources contiennent, comme nous l'avons déjà dit, beaucoup de Na Cl qui prédomine sur tous les autres éléments; aussi les variations dans la teneur en Na Cl doivent elles surtout influencer la densité. Ce rapport existe en effet, mais il ne nous présente pas de coïncidence complète, et cette absence de coïncidence nous permet justement d'aborder la solution de la question posée. Examinons par exemple les densités et les teneurs en halogènes de la source No. 1. Le 25 Mai nous y avons la densité de 1,0253; si nous considérons le sel marin comme élément prédominant, nous calculons 32,58 gr. de Na Cl correspondant à cette densité; l'observation immédiate ne nous en donne que 29,16 gr.

ce qui nous autorise à rapporter cet excès de densité à un alliage assez considérable de sulfate de chaux. Le même cas a été observé le 6 Juin. La pesanteur spécifique était égale à 1,0325; le calcul donnait 42,54 gr. de NaCl et on n'en trouva que 39,54 gr. Pour d'autres jours nous avons juste l'opposé: le calcul fondé sur la densité de l'eau donne moins de NaCl que l'observation immédiate. Exemples: *25 Mai* — densité 1,0380, NaCl par calcul — 51,30 gr. et par observation — 51,65 gr.; *15 Juin* — densité 1,0350, NaCl — 44,35 et 46,21; *5 Juillet* — densité 1,0337, NaCl — 43,41 gr. (calc.) et 44,46 gr. (obs.); *21 Août* — densité 1,0386, NaCl — 51,75 gr. (calc.) et 52,03 gr. (obs.)

Ce désaccord s'explique selon nous seulement par une modification des quantités relatives des différentes substances minérales contenues dans l'eau. Ainsi nous savons qu'outre le sel marin et le sulfate de chaux la source contient encore du chlorure de calcium (1,748 gr. dans un litre) et du chlorure de magnésium (1,3668 gr.). Les pesanteurs spécifiques des solutions de ces sels sont supérieures à celle d'une solution de NaCl (en proportions égales); c'est pourquoi le calcul nous donne toujours plus de NaCl que nous n'en trouvons directement.

Cette explication nous permet de constater dans les quatres sources examinées des oscillations périodiques dans la teneur relative en NaCl, $CaCl^2$ et $MgCl^2$. Enfin le tout ensemble nous amène à la conclusion que *la composition des sources de Tzékhotzinsk éprouve aussi des modifications quotidiennes, quoique peu considérables.*

Les trois cas que nous venons d'examiner embrassent des sources minérales qui sont situées sous différentes latitudes et qui nous présentent une variété successive de concentration. Le puits artésien de St. Pétersbourg contient dans un litre d'eau 3,95 gr. de matières minérales; les sources de Drouskeniki — 9,97 gr.; celles de Tzékhotzinsk enfin — 38,98 gr. Malgré cette diversité de concentration toutes les sources que nous avons étudiées nous offrent des variations quotidiennes dans leur concentration ainsi que dans leur composition. Ces deux phénomènes, considérés du point du vue de la théorie, doivent nous présenter une certaine différence de caractère. Les sources moins riches en substances minérales doivent nous offrir des variations moins évidentes que les sources plus fortes; nos observations confirment cette supposition. D'un autre côté les variations quotidiennes de la composition doivent se manifester le plus clairement dans les sources où les substances minérales présentent plus de variété, où elles jouent toutes des rôles égaux et où aucune d'entre elles ne prédomine visiblement sur les autres.

Nos connaissances des lois de formation de différentes sources, de la relation de cause et d'effet avec les précipitations atmosphériques, enfin nos propres osbervations des variations quotidiennes de la concentration et de la composition du puits artésien de St. Pétersbourg et des sources de Drouskeniki et les observations de Mr. Troïtzky sur les sources de Tzékhotzinsk, — tout ceci nous confirme dans la supposition, que nous avons le plein droit d'attribuer cette variabilité aussi bien à toutes les autres sources minérales. Nous attribuons une grande importance à de pareilles observations, parce que jusqu'à présent on considérait les sources minérales comme absolument invariables ou ne subissant des modifications que dans de considérables espaces de temps. L'analyse chimique de l'eau d'une source puisée au hazard était l'unique contrôle de sa composition. Nos observations, ainsi que des considérations théoriques réfutent parfaitement cette supposition. Elles nous apprennent que la vie des sources minérales est beaucoup plus compliquée et plus variée qu'on ne le supposait, et que seulement un grand nombre d'observations semblables pourra expliquer l'importance des sources minérales, déterminer les lois qui règlent ces phénomènes et offrir aux médecins un phénomène étudié à fond. C'est alors que le médecin qui prescrit à son patient une certaine quantité de bains à prendre ou de verres d'eau à boire, pourra le faire avec la même sûreté qu'en prescrivant une ordonnance quelconque et en l'envoyant dans une pharmacie consciencieuse.

Notice sur une Nouvelle Carte Géologique des Environs de Paris.

Avec 2 Planches.

Par Mr. Gustave F. Dollfus.

I. Introduction.

La Géologie des environs de Paris n'est plus à faire, elle repose aujourd'hui sur des travaux considérables.

La belle et nombreuse série de couches qu'on y observe, leur variété, la facilité de leur abord, ont appelé dès longtemps l'attention des observateurs; c'est même par l'étude de ces terrains que la géologie s'est fondée en France avec Lavoisier, Lamanon, Poiret, Giraud - Soulavie, Coupé, &c., dignes prédécesseurs d'Alexandre Brongniart et de Cuvier. L'historique seul de leurs travaux et de ceux de leurs successeurs, qui se sont rapidement multipliés depuis 70 ans, serait un travail trop considérable pour pouvoir être abordé dans cette notice; nous devrons nous borner à une simple révision des Cartes géologiques dont les alentours de Paris ont été l'objet, sans pouvoir même donner, comme nous l'eussions voulu, un juste tribut d'éloges aux savants observateurs, aux travailleurs dévoués qui, jusqu'à ces dernières années, se sont efforcés d'élucider complètement les problèmes de l'échelle stratigraphique parisienne.

La Description Géologique des Environs de Paris par Cuvier et Brongniart reste le seul et le plus important travail descriptif général publié sur nos environs; cet ouvrage fondamental est depuis longtemps épuisé malgré le succès de trois éditions, et, depuis 60 ans, la science a beaucoup progressé. Nous avons ensuite deux petits volumes par de Sénarmont, contenant la description géologique des départements de Seine-et-Oise et de Seine-et-Marne, mais ces volumes sont rarissimes, ils datent de plus de 40 ans et ne comprennent pas plus de 120 pages dans lesquelles il est surtout question de localités situées hors de notre Carte.

Il n'a été publié aucune description du Département de la Seine. La Géologie des environs de Paris est toute entière dans une foule considérable de petites notes, d'opuscules spéciaux, de courts mémoires, dispersés dans de nombreux recueils périodiques ou imprimés à part. C'est principalement, depuis 1830, dans les Bulletins de la société géologique de France qu'on peut les trouver, puis aux Comptes rendus de l'Académie des sciences, dans les Annales des Mines, Annales des Sciences naturelles, Revues et Journaux, enfin dans les volumes des sociétés savantes des Départements où l'on a peine à les retrouver. Mr. Ch. d'Orbigny dans une courte mais substantielle Notice géologique, publiée en 1838, dans le Dictionnaire pittoresque d'histoire naturelle, a donné un résumé de ce qui était connu à son époque. D'Archiac, en 1849, dans le Tome II de son histoire des Progrès de la géologie, a analysé les travaux antérieurs; enfin plus récemment, en 1875, Mr. St. Meunier dans un volume intitulé Géologie des Environs de Paris a réimprimé les notes éparses les plus importantes.

Mais aucun travail descriptif original spécial des couches parisiennes n'est intervenu parmi ces résumés, ces notes, et les manuels de géologie générale nécessairement incomplets.

Nous pensons donc que la présente notice peut combler une lacune, qu'elle répond à une nécessité réelle; d'autant plus que nous nous sommes efforcés de présenter surtout des coupes nouvelles, de décrire des localités mal connues, d'appeler l'attention sur des particularités que nos nombreuses courses nous ont révélées, enfin il nous sera permis d'insister sur les allures, les ondulations, les plissements des couches, afin de donner un regain d'intérêt à une matière déjà étudiée et connue.

La Nouvelle Carte géologique des environs de Paris est dressée sur une carte topographique publiée en 1879 par le dépôt de la guerre, spécialement pour les environs de Paris à l'échelle du $\frac{1}{20000}$.

Elle comprend une série de 36 petites feuilles dont l'assemblage forme un rectangle dont Paris occupe le centre et qui s'étend à l'Ouest jusqu'au Méridien de Verneuil-sur-Seine, à l'Est jusqu'à celui de Lagny; au Sud elle atteint le parallèle de Juvisy et au Nord celui d'Ecouen.

La surface considérée est de 196 286 hectares.

La surface moyenne de chaque feuille: 5450 hectares.

Le figuré du terrain, qui laisse fort à désirer, est basé sur des relevés originaux au $\frac{1}{40000}$ exécutés en 1832, agrandis, corrigés, modifiés, complétés à diverses reprises: c'est encore jusqu'ici la Carte la plus complète que nous ayons.

7*

Comme divisions administratives c'est: 1° l'étendue totale du Département de la Seine et Paris comprend les feuilles centrales: Nᵒˢ 15, 16, 21, 22; 2° une bonne partie du Département de Seine-et-Oise; 3° une portion du Département de Seine et Marne formant approximativement la colonne Est des petites feuilles: Nᵒˢ 6, 12, 18, 24, 30, 36.

La Seine traverse cette étendue du Sud au Nord-Ouest, elle reçoit à l'Est, à droite: l'Yerre, la Marne, le Crould, l'Oise et à l'Ouest, sur la rive gauche: l'Yvette et la Bièvre. Les terrains bâtis et clos occupent une surface considérable, des grands bois et des forêts s'étendent dans toutes les directions sur 30 000 hectares environ. Des côteaux, des vallons, des plateaux coupent un paysage très varié, et de nombreux points de vue rendent toute cette région d'un agréable pittoresque.

II. Note historique sur les Cartes Géologiques antérieures.

Nous pensons qu'il n'est pas sans intérêt de passer ici rapidement en revue les diverses cartes Géologiques publiées sur la même région.

1) La Carte la plus ancienne est la Carte Minéralogique de GUETTARD et MONNET, qui fait partie de *l'Atlas et Description Minéralogique de la France*. 1ʳᵉ partie (la seule publiée) un volume in-folio, Paris 1780, renfermant 31 Cartes de détail gravées de 1766 à 1767 avec un tableau d'assemblage. La Topographie est d'après la Carte de Buache, abrégée de celle de Cassini.

La nature du sol est indiquée par un grand nombre de signes conventionnels gravés sur la Carte; sur les Marges sont représentées des coupes de carrières généralement assez exactes. On voit par le texte que les auteurs n'avaient aucune idée de la stratigraphie, et que la liaison, les rapports, des divers points qu'ils avaient observés leur échappaient absolument. Cette première partie comprend la région du Nord et une portion de l'Est de la France. Paris n'est pas publié et 8 feuilles intéressent le bassin de Paris.

2) C'est à peine s'il est besoin de signaler à peu près à la même époque une note de LAMANON au journal de Physique (Tome XIV, p. 173) de 1782: — *Description de divers fossiles trouvés dans les Carrières de Montmartre* — dans laquelle une petite Carte figure d'une manière assez exacte l'étendue du lac de Gypse s'étendant entre l'Oise, la Seine et la Marne. Cette note est aussi intéressante à d'autres égards. Mr. Jaquot nous rappelle aussi la carte qui accompagne le voyage agricole de Young en France, en 1790.

3) La première carte géologique réelle est celle de Brongniart qui accompagne la *Description minéralogique des environs des Paris* par CUVIER et BRONGNIART, sous le titre de Carte géologique des environs de Paris 1810. Echelle $\frac{1}{205000}$, s'étendant d'Epernon à l'Ouest, à Montmirail à l'Est et de Compiègne au Nord à Montigny-sur-Loing au Sud.

Cette carte a eu 3 éditions comme l'œuvre; 1810 in-quarto, 1822 et 1835 in-8°, qui se réduisent à deux, celle de 1835 n'étant qu'une reproduction sans changements de celle de 1822.

Dans la Carte de 1810 Brongniart admet 10 divisions:

La craie (coloriée en rose).

L'argile plastique (laissée en blanc).

Le calcaire grossier (en jaune).

Le Gypse ordinaire (bleu foncé).

Les Marnes du Gypse (bleu clair).

Le calcaire lacustre (vert pomme).

Les sables supérieurs (en chamois).

Les Meulières (en violet).

Le terrain de transport (en ponctué brun).

C'est une remarquable ébauche.

4) Dans la Carte de 1822 l'étendue considérée est la même, mais l'échelle est au $\frac{1}{333333}$; elle ne distingue que 7 formations. Sous le nom de Calcaire grossier sont colorés en jaune: les sables inférieurs, l'argile plastique, le calcaire grossier propre et les sables moyens. Puis le calcaire de St. Ouen, le travertin de Champigny, le calcaire de Brie sont réunis sous la même teinte violette; c'est là une erreur que n'avait pas commis la carte de 1810 qui coloriait en vert clair, au Nord de Paris, une étendue analogue à celle du Calcaire de St. Ouen. Si donc la carte de 1822 a perfectionné quelques points de détail, comme aux environs de Versailles, elle a commis ailleurs des erreurs plus graves. Cette carte de 1822—1835 renferme en outre quelques méprises importantes; ainsi elle figure partout au sommet du plateau gypseux, qui va de Montfermeil à Carnetin, des sables supérieurs surmontés de meulières qui n'y existent pas.

Observons enfin que le coloriage de ces cartes a été fait à la main et est souvent fort imparfait, qu'il est variable d'un exemplaire à l'autre.

Nous signalerons maintenant sans nous y arrêter diverses cartes moins importantes:

5) D'OMALIUS D'HALLOY, *Mémoire sur l'étendue géographique du Terrain des environs de Paris* — 1813 — Annales des Mines 1, p. 231,

avec une petite carte en couleurs, délimitant très heureusement les formations Tertiaire — Crétacée — Ancienne.

6) HÉRICARD FERRAND, *Itinéraire Géognostique de Fontainebleau à Château-Landon* — Annales des sciences naturelles 1826. Tome VIII avec une carte géologique.

7) HUOT, *Notice Géologique sur les terrains entre Medan et Rolleboise près Triel*. 1 carte géologique 1827, Bull. société Linéenne de Normandie. Vol. III, p. 229.

8) HUOT, *Notice Géologique sur les terrains qui s'étendent à l'Est de Rambouillet et qui comprennent la vallée de la Renarde*. 1 Carte. Versailles 1835. Mémoires de la société des sciences naturelles de Seine-et-Oise.

9) D'ARCHIAC, *Tertiär-Gebilde*. In Neues Jahrbuch 1839. Pl. X. — Une petite carte bien faite pour son échelle donne l'étendue des principales divisions dans les bassins Tertiaires de Paris, de Belgique et d'Angleterre, un texte en français a paru au Bulletin de la société géologique de France la même année.

10) MELLEVILLE, *Carte Géognostique du Nord du bassin de Paris*. 1 feuille couleur, Laon 1839. — Oeuvre singulière et rare, où il y a à prendre quelques observations de détails.

11) PERROT, A. M., *Carte Géologique des environs de Paris* — sans texte — à Paris chez Tardieu. 1840. Echelle $\frac{1}{111111}$.

Dans cette carte des points de couleur plus vive sont placés sur la même couleur claire du fond indiquant les lieux observés.

Les sables moyens sont réunis au Calcaire grossier; le Calcaire de Champigny forme un étage séparé *au-dessous* du Calcaire de St. Ouen!

La topographie est médiocre, le coloriage à la main est trompeur comme les limites.

Nous arrivons maintenant à une oeuvre plus importante, ayant résumé les travaux antérieurs, en ajoutant bien des choses nouvelles.

12) RAULIN, V., *Carte Géognostique du Plateau tertiaire parisien* — in-f$^{ol.}$ — Paris 1843. Echelle $\frac{1}{300000}$.

Les couleurs de Cuvier et Brogniart sont conservées autant que possible, quelque-unes sont ajoutées. Elle s'étend sur une région plus vaste, d'Evreux à Troyes, de Roye à Château-Landon. L'auteur a tenu à nous montrer l'affleurement du terrain crétacé au pourtour du *Plateau tertiaire*.

Nous observons que sur cette carte, l'un des premiers essais d'impression en couleur, par Koeppelin, il n'y a pas de contours gravés ils restent un peu vagues. Les sables glauconifères sont réunis au Calcaire grossier qui n'est pas subdivisé. Mais les sables moyens sont isolés, le Calcaire de St. Ouen l'est également et les limites en sont bien tracées pour la première fois. Une seule nuance réunit le Calcaire de Beauce et les Meulières. Une note explicative de cette carte a paru en 1843 dans la Revue générale d'Architecture et des Travaux Publics — Tome IV et dans les annales des sciences géologiques de Rivière en 1843. — Une réduction de la même carte a été donnée dans »Patria« planche C *Géologie de la France*, en 1844.

13) ELIE DE BEAUMONT et DUFRESNOY, *Carte Géologique de France* — 6 feuilles. Echelle $\frac{1}{500000}$. Paris 1842.

Dans cette grande oeuvre trois couleurs sont réservées au Tertiaire. Les traits les plus saillants sont la malheureuse introduction de l'argile à silex, qui recouvre la craie, dans le terrain Miocène avec le Calcaire de Beauce, les Faluns de Touraine, &c., terrains qui semblent ainsi recouvrir un espace immense; puis la considération du Limon des Plateaux du Nord de la France et de la Normandie dans le Pliocène, terrain qui n'est pas en réalité représenté dans la région, ce qui introduit une double perturbation de haute importance dans l'aspect général de la Carte.

14) Ici, il nous faut citer également une Carte d'un pays voisin qui s'étend jusqu'à Paris et que nous devons considérer, non comme une simple copie que nous ne mentionnerions pas, mais comme une oeuvre originale. C'est le *tableau d'assemblage colorié* de la grande Carte *Géologique de la Belgique* par DUMONT à l'échelle $\frac{1}{500000}$ qui a paru sous le titre de *Carte géologique de la Belgique*; petite feuille qui a eu 3 éditions — Bruxelles 1849 — Paris 1855 — Bruxelles 1876, ce qui démontre son intérêt.

Dans le même genre il faut noter encore la

31) *Carte Géologique de la Belgique et des provinces voisines* par M. DEWALQUE, bien que parue en 1878, au $\frac{1}{500000}$, qui donne une intéressante identification des couches tertiaires Belges et Françaises. Le Limon est supposé enlevé, et les terrains modernes sont laissés en blanc.

Nous mentionnerons sommairement d'autres cartes géologiques fort importantes pour la stratigraphie des environs de Paris, mais qui ne figurent pas l'étendue des terrains que nous avons en vue dans cette notice:

Echelle générale $\frac{1}{80000}$.

15) PASSY, *Carte Géologique de la Seine Inférieure* — 1832.

16) LEYMERIE et RAULIN, *Carte Géologique de l'Aube* — 1841—1846.

— 104 —

17) D'Archiac, *Carte Géologique de l'Aisne* — 1843.
18) Buteux, *Carte Géologique de la Somme* — 1843—1849.
19) Sauvage et Buvigner, *Carte Géologique de la Marne* — 1850.
20) Graves et Passy, *Carte Géologique de l'Oise* — 1857.
21) Passy, A., *Carte Géologique de l'Eure* — 1858.

Pour ce qui nous concerne présentement, l'oeuvre de Sénarmont due au même programme administratif (de M. Legrand 1835) et qui lui a fait publier simultanément la

22—23) *Carte Géologique des Départements de Seine-et-Oise et de Seine-et-Marne* — en 1844 — est une oeuvre capitale. L'échelle est au $\frac{1}{80000}$ — 6 feuilles avec coupes et un petit volume de Texte pour chaque Département.

L'auteur nous apprend dans sa préface qu'une partie des relevés géologiques exécutés avant la publication de la Carte de l'Etat-Major ont d'abord été tracés sur la Carte de Cassini, puis transportés sur la Carte à $\frac{1}{80000}$, dans le Cabinet, ce qui peut donner la clef de diverses erreurs. Tout est synoptique dans ces cartes: La Légende est la même pour les deux Départements. La surface de Paris n'est pas faite.

Trois genres de limites sont adoptés pour les formations:

1° Des contours positifs en éléments de lignes droites,
2° Des contours incertains en points légers,
3° Des contours vagues sans figure graphique.

Toutes les couches comprises entre le Calcaire pisolithique et le Calcaire grossier sont réunies sous la rubrique d'argile plastique. Le Calcaire grossier n'est pas subdivisé; souvent les sables moyens sont confondus avec les sables infragypseux; mais le trait principal de ces cartes si sérieuses est la réunion dans une seule nuance du Calcaire de St. Ouen, du Calcaire de Champigny, du Gypse et de ses Marnes comme No. 5. Les Meulières sont coloriées d'une manière distincte du Calcaire de Beauce.

Vient ensuite l'oeuvre savante de Delesse auquel nous devons trois Cartes géologiques de la région, que nous examinerons maintenant bien qu'elles aient paru à diverses époques, parce que restant dans le même esprit elles n'ont point d'équivalent. Ce sont:

24) *La Carte Géologique de la ville de Paris* (ancien Paris) — 1858 — 2 feuilles — Echelle $\frac{1}{15000}$.

Le terrain de transport est supposé enlevé; sept couleurs sont employées. Le Calcaire pisolithique est réuni à la craie et les marnes strontianifères à l'argile plastique.

Des courbes de niveaux indiquent les allures souterraines de chaque étage; partie considérablement améliorée dans les oeuvres suivantes.

25) *Carte Géologique du Département de la Seine* — 1865 — 4 feuilles — $\frac{1}{25000}$. Avec courbes de niveau.

Cette Carte est fort compliquée au premier aspect. La surface du terrain tertiaire est tracée au-dessous des terrains superficiels, par courbes de niveaux plus fortes permettant d'apprécier en chaque point par comparaison avec les courbes topographiques l'épaisseur du terrain de transport. Des points rouges avec cotes et lettres indiquent les lieux observés et les formations rencontrées permettant d'apprécier ainsi ce qui est hypothèse et ce qui est positif. Comme certaines corrections sont nécessaires et comme une carte géologique générale doit tenir compte des terrains quaternaires, notre carte présente sur celle de Delesse un aspect profondément modifié. Les Marnes à huîtres n'ont pas été distinguées et paraissent avoir été réunies tantôt avec les sables de Fontainebleau (Romainville), tantôt au Calcaire de Brie (Fresnes).

26) *Carte Géologique cotée du Département de la Seine* — 4 feuilles — 1880 — $\frac{1}{25000}$.

Cette Carte est plutôt une carte industrielle qu'une Carte géologique, elle n'envisage dans son étendue que les trois grandes masses géologiques utilisables dans la série des terrains de Paris. Ce sont: la Craie, le Calcaire grossier, le Gypse. Toutes les autres formations intermédiaires ou supérieures sont omises. Par l'énorme quantité de renseignements pratiques cette carte est de haute valeur; l'allure des trois masses est représentée par des courbes et des teintes dégradées; mais ce n'est pas là une Carte géologique pouvant remplacer la Carte de 1865.

27) Tous les travaux géologiques du bassin de Paris, y compris ceux de Delesse en 1858, sont résumés dans une petite carte fort répandue et bien faite pour son échelle: *La Carte Géologique des environs de Paris* par Ed. Colomb — 1 feuille — Paris 1865 — $\frac{1}{320000}$, avec légende détaillée.

Cette Carte s'étend d'Evreux à Troyes et de Compiègne au Nord à Beaume-la-Rollande au Sud. L'Argile à silex est coloriée d'une manière spéciale. Les Meulières de Montmorency et le Calcaire de Beaume sont réunis, mais le Gypse est représenté comme les Marnes vertes, le Calcaire grossier n'est pas subdivisé. Tous les terrains situés entre le Calcaire pisolithique et le Calcaire grossier sont coloriés sous la même nuance. Le Diluvium est supprimé sur la surface de Paris, enfin diverses couches éloignées des coupes classiques parisiennes sont classées avec point de doute jusqu'à plus ample information.

28) Belgrand a publié à diverses reprises des Cartes et des coupes géologiques sur notre région, nous citerons: *Recherches sta-*

tistiques sur les sources du Bassin de la Seine — 1854 — avec une carte géolog., 1 vol. in-4°. Echelle $\frac{1}{125000}$.

La Carte, qui intéresse surtout l'Est de Paris, réunit le Calcaire grossier, les sables moyens, le Calcaire de St. Ouen sous une seule teinte. Le Gypse et l'argile verte sont réunis, réunions autorisées par le régime hydrologique semblable de formations successives.

29) *La Seine*, 2 vol., in-4° — Paris 1869 — renferme une carte des dépôts et terrasses quaternaires de Paris, l'auteur n'en admet aucun au-dessus de l'altitude de 60 mètres. Cette carte est voisine de celle parue dans la brochure *Régime des pluies et cours d'eau dans le Bassin de la Seine à l'époque quaternaire*, parue en 1869, dans l'annuaire de la Société Météorologique de France. Belgrand fait voir aussi comment fondent sur leurs bords les collines gypseuses, par dissolution et entraînement lent par les Eaux d'un volume de matières notable. Il a montré le défaut que présentaient ces eaux pour l'alimentation et les difficultés que ces couches offraient aux géologues.

Belgrand a vu aussi, sans s'en rendre bien compte et en les attribuant à des chûtes locales produites par des affouillements quaternaires deux des plis brusques des couches de Paris; d'abord dans le tunnel de l'égoût collecteur sous le faubourg du Roule, près l'arc de Triomphe, puis dans le tunnel St. Maur latéral à la Marne qui montraient une rapide chûte au N. des Strates.

30) Un certain nombre de cartes géologiques étrangères se sont étendues jusqu'au bassin de Paris, nous citerons seulement comme donnant une interprétation nouvelle de documents antérieurs. — H. Bach, *Geologische Karte von Central-Europa* — Stuttgart 1859 — 1 f. Chromo $\frac{1}{2650000}$.

32) Nous arrivons à la *Carte Géologique de la France* publié par les soins du service de la Carte géologique détaillée, sous la direction d'Elie de Beaumont. La feuille de Paris, No. 48, au $\frac{1}{80000}$, comprend une surface de 251 222 hectares, très variés au point de vue géologique. Paris est situé un peu au Sud de la Feuille et la carte de Melun située au-dessous, No. 65, est comprise en partie dans l'étendue de la Carte géologique que nous présentons aujourd'hui.

La publication de cette feuille de Paris a eu lieu en 1874, le tirage fait alors est aujourd'hui épuisé et de nouvelles recherches sur le terrain sont en cours depuis trois années pour la préparation d'une seconde édition.

La première édition a été préparée dès 1867, où elle a paru en minutes à l'Exposition Universelle, d'après les documents anciens, elle a été perfectionné dans les années 1872—1873, mais sans atteindre le degré de précision réclamé par l'avancement continuel de la science. C'est la réfection de cette carte au $\frac{1}{80000}$, qui a conduit à l'établissement d'une minute au $\frac{1}{20000}$ que nous exposons. Nous nous servons du terme de réfection, en effet, comme il était difficile dans les documents antérieurs de distinguer ce qui avait été réellement constaté et la légitime part d'hypothèse que comprend toujours l'établissement d'une carte géologique, il fût décidé que les recherches sur le terrain seraient faites complétement et à nouveau comme si rien n'eût existé encore. Depuis cette époque également diverses modifications ont été apportées dans la rédaction de l'Echelle stratigraphique et un remaniement était devenu indispensable. Les Meulières et le Calcaire de Beauce sont réunis sous la même nuance comme facies de la même formation sous la notation M_1. Les sables de Fontainebleau et les Marnes à huîtres M_2. Le Calcaire de Brie et les Marnes vertes autrefois compris dans l'Eocène sont considérés comme des subdivisions du Miocène dont ils forment la base sous la marque M_3.

Ces trois formations de M affectées d'indices constituent un *Miocène inférieur* qui est équivalent à *l'Oligocène* des classifications allemandes. Du reste toutes les couleurs et divisions de la Carte de 1874 ont été ici conservées, elles sont conformes aux faits et suffisantes, c'est-à-peine si à notre échelle de $\frac{1}{20000}$ nous aurions songé à y introduire une nuance spéciale pour les sables infragypseux, dont nous parlerons plus loin, ou pour les Marnes blanches de Pantin, diminuant ainsi un peu l'étage gypseux dont l'épaisseur est un peu disproportionnée relativement aux autres assises.

Depuis cette publication aucune carte nouvelle, aucune figuration géologique originale n'est intervenue. Nous ne voulons pas à propos de cet exposé historique entrer dans le détail des travaux partiels où des tracés hypothétiques ont figuré des extensions probables d'anciennes mers comme dans les notes de Mr. Hébert, de Mr. Gosselet et de nous-même.

III. Description des Terrains.

Nous présenterons la description des divers terrains dans leur ordre stratigraphique ascendant en commençant par la craie blanche, formation la plus ancienne qui soit à découvert sur notre carte, pour finir par les dépôts modernes.

Dans chaque terrain nous étudierons successivement

1. Les caractères minéralogiques, facies, subdivisions, faune, puissance.

2. La stratigraphie, contacts inférieurs et supérieurs, allure des couches, accidents.

3. L'extension géographique.

4. Les applications technologiques.

Pour la description géographique nous avons toujours commencé les indications par l'Ouest, Sud-Ouest, qui est le point ou les terrains des environs de Paris sont à l'altitude la plus élevée, puis procédé par bandes horizontales, rive gauche de la Seine, rive droite de la Seine, région du Nord et de la Marne, en reprenant l'énumération des communes par l'Ouest.

Bien souvent nous n'avons pu nommer toutes les communes et n'avons indiqué que les principales, omettant les autres intermédiaires pour alléger notre travail, bien que les formations aient été suivies dans l'espace intermédiaire et revues dans bien des points.

Voici le tableau général des assises qui forment le sol et sous-sol des environs immédiats de Paris.

Tableau des Terrains.

Moderne	Limons remaniés	a^2
	Alluvions modernes	
	Eboulis (gypseux, sableux, meuliers)	A
Quaternaire	Limon en place — Lehm des plateaux, des côteaux, des terrasses	P
	Diluvium des terrasses et des vallées	a^1
	Diluvium des Hauts plateaux	
Miocène ?	Sables Granitiques de Lozère	m^2
Miocène (Oligocène)	Calcaire de Beauce, Meulières de Montmorency	m_1
	Sables et Grès de Fontainebleau et Etampes	m_2
	Marnes à Huîtres, Calcaire molasse à Milioles.	
	Calcaire et Meulière de Brie	m_3
	Argile verte, Marnes feuilletées.	
Eocène	Marnes blanches de Pantin	e^{3c}
	Gypse, Travertin de Champigny	e^{3b}
	Sables infragypseux de Monceau	e^{3a}
	Calcaire de St. Ouen	e^2
	Sables Moyens dits de Beauchamp	c^1
	Caillasses du Calcaire grossier. Marnes à Cérithes	e_1
	Calcaire grossier à Milioles inférieur et Moyen	e_{11}
	Sables de Cuise à Nummilites planulata	e_{111}
	Lignites du Soissonnais, Argile plastique	e_{1V}
	Conglomérat de Meudon.	
	Marnes Strontianifères de Meudon	e_V
Palaeocène ?	Calcaire pisolithique	e^9
Crétacé	Craie blanche à Bélemnitella mucronata	c^8

Terrain Crétacé.

Le terrain crétacé n'est représenté en affleurements sur l'étendue que nous avons à étudier que par sa partie supérieure, par la *Craie blanche*, le Sénonien d'Orbigny et même par la partie supérieure de cet étage, par la Craie à Belemnitella mucronata et à Magas pumilus.

La Craie est un dépôt blanc de Carbonate de Chaux hydraté qui a toutes les apparences d'un précipité chimique; c'est un depôt marin, stratifié en grandes masses, homogène, tendre mais cohérent, assez pur d'apparence quoique renfermant en proportions notables de l'argile et un peu de sable. On y rencontre des lits parallèles de silex noirs, ou blonds parfois, très gros et de formes singulièrement variables, qui se sont formés bien postérieurement à son dépôt et sont généralement localisés dans les régions supérieures et disposés suivant les joints de stratification.

On y trouve également des nodules de pyrites de fer radiées, plus ou moins altérées par les infiltrations de l'eau.

Les débris organiques sont assez nombreux, mais irrégulièrement disséminés dans la craie, bien que nous puissions signaler des lits à Ostrea vesicularis et d'autres à Bryozoaires, à la Verrerie du Bas-Mendon, par exemple. Les fossiles les plus habituels: Belemnitella mucronata, Ananchytes, Rhynchonella, Térébratula &c. sont bien connus; Mr. Hébert en a commencé une description spéciale.

Les foraminifères décrits par Alcide d'Orbigny sont fort clair-semés.

La Craie est généralement fendillée, fissurée en grand dans deux sens, les joints de stratification sub-horizontaux sont recoupés de failles subverticales parallèles entre elles, assez régulièrement espacées, parallèles aussi aux grands plis généraux du bassin.

Nous n'avons pas rencontré la Craie Magnésienne, qui se trouve à divers niveaux aux environs plus distants de Paris. Le sommet de la Craie blanche est généralement endurci, perforé, raviné au contact des formations qui la surmontent.

Les infiltrations des eaux, les altérations atmosphériques survenues pendant son émersion et avant qu'elle n'eut été recouverte d'autres dépôts ont sensiblement modifié son état primitif, bien que nous pensions que les ravinements ont été moins importants qu'on ne le croit généralement, et que, pour nous, les grandes différences de niveau qu'on y observe, soient principalement dues aux plissements postérieurs qu'elle a subis.

La Craie blanche est surmontée par divers terrains dont le plus ancien est le Calcaire pisolithique; à son défaut elle est en contact avec le Conglomérat de l'argile plastique. Divers sondages bien connus, sur lesquels je n'ai pas à m'étendre ici, ont traversé à Paris toute la craie. Son épaisseur n'est pas moindre de 300 à 350 mètres à Grenelle, à Passy, à la Chapelle. La Craie marneuse a été rencontrée au-dessous.

La surface d'affleurement de la Craie est très faible sur notre carte, c'est toujours le même niveau à Magas qu'on rencontre, de même que dans tous les sondages dans lesquels il a été possible d'apprécier les niveaux. Le point le plus élevé est situé à l'Ouest, où la Craie affleure à Chavenay et Villepreux à $+ 100^m$, à un Kilomètre plus à l'Ouest aux Petits Prés, près la station de Plaisir; l'altitude est de $+ 120^m$; l'argile plastique très réduite d'épaisseur règne au-dessus, cette région est fort curieuse.[1]   On voit la Craie ensuite sur les bords de la Seine à Port-Marly, Bougival, où elle occupe la cote 50. Elle s'étend sous le Vésinet et Chatou, où elle est surmontée par ravinements par le Diluvium des vallées, le pisolithique &c.

La Craie apparait encore à St. Cloud, au Bas-Meudon, au Bas-Sèvres, qui sont des localités classiques, et en face elle occupe sous le quaternaire la plaine de Billancourt, le Point du Jour, &c. La ligne de ses points hauts passe par Fontenay-le-Fleury, Versailles, Chaville, Meudon, Chatillon, Arcueil, Ivry, St. Maur. Au Nord et au Sud de cette ligne existent deux lignes de points bas vers Poissy, Achères, Herblay, Argenteuil, St. Denis, Bondy, Chelles, Lagny. Au Nord de ces localités elle remonte régulièrement.

Les points bas au Sud sont situés sur un ligne droite allant de Trappes à Longjumeau, comme nous le figurons sur notre carte spéciale plus au Sud; encore, on constate une ascension vers St. Arnoul Arpajon, Essonnes.

La Craie blanche est le siége d'exploitations importantes pour la fabrication de la craie broyée avec l'eau et séchée connue sous le nom de *Blanc d'Espagne*. Elle est particulièrement extraite aux Moulineaux, à Bougival et à Port Marly. La figure 1 ci-jointe donnera une idée de la Masse crayeuse au Vésinet. La figure 2,

---

[1] C'est une crête, car à partir de là, la Craie plonge, doucement au Nord et très brusquement au Midi. Car à Trappes à 6^k Sud de Plaisir la Craie a été rencontrée dans un forage à l'altitude absolue de $— 26^m$, soit un différence de niveau de 150^m environ et une pente de 0,024 par mètre. Ce puits de Trappes est d'un haut intérêt.

qu'on trouvera plus loin, renseignera sur son contact supérieur le plus habituel.

Elle pourrait servir utilement d'engrais (étant répandue sur le sol et mélée ensuite par le labour) et à la fabrication de la Chaux. Son emploi mélée à de l'argile pour la préparation de la Chaux hydraulique a considérablement diminué depuis la découverte des qualités des Marnes blanches supérieures au gypse, qui présentent une composition naturelle où les deux éléments se trouvent d'ordinaire tout mélangés dans une exacte proportion.

Calcaire pisolithique.

Le Calcaire pisolithique est une roche d'une couleur rose pâle ou jaunâtre, généralement peu solide; il est granuleux, oolithique plutôt que pisolithique, car son grain est menu, il est parfois à l'état de calcaire compacte ou de Calcaire grossier coquillier. On trouve parfois à son sommet des lits argileux verdâtres qui annoncent l'arrivée des Marnes blanches de Meudon qui le surmontent.

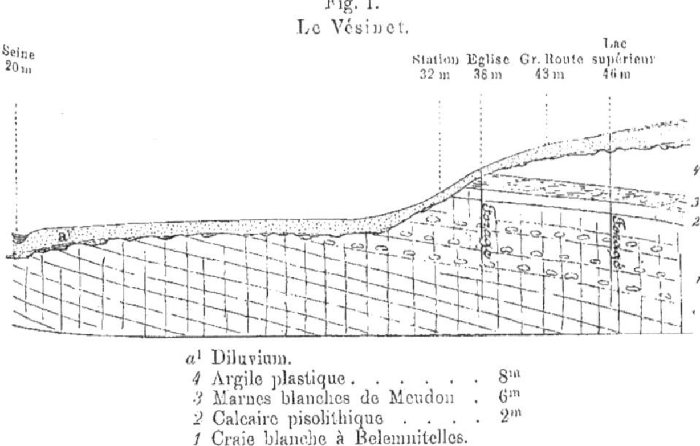

Fig. 1.
Le Vésinet.

a^1 Diluvium.
4 Argile plastique 8ᵐ
3 Marnes blanches de Meudon . 6ᵐ
2 Calcaire pisolithique 2ᵐ
1 Craie blanche à Belemnitelles.

Partout il repose sur la craie blanche dont il est séparé par un ravinement important. Partout aussi sur l'étendue de notre Carte il est recouvert par les Marnes blanches de Meudon dites Strontianifères, ces marnes paraissent l'avoir raviné également, bien que ce ravinement supérieur soit bien moins important que celui de sa base.

L'étendue du Calcaire pisolithique est plus grande dans notre région qu'on ne le pensait autrefois, bien qu'il ne soit pas facilement visible en affleurements. Des Moulineaux au Bas-Meudon on peut le suivre au bas de Bellevue, puis au Bas de St. Cloud, au Pavillon de Breteuil (fig. 2), et au Bas du Parc il disparait dans la berge de la Seine sous les éboulis avant d'arriver à Suresnes. Dans la boucle suivante de la Seine on le retrouve à la Malmaison, à Bougival, à Port Marly, au-dessus des exploitations de Craie; on le suit au bas de St. Germain, où il s'enfonce sous les terrains plus récents. Un sondage nouveau à Maison-Laffitte l'a rencontré vers — 35 mètres.

Enfin au Vésinet divers puits que nous avons indiqués dans notre figure 1 l'ont recoupé à diverses hauteurs; il est recouvert par le Diluvium, ou les Marnes blanches de Meudon, et il s'en va plongeant au Nord sous Montesson, où un autre sondage l'a révélé avec une puissance de 3 mètres, à la cote absolue de — 3ᵐ.

Divers gîtes situés plus à l'Ouest vers Meulan et Beynes sortent de notre cadre.

Fig. 2.
Sèvres — St. Cloud.
Route montant au pavillon de Breteuil.

4. Argile plastique gris, jaune et rouge . . . près 3ᵐ
3 Marnes blanches à nodules (strontianifères) . . 5ᵐ
2 Calcaire rose oolithique (pisolithique) 4ᵐ
1 Craie jaunie, tabuleuse, endurcie, sol de la route.

Sa puissance maximum parait 4 mètres à la verrerie du Bas-Meudon. Au pavillon de Breteuil le Calcaire pisolithique a 2ᵐ 50ᶜᵐ compris entre les cotes 45 et 48 mètres; nous donnons une coupe de cet endroit figure 2. Il suit tous les mouvements de la craie, il est comme caché, blotti dans ses ravinements ou contre ses plis. Comme il ne peut fournir que des moëllons médiocres il ne donne lieu à aucune exploitation dans les gîtes mentionnés.

La faune du Calcaire pisolithique n'est pas encore bien connue. Les Mollusques fossiles qu'on y rencontre généralement à l'état de moules ont été attribués par les premiers observateurs à des espéces du Calcaire grossier, d'autres géologues les ont rapportés à des espéces de la Craie. Alcide d'Orbigny a montré que la faune du Calcaire pisolithique renfermait des espèces qui lui étaient particulières, mais ses descriptions sans figures sont peu reconnaissables. Depuis lors diverses espèces: Nautilus, Cidaris, qu'on avait cru pouvoir continuer à attribuer à des espèces de la Craie supérieure, ont été indiquées comme distinctes (Munier-Chalmas), toute liaison avec d'autres formations en France étant rompue. Ce n'est pas le lieu d'entrer dans une discussion pour savoir si le Calcaire pisolithique doit appartenir, comme dernier terme, à la Série Crétacée, ou comme premier terme à la Série Tertiaire.

Il nous suffira d'indiquer que le problème n'est pas résolu pour le Service et que les plus sérieuses affinités sont avec le Calcaire grossier de Mons (Cotteau) placé par les Belges à la base de la série de leurs systèmes tertiaires.

Marnes blanches de Meudon.

Les Marnes blanches strontianifères de Meudon sont une roche blanchâtre variable d'aspect et de dureté; vers la base ce sont des bancs mal réglés d'un Calcaire jaune-blanc, dur, avec fossiles et blocs remaniés de Calcaire pisolithique, au-dessus ce sont des Marnes crayeuses blanches qui se chargent de plus en plus vers leur sommet de nodules souvent très gros, durs, blanchâtres, géodiques, pesants, irréguliers; quelques uns sont enrobés d'argile verte ou de marne pulvérulente qui parait renfermer de la Magnésie. Mr. Jannetaz, en 1871, a signalé la nature strontianifère du dépôt, mais sans qu'on puisse lui attribuer un trait de généralité caractéristique; des analyses récentes des roches de la base du dépôt n'ont pas révélé de strontiane. La stratification en est irrégulière, troublée; elles reposent partout où nous les connaissons sur nos feuilles sur le Calcaire pisolithique, dont elles suivent exactement la fortune. Ces strates sont recouvertes par ravinement puissant par le conglomérat de Meudon et l'argile plastique. On les connait donc depuis le Parc d'Issy, à Meudon, Bellevue, Sèvres, St. Cloud, puis à Rueil, Bougival, Port-Marly, au Vésinet. Leur puissance atteint 6 mètres au Pavillon de Breteuil (figure 2) et tout autant au Vésinet à l'altitude de $36^m - 30^m$. Au Val St. Léger près de St. Germain un sondage pour l'établissement des piles du viaduc les a pénétrées sur 5 mètres à l'altitude de 34^m sans les traverser, divers forages au Nord paraissent les avoir rencontrées; elles sont désignées par les sondeurs sous le nom de marnes blanches de l'Argile plastique.

Les Marnes blanches noduleuses de Meudon sont des couches trop minces pour pouvoir être figurées sur la Carte à l'échelle de

$\frac{1}{80000}$, sur notre Carte à $\frac{1}{200000}$ nous les avons représentées par une teinte violacée e^V, qui désigne au Nord de Paris les sables inférieurs aux Lignites; une marne blanche analogue se voit au même niveau vers le sommet de ces sables à Chauny et à Dormans.

D'autre part Mr. de Lapparent a insisté avec raison, en 1874, sur la liaison des Marnes blanches et du Calcaire pisolithique. Il est prêt à réunir les deux formations comme Charles d'Orbigny.

Ici encore la question ne peut recevoir présentement de solution complète, la faune qui se réduit à quelques moules n'a pas été encore décrite, on connait:

Cerithium inopinatum, un gros Trochus, divers bivalves sans signification et une grosse Physa. On peut donc y voir aussi bien une relation avec le Calcaire pisolithique et le Calcaire de Mons qu'avec le Calcaire de Rilly et les Marnes de Dormans; c'est sans y attacher d'importance que nous les colorions comme les sables glauconieux inférieurs dits de Bracheux. Elles ne fournissent pas de matériaux utiles.

Fig. 3.

Auteuil.

Coupe de l'avenue Heymes.

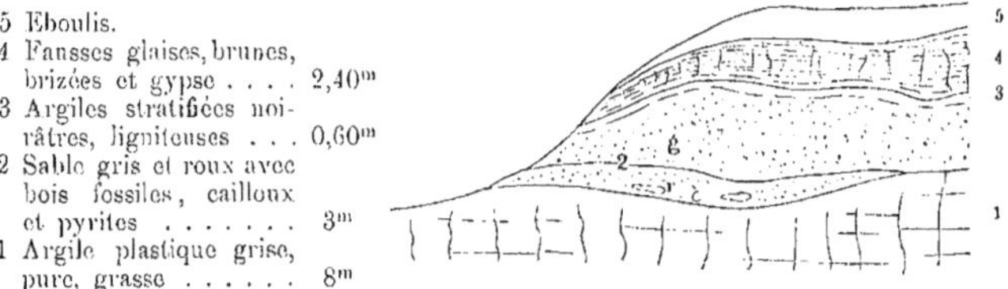

Argile plastique.

La composition et l'épaisseur de l'Argile plastique sont fort variables, tandis que vers Chavenay on n'observe entre la Craie et le Calcaire grossier qu'une couche de 0,10 à 0,20 cent. d'argile caillouteuse, vers Meudon, Issy, à Paris, on rencontre une assise de 10 à 12 mètres qu'on peut subdiviser en plusieurs niveaux. Plus au Nord on signale dans des forages des points où cette formation atteint 50 et 60 mètres de puissance. — A la base Ch. d'Orbigny a distingué, en 1836, une zone qui ravine les Marnes blanches, le Calcaire pisolithique, la Craie, remplie de cailloux roulés, formant un conglomérat argilo-sableux ossifère et coquillier. Cette formation assez continue est celle qui a offert à Ch. d'Orbigny, à Mrs. Pomal, Hébert, Gaston Planté, G. Vasseur, &c., des débris d'oiseaux et de Mammifères si curieux, et qui est dite *Conglomérat de Meudon.*

La partie moyenne de l'Etage est constituée par diverses couches puissantes d'argile panachée rouge, gris clair ou jaune, plastique, pure, homogène. Le sommet de la formation est occupé par les mêmes argiles grises, mêlées de lits variés, sableux, ligniteux, bien stratifiés; cette région a reçu le nom de *Fausses Glaises.* C'est cette partie qui se développe et se prolonge au Nord de Paris où elle a reçu le nom de *Lignites du Soissonnais.* Au Sud de Paris les lits ligniteux et fossilifères disparaissent et l'étage reste désigné sous le nom d'Argile plastique.

Déjà vers Port-Marly et St. Germain les fausses glaises renferment les fossiles fluvio-marins caractéristiques des Lignites du Soissonnais. Mr. Hébert après Brongniart les a étudiées au Val St. Léger dans les fondations du viaduc. Voici la liste de cette faunule qui n'a pas été donnée complète:

Lepidotus Maximiliani Agas. . . .	commune
Cerithium funatum Mant.	»
Melania inquinata Def.	rare (Melanatria)
Melanopsis buccinoïdea Fer. . . .	»
Paludina sp. ? fragments	»
Cyrena cuneïformis Fer.	»
» antiqua »	commune
» tellinella »	rare
Corbula Arnouldi Nyst.	commune
Ostrea sparnacensis Def. . . : .	rare
» bellovacina Lk.	commune

Le Conglomérat renferme des Unio, Paludines, Sphoerium, malheureusement trop mal conservés pour être sûrement déterminés. A la porte d'Ivry un puits nous a fourni une argile plastique pétrie de graines de Chara; à Arcueil, à Vanves ces grains sont souvent transformés en Carbonate de fer et donnent à la roche un aspect sidérolithique (Duval, Ch. d'Orbigny). Mr. Dumont, en 1864, a signalé une autre zone de l'Argile plastique à Issy renfermant, non des espèces fluviatiles comme le conglomérat, mais une faune Palustre: Planorbes, Physes, Lymnées.

Les minéraux accidentels sont le plus souvent le Gypse (Auteuil), la Pyrite de Fer, la Vivianite (Phosphate vert de fer) (Issy), le Lignite, très rarement de l'Ambre ou de la Célestine, &c. Les sables sont grossiers, gris ou ferrugineux.

8*

L'Argile plastique repose avec ravinement dans nos feuilles sur les Marnes strontianifères, le Calcaire pisolithique ou la Craie; nous n'avons observé en aucun point les sables dits de Bracheux qui, plus au Nord, viennent s'intercaler au-dessous avant le Calcaire pisolithique. Son contact supérieur est formé directement par le Calcaire grossier dans la région Sud et Sud-Est, tandis qu'au Nord et au Nord-Ouest, il vient s'interposer des sables glauconieux grossiers qui vont s'épaississant vers le Nord et prennent le nom de *Sables de Cuise,* ils sont alors beaucoup plus fins, fossilifères et de nuance fauve. Tout-à-fait au Sud, la base de l'Argile plastique se charge de plus en plus de cailloux roulés et passe à la formation qu'on a désignée sous le nom de *Poudingue de Nemours.*

L'Argile plastique, qui n'occupe en affleurement qu'une faible surface de notre Carte, forme en réalité une nappe continue et générale sous toutes ses parties.

Ses allures sont celles de la craie; elle apparait à Chavenay et Gally très mince à l'altitude de 100 mètres, puis elle plonge vers la vallée de la Seine au Nord, sous la vallée de l'Yvette au Sud.

A Poissy, à Triel, l'argile est à une faible profondeur. Elle affleure à St. Germain, Port-Marly, Bougival, Rueil. Sous le Vésinet et Chatou elle est couverte par le Diluvium. Au Mont Valérien un puits profond à la Tuilerie de Suresnes, à l'altitude de 77^m, l'a atteinte à 24 mètres de profondeur sous le Calcaire grossier.

A St. Cloud, Sèvres, Meudon, Issy elle est connue et atteint son maximum d'épaisseur, elle règne à Grenelle sous le diluvium; à Passy, à Auteuil elle laisse filtrer des sources qui ressortent ferrugineuses; nous donnons une coupe, fig. 3, de ce qu'on voyait, en 1883, à l'avenue Heymes.

L'Argile plastique est extraite par puits sous tout le plateau de Vanves et Montrouge, reparait dans la vallée de la Bièvre à Arcueil, Gentilly, dans Paris (à La Glacière), puis à Ivry et Vitry-sur-Seine en face l'hospice des Incurables. A Alfort elle se trouve à la profondeur de 17^m.

Au Sud de tous ces points l'Argile plastique plonge rapidement et n'est connue que par des sondages qui l'ont rencontrée à Saulx-les-Chartreux, Essonnes, St. Michel-sur-Orge, &c. Au Nord des localités que nous avons citées l'argile plastique n'est également connue que par des sondages. Son épaisseur est extrêmement considérable: 50 mètres à Vincennes, 60 mètres à la Villette suivant Sénarmont. A St. Denis elle donne passage comme dans presque tous les autres points à des eaux ascendantes très abondantes. Elle y est à — 33^m, à Stains elle remonte au Nord et se trouve à — 22^m &c.

L'Argile plastique est exploitée pour de nombreux usages: pour faire des poteries, des tuiles, tuyaux, &c., puis pour moulages, sculpture, &c.

Elle tend naturellement à prendre de l'eau et à augmenter de volume, à s'écouler, aussi les constructions qu'on y fonde sont peu stables et dangereuses à occuper. Un des bastions des Fortifications de Paris, à la porte d'Auteuil s'est récemment écroulé malgré un mur de dix mètres d'épaisseur avec contreforts.

Les fondations du Pont des Invalides, qui ont dû être refaites ces dernières années et qui sont dans les fausses glaises, ont présenté des difficultés toutes particulières.

Sables Glauconifères.

Les Sables glauconieux ou glauconifères sont représentés dans notre Carte sur un faible espace par des sables grossiers composés de grains de silex concassés, souvent très secs, de couleur grise ou jaune. Nous ne les voyons pas dans leurs caractères les plus généraux; au Nord de Paris vers Beaumont-sur-Oise et Luzarches ils deviennent plus fins, très puissants, de nuance fauve, nummulitiques, bien fossilifères; la glauconie y apparait sous forme de petits points verts ou noirs et le Mica accompagne en fines lamelles; ils ont alors reçu le nom de *Sables de Cuise ou du Soissonnais.*

Fig. 4.

Carrière à Bougival.

Altitude 55^m (base).

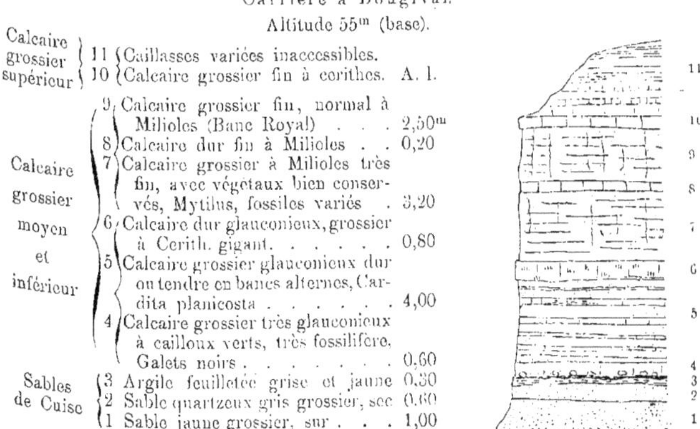

Calcaire grossier supérieur	11	Caillasses variées inaccessibles.	
	10	Calcaire grossier fin à corithes. A. 1.	
Calcaire grossier moyen et inférieur	9	Calcaire grossier fin, normal à Milioles (Banc Royal)	2,50^m
	8	Calcaire dur fin à Milioles	0,20
	7	Calcaire grossier à Milioles très fin, avec végétaux bien conservés, Mytilus, fossiles variés	3,20
	6	Calcaire dur glauconieux, grossier à Cerith. gigant.	0,80
	5	Calcaire grossier glauconieux dur ou tendre en bancs alternes, Cardita planicosta	4,00
	4	Calcaire grossier très glauconieux à cailloux verts, très fossilifère, Galets noirs	0,60
Sables de Cuise	3	Argile feuilletée grise et jaune	0,30
	2	Sable quartzeux gris grossier, sec	0,60
	1	Sable jaune grossier, sur	1,00

Les Sables glauconieux sont insérés entre l'Argile plastique et
le Calcaire grossier inférieur.

A Verneuil et à Poissy ils sont au niveau de la Seine, au Val
St. Léger ils occupent vraisemblablement à l'altitude de 40ᵐ un lit sableux
roux grossier de 0,40 inséré entre deux lits de galets noirs très roulés.

A Bougival, leur épaisseur est de 1ᵐ 60ᶜᵐ, ils ressemblent beaucoup à certains sables insérés dans l'Argile plastique, mais leur
position n'est pas équivoque; nous en donnons la coupe (figure N° 4):
A Chatou on les observe dans la tranchée du chemin qui mène à
Carrière. Entre le Vésinet et Montesson ils affleurent sous le Diluvium qui, demi-fin et peu caillouteux en cet endroit, possède avec
eux une certaine analogie d'aspect; leur altitude est en ce point de
48 mètres. Pour retrouver nos Sables de Cuise il faut maintenant
gagner Cergy, Jouy-le-Montier sur la rive droite de l'Oise, au coin
Nord-Ouest de notre Carte. Ils y apparaissent déjà plus fins, plus
roux, sous le Calcaire grossier au niveau même de l'Oise, ils commencent même à avoir à leur sommet quelques couchettes argileuses qui
vont se développant au Nord et forment un bon niveau d'eau et de
stratigraphie entre l'Éocène inférieur et moyen; ils sont d'ailleurs
sans application pratique.

Calcaire grossier.

La belle succession de sédiments qui a pris le nom de *Calcaire
grossier*, nom emprunté au facies d'une de ses assises, n'est pas
complètement uniforme dans sa hauteur, bien que son unité géologique
ne puisse être contestée; l'élément calcaire y domine continuellement
et il revêt divers aspects suivant les autres matières qui s'y joignent.

A la base le Calcaire grossier est glauconieux et sableux, au
centre il est granuleux exclusivement calcaire et homogène; au sommet
il est fin en lits minces, alternants avec des argiles et des marnes;
de nombreuses infiltrations siliceuses l'ont postérieurement modifié.

On a tenté de diviser le Calcaire grossier en trois masses, mais
cette division ne supporte pas un examen approfondi; les deux divisions inférieure et moyenne sont si voisines, si bien liées par un
passage insensible que leur séparation est toute arbitraire; le banc
à Cerith. giganteum par exemple est placé par certains auteurs dans
le Calcaire grossier inférieur et par d'autres dans le Calcaire grossier
moyen. Nous pensons qu'il vaut mieux se contenter de deux
sous-assises, qui sont nettement distinctes et faciles à définir. Le
Calcaire grossier supérieur commence à l'apparition d'une faune
potamide succédant à une faune purement marine. Cette faune

est accompagnée d'un changement minéralogique caractéristique, ce sont alors des Calcaires tabulaires, sonores, fins, avec marnes blanches et lits argileux vert-pomme intercalés, cortége de roches qui a reçu le nom de *Banc-Vert*. Ch. D'Orbigny a compris le *Banc-Vert* dans son Calcaire grossier moyen. Le *banc-Vert* succède à un banc puissant, granuleux, grossier, pur, franchement marin qui a reçu le nom de *Banc-Royal*. C'est bien là une limite, un changement dans l'ordre biologique. La Masse supérieure a reçu le nom de *Caillasses*, terme imagé emprunté aux carriers et qu'on peut conserver avec avantage. Nous étudierons d'abord la Masse inférieure, le Calcaire grossier propre.

Calcaire grossier inférieur.

Le Calcaire grossier inférieur comme nous l'entendons ici comprend le Calcaire grossier inférieur et moyen des auteurs; il est partout dans notre Carte solide et calcaire. Il est généralement verdâtre à la base par suite de la présence de nombreux grains de glauconie, il devient moins coloré au-dessus et finit par être tout-à-fait blanc ou crème par suite de la disparition complète de la glau-

Fig. 5.

Carrière à Arcueil.

Bancs Francs	20	Blocaux.	
	19	Marne blanche et Calcaire siliceux	0,30ᵐ
	18	Argile verte	0,02
	17	Calcaire siliceux	0,12
	16	Argile verte	0,05
Cliquart	15	Sable pulvérulent de silex altéré jaune, lit à Cer. lapidum	0,50
	14	Calcaire blanc tendre à Cerithes, Natices etc.	0,12
Banc vert	13	Marne grise aquifère	0,04
	12	» blanche	0,06
Saint nom	11	» grise, ligniteuse	0,08
	10	Calcaire très dur à Cerithes en 2 bancs	1,00
Calcaire gr. moyen	9	Calcaire grossier à Milioles, fin, blanc (Royal)	4,00 altit. 62ᵐ
	8	Calcaire, blanc, tendre, fin, à Orbitolites	2,50
	7	Calcaire grossier à points verts, fossiles variés	1,80ᵐ
	6	Calcaire grossier à Turritelles etc.	1,00
	5	Calcaire grossier tendre à points glauconieux	0,80
Calcaire gr. inférieur	4	Calcaire grossier glauconieux à Cerith. giganteum	1,00 altit. 52ᵐ
	3	Calcaire sableux, glauconieux	0,70
	2	Calcaire grossier sableux, très dur fossilifère	0,60
	1	Calcaire grossier glauconieux, pourri, fossilifère pur	0,80

conie. La partie inférieure est aussi sableuse, bien fossilifère et a reçu le nom de Glauconie grossière et de »*Cosaques*«. Le terme de grossier convient particulièrement à certains bancs de la masse inférieure et moyenne par suite des nombreuses cavités dont la roche est remplie et qui sont dues à la présence de moules de fossiles. Il lui convient aussi à cause des très nombreux foraminifères, miliolidæ, dont il est pétri. Coupé lui avait donné, en 1804, le nom de *Pilé marin*, nom qui n'est pas mauvais, mais n'a pas survécu. Les bancs sont nombreux et continus, moins variables qu'on ne pourrait le supposer, car ils se retrouvent identiques d'une extrémité à l'autre

Fig. 6.

Poissy.

Carrière à la porte du Bois.

Altitude 40ᵐ.

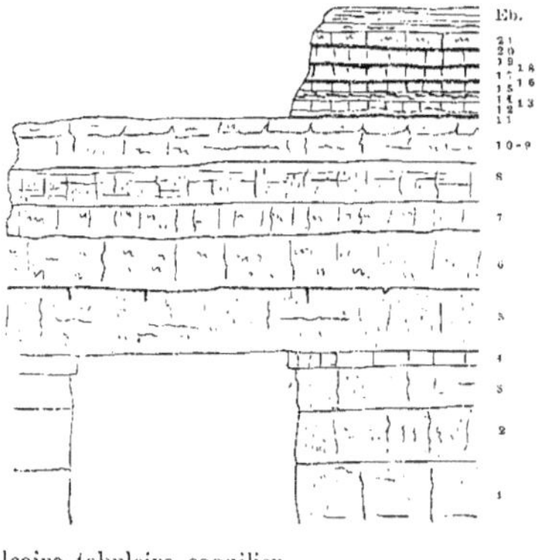

Roche	21	Calcaire tabulaire coquilier	0,20ᵐ
	20	Argile grise et quartz carié	0,06
	19	Calcaire siliceux sec. IV.	0,30
	18	Marne verte	0,02
	17	Calcaire siliceux très dur. III.	0,25
Bancs francs	16	Marne verte	0,03
	15	Calcaire siliceux fragmentaire ondulé. II.	0,15
	14	Argile verte stratifiée	0,07
	13	Calcaire siliceux fragmentaire. I.	0,15
	12	Argile verte à Sphenia et Corbules	0,05
	11	Marne blanche et jaune	0,05
Cliquart	10	Calcaire siliceux à Cerithes très abondantes, Milioles etc.	0,50
	9	Calcaire à Milioles blanches fin, dur, lié au supérieur	0,70
Banc vert	8	Calcaire à Milioles très fin fossilifère	0,75
Saint nom	7	Calcaire à Milioles fin, fossilifère	0,45
	6	Calcaire à Milioles grossier à Cerithes nombreux	0,90
	5	Calcaire à Milioles très fin	1,20
Calcaire grossier moyen	4	Calcaire fin avec Milioles un peu tabulaire avec Fabularia	0,20
	3	Calcaire grossier à Milioles très fin	0,70
	2	Calcaire grossier à Milioles, zone de serpules	0,90
	1	Calcaire grossier à Milioles, fin, fossiles variés	1,70

du bassin. La puissance du Calcaire grossier inférieur est assez uniforme, elle atteint moyennement 20 à 25 mètres. Mr. Michelot en a étudié avec soin la stratigraphie. La faune du Calcaire grossier est bien connue, elle a fourni, hors de nos cartes, il est vrai, une série exceptionelle de coquilles admirablement conservées dont la réputation n'est plus à faire et gisant dans un sable calcareux fin. Sur nos Cartes partout la roche est solide et les fossiles privés de test; à l'Ermitage, près St. Germain, il existe cependant un gîte de fossiles dégagés, découvert et étudié par Mr. Brisson, collecteur distingué et scrupuleux, qui a bien voulu nous fournir la liste des principales espèces de cette localité exceptionnelle, typique pour le Calcaire grossier moyen.

St. Germain.
L'Ermitage propriété de Mr. Cerf.

Solen vaginalis	Desh.	Calyptrea trochiformis	Lk
Corbula gallica	Lk	Turritella terebellata	Lk
Cytherea lævigata	Lk	» imbricataria	Lk
» semisulcata	Lk	Scalaria tenuilamella	Desh.
» nitidula	Lk	Diastoma costellata	Lk sp.
» elegans	Lk	Keilostoma turricula	Brug sp.
Cardium gigas	Defr.	Bayania hordeacea	Lk sp.
» porulosum	Brand	Tornatella sulcata	Lk sp.
» obliquum	Lk	Bulla conulus	Desh.
Chama calcarata	Lk	» coronata	Lk
» lamellosa	Lk	» Bruguierei	Desh.
Crassatella plumbea	Chem.	» cylindroïdes	Desh.
» trigonata	Lk	» ovulata	Lk
Cardita planicosta	Lk	Solarium canaliculatum	Lk
» imbricata	Chem.	» plicatum	Lk
» acuticostata	Lk	» patulum	Lk
» angusticostata	Desh.	Bifrontia marginata	Lk
» squamosa	Lk	Phasianella turbinoïdes	Lk
Nucula parisiensis	Desh.	Delphinula striata	Lk
Limopsis granulatus	Lk	» turbinoïdes	Lk
Pectunculus pulvinatus	Lk	» callifera	Desh.
Arca barbatula	Lk	» marginata	Lk
» scapulina	Lk	» canalifera	Lk
Avicula trigonata	Lk	» conica	Lk
Vulsella deperdita	Lk	Natica epiglottina	Lk
Pecten squamula	Lk	» sigaretina	Lk
» tripartitus	Desh.	Cerithium striatum	Brug.
» infumatum	Lk	Fusus aciculatus	Lk
» plebeius	Lk	» lævigatus	Desh.
Dentalium substriatum	Desh.	» longævus	Lk
» parisiensis	d'Orb.	Conus diversiformis	Desh.
» Bronguiarti	Desh.	Rostellaria fissurella	Lk
		Cypræa sulcosa	Lk
		Ancillaria canalifera	Lk
		Mitra Deluci	Defr.
		» labratula	Lk
		Voluta spinosa	Lk
		» bicorona	Lk
		» crenulifera	Bayan.

Voici un tableau des diverses assises du Calcaire grossier inférieur d'après les observations de Mr. Michelot que nous avons eu l'occasion de vérifier bien des fois et dont l'utilité est incontestable.

<table>
<tr><td rowspan="6">Calcaire grossier inférieur.</td><td rowspan="2">2</td><td>Calcaire grossier fin, puissant massif à Orbitolites et Milioles, Banc-Royal.</td></tr>
<tr><td>Calcaire grossier à Milioles en lits à fossiles très variés, Vergelés-Lambourdes.</td></tr>
<tr><td rowspan="4">1</td><td>Calcaire grossier un peu glauconieux à Corith. giganteum, dit Bancs à Verrains.</td></tr>
<tr><td>Calcaire très grossier glauconieux un peu sableux, dit Forgets, St. Leu, et Cosaques.</td></tr>
<tr><td>Sable Calcareux, glauconieux à N. lœvigata base avec cailloux, quartz vert, dents de squales, polypiers.</td></tr>
</table>

La faune Conchyologique du Calcaire grossier a été décrite d'abord par Lamarck, puis par Deshayes dans deux ouvrages fondamentaux. Beaucoup d'autres auteurs ont fait encore connaître de côté et d'autres diverses espèces et ont complété ce grand ensemble. Le Calcaire grossier inférieur n'a pas fourni jusqu'ici de débris de Mammifères authentiques (Loph., Duvalii, Ch. d'Orbigny ?), mais on a signalé depuis longtemps divers poissons dans le Banc-Royal à Nanterre et à Puteaux.

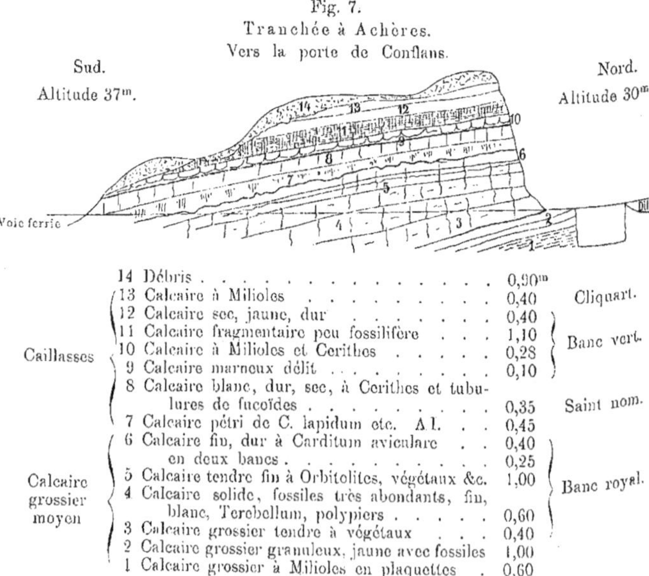

Fig. 7.
Tranchée à Achères.
Vers la porte de Conflans.

	14 Débris	0,90ᵐ		
Caillasses	13 Calcaire à Milioles	0,40		Cliquart.
	12 Calcaire sec, jaune, dur	0,40		
	11 Calcaire fragmentaire peu fossilifère . . .	1,10		Banc vert.
	10 Calcaire à Milioles et Corithes	0,28		
	9 Calcaire marneux délit	0,10		
	8 Calcaire blanc, dur, sec, à Corithes et tubulures de fucoïdes	0,35		Saint nom.
	7 Calcaire pétri de C. lapidum etc. A l. . .	0,45		
Calcaire grossier moyen	6 Calcaire fin, dur à Carditum aviculare . .	0,40		Banc royal.
	en deux bancs	0,25		
	5 Calcaire tendre fin à Orbitolites, végétaux &c.	1,00		
	4 Calcaire solide, fossiles très abondants, fin, blanc, Terebellum, polypiers	0,60		
	3 Calcaire grossier tendre à végétaux . . .	0,40		
	2 Calcaire grossier granuleux, jaune avec fossiles	1,00		
	1 Calcaire grossier à Milioles en plaquettes .	0,60		

Les végétaux sont représentés par des fruits dans les lits glauconieux de la base, dans le Banc-Royal on rencontre plutôt des
feuilles. Nous indiquerons la localité de Bougival, dont noùs avons
donné la coupe (fig. 4), comme riche en végétaux du Banc-Royal;
ils sont accompagnés des Mollusques suivants:

      Cerithium cinctum, Natica parisiensis, Mytilus sp.,
      Assiminea conica, C. Prevost sp. (Paludina).

Les végétaux ont été étudiés par Brongniart, par Pomel et
Watelet, les foraminifères par Alc. d'Orbigny et Terquem, les polypiers par Michelin, etc.

Fig. 8.

Coupe à Carrière-sous-bois.

Altitude de contact 47^m.

		10 Caillasses inaccessibles.	
		Série de Calcaire siliceux.	
Bancs francs		9 Bancs francs:	
		8 Argile verte	0,05^m
		Marne blanche	0,10
Cliquart		7 Calcaire dur à Milioles et Cerithes	1,00
		6 Filet argileux vert	0,10
Banc vert		5 Marnes calcaires tubuleuses, blanches	
		à cassures jaunes	0,40
		4 Calcaire marneux verdâtre . . .	0,15
Saint nom		3 Calcaire blanc fin sans fossiles .	0,35
		2 Calcaire grossier à Cerith. Turri-	
		telles, Cardium	0,25
Banc royal		1 Calcaire grossier fin beau à Milioles	
		blancs	4,00

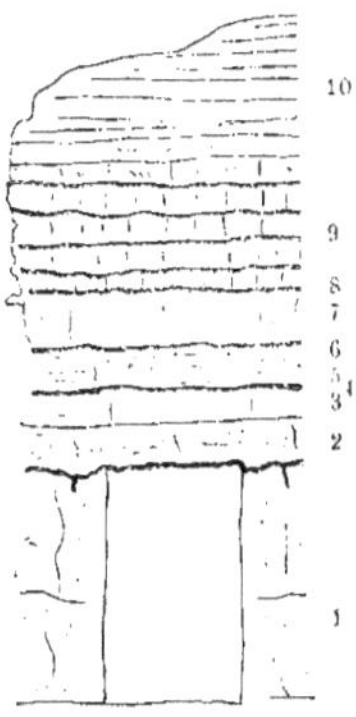

La faune du Calcaire grossier se modifie dans son épaisseur et
chaque banc fournit des fossiles caractéristiques. Les niveaux glauconieux les plus bas renferment surtout:

    Nummulites lævigata   Cardita planicosta
    Lunulites urceolata   Ostrea flabellula
    Eupsammia trochiformis   Nautilus, Ditrupa,
    Echinolampas affinis.

Le niveau à Cerithium giganteum, qui vient au-dessus, renferme
avec lui: Turritella imbricataria
    Cardium porulosum, Cytherea lævigata, Chama calcarata
    Pectunculus pulvinatus, Natica cepacœa.

Le Banc-Royal contient surtout:
    Fabularia discolites   Terebellum sopitum
    Orbitolites complanata   Turritella fasciata
    Fimbria lamellosa.

Le banc de contact supérieur du calcaire grossier propre renferme une faunule spéciale :

Cardium aviculare   Modiola subcarinata
Lucina concentrica   Arca barbatula.

Mais on observe de nombreux passages de fossiles d'une couche à l'autre. Nous ne voyons guère de Minéraux à y signaler.

Le Calcaire grossier inférieur repose sur l'argile plastique dans toute la région du Sud et du Sud-Est; seulement au Nord et à l'Ouest il repose sur les sables glauconieux de Cuise, il débute avec ravinement par un lit caillouteux avec grains de quartz vert, dents de squales, polypiers et oursins. Son contact supérieur est toujours le Calcaire grossier supérieur et l'on n'y distingue ni ravinement, ni discordance, mais un changement de nature minéralogique et de faune, avec apparition de Cérithes-Potamides.

Notre formation calcaire occupe vraisemblablement toute la surface de notre Carte; au Sud elle est profondément enfoncée sous des couches plus récentes et les sondages sont en contradiction à son sujet.

Il affleure en formant trois bandes ou régions. Au Sud-Ouest il est limité aux environs de Chavenay, Villepreux; à Rennemoulin le Calcaire grossier à Cerithium giganteum commence à devenir solide, ses fossiles sont à l'état de moules, il est très glauconieux. Plus à l'Ouest il est à l'état sableux comme à Plaisir, Grignon, Thiverval. A St. Nom la montée de la route donne une bonne coupe et le Banc-Royal renferme un lit à Pinna margaritacea Lk qui se revoit à Nanterre.

Le Calcaire grossier est à une grande profondeur sous Versailles, il réapparait dans le vallon de Sèvres après Chaville, puis il gagne les bords de la Seine jusqu'à Vitry, nous ne nous arrêterons pas sur les points classiques du Bas-Meudon, d'Issy et Vaugirard; il y a peu d'années on l'exploitait dans Paris rue des Fourneaux dans une grande carrière qui montrait toute la série depuis les Cosaques jusqu'à la moitié des Caillasses.

Dans la vallée de la Bièvre, rue de Tolbiac, rue du Pot-au-Lait, à la station de Montsouris, à la Glacière (fig. 45), le Calcaire grossier inférieur est bien visible avec nombreux oursins, Cerithium giganteum, Nautilus.

Plus haut dans la même vallée on exploite très largement des deux côtés le Calcaire grossier à Gentilly (fig. 11), à Arcueil (fig. 5), &c. Au moulin de Cachan il plonge brusquement au Sud et disparaît. Le Calcaire grossier est encore exploité sous tout le plateau de Montrouge jusque dans Paris. Sous Paris ce sont les bancs supérieurs du Calcaire grossier propre qui ont été exploités en galeries et ont constitué les Catacombes décrits par Héricart de Thury.

Mr. Dunkel vient de publier un travail intéressant sur les carrières souterraines de Paris.

Pour terminer la bande sud il faut citer les exploitations des communes de Bicêtre, Ivry, Vitry fort importantes où la masse bien réglée est solide et blanche, les Caillasses règnent au-dessus.

La bande centrale commence à Verneuil, Medan, Poissy (fig. 6); à Medan (fig. 51) elle est coupée de failles parallèles au cours de la Seine qui déterminent un contre-plongement des bouches au Sud; à Poissy (fig. 8) le Calcaire grossier inférieur est exploité dans les parties basses de la ville au-dessous du Diluvium et dans la partie haute sous les Caillasses.

Nous retrouvons les mêmes conditions au village d'Achères. A la station d'Achères on voit le contact des Caillasses. La tranchée d'Achères vers Conflans donne une bonne coupe du centre de la formation (fig. 7). Le Calcaire grossier inférieur est au niveau de la Seine à Maisons-Lafitte, il est relevé et exploité au Mesnil-le-Roi, à Carrière-sous-Bois (fig. 8) au bas de St. Germain. Le val St. Léger est percé de diverses carrières, l'une à côté du viaduc renferme des couches dolomitiques sableuses appartenant à la base du Banc-Royal. A Port-Marly on observe très bien une zone, composée exclusivement de serpules, située à la base du Banc-Royal et qu'on revoit à Poissy, à Carrière, &c., sans qu'elle soit toujours exactement à la même place. Nous passerons rapidement sur les localités de Bougival, dont nous avons donné la coupe (fig. 4), de Rueil, de Nanterre; une grande carrière au port de Bezon est surmontée de 8 mètres de Diluvium. A Courbevoie surgit le Calcaire grossier qui passe à Suresnes, St. Cloud, et rejoint la première bande décrite. La bande Nord, ou bande de la rive droite de la Seine débute à la base du massif de la Hautie. Le Calcaire grossier inférieur est très bas à Triel, mal visible à Chanteloup, mais facile à étudier à Carrières-sous-Poissy, Denouval, Treslant, Andrésy, puis aux grandes berges de l'Oise, à Glatigny, Maurecourt, Jouy-le-Moutier, Eragny, Conflans Ste. Honorine, où il forme en face de la gare un mûr naturel argilo-sableux verdâtre; plus bas il y avait des lits très grossiers et très glauconieux. L'altération de la glauconie produit des couches rougeâtres et argileuses.

Les bancs moyens disparaissent sous la Seine à Bel-Air, ils reparaissent à Sartrouville. Le Calcaire grossier forme le solide plateau de Montesson-Carrière-St. Denis très fouillé; les anciennes carrières souterraines épuisées sont transformées en Champignonnières, les Caillasses règnent uniformément au-dessus. Le contact inférieur, masqué à Montesson par le Diluvium, se voit bien sur la route de Chatou où les bancs irrégulièrement endurcis et altérés par les agents atmosphériques ont un aspect ruiniforme. Restant sur la rive droite de la Seine citons rapidement le Calcaire grossier au Bois de Boulogne, à Passy-Paris. Au Trocadéro le Calcaire grossier solide est bien développé, nous avons pu le voir jusqu'à sa base dans le puits des Ascenseurs. Il repose, à l'altitude absolue de 30 mètres, sur un sable grossier formé exclusivement de débris concassés de silex de la craie. Le Calcaire grossier moyen se poursuit sous tout l'ancien Paris, rive droite, sous un Diluvium épais et les Caillasses, il ne paraît pas y avoir été exploité, probablement par suite du torrent d'eau qu'on rencontre en nappe sous l'épaisse couche de 8 à 10 mètres de Diluvium. Le Calcaire grossier moyen réapparaît à Conflans-les-Carrières, Charenton, à Maisons-Alfort, à Créteil où il a été largement exploité (fig. 9), à St. Maur-les-Fossés, à Joinville-le-Pont. Enfin,

Fig. 9.

Coupe à Creteil.

Carrière de La Colonie.

Altitude contact à 43^m.

<table>
<tr><td></td><td>7 Limon . . . .</td><td>0,50^m</td></tr>
<tr><td></td><td>6 Diluvium, sable calcaire avec des cailloux granitiques et fossiles de la Marne</td><td>4,50</td></tr>
<tr><td>Calc. gr. supr.</td><td>5 Calcaire à Cerith. lapidum . . . .</td><td>0,10</td></tr>
<tr><td></td><td>4 Calcaire siliceux et filets d'argile verte</td><td>1,20</td></tr>
<tr><td></td><td>3 Calcaire grossier à Milioles . . . .</td><td>0,40</td></tr>
<tr><td></td><td>2 Banc vert . . . .</td><td>1,00</td></tr>
<tr><td>Calc. gr. moyen</td><td>1 Calcaire grossier fin à Milioles, Orbitolites. Cardium aviculare etc. . .</td><td>3,00</td></tr>
</table>

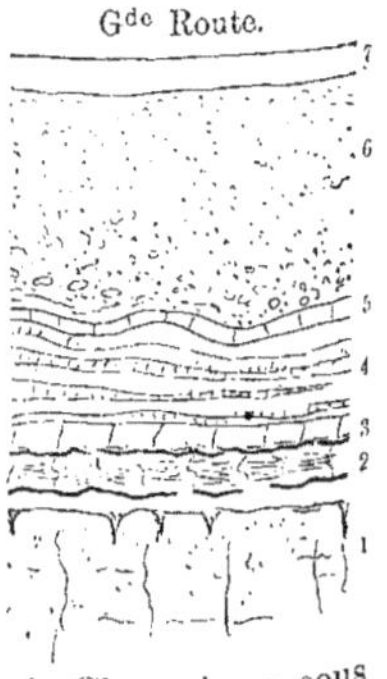

G^{de} Route.

nous l'avons vu au fond d'une sablière à Poulangis-Champigny sous des Caillasses et du Diluvium (fig. 48). Là encore, le Calcaire grossier plonge vivement au Sud et sa limite géographique nous est inconnue. Mr. de Sénarmont en comparant les sondages de Crosnes et de Champrosay croyait à une diminution très prompte et une disparition très rapide du Calcaire grossier qui n'aurait pas été retrouvé dans le forage de Champrosay. Mais en étudiant la coupe même qu'il donne, on s'aperçoit que le Calcaire grossier y a été en réalité vraisemblablement rencontré, mais sous une forme sableuse avec coquilles marines de même que les Caillasses. Le défaut de renseignements précis sur un point aussi intéressant et aussi voisin est réellement déplorable.[1]) De nombreux sondages l'ont rencontré au Nord de St. Denis à Lagny, sa constitution y est normale, il s'élève progressivement vers le Nord caché sous les terrains plus récents.

L'immense emploi du Calcaire grossier pour toute les constructions l'a fait rechercher de toutes parts et on peut généralement l'étudier sans peine; nous en avons relevé de nombreuses coupes dans toutes les localités citées. Le Calcaire grossier durcit à l'air après avoir perdu son eau de carrière, il fournit des *pierres de taille* ou d'appareil dans les parties supérieures et des *moëllons* dans les autres parties; sa couleur d'un blanc jaune-crême est fort agréable à l'oeil et fournit des éléments exceptionnellement favorables pour l'architecture. L'exploitation se fait principalement à ciel ouvert sur le flanc des coteaux, mais aussi souterrainement quand les terrains morts sont épais sous les plateaux, on se sert alors de grands treuils à roue gigantesque bien connus dans le paysage des environs de Paris.

Sondage à Saulx-les-Chartreux
par MM. Lippmann & Cie.

		Épaisseur	Pro-fondeur	Altitude supérieure
Sables supérieurs	Avant puits maçonné	9,46	9,46	+81,50
Marnes à Huîtres	Marne jaunâtre	2,56	12,02	72,04
Marnes vertes	Marne verte avec filets argileux bleuâtres	8,84	20,86	69,48
Marnes blanches	Marne blanchâtre très compacte .	8,34	29,20	60,64
Marnes bleues	Marne vert-tendre	5,50	34,70	52,30
Gypse propre	Marne blanchâtre et Gypse . . .	5,55	40,25	46,80
7^m50	Marnes vertes	2,00	42,25	41,25
Sables infragypseux	Sable marneux blanchâtres	2,20	44,47	39,25
Calcaire de St. Oueu	Marne jaune avec plaquettes . . .	13,69	58,16	37,05
Sables Moyens	Marne grise dure	0,60	88,78	23,36
3^m26	Argile verdâtre marneuse	2,42	61,18	22,76
	Marne verdâtre	0,24	61,42	20,34
	Marne blanchâtre	4,16	65,58	20,10
Calcaire grossier	Calcaire dur	0,94	66,52	+15,94
40^m68	Marne blanchâtre et plaquette . .	28,48	95,00	+15,00
	Sable gris	0,33	95,33	—13,50
	Calcaire jaunâtre dur	6,93	102,26	—13,81
Argile plastique	Argile bleuâtre	1,18	103,44	—20,76
26^m06	Sable brun avec pyrites	11,68	115,12	—21,91
	Argile bleuâtre	4,08	119,20	—33,62
	Sable gris-brun	1,20	120,40	—37,70
	Argile verdâtre	9,92	130,32	—38,90
Craie blanche	. . . .	4,71	135,03	—48,82

[1]) Un très intéressant sondage qui nous est obligemment communiqué par Mr. Lippmann, exécuté à Saulx-les-Chartreux près Loujumeau, vient appuyer notre manière de voir. Tous les terrains de Paris s'y retrouvent dans une situation et une épaisseur normale.

Calcaire grossier supérieur (Caillasses).

Le Calcaire grossier supérieur est constitué par des roches variées, généralement en lits minces. Ce sont des Calcaires blancs ou jaunâtres fins et purs, coquilliers ou non, des Calcaires miliolithiques granuleux ou compactes, puis des Calcaires siliceux, des marnes blanches calcaires, fragiles, des marnes grises et jaunes avec minéraux variés, enfin des Argiles grises, brunes, ou vertes, toujours en lits minces. Il faut considérer les filets et bancs de quartz carié comme des accidents minéralogiques et non comme des assises. Les lits ligniteux, oolithiques, magnésiens, les zones de silex, de gypse, sont au même titre des parties accessoires constituant par leur réunion un des caractères des Caillasses, mais ne pouvant pas être considérés comme leur masse essentielle.

Le détail considérable et minutieux des bancs du Calcaire grossier supérieur a été longtemps un obstacle à sa bonne classification, on s'est rarement donné la peine d'examiner cette longue série jusqu'à son sommet et on s'est arrêté à une partie centrale rarement fossilifère.

Ch. D'Orbigny et d'autres classificateurs ont compris le »Banc Vert« et les roches qui en dépendent dans le Calcaire grossier moyen, bien que la liaison de ces couches avec celles qui les suivent soit tout intime et qu'au contraire une limite réelle est appréciable entre le Calcaire grossier à Milioles purement marin et le Calcaire à Cérithes du banc vert ou le Banc Vert lui-même. Mr. Michelot, en 1855, a donné les raisons d'une classification plus rationnelle que nous suivons aujourd'hui, seulement il n'est pas monté assez haut, il n'a pas eu peut-être l'occasion d'observer des séries assez complètes et sa classification est à étendre jusqu'à des régions plus élevées. Nous avons proposé lors de la publication de la Coupe de Méry-sur-Oise avec Mr. Vasseur une classification que nous résumons en un tableau et que nous avons eu l'occasion de vérifier depuis un grand nombre de fois.

Classification des bancs des Caillasses:

<table>
<tr><td rowspan="16">Caillasses ou Calcaire grossier supérieur</td></tr>
<tr><td rowspan="4">C.
Sous-groupe
supérieur</td><td>IV</td><td>Calcaire à Cardium obliquum et Cerithium Blainvillei.</td></tr>
<tr><td>III</td><td>Calcaire à Cerithium denticulatum et C. cristatum.</td></tr>
<tr><td>II</td><td>Marnes ou Calcaire siliceux à Potamides.</td></tr>
<tr><td>I</td><td>Calcaire à Polypiers.</td></tr>
<tr><td rowspan="4">B.
Sous-groupe
moyen</td><td>IV</td><td>Marne feuilletée de 0,04^m divisant un calcaire marneux blanc de 1,60 (Les Symétriques).</td></tr>
<tr><td>III</td><td>Calcaire en plaquettes à Corbules (Rochette).</td></tr>
<tr><td>II</td><td>Calcaire à Milioles et Lucina saxorum (Roche).</td></tr>
<tr><td>I</td><td>Calcaires siliceux coupés de Marnes vertes à fossiles rares (Bancs-Francs).</td></tr>
<tr><td rowspan="4">A.
Sous-groupe
inférieur</td><td>IV</td><td>Calcaire à Milioles (Cliquart).</td></tr>
<tr><td>III</td><td>Marne verte ou blanche
Calcaire siliceux ou Marne verdâtre } Banc Vert.
Marne verte ou blanche</td></tr>
<tr><td>II</td><td>Calcaire à Milioles (Saint-Nom).</td></tr>
<tr><td>I</td><td>Calcaire à Potamides, Marne à C. lapidum (Banc accessoire).</td></tr>
</table>

Avec ce tableau on pourra raccorder les coupes de détail et voir les relations des couches dont nous énoncerons les particularités en divers points.

Fig. 10.

Parc de St. Cloud.

Coupe au-dessous de la Lanterne.

Altitude 100^m.

	Eboulis	1,50^m
Sables moyens	11 Grès dur siliceux	0,30
	10 Sable jaune fin	0,60
	9 Sable argileux vert	1,50
	»　　　» gris	0,40
	8 Sable marneux très gras . . .	1,20
	7 Sable calcareux verdâtre à Milioles et Cardites	1,50
Caillasses	6 Calcaire blanc, dur conchoïde . .	0,12
	5 Calcaire	0,10
	4 Marne caillasseuse	1,40
	3 Calcaire siliceux stratifié	0,60
	2 Calcaire dur à Cerithes et fossiles .	0,60
	1 Marne blanche à Milioles et Cerithes	0,40

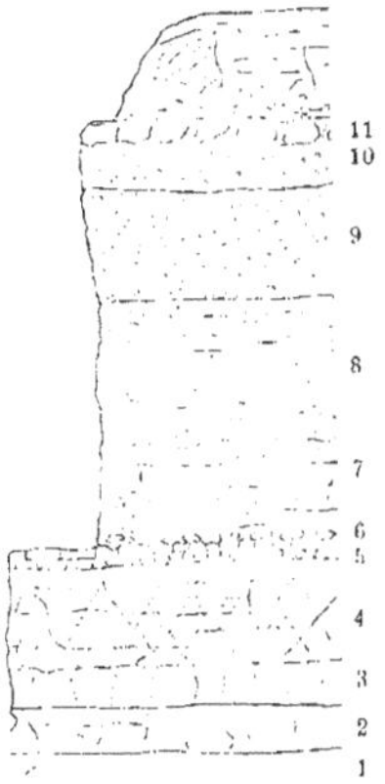

Le Calcaire grossier supérieur repose partout sur le Calcaire grossier inférieur, il n'y a pas de ravinement entre eux, mais une zone de perforations par des annélides, une ligne endurcie qui montre le commencement d'un nouvel ordre de choses, la faune change totalement. Le premier lit du Calcaire grossier supérieur n'est pas toujours le même. Généralement c'est le Saint-Nom qui débute, c'est-à-dire un banc de Calcaire Miliolithique avec Cérithes et autres fossiles, ayant 0,60ᶜᵐ de puissance moyenne, ailleurs cette épaisseur est réduite à 0,20ᶜᵐ, ailleurs encore le St. Nom manque et les Marnes Vertes qui constituent le banc Vert sont directement superposées au Banc Royal (Créteil fig. 9); enfin dans d'autres endroits entre le St. Nom et le Banc-Royal s'interpose un calcaire ou marne blanche pétri de Cerith. lapidum de faible épaisseur A. 1. (fig. 4).

Fig. 11.

Coupe à Gentilly.

Sortie du chemin de fer de Sceaux des fortifications.

S. M.	20	Terre végétale		1,00ᵐ
	19	Sable marneux verdâtre, chargé de chaux pulvérulente		1,50
	18	Sables verdâtres calcarisés		0,80
	17	Sables avec rognons de cristaux gypseux		0,60
	16	Poudingue de grès polygonique et caillasses ravinements		1,00
Caillasses sup^res	15	Marne blanche pure	C. IV	1,00
	14	Argile gris-vert feuilletée		0,05
	13	Marne crème avec filets argileux, tendre	C. III	0,97
	12	Marne blanche dure à taches jaunes		0,25
	11	Banc très dur avec cristaux gypseux		0,10
	10	Marne blanche et quartz carié	C. II	1,00
	9	Calcaire dur à Milioles, fossilifère avec gypse	C. I	0,45
	8	Marne jaune impure complémentaire		0,05
	7	Marne blanche à taches ferreuses fragmentée		0,80
	6	Filet argileux vert		0,05
	5	Marne blanche comme No. 7		0,80
	4	Marne couleur crème à cassures obliques		0,70
	3	Marne stratifiée		0,40
	2	Argile verte feuilletée		0,05
	1	Calcaire siliceux sec, jaune franc, dolomitique		1,20

Altit. 67ᵐ. — C. (Nos 15–9) — B. IV. (Nos 7–5) — B. III. (No 4) — B. II. (No 3) — B. I. (Nos 2–1)

Le Calcaire grossier supérieur est surmonté par les sables moyens, dont il est séparé par un ravinement parfois fort intense. Souvent plusieurs mètres de Caillasses manquent comme arrachées par la mer des sables de Beauchamp. Au Sud et à l'Est, où les sables moyens débutent par des sables fins argileux-verdâtres, c'est toujours un banc dur qui forme le sommet, ce banc est perforé de Mollusques lithophages et le sable au-dessus est bréchiforme. Nous avons constaté ce contact intéressant sur un très grand nombre de points depuis Bougival, Suresnes, St. Cloud (fig. 10), Sèvres (fig. 12), Meudon, le Trocadéro, Gentilly (fig. 11), Joinville-le-pont, jusqu'à Claye, et, hors de notre Carte à Crécy-sur-Morin, &c. Au Nord-Ouest les sables moyens débutant par un sable plus grossier et plus caillouteux le ravinement est plus intense et on trouve de nombreux fossiles et cailloux du Calcaire grossier remaniés à la base des sables.

La masse des Caillasses peut atteindre 16^m et tomber à 8^m à cause des ravinements dont nous avons parlé; son épaisseur moyenne est de 10 à 12 mètres.

Bien que plusieurs des noms de carrières des bancs donnés par Mr. Michelot soient variables suivant les points, qu'ils ne soient pas toujours appliqués par les ouvriers au même horizon géologique, nous pensons qu'il y a un très grand intérêt à les conserver; ils sont d'un usage commode une fois précisé, leur introduction dans un langage géologique devient sans inconvénient et comme leur position et leur faune restent les mêmes quand bien même leurs qualités minéralogiques viendraient à changer, le géologue arrivé dans la carrière saura démêler le nom véritable.

Il faut encore ajouter quelques traits à ce tableau stratigraphique. Il s'intercale parfois entre le *Cliquart et les bancs francs* une tablette de calcaire à Corbules, qu'il ne faut pas confondre avec celle qu'on revoit beaucoup plus haut.

Les *Bancs-Francs* sont composés d'une alternance de 3 à 5 fois répétée de bancs de Calcaire siliceux ayant 0,10^m à 0,30^m d'épaisseur et de lits très minces d'Argile grise, brune, ou verte; en de rares endroits, ils ne sont pas siliceux et se confondent avec la *Roche*. Entre chaque assise, de 1 à 4 du sous-groupe supérieur C., s'intercalent des Marnes blanches et jaunes difficiles à réunir à un niveau plutôt qu'à un autre. Ces bancs sont parfois sans fossiles ou à fossiles très rares, 1 et II C. se rejoignent et III et IV, qui restent plus généralement fossilifères, forment un horizon paléontologique très proche-parent des sables moyens; nous les connaissons ainsi à St. Cloud (Embranchement de Garches), au Trocadéro (niveau de la place supérieure), à Claye (Voisins), etc.

Les assises C., faibles et stériles à Paris, prennent dans le Nord une grande importance. Le niveau à Corbules B. III est le plus facile à reconnaître, on le suit depuis Poissy, à la Station d'Achères, à Éragny,

Louveciennes, Bougival, St. Cloud, Passy; on l'a rencontré dans Paris aux fouilles de la Nouvelle Ecole de Médecine à 9 mètres en contre-bas de la rue Monsieur-le-Prince, à l'altitude absolue de $32^m 65$, incliné au Nord. Enfin au Kremlin-Bicêtre, au cimetière d'Ivry c'est une dalle solide; à Créteil et Joinville-le-Pont on l'utilise. A la Glacière dans Paris la zone à Corbules étant à l'état de sable Calcareux nous avons pu aisément déterminer la faunule suivante:

Cerithium denticulatum Lk. — Sphenia rostrata Lk. (Corbula).

» echinoïdes Lk. — Cytherea elegans Lk.

» lapidum var. cristatum Lk. — Cardita serrulata Dub.

Natica parisiensis Lk. — Anomia tenuistriata Desh.

Hydrobia sextomus Lk. sp. (Bulimus), Foraminifères nombreux.

» dissita Desh. sp. (Bithinia).

Cylichna Lebruni Desh. sp. (Bulla).

Les fossiles sont à l'état de moules dans les bancs durs. Le *Banc-Vert* renferme parfois une zone ligniteuse signalée dès 1824 par Mr. Desnoyers et qui contient une faune d'eau douce et de nombreuses empreintes végétales.

A Ivry existe un banc de Marne blanche à Chara, Bithinies et dents de reptiles; à Rueil le banc vert renferme des végétaux mélés à des coquilles marines; à Paris, Rue des Fourneaux, le banc vert comprend une lumachelle de Mytilus écrasé; à Louveciennes le banc vert est à l'état d'argile grise, feuilletée, pétrie de Cerithium lapidum, &c.

Les Caillasses apparaissent sur nos Cartes à leur niveau le plus élévé à l'Ouest de Versailles: à Chavenay, à Feucherolle, à Ville-preux; à St. Nom elles surmontent le calcaire grossier inférieur sans particularités, »le banc Vert« est mince. Elles plongent très rapide-ment au Nord sous la forêt des Alluets et de Marly; à l'Est, sous Versailles à partir de Gally. La rive gauche de la Seine en remon-tant le courant les voit successivement à Verneuil, Medan, Villaines, Mignaux, Poissy, où la grande carrière de la porte du Bois (fig. 6) montre leur contact inférieur. Au-dessus dans la tranchée du Chemin de Fer de Grande Ceinture d'autres belles coupes de la partie su-périeure sont visibles. Les Caillasses, sous les sables moyens, for-ment la berge de la Forêt de St. Germain. La station et la ligne d'Achères ont donné de bonnes coupes (fig. 7); Puis Maisons-Laffitte, Carrière-sous-Bois (fig. 8), St. Germain, Port-Marly, Louveciennes, Bougival (fig. 4), Rueil.

Les carrières de Nanterre (découvertes de Mr. E. Robert) et Courbevoie sont classiques. Les Caillasses remontent comme la voie du

Chemin de fer de l'Ouest de Puteaux à St. Cloud. A St. Cloud on les observe en bon nombre de points, puis au vallon de Sèvres (fig. 12), à Meudon, Vaugirard et les localités intermédiaires. A Chatillon, carrière Beaumont, elles sont sur un point haut plongeant au Nord et au Sud.

Fig. 12.

S è v r e s.

Grande carrière sous la rive gauche.

(Sommet.)

Altitude 78^m.

	L.	Limon brun	0,60^m
St. Ouen	15	Calcaire blanc en plaquettes	0,20
	14	Grès dur blanc	0,12
	13	Sable jaune-verdâtre	2,00
Sables moyens	12	Marne verdâtre impure en 2 lits	0,50
	11	Argile verte	0,05
	10	Marne mastic	0,40
	9	Grès impur celluleux	0,80
	8	Marne avec quartz en rognons	0,35
	7	Argile verte	0,02
	6	Marne blanche pure	0,70
	5	Calcaire dur tabulaire	0,06
Caillasses sup^{res}	4	Marne blanche	0,30
	3	Calcaire fragmentaire	0,25
	2	Marne crème	0,55
	1	Calcaire siliceux celluleux	0,35

Dans le vallon de la Bièvre on les voit pincées entre le Calcaire grossier inférieur et les Sables Moyens. Nous donnerons la coupe de leur sommet à Arcueil (fig. 5). Sur le plateau de Bicêtre elles sont surmontées par le Diluvium.

La bande Nord ou de la Rive droite montre les Caillasses à Triel, Andrésy, Maurecourt; dans ce dernier endroit certains lits argileux des *Bancs-Francs* sont chargés d'oolithes calcaires jusqu'à former une assise continue. Ce phénomène de lits oolithiques se reproduit, nous pouvons le rappeler, à diverses hauteurs dans la série parisienne.

4 Les Marnes feuilletées à Cyrènes sont oolithiques à Romainville, à Frépillon, Fresnes, Herblay.

3 Les Marnes à Lymnées strigosa le sont à Livry et Vaujours.

2 Les Sables de Mortefontaine à Janvry et Bessancourt.

1 Les Caillasses à Maurecourt.

D'autres lits sont remplis de silex noirs tout-à-fait analogues à ceux de la craie. Au plateau d'Eragny (fig. 46), à Pierrelaye les caillasses sont surmontées par des lambeaux de sables moyens qui les masquent sans arriver à les cacher. Puis à Conflans-St. Honorine elles descendent au bas de la berge, ainsi qu'à Herblay et à la Frette, tandisqu'elles sont au haut du plateau à Montesson, à Carrières-St. Denis, où elles ne sont surmontées que par le limon. A Bezou on les exploite et elles vont mourir à Argenteuil; elles sont à la cote 0 à St. Denis qui est leur point le plus bas. A partir de Stains elles prennent une marche ascendante au Nord; venant affleurer à Goussainville.

Les Caillasses reviennent au jour à la Porte Maillot, jouent un grand rôle à Passy et plongent sous Paris à une faible profondeur, elles ressortent à Charenton et après une ondulation intéressante à Château-Gaillard donnent de bonnes carrières à Maisons-Alfort, Créteil, St. Maur-les-fossés, Champigny.

Nous ne pouvons rien ajouter à ce que nous avons dit pour la disparition, au Sud, à propos du Calcaire grossier inférieur qui ne soit ici applicable; pour nous c'est par suite d'une mauvaise interprétation que ces roches n'ont pas été reconnues dans les sondages de Seine-et-Marne. Les Caillasses sont encore visibles au coin Nord-Est de notre Carte, à Claye, où elles occupent le fond de la vallée, supportant les sables moyens; et au Nord où elles sortent de dessous les sables moyens à Gonesse pour s'élever à Goussainville.

La faune des Caillasses est bien moins nombreuse et variée que celle du Calcaire grossier inférieur, cependant certains lits sont exclusivement pétris de certaines espéces: Cerith. lapidum, ou Lucina sarcorum, ou Corbula anatina Lk., &c. Elle présente une certaine unité et une certaine constance, nous y voyons apparaître sur le sommet bien des espèces de Cerithes qui continuent à vivre dans les sables moyens, mais toute une autre série de formes s'y perpétue de la base au sommet comme: Natica parisiensis, Cerithium lapidum, &c. A Nanterre, à Passy, à Courbevoie on trouve divers ossements de Mammifères:

Lophiodon parisiensis Gervais.
Pachynolophus Prevostii   »
        »   Duvalii   »
Dichobune Robertianum   »

Les Minéraux accidentels sont: le Gypse, surtout epygéné, c'est-à-dire un Carbonate de Chaux cristallisé ayant pris la forme en crête de coq des cristaux de gypse, gisant dans des Marnes blanches ou calcaires lacustres; puis le quartz cristallisé, plus rarement la fluorine et le Carbonate de fer.

Un lit brèchiforme, encore mal connu, existe à Eragny, Poissy, vers la base de C.

Le Calcaire grossier supérieur fournit des matériaux de construction nombreux, rarement vers la base il peut donner des pierres de taille d'épaisseur suffisante, mais il donne encore à ce niveau de bons moëllons. Ce qu'il fournit surtout ce sont des dalles, des tablettes, des pierres à filtrer connues sous le nom de Liais.

Les bancs supérieurs sont improductifs.

On connait sous le nom de Tripoli de Nanterre une roche calcaro-marneuse avec silice très fine, blanche, tendre, qui sert à polir; nous n'y avons pas vu les diatomées qui constituent le véritable Tripoli.

Sables Moyens.

Les sables moyens (d'Archiac 1837), que Prévost avait nommés dès 1821 *Sables de Beauchamp* pour les distinguer des sables inférieurs du Bassin de Paris dits »*Sables du Soissonnais*« et des sables supérieurs dits »*Sables de Fontainebleau*«, sont constitués diversement suivant les points aux environs de Paris.

Fig. 13.

Coupe de l'avenue de Nanterre à Puteaux.

Altitude 65^m. Contact des Caillasses 46^m.

	L. Limon	0,65^m
	14 Diluvium rouge puissant grossier et fin	3,30
	13 Argile plastique brune	0,15
St. Ouen	12 Marnes impures	0,15
	11 Blocs de calcaire démantelés (Ducy?)	0,20
	10 Sable blanc, fin pur	0,95
	9 Sable calcareux jaune, fin, ...	1,60
Sables moyens	limoneux à la base, analogue à No. 6.	
	8 Marne impure fragmentaire, blanche et jaune avec rognons .	0,65
	7 Marne feuilletée verte à points ferreux, sommet endurci . .	0,30
	6 Sable calcareux dolomitique, à fossiles pourris	4,50
	5 Sable argileux vert, glauconieux	1,20
	4 Marne verte impure	0,10
Caillasses	3 Calcaire siliceux	0,25
	2 Marne blanche	0,15
	1 Marne verte	0,05

— 136 —

Au Nord-Ouest ce sont à la base des sables grossiers assez
purs, avec Cailloux et Nummilites variolaria, stratifiés obliquement,
passant à des Grés et renfermant de nombreux débris arrachés au
Calcaire grossier; c'est le *Niveau d'Anvers*. Au-dessus ce sont des
sables blancs fins qui, dépassant au Sud et à l'Est les sables grossiers, deviennent argileux-verdâtres et passent même en certains
points à l'état de Calcaire sableux (St. Cloud), ou d'argile grise;
c'est le niveau moyen ou *Sables propres de Beauchamp*.

Le sommet de l'assise est constitué par une couche mince qui
forme un horizon paléontologique très net nommé la couche à Avicula Defrancei ou *Sables de Mortefontaine*. Cette assise est tantôt
sableuse, tantôt calcaire et revêt divers aspects que nous indiquerons
lorsque nous étudierons son extension géographique.

Fig. 14.

Coupe à Claye au-dessus du canal, route de Messy.

Altitude 68^m.

Calcaire de St. Ouen	15 Calcaire irrégulier altéré.	
	14 Argile ligniteux lie de vin .	0,05^m
	13 Marne blanche	0,20
(Couches sup^{res}) (Ducy)	12 Filet de sable fin verdâtre argileux (avicules) . .	0,03
	11 Calcaire fragmentaire verdâtre à Pot. deperditus dendrites	0,35
Sables moyens	10 Sable argileux vert . . .	0,05
	9 Sable blanc, avec rognons de silex	0,02
	8 Sable calcareux gris (No. 8 de la Coupe de Compans) .	0,08
	7 Sable grossier à coquilles brisées	0,10
	6 Sable blanc à fossiles altérés	1,00
	5 Argile vert pomme . . .	0,03
	4 Argile jaune à rognons gré-zeux	1,10
	3 Argile sableux roussâtre, avec fossiles altérés, Milioles .	1,00
	2 Sable jaune-vert fin, pur .	3,20
	1 Sable blanc fin pur . . .	2,40 Niv. du canal. Altitude 58^m.

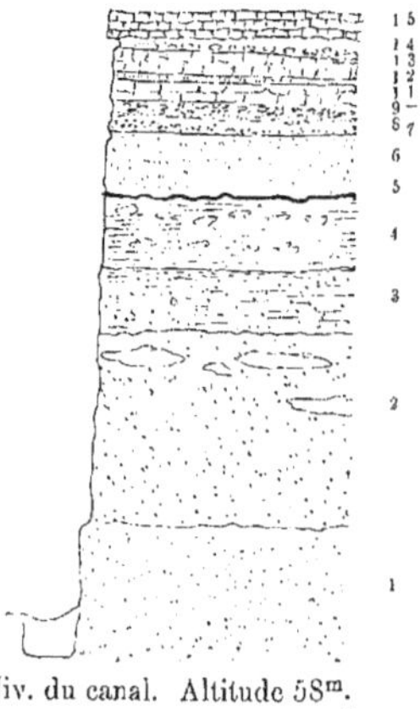

Avec la couche à Avicula il faut joindre un calcaire d'eau douce
dit *Calcaire de Ducy* qui se voit au Nord principalement, blanc,
marneux, parfois ligniteux et qui est intercalé entre les sables de
Beauchamp et ceux de Mortefontaine préparant la venue du Calcaire
lacustre de St. Ouen qui surmonte normalement les sables moyens
(fig. 16, 20 et 22). Ch. d'Orbigny (1838—1855) a méconnu l'ordre
de ces assises, D'Archiac et Goubert ont beaucoup fait pour cette

stratigraphie. Bien que les sables moyens tranchent nettement par leur nature sableuse sur les Caillasses qu'ils ravinent à leur base et sur le Calcaire marneux de St. Ouen auquel ils se relient au sommet, ils ont été longtemps méconnus et réunis au Calcaire grossier comme une de ses dépendances, c'était avant que leur développement très grand au Nord ne fût encore connu (Graves).

Fig. 15.

Sartrouville.

Coupe du chemin de fer de Grande Ceinture avant la halte.

Altitude 50ᵐ.

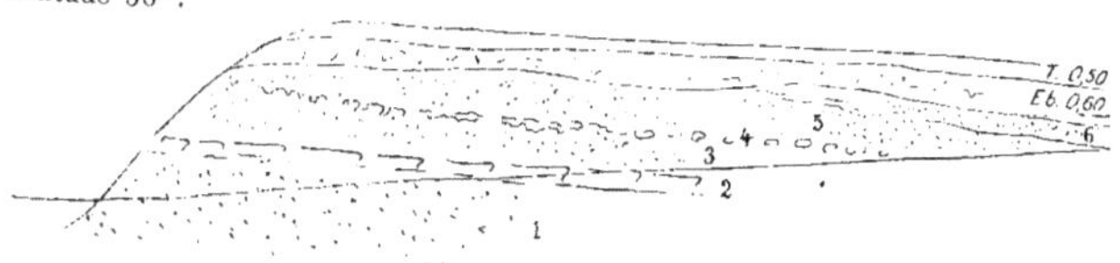

6 Sable vert sans fossiles 0,55ᵐ
5 Sable gris-vert très fossilifère, faune de Beauchamp . 1,00
4 Niveau d'Ostrea lamellaria 0,10
3 Sable verdâtre à debris et fossiles variés 1.20
2 Grès tabulaire grossier à Nummulites 0,40
1 Sable vert un peu rouillé à N. variolaria 4,00

La faune des sables moyens est très abondante et variée en Mollusques et en Polypiers, elle a été étudiée par Lamarck, de 1804 à 1806, et par Deshayes dès 1822. Dans le niveau d'Anvers les coquilles sont roulées, on y trouve mêlées bien des espèces remaniées du Calcaire grossier ou des sables inférieurs, sans qu'il soit toujours facile de distinguer celles qui ont réellement vécu dans les sables moyens. Le niveau de Beauchamp est une faune moins variée, mais qui a réellement vécu en place; les spécimens y sont fort abondants, nous en connaissons des gites abordables à Maurecourt, à Herblay, à Vaux dans la forêt de St. Germain où l'on trouve les espèces suivantes:

Cerithium crenatulatum Desh.	Cytherea elegans Lk.
Odostomia mediana Desh.	Lucina inornata Desh.
Melania substriata Desh.	Cyrena deperdita Lk.
» hordacea Lk.	Trigonocœlia media Desh.
» delibata Desh.	Ostrea cucullaris Lk.
Nematura mediana Desh.	

puis à Sartrouville, Argenteuil, au Nord à Ecouen, Bourqueval, à l'Est à Compans, à St. Mêmes.

Dans les points du Sud, où les sables moyens sont argileux et verts, les fossiles sont très rares.

L'assise de Mortefontaine possède une faune toute spéciale, visible à Beauchamp, à Herblay, etc., avec:

Cerithium tricarinatum Lk.	Avicula Defrancei Desh.
» pleurotomoïdes Lk.	Natica parisiensis d'Orb.
Fusus polygonus Lk.	Corbula angulata Lk.
» subcarinatus Lk.	Venus texta Lk.
Bithinia pulchra Desh.	Nombreux Foraminifères
Nematura mediana Desh.	

Mais généralement sur notre Carte on rencontre un Calcaire dur lumachelle dans lequel on ne distingue que l'Avicula Defrancei (A. fragilis Defr.) Les sables moyens manquent au Sud-Ouest de notre Carte, ils ne dépassent pas au Sud une ligne qui irait d'Orgeval à Versailles et Palaiseau.

De Sénarmont cite les sables moyens avec fossiles à Gailly, à l'Ouest de Versailles, dans une position non équivoque; malgré nos efforts nous n'avons pas pu controler ce renseignement. Les sables vert-roux que nous avons vus dans cette région sont sans fossiles et nous ont paru appartenir aux sables infragypseux. Cependant un sondage récent de MM. Lippmann et Cie. a rencontré à Versailles près la Gare des Chantiers les sables moyens acquifères à 40 mètres. Dans le vallon de Sèvres ils apparaissent argileux, verts, avec une puissance de 3 mètres au plus (fig. 12).

Les sables inférieurs des sables moyens (niveau d'Anvers) sont connus seulement sur nos feuilles, avons-nous dit, au Nord-Ouest, à Pierrelaye, Herblay, Jouy-le-Moutier, Maisons-Laffitte, Sartrouville (fig. 15), Ecouen, Goussainville; ils ne paraissent pas s'être étendus ailleurs.

Le niveau moyen de Beauchamp dans son faciès sud-parisien, argilo-sableux, verdâtre, stérile, est connu de l'Ouest à l'Est à Villaines (fig. 24), Fourqueux, Poissy, au Val St. Léger, à Louveciennes, Puteaux (fig. 13), Suresnes (fig. 16), Chaville, à Meudon, Gentilly (fig. 11 et 19), dans Paris au Trocadéro, Rue de Rome, près de la gare de Sceaux (fig. 17), au Cimetière Montparnasse, au quartier de la Gare (fig. 47), à Bercy, à St. Mandé, Charenton, St. Maur, Champigny (station du Plan et de Champignolle).

Le même niveau sableux typique passe à Chanteloup, Maurecourt, Pierrelaye, Herblay, Maisons-Laffitte, Sartrouville (fig. 15), Argenteuil; la coupe de Nogent-sur-Marne est de transition (fig. 22), puis au Nord-Est Claye (fig. 14), Compans (fig. 21), St. Mêmes, où s'observent divers accidents dolomitiques; enfin le groupe nord d'Ecouen, Gonesse, etc.

Fig. 16.

Coupe à la Briquetterie de Suresnes.

Altitude 89^m.

St. Ouen	6 Marnes blanches calcaire de St. Ouen . . .	0,40^m
	5 Marne ligniteuse grise .	0,08
Morte-	4 Sable jaune	0,06
fontaine	3 Sable vert argileux . .	0,01
Ducy	2 Calcaire dur stratifié, fin, ondulé, sonore, fragile	0,15
Sables moyens	1 Sable vert avec rognous de grès	4,00

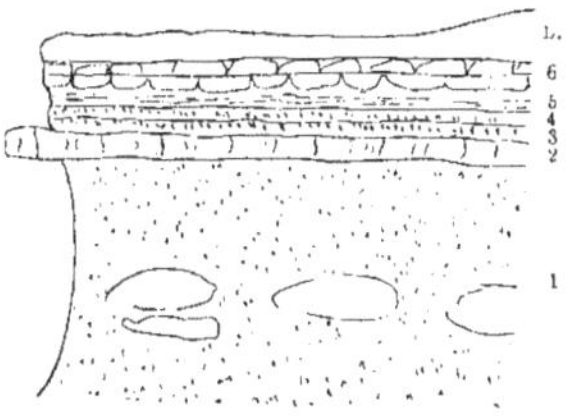

Nous possédons un grand nombre de coupes et nous avons constaté tous ces étages dans beaucoup d'autres localités, que le manque de place ne nous permet pas d'indiquer. Le niveau supérieur à Avicules est fort étendu, sans vouloir rappeler les points connus comme La Frette, la rue de Rome à Paris, nous l'avons vu au Val Notre-Dame près Bezon (fig. 20), à la station de Colombes sous forme d'un Calcaire grèzeux lumachelle, à l'altitude de 33 mètres; rue Ampère à Paris, à 40 mètres, la roche était pétrie de Cerith. tricarinatum; dans la plaine St. Denis au fond des Cloches du Grand Gazomètre, altitude de 30 mètres; à Claye c'est un Calcaire gris à lamelles nacrées, altitude 65 mêtres (fig. 14); à Compans (fig. 21), &c. Il est des points tout locaux où ce niveau fait entièrement défaut: St. Germain-en-Laye (fig. 18), Gentilly (fig. 19), comme nous l'avons montré pour Méry-sur-Oise.

La puissance des sables moyens est de 2 à 4 mètres à Paris, elle monte à 15 mètres vers Beauchamp, à 18 mètres vers Claye, et s'accroît considérablement plus au Nord. Sous la Brie nous ignorons leur limite, mais comme on les revoit dans la vallée du Morin à Crécy on peut supposer que leur extension est grande.

L'allure des sables moyens est la même que celle des Caillasses, ils forment d'Achères à Argenteuil, St. Denis, le Raincy, Nogent-sur-Marne et la Marne un fond de bateau avec ascension des couches au Nord, et au Sud. Nous constatons que leur point d'ascension sud correspond à-peu-près à leur limite sud, car ils sont fort réduits au moulin de Cachan où on leur connait une contre-inclinaison sud et ils n'ont plus que 3,26 mètres à Saulx-les-Chartreux.

Signalons comme faciès particulier un grès dur à pavés, à la lanterne de Démosthène à St. Cloud qui occupe la partie moyenne de l'Etage (fig. 10). Au val Fleury dans la tranchée du chemin de fer les sables moyens sont glauconieux, argilo-calcaires, avec moules de Cerithium perditum Bay. Au parc d'Issy, à l'altitude de 85 mètres, en haut de la berge de la Seine ils sont d'un gris-vert-roussâtre analogue au grès infragypseux. A Bois - Colombes ce sont des Marnes bleues avec cristaux de gypse en crêtes de Coq; les mêmes cristaux se voient dans le grès moyen à la briquetterie de Suresnes (fig. 16); à la gare de Reuilly dans Paris ce sont des sables avec grès caillasseux, quartz cariés et mauvaises empreintes de Cérites.

Une bonne succession avec bancs calcareo-sableux est visible à Vaux au-dessus de Triel. Nous avons donné des détails spéciaux sur Beauchamp dans une note sur la stratigraphie de détail des sables moyens, en 1879 [1].

Fig. 17.

Coupe au Coin de la rue d'Alesia et du Boulevard de Montsouris.

	14	Alternances de Marnes pâles et de calcaire blanc tendre	3,50^m
	13	Argile brune en filet	0,02
	12	Calcaire crême.	0,25
S. O.	11	Lit argileux vert	0,02
	10	Marne claire et calcaire	0,50
	9	Argile brune	0,02
	8	Calcaire blanc dur	0,12
	7	Argile ligniteux et crême	0,04
	6	Cordon sableux vert.	0,03 Altit. 68^m
	5	Marne verdâtre	0,40
S. M.	4	Cordon sableux vert	0,02
	3	Marne jaune tendre	0,20
	2	Sable blanc à debris calcaires . .	0,30
	1	Sable argileux et grès	4,00

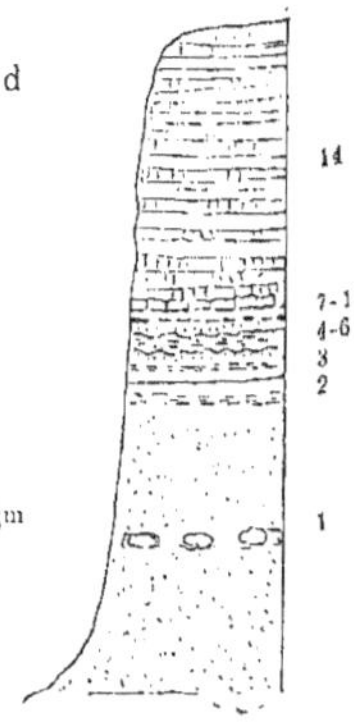

Dans les vallées de la Beuveronne et de la Biberonne les sables calcareux de la partie centrale des sables moyens sont souvent dolomitiques [2]), ils deviennent farineux, d'un jaune très clair, douçâtres au toucher, les fossiles disparaissent. Nous en connaissons d'autres exemples à Gonesse et à Goussainville. Ch. d'Orbigny signale à la Gare St. Lazare des Calcaires gris-jaunes, compactes, avec rognons calcaires et vers le haut des marnes à rognons strontianifères.

---

[1]) Bull. soc. Géol. Franc. 3e Série Tome VIII, p. 171..
[2]) Bull. soc. Géol. Franc. 3e Série Tome IX, p. 480.

On exploite les sables moyens comme grès à paver dans quelques endroits du Nord et du Nord-Ouest; dans d'autres points on l'estime seulement comme sable pour bâtir et sabler, mais cette utilité industrielle est fort restreinte. Dans la région de Paris ils ne donnent lieu à aucune extraction bien que certains faciès puissent être utilisés comme terre à four, ou pour mêler au limon dans la confection des briques.

Les sables et grès de Beauchamp ne donnent qu'une maigre culture, il faudrait les marner abondamment, on a conservé de préférence sur leur surface des bois et des forêts, telles que la forêt de St. Germain où ils forment le substratum principal, les bois de Pierrelaye, de Beauchamp, &c.

Calcaire de St. Ouen.

Ce Calcaire ou Travertin de St. Ouen se compose essentiellement de calcaires blancs ou gris, durs ou tendres, interstratifiés avec des Marnes blanches tendres et coupés des Marnes versicolores. On reconnaît aisément le Calcaire de St. Ouen à sa couleur blanche et à de légères panachures argileuses-vertes partout disséminées. Les Marnes colorées sont argileuses, magnésiennes, vertes dans la région basse, couleur lie de vin, brun ou chocolat dans la partie

Fig. 18.

Coupe à la Station de St. Germain en Laye.

Altitude 82^m.

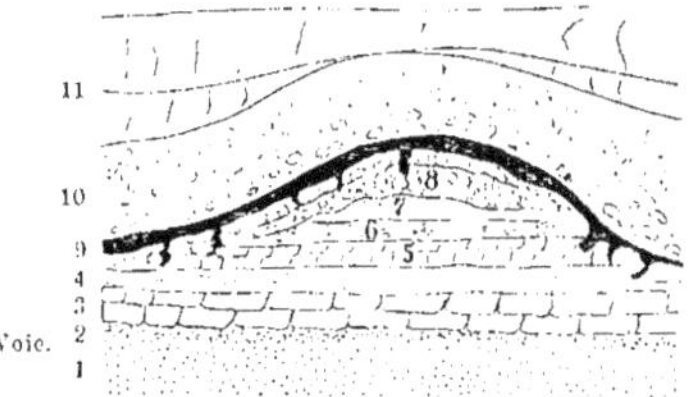

	11 Limon	1,00 à 0,60^m	
	10 Diluvium, Sable grossier rouge avec ciment argilo-sableux	1,20^m	
	9 Argile plastique rouge dite hydrothermale	0.00 à 0,20	
	8 Marnes blanches altérées et blocs	0,40^m	
St. Ouen	7 Marne blanche stratifiée		
	6 Marne calcaire		
	5 Calcaire marneux blanc	2.10	
	4 Marne blanche		
	3 Calcaire marneux blanc dur		
Sables moyens	2 Sable jaune	1.70	
	1 Sable argileux vert		

haute, avec rognons de Silex bleuâtres ou de Silex nectique blanc. On y voit aussi à profusion de petites Bithinies écrasées, des graines de Chara et des Cypris.

L'épaisseur du Calcaire de St. Ouen est assez uniforme de 8 à 12 mètres dans l'étendue de notre Carte, elle s'accroît considérablement au Nord. Sa composition est assez constante dans toute son épaisseur, un banc dur à Lymnea longiscata règne d'ordinaire au sommet avec des marnes violacées; le Megalomastoma mumia est plus abondant au centre dans des Marnes-crême, enfin le Calcaire de St. Ouen est parfois divisé en deux parties par un mince lit de Marne ferrugineuse et sableuse avec fossiles fluvio-marins qui appartiennent à des espèces du Sable de Mortefontaine. A la base le Calcaire de St. Ouen débute au-dessus de la couche à Avicula Defrancei par un contact direct et reste lié aux Sables moyens par des Marnes ligniteuses, des Sables et des Calcaires alternant en couches minces, dites *Couches de Ducy*, indiquant des oscillations rapprochées et intimes.

Fig. 19.

Carrière à Gentilly sous le Fort de Bicêtre.

Altitude 76^m.

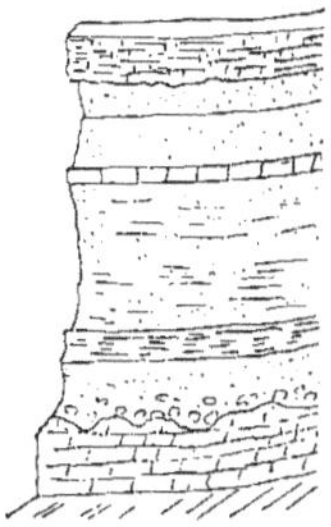

Le Calcaire de St. Ouen est surmonté par des Sables verts infragypseux fort analogues dans certaines parties aux Sables moyens et que nous décrirons plus loin comme assise distincte; ce contact est rarement visible, il est net et ne présente pas les récurrences de la base, bien que la faune de Sables infragypseux soit très-voisine de celle de Mortefontaine.

La faune du Calcaire de St. Ouen est mal connue, elle est peu variée. Les quelques rares débris de mammifères qui y sont connus se rapportent aux genres

Paloplotherium et Dichobune.

Les Mollusques sont entièrement à revoir, les coquilles sont en mauvais état, aplaties, déformées, en nombre immense, mais ce sont toujours les mêmes espèces. Argenteuil reste le gîte le plus favorable depuis que les coupes du Chemin de fer de la Place de l'Europe et des Docks de St. Ouen ne sont plus visibles. Une partie des espèces indiquées comme du niveau du Calcaire de St. Ouen appartient au Calcaire de Ducy, connues: Nystia microstoma, Lymnea arenularia, dont la faune paraît différente.

Fig. 20.

Coupe au Val-Notre-Dame.

Chemin de Fer de Grande Ceinture au N. de Bezons.

Calc. de St. Ouen	14	Marne fragmentaire blanche	1,50^{m}
	13	Marne calcaire un peu ligniteuse	0,30
	12	Argile plastique noire ligniteuse	0,01
	11	Marne blanche à rognons cariée	0,30
	10	Grès vert, foliacé, un peu argileux à Avicula Defrancei	0,10
Calcaire de Ducy	9	Calcaire crême à veinules vertes	0,18
	8	Argile plastique ligniteuse, noire	0,04
	7	Calcaire dur, couleur crême	0,40
	6	Argile plastique ligniteuse	0,04
	5	Marne blanche irrégulière	0,05
	4	Calcaire dur, blanc, fragile	0,60
Sables moyens	3	Calcaires grézeux à fossiles marins	0,20
	2	Grès verdâtre à Cerithes	0,20
	1	Sable vert et blanc	1,00

Voici une liste des espèces les moins discutables:

Planorbis lens Brongt. (P. inversum Desh.) (Segmentina) c.

»   obtusus Sow. r.

»   goniobasis Sandbg. (P. rotundatus Auct., non Poiret) cc.

Lymnea longiscata Brongt. (Ly. pyramidalis Bd.) cc.

Lymnea acuminata Brongt. c.

Helix Hebertii Desh. rr.

Megalomastoma mumia Lk. sp. (cyclostoma) cc.

Vivipara Matheroni Desh. rr.

Bithinella pyramidalis Brard. (Palud elongata Ch. d'Orb.) c.

»   varicosa Ch. d'Orb. 1837. r.

»   pusilla Brongt. sp. (Bulimus) cc.

»   atomus Brongt. sp. (Bulimus) cc.

» ? cyclostomæformis Ch. d'Orb. r.

Les végétaux peu abondants, ils se réduisent à des feuilles, des tiges de roseaux, Chara Archiacii Wat.

Les minéraux sont peu nombreux, les silex nectiques parfois très gros et d'une extraordinaire légèreté qui se coupent comme un fruit sont intéressants, puis les silex opalins des marnes magnésiennes. De Sénarmont enfin a indiqué dans son Travertin inférieur de gros silex pyromaques.

Fig. 21.

Coupe à Compans-la-Ville.

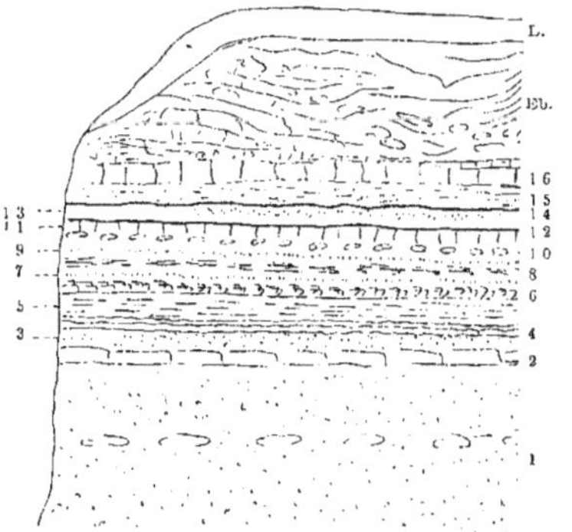

```
                                                       Limon  . . . . . . . . . . . . . . . . 0,30ᵐ
                                                       Eboulis argilo-calcaires  . . . . . . . 2,00
       ⎧ 16 Calcaire blanc marneux  . . . . . . 0,40
       ⎪ 15 Marne blanche  . . . . . . . . . 0,30
       ⎪ 14 Argile vert-clair . . . . . . . . . 0,04
S. O. ⎨ 13 Sable blanc verdâtre . . . . . . . 0,20
       ⎪ 12 Argile verte pure . . . . . . . . 0,02
       ⎪ 11 Marne blanchâtre à cyclostomes . . . 0,25
       ⎩ 10 Marne blanche à rognons . . . . . 0,10
          9 Sable gris et vert (altitude 83ᵐ) . . . 0,06  purée de fossiles (Avicules).
       ⎧  8 Marne calcaire ligniteux . . . . . . 0,26
       ⎪  7 Sable fossilifère.  C. scalaroïdes, Oliva . 0,15
       ⎪  6 Grès stratifié à lames calcaires . . . 0,30
S.M. ⎨  5 Argile jaune . . . . . . . . . . 0,70·
       ⎪  4 Argile verte . . . . . . . . . . 0,12
       ⎪  3 Sable limoneux . . . . . . . . . 0,40
       ⎪  2 Dolomie dure . . . . . . . . . . 0,20
       ⎩  1 Sable vert ou roussâtre . . . . . . 3,00
```

Le Calcaire de St. Ouen a les mêmes allures que les autres terrains que nous avons étudiés, il est très haut suivant une anticlinale Ouest-Est de Versailles à Champigny et s'incline au Nord et au Sud ensuite de part et d'autre. Son inclinaison sud est si rapide qu'on le perd de vue et qu'on ignore ce qu'il devient dans cette direction. Au Nord, sa disparition n'est que temporaire et

on le voit remonter vivement au Nord d'une ligne qui se jalonne à
Andrésy, Argenteuil, le Raincy, Lagny. Ce Travertin moyen, qui
est le Travertin inférieur de Mr. de Sénarmont, est faible et mal caractérisé à Fontenay-le-Fleury, Gally, St. Nom, à l'Ouest de Versailles. Mais il est fort important sur le revers Nord des Allucts,
à Orgeval, Morainvilliers, Tressancourt (nous en donnons la coupe
fig. 23), à Verneuil, Villaines (fig. 24). Il forme l'isthme qui rattache la forêt de St. Germain à celle de Marly, il est développé à
Chambourcy, à Fourqueux où la Marne blanche est pétrie de Cypris
et où la tranchée de la Grande Ceinture l'a mis à découvert sur
400 mètres environ. Il forme le soubassement de la Ville de St. Germain, comme on peut s'en assurer par la coupe de la Rue Boucher
de Perthes, au Cimetière et à la station du chemin de fer (fig. 18).
Dans la forêt de St. Germain le Calcaire de St. Ouen se prolonge
sur une faible épaisseur entre les sables moyens et les sables quaternaires jusqu'au Mesnil-le-Roi.

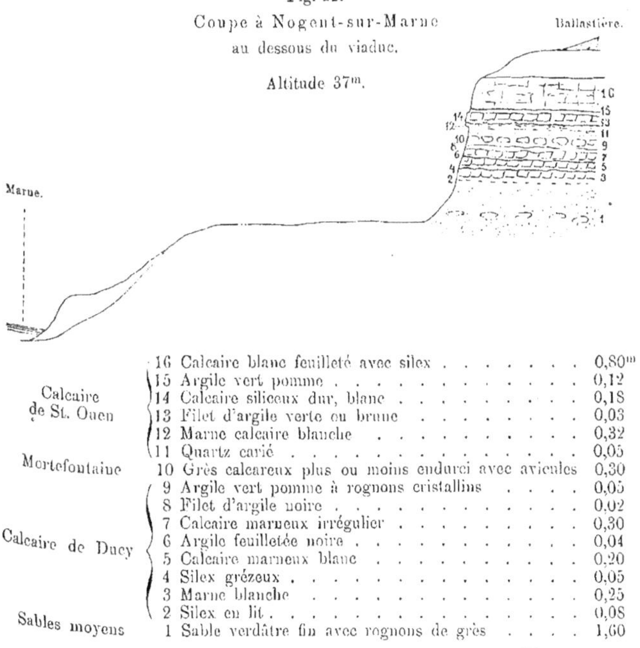

Fig. 22.
Coupe à Nogent-sur-Marne
au dessous du viaduc.
Altitude 37^m.

Calcaire de St. Ouen	16 Calcaire blanc feuilleté avec silex	0,80^m
	15 Argile vert pomme	0,12
	14 Calcaire siliceux dur, blanc	0,18
	13 Filet d'argile verte ou brune	0,03
	12 Marne calcaire blanche	0,32
	11 Quartz carié	0,05
Mortefontaine	10 Grès calcareux plus ou moins endurci avec avicules	0,30
Calcaire de Ducy	9 Argile vert pomme à rognons cristallins	0,05
	8 Filet d'argile noire	0,02
	7 Calcaire marneux irrégulier	0,30
	6 Argile feuilletée noire	0,04
	5 Calcaire marneux blanc	0,20
	4 Silex grézeux	0,05
	3 Marne blanche	0,25
	2 Silex en lit	0,08
Sables moyens	1 Sable verdâtre fin avec rognons de grès	1,60

A Louveciennes c'est un Calcaire très dur à panachures vertes qui se poursuit à Bougival.

C'est encore le Calcaire de St. Ouen qui forme le col de la Fouilleuse entre le Mont Valérien et St. Cloud.

On l'observe à Nanterre, et, après une interruption, il revient à Colombes et jusqu'à Asnières d'où il va s'enfoncer sous la plaine de Genevilliers; on l'observe très réduit à Puteaux (fig. 13) à la station à Suresnes. C'est une marne blanche à silex noirs comme ceux de la craie à la Briquetterie de Suresnes; nous donnons la coupe (fig. 16).

Le Calcaire de St. Ouen forme le plateau de la lanterne de Démosthène à St. Cloud, il est mal visible et réduit dans le vallon de Sèvres (fig. 12), on le rencontre à la station de Meudon. La tranchée entre le Val Fleury et la station de Clamart est toute entière dans le St. Ouen. Un rameau détaché plongeant au Sud de Bagneux vient passer sous le Fort de Montrouge et entre dans Paris où il couronne la butte du Panthéon en passant par la gare de Sceaux (fig. 17). Dans la vallée de la Bièvre, à Gentilly (fig. 19), le St. Ouen s'étudie aisément, on le voit jusqu'au moulin de Cachan, où des sondages pour un projet de chemin de fer ont montré des Marnes blanches à silex à Bithinies toutes dégagées. Un îlot dans Paris est curieux à la butte aux Cailles. On le voit plus difficilement à Créteil, c'est à la descente vers la Marne un Calcaire à trous, qui sont des vides de Bithinies. Mais à Champigny une coupe au-dessus de la station du Plan montre bien sa position inférieure par rapport au Calcaire de Champigny.

Enfin, nous donnons la coupe au pont de Nogent (fig. 22). Passant sur la rive droite de la Seine nous signalerons le Calcaire de St. Ouen, sans pouvoir nous y arrêter: à Triel, Andrésy, Maurecourt, Jouy-le-Moutier, Pierrelaye, Herblay, Sartrouville, Houilles, Val Notre-Dame (fig. 20), Argenteuil, Epinay, St. Denis où le contact supérieur, des sables verts infragypseux, est partout visible. A St. Ouen, la localité typique, il faut aller sur les berges de la Seine pour voir sûrement la formation.

Le Calcaire de St. Ouen forme le substratum de la Butte Montmartre et des collines de Belleville, Romainville, Nogent-sur-Marne. On le voyait au Trocadéro, sous l'Arc de Triomphe. Il décrit dans Paris une grande bande à flanc de côteau, depuis la place St. Augustin, par la place de l'Europe, le Marché Notre-Dame de Lorette, la Caserne de la Nouvelle France (fig. 25), la Gare de l'Est, l'hôpital

St. Louis, la Roquette, la place du Trône, la Butte Picpus, St. Mandé, Vincennes.

Dans la plaine St. Denis les sondages nombreux atteignent le St. Ouen à peu de profondeur et le traversent pour rejoindre une nappe d'eau ascendante dans les sables moyens qui sont au-dessous. Je rappellerai les bonnes coupes qu'ont récemment fournies les fouilles des Gazomètres.

Dans la grande plaine qui s'élève au Nord le Calcaire de St. Ouen joue encore un rôle considérable, à peine recouvert par places de paquets de Sables de Monceau, il se prolonge sur une vaste étendue: à l'Est les ravins de Claye (fig. 14), Mitry, Thieux en donnant le détail, à Compans (fig. 21), au Grand Tremblay la Marne blanche et tendre est toute pétrie de Planorbes, de Bithinies, de Chara. Au Nord, la vallée du Crould le montre à Garges, Bonneuil, Gonesse, Ecouen, Sarcelles avec un intéressant développement.

L'assise de St. Ouen n'est utilisée que pour l'agriculture, mais elle l'est sur une vaste étendue, elle sert au marnage des terres. Les cultivateurs vont chercher dans le tréfond la chaux pour remplacer celle que les eaux atmosphériques et les récoltes ont fait disparaître de la terre végétale. L'extraction est des plus primitives, à Roissy, à Mesnil-Amelot, à Villepinte; on fait sur la place un simple puits qui traverse les épais limons et les éboulis diluviens et attaque les Marnes blanches. On pousse alors des galeries dans diverses directions, et quand le volume extrait est suffisant on se contente de boucher le puits sans s'inquiéter des affaissements locaux qui se peuvent produire. Cette pratique du marnage déjà conseillée par Bernard Palissy donne les meilleurs résultats.

Le Gypse.

Le terrain gypseux du Bassin de Paris est très continu dans son ensemble et varié dans ses détails; il importe d'en étudier à part diverses assises qui présentent une individualité propre, ce sont: à la base, les sables marins verts de Monceau et au sommet les Marnes lacustres blanches de Pantin. On y rencontre à la fois une composition minéralogique et une origine très distinctes, une faune particulière, une étendue géographique propre.

Voici un tableau des couches que nous colorions comme Eocène E^3 et qui forment une réelle transition entre l'Eocène et le Miocène M_3. Il importe de rappeler dès maintenant que dans la Brie entre la Seine et la Marne, dans l'angle Sud-Est de notre Carte, le gypse propre est remplacé latéralement par un Calcaire siliceux qu'on a nommé *Calcaire de Champigny*.

Formation Lacustre { Marnes blanches de Pantin à Lymnea strigona.
Marnes bleues supragypseuses.

Gypse palustre 1ère Masse ou haute Masse du Gypse avec Paleotherium.

Gypse propre — Gypse marin:

Marne jaune à silex Ménilites
2ème Masse de Gypse — Gypse cristallisé à filets marneux.
Marnes feuilletées à Lucina inornata.
3ème Masse de Gypse — Gypse stratifié et bancs de Marnes.
Marnes jaunes à Pholadomya ludensis
4ème Masse de Gypse — Gypse impur, Marnes gypseuses — faible puissance.

Formation marine: Sables verts infragypseux à Cerith. tricarinatum.

Sables infragypseux.

Les sables verts infragypseux dits Sables de Monceau ou Sables d'Argenteuil sont généralement fins, argileux, verdâtres; ils prennent une teinte rousse par l'exposition à l'air et passent parfois à des grès verdâtres à points roux. Ils sont généralement sans fossiles, mais

Fig. 23.
Le Grand Tressancourt
Carrière des quatre torchons.
Altitude 86^m.

Sables infragypseux	10 Limon avec débris meuliers	0,70^m
	9 Sables argileux verdâtres (sables de Monceau)	0,10
Calcaire de St. Ouen	8 Calcaire siliceux blanc dur	0,30
	7 Marne blanche calcareuse	1,10
	6 Calcaire blanc fragmentaire	0,60
	5 Marne blanche stratifiée avec filets argileux à Bithinies .	2,40
	4 Calcaire blanc, dur, à taches vertes	0,20
	3 Marnes variées, crêmes et ligniteuses	0,60
	2 Calcaire blanc très dur à silex	0,20
	1 Marne blanche, visible sur	0,10

leur couleur est caractéristique. On les a vus cependant fossilifères
à la Place de l'Europe, au quartier Monceau, aux Fortifications de
Clichy, où Mr. Ch. d'Orbigny les a distingués le premier, en 1836;
à Argenteuil où ils ont fourni a MM. Fabre et Bioche une faunule
décrite par Deshayes en 1866; à Méry-sur-Oise où nous les avons
décrits en 1878[1]). Cette faunule les rapproche intimément des

Fig. 24.

Coupe de la Haute Berge de la Seine à Villaines.

Altitude 68[m].

Eboulis.

Sables **infra-** **gypseux**	L.	Limon sableux	0,65[m]
	22	Grès vert roussi	1,60
	21	Sable vert argileux	0,55
Calcaire **de** **St. Ouen**	20	Argile lie de vin à silex bleu	0,12
	19	Marne blanche	0,35
	18	Marne feuilletée lie de vin	0,08
	17	Calcaire tres dur sonore	0,20
	16	Marne blanche	0,15
	15	Calcaire blanc irrégulier	0,12
	14	Marne blanche à blocs épars calcaires	4,50
	13	Marne irrégulière blanche	1,50
	12	Calcaire dur blanc	0,15
	11	Marne feuilletée	0,20
	10	Calcaire dur discontinu avec argile dans les fentes	0,40
	9	Marne blanche	0,50
	8	Argile brune	0,05
	7	Sables verts (lit de fossiles pourris à la base)	1.00
Sables **moyens**	6	Marne blanche calcaire	0,06
	5	Calcaire grézeux	0,05
	4	Filet argileux	0,02
	3	Sable vert argileux stratifié	0,30
	2	Filet marneux blanc	0,05
	1	Sable blanc avec rognons de grès	1,50

---

[1]) Dollfus et Vasseur, Coupe géologique du Chemin de fer de Méry-sur-Oise.
Bull. Soc. Géol. 8ᵉ S. T.V, p. 243.

sables moyens supérieurs, horizon de Mortefontaine. La ressemblance minéralogique, avec certains faciès argileux, que nous avons décrits comme faciès Parisien des sables moyens, est aussi très-grande. Au Grand Tremblay, à Claye la position stratigraphique peut seule les faire distinguer les uns des autres.

Fig. 25.

Coupe rue d'Hauteville à Paris.

(Rue des Messageries (St. Ouen) et Cité d'Hauteville.)

Altitude 47^m

	Eboulis	1,50^m
	24 Marne blanche impure . .	0,60
	23 Argile verte stratifiée . . .	0,10
	22 Argile sableuse, ligniteuse, marne	0,80
	21 Marne verte et grise à rognons gypseux	0,38
	20 Marne blanche verdâtre à cassures noires	0,40
	19 Marne grise ligniteuse. . .	0,15
Marnes in- férieures	18 Marne grise claire, gypseuse, impure	0,50
	17 Marne grise ligniteuse . . .	0,05
du Gypse	16 Marne jaune à taches rouges et empreintes de fossiles (Pholadomya)	0,40
3e et 4^e	15 Quartz carié rose	0,10
	14 Marne verte et jaune stratifiée	0,08
masse	13 Marne jaune dure, fossilifère, gypseuse . . . . 0,30 à	0,50
	12 Marne impure à nodules gypseux . . . . . 0,30 à	0,40
	11 Argile grise non continue .	0,05
	10 Marne blanche impure . .	0,30
	9 Argile sableuse, ligniteuse et ferrugineuse	0,13
Sables	8 Marne verdâtre bien sableuse	0,30^m
de	7 Argile sableuse en filets	0,12
Monceau	6 Grès vert à rognons siliceux	0,43
	5 Marne crême, lignite brun, sable jaune en bande	0,12
	4 Calcaire marneux blanc dur ou tendre	0,15
St. Ouen	3 Marne couleur café avec blocs siliceux	0,35
	2 Marne lie de vin avec silex violacés	0,15
	1 Calcaire marneux crême	0,50

C'est un dépôt symétriquement placé au-dessus du Travertin de St. Ouen, comme les sables moyens sont situés au-dessous. La stratification parait continue. Nous avons dit que le contact inférieur des sables de Monceau se faisait directement sur le Travertin de St. Ouen sans offrir de particularités. Il n'en est pas de même de son contact supérieur. Nous pouvons y confirmer la présence d'un calcaire lacustre à Bithinella qui précède les Marnes à Pholadomya ou les Marnes gypseuses de la 4ᵐᵉ Masse. Nous reviendrons sur ce calcaire qui parait occuper relativement aux sables de Monceau le rôle de Calcaire de Ducy au sommet des sables moyens.

Les sables infragypseux occupent une extension géographique considérable. On les rencontre au Sud-Ouest dans la tranchée de Gally à l'Ouest de Versailles, à Sèvres où ils sont à leurs points maximum d'altitude; puis à Morainvilliers (fig. 23), à Villaines (fig. 24), à Fourqueux, à Bougival, à Suresnes, à Chaville, à Chatillon, à Arcueil, à Créteil, à Nogent-sur-Marne, à Champigny.

Sur la rive droite de la Seine nous les avons étudiés à Vaux, à Triel, Chanteloup, Andresy, Chennevières, Herblay. Ils étaient connus à la Frette. Ils jouent un rôle considérable dans la plaine St. Denis, à St. Denis, Epinay, St. Ouen, Clichy. Dans Paris ils sont à l'Arc de Triomphe, au Collège Chaptal. Rue Rochechouart, à la Nouvelle France (fig.25), Faubourg St. Martin. Au revers Nord des collines gypseuses nous les trouvons à Pantin, Aubervilliers, Le Bourget (fig. 43), Noisy-le-sec (fig. 26), Aulnay, Drancy, au Perreux.

Fig. 26.

Coupe à la Station de Noisy-le-Sec.

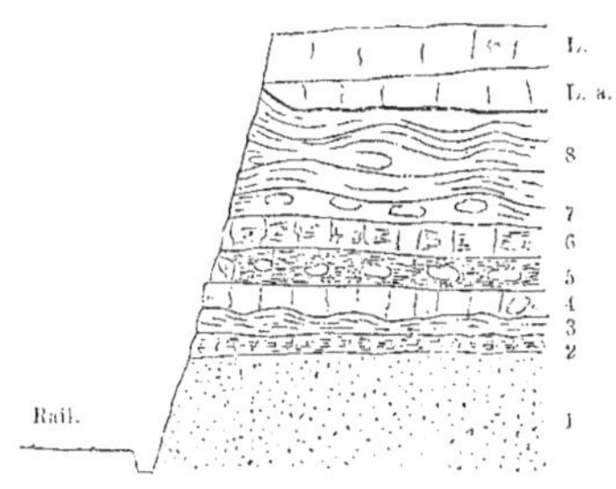

	Limon.		
	Limon argileux		
Marnes infragypseuses	8 Argile ondulé verdâtre		
	7 Filet vert clair		1,50ᵐ
	6 Marne jaune (Pholadomya?)		
	5 Marne impure à nodules		
Cal. de Noisy-le-Sec	4 Marne calcaire blanche (aspect de St. Ouen)		0,40
	3 Marne brune ligniteuse	»	0.10
	2 Marne verte argileuse	»	0,18
Sables de Monceau	1 Sable blanc et vert (sable infragypseux)		1,00

Sur la berge Nord d'ascension ils apparaissent à Ermont, Enghien, Stains, Arnouville, Gonesse, Roissy. Ils forment le soubassement du Massif Gypseux d'Ecouen et donnent les outliers ou îlots saillants du plateau de Roissy, à l'Orme de Morlu, au Grand Tremblay, au Blanc-Mesnil, à Villepinte, puis à Claye où ils filent à l'Est pour reparaître dans la vallée du Morin. Signalons quelques particularités; à Gally c'est un grès dur avec débris végétaux et cellules ayant la forme de cristaux d'un gypse qui auraient été dissous.

A Créteil les sables de Monceau sont bariolés de vert et de jaune et très-grossiers.

Au Perreux, près Nogent-sur-Marne, ce sont des grès roussis très-durs. Dans la plaine St. Denis, au cimetière St. Ouen, dans les Fortifications, à l'Usine à Gaz ils sont bien verts, moins argileux et fluides.

A Noisy-le-sec ils sont blancs, fins et ont l'aspect des sables de Beauchamp typiques.

Les sables de Monceau ne fournissent pas de matériaux utiles bien que Ch. d'Orbigny parle de grès exploités; les bancs grèzeux n'y sont ni assez continus, ni assez puissants, c'est une assise sans intérêt technologique. Revenons au calcaire lacustre mentionné à la base du gypse et que je proposerai d'appeler *Calcaire de Noisy-le-sec* pour le distinguer des nombreux calcaires lacustres des environs de Paris. Il a été signalé pour la première fois à notre connaissance par Ch. d'Orbigny à Clichy sous le nom de *Marnes blanches à Paludines*; Mr. Hébert paraît l'avoir revu à Bry-sur-Marne, enfin nous l'avons trouvé avec Mr. Vasseur à Méry-sur-Oise, en 1878, où nous l'avons catalogué sous le N° 145[1].

L'indication de ces localités déjà distantes indique que le dépôt est continu, nous pouvons aujourd'hui lui donner plus d'extension et ajouter quelques détails. Nous l'avons observé à Triel sur une épaisseur de 0,20^m et retrouvé partout dans la plaine St. Denis. A Noisy-le-sec (fig. 26) on le voit dans une position non équivoque, à la station de Bobigny, grande Ceinture, il forme un banc de Calcaire blanc marneux avec Bithinies et cypris surmonté par le Diluvium fluviatile et protégeant les sables de Monceau.

Au Bourget, à Aulnay-les-Bondy, son épaisseur est plus grande et il faut faire attention pour ne pas le confondre avec le Calcaire de St. Ouen. Mr. Carez paraît l'avoir observé dans l'Aisne, en 1880. C'est une assise à prendre en considération.

Gypse propre.

L'Etage du Gypse propre tel que nous l'avons délimité dans notre tableau page 148 reste composé essentiellement de nombreuses alternances de Marnes jaune ou blanche, plus rarement grise ou bleuâtre et de bancs d'un Gypse qui peut se présenter sous diverses formes: Gypse cristallisé en fer de lance, gypse cristallisé en pieds d'alouettes, gypse cristallin stratifié, gypse saccharoïde massif. Ces diverses formes se rencontrent dans une succession stratigraphique ascendante à peu près régulière, l'analyse y révèle presque toujours de l'argile et du Carbonate de chaux en faibles quantités. Souvent les marnes jaunes sont remplies de cristaux rouges ou noirs de gypse, elles alternent avec des Marnes fendillées, pures, à cassure ferrugineuse.

Dans les points creux du Bassin: à Montmartre, Romainville, Livry on observe au-dessus des sables verts des Marnes avec Gypse cristallisé qui ont reçu de Ch. d'Orbigny, en 1855, le nom de 4ᵉᵐᵉ Masse, mais plus généralement l'étage du Gypse débute par des Marnes jaunes, dures, avec faune marine dites *»Marnes à Pholadomya ludensis«* d'après leur fossile le plus caractéristique. Ces marnes marines qui n'ont qu'une faible épaisseur sont un horizon très-constant d'un côté à l'autre du Bassin Parisien; elles ont été signalées, dès 1805, par Demarest et Coupé. Au-dessus des Marnes à Pholadomya apparait la 3ᵉᵐᵉ Masse gypseuse composée de bancs médiocrement épais de gypse cristallisé alternant avec des lits de gypse cristallin et des lits de Marne jaune; les strates sont bien délimitées, souvent on peut suivre sur une étendue de plusieurs kilomètres le même lit de »pieds d'alouettes« de 2 à 4 centimètres d'épaisseur. La 3ᵉᵐᵉ Masse est séparée de la 2ᵉᵐᵉ par une Marne jaune un peu feuilletée, souvent calcaire et plus solide, pétrie d'une petite Lucine »Lucina inornata« et de quelques autres mollusques écrasés peu déterminables; l'extension de cette couche à Lucines est très-grande vers l'Est.

Comme composition la seconde et la troisième Masses ont la plus grande analogie; c'est une succession nombreuse de bancs de gypse saccharoïde, de gypse cristallin stratifié et de gypse cristallisé, puis des lits marneux jaunes, dont quelques uns ont fourni de rares empreintes de Cerithes (Goubert). Le sommet de la 2ᵉᵐᵉ Masse est composée d'une couche marneuse, simple ou multiple, bien plus puissante que tous les lits marneux inférieurs allant jusqu'à 4 mètres et qui renferme dans la plupart des points de gros rognons de formes régulières en silex dit: »Silex Ménilite«, qui est souvent plutôt un calcaire siliceux gris.

Au-dessus de la Marne à Ménilite et de son cortège commence la 1ᵉʳᵉ Masse ou haute Masse gypseuse; on voit aussitôt que les conditions de formation sont changées, car du haut en bas de la 1ᵉʳᵉ

Masse, qui peut atteindre de 15 à 20 mètres, on n'observe aucun changement minéralogique, aucun délit stratigraphique; le gypse est saccharoïde et homogène, aucun lit marneux ou cristallin n'y est connu, c'est cette masse et cette masse seule qui fournit les ossements de Paleotherium, d'Anoplotherium, &c.

Fig. 27.

Grande Carrière au Raincy.

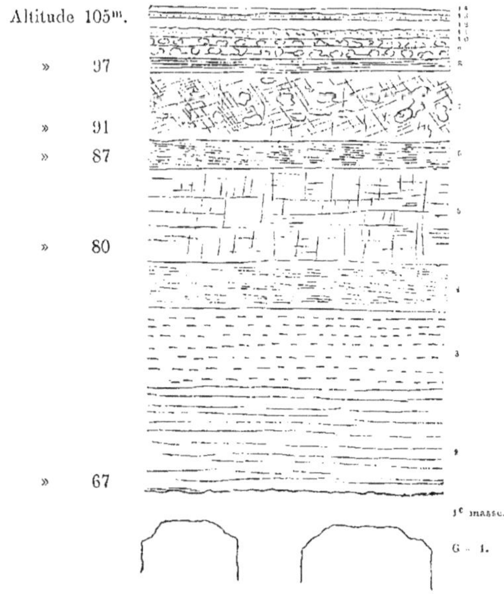

Altitude 105ᵐ.

»   97

»   91

»   87

»   80

»   67

1ᵉ masse.

G - 1.

	14	Terre végétale	0,45ᵐ
	13	Limon sableux	0,20
	12	Limon argileux	0,60
	11	Argile caillouteuse	0,40
Brie	10	Marne blanchâtre avec Meulière de Brie . . .	0,65
	9	Marne grise avec Banc de Meulière	1,40
	8	Marne blanche et verte alternante	0,80
Agile verte	7	Argile verte à rognons strontianifère	5,50
	6	Marne feuilletée, ferrugineuse à cyrènes . .	2,50
	5	Marne blanche hydraulique à lymnées	6,80
Marnes blanches	4	Marnes glauques	2,50
	3	» bleues	5,00
	2	» jaunes feuilletées et gypse	6,00
	1	Gypse 1ᵉ masse	12,00

Les basses Marnes au contraire qui sont parfaitement liées entre elles n'ont fourni que des ossements de tortues et de crocodiles. La

— 155 —

distinction entre le gypse marin et le gypse palustre se justifie ainsi sans ·difficulté.

La faune du Gypse est bien connue depuis les grands travaux de Cuvier qui ont fondé la paléontologie des Vertébrés; les ossements sont loin d'être aussi abondants qu'on l'a répété; ils sont très-disséminés. Depuis Cuvier les Blainville, Gervais, Alph. Milne-Edwards s'en sont occupés et plus récemment MM. Gaudry et Vasseur. La faune marine, dont l'étude a été faite par Deshayes en 1865, avait conduit à la conclusion d'un mélange d'espèces des sables de Beauchamp avec d'autres des sables d'Etampes. Mais une étude plus attentive a démontré que presque toutes les formes rapportées aux sables supérieurs étaient douteuses et qu'au contraire la faunule des Gypses marins était inséparable de celle des sables infragypseux et des sables de Mortefontaine.

La 1ère Masse est surmontée de Marnes bleuâtres pyriteuses; le contact est généralement net; Mr. Deshayes y a signalé, en 1859, à Montmorency et autres places, des traces de pas d'oiseaux et autres animaux. Bien que les Marnes bleues renferment encore divers lits gypseux nous les étudierons plus loin avec les Marnes blanches. Ces pistes de pas dans le gypse palustre tendent à démontrer que le gypse s'est déposé dans un lac peu profond sous une eau agitée par le vent, dans une lagune autrefois marine suivant les récentes découvertes de Mr. Dieulafait.

Le Gypse et ses Marnes en raison de sa nature et de sa structure doit d'avoir été plus facilement attaqué par les érosions quaternaires que d'autres couches, le lac parisien a été profondément labouré et les buttes ou témoins qui sont restées donnent aux environs de Paris son principal relief. Ces buttes sont alignées dans la direction du courant, elles témoignent de sa route et de son intensité: un courant principal régnait de l'Est vers l'Ouest et des courants secondaires afféraient du Nord au Sud et du Sud au Nord, se jetant dans la voie principale qui suivait la direction moyenne de la Seine actuelle.

Passons en revue les divers points de notre Carte où le gypse est visible. Au Sud-Ouest et sur la rive gauche de la Seine il est peu développé et voisin de sa limite géographique, ainsi à Chavenay, à Versailles le gypse est extrêmement réduit, il n'affleure point; ses traces sont à une altitude considérable sur la route de St. Nom et à Feucherolles. Mais il apparaît déjà bien constitué dans le vallon de Sèvres où il a été exploité souterrainement à Chaville. Le puits de Trappes et un autre à Chateanfort en ont trouvé des lits variés.

Le Gypse est fort réduit aussi à Orgeval; mais il est bien développé à Breteuil et Medan; on l'a tiré au Moulin de Haut-Breteuil, au-dessus de Villaines. A Fourqueux, Marly, la Celle, sa puissance est faible et il reste invisible, caché par ses Marnes.

Au Mont Valérien on l'exploite au-dessus de Suresnes vers la cote 96. On l'a rencontré dans le tunnel de Ville d'Avray, rive droite, et dans la tranchée de Sèvres, rive gauche. On l'a exploité à Clamart, à Chatillon, à Bagneux. A Chatillon, dont nous donnons la coupe fig. 28, la stratigraphie n'est pas absolument conforme à celle que nous avons décrite pour le centre du Bassin: la 1ère Masse est stratifiée, coupée de filets marneux gris, les Marnes bleues sont bien développées et renferment depuis leur base des bancs gypseux exploitables. Ces derniers points sont des points hauts, le Gypse plonge dans la vallée de la Bièvre, on le connait à Sceaux, Antony, Verrières, le dernier point dans cette direction est Bièvres. Entre la Seine et la Bièvre on connait le Gypse à Bicêtre, à Fresnes, à Vitry; à Longjumeau on a rencontré des Marnes gypseuses coupées de Calcaire et de Marnes à rognons qui indiquent un passage latéral au Calcaire de Champigny. Entre la Marne et la Seine on ne connait le Gypse qu'à Montmesly.

Reprenant maintenant la description géographique sur la rive droite de la Seine, à l'Ouest, nous voyons dans l'Hautie, à Vaux, que les sables infragypseux sont puissants de 8 à 10 mètres, au-dessus règne un banc de Marnes blanches de 0,20^m, puis les Marnes à Pholadomya sur 1 mètre, au-dessus encore une Masse de Gypse coupée et cristalline de 2^m 50^{cm} renfermant des poissons, au dire des ouvriers, et occupant la place de la 2ème et de la 3ème Masses, puis une Marne à filets gypseux de 0,90^m et enfin la 1ère Masse de Gypse saccharoïde pur sur 6^m 25^{cm} à l'altitude supérieure de 81 mètres.

Au Nord de l'Hautie, à Menucourt le gypse est très relevé et il est ou très réduit ou très comprimé; plus aux Nord encore, le gypse et visible à Grisy, Epiais, qui ne sont pas sur notre Carte, mais où l'épaisseur de la formation est encore de 10 mètres.

Le Gypse est bien développé et bien connu dans les buttes de Cormeilles, d'Herblay à Orgemont, et de St. Leu à Montmorency, ce qui nous dispense d'insister, puis à Montmartre, Pantin, Romainville jusqu'à Bagnolet et Nogent-sur-Marne; au Nord on l'observe à Stains, Pierrefitte, Groslay, il est déjà réduit à Ecouen.

Son épaisseur est maximum au Raincy (fig. 27), Livry, Villeparisis; il s'étend jusqu'à Carnetin, en ce point et à Thorigny il se charge de gros nodules d'Albâtre, de Calcaire siliceux et passe latéralement au Calcaire de Champigny. La butte de Grand Tremblay montre les masses inférieures seulement. Vers l'Est et le Nord-Est le gypse se continue avec un bon développement. Le *Calcaire de Champigny* revêt diverses formes. C'est un calcaire blanchâtre ou bistre, généralement très dur, cassant; parfois stratifié et compacte, mais le plus souvent massif, celluleux, bréchiforme, siliceux, avec régions zonaires ou résinoïdes, avec cavernes tapissées de silice, &c. Il est toujours sans fossiles et puissant de 20 à 30 mètres; Mr. de Sénarmont dit même 70 mètres, il y comprenait probablement le Calcaire de St. Ouen.

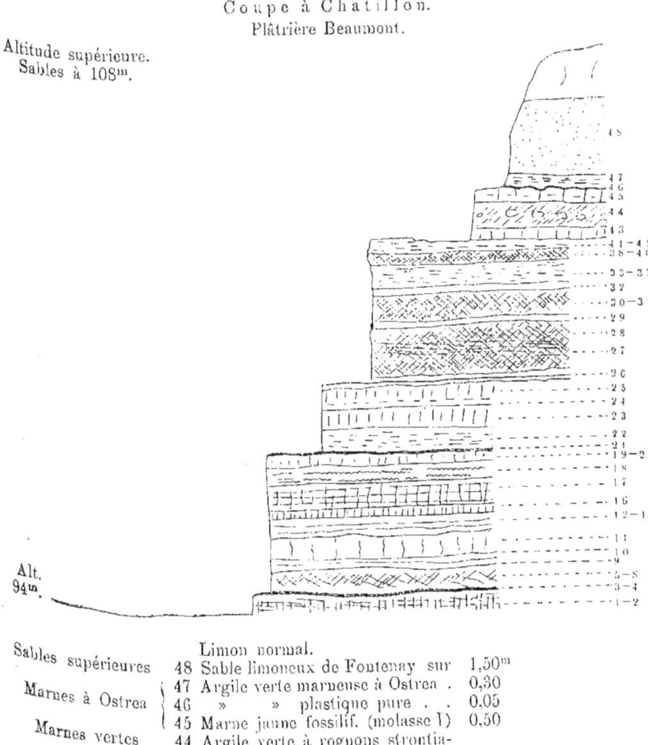

Fig. 28.
Coupe à Chatillon.
Plâtrière Beaumont.

Sables supérieures — Limon normal.
48 Sable limoneux de Fontenay sur 1,50ᵐ

Marnes à Ostrea
47 Argile verte marneuse à Ostrea . 0,30
46 » » plastique pure . . 0,05
45 Marne jaune fossilif. (molasse ?) 0,50

Marnes vertes
44 Argile verte à rognons strontia-
        nifère 1,00

Marne blanche
43 Marne blanche (Marne à Ly. stri-
        gosa 0,32   Cassures noires.

Marnes bleues 7ᵐ	42 Marne grise	0,35	
	41 Marne vert-bleuâtre	0,35	
	40 Argile verte	0,20	3ᵉ zone verte.
	39 Lit de rognons blancs	0,06	
	38 Argile verte	0,25	
	37 Marne verdâtre pâle	0,70	
	36 Argile verte jaunâtre	0,03	
	35 Lit de rognons strontianifère .	0,03	
	34 Marne jaunâtre	0,17	
	33 Argile vert-jaunâtre	0,06	
	32 Lit marneux, traçant, blanchâtre	0,04	
	31 Marne argileuse verte	0,30	2ᵉ zone verte.
	30 Marne verte pâle	0,77	
	29 Lit marneux blanchâtre . . .	0,06	
	28 Marne verte feuilletée, foncée .	0,18	1ᵉ zone verte.
	27 Marne verdâtre pâle	1,30	
	26 Marne blanche stratifiée avec filets de gypse	0,30	
Gypse 1ᵉ masse 4.50ᵐ.	25 Gypse saccharoïde	0,45	Bisons.
	24 Glaise plastique jaunâtre . . .	0,10	
	23 Gypse saccharoïde dur . . .	0,50	
	22 Marne verdâtre pure, fine, stratifiée (exploitée pour poterie)	0,80	
	21 Marne blanchâtre	0,20	
	20 Gypse jaune	0,08	
	19 Gypse saccharoïde, grès stratifié	0,22	
	18 Marne grise à filets gypseux .	0,60	
	17 Gypse stratifié	0,85	
	16 Gypse gris	0,18	Les fleurs.
	15 Gypse jaune dur	0,30	Les Gros bancs.
	14 Marne grise	0,02	
	13 Gypse marneux gris	0,30	
	12 Marne grise	0,02	
	11 Gypse saccharoïde	0,60	Gros Moutons.
	10 Gypse saccharoïde grossier . .	0,20	Petits Moutons.
	9 Gypse saccharoïde feuilleté jaune	0,30	Hauts Ferrands.
	8 Gypse saccharoïde avec ossements (vertèbres)	0,22	Bas Ferrands.
	7 Gypse saccharoïde avec ossements feuilleté	0,30	
	6 Gypse saccharoïde avec ossements compacte	0,22	
	5 Gypse saccharoïde ferrugineux grossier	0,05	
Gypse 2ᵉ masse	4 Marne blanche très dure (Menilite)?	0,20	
	3 Lit d'argile ferrugineux . . .	0,01	
	2 Gypse saccharoïde	0,40	Les Soupieds.
	1 Marne grise	0,15	

Le Calcaire ou Travertin de Champigny a été assimilé au Calcaire de St. Ouen par Ch. d'Orbigny, en 1838, et par d'autres géologues. Dufrénoy l'a placé, en 1831, au niveau du Calcaire de Brie; sa vraie place, latérale au gypse propre, a été indiquée seulement par Mr. Hébert, en 1860, d'après une coupe prise à Bry-sur-Marne, qui montrait son inclusion, entre les Marnes à Pholadomya et les Marnes blanches à Lymnea strigosa et Cyclostoma truncatum. Le Calcaire de Champigny s'étend sous la Brie à l'Est et au Sud, sa limite de contact avec le gypse se jalonne à Lagny-Thorigny, puis la vallée de la Marne où il occupe la rive gauche à St. Thiébault, Torcy, Champs, Noisiel, Noisy-le-Grand, Bry-sur-Marne, Villiers-sur-Marne, Champigny, Chennevière, Sucy-en-Brie, Boissy, St. Léger, Valenton. Le contact du Gypse et du Travertin a lieu entre Vitry et Thiais; mais il est absolument masqué par le limon. Ablon, Athis, Juvisy sont sur le Travertin; Longjumeau est au point de contact entre les 2 formations, le calcaire de Champigny se développant au Sud à Corbeil, Melun et dans la vallée de l'Yerre à Montgeron, Villeneuve St. Georges, Crosnes, Brunoy, on l'exploite et on peut l'observer à Varennes et Périgny.

Cette transformation latérale sera longtemps encore un des problèmes les plus curieux de la Géologie parisienne, car les deux roches sont sans analogie et séparées généralement par des vallées, dont elles occupent les berges vis-à-vis l'une de l'autre. Il est à croire que le Calcaire de Champigny s'est durci et silicifié postérieurement à son dépôt, qu'il s'est formé d'abord sous l'aspect d'une marne calcareuse fragmentaire, blanche, tendre, qui s'est ensuite imprégnée de silice formant ainsi ces brèches et remplissages, dont l'aspect a paru à beaucoup d'observateurs témoigner d'influences Geyseriennes. Il est à observer que la partie la plus supérieure de l'étage est la plus siliceuse et que la partie inférieure est plus tendre et marneuse. Le Calcaire de Champigny est exploité pour faire de la chaux par la cuisson, et aussi, dans ses parties dures, pour matériaux d'empierrement pour les routes.

Nous passerons rapidement sur le côté utilitaire du gypse; il est l'objet d'une exploitation extrêmement active de tous côtés; on le cuit et on l'exporte sous le nom de Plâtre à grandes distances, on emploie toutes les méthodes d'extraction; soit à ciel ouvert, soit par puits, soit par cavage; on laisse comme toit 2 ou 3 mètres de masse et on taille des piliers en bizeau. La cuisson s'opère au bois ou à la houille dans des fours renouvelés ou permanents.

N'oublions pas de mentionner l'utilité du plâtre comme engrais, adjoint à d'autres engrais animaux pour les prairies artificielles et les terres légères.

Par sa propriété de dissolution dans l'eau le gypse ne laisse écouler que des eaux médiocres; cette dissolution tend à faire diminuer de volume les masses gypseuses sur le flanc des côteaux et même à les faire disparaître, laissant s'affaisser et mettant en contact des Marnes qui ailleurs sont séparées. Mr. Belgrand en a donné un exemple classique au tunnel de Quincy pour le passage de la Dhuis. D'autres exemples sont visibles à Montmartre, à Orgemont, &c.

A Chaville lors de la construction du réservoir des eaux on voyait chaque couche de gypse venir mourir à rien sur le flanc du côteau, les lits les plus épais donnant des boules gypseuses en voie de dissolution et des »crasses« dans des marnes gonflées; finalement les argiles vertes, glissant sur le tout, descendaient au niveau des sables infragypseux, produisant des éboulis dangereux pour les constructions et les travaux d'art. C'est par suite de sa dissolution que le gypse est invisible dans le tranché du Chemin de fer entre Bellevue et Sèvres.

Marnes blanches de Pantin.

Nous comprenons ici dans la description des Marnes blanches supra-gypseuses à Lymnea strigosa celles des Marnes bleues qui les précèdent directement dans le temps et qui, tout en présentant de grandes analogies, peuvent néanmoins être considérées comme distinctes.

Les *Marnes bleues* sont des marnes toujours bien stratifiées, puissantes, pyriteuses, avec rares empreintes végétales, qui renferment des lits interstratifiés de gypse cristallin; plus rarement et seulement dans la région Nord il survient des lits calcareux, verdâtres, renfermant quelques fossiles qui sont les mêmes que ceux des Marnes blanches de Pantin (Frépillon).

Les Marnes bleues sont facilement altérables, elles deviennent par oxydation jaunes ou roussâtres, elles se débitent et passent à l'état de magma boueux.

Les Marnes bleues reposent directement sur la première Masse gypseuse dont elles sont séparées par un mince lit argileux gris ou un filet ferrugineux grenu; au sommet elles passent sans interruption aux Marnes blanches pures; leur existence géographique, leur allure paraissent voisines.

Les *Marnes blanches* sont des roches calcareuses, tendres, fragmentées, de couleur claire blanche ou verdâtre pâle; les cassures de ces Marnes sont couvertes de dendrites jaunes ou noires; elles renferment souvent un lit épais de gypse nommé »Marabet« et quelquefois des lits oolithiques ou de granulations calcaires qui vont grossissant beaucoup vers l'Est, où les Marnes de Pantin passent à du Calcaire blanc avec nodules de silex noirs ou blonds (Coulommiers). Dès 1810, les Marnes blanches de Pantin ont été distinguées par Brongniart, qui a indiqué l'individualité de leur faune; les fossiles y sont mal conservés et le test a généralement disparu. MM. Carez et Vasseur ont indiqué à Essones, en 1877, un gisement où les fossiles silicifiés, comme dans quelques points de l'Est, sont plus facilement déterminables.

On peut donner une liste générale comme suit, qui doit être considérée comme provisoire:

Faune des Marnes blanches de Pantin.

Rongeurs.	Trechomys Bonduellii Lartet (Mr. Chapuis).
»	Theridomys? Cuvieri Gervais.
Porcins.	Xyphodon gracile Cuv. sp. (Anoplotherium).
Poissons.	Sphenolepis Cuvieri Agass.
Oiseaux.	Anas sp.? (Vasseur).
»	Pelicanus sp.? (Vasseur).
Crustacés.	Cypris amygdala (G. Dollfus).
»	» nuda ɪ
»	ɪ tenuistriata ɪ
Mollusques.	Melanopsis (Macrospira) Mansiana Noulet (fide Tournouer).
»	Helix sp? (coll. Museum Ch. d'Orbigny).
»	Lymnea strigosa Brongniart (t. commune).
»	Planorbis lens Brongniart 1810 (Pl. planulatus Desh.? pars).
»	» Courpoilensis Carez.
»	Nystia truncata Brard sp. (Cyclostoma) (N. plicata d'Arch. et de Vern.).
	= Bithinia Chasteli Nyst. var.? 1835.
	= ɪ terebra Brong. sp.? 1810.
»	» Vasseuri Carez sp. (Bithinia).
»	Bithinella Mouthiersi Carez sp. »
»	ɪ Epiedensis » » » = Bith. Dubuisonni Bouillet in Desh.?
»	Sphœrium Vasseuri G. Dollfus.
Végétaux.	Typha sp.? »
»	Chara Tournoueri G. Dollfus.
»	» medicaginula Lamarck sp.?

Le contact supérieur des Marnes blanches est formé par des Marnes fluvio-marines, verdâtres, feuilletées, à cyrènes qui renferment une faune entièrement distincte, la succession stratigraphique est continue et l'extension géographique parait la même.

Les Marnes bleues et blanches sont imparfaitement connues dans l'Hautie où les exploitations de gypse sont souterraines, de même vers Orgeval et Chambourcy. Nous les avons vues au Haut-Breteuil, à Fourqueux, à la Celle St. Cloud.

Les Marnes blanches n'ont que 0,45^m au Mont Valérien, mais les Marnes bleues ont au moins 4 mètres, s'accroissant entre le côté Sud et le côté Nord du Mont.

A Chatillon (fig. 28) les Marnes bleues sont interstratifiées de Gypse et puissantes, les Marnes blanches toujours bien réduites. Nous les connaissons à Bagneux et dans la vallée de la Bièvre, les deux assises y sont largement développées. A l'Hay, à Fresnes, à Massy, à Wissous, à Lonjumeau les Marnes blanches sont un peu verdâtres et sont le siège d'exploitations importantes pour la fabrication de la Chaux hydraulique. Elles forment le fond de la vallée de la Bièvre à Igny, celui de l'Yvette à Epinay-sur-Orge et elles sont normalement développées dans la vallée de l'Yerre.

Les Marnes bleues et blanches sont très développées à Herblay, Montigny, Cormeilles, Franconville, Sannois, Argenteuil, Orgemont, puis à St. Leu, Taverny, St. Prix, Montlignon, Montmorency, Deuil, Montmagny, Groslay, Piscop, St. Brice, Domont, Ecouen, Sarcelles, Villiers-le-Bel. Ces Marnes sont encore développées à Montmartre, Pantin, Romainville, Noisy-le-Sec, Bagnolet, Montreuil, Rosny, Nogent-sur-Marne, Neuilly-sur-Marne, Chelles, Le Raincy (fig. 27), Villemonble, Gagny, Livry, Villeparisis dont Mr. Vasseur a donné la coupe, Montfermeil, Clichy-sous-Bois, Coubron, Le Pin, Villevaudé, Lagny.

Les Marnes bleues et blanches occupent au-dessus des Calcaires de Champigny la place qu'elles occupent au-dessus de la première Masse. Elles forment une bande au-dessus de ce Travertin depuis St. Thiébault, Champ, Noisy-le-grand, Bry-sur-Marne, Champigny. De Sucy-en-Brie, à Boissy-St. Léger, à Valenton et localités intermédiaires les Marnes blanches forment une bande entre les altitudes de 56 à 66 mètres. Les Marnes bleues ont 8 mètres, contenues entre 48 et 56 mètres d'altitude.

On les voit au sommet de Montmesly; Enfin à Villejuif, Vitry, Thiais, Orly, Ablon, Athis, Villeneuve St. Georges: elles pénètrent sous la Brie et on les voit dans la vallée de l'Yerre au-dessous des Marnes Vertes au parc de Gros Bois et à Marolles. Elles ont été le siège d'une belle exploitation au Château-Frayé près Montgeron, où on les a confondues autrefois, à tort, avec le calcaire de St. Ouen.

La puissance des Marnes bleues peut aller de 8 à 10 mètres, celle des Marnes blanches est moins constante, elle est très faible au Sud-Ouest et va croissant vers l'Est, de 0,20^c elle passe à 12 mètres à Vaujours. Nous aurions même été portés à croire que les Marnes blanches s'arrêtaient à Versailles si nous ne savions qu'elles sont visibles à Pontchartrain et que Mr. de Roys les a indiquées à Montfort l'Amaury.

Les *Marnes bleues* au contraire paraissent représenter à elles seules le gypse à Versailles où elles sont bien visibles à la tuilerie du Parc, vers le Grand Trianon, sur 10 mètres, altitude 116 mètres. Leur coupe y est la même qu'au parc Pescatore dans le vallon de la Celle St. Cloud, altitude 103 mètres. Dans l'Est, les Marnes bleues sont réduites à 2 mètres au-dessus du Calcaire de Champigny (Mortcerf) et les Marnes blanches atteignent 10 mètres (Guérard). Un sondage à Ferrières les a rencontrées à l'altitude absolue de 96 mètres pourvues d'un remarquable banc de silex noir vitreux fossilifère.

Les Marnes bleues sont sans utilité, elles sont même un décomble incommode pour les carrières de gypse à ciel ouvert. Les Marnes blanches à Lymnea strigosa sont aujourd'hui largement exploitées au Nord, au Sud et à l'Est, pour fabriquer la chaux hydraulique, donnant un bon mélange naturel de chaux et d'argile, dans la proportion justement nécessaire.

Marnes Vertes.

Il faut subdiviser les Marnes vertes en deux assises; à la base les *Marnes à Cyrènes*, au sommet les *Marnes vertes propres*.

Les Marnes à Cyrènes sont constituées par des Marnes argileuses verdâtres et roussâtres à texture bien feuilletée, uniformes comme composition et présentant divers niveaux fossilifères, des lits gypseux très minces, des débris ferrugineux et de petits niveaux d'oolithes calcaires. Les fossiles sont toujours écrasés, généralement sans test et d'une détermination difficile; un seul point, hors de notre Carte, au Nord de Senlis, a fourni une faune bien conservée dont nous avons donné ailleurs la liste [1]).

Fig. 29.
Ville d'Avray.
Cave de la Maison des Jardies.
Altitude 98^m.

Débris.

	7 Argile marneux verdâtre . . .	0,20^m
	6 Marne blanche fendillée . . .	0,18
Marnes	5 Argile vert-pomme, plastique . .	0,20
vertes	4 Filet ferrugineux stratifié . . .	0,08
	3 Argile verte compacte	1,10
	2 Filet ferrugineux et oolithique .	0.04
	1 Marne argileuse verte stratifiée.	

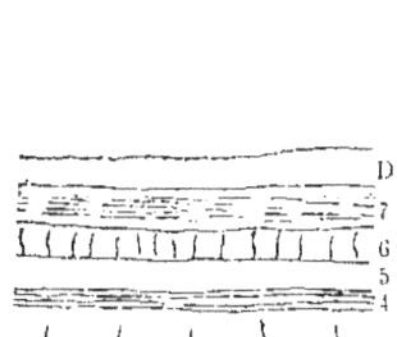

[1]) Bull. Soc. Géolog. 3ième S. T. IX. p. 142 — 1880.

Les Marnes à Cyrènes reposent directement sur les Marnes blanches, elles sont généralement plus compactes et sans fossiles à la base, elles sont surmontées nettement par les Marnes vertes qui tranchent sur elles par leur couleur.

Les Marnes vertes seraient mieux désignées sous le nom »d'Argiles vertes«, elles se composent essentiellement d'une couche puissante (8 à 10 mètres), homogène, d'argile d'un vert franc sans stratification et sans fossile. On y trouve avec abondance et dans presque tous les points de gros nodules qui varient de taille entre pugilaire et céphalaire, lourds, verdâtres aussi, cristallisés à l'intérieur, géodiques et strontianifères; certaines localités présentent divers délits. L'argile verte repose confortablement sur les Marnes à Cyrènes et s'étendent presque sur le même espace géographique. Elle est

Fig. 30.
Coupe à la Station de Bougival (St. Michel).

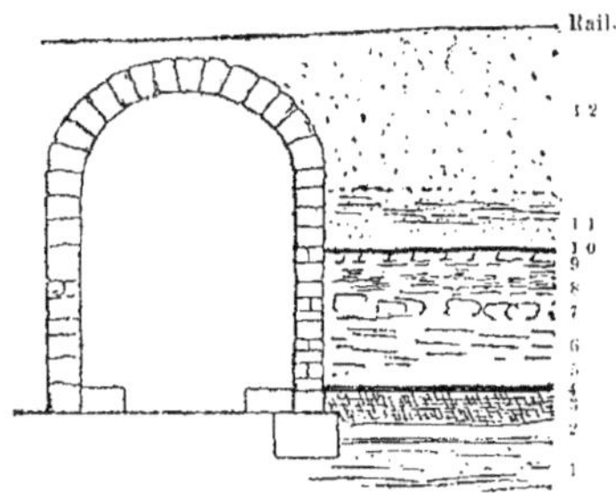

Sables sup^{res}	12 Sables de Fontenay	2,50ᵐ		

Sables sup^res̶ 12 Sables de Fontenay 2,50ᵐ

```
Sables supres  12 Sables de Fontenay  . . . . . . . . .  2,50m
               11 Sable argileux verdâtre . . . . . . .  0,80
               10 Argile verte . . . . . . . . . . . .  0,10     III.
                9 Calcaire blanc brisé . . . . . . . .  0,15     (3.)
Marnes          8 Argile blanchâtre à Ost. Cyath. . . .  0,35    II.
à Huîtres       7 Calcaire marneux noduleux blanc (dit molasse) 0,30  (2.)
                6 Marne sableuse grisâtre et blanche . . . .  0,80   I.
                5 Marne blanche calcaire . . . . . . . .  0,20     (1.)
                4 Lit à Ostrea longirostris . . . . . . .  0,05
                3 Argile vert foncé . . . . . . . . . .  0,45   Altit. 112m.
Marnes vertes   2 Marne grise . . . . . . . . . . . . .  0,12
                1 Marne sableuse très dure grise . . . . .  0,60
```

surmontée par le Calcaire de Brie avec lequel sa liaison est des plus intimes; dans toutes les plâtrières des environs de Paris on observe à leur contact une alternance de couchettes de Marnes blanches calcaires et d'argile verte, de cordons blancs qui tranchent sur des cordons verts et qui prouvent la liaison intime des deux formations. Dans la région où le Calcaire de Brie n'existe pas on rencontre au sommet des Marnes vertes des couchettes caillasseuses et impures qui en occupent la place et les Marnes à Ostrea ou la Molasse à C. plicatum succèdent directement.

Les Marnes à Cyrènes sont un horizon très anciennement connu étant mis à découvert dans la plupart des exploitations de Gypse; leur faune est d'un haut intérêt, car Cyrena convexa (Brong. sp.) et Cerith. plicatum ont une extension géographique de haute valeur. Ces espèces sont connues en Angleterre, en Belgique, en Allemagne, en Suisse, dans le Midi de la France et en Italie. Beaucoup de géologues, Elie de Beaumont et son école, ont fait de cette assise la base du Miocène parisien. La puissance des Marnes feuilletées est généralement de 2 à 3 mètres, mais elle peut atteindre 6 mètres au centre du bassin.

Les Marnes feuilletées à Cyrènes commencent sur nos Cartes vers l'Ouest à Breteuil et Vaux-Triel, nous ne saurions dire si elles existent à Versailles, par défaut de coupes, elles sont peu riches au Mont Valérien, à Ville d'Avray (fig. 29), à Châtillon (fig. 27), mais elles sont bien fossilifères avec lits gypseux à Fresnes-les-Rungis et de là connues à Lonjumeau et à Essonnes.

Leurs caractères sont bien nets d'Herblay à Argenteuil et de St. Leu à Montmorency.

A Stains les travaux du fort ont montré à l'état de débris un Calcaire blanchâtre, dur, grèzeux à Cyrènes rempli de moules de Cerithium et Nystia que je n'ai pas revu ailleurs. A la Butte Pinçon les Marnes à Cyrènes sont normales, de même à Ecouen, Villiers-le-bel; certains lits y sont bien oolithiques.

Nous passerons rapidement sur leur gîte à Montmartre, Pantin, Bagnolet, Rosny, Le Raincy (fig. 28), Livry, Villeparisis, Chelles, Montjay.

Elles existent normalement entre les Marnes blanches et les Marnes vertes, sous la Brie, depuis St. Thiébault, Noisy-le-Grand, Bry-sur-Marne, Sucy-en-Brie, etc., et ressortent dans le premier vallon perpendiculaire, à Mortcerf.

Les *Marnes vertes* doivent avoir une mention géographique toute spéciale, c'est un des horizons les plus nets du Bassin de Paris, c'est un niveau d'eau partout évident. Quand bien même dans un côteau toutes les autres couches sont masquées, les Marnes vertes apparaissent; c'est aussi un fond très favorable à la vigne et que l'agriculture s'efforce d'utiliser, enfin c'est le niveau des osiers et des plantes aquatiques, des lavoirs, des fontaines, des tuileries situées dans des positions parfois très singulières à flanc de côteau qu'on peut aisément niveler. Nous donnons la Carte par courbes de niveaux de l'altitude supérieure de cette couche; elle a occupée toute l'étendue géographique de notre Carte, mais elle a été atteinte dans les vallées par la dénudation. En construisant de grandes coupes on arrive, étant donnée l'uniformité habituelle de ce terrain, à établir sa côte, même dans les points où il n'existe plus; on comparera cette Carte avec celle des ondulations de la craie avec grand avantage. Les différences qu'on y relève sont dues à l'inégale épaisseur des terrains intermédiaires, épaisseur assez grande dans le centre du bassin, comme dans l'ilot de Romainville, pour contrebalancer, masquer et faire dévier l'effet du plissement central Est-Ouest. L'épaisseur de l'argile verte est de 15 mètres à La Cour de France au-dessus de Juvisy ainsi que dans la vallée de l'Yerre et du Morbras.

Nous donnons la coupe de l'argile verte en divers points: à Bougival (fig. 30), Mont Valérien (fig. 36), Ville d'Avray (fig. 29), à Chaville (fig. 33), à Chatillon (fig. 27), à Villejuif (fig. 31). Dans cette localité nous signalons la présence exceptionnelle d'une couche de sable verdâtre, argileux, fin entre l'Argile verte et le Calcaire de Brie; nous ne l'avons pas revue ailleurs.

Ce sable occuperait la place d'un calcaire globulifère peu connu avec marnes et ossements de Tortues que Ch. d'Orbigny signale à Villejuif et que Mr. St. Meunier a revu à Chennevières. Enfin à Montreuil (fig. 41), au Raincy (fig. 28) nous en donnons la composition; son ascension au Nord et à l'Est y est évidente.

L'Argile verte a une tendance extrêmement fâcheuse à l'écroulement, à l'affaissement, lorsqu'elle est pénétrée par les eaux; les travaux qui ont été exécutés à ce niveau comme la construction des forts de Romainville, Noisy-le-sec, etc., ont présenté des difficultés exceptionnelles. Les tranchées du Chemin de fer de Lyon, au-delà de Brunoy, s'affaissent incessamment malgré tous les efforts.

Calcaire de Brie.

L'assise du Calcaire de Brie est composée par des Marnes calcareuses, tendres, blanches surtout à la base, puis par des calcaires jaunâtres, demi durs; enfin, surtout au sommet, par des Calcaires siliceux grisâtres meuliers, caverneux, très durs, surmontés de véritables meulières en blocs isolés, démantelés, de formes bizarres, au sein d'une argile grisâtre.

La faune du Calcaire de Brie est très réduite et mal connue, on y signale seulement quelques mollusques dont voici l'indication:

Planorbis depressus Nyst.. Pl. subangulatus Desh. non LK.
Nyst. coq. foss. Belg., Pl. 12 fig. 19.
Nystia terebra Brong. sp. (Bulimus) 1810.
Bith. Duchasteli Nyst. in Desh. II. Pl. 33 fig. 38.
Lymnea Briarensis Desh. II. Pl. 45 fig. 11—14.
» fabulum ? Brong. Desh. II. Pl. 45 fig. 17—19.

Les Marnes du Calcaire de Brie reposent avec alternances sur les Marnes vertes avec lesquelles la succession est continue. Elles sont surmontées normalement par les Argiles à O. Cyathula (Porte de Romainville) ou par le Calcaire-Molasse à C. plicatum (Fresnes. Brie-comte-Robert. Crosnes). Il est douteux si, sur certains points à l'Est, les sables de Fontainebleau le recouvrent directement (Ozouer-la-Ferrière).

Le Calcaire de Brie ne s'étend pas sur toute la surface de nos feuilles, il n'est développé qu'à l'Est. Quand on va vers l'Ouest on n'en trouve plus que des rudiments méconnaissables sous forme de

Fig. 31.
Villejuif.
Carrière au dessous de la pyramide.

Quaternaire	10	Limon brun foncé	0,40ᵐ
	9	Limon clair	1.15
Niv. à Ostrea	8	Limon brun caillouteux	0,60
Meulière de	7	Argile plastique brune	0,25
Brie	6	Argile et blocs de Meulière de Brie. . . .	1,50
	5	Sable verdâtre fin aquifère	0.70 Altit. 100ᵐ.
Marnes	4	Marne blanche	0.15
vertes	3	Argile vert-pomme stratifiée	0.30
	2	Argile verte massive	3.50
	1	Marnes verdâtres feuilletées.	

couches calcaires impures, minces, pincées entre les Argiles vertes et les couches à Ostrea; à Pierrefitte, Orgemont, Herblay il est ainsi réduit, au Mont Valérien il disparaît d'un côté à l'autre du Mont (fig. 36). On n'en voit que des traces à Chatillon, mais à Bagneux il commence à se développer.

Rue Lepic à Montmartre, l'établissement d'un égout nous a montré le Calcaire de Brie à l'état de Marne blanche à Lymnées et Planorbes, à Pantin, au contraire, à Romainville, à Montreuil (fig. 41) il est déjà bien développé. Son extension sur le plateau d'Avron, sur celui du Raincy, Montfermeil, Vaujours jusqu'à Carnetin et Lagny (fig. 40) est analogue à celle qu'il possède sur la Brie proprement dite, sur la rive gauche de la Marne.

Le Calcaire de Brie est également bien développé sur le plateau entre la Bièvre et la Seine à Villejuif (fig. 31), l'Hay, Fresnes (fig. 32); dans la tranchée du Chemin de fer de Grande Ceinture à Thiais-Orly; on y remarque vers le bas de la formation un banc de Silex de 0,55ᶜ de puissance, très continu, qui se revoit à Anthony-Verrières. Ce banc qui aurait été revu à la Cour de France, près Juvisy, est fort distinct de la vraie meulière. Le Calcaire de Brie diminue à Massy et n'est plus que rudimentaire à Palaiseau et Saulx-les-Chartreux. Il est fort développé à Draveil, sous la Forêt de Sénart, et où il entre en Brie.

Fig. 32.
F r e s n e s   l è s   R u n g i s.
Coupe à Petit - Fresnes.

Altitude 80ᵐ.

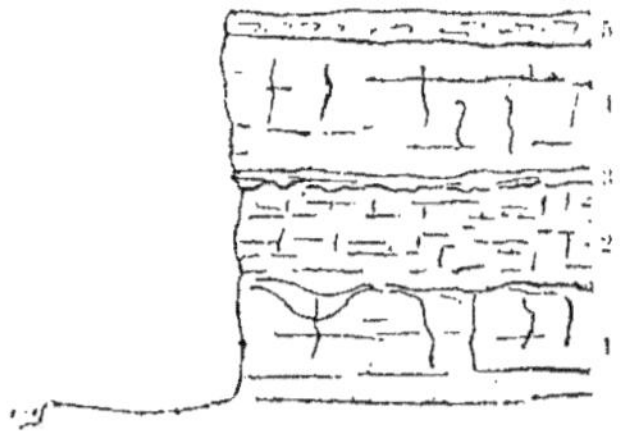

Marne à Ostrea	5 Argile à O. longirostris		0,20ᵐ
	4 Molasse à C. plicatum		1,20
	3 Argile brune		0,05
Calcaire de Brie	2 Calcaire de Brie, pulvérulent ou fistuleux, ½ endurci		0,60
	1 Meulière de Brie, très dure		0,80

Dans son aspect meulier le Calcaire de Brie est confus comme stratigraphie et en amas superficiel; cet aspect est dû certainement à une modification postérieure à son dépôt, peut-être à une transformation permanente qui dure encore. Les eaux atmosphériques s'infiltrant dans le Calcaire de Brie le dissolvent en partie et lentement elles émigrent des parties hautes vers les parties basses, là elles vont déposer la silice dont elles sont chargées; la chaux à l'état de bicarbonate est entrainée et sort par les sources. L'argile, si peu qu'il y en ait dans le Calcaire, étant insoluble sert de lien, de robe, aux bancs irrégulièrement dissous, transformés et démantelés. La Meulière nait sur place par formation lente et migration graduelle des éléments. Là où le Calcaire de Brie est protégé par des dépôts supérieurs tels que argile à Ostrea, sables de Fontainebleau, il n'est pas meulier: on trouve à sa place le »crayon blanc« qui est un Calcaire marneux tendre. Les carriers du plateau de la Brie connaissent bien ce fait, ils savent qu' »il n'y a rien à tirer« sous les paquets sableux laissés sur le plateau de la Brie par la dénudation. »sous les vaches« d'après leur expression. A Combault, Emerainville, Ozouer-la-Ferrière ces phénomènes et cette relation sont bien visibles. Il est calcaire à la Station de Brie-comte-Robert, à Ferrolles, Leziguy, Savigny-sur-Orge. Ballainvilliers. Il est meulier à Yerres. Varennes, Grisy, Montgeron.

Le Calcaire siliceux de Brie est exploité sur toute la Brie et dans la région de la Marne et de la Haute Seine pour les constructions et encore mieux comme matériaux d'empierrement pour les routes: ce sont toujours des exploitations multiples, à Rungis, Villeneuve. St. Georges, Bry-sur-Marne; elles ont peu d'importance et de profondeur. On quitte successivement les endroits où l'eau et le crayon blanc ont été atteints. Mr. Mengy. en 1856, a sontenu une thèse analogue de meulierisation postérieure, mais en supposant de grands courants d'eau acide inexplicables; sa grande habileté d'observation lui avait suggéré cette méthode de transformation postérieure. Le Calcaire de Brie renferme aussi une petite quantité de fer qui se concentre dans certains lits et finit par s'accumuler dans des régions plus basses sous forme de minéral globulaire; ce fer a été l'objet d'anciennes exploitations, sans intérêt aujourd'hui, à Ferrières, Ozouer-la-Ferrière, etc. Hors de nos feuilles à La Ferté-sous-Jouarre le Calcaire meulier de Brie est très largement développé et exploité pour Meules de Moulin. Il n'est jamais blanc et solide comme le Calcaire de Beauce et sa Meulière-grise le distingue aisement de la Meulière-rouge de Montmorency. L'aspect minéralogique suffit à distinguer ces deux étages.

Marnes à Huîtres.

Les Marnes à Huîtres ont été distinguées des sables de Fontainebleau, dont elles dépendent dans une certaine mesure, bien qu'elles n'aient qu'une puissance généralement très faible, à cause de leur grand intérêt géologique, de leur constance, de leur composition minéralogique.

Cette assise comprend une série assez complexe, variable suivant les points, de calcaire tendre à milioles, de Marnes sableuses à Ostrea, de Marnes pures et de grès calcareux, couches dont la présence n'est pas générale et dont l'une ou l'autre partie peut venir à manquer. Il faut ajouter à cette liste divers lits de sables calcareux oolithiques et d'autres d'argile plastique verdâtre ou d'un jaune mastic caractéristique.

La Coupe du Mont Valérien (fig. 36) qui est situé vers le centre du bassin permet d'en donner une assez juste idée en y ajoutant quelques détails; c'est essentiellement 3 couches de Marne sableuse dite Molasse, séparées par 3 couches de Calcaire ou Marne à Bithinies. Au-dessus, au-dessous et au milieu de tout cela divers lits argileux à Ostrea. En voici le tableau:

Sables de Fontainebleau.

	Argile limoneuse à Ostrea cyathula.	
	Molasse ou Calcaire à Cérith. plicatum	III
	Marne blanche de Lonjumeau à Bithinies	(3)
Marnes à Ostrea	Lit d'Ostrea longirostris.	
	Molasse ou Calcaire Grézeux à Cérithes	II
	Calcaire marne blanchâtre	(2)
	Argile variable à Ostrea.	
	Marne ou Calcaire à Cérithes	I
	Calcaire impur fragmentaire (Brie?)	(1)

Calcaire de Brie ou Argile verte.

Au Mont Valérien le Calcaire I est très dur, verdâtre, avec inclusions d'Argile verte, il ne manque pas d'analogie avec le Calcaire de Brie, dont il représente peut-être un rudiment; nous supposons qu'ailleurs ce Calcaire est remplacé par un niveau à Ostrea.

La Molasse inférieure (I) est la plus épaisse, il n'est pas sûr qu'elle soit la plus constante.

Le Calcaire d'eau douce moyen 2 est dur, rempli de débris organiques peu déterminables de couleur ferrugineuse.

La Molasse (II) est grézeuse, bien fossilifère.

Le Calcaire ou Marne blanche d'eau douce (3) est un niveau très constant, il renferme une Bithynia espèce longue et assez grande qui nous a paru Hydrobia Dubuissoni Bouillet sp. C'est ce dépôt qui, trouvé à Fresnes un peu démantelé par Mr. St. Meunier, a paru à ce géologue devoir être attribué à des débris de Calcaire de St. Ouen remaniés, à l'état de galets. Cette opinion ne nous parait pas soutenable, attendu que nous ne connaissons dans le Bassin de Paris aucun ravinement, aucune discordance pouvant avoir fait disparaître, en aucun point, des Masses importantes comme le Gypse, les Marnes supragypseuses, les argiles vertes et le Calcaire de Brie. Ce niveau calcaire (3), toujours sous le banc supérieur de Molasse III, mérite un nom particulier, nous proposons celui de *Marne blanche de Lonjumeau*, point où cette formation a été bien décrite pour la première fois par Cuvier et Brongniart (Descrip. géol. Edit. III p. 438).

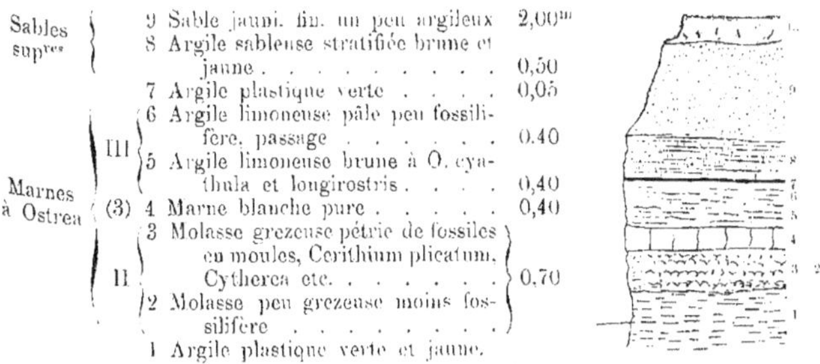

Fig. 33.

Chaville.

Coupe prise à une ancienne plâtrière près la Station.

Altitude sommet 114^{m}.

Sables sup^{res}		9 Sable jauni. fin. un peu argileux	2,00^{m}
		8 Argile sableuse stratifiée brune et jaune	0,50
		7 Argile plastique verte	0,05
	III	6 Argile limoneuse pâle peu fossilifère. passage	0.40
		5 Argile limoneuse brune à O. cyathula et longirostris	0,40
Marnes à Ostrea	(3)	4 Marne blanche pure	0,40
	II	3 Molasse grezeuse pétrie de fossiles en moules, Cerithium plicatum, Cytherea etc.	0.70
		2 Molasse peu grezeuse moins fossilifère	
		1 Argile plastique verte et jaune.	

Nous connaissons encore les Marnes blanches de Lonjumeau à Montmartre où elles font l'objet d'une note de Brongniart qui annonce que Mr. de la Jonkaire y a trouvé des coquilles d'eau douce. Paludina thermalis, et (p. 395 Edition 3) à Ville d'Avray dans la tranchée du Chemin de fer de St. Cloud où elles ont été vues par Mr. de Roys. Nous les avons constatées nous-mêmes à Chaville (fig. 33), au Mont Valérien (fig. 36), à St. Nom à l'Ouest de Versailles (fig. 34). à Bièvres (fig. 35), à Massy, à St. Michel (fig. 30) près Bougival.

Nous n'avons pas pu adopter le nom de Calcaire à Paludines de Sannois employé par MM. Cossmann et Lambert, car Mr. Tournouër parle d'un »Calcaire marneux, verdâtre, intercalé dans les Marnes vertes«. ce qui ne nous parait pas concerner notre Marne intercalée dans les Marnes et Molasses à Ostrea (Bull. S. G. 2ème Série. T. 26. p. 1065).

Enfin Ch. d'Orbigny dans son tableau du tertiaire parisien indique cette couche sous le No. 22 dans les localités de Belleville, Romainville, Villejuif et Montmartre. La Molasse supérieure III est dans le Nord à Herblay et Orgemont une argile sableuse qui abonde en Corbula subpisum avec fossiles très variés; c'est probablement au Midi un Calcaire à Milioles dur, ayant tout-à-fait l'aspect du Calcaire grossier et qui s'étend de puis Fontenay-le-Fleury, au-delà de Versailles, par Chaville, à Clamart où la couche est trop tendre encore et trop peu épaisse pour donner des moëllons utilisables, puis à Fresnes-les-Rungis, Juvisy où elle a été signalée par Elie de Beau-

Fig. 34.
Coupe à St.-Nom.
Route de Versailles à Mantes.
Altitude 132^{m}.

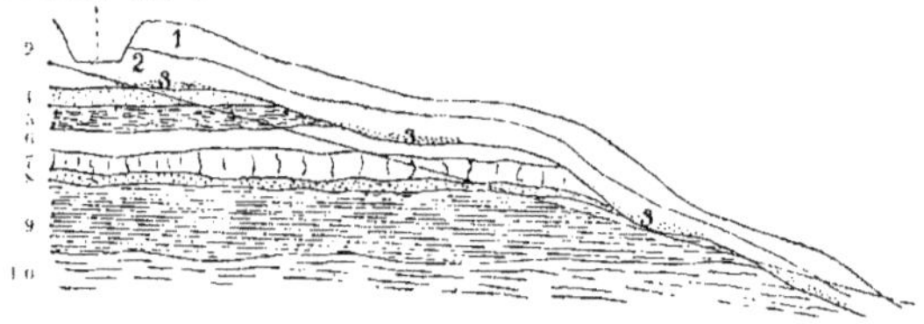

1 Limon décalcarisé.
2 Limon calcaire à nodules blancs.
3 Lit discontinu de débris meuliers.

4 Sable argileux . . . . 0,20^{m}	Sables supérieures.
5 Argile brun-clair . . . . III. 0,35	
6 Argile jaune à Ostrea cyathula 0,30	Marnes à Ostrea.
7 Marne blanchâtre à oolites . . . . (3) 0,25	
8 Argile sableuse.	
9 Argile verte foncée	Argile verte.
10 Argile verte claire	

mont, Villeneuve St. Georges, Yerres où elle occupe la base des sables de la butte du Griffon (Mr. Potier) (altitude 92^{m}), à Villecresnes où elle a été trouvée inopinément dans une discussion célèbre : les fossiles à ce niveau sont à l'état de moules, on y distingue: Cerith. plicatum, C. conjunctum, Cytherea incrassata, Cyth. splendida. Enfin c'est probablement ce banc qu'on voit vers Etampes au-dessous des sables de Fontainebleau et que Mr. Lambert a nommé *Molasse d'Etrechy*; aucun banc lacustre n'est connu dans cette direction.

Une bonne coupe à la station de *Massy* confirme notre classification des couches.

Altitude 75^m.

```
   Limon et débris meuliers  . . . . . . . . . . . . . . . . . . .      1,50ᵐ
9  Sable fin, stratifié.  (Sables de Fontainebleau.) . . . . . . . . .  6,00
8  Marne sableuse, grise à Ostrea cyatbula, et roguons calcaires, gris, durs
      au sommet  . . . . . . . . . . . . . . . . . . . . . . . (III)    1,10
7  Marne blanche, tendre, avec filet vert argileux au-dessus et au-dessous (3)  0,30
6  Molasse grézeuse. tendre. jaune avec Cerithium plicatum  . . . . (II)  0,70
5  Marne blanche pure, ferme, un peu verdâtre  . . . . . . . . . . (2)  0,18
4  Marne grise pétrie d'Ostrea longirostris  . . . . . . . . . . . (I)  0,90
3  Marne blanc-gris à Nodules calcaires, cassures noires, traces de fossiles (1)  0,30
2  Argile grise plastique (calcaire de Brie?)  . . . . . . . . . . .    1,00
1  Argile verte. pure, plastique, visible sur  . . . . . . . . . . .    0,40
```

Fragments de calcaire de Brie siliceux sur le sol, inclinaison générale faible au Sud.

Fig. 35.

Bièvres.

Ancienne plâtrière La Hommerie.

Altitude 80^m.

```
              { Terre végétale . . . . . 0,25ᵐ
              { 7 Limon sableux . . . . . 1,20
              { 6 Sable diluvien . . . . . 0,50
              { 5 Argile brune à Ostrea . . 0,30  (III)
Marnes        { 4 Marne blanche calcaire dure 0,50  (3)
à Ostrea      { 3 Molasse grenue . . . . . 0,30 )
              { 2 Argile jaune . . . . . . 0,15 }  (II)
              { 1 Argile bleue très compacte . 1.00
```

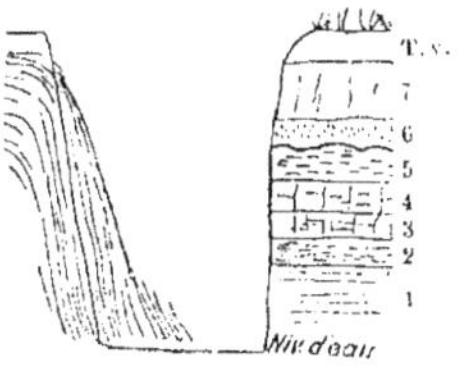

La faune des Marnes à Ostrea a été mal connue jusqu'à la découverte des beaux gisements fossilifères d'Etampes à la base des sables de Fontainebleau, dont elle est fort voisine; le gîte ancien était celui de la ferme de la Ménagerie près de Versailles au bord du grand canal, constitué par une argile sableuse dont la position stratigraphique n'est pas visible, mais que nous croyons au niveau des couches à Corbules dépendants de la Molasse III. Notre ami Mr. G. Ramond, géologue distingué, qui a bien voulu nous accompagner fréquemment dans nos courses aux environs de Versailles nous communique de ce gisement la liste suivante qui ne manque pas d'intérêt:

Faune des Argiles sableuses de la Ménagerie près de Versailles.

Corbulomya Nystii Desh. a. c.

Corbula subpisum d'Orb. c. (Corb. gibba Olivi?)

    »   longirostris Desh. r.

Cytherea incrassata Sow. c. c.

Cardium scobinula Merian r.

Lucina Thierensi Hébert r.

» squamosa Lk. r.

» tenuistriata Héb. r.

Cardita Omaliusi Nyst a. r.

Pectunculus angusticostatus Lk. cc.

» » var. obliteratus Desh. cc.

Ostrea cyathula Lk. cc.

» longirostris Lk. cc.

Dentalium Sandbergeri Bosq. r.

Calyptrea striatella Nyst r.

Rissoa biangulata Desh. r.

» turbinata Def. sp. a. c.

Melania semidecussata Lk. cc.

Odostomia acuminatum Desh. a. c.

» obesulum » r.

» miliaris » r.

» plicatulum » r.

Raulinia alligata Desh. sp. (Tornatella) r.

Bulla minuta Desh. (Cylichna) a. r.

Turbo sp.? a. r.

Teinostoma decussatum Sandbg. sp. a. r.

Trochus subcarinatus Lk. a. r.

» Vincenti Coss. et Lamb. r.

» subincrassatus d'Orb. a. r.

» stampinensis Coss. et Lamb. a. r.

» rhenanus Merian r.

Neritina Du Chasteli Desh. r.

Natica Combesi Bayan a. r.

» crassatina Desh. c.

Cerithium conjunctum Desh. c. (Cerith. Diaboli Brong. in
Coss. et Lamb.)

» insolitum Desh. c.

» trochleare Lmk. c.

» Weinkauffi Tourn. r. (C. elegans Desh.)

» limula Desh. c.

» intradentatum Desh. a. r.

» plicatum Brug. c.

» dissitum Desh. a. r.

» Boblayi Desh. a. c.

Chenopus speciosus Schlott. r.

Voluta Rathieri Héb. r.

Côtes d'Halitherium Chouqueti? Gaudry, signalées aussi dans les Marnes à Ostrea de Villeneuve l'Etang par Mr. Chouquet.

Les lits à Ostrea renferment deux espèces: O. cyathula, petite espèce, la plus abondante, qui se voit depuis le Nord jusqu'à Etampes et qui se poursuit dans toute la formation du haut en bas, et Ostrea longirostris grande espèce à charnière, longue, précurseur de l'Ostrea crassissima du terrain miocène propre, dont le gisement est plus limité. Cette espèce est rare au Nord et inconnue vers Etampes, elle est surtout fréquente à Fresnes, Rungis, Massy, Wissous, Lonjumeau, Palaiseau, Juvisy, Verrières, dans la partie centrale ou supérieure de la formation. Elle est très rare à Romainville.

Aucun fossile de cette faune de Paris-Etampes n'est commun avec d'autres niveaux, ni avec l'Eocène propre (calcaire grossier, sables moyens), ni avec le Miocène propre (Faluns de Touraine), c'est un ensemble biologique isolé qui se retrouve intact à l'étranger et qui a bien mérité de Beyrich un nom spécial de grande division ›L'Oligocène‹, ce sont nos assises: m_1, m_2, m_3.

Ce qu'il faut signaler c'est la liaison paléontologique des Marnes à Huîtres avec les Marnes feuilletées à Cyrènes que nous avons vues sous l'Argile Verte bien plus bas dans la série, ce qui les relie à l'Oligocène d'une façon incontestable.

Ce n'est pas ici le lieu d'une discussion détaillée sur les rapports des Marnes à Huîtres des Environs de Paris et des sables d'Etampes si bien étudiées récemment par Mrs. Cossmann et Lambert, cependant nous ne pouvons nier l'analogie des Marnes à Corbules d'Herblay et Frépillon, des Marnes sableuses de la Ménagerie, des grès de Belleville et Montmartre avec le Falun de Jeurre et Morigny par la présence des Natica crassatina, Pectunculus angusticostatus, Cytherea splendida. Dans ce cas la Molasse d'Etrechy occuperait les niveaux I et II de notre coupe générale. Le niveau III serait analogue aux faunes de Jeurre et de Morigny, les sables de Fontenay accuperaient la place des sables d'Etampes réduits aux faunes de Vauroux et Pierrefitte et seraient parallèles aux sables propres de Fontainebleau. Nous reviendrons plus loin sur ce sujet délicat.

Dans nos feuilles les Marnes à Ostrea reposent sur le Calcaire de Brie directement ou sur les lits impurs du sommet des Argiles vertes. Elles sont recouvertes directement par les sables jaunes de Fontenay, souvent impurs et argileux à la base et montrant une succession continue avec les Marnes sableuses supérieures à Ostrea cyathula.

Les Marnes à Ostrea et Molasse ont occupé certainement la surface complète de nos Cartes, on les trouve plus ou moins développées partout à la base des sables supérieurs: Aux environs de Versailles, Fontenay-le-Fleury, St. Cyr, Les Clayes, St. Nom, Roquencourt, sur le flanc Nord de la forêt des Alluets, dans le Massif de Breteuil, à Fourqueux, à l'Etang-la-Ville, Marly et, en suivant, à Louveciennes, à la Celle St. Cloud, Buzenval, Mont Valérien et St. Cloud; des deux côtés du Vallon de Sèvres, Meudon, Clamart, Chatillon, Bagneux, des deux côtés de la Vallée de la Bièvre où elles remontent jusque à vers Buc. Entre la Bièvre et la Seine le plateau de Villejuif les montre en paquets plus ou moins épais au-dessus du Calcaire de Brie, selon qu'elles ont été plus ou moins épargnées par la dénudation.

Fig. 36.
Mont Valérien.
Carrière de Gypse au-dessus de Suresnes.
Altitude 95^m.

Sables sup^{res}	13	Sable jaune limoneux au sommet argileux à la base	1.80^m
Marne à Ostrea	12	Sable argileux terreux à Ostrea cyathula	0,60
	11	Argile verte à Ostrea	0,40
	10	Molasse grise à Ostrea III.	0,15
	9	Calcaire fragmentaire blanc (3)	0,20 à 0,10
	8	Molasse sableuse fossilifère, greune	0,15
	7	Marne sableuse et argileuse claire } II.	0,30
	6	Marne blanche calcareuse (2)	0,05 à 0,15
	5	Argile plastique verte	0,40
	4	Sable argileux terreux jaune et vert passant à la base à la molasse coquillière de Montmartre 1.	2,10
Rudiment de Calcaire de Brie	3	Calcaire blanc fragmentaire (1)	0,08
	2	Marne jaune et verte impure	0,30
	1	Argile verte plastique à rognous strontianifères	1,00

Elles occupent un niveau indiqué par des sources, supérieur mais lié à celui de l'Argile Verte. Dans la vallée de l'Yvette elles sont d'une couleur jaune mastic caractéristique; Mr. Potier les a observées à St. Remi-les-Chevreuse après de Sénarmont. C'est sous la forme de Molasse calcaire qu'on les retrouve exclusivement dans la vallée de l'Yerre et sur la Brie, ces calcaires ont de loin un peu l'aspect de la Meulière de Brie, salis et corrodés par des argiles couleur mastic. Nous n'avons pu les constater à Ormesson où un lambeau de sables supérieurs reste douteux, caché par un épais limon.

Au Nord de la Seine, les Marnes à Ostrea occupent le pourtour de l'Hautie sans interruption, situées généralement à la base des

Bois; elles sont dans la même situation autour du massif de Mont-morency-Écouen, puis aux 3 Buttes gypseuses d'Herblay, Cormeilles, Orgemont.

Signalons les rapidement à Pierrefitte, Montmartre, Belleville. On pensait qu'elles s'arrêtaient là; nous les avons retrouvées au Fort de Chelles, et, sous forme d'un Calcaire dur fossilifère avec marnes mastics au-dessus à Lagny et Dampmard à l'extrémité de nos feuilles dans le fond du Grand Synclinal Ouest-Est.

Elles sont encore connues au haut des buttes gypseuses plus au Nord, hors de nos Cartes.

Les Marnes à Ostrea, à part le mauvais moëllon dont nous avons parlé, n'ont fourni aucune matière utile, on les voit soit dans des coupes pour atteindre le gypse, soit dans des extractions de Marnes blanches ou de Calcaire de Brie, ou enfin en affleurements isolés avec niveau d'eau dans les chemins montants des collines sableuses.

Sables de Fontainebleau.

Les Sables de Fontainebleau, ou Sables supérieurs du Bassin de Paris, présentent dans nos feuilles un aspect assez différent de ce qu'ils sont à Fontainebleau où est leur type, ou même de ce qu'ils sont vers Étampes où ils sont fossilifères.

Aux environs de Paris ils se présentent comme une masse puissante de 40 mètres en moyenne (Versailles) pouvant atteindre 75 mètres (Longjumeau). C'est un sable de composition uniforme, très fin, blanc-jaune ou rougeâtre, presque sans matières étrangères, seulement avec quelques grains opàques des silex accompagnant les grains translucides de quartz et des paillettes de Mica. Des veinules plus foncées ou plus claires avec zones limoneuses par infiltrations postérieures supérieures, coupent la masse; les niveaux colorés sont toujours inconstants.

Les sables supérieurs sont généralement argileux à la base et on trouve à leur sommet, principalement au Sud, un ou plusieurs bancs de grès blanc très puissants, exploités: ces grès sont bien visibles à Longjumeau, Saulx-les-Chartreux, Palaiseau et dans toute la vallée de l'Yvette, à Gif, à Orsay, etc. On les revoit à Plessis-Piquet, dans la Vallée de la Bièvre, puis à Trappes. Les points au Nord, sont Domont et Piscop où leur cassure conchoïde est remarquable; à l'Ouest Aigremont sur le plateau des Alluets (fig. 37). Ces grès accompagnés de rognons sont des sables agglutinés par un ciment calcaire venu d'en haut.

Les grès de Montmartre et Belleville sont différents, nous nous en occuperons plus loin.

Les sables de Fontainebleau sont sans fossiles sur toute l'étendue de nos Cartes, sauf à Montmartre et Belleville; aucun débris organique n'y a été jamais signalé: on y trouve mais rarement de gros cailloux de silex très roulés.

Fig. 37.
Foret de Marly.
Carrefour de la Belle-Etoile.

Altitude 174^m.

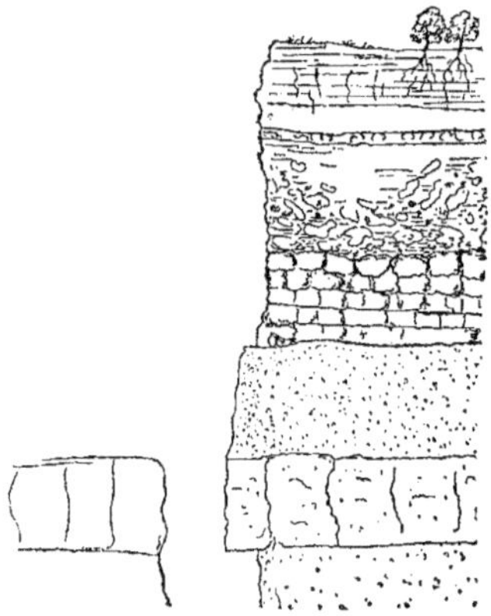

	10 Limon brunâtre	1,00^m
	9 Limon jaune	0,30
	8 Cailloux meulier	0,10
Meulières sup^{res}	7 Argile limoneuse	
	6 Argile glaiseuse rouge et grise avec blocs	1,80
	5 Calcaire meulier en blocs démantelés	
	4 Calcaire siliceux en lits normaux	1,50
Sables sup^{res}	3 Sable jaune et rouge	1,80
	2 Grès blanc, dur, exploité pour pavés	1,50
	1 Sable fin, blanc puissant.	

Brongniart et Ch. d'Orbigny[1]) ont proposé la subdivision des sables supérieurs en deux assises: à la base, des sables roux, micacés, rarement blancs et purs, sous le nom de *Sables de Fontenay*: au sommet, des sables et grès blancs, non micacés qui seraient les sables propres de Fontainebleau. Cette distinction, que nous avions cru devoir adopter autrefois, n'est pas confirmée; il semble qu'il s'agisse plutôt, à part les 3 divisions argileuse, sableuse et gréseuse, que nous avons indiquées tout d'abord, de *deux facies*; les sables roux, les Sables de Fontenay se rencontrent au-dessous de la Meu-

[1] Dictionnaire pittoresque d'histoire naturelle, Vol. 7 pag. 126 — 1838.

lière de Montmorency, les sables blancs purs gisent sous le Calcaire de Beauce. Il semble que l'altération qui a rendu, au Nord, le Calcaire de Beauce meuliériforme ait atteint en même temps le sable sous-jacent, dissolvant les faibles traces calcaires qu'il renfermait, oxydant les particules ferreuses dispersées. Tandis que le sable protégé à son sommet par une grande épaisseur calcaire, non pénétré par les eaux, est resté blanc, pur, tel qu'il s'était déposé. En dernière analyse les sables de Fontenay ne seraient que des sables de Fontainebleau altérés. Quoiqu'il en soit de cette opinion les sables supérieurs reposent sur les Marnes à Ostrea par transition insensible en certains points (Mont Valérien fig. 36); avec un ravinement notable vers la Brie où la série de Marnes à Ostrea n'est pas complète (Villecresnes), mais la liaison des deux assises reste évidente. Les Sables de Fontainebleau sont surmontés par le Calcaire de Beauce au Sud et les Meulières de Montmorency au Nord et à l'Ouest, là encore une liaison des formations existe. On trouve vers Etampes, à la base du Calcaire de Beauce, diverses oscillations sableuses où s'intercale la faune des sables supérieurs de Fontainebleau dans celle du Calcaire de Beauce. Au Nord de Paris, la Meulière de Montmorency présente à sa base, ayant certainement vécu en place, la faunule des sables supérieurs: Potamides Lamarckii, Hydrobia Dubuissoni (Montmorency, Domont (fig. 38), Montlignon, Cormeilles-en-Parisis, etc.), mêlée à la faune propre du Calcaire de Beauce.

Brongniart a décrit, dès 1810, à Montmartre et indiqué à Belleville des grès supérieurs fossilifères; ces grès qui n'ont pas depuis été retrouvés ailleurs, ne sont plus visibles à Montmartre et actuellement il faut les étudier à la porte du fort de Romainville. Nous donnons une figure de ces carrières (fig. 49). Le grès est culminant, rien n'est visible au-dessus, il forme des bancs peu solides, irréguliers, à stratification oblique, les fossiles à l'état de moules y abondent et de très nombreux galets de silex remplissent la masse, surtout à la base; c'est absolument un dépôt côtier. Ces galets sont au plus pugilaires, très roulés et appartiennent en majeure partie au Calcaire-Silex de la Brie.

Les fossiles y sont les suivants:

Cerithium plicatum	Cytherea incrassata
x conjunctum	» splendida
Melania semidecussata	Avicula Stampinensis
Natica incrassata	Pectunculus obovatus
Buccinum Gossardi	Tellina, Lucina, etc.
Milioles, petites espèces indéterminées.	

Ces grès ravinent profondément la masse des sables qui est au-dessous et qui est puissante de 7 mètres au moins; au bas de la carrière le sable devient argileux, ou tombe dans un niveau d'eau et sur l'argile, au dire des carriers; cette argile doit être avec Ostrea, car on les trouve partout en débris aux alentours.

Fig. 49.
Fort de Romainville.

Altitude 134ᵐ.

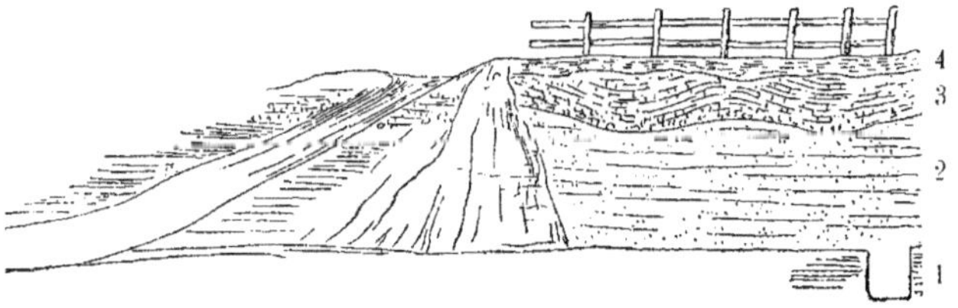

4 Terre végétale sableuse 0.40ᵐ
3 Grès stratifié avec fossiles et poudingues de Galets 1.80
Ravinement
2 Sable blanc fin très pur. stratifié horizontalement 5,60
quelques lits jaunes
1 Sable argileux gris niveau d'eau 1,20

Ce ravinement n'est pas commu dans d'autres points des environs immédiats de Paris, mais seulement vers Etampes et à Saclas plusieurs ravinements et lits de galets sont visibles et coupent la masse des sables de Fontainebleau. Quel est au juste celui qui correspond au ravinement de Belleville et semble partager le plus profondément les Sables de Fontainebleau en deux masses?

La faune de Belleville est celle de Jeurres, à la rigueur celle de Morigny, mais le ravinement lui est inférieur et non supérieur, ce ne peut être celui des Sables et Galets d'Etrechy de Mrs. Cossmann et Lambert qui est au-dessus de ces faunes. D'un autre côté la faune de Belleville s'éloigne déjà de celle de Vauroux et Pierre-fitte qui est au-dessus des Galets d'Etrechy. Ce n'est pas d'avan-tage le ravinement de Villecresnes qui serait situé au-dessous des sables inférieurs 1 et 2. La question reste ouverte.

Les Sables de Fontainebleau ont occupé certainement toute l'é-tendue de nos Cartes. ils forment vers l'Ouest une masse continue, couverte par les Calcaires et Meulières supérieures, découpée par la vallée de l'Yvette et de la Bièvre; l'Isthme de Versailles relie la masse du Sud à celle du centre. Ils occupent tout le dessous du grand plateau des Alluets, de la forêt de Marly, le Butard jusqu'à

St. Cloud: on en voit des ilôts à Breteuil, au Mont Valérien. La forêt de Meudon et le plateau de Chaville en sont constitués pour la majeure partie: puis aux Verrières on les étudie très bien: à Palaiseau ils constituent l'Isthme entre l'Yvette et la Bièvre.

Entre la Bièvre et la Seine on connait des buttes isolées à Massy, Chilly-Mazarin, Villejuif et Juvisy.

Entre la Seine et la Marne ce ne sont plus que des lambeaux isolés à Villeneuve St. Georges, Yerres, Villecresnes, Brunoy, Brie-Comte-Robert, Ozouer-la-Ferrière qui sont situés sur le versant Sud de la Brie. Le gîte d'Ormesson est douteux, mais celui de Sucy est très net, au-dessus de la Côte 94.

Sur la rive droite de la Seine on les voit puissants dans l'Hautie, sur les buttes d'Herblay, Cormeilles et Orgemont, dans tout le Massif de Montmorency, Domont, Ecouen, Pierrefite.

Au centre sont les deux ilôts de Montmartre et Belleville. Nous ne les avons pas trouvés sur le plateau de Vaujours à Carnetin où bien des Cartes les avaient figurés. Mais bien dans la vallée de la Marne, dans le fond du Synclinal nous les avons vus à Chelles et à Lagny. Ils se prolongent au Nord et à l'Est sur une vaste étendue.

Les sables supérieurs sont souvent exploités pour de nombreux usages, même sur une grande échelle, butte de Picardie à Versailles, Carrière Beaumont à Chatillon, etc., pour construction, pavage, entretien des jardins, usage domestique, etc.

Les grès de leur sommet sont très recherchés. A Orsay les grès ont 3^m d'épaisseur, ils sont séparés du calcaire de Beauce par une couche de sable blanc de 1.20^m: ils diminuent d'importance au Nord, ils sont non continus à Port-Royal. Trappes: à Châteaufort il y a deux bancs de grès de 1^m et 1.20^m d'épaisseur séparés par 1^m de sable blanc fin, leur surface est généralement mamelonnée.

Les sables sont fort incommodes pour les travaux d'art, car ils sont étonnamment fluides et ébouleux, ils passent à travers les clayonnages et boisages les plus soignés. Dans les puits et forages ils constituent un danger permanent: les tranchées du chemin de fer entre Versailles et Buc, sur la ligne de l'Etang-la-ville, tombent continuellement et de nombreux accidents se sont produits. Un niveau d'eau règne à leur base, mais leur masse est sèche. On trouve souvent à leur sommet des grès en rognons ou plaquettes minces très ferrugineuses, manganésifères, mais sans continuité ni épaisseur: ils ont été l'objet d'exploitations en divers points, à la Minière par exemple près Guyancourt; ce sont des Minérais d'infiltration tout simplement.

Calcaire de Beauce et Meulières de Montmorency.

Il est admis aujourd'hui que les Meulières de Montmorency ne sont qu'un facies du Calcaire de Beauce, elles en constituent le facies altéré; là où le Calcaire de Beauce n'était que mince la masse entière est transformée, ailleurs le sommet seul est métamorphosé.

Le Calcaire de Beauce est formé d'un Calcaire blanchâtre, fin, plus ou moins dur, parfois tubuleux, avec moules de Lymnées et de Planorbes, pénétré de silice en lits sous forme de quartz carié ou en rognons, puis de Marnes calcareuses, blanches surtout à la base, le tout stratifié en bancs médiocres et coupé de lits argileux très minces.

Fig. 38.

Domont. (Plateau.)

Altitude 180^m.

	6	Terre végétale	0,30^m
	5	Limon foncé écailleux argileux	0,80
	4	Limon clair calcareux	0,80
	3	Limon avec cailloux émoussé	0,25
Meulières sup^{res}	2	Argile rouge et grise et blocs épars de Meulières Blocs alignés. Banc calcareux à Potamides Lamarckii	2,40
Sables sup^{res}	1	Sable jauni	0,20
		Sable blanc fin pur: sur	1,10

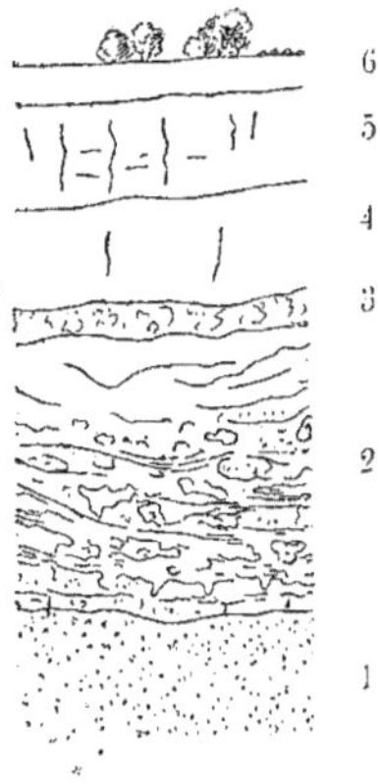

On ne voit le Calcaire de Beauce qu'au Sud-Ouest de notre Carte, dans les vallées de l'Yvette et de la Bièvre, il est pincé entre les sables de Fontainebleau qui sont au-dessous et la Meulière qui est au-dessus, c'est le sous-sol qui forme tous les plateaux; on peut l'étudier à Gometz, Boullay, Milon la Chapelle, Bouviers près Guyancourt; à Trappes on remarque à sa base un poudingue de silex résinoïde très curieux, c'est dans cette localité que Mr. Tournouër a trouvé Helix Ramondi, espèce très étendue en Europe dans les nombreux calcaires d'eau douce dont elle détermine l'âge. Il y a trouvé aussi un lit ligniteux très continu à cette place (fig. 39). Dans d'autres parties la base du Calcaire de Beauce est caractérisée par des Marnes verdâtres et de petits lits sableux à Potamides Lamarkii qui le relient aux sables de Fontainebleau.

La Meulière de Montmorency est essentiellement une roche siliceuse, très siliceuse, très celluleuse, très dure, ferrugineuse, en blocs peu alignés ou épais dans une argile plastique grise et rouge. Les coquilles d'eau douce sont transformées en silice, des enduits siliceux et ferrugineux couvrent les blocs et l'aspect du terrain est tout particulier. On a cru y voir une intervention volcanique ou hydrothermale. Mais on observe toutes les transitions entre le Calcaire pur et la Meulière en s'élevant de la base vers le sommet de la formation; à la base ce sont des bancs souvent continus de Calcaire siliceux pur, ferrugineux, peu celluleux: au-dessus des bancs anguleux discontinus dans lesquels le Calcaire disparaît et la squelette siliceuse prend la prépondérance; ces bancs sont rouges et les cellules sont générales à la surface, on voit aussi des concrétions siliceuses dans les cellules les plus anciennes. Le terme supérieur, la Meulière typique, ne renferme plus de Calcaire, elle est bien ferrugineuse, toute formée de cellules d'aspect spongieux, très dure, en blocs tout-à-fait isolés, arrondis, noyés dans l'argile, les cellules sont à demi remplies de silice concrétionnaire, les fossiles ont complètement disparus, fondus dans la migration de la silice (fig. 38).

La Meulière de Beauce se distingue de la Meulière de Brie par sa couleur plus claire blanc-jaune et non gris-souris, par sa texture bien plus celluleuse, par sa surface plus rubéfiée et non pas jaune et par ses fossiles.

Les fossiles des Meulières se réduisent à un petit nombre de Mollusques décrits d'abord par Brard (1809), par Brongniart (1810) et revus par Deshayes à deux reprises; c'est cependant encore une faune à reprendre, nous y relevons 7 Lymnées, 2 Planorbes, 9 Bithinella, quelques Pupa, Hélix, etc. Cette faune est bien celle de la base du Calcaire de Beauce qu'on trouve à Etampes bien plus nombreuse et en meilleur état.

A Buc et à Palaiseau les Meulières sont remplies de traces de végétaux, feuilles, tiges et graines.

De Sénarmont a considéré les Calcaires et les Meulières comme deux formations distinctes, il pensait que le Calcaire de Beauce diminuait au Nord et disparaissait en coin sous la Meulière et que les Meulières elles-mêmes, après s'être étendues sous le Calcaire de Beauce, s'y perdaient, représentées au Sud par des paquets d'Argile quartzeuses. La découverte de l'identité de la faune et de la situation stratigraphique, entre les couches inférieures de Montmorency à Potamides et celles d'Etampes, a conduit à une autre explication. On a vu que la Meulière formait au-dessus du Calcaire de Beauce une croute d'épaisseur à-peu-près uniforme indépendante de l'épaisseur même de ce Calcaire, que ce n'était qu'une altération de son sommet et que, là où les Meulières existaient seules, c'est simplement par ce que le Calcaire de Beauce ne s'y était pas trouvé assez épais.

On doit classer dans la *Molasse du Gâtinais* les argiles quartzeuses qui surmontent le Calcaire de Beauce au Sud, cette molasse est une formation sur laquelle Mr. Douvillé a appelé l'attention il y a peu d'années et qui sépare le Calcaire de Beauce du Calcaire de l'Orléanais, quand cette molasse se trouve lavée et étalée en débris sur les grands plateaux de la Beauce elle ressemble absolument à ce qu'on a nommé *»Sables granitiques«*. Nous y reviendrons plus loin.

La Meulière de Montmorency n'est pas le dernier étage des terrains tertiaires du Bassin de Paris visible sur nos Cartes, nous connaissons au-dessus des sables granitiques fort étendus au sud-ouest qui la recouvrent en la ravinant profondément.

Fig. 39.
Coupe à Trappes-Elancourt.

Altitude 170^m.

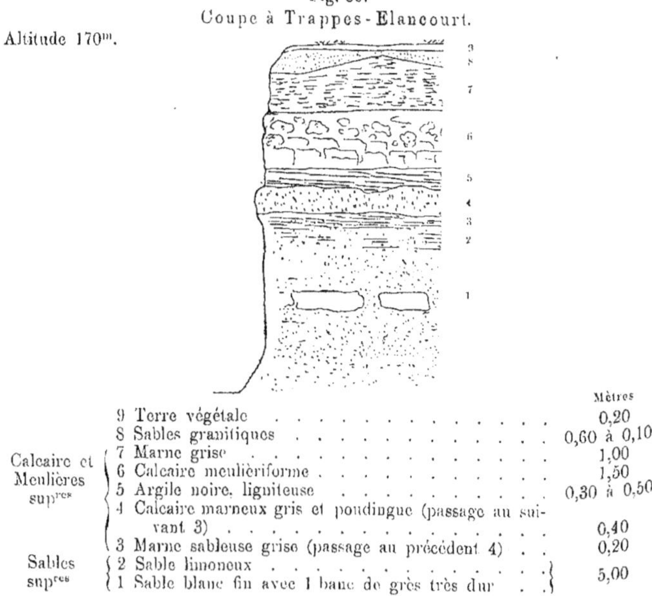

		Mètres
	9 Terre végétale	0,20
	8 Sables granitiques	0,60 à 0,10
Calcaire et Meulières sup^{res}	7 Marne grise	1,00
	6 Calcaire meulièriforme	1,50
	5 Argile noire, ligniteuse	0,30 à 0,50
	4 Calcaire marneux gris et poudingue (passage au suivant 3)	0,40
	3 Marne sableuse grise (passage au précédent 4)	0,20
Sables sup^{res}	2 Sable limoneux	
	1 Sable blanc fin avec 1 banc de grès très dur	5,00

Il n'est pas douteux que la formation des Meulières ne se soit étendue sur toute la surface de nos Cartes, car bien que la région Est et Nord-Est en paraisse dépourvue, comme nous en connaissons des témoins plus éloignés, hors de notre Carte, au Nord et à l'Est, on peut conclure que c'est la dénudation seule qui l'a arrachée des points intermédiaires.

La Meulière forme une masse considérable au Sud et au Sud-Ouest. Les plateaux des environs de Chevreuse, Orsay, Versailles en sont couverts. Le plateau des Alluets, de la forêt de Marly (fig. 37) également. Elle s'étend jusqu'à Garches, au Mont Valérien. Elle ne paraît qu'à l'état de blocs dans le Diluvium au-dessus du Massif de Breteuil.

Elles sont en nappe continue sur l'Hautie, les Buttes de Cormeilles et de Montmorency (fig. 38). On en exploite un lambeau à Ecouen; mais la butte Pinçon, Montmartre, Belleville en sont dépourvues. Les buttes sur la Brie ne sont généralement pas assez hautes pour en avoir conservé: de même entre la Seine, l'Yvette et la Bièvre. On en trouve à Chilly-Mazarin et Champlan des débris abondants mais que nous considérons comme trop bas et hors de place.

Il faut les étudier à Bellevue, Meudon, Chatillon, Fontenay-aux-Roses, Sceaux, Verrières, Bièvre, Jouy, Guyancourt, aux Essarts-le-Roi, etc.

Les Meulières forment des matériaux importants de construction, on les emploie avec avantage, malgré leur poids, dans les parties basses des constructions, dans les travaux souterrains, et les travaux d'art; elles offrent une résistance énorme à l'écrasement et sont impénétrables à l'humidité. Les Meulières donnent aussi des matériaux d'empierrement excellents pour les routes et sont l'objet d'une extraction active; les carrières de Meulière de Beauce fournissent aussi dans la vallée de l'Yvette, mais en moindre importance que la Meulière de Brie, des pierres à Meules pour moudre le grain d'où provient vraisemblablement leur nom, nom donné au village de Molières au Sud de St. Remi-lès-Chevreuse. Les extractions en égard au gisement même de ces couches sont peu profondes, mais multiples.

Les Meulières constituent un sous-sol stérile partout où elles ne sont pas couvertes d'un épais limon comme au Sud-Ouest; ailleurs on a conservé des bois à leur surface comme meilleure utilisation du terrain. Elles sont imperméables et forment un niveau d'eau peu abondant et ferrugineux. On les a drainées et assainies sur les hauts plateaux au sud de Versailles par de grands travaux afin d'obtenir pour cette ville une alimentation d'eau qui reste insuffisante. Le Calcaire de Beauce fournit des matériaux de construction médiocres, d'ordre inférieur, mais on l'extrait pour faire de la chaux; quand il est marneux et il donne un excellent engrais.

Sables granitiques de Lozère.

Nous distinguons sous le nom de sables granitiques de Lozère
en les faisant passer au rang d'assise tertiaire au même titre que
les autres couches que nous venons d'étudier, un vaste dépôt de
sables grossiers, quartzeux, à éléments exclusivement granitiques,
dont la puissance peut atteindre 3 mètres et qui reposent normalement
sur les Meulières de Beauce. Les sables granitiques depuis longtemps connus ont été fort différemment appréciés: Elie de Beaumont
y voyait les traces d'un diluvium Scandinave, une autre école a cru
y voir des produits souterrains d'éjaculation, des alluvions venant du
noyau terrestre; nous ne nous arrêterons pas sur ces opinions, nous
préférons rappeler les observations de d'Omalius d'Halloy qui a com-
paré les sables granitiques des Plateaux au Sud de Paris avec les
sables de la Sologne, de la Neuville près d'Orléans, et de Montargis;
il écrivait en 1813 et 1828 [1]: »Je considère ces sables qui sont
»composés de gros grains de quartz hyalin blanc, accompagnés de
»grains arrondis de ce même quartz, et qu'on revoit à Stampes et
»à Rambouillet au-dessus des Meulières supérieures, comme l'un des
»derniers termes des terrains du bassin de Paris. Ils sont un terrain
»d'attérissement analogue à celui des grandes vallées, provenant de
»grands cours d'eaux qui descendaient des Montagnes d'Auvergne,
»et ayant recouvert d'un vaste amas de sable les plaines de la Sologne
»ainsi que la partie méridionale du bassin de Paris qui n'est pas
»plus élevée que la Sologne.«

Il nous semble impossible de mieux dire, et nous avons tenu à
citer ce fragment peu connu d'un géologue qui s'est autrefois in-
téressé à cette question délicate. Mr. Meugy a soutenu les mêmes idées.

Les sables granitiques ont le grain généralement de taille rizaire
qui peut croître jusqu'à avellanaire, de forme polyédrique, ce sont des
cristaux de quartz à angles émoussés, on y trouve aussi des grains
de feldspath roux, du fer titané et d'autres minéraux dont Mr. Sta-
nislas Meunier a donné la liste [2]. Ces grains sont le plus souvent
enrobés dans une argile grise, blanchâtre, jaune ou rouge suivant
l'état d'oxydation du fer qu'elle contient. C'est donc souvent un
dépôt altéré comme la Meulière, il n'y a jamais aucune trace de
calcaire, ni aucun fossile. Les sables granitiques sont sans stratification, ils recouvrent les Meulières suivant une ligne très ondulée;

---

[1] Mémoires pour servir à une descript. Géol. des Pays-Bas, de la France etc.
p. 228 et 252.

[2] Bull. soc. Imp. Nat. Moscou 1876, p. 14.

mais qui n'est pas proprement un ravinement, ils pénètrent par poches. par des sortes d'entonnoirs jusqu'au niveau des bancs les plus inférieurs de la Meulière: mais sans atteindre jamais les sables de Fontainebleau. Jamais aucun carrier, et nous en avons consultés beaucoup sur ce fait, ne les a vus s'enfoncer dans la profondeur par des fentes verticales, dans nos nombreuses courses nous n'avons saisi aucun indice de pénétration profonde.

Les sables granitiques sont surmontés ordinairement par le limon et parfois par une sorte de diluvium formé de débris meuliers, sableux et granitiques mêlés.

Leur extension est considérable, on les voit bien à Palaiseau, Lozère, où Mr. Jacquot nous a indiqué un point typique, Gif, Orsay, et toute la vallée de l'Yvette: ils couvrent tous les points hauts du plateau de Saclay, Villeras, Toussus, Guyancourt, Voisins, St. Lambert du Bois, Trappes (fig. 39). Le point le plus au Nord et le plus voisin de Paris est Plessis-Piquet où cette formation a été signalée par Mr. Fabre en 1873, nous l'avons trouvée aussi à Véligy et par lambeaux détachés sur le plateau des Alluets. Nous n'en connaissons pas de traces sur la rive droite de la Seine. Les sables granitiques se prolongent nettement sur les hauts plateaux entre l'Eure et la Seine jusqu'à Rouen et vers Quillebœuf. Au Sud ils descendent vers Étampes: lorsqu'ils sont en contact avec le calcaire de Beauce ils sont plus blancs et non altérés et ressemblent à la Molasse du Gâtinais avec laquelle ils sont en étroite relation. Il n'est pas douteux aujourd'hui que leur nappe venue du Sud s'avançait vers le Nord. Il importe de distinguer les points où les sables granitiques sont réellement en place de ceux où ils sont remaniés dans le quaternaire. Dans leur position normale, ils sont très purs, les galets qu'ils renferment sont des silex probablement du crétacé; dans les points diluviens les sables granitiques sont mêlés aux autres roches du Bassin de Paris et au même titre qu'elles. Ainsi à Longjumeau il existe un très haut diluvium dans lequel les éléments granitiques sont mêlés avec Meulières démantelées, aux sables et grès de Fontainebleau, c'est à une formation analogue qu'il faut rapporter le dépôt de sables de Beynes qui se trouve à une altitude relative très basse, au contact de la craie, en contradiction avec les gîtes voisins bien réglés des sables granitiques purs des sommets des hauts plateaux. Dans la vallée de l'Yerre, sur quelques régions du Morbras, les sables granitiques ont fourni au diluvium des hauts plateaux des éléments qui manquent dans tout le diluvium supérieur de la région de la Marne, de la rive droite de la Seine et de l'Oise.

Enfin ce curieux dépôt a participé aux mouvements généraux du bassin de Paris: il est plus élevé, comme la meulière elle-même. sur les plateaux de Satory, St. Cyr, Arcis, que sur ceux du synclinal qui leur fait face à St. Quentin, Guyancourt. Le Trou Salé. Nous ne pouvons signaler qu'une seule application technologique des sables granitiques, à Hauvilliers au-dessus de Chevreux on les a mélangés à l'argile pour faire une brique grossière.

Terrains Quaternaire et Moderne.

Les terrains qui surmontent la Série tertiaire parisienne ont été désignés par les anciens auteurs sous les noms divers de Terrain de transport. Terrain superficiel. Terrain récent, etc. qui sont plus ou moins heureux et exacts: il ne faut pas oublier que ce fût à l'origine de la géologie une des grandes difficultés des observateurs que tous ces terrains masquant la stratification générale: Guettard a été impuissant à les abstraire et Coupé en 1805 parait être le premier qui ait su les négliger complètement pour mieux voir les relations des couches anciennes. Nous avons fait ailleurs l'historique des opinions variées qui ont eu cours sur la classification, la nature, l'origine des dépôts quaternaires du bassin de la Seine, nous n'y reviendrons pas [1], la question s'est beaucoup éclaircie depuis dix ans bien qu'elle reste l'une des plus épineuses de la géologie parisienne.

Voici le tableau qu'on peut dresser de ces couches, chacune des divisions ayant sa composition, sa faune, son lieu d'érection, ses caractères bien distincts.

Terrain Moderne	Limons remaniés-Tourbes. Vases actuelles.
	Alluvions fluviatiles.
	Eboulis.
Terrain Quaternaire	Limon-Lehm.
	Diluvium des vallées.
	Diluvium des hauts plateaux.

La figuration sur nos cartes des Terrains Quaternaire et Moderne qui occupent sur nos environs une surface extrémement étendue. sinon générale. et qui masquent le sous-sol géologique, n'a pas été sans nous préoccuper vivement.

Comme thèse générale nous en avons fait abstraction le plus possible. nous ne les avons conservés que lorsqu'ils forment des Masses importantes où qu'ils cachent assez complètement le sous-sol ancien pour ne pas laisser connaître avec une certitude suffisante quelle

---

[1] Bull. soc. Géol. de France. 3 S. T. VII, p. 318.

est sa nature. Nous avons souvent maintenu des ilots de terrains
superficiels à titre collectif partout où ils donnent lieu à des exploitations industrielles, à des cultures spéciales, lorsqu'ils se trouvent
dans des stations géologiques caractéristiques, comme points très
hauts, points bas, limite géographique, etc.

Le limon remanié a été complètement sacrifié, car son étendue
le rendait particulièrement incommode, et que sa date récente
restreignait son intérêt géologique, nous n'y avons attaché aucun
coloris spécial, il demeure confondu avec les alluvions fluviatiles des
rives contemporaines a², qu'il surmonte généralement.

Le Limon-Lehm est représenté par une couleur spéciale et l'initiale P., quelque soit son altitude et sa composition, il n'est figuré
que là où il occupe des étendues considérables.

Les éboulis A. ont leur nuance spéciale: de composition variés
ils sont en relation avec le phénomène de creusement des vallées,
leur figuré nous a paru indispensable.

Nous avons réuni tous les terrains diluviens sous la même
nuance a³, en les supprimant principalement sur les pentes, là où ils
auraient empêché de voir des affleurements intéressants de roches plus
anciennes.

Nous avons souvent usé de la méthode dite »des boutonnières«
qui consiste à crever un peu arbitrairement les formations superficielles pour montrer les terrains profonds, nous avons pensé que
le géologue saurait rétablir en imagination la coupe réelle ayant en
vue la continuité des dépôts périphériques; par exemple, au Vésinet,
les terrains crétacé et tertiaire sont complètement masqués par le diluvium, nous les avons montrés cependant par une sorte de déchirure
pratiquée à cet effet à flanc de coteau au milieu de la nappe générale uniforme.

Terrain Quaternaire.

Les terrains quaternaires, sauf le Lehm sur lequel nous reviendrons, sont dans un ordre hypsométrique inverse de celui des couches
géologiques ordinaires. Les plus élevés sont les plus anciens, car
ils ont été ravinés par les plus jeunes qui sont aussi les plus bas,
ceux qui se rapprochent d'avantage comme niveau des formations
actuelles des fleuves. L'ordre stratigraphique existe cependant pour
eux quand on considère les coupes de carrières voisines.

C'est Belgrand qui a introduit avec éclat cette question de *l'altitude* dans la classification du diluvium quaternaire, mais il y a beaucoup à modifier dans sa manière de voir. Ce n'est pas l'altitude absolue qu'il faut noter, mais l'altitude relative; l'altitude relative des dépôts au-dessus du niveau actuel du grand fleuve le plus proche pris un peu en amont. Ainsi Belgrand croyait que toutes les sablières des hauts niveaux du diluvium ne dépassaient jamais la courbe d'altitude absolue de 60 — 62 mètres, que cette altitude était invariable quelque fût le point considéré. Nos observations nous ont montré que ce chiffre n'était vrai que pour Paris, qu'il s'élevait en amont et s'abaissait en aval, que l'altitude maximum du diluvium gris était par exemple de 70 mètres à Lagny et de 50 mètres seulement à Poissy; que la hauteur maximum des dépôts diluviens en un lieu était formé de la hauteur du fleuve en ce lieu et d'une constante fixe, cette constante étant pour les hauts niveaux par exemple une hauteur de 25 à 30 mètres. C'est pourquoi on verra dans l'établissement de nos altitudes les hauteurs toujours décomposées en deux parties, la hauteur absolue du fleuve et la hauteur relative au-dessus du fleuve qui est un nombre fixe pour la même nature des dépôts.

Le diluvium des plateaux est toujours de 52 à 60 mètres au-dessus de la Seine.

Le diluvium des vallées se maintient à l'altitude maximum de 30 mètres au-dessus des fonds actuels; au-dessous de ce maximum le diluvium des vallées occupe de préférence des bandes de hauteurs déterminées, d'une hauteur relative constante au-dessus du fleuve et qui ont reçu le nom de *terrasses*, ces terrasses dites hauts niveaux, bas niveaux, profonds niveaux, présentent partout la même succession stratigraphique et leur élévation n'indique pas à priori leur âge comme le croyait Belgrand. Le Limon-Lehm n'a point d'altitude spéciale, il est uniformément réparti à toutes les hauteurs, dans les fonds il est généralement remanié, il s'est produit en grande partie sur place; nous le croyons de divers âges aussi, mais comme la composition minéralogique parait uniforme, comme nous n'avons jusqu'ici aucun caractère permettant d'y tracer des divisions, force nous est de le considérer présentement comme d'un seul âge.

Diluvium des Hauts Plateaux.

Le Diluvium des Hauts Plateaux est voisin des sables granitiques auxquels il a beaucoup emprunté par ses caractères minéralogiques, c'est un sable quartzeux, caillouteux, avec argiles bariolées, il se distingue des vrais sables granitiques en ce que ses éléments sont généralement plus gros, plus mélangés, plus triturés. les débris de silex et de meulière y sont abondants, enfin il n'apparaît qu'à une altitude bien plus basse. le calcaire de Beauce et les sables de Fontainebleau étaient déjà fortement entamés par la dénudation.

Hors de la vallée de la Seine, sur quelques plateaux de la Brie c'est un sable assez fin de calibre uniforme avec cailloux quartzeux et meuliers, formé principalement aux dépens des sables de Fontainebleau, comme à Lagny (fig. 40) où il s'ajoute de galets noirs et où il gît en poche dans le Calcaire de Brie.

Fig. 40.

L a g n y.

Altitude 100^{m}.

7 Terre végétale . . . . 0,40^{m}
6 Limon 0.70
5 Diluvium fin, quartzeux en poches . . 1.60
4 Blocs de Meulières anguleux dans une argile brune. . . . . 1 à 2.80
3 Calcaire de Brie fossilifère grisâtre . . 3,20
2 Marnes blanches 3.60
1 Marnes blanches et vertes (altitude 85^{m}).

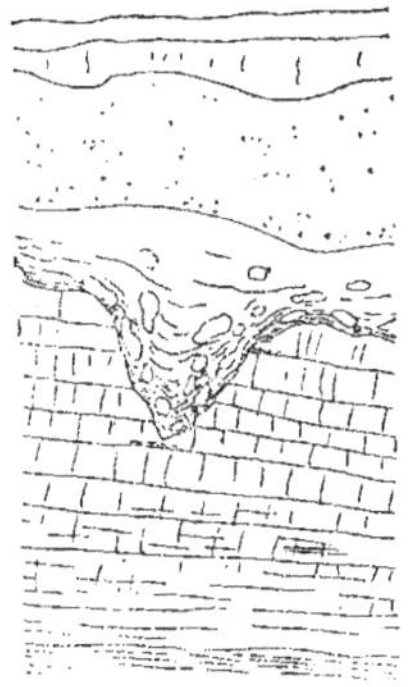

A Montmesly le Diluvium du sommet est quartzeux, entièrement rubéfié et peu argileux, à Boissy-St.-Léger, Limeil, c'est une argile grise rubéfiée au sommet, très granitique avec nombreux galets. Au Raincy, à Montmartre c'est un sable fin, presque pur.

A St. Germain-en-Laye, station (fig. 18), cimetière, etc., c'est un sable argileux purement siliceux tout-à-fait pareil à celui du haut de Poissy avec *concrétions siliceuses*.

De grands dépôts diluviens existent encore au Sud-Est de notre Carte sur les collines sableuses de Villeneuve-St. Georges et de Villecresnes, c'est une formation épaisse de gros éléments roulés provenant de la craie, des Meulières supérieures, avec sables quartzeux plus fins, argiles bariolées et limons: ces dépôts attestent une dénudation profonde, des ravinements intenses pendant le début de la période quaternaire et logiquement dépendant du cube énorme de matériaux enlevés sur la Brie. dont quelques buttes restées en témoin peuvent donner une idée. Dans la vallée de l'Yerre ce sont des galets très gros et très roulés à l'altitude de 80^{m} qu'on peut étudier à Varennes. Périgny, Mandres. Brunoy.

A Gravigny, Epinay-sur-Orge. Ballainvilliers ce sont des sables jaunes provenant de la destruction des sables de Fontainebleau mêlés de blocs de Meulières et sables granitiques.

Nous n'y connaissons aucun fossile.

Voici l'altitude décomposée des principaux de ces dépôts contenus majeurement entre 52 et 62 mètres au-dessus des fleuves.

	mètres		mètres		mètres	
Lagny	100	Marne	43 +	Terrasse	57	(fig. 40).
Raincy	104	»	42 +	»	62	
Haut Montreuil	98	»	36 +	»	62	
Boissy St. Léger	94	»	33 +	»	61	
Forêt de Sénart	90	Seine	32 +	»	58	
Limeil	84	»	30 +	»	54	
Orly	80	»	28 +	»	52	
Charonne	84	»	26 +	»	58	(Rue Lisfranc et des Prairies).
Montmartre	77	»	25 +	»	52	(Coin rue Damrémont et Vauvenargues).
Orgemont	81	»	23 +	»	58	
St. Germain	82	»	21 +	»	61	(Station).
Poissy	73	»	16 +	»	57	(Plateau).
Vernouillet	68	»	15 +	»	53	

Fig. 41.

Montreuil.

Grande Platrière en face Vincennes.

Altitude 100ᵐ.

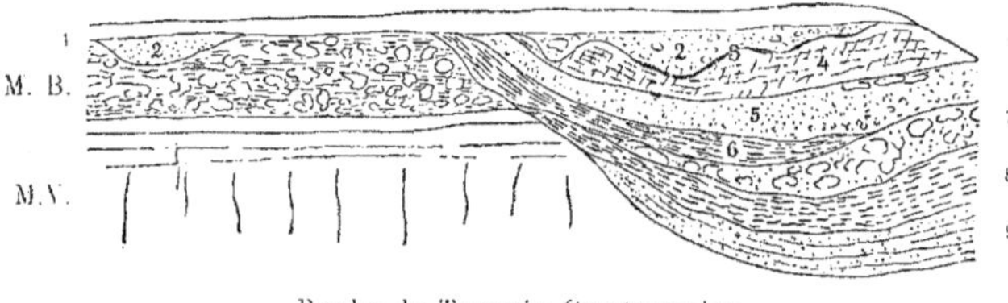

Poche de Terrain Quaternaire.

	Mètres
1 Terre végétale, brune. argilo-sableuse	0.40
2 Sable ferrugineux. granulitique. à cailloux émoussés avec bloc de calcaire de Brie	0,60
3 Argile brune avec planorbes stratifiée	0,10
4 Limon gris fin, terreux. à coquilles fluviatiles	1,00
5 Sable demi grossier. fluviatiles, caillouteux. couleur grise	0.80
6 Limon non continu, gris pâle avec mollusques ossements de Rennes très abondants	0,00 à 0,80
7 Gravier grossier avec blocs entassés. ossements	0.00 à 0.80
8 Marne blanche avec ossements	1,00
9 Marne sableuse à blocaux	
M. B. Meulières de Brie	3,00
M. V. Argile verte	4,00

Nous placerons ici la description d'un dépôt quaternaire spécial de même élévation, fossilifère, jusqu'ici sans équivalent, et découvert au Haut-Montreuil depuis quelques années déjà par Mr. Vasseur [1].

[1] Vasseur. Bull. Soc. Géol. 3ᵉ série T. IX p. 257 — 1881.

Nous avons eu l'occasion de l'étudier à bien des reprises et nous en donnons la figure No. 41. Il est situé vers 98 mètres d'altitude dans une poche de l'argile verte et du Calcaire de Brie, et sa puissance maximum est de 10 mètres environ; il n'est plus visible maintenant.

Le dépôt du Haut-Montreuil se distingue des autres dépôts élevés parce qu'il est resté calcaire, les grains de quartz, les grains siliceux y abondent comme les cailloux calcaires, les cailloux de Meulières, d'autres lits sont marneux, les ossements sont bien conservés et les mollusques sont abondants. Les débris de Rennes (Cervus tarandus L.) sont les plus nombreux. Mr. Gaudry s'est occupé de la détermination des Mammifères et Mr. Fischer des Mollusques[1]. On n'observe au-dessous ni limon, ni diluvium rouge ou autre produit d'altération. Ce qu'il y a de remarquable et de contradictoire surtout dans ce dépôt c'est la présence du Renne à un niveau aussi élevé; le Renne caractérisait jusqu'alors les bas niveaux du diluvium, le quaternaire le plus récent. Des discussions sérieuses ont eu lieu à la Société Géologique[2], dans lesquelles nous ne pouvons entrer ici, diverses explications ont été données. On a pensé que c'était la trace d'un lac sur une colline déjà existante malgré la présence des débris roulés, on a voulu y voir des preuves d'oscillations anciennes de température, de récurrence des faunes comme on en connaît dans la série Pleistocène du Norfolk et du Suffolk. La question est restée ouverte.

Diluvium des Vallées.

Le dépôt de diluvium des vallées est connu aussi sous le nom de Diluvium gris, de hauts et bas nivaux, ou de Diluvium des terrasses; c'est le plus puissant, le plus connu, le plus important des dépôts quaternaires. C'est un sable blanchâtre, gris ou jaunâtre qui est normalement grossier, calcareo-siliceux, formé de grains de grosseur variable blancs, roses, ou foncés et de cailloux provenant de roches diverses, granitiques, jurassiques, crétacées, tertiaires. Mr. Roujou a donné une liste détaillée de ces éléments. Les silex de la craie et les débris meuliers dominent beaucoup. Le sable diluvien existe à la fois dans la Seine et dans ses affluents, dans la Seine les éléments granitiques viennent du Morvan par le cours supérieur de l'Yonne. Ils remontent dans la boucle de la Marne jusqu'à Champigny et s'éparpillent de moins en moins nombreux en descendant vers Courbevoie et vers Poissy.

---

[1] Gaudry, Comptes rendus T. 93 p. 819 — 1881.
[2] Douvillé, Bull. Soc. Géol. 3e série T. X p. 246   1882.

Dans la Marne l'élément calcaire domine considérablement: le diluvium se transforme même en certains points à divers niveaux en un véritable poudingue solide qui peut être exploité comme pierre de construction d'ordre inférieur. il est agglutiné par des infiltrations d'eaux très calcaires venues des nappes latérales. on y observe en grand nombre et d'une façon caractéristique de nombreux Cérithes roulés provenant des sables parisiens moyens.

Le Diluvium de l'Oise est plus spécialement sableux, il renferme en abondance des silex de la craie et des fossiles de divers niveaux: principalement Nummulites lœvigata. Nous y avons trouvé à Cergy près Pontoise une coquille intéressante caractéristique des dépôts quaternaires dans d'autres bassins, Corbicula fluminalis. qui a fait l'objet d'une notice récente[1]).

Le diluvium est une formation fort épaisse qui existe sur tous les autres terrains. que nous avons décrits et qui n'est surmonté que par les alluvions recentes ou le Limon. Le diluvium existe encore au-dessous du lit actuel de la Seine. des sondages effectués dans l'Ile de Port-Marly. au Vésinet. dans Paris. l'ont constaté sur 10 et 15 mètres en contrebas du cours actuel. La partie la plus basse est la plus caillouteuse, elle renferme des blocs énormes qu'on peut étudier dans toutes les balastières et qui atteignent plusieurs mètres cubes, ils sont composés généralement de grès de Fontainebleau ou de Meulière, on peut supposer qu'ils ont été chariés par des glaces flottantes. Il importe d'insister sur le caractère torrentiel du diluvium, la stratification troublée des sables qui le composent indique un régime de fleuve essentiellement distinct de celui d'équilibre de la Seine aujourd'hui: dans leurs périodes torrentielle les cours d'eau sont de hauteur très variable suivant les saisons. ils présentent dans leur pente, leur volume. leur chute, leur vitesse, des irrégularités qui se traduisent par un transport confus des matériaux chariés, les sables ne sont soumis a aucun classement, ils sont déposés et déplacés rapidement; tel banc de cailloux aujourd'hui en un lieu peut être demain en un tout autre endroit. les lits de cailloux se ravinent, se creusent mutuellement de telle sorte que le ravinement. ce caractère d'une si haute importance dans l'étude des autres formations géologiques, est ici pour le diluvium et les alluvions torrentielles sans importance.

C'est donc à tort qu'on a cherché à tracer dans le diluvium du bassin de Paris des divisions importantes basées sur des ravinements: ils sont pour la plupart sans valeur, et la variabilité même de l'aspect

[1]) Annales Soc. Malacol. Belg. T. XIX p. 28 — 1884.

des carrières d'un moment à l'autre aurait dû tenir en garde les observateurs. [1])

De même les divisions basées sur les parties endurcies postérieurement, agglutinées par un ciment calcaire d'infiltration, sont absolument fugitives, locales et sans valeur stratigraphique.

Il est possible cependant d'observer un certain ordre dans la succession des dépôts diluviens, ordre qui avait déjà frappé Belgrand, Ch. d'Orbigny et d'autres géologues. A la base le diluvium renferme les plus gros blocs, le sable est plus grossier, plus fossilifère que dans le reste; cette partie nommée par Belgrand *Gravier de fond* est la plus puissante.

Au centre on rencontre des sables fins, des lits marneux, argileux, ligniteux-même (Champigny), qui témoignent d'une période d'arrêt dans le transport, de ralentissement dans la course des eaux, cette partie a été nommée *Sables Gras* par Belgrand d'un nom emprunté aux ouvriers; elle a parfois l'aspect d'un pur limon. Ces Sables Gras sont encore un niveau humide, souvent imperméable, et on y connait

Fig. 42.
Grande Ballastière à Champs.

Altitude 60^m.

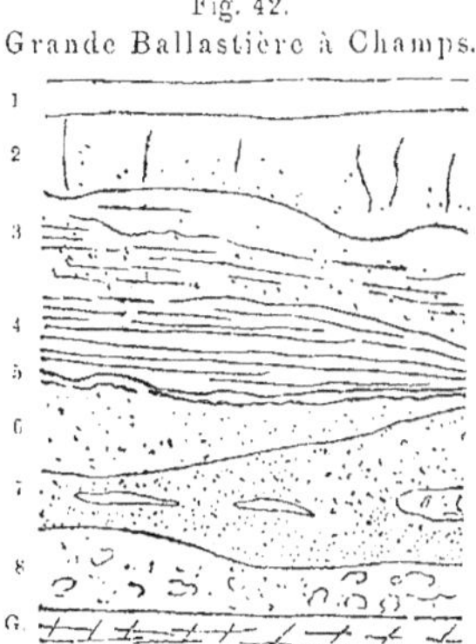

	1 Terre végétale	0,30
	2 Limon gris et jaune avec quelque cailloux	0,80
	Limon de lavage	
Sables gras	3 Limon rouge caillouteux confus	1,50
	4 Marne grise à nodules. Helix, Lymnées, ossements	1,00
	5 Sable noir ligniteux	0,05
Gravier de fond	6 Sable fin avec cailloux	
	7 Sable très fin calibré avec blocs	4,00
	8 Gros cailloutis	
Gypse	Marne blanche dure, niveau d'eau (Travertin de Champigny)	—

[1]) Ameghino, Bull. soc. Géol. Franc. 3 S. T. IX. p. 242. 1881.

une faunule fluviatile et lacustre composée de petites espèces qui sont toutes encore vivantes; l'épaisseur de cette zone est faible.

Au-dessous des Sables Gras réapparait un diluvium sableux normal avec cailloux roulés, ce sable est demi-fin, moins grossier et plus calcaire que celui de la base. les ossements et coquilles y sont plus rares et cette partie a reçu de Belgrand le nom de *Sables de débordement,* expression peu satisfaisante. mais qu'il n'y a plus lieu de changer. On peut résumer ces caractères comme suit:

Dilu- \ Sables gros ou demi-fins. très calcaires
avec cailloux . . . . *Sables de débordement*
vium ⟨ Sables marneux. argileux, fins . . *Sables gras*
gris / Sables très grossiers, blocs énormes,
très granitiques . . . . *Gravier de Fond.*

Fig. 43.
Le Bourget.
Grande excavation près la Station.

Altitude 41ᵐ.

5 Terre végétale 0,40ᵐ
4 Limon - Lehm 1,20
3 Sable diluvien. demi-fin. jaunâtre,
avec quelques cailloux et débris 1,60
2 Marnes gypseuses éboulies . . . 1,00
1 Sable vert et roux. fin argileux
(sable infragypse) . . . sur 1.00

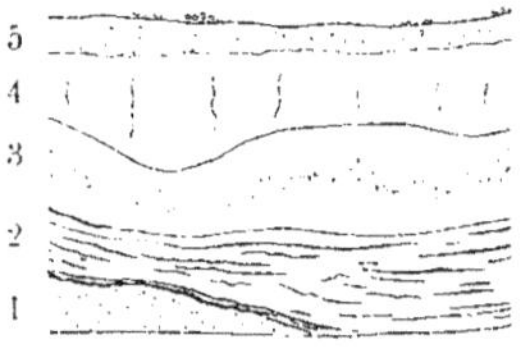

Cet ordre stratigraphique nous paraît le fait le plus important de tous dans la classification du diluvium, car il se retrouve sur tous les points quelqu'en soit d'ailleurs la hauteur, Hauts niveaux. Bas niveaux, Profonds niveaux, cet ordre est invariable. une faune est particulière à chacune des couches inférieures. l'altitude n'a rien à faire dans cette question, qu'on observe le gravier de fond à Champ à l'altitude de 60 mètres qui serait un haut niveau. qu'on le retrouve à Champigny à l'altitude de 43 mètres. à la rue de Chevaleret à 36 mètres ou même à Marly à 10 mètres au-dessous du niveau de la Seine, le gravier de fond reste identique. même composition, même faune; dans les coteaux où les sondages sont multipliés à toute hauteur comme au Vésinet par exemple fig. 1 le gravier de fond forme nappe continue du plus profond de la vallée jusqu'à l'altitude relative de 30 mètres. De même pour les sables gras. les sables de débordement, qu'on voit à toutes hauteurs, tous ces dépôts forment les uns au-dessous des autres des couches en cuvettes concentriques dont les graviers de fond occupent la périphérie.

Ce qui vient confirmer ces vues, c'est que la faune des *graviers de fond* à Elephas antiquus, qui se trouve presque seule à Chelles à un haut niveau, est identique à celle qu'on observe à Levallois-Perret par exemple à un bas niveau, quand on trouve une carrière assez profonde qui ayant percé les sables gras a atteint les véritables *graviers de fond*.

Dans les sablières situées très haut les sables de débordement peuvent être très minces et venir à manquer comme à Champs fig. 42, où ce sont les graviers de fond qu'on emploie, tandis que dans les sablières placées très bas comme à Levallois ce sont les sables de débordement qu'on voit bien, qu'on extrait, qui constituent la masse principale. On s'arrête aux sables gras qui forment un niveau d'eau gênant.

Ceci explique à la fois les affirmations et les contradictions des paléontologues et des anthropologistes. Dans les points élevés c'est la basse masse du diluvium qui est la plus générale, c'est la faune à Elephas antiquus qu'on a trouvée abondamment, bien qu'il puisse se trouver au-dessus des paquets de la masse supérieure des sables de débordements à Elephas primigenius. Inversement dans les sablières des bas niveaux c'est la masse supérieure du diluvium qui est le cas général, on descend rarement aux graviers de fond et c'est la faune à Elephas primigenius qui est la plus abondante. A Levallois les fouilles doivent descendre à 7 mètres pour rencontrer l'Elephas antiquus. Remarquons en dernier lieu que les ravinements et remaniements de ces dépôts ont souvent pu ramener des débris de la masse inférieure dans la masse supérieure: on peut trouver des points où la faune ancienne est pure, d'autres où les deux faunes superposées coexistent (rue du Chevaleret), d'autres enfin plus rares, où la faune supérieure, récente, est sans mélange.

Certes la masse supérieure a raviné l'inférieure, mais nous pensons qu'il faut se tenir en garde contre l'observation des ravinements dans le diluvium où il en existe tant à des niveaux si divers et que sauf dans le cas où les sables gras sont présents dans une partie de la coupe, dans la crainte de prendre un ravinement faux pour le vrai, il vaut mieux s'abstenir de cette considération.

La faune du diluvium a depuis longtemps attiré l'attention des paléontologistes. Les gros ossements qu'on y rencontre, leur gisement dans les sables des vallées, leur abondance étaient bien faits pour intéresser. Depuis Blumenbach, Pallas, Cuvier, Goldfuss, Schmerling les observateurs se sont succédés par Blainville, Falconer, Owen, Lartet, Gaudry etc. La question de leurs gisements a préoccupé

Prestwich, Belgrand etc., enfin les anthropologistes contemporains ont multiplié les découvertes, Mr. de Mortillet, Martin, Reboux, Chouquet, d'Acy, Ameghino etc. Nous pouvons présenter ainsi un tableau des espèces des deux masses du quaternaire dans lequel nous nous sommes efforcés de montrer les différences, mentionnant les espèces dans le niveau où elle sont le plus abondantes et comme caractéristiques et sans prétendre qu'il n'y ait aucun passage. On voit que la faune contemporaine s'est formée peu-à-peu, s'est développée et modifiée lentement et qu'elle est déjà très voisine de celle des sables diluviens supérieurs.

La faune malacologique des hauts niveaux de Montreuil a été étudiée par Mr. Bourguignat en 1869 qui a pu y signaler des genres et espèces émigrés ou disparus, Lartetia, Belgrandia etc. Mr. Fischer est revenu tout récemment sur ces formes à propos d'un nouveau gisement à Joinville-le-Pont.

Faune Mammalogique du Diluvium.

Sables inférieurs. (Gravieres de Fond.)	Sables supérieurs. (Sables de débordement.)
Elephas antiquus Falc.	—
—	Elephas primigenius Blum.
Rhinoceros Merkii Kaup.	—
—	Rhinoceros tichorhinus Cuv.
Hippopotamus major Cuv.	—
—	Hippopotamus amphibius L.
Trogontherium Cuvieri.	—
Sus scrofa L.	Sus scrofa L.
Ursus spelæus Blum.	Ursus spelæus Blum.
Hyena spelæa Sow.	Hyena spelæa Sow.
—	Canis lupus L.
Equus caballus L.	Equus caballus L.
—	Equus asinus L.
Bison Europæus.	—
—	Bos primigenius Boj.
—	Ovibos moschatus.
Cervus Belgrandi Lartet	—
» alces L.	—
» megaceros Arn.	—
—	Cervus tarandus L.
—	» elaphus L.

Après avoir détruit la donnée stratigraphique que les hauts et bas niveaux constituaient deux horizons géologiques distincts, nous sommes obligés de signaler la particularité qui a pu engendrer cette croyance, c'est que le diluvium aux environs de Paris se trouve déposé principalement à deux niveaux entre lesquels il est beaucoup plus mince ou même absent. On reconnaît deux nappes, l'une haute de 21 à 31 mètres au-dessus du fleuve, l'autre de 5 à 10 mètres seulement au-dessus du même fond.

Il existe des points où ces nappes sont réunies et d'autres où il se trouve des nappes intermédiaires secondaires, mais l'observation de ces deux niveaux est un fait positif dont il y a à tenir compte, niveaux dont la stratigraphie comme nous l'avons dit, est identique et qui ne constituent pas deux âges différents. La puissance du diluvium est parfois très grande, elle atteint 15 mètres dans les fonds où la série est complète, dans les points moyens elle est de 10 mètres, dans les points hauts elle dépasse rarement 5 mètres.

Fig. 44.

Ivry.

Altitude 61^m.

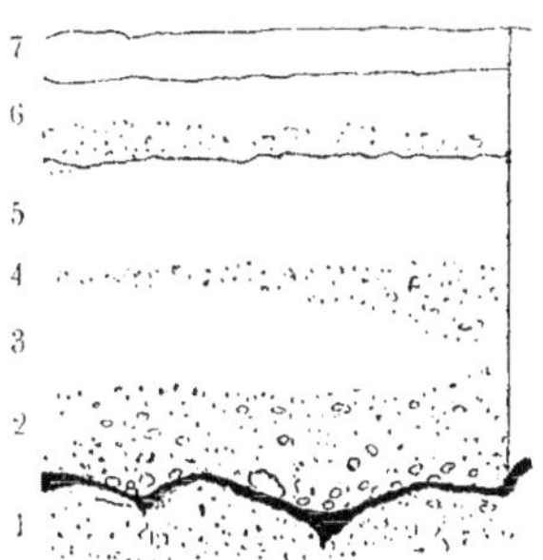

```
7 Terre végétale  . . . . . . . . . . . . . . . . . 0.20^m
6 Limon de lavage (remanié) avec cailloux anguleux  0.70
5 Limon massif . . . . . . . . . . . . . . . . . )
4 Bande du diluvium rouge . . . . . . . . . . . . ) 3.50
3 Limon pur . . . . . . . . . . . . . . . . . . . )
2 Diluvium rubéfié . . . . . . . . . . . . . . . .
1 Diluvium gris . . . . . . . . . . . . . . . . sur 0.40
```

Voici une double série d'altitudes pour montrer comment les deux terrasses sont suivies, les altitudes se rapportent à des cotes centrales moyennes de la masse du dépôt qui peut se prolonger environ 5 mètres au-dessus et au-dessous.

Voici divers points intermédiaires les plus saillants:
Creteil altitude 45^m = Seine à 30 + terrasse 15 (La colonie)
Colombes   »   35   »   22 +   »   13 (Petit Nanterre)
Vesinet   »   37   »   20 +   »   17 (Eglise).
Hauts niveaux-terrasse de 21 à 27 mètres.

Champs altitude . . . 63^m = Marne 42^m + terrasse 21^m (fig. 42)
Chelles   »   . . . 64   »   42   »   22
Nogent sur Marne . . 62   »   37   »   25
Parc St.-Maur . . . 55   »   34   »   21
Montreuil 51   »   30   »   21
Barrière d'Italie . . . 57   Seine 30   »   27
Vaugirard 53   »   27   »   26
Bois de Boulogne . . 53   »   27   »   26
Courbevoie 53   »   26   »   27
Montesson 47   »   20   »   27
Maisons-sur-Seine . . 45   »   19   »   26
Carrière-sous-Poissy . 43   »   16   »   27
Eragny 45   Oise 18   »   27
Bas niveaux-terrasse de 5 à 10 mètres.

St. Thiebaut-des-Vignes . 48^m = Marne 41^m + Terrasse 7
Nogent-le-Perreux . . . 46   »   38   »   8
Joinville-le-Pont . . . 45   »   37   »   8
Varenne St.-Hilaire . . 42   »   35   »   7
Alfort 40   Seine 31   »   9
Ivry 38   »   30   »   8
Rue du Chavaleret . . 36   »   28   »   8
Grenelle 33   »   27   »   6
Billancourt 34   »   26   »   8
Neuilly 31   »   25   »   6
Argenteuil 30   »   23   »   7
Nanterre 27   »   22   »   5
Sartrouville 26   »   18   »   8
Achéres 25   »   17   »   8
Poissy 25   »   16   »   9
Verneuil 24   »   16   »   8

Il nous faut dire maintenant quelques mots d'une théorie importante produite en 1877 par Mr. Van den Broeck qu'une observation prolongée n'a fait que confirmer, c'est que le dépôt nommé dilivium rouge n'est qu'un facies d'altération du diluvium normal, du diluvium gris. Ce phénomène d'altération est dû à l'infiltration des eaux atmosphériques et donne lieu à des transformations multiples.

Le calcaire du dépôt se dissout, il disparait, le fer s'oxyde et s'hydrate,
l'argile se dépose, la masse générale diminue, il se produit des tasse-
ments, de faux ravinements, la transformation est complète; le diluvium rouge est un sable de grosseur variable à cailloux exclusivement
siliceux, à enduit argileux rouge qui paraît raviner la formation inférieure. Belgrand pensait que le diluvium rouge n'était qu'un diluvium gris imprégné de limon de débordement; il en avait bien
remarqué les faux ravinements prouvés par certains lits de cailloux
qui se prolongeaient en guirlandes du terrain normal dans le terrain
rubéfié, mais il ne savait expliquer la décalcarisation du dépôt. De
Sénarmont avait malheureusement introduit l'idée que les cailloux
du diluvium rouge étaient distincts de ceux du diluvium gris, et
malgré Ch. d'Orbigny cette erreur s'était propagée.

Fig. 45.

Coupe rue du Pot au Lait à Paris (ravin de la Bièvre).

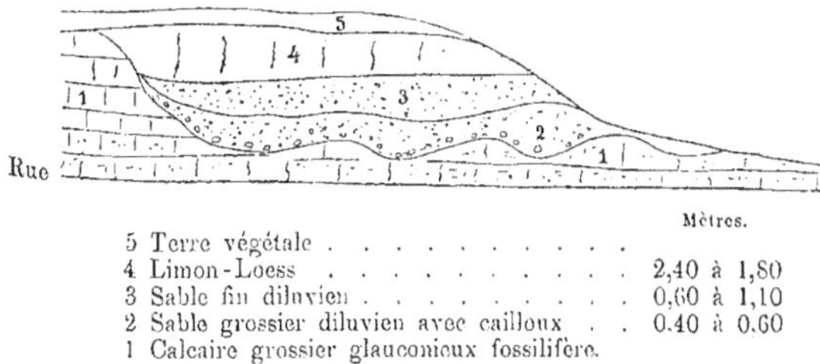

5 Terre végétale . . . .
4 Limon-Loess . . . . 2,40 à 1,80
3 Sable fin diluvien . . . . 0,60 à 1,10
2 Sable grossier diluvien avec cailloux . . 0.40 à 0.60
1 Calcaire grossier glauconieux fossilifère.

En réalité tous les terrains ont subi l'action des eaux pluviales,
les dépôts diluviens ont été d'autant plus atteints qu'ils étaient plus
exposés, plus calcaires, moins argileux. La masse supérieure ou sable
de débordement a été la plus profondément atteinte, car souvent l'altération a été arrêtée par les sables gras. Il est bien démontré
maintenant que les eaux atmosphériques sont très actives, que
chargées d'acide carbonique et d'oxygène elles sont réellement des eaux
acides et que leur influence chimique est considérable hors de leur
rôle propre d'hydration et leur rôle mécanique de désaggrégation, de
transport et d'éclatement des cailloux pendant le gel.

Belgrand a complété les lois qui régissent les sinuosités et les
dépôts des cours d'eau, il a montré leur propriété d'affouillement sur
la rive concave et leur faculté d'atterrissement sur la rive convexe;
l'alternance des deux cas et le déplacement successif du maximum.

Ces théories hydrologiques se vérifient pour la Seine, le dépôt
diluvien passe alternativement d'une rive à l'autre, restant à la même

hauteur et avec une largeur de dépôt à peu près constante : ces théories se joignent aux raisons géologiques pour déterminer le cours général des fleuves, et nous aurons a revenir plus loin sur ces Méandres de la Seine en discutant ceux qui sont imposés par la Géologie et ceux qui relèvent de la mécanique hydraulique. En remontant le fleuve nous voyons le diluvium sur la berge droite à Chambourcy passer dès Poissy sur la rive gauche et s'y maintenir dans toute la convexité jusqu'à Maison-sur-Seine; là le diluvium passe sur la rive droite et vient couvrir Montesson, le Vésinet, Chaton; il aborde la rive gauche à la Malmaison, se voit à Rueil, Nanterre, Colombes, Gene-villiers, Asnières, jusqu'à Courbevoie, ici nouveau transport sur la rive droite qui est couverte de cailloux à Levallois-Perret, Neuilly, le Bois de Boulogne jusqu'à Auteuil.

La rive gauche est ensuite couverte de diluvium à Grenelle, au champ de Mars, aux Invalides, puis la rive droite est occupée sous l'ancien Paris sur une vaste étendue, vers l'avenue Dausmesuil, Bercy, St.-Maudé où le diluvium rejoint celui de Montreuil et Vincennes. La région du confluent de la Marne est couverte de cailloux sur les deux côtés de la Seine et sur la rive gauche de la Marne, Montmesly formait un ilot dans le vaste confluent des eaux Quaternaires. Plus haut la Seine conserve un long espace ses alluvions des deux côtés, puis reprend ses dépôts périodiques au-delà d'Ablon.

Fig. 46.
Coupe à Eragny.
Carrefour des Ambassadeurs.

Altitude 56^m.

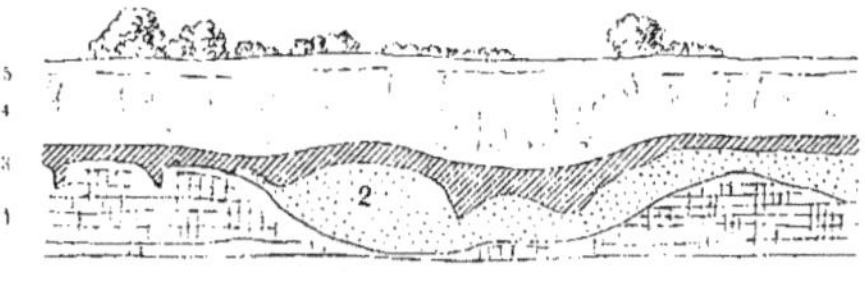

			Mètres
	5 Terre végétale sableuse		0,10
Limon.	{ 4 Sable limoneux gris. fin		0,50
	{ 3 Limon argileux rouge		0,10
Sable moyen.	2 Sable fin pur, un peu verdâtre		0.80 à 0,00
Calcaire grossier.	1 Marne blanche caillasseuse	sur	1.00

La Marne aussitôt après Champigny reprend ses oscillations d'une rive à l'autre passant de Champigny à Nogent, de Nogent à Noisy, de Neuilly-sur-Marne à Champs, à Chelles, à St.-Thiebault. L'Oise répand les cailloux alternativement sur les deux rives, à Cergy, puis à Eragny, de là à Jouy-le-Moutier où commence une bande qui ne se termine qu'à Andrésy.

Hors de la vallée de la Seine le diluvium des hauts niveaux devient un sable fin rougeâtre bien calibré qui s'accroit en finesse à mesure qu'on s'éloigne des points où passait le chenal au courant le plus violent; dans les golfes comme celui du Pin, dans les plaines comme la plaine St.-Denis, il forme jusqu'à une altitude constante de 70 à 60 mètres un horizon continu autour des berges gypseuses à Vaujours, à Livry, au col de Villemouble, au col de Rosny où le dépôt de sable fin fait face à la station à l'altitude de 70^m et où on le revoit à l'Eglise, au siphon de la Dhuis. On poursuit ce niveau bien caractérisé à Pantin, dans Paris à la Villette, à Montmartre, au Drancy, au Bourget fig. 43, à Dugny, des sables rouges se revoient à Garges, à la Butte Pinçon dans des poches dans le Gypse, à Groslay : ils pénètrent dans la Vallée de Montmorency, à Enghien, Ermont, à Sannois dans la tranchée du chemin de fer ils deviennent limoneux et encore plus fins, ils passent à un limon sableux qui à Franconville a toutes les apparences du Limon-Lehm, vers le Plessis-Bouchard nous avons dû colorier en limon ordinaire ce limon sableux qui prolonge en un facies spécial le diluvium ordinaire des hauts niveaux.

Dans d'autres régions de notre carte, au Nord-Est vers Compans, Mitry, Boissy, Tremblay, les grands fleuves quaternaires n'ont pas pénétré, on ne trouve aucun de ces silex, de ces cailloux lointains, très roulés, mais on y voit, formé presque sur place, un épais manteau d'une sorte d'éboulis, un magma confus de matières arrachées aux collines voisines plus élevées, aux buttes de Dammartin, Montgé, St.-Mard, ce sont principalement des marnes et argiles de couleurs variées, avec un peu de sable jaune, des fragments meuliers, d'autres gypseux et surtout des blocs démantelés de calcaire de St.-Ouen. Une nappe continue de ces débris s'est étendue autrefois si bien sur toute cette plaine que les vallées actuelles ont dû s'y creuser un lit et ont raviné, coupé, cette formation quaternaire ancienne dont on voit la tranche dans leurs berges. A Thieux ce facies atteint 5 à 6 mètres, il a reçu dans le pays le nom de *cran* et les agriculteurs qui tirent les Marnes du calcaire de St.-Ouen pour leurs champs ont à le percer pour arriver à cet horizon géologique en place, souvent ils s'arrêtent dans le cran qui est très calcaire et s'en contentent évitant de descendre jusqu'au bas de ces matières ébouleuses où les blocs inutiles deviennent trop gros et où il se rencontre un niveau d'eau incommode. Nous ne saurions assez insister dans cette revue des dépôts superficiels, sur ce prolongement méconnu du Diluvium ancien dont l'étendue est plus grande qu'on ne croit. Comme ces formations sont continuellement recouvertes par le Limon-Lehm nous ne leur avons pas attribué de coloriage spécial, c'est le Limon qui masque tout qui est toujours indiqué.

Les affluents secondaires de la Seine ont aussi leur diluvium, l'Yvette, l'Yerre, la Bièvre présentent des berges avec nappes de cailloux roulis et de limons dont l'importance est manifeste. Dans la vallée de l'Yerres, à Varennes et à Mandres des ballastières de cailloux blanchâtres très importantes. Dans la vallée de la Bièvre nous avons observé à 10 mètres au-dessus du cours actuel une formation torrentielle qui a fourni une faunule de petits mammifères, les cailloux sont empruntés aux roches dures du cours supérieur, au grès de Fontainebleau, aux Meulières de Beauce, ils sont enrobés dans une argile grise ou rougeâtre avec lits sableux fins et nous en donnons une coupe visible dans Paris No. 45. Les travaux récents de canalisation de la Bièvre au-dessus de Paris, à Antony, Bourg-la-Reine, Cachan ont pénétré dans la formation diluvienne et alluvienne sur une épaisseur de 4 à 6 mètres.

Fig. 47.

Porte de Vitry-Paris,

face du Porte Caserne No. 11.

Altitude 30ᵐ.

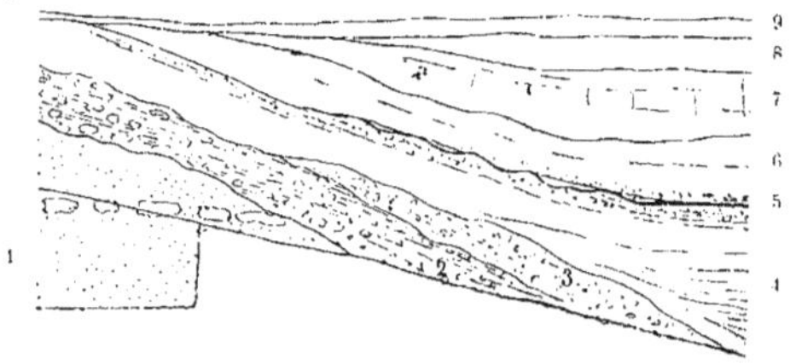

9 Terre noire 0,10
8 Terre brune limon lavé 0.20
7 Limon clair, quelques cailloux blancs de silex 1,80
6 Limon foncé pur 2,00
5 Cailloux de silex angul. zone ravinée 0.10
4 Limon stratifié sableux foncé en lits obliques, vers la base quelques cailloux
    quartzeux 3,00
3 Diluvium rouge bien caillouteux 1,00
2 Diluvium rouge argileux, gros blocs 0,60
1 Sables fins, argileux, verdâtres avec banc de gris (sables moyen) sur . . 3.00
    Inclinaison Générale vers la Seine.

On considère volontiers aujord'hui que ces grands dépôts torrentiels dans le bassin de Paris ont été contemporains de la période Glaciaire. Dans cet ordre d'idées le dépôt du diluvium inférieur, le *gracier de fond*, correspondrait à la période des Grandes Glaces, ou glaciaire inférieur, glaciaire ancien; *les sables gras* correspondraient à la période de réchauffement interglaciaire et le diluvium supérieur, *les sables de débordements*, seraient les représentants de la séconde époque glaciaire, périodes des Petites Glaces, ou la plus récente.

Nous n'avons pas à nous occuper ici de questions préhistoriques ou anthropologiques, nous dirons cependant que des outils en silex, des cailloux où la taille intentionelle de l'homme est manifeste, ont été trouvés avec une certaine abondance dans les dépôts diluviens de la Seine, que les différents lits ont fourni différentes formes de haches. La masse inférieure renferme des haches de forme lourde, amygdaloïde, ou subtriangulaire taillées sur ses deux faces par éclats grossiers, cette forme a été distinguée par Mr. de Mortillet sous le nom d'Acheuléenne, nom qu'il a changé récemment en *Chelléenne*, localité où le type serait plus pur.

La masse supérieure à fourni des haches d'une forme un peu moins lourde, avec pointes et grattoirs, retaillées sur une seule face par éclats médiocres, cet instrument est du type *Moustierien*.

Enfin dans des dépôts tout-à-fait supérieurs, bien plus récents on rencontre des spécimens allongés, dits couteaux, bien mieux taillés, retaillés aux deux faces et aux deux bouts, outil perfectionné qui a reçu le nom de *Solutréen*.

Fig. 48.
Sablière à Champigy-Poulangis.

Altitude du
calcaire grossier
de fond 43ᵐ

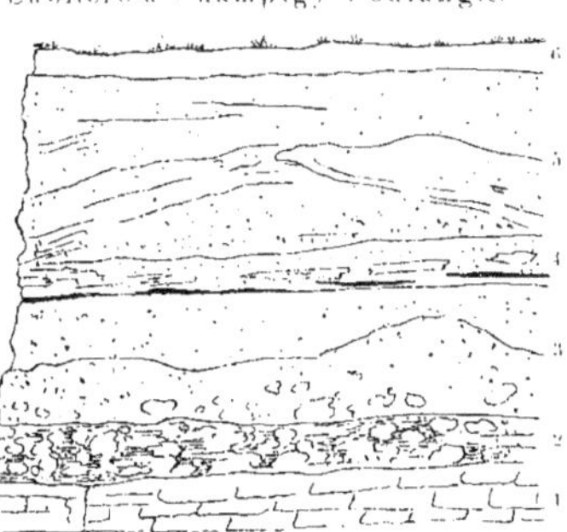

Diluvium

6 Limon sableux		0,40
5 Sable calcareux, fin, avec quelques cailloux surtout à la base (sables de débordement)		2,10
4 Sable très fin passant au grès tabulaire et marne grise sableuse et ligniteuse (Sables Gras)		0,30
3 Sable grossier avec cailloux énormes (gravier de fond) . . .		1,80
2 Sable grossier marneux verdâtre avec blocs et ossements et mollusques — niveau d'eau		0,60
1 Calcaire grossier fin à Natica parisiensis, pourri au sommet appartenant à la base du calcaire grossier supérieur, sur		0,50

Les faunes mammalogiques du Moustierien et du Solutréen sont très voisines mais fort distinctes de celle de l'Acheuléen qui est celle de l'Elephas antiquus. Cette classification due en grande partie à Mr. de

Mortillet concorde heureusement avec la classification stratigrafique et paléontologique que nous avons exposée, elle a été développée finalement dans un livre de valeur intitulé le »Præhistorique« en 1884.

Limon-Lehm.

Le Lehm ou Loess est une terre d'une couleur fauve très-claire, compacte mais tendre, d'une pâte très-fine, formée d'argile et de sable fin avec calcaire et fer disséminés. C'est une boue consolidée. Par l'action altérante des eaux atmosphériques le limon devient brun foncé par l'oxydation du fer, il perd le calcaire qu'il contenait et diminue de volume. Le Limon participe considérablement du soussol, surtout à sa base, il en renferme de nombreux débris, il est plus argileux, plus sableux, plus calcaire, suivant la nature du fond; on peut le considérer comme formé sur place en très grande partie[1]; on n'y observe aucune stratification.

Il importe hautement de distinguer, comme l'a montré Mr. Ladrière[2]) le limon en place du limon remanié: très souvent sur le flanc des côteaux le limon est entraîné, repris par les eaux et déposé plus bas sur des parties moins déclives; dans ce cas il se mélange de matières étrangères, de cailloux, de débris de l'industrie humaine qui peuvent permettre parfois de fixer l'âge de ce remaniement et de délimiter le vrai limon quaternaire du limon moderne.

Souvent on observe dans des tranchées le Limon-Lehm en cours d'altération que les eaux ont entraîné le calcaire des parties hautes vers les parties basses où il s'est déposé: on voit dans les fentes de la partie inférieure du limon des revêtements de carbonate de chaux, blancs, pulvérulents; d'autres-fois ce calcaire se concentre en nodules dits » Marnolites ou poupées« qui sont concrétionnées, durcies et situées dans une même zone horizontale. Dans de rares endroits où le Limon est épais, bien en place, non altéré, il renferme une maigre faunule de Mollusques terrestres qui paraissent avoir vécu à l'endroit même, lorsque le limon était à l'état boueux, et qui appartiennent à des formes encore vivantes de climat humide et froid. Ce sont:

Succinea oblonga Drap. — Helix hispida L.
Helix pulchella Mull. — Hyalina fulva Mull. sp.
Pupa muscorum Drap. — Clausilia parvula Studer.

Les ossements y sont tout-à-fait exceptionnels.

[1]) De Lapparant. Bull. Soc. Géol. Franc. 3e Série T. XIII, p. 256 1885.
[2]) Annales Soc. géol. Nord T. VII p. 11, 1879. T. VIII p. 135, 1881.

Le limon repose sur toutes les roches plus anciennes tertiaires ou quaternaires indistinctement, sans avoir égard à aucune altitude. Il est plus développé sur les roches calcaires que sur tout les autres et surtout à l'exposition du N., au pied des collines, dans les vallons protégés; nous l'avons observé, au maximum, au-dessus du Calcaire de St. Ouen, sur 6 à 7 mètre, sur le gypse et sur le calcaire de Champigny: on en trouve aussi sur les sables moyens et les sables supérieures. Il est lié intimément au Diluvium, bien souvent nous avons vu des lits horizontaux ou obliques de Diluvium gris ou rouge pénétrant dans la masse limoneuse. Nous en donnons un exemple pris à Ivry (fig. 44).

Parfois le Limon-Lehm est divisé en deux parties par un lit de cailloux anguleux ou roulés. nous l'avons observé à Ivry, à Paris (fig. 47), à Sannois, Verneuil et les tuileries de Rouen en fournissent de nombreux exemples. Il est altéré souvent dans une grande étendue, sur une épaisseur uniforme quelle que soit son épaisseur réelle : ainsi dans la région de Villejuif à Rungis et de Thiais à Massy l'altération supérieure sous forme de limon brun est d'un mètre au-dessus de la « Terre blanche » ou limon normal qui atteint 6 mètres.

Le Limon n'exède pas deux mètres sur les hauts plateaux Meuliers, on le voit sur l'Hautie, sur la forêt de Montmorency, très réduit sur les Alluets. Il est plus puissant au Sud de Versailles, sur le grand plateau de la Verrière, Trappes, Saclay, Palaiseau. Villejuif, là il masque complétement le sous-sol et donne une terre végétale forte pour les graminées et les betteraves.

Le limon est médiocre sur le plateau de la forêt de St. Germain. sur la région de Conflans où il participe des sables moyens (fig. 46). et à Pierrelaye. Mais sur le gypse à Herblay, et sur les flancs de la butte de Corneilles il est fort épais et passe latéralement au diluvium sableux. D'importantes tuileries ont existé à Franconville et Sannois.

Le Limon a un beau développement à Montlignon, Margency, St. Prix, Eaubonne, avec briquetteries. Il faut citer la bande limoneuse qui va de Groslay à Domont, qui masque complètement la base du Gypse et le St. Ouen: la nappe au bas d'Ecouen. Gonesse. celle qui couvre la plaine du Mesnil-Amelot. Roissy, Grand Tremblay, Mitry, nappe très étendue.

Le Limon est mince. presque seul. sans chaux, sur le plateau de Bagnolet, Montreuil à Nogent sur Marne: il est peu épais, décalcarisé sur le plateau d'Avron, Raincy, Vaujours et Carnetin. Mais il en existe des bandes calcaires sur les deux flancs gypseux de la

Marne et à la base des collines sur le Diluvium à Montreuil, à Vincennes, à Nogent, Neuilly, Brou, Pomponne.

Au-dessus de la Brie le Limon n'est pas épais, il augmente cependant en puissance dans la région du partage des eaux vers Plessis-Trévise, Emerainville, Pont-Carré, Ferrières; dans les tranchées du Chemin de fer il est visible; dans toute cette région il est absolument privé de calcaire.

La surface du Calcaire de Champigny parait aussi un lieu d'érection favorable pour le limon: il y est généralement puissant et calcareux à la base.

Sur la rive gauche de la Seine une grande Bande suit de Buzenval à St. Cloud, elle occupe le col du Mont Valérien et descend sur Suresnes, elle donne lieu à diverses exploitations. De grandes surfaces limoneuses existent à l'Ouest de Versailles à Chavenay, Villepreux, Clayes, Fontenay-le-Fleury sur le calcaire gréseux, le Gypse, etc.; on le voit peu dans la vallée de Sèvres. Une autre bande existe au fond du val Fleury, à Clamart, Chatillon, Bagneux où il masque le calcaire de St. Ouen et la base du Gypse. Un grand lambeau se voit à Bicêtre, à la Gare, à Ivry, à Vitry où nous en avons omis une grande surface pour montrer le sous-sol. Il recouvre les cailloux et les sables moyens. Il n'existe pas au-dessus de l'argile verte, jamais nous ne l'avons vu cacher ce niveau.

Le Limon occupe au-dessus du Diluvium la majeure partie du sol de la ville de Paris dans les régions basses aux Champs Elysées, aux Tuileries, à l'Opéra, à la Bourse, à la Bastille. Nous l'avons observé sur 4 mètres à la Porte St. Denis, rue Chapon, etc. Nous l'avons omis sur toute cette surface pour laisser voir le Diluvium sous-jacent.

Il recouvre aussi la plaine d'Alfort, Créteil, Choisy-le-roi, etc., passant sur le bord de la Seine aux Limons remaniés.

Le Limon occupe une place importante dans l'agriculture; mêlé aux engrais, aéré, ameubli, c'est le fond de la terre végétale; dans l'industrie il sert à la confection des briques, tuiles, tuyaux, etc. Il faut choisir pour cela la région décalcarisée: on l'emploie seul: on mêle, suivant les cas, du sable pur ou de l'Argile grasse.

Eboulis.

Les Eboulis ont un intérêt assez grand, tant au point de vue géologique qu'au point de vue technique, pour mériter une description particulière.

Tous les terrains forment des éboulis, mais d'importance très-diverse; les terrains solides comme le calcaire grossier, le calcaire de

St. Ouen, forment des éboulis peu importants, tandis que les sables, les argiles, marnes, gypses en forment de très-sérieux.

La position des roches doit être aussi considérée, souvent une roche dure forme des éboulis quand elle est superposée à une roche fluide sans consistance: ainsi les Meulières tombent par suite de l'affaissement des sables de Fontainebleau qui sont à leur pied. Souvent dans une berge de sables moyens mobiles surmontée de grès durs on trouve à toute hauteur des tables du banc gréseux supérieur descendu de sa position en grandes masses rompues.

Mais de tous les éboulis des environs de Paris le Gypse et ses marnes fournissent l'élément le plus considérable. Par sa facilité de dissolution le gypse se réduit sur les flancs des collines et les Marnes qui le surmontent s'affaissant forment tout autour de l'affleurement un cercle ébouleux dangereux. Les éboulis gypseux attirent toutes les couches supérieures: marnes, argiles, sables, qui glissent dans les fonds et peuvent causer de sérieuses méprises aux géologues et de grandes difficultés aux Ingénieurs; pour la construction de la ligne de Montsoult à la hauteur de Groslay et Deuil la voie a dû être refaite trois fois.

Les éboulis gypseux ont aussi beaucoup contrarié la construction du fort de Stains, nous les désignons sous les lettres A. g.

Fig. 50.
Route du fort de Stains.

5 Terre végétale
4 Limon argileux
3 Sable diluvien limoneux
2 Sable diluvien caillouteux (Meulières)
1 Eboulis de Marnes du Gypse

Les sables supérieurs, A s, sont dangereux par leur masse épaisse et leur fluidité; ils entrainent les Meulières, A m, de leur sommet. Je citerai comme point classique d'éboulis sableux et meuliers la Chataigneraie de Chambourcy et toute une bande de Franconville à Montigny-les-Cormeilles où l'on exploite la Meulière descendue au niveau du gypse.

Comme on pouvait s'y attendre la position de ces terrains n'est pas fixe relativement au Diluvium. Tandis que les éboulis gypseux surmontent le Diluvium à Groslay et Montmagny comme l'a signalé Mr. l'Ingénieur Desnoyers[1]), ailleurs, comme à la montée du fort de Stains (fig. 50), à la gare d'Epinay grande ceinture, à Enghien, etc., on voit les Eboulis surmontés par les sables diluviens.

---

[1]) Desnoyers. Bull. Soc. Franc. 3ᵉ S. T. V, p. 132, 1876.   14

Les éboulis n'ont ni faune, ni minéraux qui leur soient propres; ils sont plus souvent recouverts par les limons relavés.

Alluvions fluviatiles.

Les alluvions fluviatiles sont une formation rarement visible et d'épaisseur médiocre dans un fleuve dont le cours est aussi réglé que celui de la Seine; elles ont peu attiré l'attention des observateurs. Cependant comme on les extrait, comme on les drague soit pour les employer comme sable, soit pour faciliter la navigation, il y a lieu d'en tenir compte.

Ce sont des sables demi-fins, ou du gravier de petit calibre, d'une forme plate caractéristique, de couleur toujours grise, toujours calcaires, abondamment coquilliers.

On ne peut les confondre avec les sables diluviens, car jamais il ne s'y rencontre de galets ronds, de gros blocs, mais au contraire des débris de bois, de charbon, des concrétions calcaires.

Leur faune fluviatile avec grands Unios, Anodontes, grosses Paludines, Néritines, etc., contraste absolument avec la petite faune quaternaire; beaucoup de ces coquilles sont couvertes de concrétions calcaires épaisses, elles ont conservé leurs couleurs, leurs ligaments, etc.

Ce n'est que bien rarement que les alluvions fluviatiles sont rejetées hors du lit du fleuve, c'est rarement même que les bancs qu'elles forment se déplacent; les Mariniers les connaissent bien, ils les distinguent très bien des extractions de diluvium gris, qui se pratiquent au-dessous des fleuves. Ce sable moderne est préféré pour le mortier et les jardins.

Limons remaniés.

Souvent le Limon-Lehm a été repris de son lieu de formation ou dépôt originel et entraîné par les eaux modernes dans des parties plus basses où il va former de nouvelles couches.

Comme le Limon-Lehm il n'est point stratifié et uniforme, souvent rien ne distingue au premier abord un limon remanié lavé d'un limon en place; cependent en observant avec attention on trouve dans le limon de lavage des débris et fragments modernes qui trahissent sa récente origine, il est plus fin, plus foncé, mêlé de terre végétale, on y trouve des Helix nemoralis, Cyclostoma elegans et autres mollusques qui manquent toujours dans le limon ancien, enfin des fragments de bois, des zônes celluleuses mal tassées qui se revoient dans tous les terrains de remblai.

Les Tourbes sont du même âge étant comme le limon de lavage en voie permanente de formation, bien qu'il existe des Tourbières plus anciennes. On n'en trouve que hors de nos feuilles, un peu au Sud, dans les vallées de l'Essones et de la Juine.

Les limons remaniés sont les vrais limons de débordement de la Seine, ce sont eux qui forment les atterrissements des îles, des berges, qui se répandent en temps d'inondation sur les plaines d'Alfort, Créteil, Genevilliers etc., surmontant le Diluvium ou les alluvions fluviatiles.

Ils jouent un role important dans la vallée de la Bièvre, dans Paris, à St. Denis, on les poursuit dans la vallée du Rouillon et affluents: le Crould, la Morée, la Molette, dans la plaine d'Epinay, etc.

Ils peuvent alterner avec les alluvions fluviatiles, ils les surmontent le plus souvent, car ils arrivent à la fin des crues, dans ce cas ils sont remplis de coquilles terrestres et lacustres; mais sans renfermer en abondance les grands Unios et les grosses paludines caractérisques des alluvions fluviatiles. Un bon gisement existe à Charenton, au confluent de la Marne et de la Seine. Le fond du lit de tous les *rus*, si généralement secs en été dans les environs de Paris, en sont formés. C'est dans les limons remaniés qu'il faut classer les dépôts vaseux et boueux laissés par les égouts au-dessous de Paris. Ces vases s'échelonnent d'Asnières à Poissy, de couleur noire et d'odeur fétide; elles relient entre elles les petites îles de la Seine, et à Marly atteignant encore 1,50^m d'épaisseur.

IV. Mouvements du Sol.

Le trait essentiel de l'allure générale de toutes les couches parisiennes est produit par deux saillies, deux axes anticlinaux ou régions dans lesquelles toutes les couches sont plus élevées qu'ailleurs et qui ont nécessairement leur contrepartie dans deux lignes synclinales ou lieux géométriques des point bas.

L'une de ces saillies, celle située au Nord-Ouest, est la moins considérable, elle vient mourir au coin de notre Carte. L'autre, fort importante, est dirigée de l'Ouest à l'Est et traverse nos feuilles presque en ligne droite suivant un parallèle peu au Sud de la Ville de Paris. Cette dernière arête est limitée par deux plans dont l'un s'incline doucement et régulièrement au Nord, tandis que l'autre plonge brusquement au Sud. Ces deux plans conduisent chacun à une ligne de point bas orientés également de l'Ouest à l'Est, contenus dans notre Carte, au-delà de laquelle apparaissent de nouveaux plans d'ascension au Nord et au Sud, dont la limite n'est pas visible.

Ainsi donc grossièrement et sans tenir compte de la saillie Nord-Ouest les environs géologiques de Paris montrent toutes les couches géologiques inclinées suivant 4 plans, orientés aussi Ouest-Est, qui constituent une allure en W, dont la crète centrale est formée par le jambage du milieu, dont les deux synclinaux sont imités par les deux courbes inférieures et dont les berges externes de réascension forment les premiers et derniers jambages de la lettre. Ce W est un peu dissymétrique, la seconde partie étant plus large et plus profonde que la première.

La ligne de faîte centrale commence à l'Ouest à Villepreux les Clayes venant de Beynes et de Plaisir, passe à Fontenay-le-Fleury, un peu au Nord de Versailles, à Viroflay, à Meudon, Chatillon, Arcueil, Ivry s/Seine, Créteil, St. Maur-les-fossés, Champigny, Emerainville.

La ligne d'axe du petit bombement Nord-Ouest vient de Vigny, Longesse et entre sur notre carte à Meuucourt, passe à Boisemont, Maurecourt-Andrésy et vient produire à Achères par sa fusion avec le Synclinal Ouest-Est un brouillage de couches visible à la station dans les tranchées du Chemin de Fer et dont la signification nous avait longtemps échappé.

La ligne Sud des points bas est tracée par le vallon de Pontchartrain à Elancourt et s'accuse sur nos cartes par la dépression du plateau de Trappes (Etang de St. Quentin) et par une suite de points creux, sur tous les plateaux, qui ont été utilisés autrefois pour l'alimentation d'eau de Versailles et qui sont fort bien alignés, au point de vue géographique, par Guyancourt, l'Etang du Trou salé, Etang de Saclay, Vauhallan, Palaiseau où ils rejoignent le bas cours de l'Yvette, Longjumeau et au-delà Epinay-sur-Orge, Ris, Corbeil. La ligne Nord des Points bas commence à l'Ouest à Verneuil, Medan, Carrières-sous-Poissy, Achères, Herblay (le val), La Frette, Argenteuil, St. Denis, Le Raincy, Gagny, Chelles, Lagny.

Ces ligne de points hauts et de points bas ne sont pas des lignes complétement droites, mais des lignes un peu ondulées d'une vaste courbure dont la convexité est dirigée au Sud et dont les centres sont situés très loin au Nord. Nous n'avons observé aucune fracture perpendiculaire, aucune cassure transversale venant couper les lignes Ouest-Est que nous avons décrites.

Ces axes anticlinaux et synclinaux paraissent dûs à un grand plissement général par compression latérale.

Nous avons déterminé autrefois[1]) l'âge de ce plissement, nous pouvons aujourd'hui confirmer qu'il s'est manifesté après le dépôt de toutes les couches parisiennes, que toutes en ont été affectées et que

[1]) Bull. Soc. Géolog. France, 3ème Série, T. IX, p. 112.

si se phénomène n'a pas seul contribué, comme nous le verrons, à établir les terrains des environs de Paris tels que nous les constatons aujourd'hui, il domine de très haut les submersions, comblements et tous les autres incidents.

Pour bien déterminer l'emplacement des axes et des fonds nous avons été amenés à rechercher le relief qu'on peut constater actuellement pour la surface de diverses couches géologiques et nous avons construit les cartes jointes à ce mémoire qui indiquent par des courbes de niveau les altitudes d'ensemble de deux couches choisies comme repères.

Nous avons pris la surface de la craie blanche et le sommet de l'argile verte comme couches bien nettes d'une distinction facile, d'une distribution générale et suffisamment distantes dans le temps pour que les dépôts intermédiaires aient pu produire leur perturbation maximum. Nous aurions pu choisir le sommet de l'argile plastique, le niveau du Banc Vert, le contact des Sables Moyens et du St. Ouen, le résultat eût été le même. Nous ferons observer de suite la grande analogie de ces deux systèmes de courbes; les Synclinaux et les anticlinaux coïncident presque partout.

Considérons un moment la carte présentant *le relief de la Craie*; dans la région de l'Ouest ce dépôt affleure et nous avons pu relever de nombreuses altitudes, pour l'Est où les couches crayeuses descendent très bas, nous avons été guidés par les sondages; les écarts de niveau d'une extrémité à l'autre sont considérables. La Craie est à l'Ouest à Les Clayes vers 100 mètres d'altitude au-dessus de la mer, et à 125 mètres même à 3 Kilomètres plus à l'Ouest, à Plaisir, hors de notre carte. Elle n'a été rencontrée qu'à 102 mètres au-dessous du niveau de la mer dans les sondages de La Chappelle et de la petite Vilette, différence: 227 mètres au moins. C'est que la Craie forme une crète aiguë de l'Ouest à l'Est qui plonge au Nord et au Sud avec une étonnante rapidité. Un puits artésien creusé à Trappes a rencontré la craie à 26 mètres au-dessous du niveau de la mer tandis que la même craie affleure à 4.5 Kilomètres au Nord à 112 mètres d'altitude à Les Clayes, différence 138 mètres, soit une pente de 0.03 centimètres par mètre!

La plaine St. Denis est un point où la craie est très profonde, bien que la plus grande partie des forages de cette région s'arrêtent à l'argile plastique; comme on sait l'épaisseur de cette formation par quelques autres sondages on peut calculer avec quelqu'approximation la surface réelle.

Observons en passant que cette surface réelle ne peut y être que plus bas encore que nous ne l'avons indiqué, car dans les journaux des sondeurs souvent les Marnes blanches de Meudon sont prises pour la Craie et l'on obtient ainsi une cote trop élevée. Au Nord, la craie se relève avec une remarquable régularité. Nos renseignements sont assez nombreux pour que nous puissions établir que la surface crayeuse est loin d'être aussi bossuée, ravinée, inégale, qu'on s'est plu à la décrire; les incidents locaux disparaissent dans un grand ensemble et n'altèrent en rien les plans généraux. Nous nous sommes servis pour la surface du Département de la Seine des courbes déjà données par Delesse avec modifications, surtout sur les bords, car la faible étendue qu'il a considérée masquait pour lui toute vue d'ensemble.

Les données, que nous avons portées sur la Carte au $\frac{1}{120000}$ qui accompagne cette notice et qui n'est que le tableau d'assemblage de la grande Carte à $\frac{1}{20000}$, ont été premièrement établies sur une Carte générale à $\frac{1}{80000}$ bien plus étendue en surface, afin que nos courbes fussent assurées même vers leurs limites. Les courbes de niveau ont été tracées de 10 en 10 mètres précédées du signe + ou du signe — lorsqu'elles correspondaient à des altitudes au-dessus ou au-dessous du niveau de la mer-O.

Notre Carte du niveau de l'argile verte présente deux points de Maximum + 140 mètres à Menucourt-Boisemont et à Villepreux-les-Clayes; trois régions minimum au-dessous de 80 mètres: autour de St. Denis; dans la vallée de la Marne, de Lagny à Noisy-le-Grand et Paris et au Sud sur une grande surface de Guyancourt à Loujumeau, Choisy-le-roi et Montgeron.

Il faut noter deux îlots ou hauts fonds constitués par la butte de Cormeilles, puis par la butte Montmartre, Belleville, Noisy-le-Sec. Ces deux îlots correspondent certainement à des régions où l'épaississement du Gypse et de ses Marnes est exceptionnel. Nous distinguons aisément ce fait que le terrain gypseux si épais à son centre d'Herblay à Gagny a produit au milieu du bassin une lentille que les marnes vertes couronnent parce qu'en ces points l'épaississement des couches étaient plus rapide que l'inclinaison de leur soubassement. Ces contre-pentes masquent un instant la chûte et la direction, mais les courbes de niveau qui viennent s'échelonner concentriquement et longitudinalement révèlent la nature de l'incident et l'expliquant diminuent sa valeur et annulent sa portée générale.

Maintenant que les allures, données par chacune de nos Cartes, sont exposées, nous pouvons en faire une utile comparaison.

Les Courbes de l'argile verte comparées à celles de la Craie montrent que l'argile verte n'éprouve pas de différences de niveau aussi considérables que la craie. L'écart maximum entre 140 mètres et 70 mètres n'est que de 70 mètres, tandis que pour la craie cet écart monte à 220 mètres, différence 150 mètres! Cet écart est dû, puisque les maximum et minimum restent situés aux mêmes points, à un phénomène de comblement, d'inégale épaisseur de sédiments intermédiaires interposés.

Ainsi l'argile plastique est fort mince à l'Ouest de Versailles, sur la crête crayeuse, elle n'a parfois que 0.20°, tandis que dans la région de la plaine St. Denis où la craie est profonde, l'argile plastique atteint 40 à 60 mètres de puissance, autour de Vigny-Menucourt la formation d'argile plastique atteint 10 à 15 mètres. On peut conclure et il est logique de croire, que la région Ouest de Versailles a été presque émergée pendant la période d'argile plastique, que la région de Vigny était peu profonde et qu'au contraire les points où cette formation est si épaisse sont les endroits où la submersion a été la plus longue et où le dépôt était le plus profond. A la formation suivante la scène change, la mer de Calcaire grossier submerge uniformément toute la surface considérée, elle dépose à Villepreux-les-Clayes et à St. Denis des formations identiques, de même épaisseur, et, à considérer certains bancs minces comme le banc vert qui est continu et qui n'a pu se former que dans des limites fluvio-marines et biologiques très étroites, et d'autres lits, le Calcaire grossier à dû se déposer partout sous une profondeur et une altitude identique, altitude qui a dû être troublée depuis.

Le resserrement des courbes ou leur éloignement sont aussi un caractère important, outre qu'elles nous indiquent la rapidité de la pente, elles nous permettent d'apprécier divers caractères secondaires qui ont leur valeur. Ainsi, quand l'axe du Nord-Ouest vient se fusionner à Achères dans le synclinal principal, cette fusion est loin de s'opérer de suite complètement, elle modifie l'allure des couches, leur descente régulière, elle s'associe à leur fortune pour arrêter un moment leur descente et accélérer ensuite leur chûte. Ce pâlier de suspension temporaire prolonge la crête de Vigny-Andrésy dans la plaine de Maisons entre Maisons-Laffitte et Mesnil-le-Roy, il trace le sillon où passe le Chemin de Fer de la Vaudoire (Sartrouville) à Houilles, où les Sables Moyens n'apparaissent que sur une seule berge, il coupe la Seine à la maison de Répression du Petit-Colombes, donne lieu à la chûte si brusque du Calcaire grossier au Pont de Courbevoie-Neuilly, passe sous l'avenue de la Grande Armée, coupe l'avenue Hoche, les travaux souterrains du Grand Egout collecteur ont rencontré en cet endroit le brouillage de couches qu'il produit. Il suit le faubourg et la rue St. Honoré, la rue de Charenton, puis vient mourir dans la boucle de la Marne où il aide au soulèvement de l'axe de St. Maur et où les travaux du canal l'ont constaté. Le dernier point visible est dans une carrière de Calcaire Grossier à Champignolle. C'est à la Frette que nous plaçons la réunion des synclinaux Ouest et Nord-Ouest, le synclinal N.-O. situé au Nord du bombement de Vigny-Andrésy suit d'abord le cours de la Viosne, facilite la conservation des Buttes Gypseuses de Grisy-Épiais, hors de nos cartes, détermine le point bas d'Ennery; mais le point de pénétration dans le plateau de Pierrelaye-Chennevière nous est moins bien connu.

Au-dessus du Calcaire grossier la série stratigraphique de l'Ouest de Versailles présente une réduction très grande ou même une suppression totale de certaines couches telles que: Sables Moyens, Calcaire de St.-Ouen, Gypse.

On peut penser que cette région était alors un haut fond; dans la partie de Cormeilles, St.-Denis, Livry ces formations sont par contre très épaisses. Un second phénomène de grand comblement s'est effectué à Vigny, les diverses formations intermédiaires y sont d'épaisseur moyenne; les sables moyens, le St.-Ouen, le Gypse y sont moyennement développés.

Après ce second comblement le nivellement parait s'être opéré de nouveau, car les Marnes Vertes, les Marnes à Ostrea et leur cortége se sont certainement formés sous une égale profondeur d'eau; les inclinaisons que nous observons aujourd'hui dans ces couches sont certainement dues à des mouvements postérieurs. Ainsi à Domont la couche à Ostrea est à 137 mètres et elle n'est plus qu'à 77 métres à Montmorency, à 4 Kilomètres au Sud, bien que tous les détails soient identiques.

Le dépôt intercalaire du lac de la Brie qui s'est constitué dans la région Est seulement il est vrai, mais qui est aujord'hui à des différences si grandes d'altitudes, prouve aussi pour le pays d'alors une grande étendue horizontale.

La fin des dépôts tertiaires, sables de Fontainebleau, Meûlières et Calcaire de Beauce s'est étendue uniformément. Ainsi loin d'être resté immuable le bassin de Paris s'est nombre de fois soulevé et affaissé dans son ensemble ou par parties; les phénomènes dont il a été le théâtre sont d'une extrême complexité: submersions, émersions itératives de régions diverses, et on comprend facilement les difficultés que les premiers observateurs ont rencontrées, l'impossibilité même de se rendre un compte exact de la succession et de la valeur relative des mouvements du sol.

Ce qui a longtemps masqué aux observateurs le plissement final ce sont les colossales dénudations dont le bassin de Paris a été le théâtre.

A première vue les plateaux meuliers de Montmorency, Cormeilles, l'Hautie, les Alluets, Trappes sont à une altitude identique comprise entre 168 et 172 mètres; mais une observation minutieuse montre que ce sont là des cas particuliers, que tous ces plateaux sont orientés Est-Ouest et qu'ils ont été séparés par des points bas ou des points hauts, savoir: des points bas comme ceux dans lesquels la Seine coule actuellement et des points hauts qui ont été dénudés.

Ces plateaux ne sont point rigoureusement uniformes, celui de Montmorency (164 à 182 mètres), comme celui de l'Hautie s'élèvent vers le Nord comme l'Argile Verte qui s'y rencontre. Ainsi les Meulières sont au-dessus de Chanteloup à 162 mètres et au Mont-Rouge, vers le Nord, près de Boisement à 187 mètres, les cotes correspondantes d'Argile Verte étant à 105 et 140 mètres.

La vallée de Gally à Versailles était certainement un point très haut des Meulières, les couches très-relevées furent plus facilement dénudées, dispersées, creusées par les courants quaternaires qui ont nivelé nos plateaux en enlevant ou conservant plus ou moins d'épaisseur de Meulière et de Calcaire de Beauce. La ligne des Etangs dont nous avons parlé constitue à la fois une dépression géographique et une dépression géologique.

Ainsi la cote uniforme des plateaux n'est qu'une apparence et le mouvement postérieur des couches n'est pas douteux.

On peut résumer ces mouvements par le tableau qui suit:

	Régions		
	Versailles	Vigny	Plaine St.-Denis et Brie
Pliocène?		plissement général	
Sables granitiques	dépôt au Sud-Ouest		Régions émergées
Calcaire de Beauce	dépôt général		horizontal lacustre
Sables de Fontainebleau	»	»	» marin
Marnes à Ostrea	»	»	» »
Marnes vertes	»	»	» lacustre?
Calcaire de Brie	émergée,	émergée	» »
Marnes blanches	lacustre	?	» »
Gypse	?	} période palustre	
Calcaire de St.-Ouen	émergée	» lacustre	
Sables moyens	»	» marine	
Calcaire grossier	dépôt général	horizontal marin	
Sables de cuise	émergée	submergée	émergée
Argile plastique	»	période fluvio-marine	
Sables inférieurs	période générale d'émersion		
Craie et calc. pisolithique	»	»	horizontale marine.

Les périodes émergées pour l'Ouest de Versailles correspondent à des dépôts lacustres ou marins de faible profondeur, tandis que les périodes de submersions sont franchement marines partout.

On n'observe au reste dans tout le bassin de Paris aucune discordance de stratification, c'est à peine si, toujours dans la région Ouest, il se trouve des dépôts transgressifs. Généralement la sédimentation est continue, et les ravinements, même entre les couches où on en note, n'ont pas atteint de proportions sérieuses; nous les rappelons comme suit.

Ravinement de la Craie par le calcaire pisolithique.

Ravinement du Calcaire pisolithique par le Conglomérat de Meudon.

Ravinement du Calcaire grossier supérieur par les sables moyens.

La longue suite des sédiments dont les environs de Paris ont été l'emplacement sont sans accidents brusques, sans modifications absolues, sans révolutions, et leur étude est entièrement favorable à la théorie des causes actuelles.

Cours de la Seine.

Une question non moins digne d'attirer l'attention est celle des relations des vallées actuelles avec les plissements anciens. On a supposé que les Méandres de la Seine qui présentent une régularité curieuse étaient déterminés par un système de fractures perpendiculaires à son cours moyen; il n'en est rien, nous avons été à même d'observer que les couches des deux berges du fleuve montraient toujours la plus exacte correspondance, que si nous devions supposer des fractures, il faudrait supposer que les deux lèvres des failles se trouvent au même niveau et que ce ne sont que de simples fentes. Bien plus, comme nous avons la démonstration que le cours du fleuve a changé de place à bien des reprises pendant la durée de l'époque quaternaire et jusqu'à la période contemperaine, il faudrait supposer que les fractures se sont déplacées, ce qui est absurde, ou que nous pourrions observer sur le terrain d'anciennes fentes, ce qui n'a pas lieu; l'observation n'a révélé dans ces assises que des fentes tout-à-fait limitées et locales.

Lorsque les eaux atmosphériques ont commencé à couler sur le grand plateau du calcaire de Beauce ondulé comme nous l'avons exposé, elles se sont réunies dans les synclinaux, et nous verrons que la Seine, la Marne suivent en effet des points géologiquement bas, comme les lignes de points bas sont presque rectilignes et ne suivent pas les méandres du fleuve il faut ajouter aux causes et points fixes que la géologie indique d'autres causes spéciales que l'on peut appeler hydrologiques et que Mr. Belgrand a développées, raisons, qui reposent sur des questions de pente, de courants, d'écoulement, propres au fleuve lui-même, à la hauteur de sa source, à la position de son embouchure etc.

Suivons le fleuve quaternaire et la Seine et essayons de démêler les raisons géologiques de son parcours et les méandres subsidiaires, hydrologiques, crées par son régime.

Consultant de préférence la carte des courbes de l'argile verte nous voyons la Seine pénétrer au Sud de nos feuilles entre Vitry et Maisons-Alforts juste au point où l'axe anticlinal principal Ouest-Est est le plus bas, elle tourne à l'Ouest dans le synclinal local de Paris, détournée de la direction Nord directe par le seuil surélevé de Montmartre à Belleville. Elle a dû passer alors directement du défaut de Montmartre sur Argenteuil par Clichy gagnant ainsi le grand synclinal principal. Le détour par St.-Cloud est un méandre hydrologique il ne parait imposé par aucune nécessité géologique, au contraire il s'approche à Meudon de l'axe à contre-pente des couches.

Fig. 51.
C o u p e à M é d a n.

Altitude 30^m.
Seine 17^m.

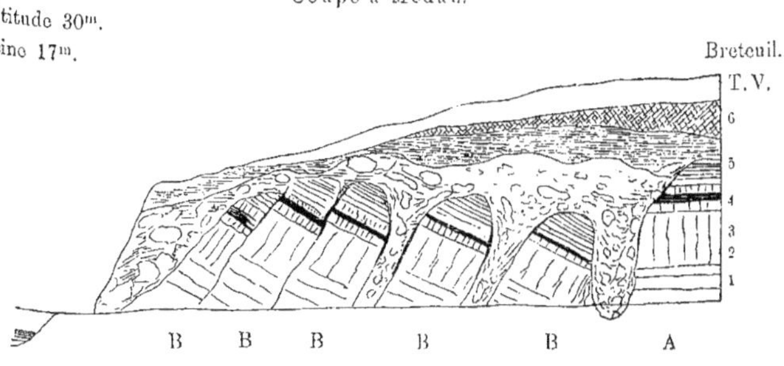

A Calcaire grossier en place. horizontal.
B Calcaire grossier fracturé, faillé parallèlement à la Seine
   et en contre-plongement.
6 Eboulis fin.
5 Eboulis argileus.
4 Eboulis calcaires de gros blocs.
3 Caillasses du calcaire grossier.
2 Banc vert   »   »
1 Banc royal   »   »

D'Argenteuil la Seine devait gagner directement la Frette sans former la boucle inutile de St.-Germain qui est sans signification géologique et c'est formée plus tard.

Parvenue à Herblay la Seine s'est trouvée en face du bombement de l'Hautie; elle a dû se détourner au Sud pour chercher un autre synclinal, celui du centre Ouest de nos feuilles, le golfe de Poissy s'est créé, il a été nécessairement exagéré depuis, la dénudation plus grande dans la forêt de St.-Germain sur la région Ouest est un signe des effets produits par la Seine pour éviter le heurtoir d'Andrésy. Au-delà de Medan, son cours est direct dans les points bas.

Pour la Marne, son cours et son entrée à l'Est sont tout indiqués par le fond de bateau existant entre Lagny et Gournay, là deux points faibles se présentaient, l'un qui a été employé dans les temps les plus anciens, gagnait rapidement St.-Denis par Gagny et le Raincy, l'autre qui s'est conservé jusqu'à nos jours a profité de la dépression de Nogent-sur-Marne pour atteindre la Seine par-dessus Vincennes et St.-Mandé. Plus tard la Marne a contourné l'axe de St.-Maur les Fossés en l'abordant à son point bas vers Champigny pour se rendre directement dans la Seine à Bonneuil, se frayant un passage au contact du gypse avec le calcaire de Champigny, aux points où la modification latérale du passage d'une couche à l'autre donnait un point de moindre résistance. Le cours actuel qui est dirigé de Bonneuil à St.-Maurice ne parait pas avoir de raison géologique et être seulement un méandre hydrologique secondaire.

Quant à l'Oise venant du Nord elle a dû se détourner autrefois de son cours direct par suite du bombement de l'Hautie, elle suivait le Synclinal Nord de cet axe qui rejoint celui de la Seine à Herblay (Belair). Le Méandre de Jouy-le-Moutier est purement hydrologique et quaternaire.

Le passage de la Seine peut cependant déterminer quelques petits accidents d'ordre inférieur qu'il faut noter ici, nous voulons parler des affaissements de berges dans les tournants concaves par affouillement du pied des collines. Nous en avons observé surtout dans l'Ouest, on en voit un exemple très remarquable à Thun hors de notre carte, puis à Médan dans notre cadre. La Seine en s'attaquant aux sables meubles de Cuise qui forme la base du calcaire grossier a ébranlé la falaise et sollicité une chûte de la masse qui s'est traduite par une série de failles parallèles, parallèles au fleuve, toutes locales, ces failles par une sorte de foisonnement de la base se trouvent ouvertes obliquement en contre-pente de l'inclinaison des couches comme nous le représentons fig. 51: plusieurs carrières sous le massif de Breteuil donnent la même coupe qu'il n'est pas possible de classer comme éboulis par suite de la position respective que gardent les assises, et qui peut tromper grandement sur leur niveau hypsométrique réel des Couches.

Carte des altitudes du sommet de l'argile verte

l'Equidistance des Courbes est de 10 Mètres.

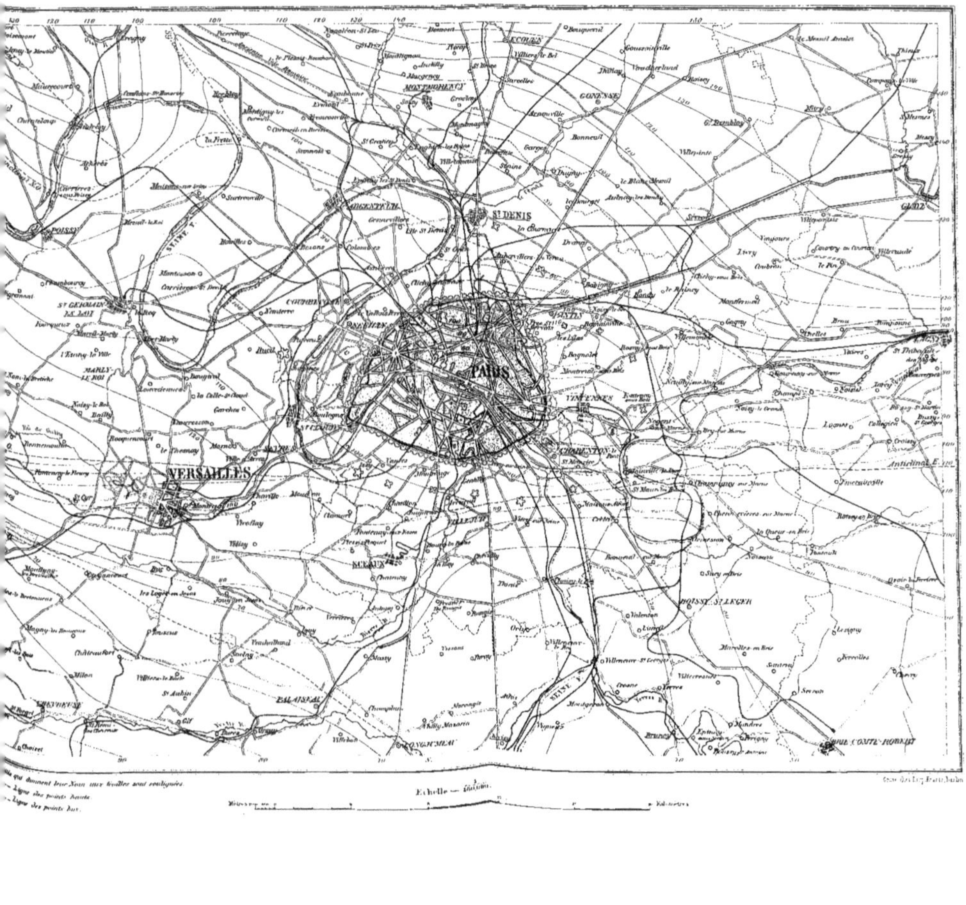

...qui donnent leur Nom aux feuilles sont soulignées.

— Ligne des points hauts.

— Ligne des points bas.

Echelle —

Mètres — Kilomètres

Carte des altitudes du sommet de la craie blanche

l'Equidistance des Courbes est de 10 Mètres.

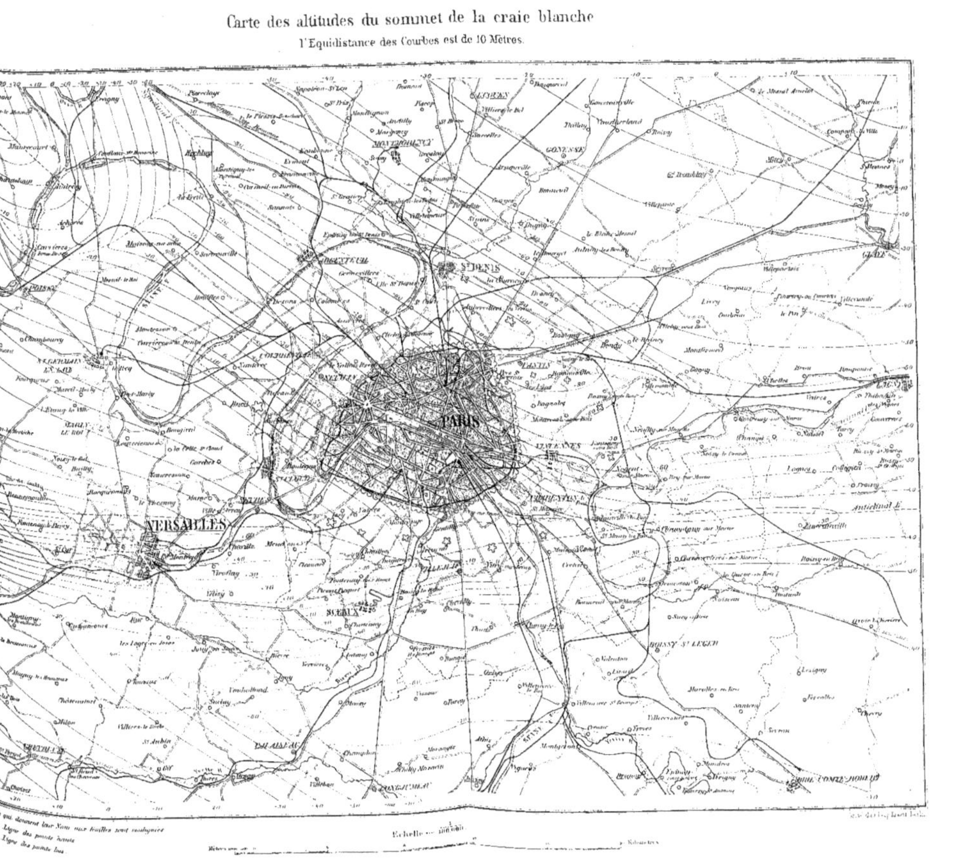

Methods of Geologic Cartography in use by the United States Geological Survey.

(Presented, on behalf of the Director of the Survey, Major
J. W. Powell, by W. J. McGee, U. S. Geologist.)

Introduction.

By virtue of the specific terms of the law establishing it, it is made a principal and ultimate function of the United States Geological Survey to construct a geologic map of the dominion of the United States.

The area of the United States is vast; and while enough has long been known of its geography and its rocks to indicate the general geologic structure of its three and a half million square miles of territory, by far the greater portion has not yet been surveyed with such accuracy as to warrant final cartography. The preliminary reconnoissance has been made; but the survey proper has yet to be executed, and that duty has been assigned to the official Survey.

It is known that the country is geographically and geologically diverse in its different portions: There are the broad interior plains, in which the structure is simple, the formations attenuated and conformable, and the strata undisturbed; there is the Appalachian region, in which the same formations are thick, in which there are great unconformities, and in which the strata are extensively and characteristically corrugated and implicated; there is the structurally complex Rocky Mountain region, in which the formations are in places enormously thick and elsewhere attenuated, here conformable and there unconformable, now undisturbed and again displaced by flexure and fracture in all of their phases; there are the lava fields of the Cascades, unparalleled in extent and thickness; and there are the vast drift plains of the north, extending from the Atlantic nearly to the Pacific. In no other single country are the various types of geologic structure exhibited on so grand a scale.

It is noteworthy that the entire series of rock groups recognized by geology is typically represented in the United States: There are broad Archean tracts in New England, in the Adirondacks, in the Piedmont division of the Appalachians, and in the Lake Superior region — the nuclei about which were wrapped the sediments of the nascent continent, — and there are many scarcely narrower belts which have been brought to the surface by orogenic movements in the far West. There are typical occurrences of the basal Paleozoics — the Cambrians — in numerous localities from Maine to California and from Minnesota to Texas, which include not only miles of strata but unconformities representing miles of erosion. The Silurians are now here more extensively and characteristically developed than in New York (where, thanks to an eminent American member of this body, Professor James Hall, they have formed the basis of American geologic classification), the Appalachian mountains, and the upper Mississippi valley. The American equivalents of the rocks of Devon put on a protean aspect, and, in different portions of their interoceanic extent, exhibit successional resemblances and diversities unknown elsewhere, which at the same time tax the systematist and test his systematization, and which can not fail to enlarge prevailing ideas of chorologic relation and the value of fossils as criteria for the correlation of the rocks of the earth. In its half million square miles of area and its two miles of thickness the Carboniferous includes a multitude of formations each of great economic importance and each indicating special conditions of genesis. The European Trias and the rocks of the Jura find stratigraphic and chronologic equivalents in the United States, with volume, geographic extent, and structural diversity entitling them to rank among the grander divisions of the geologic section in the new world as they do in the old. The Cretaceous terrane stretches from ocean to ocean and comprises a multitude of formations, already fairly discriminated in the United States and Canada, which, by their physical character and attitude, definitively record successive stages in the growth of the continent and enable the geologist to delineate approximately the geography of North America during the different epochs of the Mesozoic. The Cenozoic sedimentaries have wide geographic range and great thickness in the United States, and here, perhaps more clearly than elsewhere, illustrate the influence of geographic, climatic, and biotic conditions in determining the character first of the rock and finally of the continent — i. e., the relation between the formation — the geologic unit — and the sum of conditions and activities constituting nature.

Despite the large number, the great diversity, and the marvellous displacements of the rock-masses of North America, all belong, as Dana has admirably shown in his classic Manual, to a single grand system marking successive steps in the evolution of a continent unique in its symmetry and morphologic simplicity, a clearly segregated geotectonic unit on which the various stages of world-growth are inscribed in easily interpretated phenomena. In no other quarter of the globe are the inter-relations of the rock-masses and their relations to the cosmos so clearly determinate as in the half of the North American continent now under investigation by the United States Geological Survey; and thus, since geologic cartography implies interpretation of geologic phenomena, this half-continent is, *par excellence, the* field for the development of comprehensive systems of geologic cartology; and the terms of less comprehensive systems will not adequately express the entire range of American phenomena and their significance.

Thus, by legal enactment as well as by the requirements of geologic science, and pre-eminently by the character of the country over which he has jurisdiction, the Director of this Survey and his associates have been compelled to devote much thought to methods of geologic cartography and the conventions involved therein.

When this distinguished body met in Bologna in 1881, the Director had the honor to present a statement of the system of classification of rocks and the method of geologic cartography then in use by the Survey. Subsequent experience has shown that these require some expansion and modification; and such expansion and modification have been made from time to time. No final cartologic system has yet been adopted; and the Director awaits with great interest the results of the deliberations of this Congress, which, it is hoped, may at least pave the way for the ultimate adoption of common conventional language for the expression of common phenomena.

Meantime, he begs permission to again lay before this body a brief statement of the methods now in use, together with some of the considerations which have led to the tentative adoption of these methods, and which, in his judgment, should not be neglected in discussions looking toward the unification of geologic conventions.

The geographic bases.

Since the greater part of the area of the United States is not yet represented upon maps suitable for the use of the geologist, the Geological Survey is compelled to construct geographic maps as a basis for the geologic cartography; and about onethird of the annual appropriations is expended in making the necessary geographic surveys. These surveys are now prosecuted on a plan which contemplates an atlas of the whole country comprising about 2600 sheets of nearly uniform dimensions, viz., 17 by 22 inches for single sheets, and 22 by 32 inches for double- sheets.

The primary purpose for which the geographic base is constructed is the representation of the areal geology of the country, and the map is accordingly constructed on such scales and represents such geographic features as are important to the geologist; but while in its construction the primary purpose of the map is thus considered, it is constantly borne in mind that it will inevitably be made to subserve other important ends. When drawn and engraved the plate will serve for new editions from time to time, which may be used for a great variety of purposes, some of which are subsidiary to or indirectly connected with geology, and some of which are independent of its requirements; e. g., in the study of drainage systems; in the study of the regimen of rivers; in the study of the great and growing subject of irrigation; in the study of the distribution forests; in the study of Artesian wells and basins; in the study of catchment areas for the supply of water to cities; in the study of drainage of swamps and lands subject to inundation; in the study of soils and the classification of land for agricultural purposes; in the study of the relations of rainfall and climate to topography; in the study of geographic and hypsometric distribution of organisms; in the study of the vestiges of pre-historic man; in the study of the distribution of existing and decadent races, and their relations to the natural features of the earth; in the laying out of railways, highways, and canals; and for many other purposes of which some only are now recognized while some will be developed with future progess. The users of topographic maps are many, but the geologist is the most exacting in his demands; and if properly made to meet his wants they will serve the purposes of the naturalist, the civil engineer, the agriculturist, the military engineer, and other users of accurate maps. It is believed that the topographic survey inaugurated and the topographic maps contemplated by the United States Geological Survey will meet the wants of all classes of people.

The basis of the contemplated topographic maps is a trigonometric survey executed with only sufficient refinement for map making purposes, and not directly useful in geodesy. After (or, in certain rare cases, before) the completion of the triangulation the topographic survey per se is executed by various methods adapted to the peculiar conditions found in different portions of the country — by the plane-table (which, in the hands of the topographers of the United States Geological Survey, is not simply a portable drafting table, but an instrument of precision, by which minor positions of the topographic elements are determined by trigonometric construction) in open country or regions of sharp contours; by traverse lines showing vertical as well as horizontal angles, supplemented by notes with sketches, in tracts covered by forest and characterized by low and smooth relief; by measured co-ordinates accompanied by notes of topographic detail where the surveys of the General Land Office are utilized; etc., etc. The hypsometry is based on the levels of the railways intersecting the country in all directions. The profiles of these railways have been established with reasonable accuracy, and, since they cross each other in a multiplicity of points, a system of checks is afforded whereby the railroad surface of the country can be determined with all the accuracy necessary for the most refined and elaborate topographic maps. From this hypsometric basis the local reliefs are determined by level lines, by trigonometric construction, and, in mountainous regions, by barometric observations.

The scales for the atlas-sheets differ in different sections of the country, and are determined by, *first*, present and prospective density of population; *second*, the economic importance of the completed map; *third*, the complexity of geologic structure; and *fourth*, the degree of detail in topographic configuration. It is the design to map most of the northeastern portion of the country on a scale 1 : 62 500 or approximately one mile to the inch; the central and southern portion of the country and the Pacific slope will be mapped on a scale of 1 : 125 000, or about two miles to the inch; while the arid and thinly settled regions constituting the great basin, the Rocky Mountains, the high Sierras, and the plateau country drained by the Colorado river are being mapped on a scale of 1 : 250 000, or nearly four miles to the inch.

The topographic map will be engraved and published in atlas-sheets of which the unit is the square degree; i. e., one degree in latitude by one degree in longitude. On the four mile scale each square degree forms a sheet; on the two mile scale it forms four sheets; and on the one mile scale the same unit forms sixteen sheets. The sheets are designated by their geographic position expressed in terms of the astronomic co-ordinates: — Thus, sheet »40—100« denotes the sheet which covers the square degree immediately north of latitude 40° and west of longitude 100°. The two mile sheets are designated in the same way with the addition of the further description, »S. E. $\frac{1}{4}$«, »N. W. $\frac{1}{4}$« etc. In like manner one mile sheets are designated by the numbers representing the latitude and longitude of the degree with the addition of the requisite fractional designation, »S. E. $\frac{1}{4}$ of the S. E. $\frac{1}{4}$«, »N. W. $\frac{1}{4}$ of the N. E. $\frac{1}{4}$« etc.

The sheets are engraved on copper, three plates being required for each.

On the first plate there is engraved the hydrography, including the coast lines, interior lakes, ponds, rivers, and, on large scale sheets, all springs and running streams. The hydrography is printed in blue.

On the second plate is delineated the hypsography — the relief of the surface. Since the accurate representation of relief is of prime importance to the geologist, great care is exercised in determining its value; and much consideration has been given to the different methods of representing this condition of the terrestrial surface. The method of representing relief by hachures has been long in vogue in this country, and brush shading has recently been employed for the same purpose to some extent; but while these devices possess the merit of producing artistic and attractive maps, they express relief only qualitatively, and are seriously affected by the personal equation of the draftsman. Contours — or grade curves — on the other hand express the relief quantitatively in terms of absolute measure. It has accordingly been decided to construct the maps in contours, and to reserve hachures and brush-shading for pictorial effect in certain special cases and for the representation of minor topographic details falling between adjacent contours. The contour-interval ranges from 10 feet in level country and upon maps of the larger scales to 200 feet in the smallest scale maps and among the high mountains of the West. (In a few maps adopted from other surveys the interval is 250 feet.) The hypsography is printed in brown.

On the third plate there are engraved the projection lines, the lettering, public culture, marginal lines, legend, title, etc. Private culture is excluded from this atlas. The distinction between »public

culture« and »private culture« is a valid one and easily made in
practice. »Culture«, or the real and conventional features of the
earth's surface due to human activities, is naturally divisible into
that which pertains to communities and that which has relation only
to individuals. Thus, boundaries of civil divisions, railways, canals,
public works, towns, villages, etc., pertain to man (or communities
of men) and constitute »public culture«. Boundaries of estates,
private roads, single houses, fences, the features due to cultivation,
etc., on the other hand, pertain to men individually, and constitute
»private culture«. It is not represented for several reasons: *First*,
it is not of sufficient general importance to demand delineation upon
maps designed for general use; *second*, the time and expense involved
in making the necessary surveys would add greatly to the cost of
the maps; *third*, it changes so rapidly that the accuracy of maps
representing it would be ephemeral; and *fourth*, it would crowd the
sheets and obscure valuable details. The impressions from the third
plate are taken in black.

A system of lettering and conventional signs, of such type and
character as to interfere as little as possible with the use of the
maps for various purposes, has been adopted for the geographic bases.

In addition to the maps constituting sheets of the atlas of the
entire country, it is necessary to prepare special geographic bases
from time to time for 1) the representation of geologic detail too
minute to find expression on the uniform sheets, 2) the delineation
of the general structure of large areas, 3) the illustration of special
preliminary reports, 4) the preliminary cartography of regions geologically investigated but over which the geographic surveys have not
been extended, etc.; but so far as possible these special maps are
made to conform in conventions with those constituting the atlas,
and in dimensions with either the standard atlas-sheets or the
plates of the letter-press publications of the Survey.

The Geologic Maps.

Upon the sheets of the prospective atlas and upon such special
sheets as may be required, the geology of the country will be indicated by means of colors and symbols.

While only a small number of geologic maps have thus far
been issued by the United States Geological Survey, the plan for
their preparation has been so definitely formulated as to be susceptible of statement and to admit of criticism. The methods practiced

are expressed in published maps and in the handcolored maps and proofs laid before the Congress; but it seems desirable to state at some length the principles upon which these methods and those in contemplation are founded.

General Considerations.

Cartographic or other description of a series of phenomena requires a series of conventions corresponding to the phenomena described. Manifestly, a definite and comprehensive system of ideographic conventions can not be formulated without classification of the phenomena represented thereby. Now, when the various elements belonging to any natural category are known, it is possible to frame a taxonomy in which these elements appear in their natural relation; and such a taxonomy at the same time forms the exponent of the philosophy of the subject and affords (by the use of suitable conventions) a ready means of describing the objects comprised in the category and fixing in the mind the impressions to which they give rise. But in a nascent branch of knowledge like geology, the entire series of phenomena is not known, and indeed can not be known until the necessity for investigation has ceased to exist. Accordingly, all attempts to formulate final classifications in geology must be nugatory, and, in so far as they prescribe metes and bounds for undiscovered phenomena, antagonistic to scientific progress. For, unless the very foundations of modern science are to be overturned, preconceived ideas of natural relation, whether based on inadequate observation or derived from *a priori* considerations, can not be permitted to trammel investigation — the inductive method must be faithfully followed in geology as in cognate sciences. As well, indeed, reduce the organic life of the globe to the orders, genera, and species observed on a single continent as attempt to define the ever varying rock-formations of one continent by those of another.

Meantime, the requirements of the people and of science necessitate publication from time to time of the preliminary results of geologic investigation; and among such necessary publications are maps, charts, diagrams, and other works embodying graphic conventions. Thus the geologist is called upon from time to time to devise tentative taxonomies representing the current status of geology and to frame systems of conventions at once so definite and comprehensive as to fairly represent the entire range of phenomena contemplated in the taxonomy, and so elastic as to yield to every possible requirement of the discoverer of new phenomena. Moreover, the classificatory elements and the corresponding conventions must be chosen with a view to convenient and economic employment in the construction and publication of the works.

In the United States, and to an extent in all countries in which geologic surveys are prosecuted under State auspices, there are other conditions to be fulfilled by taxonomic and cartographic schemes: The maps are designed not so much for the specialist as for the people, who justly look to the official geologist for a classification, nomenclature, and system of convention so simple and expressive as to render his work immediately available alike to the theoretic physicist or astronomer, the practical engineer or miner, and the skilled agriculturist or artisan.

So it appears that the first requisite in a cartographic system is such breadth and elasticity that it shall not in any way trammel the investigator in the expression or interpretation of phenomena; that the second requisite is such simplicity that it shall meet the wants of all classes of people; and that it is only subordinately requisite that it shall represent the philosophy of the science.

Accordingly, the classification involved in a cartographic system designed for general use should be objective rather than theoretic; it should be based upon rock-masses in their observed and readily observable relations rather than upon the time-intervals contemplated in historic geology or even upon the organic remains contemplated in biotic geology; it should be petrographic rather than chronologic or paleontologic.

The value of a cartographic scheme depends directly upon the accuracy with which it represents natural phenomena recognizable alike by the untrained observer for whose use they are recorded and the trained observer who records them. But while the minor geologic divisions must therefore have a natural basis, those of greater magnitude may be somewhat differently defined. It has been found with the extension of geologic investigation, that the structural planes separating the great rock-groups in one country do not necessarily coincide with those existing in other countries; that the unconformities in one section may correspond to series of conformable strata in other sections; that epochs of rock destruction in one geologic province were epochs of rock construction in others; and that no natural division of the rocks of the earth maintains its integrity troughout the continents. It has been found, too, that while the great rock-groups exhibit some moderately constant diagnostic features, they are no more trenchantly separable than the minor rock-masses discriminated only by special students. Accordingly, while it may have a partly natural basis, any classification of the broader categories of geologic phenomena must be to some extent artificial and arbitrary. In the United States, for example, geologists are scarcely agreed as to the position of the common boundary of the Carboniferous and Devonian groups of rocks, and not at all agreed as to the position of the Silurian-Cambrian boundary; but while it is desirable to retain these divisions it is not so much because they are essential or logical as because they are generally recognized and convenient.

The cartographic system in use by the United States Geological Survey is determined by these and analogous principles; and while it is not professed that this system is final, or even unobjectionable, it represents the present state of knowledge and opinion in that institution.

It will be observed that in its fundamental principles this system is the antithesis of that in common use. With the evolution of geologic science there grew up a system of symbolic and sometimes denominative conventions for the representation of geologic phenomena, in which the conventions are designed to suggest the characters and relations of the phenomena. It implies a classification of the phenomena in which each element is properly correlated with each other element, and in which the sum of recognized elements forms a complete and symmetric whole; in view of the manner in which scientific classification is effected, it involves conference among geologists concerning obscure and doubtful points, in order that consensus of opinion may be secured; and it requires modification of the classification and consequent repitition of conference with each important geologic discovery. Though natural and simple in its inception, the fully developed system is highly artificial and cumbrous. In the system here advocated the conventions, both symbolic and denominative, are purely arbitrary. No classification save a semi-arbitrary allocation of the grander divisions of the geologic column is necessarily implied in the system, but any classification may be adopted without affecting its integrity; it affords the means of immediately reprensenting new discoveries and of either tentatively or finally distinguishing phenomena of doubtful significance; and it permits modification of classification, the maintenance of diverse classifications, and the development of classificatory theories at all stages of investigation. Though resting on a partly artificial basis, it is simple and natural in its application.

The old system is ideographic, connotative, and analytic, while the new is alphabetic, denotative, and synthetic; the old system trammels the observer by prescribing rules and limits to which his observation must conform, while the new encourages originality by allowing the utmost latitude in expressing the results of observation; the old system tends to retard the development of geologic science and to restrict its practical application by implicitly postulating its completeness, while the new promotes geology and extends its useful applications by providing the means of expressing discoveries in new as well as in old lines of investigation.

Taxonomy and Nomenclature.

The system of classification of rock-masses proposed by the Survey contemplates the discrimination of three grand categories of rocks comprising respectively, *first*, the known clastics (sedimentary, eolic, glacic, and other detrital deposits); *second*, the classified and unclassified non-volcanic crystallines: and, *third*, the known volcanics.

The Clastics. — The rocks of the first grand category are arbitrarily classed in taxonomic divisions of three orders of magnitude, viz.; systems, groups, and formations. The limits and values of the first two of these divisions are determined by the Survey; while the minor divisions are formulated by the working geologist alone, and have such limits and values as he may find it expedient to assign to them.

The great divisions of the geologic section defined by paleontology and frequently denominated »systems« by the geologists of different countries, are useful in general description and nomenclature but do not ordinarily demand cartographic representation. Partly in deference to common usage, and partly because they express an elementary but convenient conception of geologic relation, these divisions are retained in the classificatory scheme of the Survey and denominated respectively »Cenozoic«, »Mesozoic«, and »Paleozoic«.

It is at the same time convenient and consistent with general usage, to recognize a series of divisions either defined mainly by paleontology and subordinately by petrography, or fixed, semi-arbitrarily, by consensus among geologists. Those recognized by the Survey have been discovered in various countries, are presumptively world-wide in distribution, comprehend all known clastic formations, and appear to approach equality in volume. It is not held that their limits are clearly marked, that they are precisely conterminous in distant portions of the country, nor that the evidence of different classes of fossils — vertebrate, invertebrate, and plant — is consistent, either mutually or with petrography, as to their boundaries. To some extent they are made arbitrary divisions, which may at any time be increased or diminished by the addition or removal of border-land formations, just as the orders of biology are perpetually increased or diminished by the creation, transfer, or abandonment of genera and species, but nevertheless maintain their integrity. It is believed, however, that they represent fairly well defined periods in the history of the continent.

Groups require frequent cartographic representation. The color schemes employed in the maps of the Survey are determined by these divisions; and great care has accordingly been exercised in fixing their limits. The nomenclature made classic by the pioneers in geology, Murchison, Sedgwick, and Lyell, is retained as far as practicable. The groups at present recognized in this institution are exhibited, with explanatory remarks, in the accompanying table:

System.	Group.	Remarks.
Cenozoic.	Quaternary.	Includes recent deposits.
	Neocene.	Pliocene and Miocene.
	Eocene.	Includes Oligocene.
Mesozoic.	Cretaceous.	Includes Laramie.
	Jurasso-Triassic.	Jurassic and Triassic.
Paleozoic.	Carboniferous.	Permian, Coal-Measures, and Sub-Carboniferous.
	Devonian.	
	Silurian.	Upper Silurian and Lower Silurian or Ordovicean.
	Cambrian.	All rocks between summit of Potsdam and summit of known Archean.

The structural geologic unit is the »formation«. It is defined primarily by petrography and secondarily by paleontology; and, in thoroughly studied regions, is generally found to constitute a genetic unit. It would be desirable, indeed, to restrict the term to a deposit or series of deposits produced by definite agencies in a definite area within a definite epoch; but for the present such restriction is impracticable, and in the Survey the term is applied to any rock-mass which the geologist may find it convenient or necessary to discriminate in the field.

Since the formation is the fundamental element of geologic classification, it is essential that the utmost latitude in defining it be allowed the student engaged in investigating and classifying geologic phenomena; for the entire superstructure of geologic science must be based upon and limited by the characters of individual formations, just as the superstructure of biologic science is determined by individual organisms.

In practice it is found that the strata constituting a formation in one district are not duplicated in any other district — that in passing from one geologic province to another new lithologic, structural, and paleontologic features are discovered; and it is necessary that the geologist shall have the means of distinguishing them. Latitude in the identification, correlation, and graphic representation of these local phases of rock-masses is secured, first, by the application of local and purely denotative names to minor rock-masses, and, second, by the employment of a system of conventions affording a great variety of distinctions. It is the custom of the Survey to apply to formations geographic names taken from localities of typical development; and these names are applied in their recognized forms — i. e., without adjective terminations.

It is also found in practice that certain isolated rock-masses are destitute of diagnostic characters, and can not safely be referred to any recognized group; but the exigencies of publication require the geologist to formulate some expression of opinion concerning them. Latitude in this respect is secured by indicating taxonomic relation (whether of formation or group) in three degrees of certainty; i. e., *first*, known relation (expressed by unquestioned reference of rock-mass to taxonomic position); *second*, supposed relation (expressed by reference of rock-mass to taxonomic position, with a query); and, *third*, unknown relation (expressed by a query in connection with the name of the taxonomic division to which the uncertainty relates). In the third case, the query may indicate a) absolute ignorance of taxonomic relation, b) uncertainty as to which of two or more divisions the rock-mass represents, or c) the hypothesis that it represents a division not yet formulated. (It is immaterial which of the last two conditions of uncertainty obtains, since unformulated classificatory elements have no existence in exoteric science.)

Sometimes, too, it is found in practice that while the diagnostic characters of an isolated rock-mass are of such value as to justify its reference to a group, they are too indefinite to indicate its position in the group; and it is imperative that the student shall have the option of representing it without expressing opinion as to its relations to other formations in the same group. This is readily effected by appending the formula »Position?« to the formation name in the taxonomic scheme entering into the legend of the map. The force of this reservation will be intensified when it is understood that the Survey does not recognize any such thing as a typical section representing the succession of rocks over a considerable area, and that the taxonomic scheme in any legend may apply to two or more natural geologic provinces whose formations can never, perhaps, be correlated.

It frequently occurs in practice, too, that while the rocks of a region may be confidently referable to a group, the areal limits of the constituent terranes may be indeterminate by reason of obscurity in diagnostic features of the formations or concealment of the rocks by superficial deposits. In such cases cartography representing accurately the certainty and uncertainty in the mind of the investigator is effected by extending the ground color over the entire area referable to the group and limiting the overprint to the areas over which the different formations have been actually traced.

Again, it is found in practice that associated rock-masses sometimes exhibit diagnostic diversities of such magnitude as to warrant their discrimination and at the same time such resemblances as to lead the untrammelled student to combine them in divisions of much less taxonomic value than the group. While the custom of recognizing such divisions may eventually become obsolete and is not encouraged by the Survey, provision is made for representing them in the taxonomic schemes as *series* (or subgroups), and the system of conventions is sufficiently elastic and comprehensive to permit their representation on the maps.

Finally, it is found in practice that the tendency of exhaustive investigation of restricted areas, whether economic or scientific, is to promote nice petrographic distinctions — to lead to the discrimination of the elements of the formation; and in certain cases it may be desirable to represent the subformations so discriminated cartographically. This is permitted in the Geological Survey by the great variety of distinctions contemplated in the system of conventions.

The Non-volcanic Crystallines. — It is impossible to co-ordinate the various Azoic rocks of the earth with the clastics without committing geologists to some opinion, either expressed or implied, as to the genesis of these rocks; but in the present state of geologic science the conservative student is not justified in finally committing himself to any of the current hypotheses of genesis, or even to the hypothesis of community of genesis of such rocks. Accordingly, these rocks are combined by the Geological Survey in a grand category, sharply distinguished from the clastics in the taxonomic schemes and upon the geologic maps, in which the classification may be based on any criteria — petrographic, genetic, chemic, etc., — and in which the taxonomic divisions may have any value, that may be proved to be suitable by future research.

At present, it is the method of the Survey to unite the non-volcanic crystallines, including the vast series of schists regarded by some geologists as undoubtedly pre-Paleozoic and by others as Paleozoic formations, in a single class to which the term Archean is applied. (Crystallines found to be metamorphic and chronologically identifiable with clastic strata, are, however correlated with synchronous deposits from time to time as the data for such correlation accumulate.)

Many American geologists separate the Archean rocks into two or more divisions, sometimes regarded as co-ordinate with the clastic groups. Perhaps some such separation will be made by this institution when the investigation of the crystalline terranes recently inaugurated in New England, the Lake Superior region, and the Piedmont division of the Appalachian region, shall approach completion; but at present no attempt is made to formulate divisions of the Archean rocks of a second order of magnitude nor to coordinate these rocks with the clastics.

Minor crystalline rock-masses have not yet been discriminated in the published maps of the Survey; and it has not yet been finally decided (when, in the progress of investigation, their recognition becomes necessary) whether 1) they shall be defined petrographically and designated by terms expressing petrographic character; 2) whether they shall be defined structurally, and described by denotative nomenclature similar to that of the clastic formations, or 3) whether both methods shall be employed. The systems of conventions in use and proposed for the future by the Survey are believed to be so comprehensive as to fully meet the requirements of the original investigator whatever course be adopted.

The Volcanics. — There are even weightier reasons for establishing a separate category for the volcanics than for the non-volcanic crystallines, since they are known to be distinct (at least from the clastics) in genesis; and such disposition is accordingly made of these rocks by the Survey.

Minor eruptive rock-masses are defined be petrography and in some cases by genesis. It is the present usage of the Survey to distinguish them by their petrographic designations — basalt, trachyte, rhyolithe, etc.

The Conventions.

When the Director had the honor to present a cummunication before this body of eminent geologists at Bologna four years ago, he mentioned the adoption of a scheme of colors controlled by the following principles:

»1) The scheme should represent common usage as far as possible.

2) The scheme should commit the geologist to distinctions and correlations not warranted by the facts at his command.

3) The colors should be so distinct as to be easily determined on the charts.

4) The desired results should be secured with the greatest economy in color printing.

5) The needs of the various portions of the country for distinctions necessary to represent the formations recognized therein by geologists should be subserved; and the several portions of the color scale should be equitably divided.«

Guided by these principles, a scheme of colors and other conventions for geologic cartography was formulated. In this scheme the colors were arbitrarily classified as grey, yellow, green, blue, purple, red, and brown, some of which were used in two or three distinct tints; and these color distinctions were indefinitely multiplied by employing light tones as bases and dark tones of the same color as over-prints in various mechanic arrangements.

The color scheme thus devised has been employed with a fair measure of success in the various maps published by the Survey during the past three years.

Prolonged consideration has led to the conviction that the first of the principles enumerated above — viz., that the scheme should represent common usage — is bad. It is bad partly because such usage is vicious in that it is based upon the attempt to represent the rock-masses by their natural colors; for now that geologic investigation has extended into all lands, it has been found that color is the most fleeting and untrustworthy of all diagnostic characters, and that (with a few exceptions) no given color is more characteristic of a given formation than of any other. The usage is bad, too, in that it does not represent the natural color-scale equitably divided, as a perfect color scheme must. The scheme is defective, moreover, in that it does not afford sufficient number of distinctions for the representation in detail of the structure of a great area, and in that too few colors were assigned to the lower Paleozoics. At the same time, prolonged consideration has only served to strengthen the essential conviction which led to the proposal of the scheme — viz., that while a limited number of terranes may be satisfactorily represented by means of distinct colors and tones, the eye is incapable of distinguishing a sufficient number of colors and tones for the representation of the vast number of terranes necessarily discriminated in a detailed geologic map of a continent.

Accordingly, it is proposed to submit an entirely new and arbitrary color-scheme to the test of experiment. In this scheme the colors of the spectrum are employed in their natural order, with the addition of grey at one end of the series and brown at the other; and the scheme contemplates the employment of such mechanic devices in combination with the colors as will permit the use of the entire series, first for the clastics, again for the non-volcanic crystallines, and once more for the volcanics.

The colors are used in such manner that the non-volcanic crystallines shall be distinguished by light tints, the clastics by medium tints, and the volcanics by strong tints. Moreover, two classes of distinctions in each of the grand categories of rocks are contemplated in the scheme. 1) It is essential that the geologist shall have the means of clearly distinguishing the juxtaposed terranes of a single sheet, whether it be a large scale map of a small area, or a small scale map of a large area. 2) Even when it is unnecessary that the distinction between related formations in widely separated localities shall be strongly marked, it is essential that the geologist shall have the means of representing them without implicitly suggesting their equivalence by the use of identical conventions for them. Both of these conditions are fulfilled by the scheme, in which there is a sufficient variety of distinctions for the representation of all the formations of the country, and from which a sufficient number of strongly marked distinctions for local or general use can be selected.

Among the clastics, colors of a single tint printed solid, are used for the groups; and, as in the old scheme, the same ground colors and over-prints in lines of these colors, in either the same or different tones but in stronger tints, are used for the formations. The magnitude of the taxonomic division is thus indicated by the character of the coloration. The over-prints may be of different tints and in single full lines, horizontal, vertical, right-oblique, and left-oblique in direction; similar lines crossed; single broken lines, horizontal, vertical, right-oblique, and left-oblique in direction; double full lines in the different directions and crossed; double broken lines in the four directions; triple full lines; triple broken lines; and various combinations of full and broken lines. Differences in shade essential to the discrimination of the formation without close inspection of the map are secured by varying the tint of the over-print, by varying width of lines and inter-spaces, and by related mechanic devices. Several hundred distinctions for the clastic rocks are thus available.

The non-volcanic crystallines are represented by angular figures on a white ground. When a single division comprehending either all or a part of the Archean is indicated, the color of these figures may be selected with a view to artistic effect; but when it becomes necessary to distinguish Archean divisions, all may be represented, whatever their magnitude, by angular figures in the colors of the general scheme, which should be used in the same order as in the clastic series. Greater variety is afforded by the employment of different figures, $+$, L, $\sqcap$, $\wedge$, $\angle$, etc.; and distinctive shading may be effected by varying the weight, size, and closeness of the figures. Several hundred distinctions can thus be made in the Archean.

The volcanics are represented by round dots of strong color printed on a colored ground. As in the non-volcanic crystallines the dots may be of any color, and the ground may also be of any color, when only a single division is represented; but when additional divisions are indicated, different colors selected from the general color-scheme should be employed (and in uniform order) for the dots of each division; and the ground color may also be varied. Greater expressiveness may be secured by grouping the dots in any definite way; and the necessary diversity in general effect may be obtained by varying size, form, and closeness of dotting, and by varying the tone of the ground color. One or two hundred distinctions may easily be made.

By thus using the entire color series thrice over, a greater variety of distinctions is secured than would otherwise be possible; and there is a mnemonic advantage in indicating relative age in all of the great classes of rocks by using the colors of a generally recognized scale in the same order for each. It is partly for this reason, and partly because it is the natural and perfect color-scale, that the experimental color-scheme is based on the spectrum. Still, the Survey does not hold to this, or indeed any, color-scale with extreme tenacity, but is ready to adopt any generally approved series of colors susceptible of use in the manner described. The color-scale *per se* is of only subordinate, and the manner of employing the color-scale of primary importance in geologic cartography.

Since the pigments employed in the arts alter with time, it is desirable that the divisions represented on geologic maps should be indicated by letter-symbols printed in black as well as by colors; and in order that these symbols may not be confounded with the lettering of the base, it is necessary that they shall be of distinctive type.

Accordingly, it is proposed to employ skeleton letters of either Doric or Gothic type for the letter-symbols, representing the groups by capitals and the formations by lower case letters of the same type. The letter-symbols employed for the groups are, as far as possible, initials of the group-names. The series of group symbols has already been selected and will be used in uniform manner in the various maps prepared by the Survey. The formation letter-symbol may be either 1) the initial of the formation name, 2) this initial combined with one or more lower case letters of the same style and type, occurring in the formation name as may be required to distinguish it, or 3) either of these symbols in connection with the group initials. Thus, the Chemung formation may be represented either by c, ch, che, Dc, Dch, or Dche, as the character and scope of the map may suggest.

General Regulations.

When, during the past decades, the same individual combined the functions of explorer and geologist, and when rapid field work and elaborate reports were required of him, there was strong tendency to premature classification and hypothetic cartography; and discrepant maps appeared too frequently for the good repute of geography and geology. Now that well equipped surveys have been established in the United States, the necessity for hasty and immature publication of the results of incomplete surveys has vanished. Accordingly, the publication of hypothetic cartography is discouraged by the Survey; and, except in certain special and clearly specified cases the area mapped will correspond exactly with the area surveyed.

Partly out of consideration for the convenience of the lithographer, and partly, perhaps, from a desire to publish imposing maps and atlases, there has grown up in the United States a fashion of printing geologic maps on unnecessarily large scales; and the maps and atlases have thus become needlessly cumbrous and inconvenient for the user and expensive for the producer. This is opposed by the United States Geological Survey. Every effort is made to reduce the maps to a minimum scale; and all possible detail is indicated on each. In regions of complex structure photographic enlargements of the geographic bases are supplied to the field geologists; and the geology delineated thereon is carefully reduced by skilled artists to the scale adopted for publication.

Duplications of conventions on the same area is clumsy and unsatisfactory at the best, and often impossible. Accordingly, no attempt will be made by the Survey to delineate the superficial formations and the sub-surface structure of the country on the same sheets. Separate sheets will be devoted to these subjects, and analytic maps constructed to exhibit phenomena at different depths or during different periods will be issued whenever required to elucidate the structure.

In order that geologic maps may be of maximum value to all classes of users, it is desirable that each sheet be self-explanatory and complete in itself. Such maps are designed to exhibit in the two-dimensional horizontal plane the absolute and relative position of masses of three dimensions whose essential relations are in the vertical direction; and the skilled geologist — and he alone — instinctively interprets the map in tridimensional terms and conceives of the relations of the masses in the vertical as well as in horizontal directions. To enable the great majority of map-users to similarly conceive of the relations of the rock-masses and thus fully appreciate the significance of the map, it is necessary that a key to the stratigraphy of the region be provided. Moreover, the map-user should not be unnecessarily compelled to guess at the opinions or knowledge of the author as to the taxonomic relations of the formations represented, even though expediency demands that he refer to the text to discover shades of opinion interesting to special students. In the Survey these conditions are fulfilled by making the legend of the map at the same time a structural key in which the stratigraphic relations of the rock-masses are shown and a taxonomic scheme, as definite as the author is able to formulate, representing his convictions as to their systematic relations. Thus, the legend is not a simple »explanation of colors« but an essential and important part of the map.

In addition to the conventions employed in geologic cartography *per se*, various devices are in use by the Survey for the representation of certain features in geologic structure. Thus, in stereograms, graphic sections, bird's-eye views, landscape sketches characterized by geologic indications, etc., arbitrary conventions are necessarily employed; but care is constantly exercised to render these conventions, and the illustrations into which they enter, self-explanatory.

QUATRIÈME PARTIE

DOCUMENTS.

COMPTE-RENDU

DES SÉANCES

DE LA COMMISSION INTERNATIONALE DE NOMENCLATURE GÉOLOGIQUE ET DU COMITÉ DE LA CARTE GÉOLOGIQUE DE L'EUROPE

tenues à **Foix (France)** en Septembre 1882.

SÉANCE DU 17 SEPTEMBRE 1882.

(Comité de la Carte et Commission de nomenclature.)

Présidence de M. CAPELLINI,
président du 2ᵉ Congrès géologique international.

La séance est ouverte à 9 heures et demi dans la grande salle du Palais de justice de la Ville de Foix.

Sont présents: MM. Capellini, Beyrich, Blanford, Dewalque, Giordano, Hauchecorne, Hébert, Hughes, Mayer-Eymar, de Moeller, Renevier, Vilanova, Zittel.

M. Delgado se fait excuser.

M. CAPELLINI, président, remercie M. Hébert d'avoir mis à la disposition des Commissions internationales la salle destinée aux séances de la société géologique pendant la session de Foix.

Sur la proposition du président la Commission de nomenclature et le Comité de la Carte décident de siéger ensemble.

I. — *Comité de la Carte.*

M. HAUCHECORNE, l'un des directeurs, présente d'abord les excuses de MM. Daubrée, de Mojsisovics et Topley qui n'ont pu se rendre à la réunion. Il rappelle que les directeurs ont déjà rendu compte des mesures prises pour l'organisation du travail, en distribuant à la fin de l'année dernière une circulaire accompagnée du tableau d'assemblage de la carte projetée.

16*

Cette circulaire faisait connaître, d'une part, l'exécution d'une nouvelle carte topographique par les soins de M. le prof. Kiepert, et le projet de contrat avec l'éditeur; de l'autre, les conditions financières. D'après celles-ci, l'éditeur fera tous les frais, moyennant une souscription ainsi répartie: huit grands Etats s'engageront chacun pour un neuvième, soit 100 exemplaires à 100 francs l'un, le dernier neuvième est attribué à un groupe de six petits Etats.

Depuis lors un grand nombre de cartes ont été envoyées par les divers pays, et le travail a été poussé activement. Un tableau d'assemblage colorié montre l'état d'avancement de la gravure et du dessin: pour les Iles Britanniques, le Nord de la France, le Nord de la Scandinavie, la gravure est terminée; pour l'Italie, la moitié de la Russie, la Suède, la Norvège, l'Allemagne, la Grèce, le dessin est complet. Quoique les documents pour l'Espagne soient en retard on peut espérer que les feuilles gravées seront en distribution au milieu de l'année prochaine.

Pour ce qui concerne l'assentiment des divers Etats aux propositions de souscription, la Belgique, la Suisse, la Roumanie, la Hollande, le Portugal ont acquiescé; un seul des petits pays, le Danemark, n'a pas encore répondu. Parmi les grands Etats, ont également accepté l'Autriche-Hongrie, la Russie, l'Angleterre, pour laquelle M. Hughes se porte garant que la somme votée pour un an sera continuée, par le gouvernement ou autrement, autant que besoin sera; — l'Italie, sauf la fixation définitive du nombre d'exemplaires souscrits en plus du minimum de 100. Quant à la France, après un échange d'observations entre MM. Hébert, Hauchecorne, Renevier et Capellini, il est donné lecture d'une lettre par laquelle M. Daubrée promet une réponse officielle aussitôt que les divers ministères auront indiqué le chiffre respectif de leurs souscriptions.

M. Vilanova annonce qu'il apporte au Comité les Cartes dont la communication avait été annoncée, et que l'acceptation officielle de la souscription arrivera prochainement.

M. Hauchecorne remercie M. Vilanova et ajoute que pour le Danemark et la Scandinavie qui n'ont point répondu, il y aurait lieu peut-être de s'adresser directement aux gouvernements.

M. Capellini, au nom du Congrès, s'engage à faire la demande officielle auprès des gouvernements dont les réponses sont en retard.

M. Hauchecorne rappelle qu'il serait désirable que le premier versement (1875 fr.) pût être fait en octobre prochain. Tout le service financier sera fait par la caisse de l'Ecole des Mines de Berlin. Les versements sont échelonnés, sans date fixe, selon l'avancement

— 245 —

des travaux. Les exemplaires souscrits en plus ne seront payés qu'au moment de la livraison. La durée de la publication excédera sans doute un peu le délai de six années. Quant à l'exécution de la partie géologique du travail pour l'Europe centrale, l'Allemagne et l'Autriche-Hongrie se sont mises d'accord pour constituer à cet effet une seule commission. M. Hauchecorne met sous les yeux de l'assemblée les spécimens des premières feuilles gravées, ainsi qu'un tableau des couleurs, et enfin une nouvelle édition de la Carte de M. de Dechen coloriée suivant les conventions adoptées à Bologne.

M. Renevier, au nom du Comité suisse, désire présenter quelques observations sur le choix des couleurs et demande pour cela une réunion du Comité de la Carte. Il ajoute que la réunion de la Société helvétique des Sciences naturelles, à laquelle les Commissions internationales doivent participer l'an prochain, aura lieu à Zurich, probablement vers l'époque de la réunion de la Société géologique allemande à Stuttgart.

MM. Hébert, Hauchecorne et Zittel présentent quelques observations quant à la date qu'il serait bon de déterminer le plus tôt possible et qui sera sans doute fixée à la seconde quinzaine d'août.

11. — Commission de nomenclature.

M. Capellini rappelle que l'ancienne Commission de nomenclature, nommée à Paris en 1878 et qui avait pour président M. Hébert, pour secrétaire général M. Dewalque, a été complétée en 1881 à Bologne par l'adjonction de divers membres.

M. Hébert demande que la présidence de cette Commission qui lui avait été décernée à l'issue du Congrès dont il était président, soit de même attribuée maintenant à M. Capellini, président du 2e Congrès.

Après les observations de MM. Capellini, Dewalque et Renevier, la Commission, écartant la question de principe, accepte la démission de M. Hébert, le remercie de son précieux concours et choisit pour président M. Capellini, M. Dewalque restant secrétaire général.

M. Hébert rend compte des travaux du Comité français. L'ancien Comité avec le concours de la Société géologique a fait appel à tous les géologues de France. Dans une première réunion un nouveau Comité a été constitué. Jugeant nécessaire de fixer la nomenclature des roches avant d'aborder le détail de la nomenclature stratigraphique, il a formé un sous-comité de *nomenclature lithologique* composé de MM. de Chancourtois, Daubrée, des Cloizeaux, Fouqué,

Friedel, Hébert, Jannettaz, de Lapparent, Lory, Michel Lévy, Potier et Vélain.

Le Comité français qui reprendra ses réunions le 13 novembre, espère pouvoir présenter l'an prochain un rapport à la Commission internationale à Zurich.

M. Gosselet adresse de la part de M. Fayol une note sur la définition et l'emploi des mots *sédiment* et *alluvion*. Cette note est renvoyée au Comité français.

M. Zittel expose au nom de M. Neumayr quelques réserves. En entrant dans la Commission internationale au nom de l'Autriche, M. Neumayr émet le voeu qu'on se borne à discuter ce qui est nécessaire à la confection de la Carte de l'Europe, sans aller au-delà de ce qui a été abordé à Bologne, c'est à dire sans entreprendre la nomenclature des assises. A propos de la nomenclature des espèces, M. Neumayr demande qu'au lieu de formuler un code, on charge un Comité de rédiger un index paléontologique qui ferait autorité, comme la Carte de l'Europe pour les figurés et la nomenclature géologique. On trouverait sûrement des collaborateurs qui se partageraient telle ou telle spécialité dans l'oeuvre commune.

Cette proposition est vivement appuyée par MM. Hébert et Capellini.

M. Hughes a reçu des sous-comités anglais les rapports suivants:

Groupe tertiaire supérieur, par M. H. B. Woodward.

Groupe tertiaire inférieur, par M. Gardner.

Système crétacé, par MM. Topley et Jukes-Brown.

Système triasique et système permien, par M. Irwing.

Systèmes carbonifère, dévonien et silurien, par M. A. Strahan.

Ces rapports, qui ont trait aux divisions des systèmes aussi bien qu'au choix des termes conventionnels, seront prochainement imprimés.

M. de Moeller déclare qu'il n'a point de rapport à présenter: il croyait que la Russie était représentée, dans la Commission internationale de nomenclature, par M. Inostranzeff.

MM. Mayer et Renevier donnent quelques détails sur le Comité suisse qui a tenu sa dernière séance à Berne. Dans cette réunion, les résolutions du Congrès de Bologne ont été acceptées, sauf une observation sur les mots *série* et *groupe* dont le Comité serait disposé à demander l'interversion. La société géologique suisse s'étant constituée, l'ancien Comité s'est dissous et a chargé le Comité de cette Société sous la présidence de M. Renevier, de poursuivre les études relatives à l'unification de la nomenclature. En terminant, M. Renevier exprime le voeu que les Comités nationaux soient tenus au courant de leurs travaux respectifs.

M. Capellini remercie le *Comité de la Carte* et la *Commission internationale* du zèle apporté par tous à la continuation des travaux commencés à Bologne. Le Comité italien, qui dès le premier jour s'est préoccupé de la nomenclature des roches, marchera aisément d'accord avec le Comité français. Grâce à l'appui de la Société géologique italienne, dont M. Capellini est cette année le président, le Comité italien ne restera pas en arrière de ses émules et apportera aussi d'utiles matériaux à Zurich et à Berlin.

La séance est levée à 11 heures et $\frac{3}{4}$.

Pour le Secrétaire
A. Delaire.

SÉANCE DU 17 SEPTEMBRE 1882 A 4 H. P.

(Comité de la Carte.)

Présidence de M. Capellini, président du Congrès,
remplaçant M. Daubrée absent.

Présents: MM. Beyrich et Hauchecorne, directeurs de la Carte, et MM. Giordano, de Moeller et Renevier, membres de la Commission.

MM. Daubrée, Mojsisovics et Topley se sont fait excuser.

M. Hauchecorne communique le procès-verbal d'une réunion de géologues allemands et autrichiens tenue à Berlin le 5 juin 1882, dans laquelle une échelle des terrains sédimentaires a été arrêtée en vue des matériaux à fournir par ces deux pays pour la Carte géologique de l'Europe. Ce procès-verbal est signé par MM. de Dechen, Gümbel, de Hauer, F. Roemer et H. Credner, qui ont ainsi donné leur plein assentiment à l'entreprise internationale de la Carte géologique de l'Europe. M. Hauchecorne propose de prendre cette échelle pour base de discussion et d'arrêter dès maintenant les subdivisions qui devront être représentées dans les matériaux à fournir par les divers pays. Il serait entendu que l'échelle stratigraphique de la Carte elle-même devrait être discutée plus tard par la Commission, aussi bien que le choix des couleurs qui n'ont pas été déterminées au Congrès de Bologne.

Cette manière de voir est admise et de plus il est convenu que dans les travaux préparatoires on figurera séparément les subdivisions, comme le *Rhétien*, le *Gault* et le *Flysch*, dont les affinités sont encore un objet de discussion, afin que dans le travail définitif elles puissent être réunies, soit avec te terrain supérieur, soit avec l'inférieur, suivant les résultats auxquels aboutira la Commission de la nomenclature.

Voici la liste des divisions stratigraphiques admises ainsi à titre provisoire, en y ajoutant en marge les couleurs proposées par MM. les Directeurs:

1	Gneiss et Protogine		Rose vif
2	Schistes cristallins	Micaschistes, Talc et Chloritochistes, schistes amphiboliques et Gneiss feuilletés).	» moyen
3	Phyllites	(Schistes argileux, Thonschiefer)	» pâle
4	Cambrien	(toutes les couches fossilifères inférieures au Llandeilo)	Gris rougeâtre
5	Silurien	inférieur (2ⁿᵈᵉ faune de Barrande)	Vert-soie foncé
6	»	supérieur (faune 3' E)	» clair
7	Dévonien	inférieur	Vert-brun foncé
8	»	moyen (calcaire de l'Eifel, etc.)	» moyen
9	»	supérieur	» clair
10	Carbonifère	inférieur (Culoz, Mountain-limestone, etc.)	Gris bleu
11	»	supérieur (Houiller, Millstone-grit. etc.)	Gris
12	Permien	inférieur (Rothliegendes, etc.)	Sienne brûlée
13	»	supérieur (Zechstein et equivalents)	Sepia
14	Trias	inférieur (grès bigarré)	Violet foncé
15	»	moyen (Muschelkalk)	» moyen
16	»	supérieur (Keuper et ses équivalents)	» clair
16¹	*Rhétien*	à titre provisoire (le Haupt-Dolomit exclus)	
17	Jurassique	inférieur (Lias)	Bleu foncé
18	»	moyen (Dogger, Kellovien compris)	» moyen
19	»	supérieur (Malm avec Tithonique et Purbeck)	» clair
20	Crétacé	inférieur (Néocomien et Wealdien)	Vert foncé
20¹	*Gault*	à titre provisoire	
21	Crétacé	supérieur, dès le Cenomanien)	» clair

22 Eocène	Nummulitique, etc.	Jaune orange
22¹ *Flysch*	à titre provisoire	
23 Oligocène	(avec l'Aquitanien)	» foncé
24 Miocène	(Mollasse)	» moyen
25 Pliocène		» clair
26 Diluvium		» de Naples
27 Alluvions		Blanc

Le Secrétaire
E. RENEVIER.

— · — · — · —

SÉANCE DU 19 SEPTEMBRE.

(Commission de nomenclature et Comité de la Carte.)

Présidence de M. CAPELLINI, président du Congrès.

La séance est ouverte à 6 heures et ¼.

Présents: MM. Beyrich, Blanford, Capellini, Dewalque, Giordano, Hughes, Mayer-Eymar, Renevier, Vilanova, Zittel.

Lecture et adoption du procès-verbal de la séance précédente.

M. CAPELLINI expose que l'objet de la réunion est de fixer la direction à donner aux travaux de la Commission de nomenclature, et les indications à transmettre aux Comités nationaux. A défaut de cette entente en effet, les travaux des divers Comités ne présenteraient probablement pas assez d'unité pour comporter des conclusions pratiques.

M. RENEVIER, sans critiquer le Comité français, croit qu'il y a des questions plus urgentes que celle de la nomenclature des roches. Ainsi pour la Carte de l'Europe, on a établi les divisions qui devront y être figurées, les couleurs seront elles mêmes bientôt fixées. Le Comité de la Carte a admis, dans sa dernière réunion [1]), et sauf de légères modifications, les 27 divisions proposées pour l'Europe centrale par le Comité d'Allemagne et d'Autriche. Il va de soi d'ailleurs, qu'il s'agit de décisions provisoires; les décisions définitives seront prises par le Congrès. Mais il faut bien fixer quelques bases pour les travaux préparatoires.

Quelques-unes de ces divisions en outre n'ont qu'une position indécise: ainsi on n'a point décidé s'il faut rattacher le rhétien au trias ou au lias, le gault au crétacé inférieur ou au crétacé supérieur, le flysch à l'éocène ou à l'oligocène.

______

[1]) Voir le procès-verbal précédent.

Il faudrait donc que la Commission de nomenclature s'occupât avant tout par ses Comités nationaux: 1º de la nomenclature des deux premiers ordres de divisions; 2º de la fixation des limites encore indécises. Le Comité de la Carte pourrait alors établir sa légende d'après les décisions prises.

M. Dewalque croit qu'il faudrait spécialement appeler l'attention des Comités français et anglais sur tout ce qui concerne le système jurassique.

M. Beyrich insiste sur le caractère provisoire de ces indications qui sont destinées à permettre de recueillir des informations sur lesquelles le Congrès prononcera.

M. Zittel croit qu'il ne faut pas trop étendre le programme des travaux. Il voudrait qu'on prit en considération ce qui est nécessaire pour la Carte; que les Comités aient connaissance des 27 divisions proposées, et que dans chaque pays le Comité, avec l'aide des juges les plus compétents, étudie le nombre et les noms des divisions, ainsi que la position des limites.

M. Capellini appuie ces considérations et promet la distribution très-prochaine des procès-verbaux des séances tenues pendant la session de Foix.

M. Vilanova croit qu'il est difficile de ne pas figurer les roches éruptives et voudrait qu'on s'occupât d'elles en même temps que des divisions relatives aux formations sédimentaires.

M. Renevier se rallie à cette opinion et demande que les Comités soient appelés à étudier le groupement des formations éruptives en trois, quatre, ou cinq termes.

MM. Vilanova et Dewalque rappellent que les Comités espagnol et hongrois s'étaient occupés de cette question qui n'a pu être abordée à Bologne. Le Comité hongrois avait proposé cinq termes pour les roches cristallines: *granitique, porphyrique, trachytique, basaltique* et *volcanique.*

M. Capellini annonce la publication très-prochaine du compte rendu du Congrès qui contiendra à cet égard bien des renseignements.

M. Beyrich est disposé à accepter pour le Comité de la Carte et toujours à titre provisoire, les cinq termes suivants: *granitique, porphyrique, mélaphyrique, trachytique* et *basaltique.*

M. Zittel revient à la proposition de M. Neumayr relative à la rédaction d'un *nomenclator.* Il estime que la marche pratique consiste à demander à M. Neumayr un programme bien étudié; ce sera une base précise pour discuter à Zurich. Il demande donc que la Commission émette un vote sur la proposition de M. Neumayr.

M. Capellini met aux voix la proposition. qui est adoptée à l'unanimité.

M. Dewalque demande à M. Hughes si les Comités anglais qui ont beaucoup travaillé déjà, ont étudié la classification des assises seulement pour les Iles Britanniques, ou bien pour les autres pays.

M. Hughes répond que les Comités ont eu en vue d'abord les Iles Britanniques, et ont cherché ensuite la concordance à établir avec d'autres régions.

M. Renevier fait observer qu'il y a en effet deux études distinctes. Chaque Comité doit étudier pour son pays la succession des assises et leur groupement, et quant aux noms à leur donner ne pas exagérer l'amour propre national.

M. Hughes ajoute qu'en Angleterre, par exemple, il faut d'abord choisir entre des synonymes.

M. Dewalque formule la proposition suivante:

Recommander aux Comités nationaux d'étudier au point de vue de leurs pays respectifs le meilleur groupement des masses sédimentaires.

Cette proposition mise aux voix est approuvée.

M. Blanford annonce qu'à titre de comparaison il préparera un travail de ce genre pour l'Inde.

M. Dewalque rappelle qu'on n'a point abordé à Bologne quelques questions qu'on pourrait reprendre, notamment celle des désinences homophoniques.

Cette proposition est appuyée par M. Vilanova.

M. Capellini et M. Zittel font observer que cette question se présentera d'elle même aux Comités puisqu'ils auront à étudier les noms à donner aux divisions adoptées pour la Carte.

M. Renevier à ce sujet ajoute que l'entente serait peut-être plus facile qu'on ne suppose. Aussi on pourrait, suivant une proposition de M. Gosselet, ne point donner de désinence aux divisions de troisième ordre qui ont un caractère moins général. On aurait donc les terminaisons *aire* pour le premier ordre, *ique* pour le second et *ien* pour le quatrième. L'accord paraît ainsi aisé à établir.

M. Zittel insiste sur la nécessité de bien spécifier la tâche afin d'assurer le succès du travail. Aussi demande-t-il que jusqu'à la réunion de Zurich, les Comités s'occupent avant toute autre chose de ce qui importe à la confection de la Carte et de sa légende.

M. Blanford appuie d'autant plus cette proposition qu'en Angleterre on est fort opposé à l'introduction d'une terminologie nouvelle.

L'assemblée se rallie à cet avis, et la séance est levée à 6 heures et ½.

Pour le Secrétaire
A. Delaire.

SÉANCE DU 21 SEPTEMBRE (A LAVELANET).

(Commission de nomenclature et Comité de la Carte.)

Présidence de M. CAPELLINI.

La séance est ouverte à 8 heures du matin.

Etaient présents: MM. Capellini, Beyrich, Blanford, Dewalque, Hébert, Hughes, Renevier, Vilanova et Zittel.

Lecture et adoption du procès verbal de la deuxième séance.

A propos du procès verbal, M. HÉBERT fait observer que le Comité de la Carte est forcé, pour l'exécution du travail qui lui est confié, de résoudre promptement toutes les difficultés. Au contraire, la Commission de nomenclature ne doit pas donner de solutions hâtives qui auraient fatalement un caractère provisoire.

M. CAPELLINI explique que les directeurs de la Carte demandent à marcher de concert avec la Commission de nomenclature. Ils la saisissent des questions dont la solution leur importe. Ils lui demandent de formuler son avis, afin d'être renseignés eux-mêmes pour la rédaction de la légende. D'ailleurs tout ceci n'est encore qu'un travail préparatoire en vue du Congrès de 1884.

M. HÉBERT croit qu'on aura peine à se mettre d'accord sur la nomenclature en deux ans. Il considère donc comme préférable de suivre une marche méthodique, en commençant par débrouiller les appellations aujourd'hui si confuses des roches. Il voudrait surtout que la Commission ne détruisît pas elle-même sa liberté par des décisions prématurées.

M. RENEVIER fait observer que le Comité français peut mener de front les deux études puisqu'il a constitué un sous-comité spécial pour la nomenclature lithologique.

M. HÉBERT croit en effet que les réponses des Comités nationaux sur les questions de limites qui leur sont posées, peuvent être données pour l'an prochain. Mais en ce qui concerne les noms, l'entente sera plus difficile, car il faudra vaincre sur ce point des habitudes anciennes et des usages consacrés.

M. CAPELLINI rappelle que la légende de la Carte doit être *internationale*. Il faut donc que des concessions mutuelles rendent l'accord possible: autrement, on serait fort embarrassé. On pourrait être tenté de rédiger la légende en italien, parce que le Congrès de Bologne a voté la construction de la Carte, ou en allemand parce que le travail est exécuté à Berlin.

M. Zittel cite comme exemple les termes de *rhétion* et d'*infralias* entre lesquels il faudra choisir.

M. Hébert répond que si les deux expressions correspondaient aux mêmes limites, la question des noms serait vite tranchée. Le terme d'*infralias* est justifié par le caractère franchement liasique de la faune qui accompagne l'*Avicula contorta*, ainsi que par le faciès jurassique de la flore.

M. Beyrich rappelle que les Vertébrés sont triasiques.

M. Hébert fait observer que si l'on avait pris les Vertébrés pour base de la classification des assises, on aurait eu souvent des résultats tout différents.

M. Blanford dit qu'on aurait un ordre encore différent si l'on considérait seulement les flores.

M. Hébert. Sans doute. On a fondé cette classification sur la considération des Mollusques et des Échinodermes, et l'on ne voit pas pourquoi on s'écarterait accidentellement de cette méthode.

M. Zittel rappelle qu'il y a souvent dans un même pays plusieurs synonymes également employés, entre lesquels il faudra faire un choix.

M. Hébert cite en outre une autre question dont il croit qu'on peut aborder aussi l'examen: c'est celle de la limite inférieure du groupe paléozoïque.

M. Capellini est persuadé que la *Commission de nomenclature* et le *Comité de la Carte de l'Europe* auront fait une oeuvre utile en indiquant comme but précis aux travaux des Comités nationaux ce qui importe à la construction de la Carte et de sa légende. Il espère que ces Comités auront déjà fort avancé leur tâche l'an prochain, à la réunion de Zurich, qui préparera le Congrès de Berlin.

Pour le Secrétaire
A. Delaire.

PROPOSITIONS DU COMITÉ SUISSE

AUX COMMISSIONS INTERNATIONALES

en vue de leur conférence à Zurich en Août 1883.

Par suite de la fondation de la *Société géologique suisse*, en septembre 1882, à la réunion helvétique de Linthal, le précédent *Comité suisse d'unification géologique* a résilié ses fonctions entre les mains du comité de la nouvelle Société.

Ce nouveau Comité, élu le 11 septembre 1882, dans la séance constitutive de la Société géologique suisse, se trouve composé comme suit:

MM. E. RENEVIER, prof. à Lausanne, *président*.

ALPH. FAVRE, prof. à Genève, *vice-président*.

ALB. HEIM, prof. à Zurich, *secrétaire*.

V. GILLIÉRON, prof. à Bâle, *vice-secrétaire*.

F. MÜHLBERG, prof. à Aarau, *caissier*.

AUG. JACCARD, prof. à Neuchâtel.

E. DE FELLENBERG, ing. à Berne.

Outre l'administration générale de la *Société géologique*, ce Comité est chargé plus spécialement des questions d'unification géologique, au point de vue de notre patrie. L'article 7 des statuts dit en effet: »Le Comité entretient des relations internationales avec les autres »sociétés et institutions géologiques, et pourvoit à ce que la Suisse »soit représentée dans les *Congrès géologiques internationaux*.« C'est donc lui qui fonctionnera dorénavant comme *Comité suisse d'unification géologique*.

Dans ses deux premières réunions, le 12 septembre à Linthal, et le 29 décembre, à Berne, le dit Comité s'est occupé essentiellement de questions intérieures, concernant l'organisation et le développement de la *Société géologique*. Nous relèverons seulement les points suivants, d'une portée plus générale, lesquels pourront intéresser les lecteurs:

Par suite des nouvelles adhésions, la Société compte actuellement 73 membres, dont 34 Suisses romands, 26 Suisses allemands et 13 étrangers.

— 255 —

La Société ayant décidé de ne pas créer, pour le moment, de publication spéciale, le Comité, après entente avec les rédactions respectives, a choisi: pour *organe français* les *Archives des sciences physiques et naturelles* de Genève; et pour *organe allemand* la *Vierteljahrsschrift* de la Société des sciences naturelles de Zurich.

En vue de procurer quelque avantage aux membres de la Société géologique, et de les tenir au courant des travaux scientifiques qui doivent les intéresser plus spécialement, le Comité s'est entendu avec M. Ernest Favre, pour obtenir un tirage à part de la *Revue géologique suisse*, que celui-ci publie annuellement dans les *Archives*, afin d'en envoyer un exemplaire à chaque membre. La *Revue géologique*, pour 1882, vient de paraître et sera expédiée prochainement aux ayants droit.

L'assemblée générale de la Société géologique suisse aura lieu cette année à Zurich, pendant la session de la Société helvetique des sciences naturelles, à partir du 6 août. Les membres des *Commissions géologiques internationales* y tiendront en même temps leur conférence annuelle. L'excursion géologique se fera pendant les derniers jours de la semaine, sur les bords du lac de Lucerne, le long de l'Axenstrasse et à la Windgälle (Uri).

Nous avons obtenu en Suisse, pour la *Carte géologique internationale d'Europe*, 33 souscriptions, dont 11 individuelles, 3 de sociétés et 19 de diverses administrations, fédérales, cantonales ou communales.

M. H. Goll, qui avait été désigné comme caissier de la Société géologique, ayant donné sa démission, un des membres du Comité,

M. le prof. F. MÜHLBERG, à Aarau,

a été chargé de ces fonctions. C'est donc à lui dorénavant que devront être payées les cotisations. Nous profitons de l'occasion pour en aviser les membres de la Société.

La troisième session du Comité géologique a en lieu à Berne, au Muséum d'histoire naturelle, le 9 avril dernier. Elle a été principalement consacrée aux questions d'unification, soumises à l'examen des divers Comités nationaux par la circulaire suivante de M. le prof. Capellini de Bologne, président du dernier Congrès.

Bologne, 21 mars 1883.

»En ma qualité de président de la commission internationale de »nomenclature, et après entente avec MM. BEYRICH et HAUCHECORNE, »directeurs de la carte d'Europe, et avec MM. DEWALQUE et RENEVIER, »secrétaires des deux commissions, je prends la liberté de vous soumettre »mettre quelques questions, qui, d'après nos délibérations en septembre

»à Foix, devront être discutées, et si possible tranchées, à Zurich, en
»août 1883, dans la prochaine réunion des dites commissions inter-
»nationales.«

»La besogne sera bien simplifiée, et la discussion facilitée, si je
»puis avoir en mains, pour cette époque, vos avis sur les questions
»ci-après, qui concernent plus spécialement la légende de la carte en
»voie d'exécution.«

»J'espère recevoir, le plus promptement possible, les réponses
»individuelles des membres des commissions internationales, et celles
»collectives des comités nationaux.«

J. Capellini.

Suivent sept questions, ou groupes de questions, qui avaient déjà
attiré l'attention du Comité suisse à la suite du compte rendu de la
conférence de Foix. Il les avait en partie discutées et, après entente
sur quelques points essentiels, il avait chargé MM. Heim et Renevier
de lui préparer, pour sa session d'avril, un rapport sur ces questions
d'unification. C'est après avoir entendu la lecture de ce rapport, et
en avoir discuté les conclusions, que le Comité a abordé les questions
posées par M. Capellini. Celles-ci ont donc été sérieusement étudiées,
et nous avons en outre porté notre attention sur quelques autres
points, non prévus par la circulaire. Pour exposer la manière de
voir du Comité suisse et motiver ses réponses et propositions, nous
suivrons l'ordre des questions posées. Après quoi nous aborderons
encore quelques autres sujets importants, puis nous résumerons notre
point de vue dans un *Projet de Légende*, que nous prenons la liberté
de recommander aux Comités nationaux d'abord, puis aux Commissions internationales, en vue de la *Carte géologique d'Europe*.

1re *Question*.

»Approuvez-vous, pour la légende de la carte d'Europe, les
»27 divisions stratigraphiques mentionnées à la p. 8 du compte rendu
»de Foix, où y désirez-vous quelques modifications, et lesquelles?«

Des 27 divisions indiquées, les trois premières se rapportent aux
terrains *archéens* (primitifs des auteurs); 10 représentent les terrains
primaires ou *paléozoïques*; 8 les terrains *secondaires* ou *mésozoïques*;
les 6 dernières enfin les terrains *cénozoïques* (tertiaires et modernes).
Il nous paraît qu'il y a dans ces subdivisions un manque de pro-
portionalité trop évident, et que les terrains secondaires, et particulièrement les crétacés y sont sacrifiés, tandis qu'on fait la part du
lion à certains terrains paléozoïques.

En effet, tandis que le projet n'accorde que deux subdivisions (21 et 22) au Crétacé, il en donne trois (7, 8, 9) au Dévonien, et deux au Permien (12, 13). Or à nos yeux, le Permien ne peut guère être considéré que comme une subdivision de la période carbonique; tandis que le Crétacé, à en juger par ses faunes si variées et multipliées, représente une grande période, égale en importance, sinon supérieure, au système dévonien.

Dans quelques parties de l'Allemagne, il est vrai, comme la Thuringe, par exemple, le Permien présente 2 subdivisions, de facies différents, le Zechstein et le Rothliegende, mais ce ne sont là, au point de vue paléontologique, guère que 2 étages, qu'on pourrait distinguer, si cela est nécessaire, par des pointillés bleu ou rouge, sur le fond commun gris clair qui désignerait le Carbonique supérieur ou Permien. Le Crétacé au contraire comprend au moins une dizaine de faunes successives, qui indiquent une évolution paléontologique beaucoup plus prolongée.

Nous sommes persuadés qu'un grand nombre de nos confrères partageront notre manière de voir à ce sujet, aussi demandons-nous, en modification de la légende proposée:

1° Qu'on ne fasse qu'une seule division du Permien;

2° Qu'on divise au contraire le Crétacé en trois: inférieur (Néocomien), moyen et supérieur.

Ainsi se trouverait résolue en même temps la troisième question, relative à la place du Gault, lequel avec le Cénomanien, formerait le Crétacé moyen.

2me Question.

»Seriez-vous d'avis de réunir le *Rhétien* au Lias, ou au Trias?«

Les opinions son très-partagées sur cette question, et partagées en deux camps presque égaux. Il est d'ailleurs probable qu'on ne pourrait la trancher d'une manière absolue sans forcer la nature. Dans tel pays les faunes rhétiennes ont incontestablement plus d'analogie avec les faunes liasiques, dans d'autres elles sont, paraît-il, plus étroitement unies aux faunes triasiques — question de facies, de nature des dépôts et de paléogéographie.

Dans les Alpes suisses où le Rhétien joue un rôle assez important c'est notre premier terrain fossilifère marin, succédant à un Trias ordinairement sans fossiles. Par sa nature pétrographique, aussi bien que par sa faune il se relie intimement au Lias. Si donc il fallait absolument choisir, nous serions plus portés pour son annexion au Lias; mais, vu les divergences existantes, il nous paraît beaucoup plus sage d'en faire une subdivision à part, que nous proposons de représenter par un fond bleu, avec pointillé rose. Les deux réunis donneront une teinte violette, et symboliseront fort bien sa position intermédiaire. Ce terrain ayant en général peu d'étendue, il ne figurera guère, sur une carte à si petite échelle, que comme une ligne de points roses à la limite des deux systèmes, ce qui aura l'avantage de le faire ressortir, dans les conditions les plus conformes à la nature.

3ᵐᵉ Question.

»Le *Gault* devrait-il rentrer dans le Crétacé inférieur ou dans »le supérieur?«

Nous avons déjà répondu à cette question en proposant une division intermédiaire qui comprendrait le Gault et le Cénomanien, et qui pourrait être représentée par une teinte verte moyenne, ou si l'on préfère par un pointillé sur le vert pâle du Crétacé supérieur.

S'il fallait absolument choisir nous préférerions rattacher le Gault au Crétacé supérieur, plutôt qu'à l'inférieur. Au point de vue paléontologique, ce serait, nous paraît-il, plus juste.

4ᵐᵉ Question.

»Le *Flysch* devrait-il être joint à l'Éocène ou à l'Oligocène?«

Il nous serait parfaitement impossible, dans une bonne partie des Alpes suisses, de séparer le Flysch de l'Éocène. Les couches nummulitiques s'y trouvent parfois enchevêtrées avec le Flysch, de manière à montrer que ce ne sont souvent que deux *facies* de même âge. Il y aurait de plus un grave inconvénient à confondre sous une même teinte le *Flysch*, qui ne se trouve chez nous que dans la région alpine, et l'*Aquitanien*, qui appartient à la région mollassique, et forme de vastes étendues limitrophes des Alpes. La distinction entre ces deux régions essentielles ne serait plus possible sur la nouvelle carte, ce qui serait d'un très fâcheux effet. Nous insistons donc pour que le Flysch soit assimilé à l'Éocène, et non à l'Oligocène.

5ᵐᵉ Question.

»Le Congrès n'ayant pas encore fixé les couleurs conventionnelles »pour les périodes paléozoïques, approuvez-vous les couleurs suivantes, »proposées par les directeurs de la carte?«

Nous trouvons que parmi les couleurs mentionnées il y a abus des teintes vertes, qui, outre le Crétacé (déterminé par le Congrès de Bologne), seraient encore appliquées au *Silurien*, en deux teintes vert soie, et au *Dévonien*, en trois teintes vert brun. En revanche le *Cambrien* se trouverait absolument séparé du Silurien, et représenté par un gris rougeâtre. Enfin les rapports intimes entre le permien et le carbonifère seraient entièrement masqués, si l'on emploie pour les représenter des couleurs aussi dissemblables que celles inscrites dans ce projet de légende.

M. le prof. HÉBERT vient de publier, dans le *Bulletin de la Société géologique de France* (3me série, XI, p. 29), une note destinée à prouver que le Cambrien doit être rattaché au Silurien comme subdivision inférieure. Il conclut ainsi:

»En ce qui concerne la carte géologique internationale de l'Eu-»rope, le groupe silurien, avec ses trois divisions, dont l'inférieure »correspondra au cambrien, devra être représenté par une seule cou-»leur, avec trois nuances différentes. «

Nous sommes pleinement d'accord sur ce point avec notre illustre collègue, président du premier Congrès géologique. C'est le point de vue que nous avons constamment soutenu; conformément au groupement de M. Barande en trois faunes siluriennes, 1re, 2me et 3me. Ce groupe constitue à nos yeux une période, divisée en 3 époques, à l'instar de la période jurassique, par exemple.

Nous demandons le même mode de groupement, et de réunion sous une même couleur, pour les terrains *Carbonifère* et *Permien*, qui formeraient la *Période carbonique* subdivisée en 3 époques (Culm, Houiller et Permien). C'est le groupement préconisé par M. Oswald Heer, M. Gosselet et beaucoup d'autres auteurs. N'est-il pas prouvé d'ailleurs qu'il y a une liaison paléontologique intime entre ces trois époques, soit dans les faunes, soit dans les flores.

Cela ferait ainsi, avec le Dévonien, trois périodes comprises dans l'ère paléozoïque, celles-ci devraient être logiquement représentées, chacune par une seule couleur, comme le seront les trois périodes de l'ère mésozoïque, conformément aux résolutions du Congrès de Bologne. Quant aux trois couleurs à adopter, il ne reste plus beaucoup de choix. Le *gris* pourrait être attribué au *Système carbonique*, selon l'usage le plus généralement suivi. Un *vert-olive* (suffisamment distinct du vert pur du Crétacé) pourrait être attribué au *Système dévonique*. Enfin le *brun*, qui n'a pas encore reçu d'application, pourrait servir à désigner le *Système silurique*.

6me Question.

»Veuillez proposer un terme, comme équivalent chronologique, »de *Assise*, pour désigner à ce point de vue les divisions de cin-»quième ordre.«

17*

Parmi les expressions chronologiques, il ne reste plus guère que celle de *phase* qui puisse être employée dans ce sens. Ce mot désigne d'ailleurs un évènement qui se produit dans un temps peu prolongé; ainsi les *phases de la lune.* Il comporte volontiers une idée de subdivision. On dit fréquemment: les diverses phases de l'époque glaciaire!

Nous n'en connaissons pas de meilleur pour ce cas.

7me Question.

»Seriez-vous d'avis d'intervertir les termes *Groupe* et *Série,* comme »cela a été proposé à Foix; en désignant par *Série* les divisions de »premier ordre, et par *Groupe* celles de troisième ordre?«

Nous sommes pleinement de cet avis, et unanimes à désirer qu'il en soit ainsi. Nous estimons que le terme *Série* implique une idée plus compréhensive, plus étendue, que celui de *Groupe.* C'est dans ce sens que ces expressions sont le plus fréquemment usitées en Suisse. Nous savons que beaucoup de nos amis en Angleterre, en France, etc. désirent vivement cette interversion.

L'interversion peut d'ailleurs s'accomplir sans danger pour l'édifice si laborieusement construit à Bologne, puisqu'il ne s'agit pas de rien détruire, mais seulement de rendre leur véritable place, leur place logique, à deux pierres qui, dans l'inexpérience et la hâte des premières discussions, s'étaient substituées l'une à l'autre.

Après avoir répondu aux questions de la circulaire internationale, nous devons encore aborder quelques autres sujets qui n'y sont point prévus, mais sur lesquels il nous paraît qu'un accord devrait se faire à Zurich.

a. *Coloriation du Pliocène.*

Le projet de légende, contenu à la page 8 du compte rendu de Foix, prévoit 5 nuances de jaune pour représenter les subdivisions tertiaires (22, 23, 24, 25, 26). Il nous paraît impossible de produire autant de nuances de jaune suffisamment distinctes à l'oeil. La tabelle de couleurs présentée à Foix par le Directorium de Berlin n'en figure que quatre, et encore la plus foncée ne mérite-t-elle pas le nom de jaune.

D'autre part, nous estimons que les dépôts pliocènes ne sont la plupart du temps que les formations marines contemporaines des dépôts erratiques anciens, dits quaternaires ou diluviens. Pour ces derniers, n° 26, le Directorium propose le jaune de Naples très clair. Nous voudrions que la même teinte servît à représenter le pliocène, mais en y ajoutant, pour le distinguer, un pointillé jaune foncé. Ainsi serait fait droit à l'idée que nous venons d'émettre du synchronisme partiel de ces deux formations, l'une marine, l'autre terrestre; et en même temps au désir fort naturel de nos confrères italiens, de faire ressortir d'une manière bien nette dans la carte les dépôts pliocènes, qui jouent un si grand rôle dans leur péninsule.

b. Légende des Roches éruptives.

La circulaire de M. Capellini ne mentionne pas cette partie importante de la légende. Et pourtant il n'y a encore rien de décidé à cet égard. A. Foix (Compte rendu, p. 250 et 251), on a proposé deux groupements différents en 5 termes, qui ne nous paraissent ni l'un ni l'autre bien logiques. En effet, dans chacun de ces modes de groupement on emploie des expressions qui ne se rapportent pas au même point de vue. Les unes, comme *roches porphyriques*, se rapportent au mode de texture, tandis que d'autres, comme *trachitiques*, *basaltiques*, ont en vue la composition chimique et minéralogique des roches.

Il y a des *phorphyres* qui, dans un même filon, passent insensiblement au granite, et qui n'en sont évidemment qu'une modification de texture. D'autres, au contraire (augitporphyre, etc.), appartiennent pétrographiquement aux mélaphyres ou aux basaltes. La structure porphyrique n'a donc qu'une valeur très-secondaire, et grouper tous les porphyres sous une même teinte ne serait qu'une source de confusion.

On propose également un groupe de *roches volcaniques*, par où l'on entend d'éruption moderne. Mais celles-ci sont tantôt de nature trachitique, tantôt de nature basaltique, et ne devraient pas être séparées de ces groupes respectifs. Les groupements proposés ne reposent donc sur aucun principe, et ne produiraient que des idées confuses.

D'autre part, comme l'ont bien montré les recherches microscopiques, la composition minéralogique des roches est éminemment variable, et ne fournirait qu'une mauvaise base de groupement pour la carte.

Tout bien pesé, et en considérant l'excessive rareté des éruptions mésozoïques, spécialement des jurassiques, nous trouvons que le groupement en *roches éruptives anciennes* et *roches éruptives récentes* serait, pour l'Europe, le mieux approprié.

A beaucoup de points de vue, ces deux catégories de roches éruptives présentent des différences persistantes, quoiqu'elles offrent souvent des analogies de composition minéralogique. C'est comme si les éruptions récentes n'étaient que de nouvelles éditions des éruptions anciennes, ou que les unes fussent un faciès superficiel, et les autres un faciès profond, dus à la coagulation, dans des conditions différentes, d'un même magma en fusion. Ce groupement sera aisément compris par tout géologue, et très facilement applicable.

En second lieu, nous ferons observer que dans les roches éruptives récentes, comme dans les anciennes, la quantité d'acide silicique peut varier de $38^0/_0$ à $78^0/_0$, et que de la proportion plus ou moins grande de substance acide ou basique dépend, soit la composition minéralogique, soit, en partie aussi, la texture. Sans vouloir préciser la limite de séparation, on peut donc distinguer d'une manière générale, dans chacune des deux grandes catégories précitées, un groupe de *roches acides* et un de *roches basiques*. C'est une distinction très naturelle, qui sera facilement acceptée et réalisée par chaque géologue.

Quant aux laves actuelles, le plus logique serait sans doute de les faire rentrer dans l'un ou l'autre groupe des roches éruptives récentes, suivant leur composition basique ou acide. Mais ici se présente une difficulté, provenant de ce que certains volcans actuels ont modifié, dans le cours des temps, la composition de leurs laves. L'Etna, par exemple, a rejeté anciennement les laves trachytiques, et en produit maintenant des basaltiques (Dolérite). Or avec la petite échelle de la carte géologique d'Europe ces distinctions seraient difficiles, sinon impossibles à établir. C'est pourquoi, ayant déjà admis une distinction basée sur l'âge, nous n'avons pas craint de consacrer une couleur spéciale aux roches volcaniques actuelles. Nous serions d'ailleurs prêts à renoncer à cette dernière, si l'on estimait pouvoir faire rentrer ces produits actuels parmi les roches acides ou basiques des éruptions dites récentes.

Comme couleurs pour ces cinq groupes de produits éruptifs, nous avons choisi des teintes rouges ou mêlées de rouge, en tons vifs, afin que les gisements, souvent très restreints, soient néanmoins bien visibles. Pour chacun de ces 5 groupes éruptifs la teinte pleine indiquerait les roches laviques ou *chysiogènes*, c'est-à-dire provenant de coulées; tandis que le pointillé de la même couleur désignerait les agrégats volcaniques (*roches athrogènes*), toutes les fois que ces derniers pourraient être distingués.

c. Terrains d'âge incertain.

Il est indispensable d'arrêter aussi une convention uniforme, pour la représentation des dépôts dont, faute de fossiles, ou de relations stratigraphiques suffisamment probantes, l'âge n'aura pu être déterminé d'une manière certaine. Si ce cas se présente rarement dans les régions classiques et les pays de plaine, il est en revanche assez fréquent dans les régions montagneuses, comme les Alpes, les Pyrénées, les Carpathes, etc. Dans les contrées jusqu'ici moins étudiées il devra se rencontrer encore plus fréquemment. Or, dans tout travail scientifique, il importe de ne pas assimiler aux documents certains ce qui n'est encore qu'hypothétique.

Voici comment nous proposons de résoudre la difficulté :

1° Lorsqu'on pourra déterminer le système, mais pas la subdivision de celui-ci, on emploiera la couleur de ce système en *nuance moyenne*, en ajoutant le monogramme général du système. Ainsi du *Jurassique indéterminé* serait représenté en bleu moyen avec monogramme J.

2° Lorsqu'au contraire on serait dans le doute sur le système même auquel un dépôt doit être rapporté, on emploierait la couleur du système le plus probable, mais en y laissant des réserves de blanc, et en ajoutant un? au monogramme. Ainsi le *Jurassique douteux* serait figuré par un bleu, pointillé de blanc par le moyen de réserves, avec J?

3° Enfin là où la place manquerait pour figurer toutes les subdivisions d'un système, bien que constatées sur le terrain, on emploierait la teinte moyenne du système en combinant les monogrammes des subdivisions. Ainsi pour une étroite bande de Jurassique, où l'on aurait pu constater les trois subdivisions Lias, Dogger et Malm, on figurerait un filet bleu moyen, et mettrait pour monogramme J$^{1-3}$.

Avec ces quelques précautions, la carte d'Europe sera d'un emploi plus sûr, et chacun pourra mieux comprendre la valeur des renseignements fournis.

Nous résumons maintenant l'ensemble de nos propositions par le tableau ci-joint, qui n'est que la reproduction achromatique de la légende coloriée que nous présenterons à Zurich.

Lausanne et Zurich, 30 avril 1883.

Au nom du Comité géologique Suisse,
Le Président: E. RENEVIER, prof.
Le Secrétaire: ALB. HEIM, prof.

Légende proposée par le Comité suisse pour la Carte géologique d'Europe.

A. Terrains sédimentaires.

MONOGRAMMES.				SYSTÈMES.
		Blanc.	Holocène (Alluvium, Tourbe, etc.).	
P	Jaune de Naples	Naples pur.	Plistocène (Diluvium, Quaternaire).	Moderne ou Plioc.^{que}
		id. av. pointillé jaune vif	Pliocène (Subapennin, etc.)	
M	Jaune	jaune vif.	Miocène (Mollasse, etc.).	Mioc.^{que}
		id. foncé.	Oligocène (Aquitanien, Tongrien).	
E	Jaune orangé.		Éocène (Nummulitique, Flysch).	Éoc.^{que}
C	Vert pur	pâle.	Crétacé supérieur (Sénonien, etc.).	Cret.^{que}
		moyen.	Crétacé moyen (Cénomanien et Gault).	
		foncé.	Néocomien } Crétacé inférieur.	
		av. pointillé.	Wealdien }	
J	Bleu	pâle.	Malm (Purbeck compris).	Jur.^{que}
		moyen.	Dogger (Kellovien compris).	
		foncé.	Lias.	
		av. pointillé rose.	Rhétien.	
T	Violet	pâle.	Trias supérieur (Keuper).	Trias.^{que}
		moyen.	Trias moyen (Muschelkalk).	
		foncé.	Trias inférieur (Grès bigarré).	
H	Gris	pâle.	Permien (avec pointillé éventuel bleu ou rose, pour distinguer Zechstein de Rothliegendes	Carb.^{que}
		moyen.	Houiller (avec traits foncés pour bancs productifs.	
		foncé.	Culm (compris Calc. carbonif. inf.).	
D	Vert olive	pâle.	Dévonien supérieur.	Dev.^{que}
		moyen.	Dévonien moyen (Eifel).	
		foncé.	Dévonien inférieur (Rhénan).	
S	Brun	pâle.	Silurien supérieur (faune 3° E).	Silur.^{que}
		moyen.	Silurien pp^{dt} (faune 2de).	
		foncé.	Cambrien (faune primordiale).	
A	Rose	pâle.	Phyllites (Urschiefer, Huronien?).	Archéen.
		moyen.	Schistes cristallins feuilletés (Micachist., etc.).	
		foncé.	Schistes cristallins massifs (Gneis-granit, etc.).	

Légende proposée par le Comité suisse pour la Carte géologique d'Europe.

B. Formations éruptives.

γ	Rouge carmin	Éruptions anciennes acides. Granite, Syénite, Porphyre euritique, etc.
δ	Rouge pourpre	Éruptions anciennes basiques. Diorite, Malaphyre, Trapp, etc.
τ	Rouge écarlate	Éruptions récentes acides. Trachytes, Phonolites, etc.
β	Rouge brun	Éruptions récentes basiques. Basalte, Dolérite, Amphigénite, etc.
λ	Rouge minium	Éruptions actuelles.

N.B. — Pointillé pour les Agrégats volcaniques de chaque catégorie.

RAPPORT

DE M. M. NEUMAYR COMMISSAIRE POUR L'AUTRICHE

TRADUIT

PAR M. J. CAPELLINI PRÉSIDENT DE LA COMMISSION

AIDÉ PAR M. L. SIMONI.

Les Commissions du Congrès géologique international réunies à Foix ont décidé en termes très formels que les travaux de la Commission de Nomenclature géologique devaient se borner à la discussion de l'échelle de la Carte de l'Europe. Cette décision étant conforme à l'opinion qu'ils ont antérieurement exprimée, les géologues autrichiens se trouvent dans la possibilité de participer aux travaux des dites Commissions; je prends donc la liberté, comme représentant de l'Autriche, de rédiger le rapport suivant, dont les points les plus essentiels ont été établis d'accord avec un certain nombre de géologues de ce pays.

Les questions dont la solution pourrait être recherchée, sont les suivantes:

1° Quelles divisions faudrait-il adopter pour la Carte géologique de l'Europe et quelles devraient en être les limites?

2° Quels seront les noms à donner aux dites divisions?

3° Avec quelles couleurs seront-elles indiquées?

I. Les Divisions.

La discussion doit naturellement avoir pour base les propositions qui ont été faites à Foix. Chaque division pouvant donner lieu à des observations sera traitée par ordre. Enfin, comme supplément j'exprimerai quelques *desiderata*, indépendants des questions qui ont été déjà traitées.

1. *Roches massives.*

Pour ce groupe l'on a provisoirement admis cinq divisions qui sont: roches *granitiques, porphyriques, mélaphyriques, trachytiques, basaltiques.* On ne saurait méconnaître cependant que cette classification n'est pas absolument logique. Pendant que, dans deux catégories, les roches acides et basiques, telles que les porphyres et le mélaphyres, les trachytes et les basaltes, sont séparées, il n'en est pas de même dans la troisième; il est donc à désirer que suivant le même principe on sépare aussi, dans la série granitique, les roches acides des basiques sous les rubriques de *groupe granitique* et *groupe dioritique.*

Comme lacune il faut signaler l'absence d'une division pour la serpentine, l'eurite *(Serpentinfels)* et les roches analogues, qui ne se laisseraient pas, sans une extrème violence, incorporer dans l'un des groupes établis. Il est vrai que dans bien de contrées, les dites roches ne sont que faiblement développées et qu'elles pourraient être négliglées sans qu'il en résultât une erreur grave; mais pour l'Italie et pour la presqu'île des Balkans ce n'est pas le cas, puisqu'elles y jouent un rôle très important, et la structure géologique de ces pays serait entièrement faussée si on ne tenait pas un compte exact de la nature de ces roches. La présente proposition tend donc à introduire dans les roches massives les divisions suivantes:

1° Roches de la famille des granites
2°   »   »   »   » diorites
3°   »   »   »   » porphyres
4°   »   »   »   » mélaphyres
5°   »   »   »   » trachytes
6°   »   »   »   » basaltes
7°   »   »   »   » serpentines.

2. *Série sédimentaire.*

Aucune observation générale à présenter.

3. *Formation cambrienne.*

A propos des dépôts cambriens il serait à désirer que l'on en fixât exactement la limite supérieure. Celle-ci se trouve seulement indiquée par cette décision que le Silurien inférieur doit commencer avec le groupe de Llandeilo; il s'agit donc de décider si les couches d'Arenig *(Arenig Schichten)* doivent être rapportées plus haut ou plus bas. La disparition de la faune de ces dernières, des *Olenus,* des

Conocephalites et d'autres genres primordiaux, plaide en faveur de leur annexion au Silurien et engage à les séparer du Trémadoc cambrien.

4. *Formation carbonifère.*

Il serait bon de dire expressement que les calcaires carbonifères les plus récents, qui chronologiquement correspondent aux *coal measures*, seront rapportés à la division supérieure.

5. *Permien.*

Une division en deux étages ne pourrait pas être appliquée aux Alpes.

6. *Trias.*

Pour le Trias on se trouve en présence de quelques questions litigieuses. En ce qui concerne les Alpes, il serait à peine possible de consacrer une division au *Muschelkalk* vu sa faible importance comme surface; d'un autre côté, le Trias supérieur est tellement développé à la surface et présente tant de groupes naturels qu'une plus grande subdivision serait très importante même dans le rapport de la vue de l'ensemble.

Je ne m'arrête plus longtemps sur ce sujet, qui s'éloigne un peu de mes études spéciales, il sera d'ailleurs traité par d'autres avec plus de développement.

7. *Rhétien* (rhätische Stufe).

La question relative à la limite des couches entre le Trias et le Jurassique semble présenter les plus grandes difficultés et faire surgir les opinions les plus différentes. Cette division est indiquée tantôt comme *Étage rhétien*, tantôt comme *Infralias*, et beaucoup se sont habitués à regarder ces deux expressions comme synonymes, mais à mon sens ceci n'est pas généralement exact. Le nom d'*Étage rhétien* est toujours appliqué à l'horizont caractérisé par l'*Avicula contorta*, *Modiola minuta*, *Gervillia praecursor*, *Cardium rhaeticum* etc. ou du moins on ne l'applique à aucune formation plus récente. Au contraire, dans l'Infralias on a en général réuni l'étage à *Avicula contorta*, ainsi que les zones à *Aegoceras planorbis* et *angulatum*, et, dans ce cas, le caractère liasique de la faune est indiscutable.

La question de cette manière se complique un peu, mais il reste toujours à résoudre le problème principal: les couches à *Avicula contorta* doivent-elles être rapportées au Lias ou bien au Trias? Si le premier cas se trouve le plus juste, il sera d'une importance second-aire de réunir ou non dans un même étage les couches à *Avicula contorta* et les zones liasiques. Seulement il faut considérer comme absolument faux, de se baser sur des analogies pétrographiques locales pour reconnaître immédiatement l'ensemble de l'Infrias et ensuite de déduire, de la parenté de la faune des couches à *Psilonotus* et *Angulatum* avec celle de couches plus recentes, que les membres plus anciens de l'Infralias présentent des affinités jurassiques au point de vue paléontologique.

L'on a déjà tant écrit sur ce sujet, qu'on se décide toujours à regret à le soumettre encore une centième fois à une discussion : en tout cas il convient d'abréger le plus possible. Ni la pétrographie, ni la tectonique, ni la paléontologie n'amènent à des conclusions définitives. Dans les Alpes il ne serait pas naturel de séparer le calcaire à *Megalodon*, appartenant à la zone à *Avicula contorta*, du calcaire typique à *Megalodon* du Trias sousjacent pour le réunir au calcaire ammonitifère qui se trouve au-dessus. En Franconie il serait également faux de séparer du *Keuper* les marnes rouges (marnes irisées) qui recouvrent ou remplacent le grès à phyllites du Rhétien.

Au contraire l'on assure que dans quelques régions spéciales de la France les choses se présentent tout autrement, les couches à *Avicula contorta* étant intimement liées avec le Lias inférieur. Ce serait aussi le cas en Angleterre où les couches rhétiques, au point de vue de la pétrographie, se rapprocheraient beaucoup plus du Lias blanc *(white Lias)* que du Trias *(new Red)*.

Il en est de même avec les fossiles : l'*Aegoceras planorboides* est très voisin de l'*Aegoceras planorbis* du Lias, et l'*Aeg. angulatum* apparaîtrait déjà dans les couches de Kössen. Mais avec eux nous trouvons les *Amm. tornatus (Cladiscites)* et les *Choristoceras* qui sont des types non moins importants du Trias.

Les derniers *Athyris* et *Retzia* qui apparaissent dans les couches rhétiques des Alpes rappellent des formes anciennes, de même que les grands *Megalodon*, la *Gervillia inflata*, les *Myophoria* et toute une série d'autres fossiles que l'on y trouve. Mais en même temps apparaissent de nouveau plusieurs bivalves, p. ex. *Avicula bavarica*, *Lima praecursor* et autres, qui ont leurs parents les plus proches dans le Lias. Les couches à *Avicula contorta* semblent avoir un petit nombre d'espèces en commun d'un côté avec le Jurassique et de l'autre avec le Trias. La Flore terrestre a un caractère liasique, tandis que la faune des Vertébrés porte plutôt l'empreinte triasique.

Si l'on prétend que la faune des invertébrés marins présente un faciès nettement jurassique, cela évidemment tient à ce que l'on comprend l'Infralias dans son sens le plus étendu et lui rattache les couches à *Psilonotus* et *Angulatum*; la faune de la zone à *Avicula contorta* n'offre pas d'arguments décisifs. Si l'on avait à donner son avis, on serait porté à admettre une faible tendance vers le Trias. Même au point de vue de la paléontologie la question reste ouverte. Pour arriver à une conclusion il n'y a donc qu'une voie, laquelle, dans cette question, avait été reconnue comme la seule vraie par Oppel, il y a dix-sept ans, dans son travail sur le Tithonique. Dans des cas pareils, c'est la priorité qui l'emporte et il nous faut remonter à W. Smith, A. de Humboldt, L. de Buch.

Smith ne fournit aucun argument bien précis. Entre le Lias blanc (*white Lias*) et le sol rouge (*red Ground*) il intercale une division calcaire-marneuse (*marlstone*), marnes indigos, noires, qui devraient correspondre, à peu près, au Rhétien, mais qui représentent au contraire comme un groupe spécial. Il en est autrement d'après l'avis de de Buch et Humboldt. Il n'est pas douteux que pour eux les marnes irisées sont le type du Keuper, qu'ils avaient d'abord regardé comme une division à part. Au point de vue de l'histoire de la géologie, la limite supérieure du Keuper ainsi que celle du Trias doit être placée sur les dernières couches des marnes irisées, dont le type se rencontre en Franconie et en Thuringe. Maintenant dans une grande partie de la Franconie il est de règle que d'ordinaire le grès avec phyllites rhétiques et le *Bone-beds* se trouvent encore recouverts par des marnes rouges lesquelles à leur tour supportent immédiatement le Lias. Çà et là les grès disparaissent complétement et les marnes rouges restent alors les seuls représentants des formations rhétiennes. Ce fait tranche nettement et définitivement la question et place les couches à *Avicula contorta* au sommet du Trias. Faut-il dans la Carte géologique de l'Europe les considérer comme indépendantes? C'est une question qui se rattache à celle de la division du Trias supérieur que nous venons de discuter; il est donc inutile d'y revenir ici.

8. *Lias.*

En présence de la grande diversité des vues exprimées touchant la délimitation du Lias, il semble nécessaire de la définir avec précision.

L. de Buch fut le premier qui sépara nettement le Lias du Jura moyen et il ne semble pas qu'il y ait aucun motif plausible pour changer de manière de voir. Il faudrait donc insister sur ce que, d'accord avec l'opinion généralement admise, la limite devra être placée entre la zone du *Lytoceras jurense* et celle de l'*Harpoceras opalinum*.

9. Gault.

Puisque l'on a élevé des doutes sur la question de savoir si le Gault devait se rattacher à la Craie inférieure ou bien à la Craie supérieure, il est bon d'exposer les raisons par lesquelles d'une manière décisive la question doit être résolue en faveur du Crétacé inférieur.

Il ne faut pas songer à en faire une division à part à cause de sa faible puissance et de son peu d'étendue qui rendraient difficile sa représentation sur une carte.

Que le Gault présente, quant à la faune, beaucoup d'affinité soit avec les formations antérieures, soit avec celles qui lui ont succédé, il est à peine besoin de le mentionner. Cependant d'après les invertébrés marins il y a plus de rapport avec les couches plus anciennes qu'avec le Cénomanien, et ce dernier étage par la prépondérance des *Téléostées* et des *plantes dicotylédones* affecte un caractère qui l'éloigne beaucoup des assises plus anciennes.

Mais bien que ces considérations aient leur importance, elles ne sont pas par elles-mêmes assez puissantes et décisives pour rattacher le Gault au Crétacé inférieur. Peut-être est-il plus digne d'attention ce fait que, dans tout le domaine des formations sédimentaires, il y a un contraste frappant entre l'extension des Etages cénomanien, turonien et sénonien et celle du Néocomien et du Gault.

Dans la Bohême, en Saxe, près de Regensburg, en Scandinavie, dans la Galicie transcarpathique, et aussi dans le sud des Indes, dans l'ouest de l'Amérique du Nord, dans une grande partie de l'Afrique méridionale et dans beaucoup d'autres contrées, le Néocomien et le Gault manquent; le Cénomanien se trouve en transgression sur des couches beaucoup plus anciennes et supporte, en stratification concordante, le Turonien et le Sénonien. S'il y a un fait qui mérite d'être mis en évidence sur une carte géologique et d'être représenté exactement, c'est justement celui-ci, et l'on doit éviter tout ce qui pourrait le dissimuler.

En négligeant une donnée aussi essentielle, on ferait croire à une complète ignorance de la structure géologique de l'ensemble de la Terre et des faits géographiques et géologiques les plus importants. Il est nécessaire de tracer sur la carte la limite là où la Nature l'a placée d'une manière exceptionnellement précise; le Gault doit donc être représenté par la même couleur que les formations auxquelles il est lié par son extension géographique, comme le Néocomien, et il faut pour cela le séparer du Cénomanien.

10. Flysch.

Les formations marneuses et sablonneuses du Flysch doivent être soumises à une discussion approfondie d'autant plus que les opinions qui à cet égard ont été émises par quelques géologues, auraient pour conséquence de représenter d'une manière erronée une grande partie de son domaine.

Le nom de Flysch d'abord a été employé pour désigner les masses de grès, de schistes argileux et de marnes, qui dans la Suisse se trouvent entre la zone calcaire des Alpes septentrionales et la mollasse. Dans un sens plus étendu, ce nom fut appliqué, avec raison, aux formations correspondantes des massifs plus orientaux des Alpes. Lorsque au pied des Alpes le Danube atteint Vienne, ce groupe lithologique se continue au delà du fleuve et passe dans la zone puissante des grès des Carpathes qui représentent, dans de plus grandes proportions, le Flysch des Alpes. En deuxième ligne, il faut tenir compte du *Macigno* des Italiens.

Si l'on commence par des considérations à l'égard des régions où ces dépôts ont acquit la plus grande puissance, on trouve dans les Carpathes des dépôts de grès et de schistes extrèmement puissants et uniformes qui dans leur ensemble représentent assez bien toute la série des couches, depuis le commencement du Néocomien jusqu'à la fin de l'Oligocène.

Dans la Bucovine il n'est pas inadmissible que des assises jurassiques se soient développées sous la forme de Flysch. D'après les travaux des géologues du *Reichsanstalt*, dans la partie des Carpathes qui rentre dans la Galicie et la Bucovine, il serait possible de partager ce complexe en trois membres. On pourrait en faire autant pour une partie de la Silésie.

Quant aux Carpathes de la Moravie, d'une grande partie de la Hongrie supérieure et de la Roumanie, ces grès forment une masse qui comprend toute la formation crétacée et une moitié du Tertiaire.

Pour le Flysch des Alpes autrichiennes il est de toute évidence qu'il comprend des membres du Tertiaire et du Crétacé.

Dans la région qui s'étend de l'ouest de Salzach jusqu'au Lac de Genève, il est généralement admis que le Flysch est exclusivement du Tertiaire ancien.

Il est vrai qu'il n'y a pas des preuves en faveur de l'opinion contraire, mais l'on ne saurait non plus affirmer d'une manière certaine que cet ensemble lithologique n'embrasse pas aussi une partie du Crétacé.

Dans tous les cas, il est positif que dans le Flysch des Alpes occidentales l'on a des équivalents des couches de l'*Éocène* et en même temps aussi de l'*Oligocène*.

Déjà pour les Alpes occidentales l'on arrive à la conclusion qu'il ne serait pas exact de rapporter tout le Flysch à l'Éocène ou de le regarder complétement comme de l'Oligocène.

Pour les Alpes autrichiennes et pour les Carpathes ceci serait complétement faux.

En conséquence, dans l'échelle des couleurs proposées, on ne trouve pas une division dans laquelle l'on pourrait placer le Flysch. De quelle manière cette difficulté pourrait-elle être résolue, nous le verrons plus loin.

11. Miocène.

La limite supérieure du Miocène doit être tracée d'une manière arbitraire. Les gisements avec des restes de *Mastodon longirostris*, *Dinotherium giganteum*, *Hippotherium gracile* (faunes de Pikermi, Eppelsheim, Cucuron, Couches à Congéries, Belvedereschotter), constituent un ensemble qui n'était pas connu ou dont on n'a pas suffisamment tenu compte lorsque pour la première fois l'on a établi la division entre le Miocène et le Pliocène; en effet ces couches sont plus jeunes que le Miocène et plus anciennes que le Pliocène typique. Il est assez indifférent que l'on rattache les dites couches à l'un ou à l'autre; mais, comme il faudra prendre une décision à cet égard, il sera peut-être plus convenable de rattacher ces formations au Pliocène. Il faut cependant avouer que, pour le moment, il n'y a pas encore de raison décisive pour accepter l'une définitivement ou l'autre de ces manières de voir. Pour ma part je n'attache aucune importance à l'incorporation de ces couches dans le Pliocène. Dans le cas où le désir de conserver dans le Miocène les couches à *Hippotherium* serait appuyé, je serais tout disposé à m'y associer.

12. Pliocène.

Sur la limite supérieure du Pliocène il y a également beaucoup de divergence. La division la plus naturelle semble être celle qui laisse encore dans le Pliocène le Crag de Norwich, les couches plus jeunes de Monte Mario près de Rome, de Taranto, de Rhodes et de Kos. Il faudrait aussi conserver dans cette division le *Sansino* le plus récent avec *Elephas meridionalis* et *Hippopotamus major*, lors même que ces deux espèces se perpétuent dans les formations diluviales.

Il est à peine besoin de mentionner que les sables jaunes et les argiles bleues d'Asti appartiennent à cet étage.

13. Sur l'introduction de Groupes collectifs.

Déjà lorsque nous avons parlé du Flysch nous avons fait ressortir qu'il formait un groupe complexe de couches que dans beaucoup de contrées il est impossible de subdiviser et de représenter avec l'une des couleurs proposées. Des conditions analogues se présentent pour d'autres ensembles géologiques. Dans les Alpes l'on trouve de puissantes masses de couches paléozoïques. Tout spécialement dans les Alpes du Nord l'on n'a trouvé que sur quelques points, très éloignés les uns des autres, des fossiles qui sont tantôt siluriens, tantôt dévoniens, ou carbonifères. Une répartition de cette formation entre les dix divisions qui ont été proposées est tout-à-fait impossible.

Tout ce que l'on peut obtenir, et il ne sera guère possible d'aller au-delà, c'est que l'on fasse une division pour le *Silurien-Dévonien*, une pour le *Carbonifère* et une pour le *Permien*.

Également dans les Alpes il est impossible de séparer le *Buntersandstein* et le *Muschelkalk*, et il en est de même pour le Jurassique moyen et le supérieur. Sur un grand nombre de points de la péninsule des Balkans, l'on rencontrera de la difficulté pour séparer le Mésozoïque du Paléozoïque.

Dans ces divers cas, se tirer d'affaire en adoptant sans raison suffisante quelques-unes des divisions de *Schema* proposées, ne serait guère justifiable: il sera donc nécessaire d'avoir un certain nombre de groupes collectifs auxquels seront affectées des couleurs spéciales. En tout cas il faudrait songer à une couleur pour le *Silurien-Dévonien*, une pour le *Paléozoïque* en général, une pour le *Trias* et une pour le *Flysch*. Mais, pour le moment, il est impossible de décider quels sont les groupes qui pourraient être ainsi traités. A cet égard, on pourra prendre un parti à mesure que le travail avancera: mais dès-à-présent l'on devrait accepter en principe l'introduction de divisions de cette nature.

Les membres de la Commission de Nomenclature ont été chargés tout spécialement de porter leur attention sur la manière dont l'on pourrait introduire dans le Schema général l'indication de formations locales.

Dans le cas actuel, nous pouvons laisser de côté cette question, qu'il sera plus facile de résoudre directement en présence des membres du Comité de la Carte.

II. La Nomenclature.

Avant tout il faut résoudre une question de principe. Convient-il d'adopter des désinences homophones sur les divisions de même valeur?

S'il n'était pas question de la légende de la Carte, mais seulement d'une règle générale pour la nomenclature, la question serait plus facile à résoudre. En allemand et en anglais pour l'application d'une telle règle l'on se trouverait en présence de difficultés insurmontables. Or $^2/_3$ des travaux géologiques qui sont publiés, sont écrits dans l'une de ces deux langues; et par conséquence, on voit de suite qu'une telle décision serait illusoire. Si les Représentants des Nations latines considèrent comme une chose à désirer une telle modification, puisque dans leurs langues seulement elle serait applicable, ceux la peuvent l'accepter; mais une telle question ne peut pas être l'objet d'une discussion dans un Congrès international.

Mais dans le cas actuel il s'agit de la légende de la Carte géologique de l'Europe, dont les explications doivent être faites dans la langue française; il faut donc trouver le moyen de se mettre d'accord sur ce point. La question étant portée sur le terrain de la pratique, je prends pour exemple les noms des divisions de 2me ordre des formations qui doivent toutes terminer en *ique:* Cambrique, Silurique, Dévonique, Carbonique, Permique, Triasique, Jurassique, Crétacique, Tertiairique, Quaternérique ou Diluvique.

Chacun admettera facilement qu'un telle collection de dissonances (qui rendrait ridiculs les éditeurs de la Carte) ne serait jamais acceptée. Il faudrait renoncer à une longue série de noms acceptés depuis longtemps et les remplacer par des noms nouveaux, uniquement à cause de l'homophonie. Si cette manière de voir l'emportait, ce serait néanmoins au plus haut degré contraire au but que l'on se propose et cela rendrait encore plus difficile l'usage des publications. Même si l'on voulait faire un tel essai, il serait vite abandonné. Le Représentant de l'Angleterre a déclaré à Foix que dans la Grande-Bretagne l'on est absolument contraire à un changement dans la nomenclature.

Il en est de même pour l'Autriche; autant que j'en sais, l'on pense de même en Allemagne, et ailleurs aussi vraisemblablement l'on sera de cet avis.

Si la décision votée à Bologne de remplacer les mots *Formation* et *Terrain* par le mot *Système* a été en général assez peu observée, l'on peut en déduire le sort malheureux qui serait réservé à l'essai d'un changement plus radical. comme, par exemple, la suppression du mot *Tertiaire*.

De telles règles n'auraient qu'un résultat, celui de discréditer les travaux (*Thätigkeit*) des Congrès géologiques internationaux.

D'après ce que nous venons de dire, il est évident que dans le choix des noms l'on doit s'inspirer du plus sévère esprit de conservation. La création de nouveaux noms, ou la modification obligatoire de ceux qui sont généralement acceptés, par l'introduction de noms peu connus, doit être évitée. Toute autre manière de procéder ne répondrait qu'à un besoin imaginaire: elle conduirait à de graves inconvénients. Dans cet ordre d'idées je trouve bonne la proposition faite par la Direction de la Carte, et je n'aurais rien d'important à changer dans le tableau: il faudrait seulement y ajouter un plus grand nombre de synonymes pour en faciliter et en généraliser l'usage.

III. Couleurs.

Je ne trouve pas à cet égard qu'une discussion soit de la compétence du Comité de la Nomenclature.

IV. Exécution.

Je crois nécessaire d'ajouter quelques remarques sur la compétence de divers membres pour une résolution définitive à l'égard de l'exécution. car la valeur à attacher à l'avis des membres de la Commission de Nomenclature en sera notablement influencé. et le soussigné n'est à même de prendre la responsabilité du présent Rapport que sous les réserves suivantes.

A Foix l'on a remarqué à plusieurs reprises qu'une décision relative aux divisions de la nomenclature et à la coloration de la Carte géologique de l'Europe ne pouvait être prise que par l'assemblée générale du Congrès: je dois me prononcer nettement contre cette manière de procéder qui n'est pas pratique.

Le Congrès décide l'exécution. donne des indications générales; charge une Commission de l'exécution, mais au delà il ne peut et il ne doit avoir aucune influence sur l'exécution, et cela par égard aux principes et pour atteindre le but.

L'exécution sera confiée à des personnes que l'on aura reconnues à la hauteur de leur mission et qui accepteront les bases établies dès le principe par le Congrès. Elles auront la même responsabilité que tous les auteurs pour les travaux qu'ils publient. L'intervention constante du Congrès, avec son vote de majorité qui est sujet à changer selon les endroits où a lieu la réunion, pour tous les détails de l'exécution, aurait pour conséquence d'entraver le régulier avancement; elle rendrait illusoire la responsabilité d'auteur, la publication serait retardée et il n'en résulterait aucune utilité réelle.

Toute question sera discutée et examinée par un grand nombre de personnes pratiques avant qu'on adopte une solution, et il est peu vraisemblable que pendant la courte durée des séances du Congrès, il surgisse des idées nouvelles de quelque valeur, tout géologue en ayant quelqu'une et désirant la produire, ayant eu déjà d'autres occasions de la faire connaître.

Mais si réellement l'on faisait une telle proposition, il manquerait à la Réunion le temps de faire ressortir les avantages comme les inconvénients qu'au premier abord il est difficile d'apprécier à leur juste valeur; et de rechercher comment elle pourrait se fondre dans l'ensemble des règles déjà acceptées. Il faudra prendre une décision à la hâte ou bien la renvoyer à trois ans.

De même, on ne saurait recommander de porter devant l'Assemblée générale la solution des questions pour lesquelles les Commissions n'ont pas été unanimes. L'Assemblée de même que la majorité de ses membres n'est pas assez préparée sur les différentes questions en litige; elle se compose de personnes qui ne sont guère au courant de la portée de certaines solutions et des considérations que l'on peu faire valoir pour ou contre. Supposons que le Congrès se tienne dans le Nord de l'Europe et que l'on y traite la question du *Flysch*, ou bien dans le Sud et que l'on discute la limite entre le Silurien et le Dévonien. Il est évident que les chercheurs, les collectionneurs, les naturalistes des environs de la ville où le Congrès a lieu, qui du reste ont leur valeur et formeront généralement la majorité, ne peuvent pas constituer une assemblée compétente. En conséquence il résulterait que tous les grands principes scientifiques et les questions théoriques seraient décidés par des majorités de hasard: l'on arriverait à peu près au même résultat en tirant au sort les solutions.

Mais, il y a aussi des considérations pratiques qui empêchent d'amettre que toutes les décisions soient prises par le Congrès. Si l'on travaille sérieusement et avec de la bonne volonté, à la prochaine Réunion de Zurich on pourra préciser toutes les questions qui sont encore à décider. Les travaux exécutifs pourraient être poussés avec énergie dans toutes les directions; tandisque la nécessité d'attendre les décisions du Congrès en 1884 pour une série de points controversés, aurait pour résultat de rétarder d'une année les travaux du Comité de la Carte, et ce laps de temps serait à peu près perdu.

Selon toute probabilité il en résulterait une perte de temps appréciable. D'après tous les motifs qui viennent d'être exposés je trouve dangereux et inutile de recourir de nouveau à la décision du Congrès.

Ce que je viens de dire à propos de la mission du Congrès met en évidence le rôle de la Commission de Nomenclature dans la position des questions à traiter.

Le vote de la Commission ne doit jamais être décisif, mais seulement consultatif.

L'on doit espérer que, pour ce vote, l'on aura beaucoup d'égard, mais la décision définitive doit être absolument à la charge de ceux qui ont la responsabilité de l'œuvre.

De même, l'avis des membres de la Commission de Nomenclature ne doit pas être mis en discussion et être voté par l'Assemblée générale du Congrès.

Quand même l'on serait d'accord que toutes les questions de détails doivent être portées devant le Congrès, il n'y a aucune décision des Congrès précédents qui en quelque sorte autorise de la part de la Commission de Nomenclature une telle ingérence.

Si donc je livre le présent rapport, je le fais à la condition expresse qu'en aucune manière il ne devienne l'objet d'un avis ou d'un vote du Congrès.

Comme conclusion, il est bon d'ajouter qu'il sera nécessaire de joindre à la Carte une déclaration contenant au moins quelques données précises sur la manière dont les différents groupes ont été délimités et aussi sur la méthode adoptées pour traiter les différents complexes locaux dans les différents pays.

Les détails de l'exécution échappent, il est vrai, à la discussion, mais il convient d'attirer dès-à-présent l'attention sur ce point.

Vienne, le 17 Décembre 1882.

Signé M. Neumayr.

COMPTE-RENDU

DES SÉANCES

DE LA COMMISSION INTERNATIONALE DE NOMENCLATURE GÉOLOGIQUE
ET DU COMITÉ DE LA CARTE GÉOLOGIQUE DE L'EUROPE

tenues à Zurich en Août 1883.

COMMISSION INTERNATIONALE
POUR L'UNIFICATION DE LA NOMENCLATURE GÉOLOGIQUE.

J. Capellini, Président	Pour l'Italie
G. Dewalque, Secrétaire	» la Belgique
Ch. A. Zittel	» l'Allemagne
A. Liversidge	» l'Australie
M. Neumayr	» l'Autriche
J. Sterry-Hunt	» le Canada
J. Vilanova	» l'Espagne
J. Hall	» les États-Unis
E. Hébert	» la France
Th. Mc. K. Hughes	» la Grande-Bretagne
J. Szabò	» la Hongrie
W. T. Blanford	» les Indes
J. Ph. N. Delgado	» le Portugal
G. Stefanesco	» la Roumanie
A. Inostranzeff	» la Russie
O. Torell	» la Scandinavie
Ch. Mayer-Eymar	» la Suisse

COMITÉ INTERNATIONAL
POUR L'EXÉCUTION DE LA CARTE GÉOLOGIQUE DE L'EUROPE.

E. Beyrich / W. Hauchecorne } Directeurs	Pour l'Allemagne
E. Mojsisovics	» l'Autriche-Hongrie
A. Daubrée	» la France
W. Topley	» la Grande-Bretagne
F. Giordano	» l'Italie
A. Karpinsky	» la Russie
E. Renevier, Secrétaire.	

COMMISSION INTERNATIONALE
DE NOMENCLATURE GÉOLOGIQUE.

I.

Séance du Mardi, 7 Août 1883.
Présidence de M. CAPELLINI.

La séance est ouverte à dix heures dans la salle des Facultés au Polytechnikum.

Sont présents:

M. BEYRICH, Professeur à l'Université de Berlin.

M. BLANFORD, Membre du *Geological Survey of India.*

M. CAPELLINI, Professeur à l'Université de Bologne.

M. DAUBRÉE, Directeur de l'École des Mines, Membre de l'Institut de France.

M. DEWALQUE, Professeur à l'Université de Liége.

M. GIORDANO, Inspecteur général des Mines, Directeur du Service de la Carte géologique de l'Italie.

M. HÉBERT, Professeur à la Sorbonne, Membre de l'Institut de France.

M. HUGHES, Professeur à l'Université de Cambridge.

M. MAYER-EYMAR, Professeur au Polytechnikum de Zurich.

M. MOJSISOVICS, Géologue en chef du *k. k. Reichsanstalt*, Vienne.

M. NEUMAYR, Professeur à l'Université de Vienne.

M. RENEVIER, Professeur à l'Académie de Lausanne.

M. ZZABò, Professeur à l'Université de Budapest.

M. VILANOVA, Professeur à l'Université de Madrid.

Sur l'invitation de M. le Président, MM. Cotteau et Favre (A.) assistent à la séance.

M. CAPELLINI propose à l'Assemblée de maintenir M. Fontannes dans les fonctions qu'il a remplies à Bologne et à Foix, conjointement avec M. Delaire. A l'unanimité, M. Fontannes est nommé Secrétaire des séances des Commissions géologiques internationales.

M. le Président annonce la démission de M. de Moeller comme représentant de la Russie dans le Comité de la Carte de l'Europe et la nomination officielle, en son lieu et place, de M. le Prof. Karpinsky. M. le Prof. Inostranzeff reste à la tête de la Commission russe de nomenclature.

Il informe, en outre, la réunion que M. le Prof. Neumayr remplace dans la Commission internationale de nomenclature M. le Prof. Mojsisovics, qui continue à représenter l'Autriche-Hongrie dans le Comité de la Carte.

MM. Delgado, J. Hall, Inostranzeff, Karpinsky, Stefanesco, Sterry Hunt, Topley, Zittel ont justifié leur absence.

M. Capellini rappele les décisions prises relativement aux réunions des Commissions internationales dans l'intervalle des Congrès de Bologne et de Berlin, et constate, avec une vive satisfaction, le zèle soutenu avec lequel les Comités et sous-Comités nationaux ont travaillé depuis la réunion de Foix. Rien ne saurait mieux démontrer, s'il en était encore besoin après l'imposante manifestation de Bologne, l'utilité du but poursuivi par les Congrès géologiques internationaux.

A Zurich, de même qu'à Foix, la Commission de nomenclature et celle de la Carte assisteront à toutes les séances, mais des séances spéciales seront consacrées à l'étude des questions ressortissant de chacune d'elles.

Se conformant à un voeu émis lors de la dernière réunion, M. Capellini a rédigé une circulaire destinée à attirer l'attention des Comités nationaux sur certaines questions, dont la solution présentait une urgence particulière, motivée par l'exécution de la Carte de l'Europe. Cette circulaire, datée du 21 Mars 1883, a été envoyée à tous les membres des Commissions; celles-ci ont fait preuve de la plus intelligente activité dans l'examen des difficultés soumises à leurs délibérations, et ont adressé à la Présidence les réponses dont il va être donné lecture. Un certain nombre de savants ont également saisi cette occasion pour faire connaître leur opinion personnelle, qui, dans bien des cas, contribuera à éclairer la discussion.

Comme ordre à suivre dans l'étude des problèmes qu'il s'agit d'élucider, M. le Président propose celui des questions elles-mêmes, telles qu'elles ont été posées dans la circulaire du 21 Mars.

M. Renevier fait observer qu'il y a des questions de détail, telles que les Nᵒˢ 3, 4, 6 et 7, tandis que deux autres, les Nᵒˢ 1 et 5, ont une importance beaucoup plus grande et sont d'ailleurs connexes. Il conviendrait donc d'établir une distinction entre ces deux groupes: on pourrait traiter d'abord du premier et réserver pour une séance ultérieure les Nᵒˢ 1 et 5 qui, au reste, sont plutôt du ressort de la Carte.

M. Capellini admet d'autant plus volontiers cette division du travail, que la discussion des questions secondaires par lesquelles il est proposé de commencer, simplifiera beaucoup celle de la question capitale qui porte le Nᵒ 1.

La réunion consultée partageant cet avis, il est donné lecture de la question 3 ainsi conçue:

Le Gault devrait-il rentrer dans le Crétacé inférieur ou dans le supérieur?

ainsi que des réponses qui ont été faites par les Comités nationaux.

Quelques observations ou commentaires sont ensuite présentés par divers membres, soit pour expliquer, soit pour justifier le vote des Comités dont ils font partie.

M. HÉBERT expose que cette question a été sérieusement et longuement discutée au sein du Comité français; des opinions très-divergentes ont été émises et la solution adoptée n'a été votée que par 17 voix sur 26. Quant à lui-même, il a beaucoup étudié cette question dans ces dernières années, et de nouvelles recherches l'ont amené à modifier la manière de voir qu'il a longtemps professée, à savoir que le Gault devait être réuni au Crétacé inférieur. Aujourd'hui, après une minutieuse analyse, il reconnaît l'importance des rapports fauniques qui lient le Gault au Cénomanien inférieur et se manifestent par un certain nombre d'espèces communes à ces deux termes. En outre, il est à remarquer, au point de vue stratigraphique, que le Gault repose indifféremment sur divers étages, tandis qu'il est toujours, sauf les cas de dénudation, surmonté par le Cénomanien.

En ce qui concerne la Carte de l'Europe, il est fâcheux qu'on ne puisse introduire dans le Crétacé trois divisions; cette mesure leverait toutes les difficultés, car le Cénomanien ne pouvant être réuni au Turonien, serait forcément rattaché au Gault pour constituer avec lui la division moyenne.

M. DEWALQUE reconnaît que si la question de l'introduction d'une troisième division dans le Crétacé avait été posée au Comité belge, celui-ci aurait certainement adopté la classification proposée par M. Hébert.

M. HUGHES fait remarquer à l'appui de l'avis du Comité anglais qui a voté pour l'annexion aux étages inférieurs, qu'en Angleterre il n'est pas toujours facile de reconnaître si le Gault a des affinités paléontologiques plus prononcées avec le Grès vert inférieur ou avec le Grès vert supérieur. Dans ce dernier, on rencontre un grand nombre d'espèces du Gault, et souvent il est difficile de constater si ces fossiles sont contemporains du dépôt qui les renferme, ou s'ils ont été arrachés à des couches déjà formées.

M. HÉBERT objecte que, même et surtout en Angleterre, la stratigraphie s'oppose à ce classement. La discordance y est très-sensible entre le Gault et les dépôts qui l'ont précédé: les couches de Blackdown sont à peu près horizontales, selon M. Judd, tandis que le substratum est fortement incliné.

M. HUGHES répond qu'il ressort de ces observations que l'adoption de trois divisions pour le Crétacé eût été préférable; dans ce cas, il n'aurait pas hésité à placer le Gault dans la division moyenne.

M. BEYRICH, tout en se déclarant favorable à une modification dans ce sens de la légende proposée, fait observer que pour une carte à une échelle aussi réduite que celle de la Carte de l'Europe, les bandes représentant les trois divisions du Crétacé, seront très-étroites.

M. CAPELLINI est aussi partisan de trois divisions, à la condition que le Cénomanien rentre dans la partie supérieure; mais si, dans la pratique, l'adoption de nouvelles divisions devait créer de sérieuses difficultés, M. Capellini, en son nom personnel, proposerait l'adjonction du Gault au Crétacé inférieur.

M. RENEVIER appuie la division en trois parties, et fait observer à ce sujet qu'il y a certaines anomalies dans la subdivision de quelques systèmes. Si on admet trois divisions dans le Dévonien. il serait équitable d'en adopter au moins un nombre égal pour le Crétacé qui lui paraît plus intéressant encore soit par la variété et la multiplicité de ses faunes, soit par le rôle qu'il joue dans la géologie de l'Europe. Cette question lui semble plutôt, d'ailleurs, de la compétence du Comité de la Carte.

M. VILANOVA est aussi d'avis que le nombre de subdivisions accepté par la Direction de la Carte, aurait pu être réparti avec plus d'équité.

Le Président résume la discussion. Une forte majorité se prononce en faveur de la division du Crétacé en trois termes: mais dans le cas où les exigences de l'exécution ne permettraient pas l'introduction d'une nouvelle division dans la légende de la Carte, presque tous les pays sont d'accord pour réunir le Gault au Crétacé inférieur. Seules, la France et la Suisse proposent de placer cet étage dans le Crétacé supérieur.

M. HÉBERT ajoute qu'il suffit de consulter les collections françaises et suisses, pays où le Gault est bien développé, pour qu'au point de vue paléontologique, la solution qu'il soutient ressorte avec la dernière évidence. Il est convaincu que l'avenir donnera raison à la manière de voir qu'il a exposée, et en faveur de laquelle les environs du Hàvre fournissent des documents irréfutables.

M. Mayer rappelle qu'à côté des données paléontologiques, il ne faut pas oublier de mettre en ligne certaines relations de stratigraphie générale, de géogénie. En effet, au-dessous du Gault, on constate dans le Crétacé la présence de deux faciès pour un même étage et cela sur de vastes espaces. Il y a le faciès du Nord, celui des Alpes. A partir du Gault, dans toute l'Europe et même en Afrique, on n'a jamais constaté qu'un faciès unique.

M. Hébert reconnaît la valeur de cette observation, dont, selon lui, M. Mayer étend un peu trop les limites, car la fusion des deux faciès en un seul commence déjà dans l'Aptien, dont certaines Ammonites se rencontrent partout, aussi bien dans les Carpathes, qu'en Afrique, en Angleterre, etc.

M. Renevier déclare que théoriquement il est absolument d'accord avec MM. Hébert et Mayer. Au point de vue paléontologique, la solution franco-suisse s'impose impérieusement. La faune du Gault a de grandes affinités avec celle du Cénomanien: beaucoup d'espèces sont si voisines que leur distinction est souvent des plus ardues. Cependant il se déclare prêt à accepter le verdict de la majorité, si la Direction de la Carte ne peut introduire une troisième division dans le Crétacé.

M. Hébert fait une déclaration identique, mais il demande subsidiairement que le trait qui marquera la limite entre les deux divisions du Crétacé, indique par un renflement la présence du Gault dans les régions où elle a été constatée.

M. Beyrich pense qu'au point de vue matériel, rien ne s'opposera à l'adoption de cette proposition.

Le Président résumant les débats auxquels a donné lieu la question 3, dit qu'il demeure entendu:

1° Que dans le cas où deux divisions seulement seraient possibles, on réunira le Gault au Crétacé inférieur, — sans d'ailleurs préjuger en rien la solution scientifique, sans trancher dans un sens ou dans l'autre la question controversée des analogies de faune, de répartition géographique, etc.

2° Que la réunion exprime le voeu que le trait qui limitera les divisions inférieure et supérieure du Crétacé, soit accentué là où le Gault existe.

M. Fontannes donne lecture de la question 4:

Le Flysch devrait-il être joint à l'Éocène ou à l'Oligocène?
et fait connaître les réponses des Comités nationaux.

M. Capellini constate que l'avis général est qu'on doit effacer le nom de *Flysch* sur la légende de la Carte de l'Europe, mais que dans le cas où l'on jugerait à propos de la maintenir, cette dénomination ne devrait s'appliquer qu'au flysch éocène.

M. Mojsisovics estime qu'il ne serait pas pratique d'abandonner complètement le mot de flysch, si généralement répandu aujourd'hui, mais la signification pourrait en être modifiée conformément aux plus récentes observations. *Flysch* ne servirait plus à désigner un horizon stratigraphique, mais bien un faciès pétrologique ; il y aurait du flysch éocène, du flysch crétacé, etc.

MM. Hébert et Beyrich ne croient pas qu'il soit opportun d'entrer dans la discussion des *faciès*, à propos de la légende d'une carte aussi générale que celle de l'Europe.

M. Neumayr qui, dans ces derniers temps, a fait une étude spéciale de cette question, a reconnu qu'il y a des flysch de divers âges (crétacé, éocène, oligocène), qu'il est parfois facile de distinguer les uns des autres. Mais dans les grandes masses comme celles des Alpes bavaroises, il est le plus souvent impossible d'apprécier l'âge du flysch en présence duquel on se trouve. Si l'on parcourt les cartes géologiques de l'Europe méridionale, on peut dès aujourd'hui se convaincre que bien des erreurs ont été commises. Des Inocérames ont été trouvés dans des dépôts attribués à l'Éocène, etc.

Il serait donc prématuré de vouloir introduire des divisions dans la plupart des grandes formations de flysch. En Hongrie, en Bosnie, en Roumanie, dans les Balkans comme en Italie, il serait impossible de séparer par un trait ce qui appartient au Crétacé de ce qui revient au Tertiaire. Dans ces conditions, M. Neumayr pense qu'il serait plus prudent d'employer une couleur neutre pour tous les dépôts de flysch qui ne seront pas susceptibles d'une termination rigoureuse.

M. Hébert ajoute que cette question n'est malheureusement pas la seule que la science actuelle se déclare impuissante à résoudre définitivement. Il faut nécessairement admettre que dans la confection de la Carte de l'Europe, une certaine part devra être abandonnée à l'arbitraire, à moins qu'on ne se décide à laisser en blanc toutes les parties à l'égard desquelles l'opinion des géologues est encore hésitante.

M. Beyrich serait d'avis d'attribuer au flysch la couleur de l'Éocène, sauf à faire, dans l'explication de la Carte, toutes les réserves commandées par l'état actuel de la question.

M. Capellini rappelle en quelques mots les fluctuations auxquelles a été soumise l'appréciation de l'âge du Flysch. Placé d'abord tout entier dans le Crétacé, le Flysch ne tarda pas à passer tout entier dans l'Éocène. Aujourd'hui l'Éocène perd de plus en plus du terrain et, dans certains cas, on peut même constater nettement la superposition d'un flysch oligocène sur un flysch crétacé; c'est ce qui arrive dans les Apennins.

M. Renevier pense qu'il est bon de ne pas perdre de vue l'étymologie du mot *Flysch*. Cette dénomination, d'abord toute locale, est due à Studer: ce savant l'a appliquée à certains schistes de la Suisse qui se délitent facilement et *coulent* (fliessen). Voilà l'origine de cette appellation. Il est incontestable que le Flysch suisse appartient en grande partie à l'Éocène, ainsi que le démontrent les amandes de Nummulitique qui se rencontrent dans ce terrain. Le parti le plus logique serait donc de donner au Flysch, ainsi que le demande M. Beyrich, la couleur de l'Éocène. Mais comme, en ce qui concerne les pays cités par M. Neumayr, cette attribution serait évidemment erronée, M. Renevier engage la réunion à prendre en considération, à cet égard, la proposition du Comité suisse, formulée en ces termes:

»Lorsqu'on sera dans le doute sur le système auquel une masse devra être rapportée, on emploiera la couleur du système le plus probable, mais avec des *réserves* blanches et en faisant suivre le monogramme d'un point de doute.«

M. Favre (Alph.) appuie la motion de M. Renevier. Le nom de Flysch, s'il est conservé, doit être exclusivement réservé à des roches éocènes. D'ailleurs on ne saurait affirmer que cette expression réponde à des caractères pétrologiques bien déterminés. Sous ce nom, certains auteurs ont groupé des terrains très-différents dont le classement les embarrassait.

M. Mojsisovics craint que l'adoption de la proposition tendant à réserver le mot Flysch pour les roches éocènes, n'engendre quelque confusion. Flysch est un nom qui depuis longtemps a franchi les frontières de la Suisse; il est employé aujourd'hui dans toute l'Europe. Mieux vaudrait l'abandonner dans la légende de la Carte, qu'en restreindre l'application; il pourra toujours être employé pour désigner un faciès particulier, à l'exclusion de toute signification chronologique.

Le Président met aux voix la proposition de M. Mojsisovics qui est adoptée à l'unanimité. Le mot de *Flysch* sera donc rayé de la légende de la Carte de l'Europe.

Après une discussion à laquelle prennent part MM. Capellini, Hébert, Renevier etc., la réunion décide de renvoyer à une séance ultérieure, comme appartenant à un autre ordre d'idées, l'étude de la question 6 relative à l'équivalent chronologique du terme *assise*, et de passer à l'examen de la question 2:

Seriez-vous d'avis de réunir le Rhétien au Lias ou au Trias?

Lecture est donnée des réponses faites par les Comités nationaux, et les membres présents sont invités à développer les considérations qui ont déterminé leur vote.

M. Hébert rappelle que, dans ces derniers temps, de nouveaux documents paléontologiques sont venus confirmer les affinités organiques qu'on avait reconnues entre le Rhétien et le Lias. Des études récentes sur la flore de cet étage ont montré que la plupart des types qui le caractérisent passent dans le Lias; quelques-uns persistent, même jusque dans l'Oolithe. Il en est de même pour les Mollusques. Entre le Trias et le Rhétien, on ne saurait citer aucune espèce identique, tandis qu'on a constaté des passages de la faune du Rhétien dans celle du Lias. Au point de vue de la stratigraphie comme à celui de la pétrographie, la même solution s'impose: il suffit de citer à cet égard les environs de Vizille (Isère), et de rappeler que la série *calcaire* qui se poursuit à travers tout le Jurassique, commence véritablement avec la zone à *Avicula contorta*.

M. Capellini a beaucoup étudié le Rhétien en Italie, où cet étage est très-fossilifère. Or, si on considère l'étage dans son ensemble, il est évident qu'il se rattache intimement au Lias, aux calcaires jurassiques. Mais si l'on n'envisage que les couches vraiment rhétiques, c'est-à-dire la zone à *Avicula contorta*, on ne peut nier qu'elles ne présentent de très-grandes affinités avec le Trias. Il est bien prouvé aujourd'hui que, sous le nom d'Infralias, on a groupé des terrains liasiques et des terrains triasiques qui devraient être plus nettement séparés dans la nomenclature. Mais puisqu'il ne s'agit pour le moment que de la Carte de l'Europe, où de forts groupements sont nécessaires, il faut prendre un parti pour cet ensemble, quelque hétérogène qu'il soit, et dans ce cas, M. Capellini pense qu'il doit être rattaché au Lias et non au Trias.

M. Neumayr expose que la solution est très-différente selon qu'on admet ou non l'Hettangien dans cette division. Pour sa part, il estime que les zones à *Amm. planorbis* et *Amm. angulatus* devraient être nettement séparées de la zone à *Avicula contorta*. Dans les Alpes où ces divers termes sont bien développés, la limite est très-tranchée: dans la zone à *Avicula contorta*, des coraux, des *Megalodus*, des genres paléozoïques tels que les *Athyris*, des *Myophoria*, etc. Au-dessus viennent des calcaires dont la faune a un caractère absolument liasique, dénué de toute affinité avec celle qui précède. Cette divergence ressort avec une évidence particulière de la comparaison des Ammonites. La question est donc absolument tranchée pour lui en ce qui concerne la région classique par excellence.

M. Neumayr admet fort bien qu'ailleurs il en soit autrement. En France, par exemple, il peut y avoir des rapports plus étroits entre le Rhétien et l'Hettangien. La contradiction des résultats déduits des données paléontologiques, doit donc engager à rechercher un autre criterium et c'est pour cette raison qu'il a cru devoir examiner la question au point de vue des droits de priorité. Les premiers auteurs qui ont étudié ces terrains sont Smith, von Buch, Humboldt. En Angleterre la délimitation proposée par Smith n'a pas été jugée très heureuse, tandis qu'en Allemagne, elle fut, dès le principe, établie avec beaucoup de précision. En effet, dans plusieurs régions et particulièrement en Franconie, les couches à petites dents aussi bien que celles qui fournissent d'abondants débris de la flore rhétienne, sont intercalées dans les marnes irisées du Keuper et font même parfois défaut, en sorte que, sur ces points, la zone à *Avicula contorta* est représentée par les marnes mêmes du Keuper.

En résumé, conclut M. Neumayr, puisque la paléontologie fournit des arguments contradictoires qui ne permettent pas d'adopter en toute assurance l'une ou l'autre des deux solutions, je propose qu'on s'en tienne au premier classement rationnel proposé pour ces terrains.

M. MOJSISOVICS appuie énergiquement cette proposition et n'ajoutera qu'une seule considération à celles que M. Neumayr vient d'exposer. M. Hébert a avancé qu'en général le Rhétien se rattachait intimement au Lias. Il n'en est pas ainsi dans les Alpes autrichiennes, en Turquie, où le Rhétien est plus étroitement lié avec le Trias; il est même souvent impossible de le séparer du Karnien, et l'on peut observer des alternances entre les couches à *Megalodus* et celles à *Avicula contorta*. Au contraire, sauf dans le Tyrol méridional, le début du Lias est toujours facile à reconnaître, soit par l'examen des fossiles, soit même par celui des roches. Dans le Tyrol méridional seulement, le faciès du Lias est semblable à celui du Trias.

M. DEWALQUE a proposé au Comité belge de réunir le Rhétien au Lias: on n'a pas jugé à propos de prendre une décision à cet égard, mais personnellement il est d'avis que cet étage devrait être représenté d'une manière spéciale, soit par une teinte, soit par des hachures. Ce dernier procédé pourrait d'ailleurs être utilement appliqué à d'autres étages, au Wealdien par exemple.

M. HÉBERT, après avoir insisté de nouveau sur les affinités de la flore des couches à *Avicula contorta* de Franconie avec les flores qui lui ont succédé, admet fort bien avec M. Neumayr que, dans le cas présent et pour tourner la difficulté, on fasse intervenir la question de priorité. Mais il ne croit pas qu'on soit autorisé à trancher celle-ci en faveur des savants allemands. Si on complète, comme il est équitable de le faire, les résultats de Smith avec ceux obtenus par Moore, on voit qu'en Angleterre la séparation est des plus nettes entre le Trias et les couches à *Avicula contorta*. Sous le Lias, le long de la Severn par exemple, on a trouvé des poches à ossements avec *Ceratodus*, Mammifères, etc., et sur ce point il y a absence complète de Trias; la lacune est absolue. Dans d'autres régions de l'Angleterre, des alternances ont été constatées entre les dépôts à bone-bed et ceux du Lias blanc. En somme, les observations de Smith, complétées, précisées par ses successeurs, ne sauraient être mises au second rang; la priorité doit revenir à l'Angleterre.

Mais indépendamment du côté historique, si on poursuit l'étude de ces couches à travers toute l'Europe, jusqu'en Irlande, on reconnait facilement leur indépendance du substratum qui est constitué tantôt par du Keuper, tantôt par du Carbonifère, des schistes primitifs, etc. Au point de vue des caractères géographiques, il ne saurait donc y avoir de doute sur l'ensemble auquel se rattache le Rhétien. M. Mojsisovics a dit que dans les Alpes orientales il y avait alternance entre les couches à *Megalodus* et celles à *Avicula contorta*. Ces faits sont nouveaux pour M. Hébert, qui est d'ailleurs tout disposé à les admettre sur l'autorité des savants qui les ont avancés et dont il se plait à reconnaître la haute compétence, mais en dehors de ces faits à l'égard desquels il ne saurait se prononcer, il n'en reste pas moins établi que, dans tout le reste de l'Europe, la limite se place très-nettement entre le Trias et le Lias. A Digne comme dans les Alpes occidentales, au-dessus du vrai Keuper, se trouve une masse calcaire qui débute par la zone à *Avicula contorta*. Dans l'Irlande il en est de même. Toutes ces considérations lui paraissent largement suffisantes pour entraîner la conviction.

M. Mojsisovics répond qu'il a déjà fait connaître le fait de l'alternance des couches de Kössen avec les Calcaires à *Megalodus*. Il ajoute que, dans toute l'Europe, sauf dans les Alpes, la zone à *Avicula contorta* se présente avec un faciès identique, celui qu'elle offre en Souabe. Dans les Alpes, au contraire, on a observé plusieurs faciès bien distincts, faciès à Brachiopodes, à Coraux, à *Megalodus*, indépendamment du faciès de la Souabe; or ce dernier se trouve toujours à la base de l'ensemble.

M. Renevier pense que la question est insoluble pour le moment, par suite des faits contradictoires mis en évidence par l'étude de pays différents. Les affinités du Rhétien ne sont pas partout les mêmes; ses caractères varient sans doute sous l'influence de phénomènes locaux encore mal connus. Ceci admis, au lieu de chercher à trancher la difficulté dans un sens ou dans l'autre, ne pourrait-on pas traduire sur la carte cette inconstance dans les affinités du Rhétien? M. Renevier préférerait de beaucoup cette solution à celle qui serait tirée de considérations de priorité, d'une minime valeur à ses yeux, et au point de vue de l'exécution, il ne pense pas qu'elle soit d'une traduction graphique difficile. Il suffirait, en effet, de joindre au trait limite du Trias et du Lias un pointillé rouge oblique, qui passerait, suivant les régions, sur la couleur du Trias ou sur celle du Lias, indiquant ainsi les affinités qu'on y aurait reconnues au Rhétien.

L'heure étant très-avancée, le Président propose de renvoyer à la prochaine séance la suite de la discussion sur la question 2.

La séance est levée à midi et demi.

Le Secrétaire des Séances
F. Fontannes.

II.

Séance du Mercredi, 8 Août 1883.

Présidence de M. Capellini.

En attendant l'heure fixée pour l'ouverture de la séance, M. Capellini profitant de la présence du plus grand nombre des membres, invite M. Neumayr à résumer le rapport qu'il a rédigé sur un projet de publication d'un *Nomenclator palaeontologicus,* rapport dont la traduction a été envoyée à tous les membres des Commissions internationales.

M. Neumayr donne un aperçu rapide des divers chapîtres entre lesquels il a réparti son travail et termine en exprimant la conviction que l'œuvre entière, quoique comportant près de quatorze gros volumes, pourrait être achevée en une dizaine d'années.

M. Capellini insiste sur l'immense entérêt que présenterait une semblable publication, la littérature géologique ne comptant actuellement dans cette catégorie que des travaux surannés, hors de toute proportion avec l'état actuel de nos connaissances. Puis il ouvre la discussion sur le projet de M. Neumayr, afin de permettre à tous de manifester leur opinion et de donner ainsi plus de poids au vœu qui sera présenté à Berlin. La discussion actuelle préparera d'ailleurs celle qui devra s'ouvrir devant le troisième Congrès, où seront arrêtés les voies et moyens propres à assurer l'exécution.

M. HÉBERT appuie énergiquement le projet. Cette oeuvre est appelée certainement à rendre de grands services à la science; il lui est donc tout-à-fait favorable et regrette vivement que la direction des études en France ne puisse faire espérer, de la part de cette nation, un concours aussi effectif que le commanderait l'utilité de cette publication. Il craint que d'autres grandes nations ne se trouvent dans la même situation, et que le recrutement du personnel nécessaire pour mener à bien l'entreprise ne soit très-difficile.

M. BEYRICH examine l'oeuvre au point de vue pécuniaire; il pense que la plupart des Sociétés géologiques, diverses Sociétés d'histoire naturelle pourraient s'imposer pendant quelques années de légers sacrifices, — un minime prélévement sur les cotisations par exemple —, en vue de fournir au Comité exécutif une subvention qui serait répartie entre les divers collaborateurs, dans la proportion de la besogne accomplie; car il ne faut pas se dissimuler que le travail sera ingrat, et parmi les jeunes il en est beaucoup qui n'accepteront d'y participer, que s'ils sont encouragés par la perspective de n'y pas consacrer leur temps sans la moindre compensation.

M. CAPELLINI estime qu'au moyen de souscriptions on obtiendrait une somme suffisante pour garantir à l'éditeur un certain bénéfice.

M. HÉBERT croit qu'on pourra trouver un éditeur qui consentira à assumer toute la responsabilité matérielle de l'oeuvre. Il cite comme exemple la publication de la *Paléontologie française*, dont les auteurs reçoivent même une certaine rémunération, et pense que le même éditeur accepterait peut-être de publier le *Nomenclator* dans des conditions analogues.

M. NEUMAYR est convaincu que ni les fonds nécessaires, ni la bonne volonté ne manqueront à une oeuvre dont l'intérêt aura été reconnu par les Congrès internationaux, et qui se publiera sous leurs auspices.

M. CAPELLINI croit que, pour le moment, la réunion ne saurait mieux faire que d'adopter un ordre du jour qui serait, l'année prochaine, soumis à l'approbation du Congrès de Berlin. Il charge M. Fontannes d'en rédiger un de manière à ce qu'il puisse être voté dans la prochaine séance.

Les Commissions étant au complet, le Président ouvre la séance officielle.

Sont présents: MM. Beyrich, Blanford, Capellini, Daubrée, Dewalque, Giordano, Hébert, Hughes, Mayer-Eymar, Mojsisovics, Neumayr, Renevier, Szabò, Vilanova.

M. FONTANNES donne lecture du procès-verbal dont la rédaction est adoptée.

Le Président rappelle en quelques mots où en est restée la discussion sur la notation graphique à adopter pour le Rhétien, et invite la réunion à voter des conclusions.

M. HÉBERT pense que cette question est secondaire et pourrait être renvoyée au Comité de la Carte.

Le Président croit qu'en effet le Comité pourrait s'inspirer du voeu exprimé par la majorité, et rechercher le procédé le plus convenable pour concilier les diverses manières de voir.

M. BLANFORD estime que la réunion doit prendre une décision à cet égard et demande un vote.

M. RENEVIER recommandant de nouveau le procédé qu'il a proposé dans la séance précédente, M. BEYRICH objecte que, dans la pratique, il ne croit pas qu'il soit possible de l'adopter; mais il s'engage à rechercher le moyen le plus propre à réaliser le desideratum qui se dégage de la discussion.

M. DEWALQUE émet l'avis qu'on pourrait désigner le Rhétien par un pointillé qui, suivant les régions, serait posé sur la couleur affectée au Lias ou sur celle du Trias.

M. CAPELLINI croit qu'il est plus sage de s'en tenir à la décision précédente, et de prier la Direction de la Carte de faire des essais pour arriver à représenter le Rhétien sans en faire l'objet d'une division nouvelle, et sans qu'il soit confondu ni avec le Lias, ni avec le Trias.

M. HÉBERT voit bien quel pourra être le sort du Rhétien *sensu stricto*, c'est-à-dire de la zone à *Avicula contorta*, mais il constate qu'on n'a rien décidé au sujet des autres couches qui sont généralement comprises dans cet étage. En face des divergences théoriques qui se sont manifestées, des difficultés matérielles qui sont à prévoir, et pour dégager toute sa responsabilité, il tient à rappeler l'unanimité avec laquelle le Comité français a voté la réunion du Rhétien (*sensu lato*) au Lias.

Sur la proposition du Président, il est décidé que la réunion passera à l'examen de la question 1.

M. MOJSISOVICS fait observer qu'il serait prématuré de discuter dès aujourd'hui la légende de la Carte de l'Europe. Cette discussion, ainsi qu'il l'a déjà exposé au Comité de la Carte, ne pourra être utilement abordée que lorsque tous les matériaux qui doivent être livrés par les différentes nations, auront été rassemblés.

M. Capellini rappelle qu'à Foix, les Commissions ont cru bien faire en établissant une première légende qui pût servir de base aux travaux préparatoires du Comité de la Carte. Ce premier projet, destiné à subir toutes les modifications qui seront jugées nécessaires dans la suite, lui parait indispensable; il servira précisément aux diverses nations pour la préparation des matériaux qu'elles seront appelées à fournir à la Direction. Exemple: En Italie, presque sur aucune carte on n'a marqué d'Oligocène; si cependant ce terme est définitivement accepté, il faudra bien faire de nouvelles études sur le terrain pour tracer les vrais limites de ce nouveau groupe. Bien d'autres cas analogues se présenteront, aussi bien en d'autres pays qu'en Italie; or pour que ces études puissent commencer le plus tôt possible, il lui parait indispensable d'adopter dès aujourd'hui une légende provisoire.

M. Mojsisovics voudrait que l'action des Commissions se bornât à arrêter les systèmes; le Comité de la Carte y introduirait ensuite les divisions qu'il serait possible de marquer.

M. Beyrich reconnait que les présentes discussions ont cependant le grand avantage de permettre aux opinions des Comités nationaux de se faire jour, et de fournir ainsi une base précieuse d'appréciation à la Direction, qui est bien décidée à tenir compte, dans la mesure du possible, de tous les vœux exprimés.

La réunion consultée décide qu'elle passera à la discussion des différents N^{os} de la question 6.

La séance est levée à quatre heures et demi.

Le Secrétaire des Séances
F. Fontannes.

III.

Séance du Jeudi, 9 Août 1883.

Présidence de M. Capellini.

La séance est ouverte à 10 heures du matin.

Sont présents: MM. Beyrich, Blanford, Capellini, Daubrée, Dewalque, Giordano, Hughes, Mayer, Mojsisovics, Neumayr, Renevier, Szabò, Vilanova.

M. Fontannes donne lecture du procès-verbal, qui est adopté après une observation de M. Dewalque.

Le Président rappelle qu'on a renvoyé à la présente séance le vote de l'ordre du jour à soumettre au Congrès de Berlin, relativement à la publication d'un *Nomenclator palaeontologicus*.

La réunion, à l'unanimité, vote l'ordre du jour suivant:

»Les Commissions internationales réunies à Zurich, ayant pris connaissance du rapport rédigé par M. Neumayr sur le projet de publication d'un Nomenclator palaeontologicus, l'appuient en principe et sur tous les points fondamentaux, tout en faisant leurs réserves sur les détails de l'exécution. En conséquence, elles prient le Congrès de Berlin de mettre le dit rapport à l'ordre du jour, afin que l'opportunité de cette publication puisse être discutée et qu'il soit procédé, s'il y a lieu, à la nomination d'un Comité d'exécution«.

Question 5.

M. Capellini informe la Commission de nomenclature que le Comité de la Carte a cru devoir déférer au désir exprimé par M. Hauchecorne dans son rapport, et lui propose en conséquence de surseoir à toute décision sur le N° 5.

Cette proposition est adoptée à l'unanimité.

Le Président pense qu'on pourrait aborder la discussion du classement des roches éruptives; il est permis de prévoir que l'accord se fera facilement sur cette question, la plupart des membres de la Commission se montrant favorables au principe adopté dans le rapport du Comité suisse.

M. Vilanova se référant au tableau qu'il a eu l'honneur de remettre à M. Beyrich de la part de M. Mac-Pherson, fait ressortir les avantages que le classement de ce dernier auteur présente sur celui de M. Heim. Les roches éruptives y sont divisées en deux séries seulement: une *série basique* et une *série acide*; il n'y est pas question de diviser chacune de ces séries en *anciennes* et en *nouvelles*, — ce qui serait beaucoup trop compliqué pour une carte de l'Europe à petite échelle.

M. Beyrich ne prévoit pas que l'adoption de la proposition suisse puisse créer des difficultés au point de vue matériel de l'exécution.

M. Renevier soutient ce dernier classement. M. Heim a fait remarquer que les roches éruptives étaient très-rares dans la période secondaire: les roches éruptives anciennes et les nouvelles sont donc séparées par une lacune chronologique énorme, — fait qu'il serait très-important de faire ressortir sur une carte de l'Europe.

M. Beyrich accepte le principe du classement du Comité suisse.

M. Neumayr a proposé une classification qui a pour base les résolutions principales adoptées à Foix : la seule modification de quelque importance qu'il ait demandée, consiste dans l'adjonction d'une division pour les Serpentines.

M. Dewalque réclame une division spéciale pour les roches volcaniques.

Le Président fait observer que celles-ci doivent être comprises dans les roches éruptives actuelles.

M. Hughes regrette qu'on fasse intervenir dans la classification des roches éruptives la notion d'âge ; celui-ci est le plus souvent très-difficile à reconnaître, ainsi qu'il arrive pour le Trapp de l'Écosse. Ces roches doivent être classées d'après leurs caractères minéralogiques et non suivant l'époque de leur formation.

M. Dewalque appuie cette manière de voir dans de certaines limites ; il admet que le classement des roches éruptives doive être plutôt du ressort de la minéralogie.

M. Capellini fait remarquer que si ce principe était adopté, les cartes géologiques deviendraient mixtes ; elles seraient chronologiques pour les terrains sédimentaires et pétrographiques pour les roches éruptives.

M. Szabò qui accepte en principe la proposition Neumayr, celle presque identique du Comité suisse, demande qu'on réunisse au Granit les Diorites et autres roches du même groupe.

M. Renevier rappelle les cinq divisions adoptées par le Comité suisse sur la proposition de M. Heim, et admettrait volontiers une sixième division pour les Serpentines.

M. Beyrich a déjà accepté, dans la dernière séance du Comité de la Carte, le principe adopté par le Comité suisse, mais il trouve aussi que le nombre de cinq pour les divisions des roches éruptives est insuffisant ; il est d'avis d'en ajouter une sixième pour les Serpentines et une septième pour les grandes masses de Porphyre qui ne sauraient être confondues avec le Granit.

Sur la proposition de M. Capellini, il est arrêté que des essais ayant pour base la classification proposée par M. Beyrich seront faits par la direction de la Carte et soumis au Congrès de Berlin.

La Commission ayant décidé de passer à la discussion du N° 1., M. Fontannes donne lecture des réponses envoyées par les Comités nationaux.

Le Président constate que la grande majorité des membres présents paraît acquise à la réunion des N° 1, 2 et 3 en un seul système, qui prendrait le nom de *Système archéen*, et demande si quelqu'un a des observations à présenter contre ce groupement.

MM. Hughes et Blanford croient qu'en Angleterre, on éprouvera quelque embarras à répartir exactement entre les divisions admises les roches précambriennes, celles-ci présentant, dans le pays de Galles notamment, deux sortes de roches bien différentes. A la base on rencontre des roches gneissiques, au sommet des roches dont les éléments, d'origine volcanique, ont été déposés par les eaux; ce sont de véritables *couches* disposées tout autour d'un volcan. Dans quelle division de la légende proposée faudra-t-il placer ces dernières?

M. Renevier répond que, suivant lui, ces roches reviennent de droit au N° 3, puisqu'elles sont stratifiées; ce sont des tufs archéens.

M. Beyrich ajoute que ces roches ne sont pas les seules de ce groupe dont les caractères complexes suscitent des difficultés au point de vue du classement; mais engager à créer des divisions spéciales, qui ne répondraient qu'à des phénomènes d'une amplitude trop restreinte pour que leur expression trouve place dans la légende d'une carte de l'Europe. Il cite comme exemple le Schalstein.

M. Capellini répondant à quelques objections présentées contre la dénomination du N° 3, croit qu'il serait préférable de rayer de la légende le mot Phyllite; celui-ci en effet pourrait s'opposer à ce qu'on rangeât dans cette division tout ce qui doit y être compris.

M. Renevier propose de lui substituer la dénomination de *Schistes précambriens.*

M. Beyrich trouve cette expression trop compréhensive; les micaschistes sont aussi précambriens.

M. Hughes diviserait ainsi le Précambrien: une première division comprendrait le Gneiss, certains Granits, Talcschistes etc.; — une seconde, les schistes argileux et les dépôts composés de matériaux volcaniques; — une troisième, les Tufs.

Cette division paraissant basée sur l'observation de phénomènes trop localisés, M. Blanford propose à la réunion d'arrêter que le Précambrien sera divisé en trois parties, et de laisser aux Comités nationaux la tâche de répartir entre les trois divisions les divers dépôts appartenant à ce système.

Le Président, après avoir résumé le débat, met aux voix la proposition suivante:

Les N°ˢ 1, 2 et 3 seront réunis en un seul système qui prendra le nom de *Système archéen.* — Adopté à l'unanimité.

Quant à la répartition des divers dépôts de ce système entre trois divisions, le Comité de la Carte est prié de prendre en sérieuse considération les rapports des Comités nationaux et d'en présenter une synthèse au Congrès de Berlin; il devra aussi se préoccuper de trouver une dénomination pour remplacer celle de Phyllite, qui pourrait donner lieu à quelque confusion.

Sur la proposition de M. Dewalque, la Commission décide qu'elle passera à l'étude de la limite supérieure à assigner au Cambrien (N° 4).

M. Hughes n'admet pas que le Cambrien tel qu'il est défini dans la légende, puisse être conservé comme un système distinct. Il donne un aperçu sommaire des zones principales du Cambrien et du Silurien et appuie particulièrement sur ce fait qu'il y a des passages insensibles à travers toutes les séries du système, depuis les roches inférieures au Cambrien jusque et y compris le Silurien inférieur. Au contraire, en Bohême, en Scandinavie, dans la Grande-Bretagne, en Amérique, on observe à la base du Silurien supérieur une limite très-tranchée tant au point de vue paléontologique qu'à celui de la stratigraphie. En somme, les faunes première et seconde de Barrande sont plus intimement liées entre elles que ne le sont les faunes seconde et troisième. M. Hughes termine en faisant ressortir l'intérèt qu'il y aurait à traduire nettement ce fait sur la Carte de l'Europe.

Plusieurs membres ayant demandé la parole sur cette même question, il est décidé, sur la proposition du Président, que la Commission se réunira de nouveau dans la soirée.

La séance est levée à midi et demi.

Le Secrétaire des Séances
F. Fontannes.

IV.

Séance du Jeudi soir, 9 Août 1883.

Présidence de M. Capellini.

La séance est ouverte à six heures et quart.

Sont présents: MM. Beyrich, Blanford, Capellini, Dewalque, Neumayr, Mayer, Renevier, Szabò.

M. Blanford informe la réunion qu'une section de la British Association l'a chargé de demander aux Commissions géologiques internationales, s'il n'y aurait pas convenance à transformer le *Geological Record* en une Revue internationale qui deviendrait l'organe officiel des Congrès géologiques.

M. Capellini annonce qu'il est saisi par M. de Gregorio d'un projet analogue; il pense qu'il serait pratique de songer à la création d'une *Revue internationale de Géologie*.

Après une discussion sommaire de laquelle il ressort qu'une semblable publication rendrait de grands services, il est arrêté qu'une Commission sera chargée d'élaborer un projet de fondation, lequel sera soumis au Congrès de Berlin en même temps que celui concernant le *Nomenclator palaeontologicus*.

Sont nommés membres de cette Commission: MM. Blanford, Fontannes, de Gregorio, Neumayr.

M. Vilanova rapelle le projet de publication d'un *Dictionnaire polyglotte de Géographie et de Géologie* qu'il a présenté au Congrès de Bologne. L'accueil favorable que ce projet a rencontré, l'a engagé à procéder, sans plus attendre, à un commencement d'exécution. Les premières feuilles qu'il a rédigées ont été remises à MM. Mayer et Hughes, qui ont bien voulu se charger des synonymies allemandes et anglaises; d'autres exemplaires seront envoyés à M. Capellini pour les synoymies italiennes, etc.; mais M. Vilanova demande, pour l'aider dans cette tâche, l'appui des Commissions internationales et une subvention suffisante pour faire imprimer à cent exemplaires les feuilles qui sont prêtes.

MM. Capellini et Beyrich renouvellent à M. Vilanova l'expression de leur sympathie pour l'oeuvre qu'il entreprend, et regrettent que, dans l'intervalle des Congrès, les Commissions n'aient pas de fonds disponibles qui leur permettent d'accéder au désir très-légitime qu'il vient d'exprimer.

La discussion sur les N°s 4, 5 et 6 de la légende provisoire de la Carte de l'Europe est reprise.

M. Renevier constate que, suivant la manière de voir exprimée dans la matinée par M. Hughes, le Silurien inférieur et le Silurien supérieur sont nettement séparés. Ce point parait définitivement établi et rien ne s'oppose à l'admission de ces deux divisions. Ainsi se reforme un groupe de Murchison qui comprenait dans son Silurien les *Lingula flags*, c'est-à-dire tous les premiers terrains fossilifères. C'est à ce groupe, qui mérite sous tous les rapports le rang de système, qu'il faudrait donner le nom de Silurien, sauf à trouver un autre nom pour les subdivisions de la légende qui portent les N°s 5 et 6.

M. Dewalque fait observer que la question lui semble prématurée; il conviendrait de commencer par définir exactement les N°s 5 et 6.

— 299 —

A ce propos, M. BEYRICH exprime l'avis qu'il est nécessaire de faire subir à la légende les modifications suivantes: supprimer sur la ligne du Silurien inférieur les mots *faune 2ᶜ*, et remplacer, sur celle du Silurien supérieur, *faune 3ᶜ* par *Étage E*. Ces *faunes 2ᶜ* et *3ᶜ* ne sont pas des entités admises par tous les auteurs: elles se décomposent en plusieurs faunes diversement comprises. Ces désignations pourraient donc être la source de regrettables confusions: d'ailleurs, dans la légende, il n'est nullement fait mention de la faune 1ʳᵉ.

M. DEWALQUE appuie le fond de cette proposition; il serait préférable d'attribuer au Nᵒ 5 toutes les couches inférieures au Llandowery.

M. RENEVIER pense qu'il y a une distinction à faire. Tous les géologues paraissent être d'accord sur la faune 2ᶜ; ce n'est que sur la faune 3ᶜ que des opinions contradictoires ont été exprimées. Pour éviter toute confusion, on pourrait remplacer les dénominations primitives par Étage D et Étage E.

La proposition de M. Beyrich, à savoir la suppression des mots *faune 2ᶜ de Barrande* et *faune 3ᶜ E*, est mise aux voix et adoptée. Le Comité de la Carte aura à s'entendre avec les représentants de l'Autriche, de l'Angleterre, etc., pour la fixation exacte de la limite entre les Nᵒˢ 5 et 6.

M. RENEVIER renouvelle sa proposition de grouper en un système les Nᵒˢ 4 (Cambrien), 5 et 6 (Silurien inférieur et supérieur).

M. BLANFORD ajoute qu'elle est appuyée par M. Hughes, et rappelle au Comité qui aura à remplacer le mot de Silurien pour les premières divisions du système, la dénomination d'Ordovicien qui a été appliquée au Silurien moyen.

Le groupement des Nᵒˢ 5 et 6 en un système, dont le nom sera ultérieurement fixé, est mis aux voix et adopté par 8 voix sur 10 votants. MM. Dewalque et Neumayr votent contre.

La Commission passe à l'examen des Nᵒ 7 (Dévonien inférieur), Nᵒ 8 (Dév. moy.; calc. de l'Eifel, etc.) et Nᵒ 9 (Dév. sup.).

MM. VILANOVA et MAYER font observer que la légende semble accorder au Dévonien une importance relative excessive. Dans son ensemble, ce système équivaut à peine à l'une des divisions du Silurien; or ce dernier n'en compte que deux, tandis qu'on en admet trois pour le Dévonien; un nombre égal devrait au moins être accordé aux deux systèmes: ils jugent d'ailleurs inutile d'insister, pour le moment, sur cette inégale répartition des subdivisions de la légende.

Aucune autre objection n'étant présentée, les Nᵒˢ 7, 8 et 9 sont successivement mis aux voix et adoptés.

Discussion des N° 10 (Carbonifère inférieur, Culm, Mountain-limestone), N° 11 (Carb. sup., Houiller, Millstonegrit, etc.), N° 12 (Permien inf., Rothliegendes, etc.), N° 13 (Permien sup., Zechstein et équivalents).

M. Renevier rappelle que le Comité suisse a estimé que trois subdivisions suffiraient pour ces quatre numéros, qui forment un groupe naturel, dont le Permien constitue la division supérieure. Cet étage ne saurait à lui seul représenter un système; c'est en particulier l'avis de M. Heim.

M. Blanford déclare qu'en Angleterre, il est le plus souvent difficile de séparer le Permien du Lias, tandis que la limite est très-nette entre le Permien et le Carbonifère.

M. Mayer appuie la manière de voir du Comité suisse: les N⁰ˢ 12 et 13 devraient être réunis par une accolade, une seule couleur en 3 nuances serait affectée à l'ensemble du Carbonifère et du Permien.

M. Beyrich accepterait le schema, mais non l'application d'une seule couleur en trois teintes; il croit, en outre, qu'il conviendrait de distinguer par une modification quelconque le Zechstein du Rothliegendes. Ces réserves lui sont dictées par l'impossibilité dans laquelle on se trouverait de faire suffisamment ressortir, sur la Carte de l'Europe, le Permien de l'Allemagne.

M. Renevier répond qu'il faut viser à établir un équilibre rationnel entre tous ces termes; on ne peut forcer la valeur d'un seul dans l'unique but de le rendre plus sensible sur la Carte pour telle ou telle région. Il serait absolument illogique, par exemple, de faire du Permien l'égal du Silurien.

Le Président résume le débat. Il ne se présente aucune difficulté pour les N⁰ˢ 10 et 11; quant au Permien, les uns voudraient le rattacher au Carbonifère dont il ne représenterait que la division supérieure; les autres, au contraire, seraient d'avis qu'il tranchât vivement au milieu des assises qui l'entourent.

Ces deux solutions, mises successivement aux voix, réunissant le même nombre de suffrages, il est décidé que la Direction de la Carte appellera de nouveau sur cette question l'attention des Comités nationaux.

Aucune observation n'est présentée sur les N⁰ˢ 14, 15 et 16 (Trias inf., moy. et sup.).

A propos du N⁰ 17, M. Mayer fait observer que les auteurs ne sont pas d'accord sur les affinités du Lias supérieur. Quant à lui, il est d'avis de le réunir au Dogger: beaucoup de groupes spécifiques, surtout parmi les Céphalopodes, qui sont très répandus dans le Dogger, débutent dans le Lias supérieur.

M. RENEVIER, à l'appui de la thèse contraire, cite les Alpes vaudoises, où l'on trouve des fossiles communs au Lias moyen et au Lias supérieur. Il admettrait, suivant en cela l'exemple des Allemands, qu'on rattachât les couches à *Amm. opalinus* au Jurassique moyen, mais la partie inférieure du Toarcien ne saurait être séparée du Lias.

M. DEWALQUE partage la manière de voir de M. Renevier.

M. NEUMAYR n'a pas l'intention de discuter les affinités du Lias supérieur; elles lui paraissent tout aussi accusées avec le Lias moyen qu'avec le Dogger, et les observations géologiques ne permettent pas, pour le moment, de trancher la question dans un sens ou dans l'autre. Il y aurait donc lieu de recourir, comme on l'a fait pour le Rhétien, au criterium de la priorité. Les *Amm. insignis* et *radians* d'une part, l'*Amm. opalinus* de l'autre, caractérisent deux groupes qui, depuis longtemps, servent de limites au Lias moyen et au Lias supérieur. En présence de l'équivalence des documents qu'on fait valoir pour déplacer ces limites, M. Neumayr ne croit pas qu'il y ait lieu d'abandonner la tradition la plus généralement suivie jusqu'à ce jour.

La question est mise aux voix et tranchée à l'unanimité moins une voix, dans le sens indiqué par M. Neumayr. Les couches à *Amm. opalinus* seront seules réunies au Dogger.

Au sujet du N° 18, M. Capellini informe la Commission, qu'un certain nombre de géologues ont exprimé l'opinion que le Callovien devrait constituer la division inférieure du Jurassique supérieur, et demande qu'un vote fasse connaître l'avis de la majorité sur cette question.

M. RENEVIER répond que dans le cas où il serait établi 3 divisions dans le Jurassique, le Callovien et l'Oxfordien formeraient naturellement le groupe moyen, mais qu'en présence de deux divisions seulement, il croit devoir recommander l'annexion du Callovien au Jurassique inférieur.

M. MAYER rappelle qu'au double point de vue de la stratigraphie et de la répartition en Europe de ses sédiments, le Callovien se rattache plus nettement au Jurassique supérieur, dans lequel il a été compris par Oppel. Au-dessous de cet étage, dans les Alpes, il y a une lacune immense. C'est à partir du Callovien seulement que la mer vient de nouveau occuper cette région.

M. Neumayr, tout en reconnaissant que la question est très complexe et que, pour sa part, il n'a pas d'opinion bien arrêtée à ce sujet, opterait pour le Jurassique supérieur s'il était dans la nécessité de prendre un parti.

Après lecture des réponses des Comités français et russe, qui se sont prononcés dans ce sens, on procède au vote sur la question 18; une forte majorité décide que la limite du Jurassique supérieur et du Jurassique inférieur passera sous le Callovien.

La séance est levée à huit heures et demi.

Le Secrétaire des Séances
F. Fontannes.

V.

Séance du Vendredi, 10 Août 1883.
Présidence de M. Capellini.

La séance est ouverte à onze heures.

Sont présents : MM. Beyrich, Capellini, Dewalque, Mayer, Neumayr, Szabò.

Le procès-verbal des deux séances de la veille est lu et approuvé.

Le Président fait observer que le petit nombre des membres encore présents à Zurich, ne permet pas de continuer la discussion sur la légende provisoire de la Carte de l'Europe; l'objet principal de cette dernière réunion était d'ailleurs la lecture et l'approbation des procès-verbaux des longues séances du Jeudi.

Au reste les N°s 20 et 21 ont été suffisamment élucidés; quant aux N°s 22 à 27, il est impossible de prendre dès aujourd'hui un parti définitif, toutes les opinions étant loin d'être représentées par les membres de la Commission internationale de Nomenclature présents à cette séance supplémentaire, qui n'était pas prévue dans le programme officiel.

Sur la proposition du Président, des remercîments sont votés à la Société helvétique des Sciences naturelles, qui a bien voulu fair préparer au Polytechnikum la salle de la Faculté des Sciences pour les séances des Commissions internationales.

La séance est levée à midi et quart.

Le Secrétaire des Séances
F. Fontannes.

COMITÉ DE LA CARTE GÉOLOGIQUE
DE L'EUROPE.

I.

Séance du Mardi, 7 Août 1883.

Présidence de M. DAUBRÉE.

La séance est ouverte à neuf heures du soir.

Sont présents: MM. Beyrich, Capellini, Daubrée, Mojsisovics, Renevier.

Le Président informe le Comité que M. Hauchecorne, se trouvant dans l'impossibilité de se rendre à la réunion de Zurich, a annoncé l'envoi de plusieurs documents concernant l'exécution de la Carte de l'Europe. Bien que ceux-ci ne puissent arriver que dans la journée du 8 ct. au plus tôt, M. Daubrée a cru devoir inviter le Comité à tenir dès aujourd'hui une séance préparatoire, dans le but de déblayer autant que possible le terrain de la discussion.

La parole est donnée à M. Mojsisovics.

M. MOJSISOVICS rappelant l'esprit qui a prédominé dans la séance de la Commission de Nomenclature tenue au Polytechnikum dans la matinée, exprime l'avis que la légende de la Carte de l'Europe, telle qu'elle a été établie par la Direction, est déjà trop détaillée. En augmentant encore les divisions pour une carte à une aussi petite échelle, qui renferme de vastes régions dont l'étude est à peine ébauchée, on accroit sensiblement les chances d'erreur. D'ailleurs on ignore absolument la valeur des documents qui seront envoyés par certains pays, et, dans ces conditions, il serait prématuré de vouloir définitivement arrêter la légende. Celle-ci se fera d'elle-même pour ainsi dire, lorsque tous les matériaux auront été rassemblés. Tout ce que l'on peut faire dans cette voie pour le moment, c'est de fixer le nombre et la composition des grands groupes, laissant à la Direction le soin d'introduire autant de subdivisions qu'elle le jugera convenable.

En outre, M. Mojsisovics croit qu'il sera bon d'adopter une ou plusieurs couleurs pour les terrains indéterminés. Il y aura certainement des attributions fort incertaines; mieux vaudrait, selon lui, les donner comme telles que d'adopter une solution qui, sous peu, pourrait être reconnue erronée. En résumé, tout ce que l'on peut faire utilement en l'état des choses, c'est de discuter les couleurs des grands groupes ou systèmes; toutes les questions de détail doivent être renvoyées à une réunion ultérieure.

M. Capellini ne fait pas partie du Comité de la Carte, mais, en l'absence de M. Giordano, il demande à présenter une observation en réponse à la proposition de M. Mojsisovics. La Direction de la Carte a élaboré un premier projet; elle l'a soumis aux délibérations des Commissions internationales. Es-t-il logique et même convenable de ne pas s'en occuper? Et comment la Direction de la Carte devrat-elle procéder, si on laisse tout dans l'indécision? D'un autre côté, sur quelles données se baseront ceux qui auront à fournir les matériaux nationaux?

M. Capellini ne pense pas que la légende soit trop chargée, bien qu'à la rigueur on eût pu diminuer un peu le nombre des divisions; car il ne faut pas oublier qu'un millimètre représentera 1500 mètres et que, par conséquent, partout où une bande de terrain n'atteindra pas au moins 500 mètres de large, il sera impossible de la représenter.

M. Renevier fait observer que, dans ce cas, il est d'usage d'exagérer un peu la largeur réelle.

M. Capellini termine en faisant remarquer la contradiction qui règne entre les résultats de la séance de la Commission de nomenclature tenue dans la matinée, et l'esprit qui inspire les observations de M. Mojsisovics. Ce matin on reconnaissait assez généralement que de nouvelles subdivisions seraient probablement nécessaires, et ce soir on reproche à la légende d'en compter déjà un trop grand nombre.

M. Mojsisovics, à l'appui de sa proposition, soutient que dans les Alpes il sera impossible de séparer avec quelque précision le Silurien du Dévonien.

M. Beyrich répond que dans cette région, on pourra ne pas les séparer. En tout cas, la conséquence forcée de la manière de voir exposée par M. Mojsisovics et de l'exemple qu'il vient de citer serait que, sur la Carte de l'Europe, on ne devrait pas distinguer le Silurien du Dévonien, — ce qui sans doute, n'était pas dans la pensée de son collègue.

M. Renevier estime que la Carte de l'Europe doit s'adapter le mieux possible aux conditions géologiques de chaque pays et traduire avec la plus grande exactitude les notions acquises. Dans beaucoup de régions, il ne sera pas possible d'indiquer les subdivisions du Jurassique et l'on devra se contenter d'une seule teinte de bleu avec le monogramme J ou l'annotation J^1 à J^3. Il se rencontra même certainement des localités où la présence du Jurassique, par exemple, sera seulement probable; dans ce cas, on pourrait prendre le parti d'employer la couleur bleue avec des réserves blanches et le monogramme J avec un point de doute (?). On pourrait ainsi parer aux difficultés prévues par M. Mojsisovics.

Il se présentera, d'ailleurs, d'autres cas non moins embarrassants, entre autres celui-ci : on rencontrera certainement de nombreux points où des terrains, ailleurs bien définis, offriront des caractères de transition qui en rendront la détermination difficile; une même division pourra présenter plus d'affinité avec les dépôts antérieurs dans une région, avec les dépôts postérieurs dans une autre. Cette variabilité dans les rapports pourrait être exprimée par des signes ou des figurés particuliers, par une ligne de points rouges, par exemple, qui serait placée tantôt au-dessus, tantôt au-dessous du trait limite.

Le Comité, selon M. Renevier, doit étudier toutes ces questions et prendre un parti, car la Direction de la Carte ne saurait être absolument objective, et se dégager complètement de l'influence du milieu, de la résultante de l'éducation, du joug des traditions locales.

M. Capellini donne lecture de la lettre de M. Hauchecorne à laquelle M. Daubrée a fait allusion en ouvrant la séance. M. Hauchecorne s'excuse de ne pouvoir assister à la réunion de Zurich et annonce l'envoi de documents relatifs à l'état d'avancement de la Carte : participation des divers gouvernements, gravure de la topographie, gamme provisoire des couleurs, etc. La Direction demande en outre qu'avant de rien décider d'une manière définitive, le Comité veuille bien attendre que tous les matériaux devant servir de base au coloriage soient réunis.

M. Renevier croit qu'on devrait au moins arrêter la couleur de tous les systèmes; or aucun parti n'a encore été pris relativement à la couleur du Paléozoïque.

M. Beyrich répond que la Direction fera exécuter plusieurs essais sur une même feuille, et que le Congrès de Berlin sera appelé à se prononcer sur le coloriage qui conviendra le mieux à la Carte de l'Europe.

M. Mojsisovics persiste à croire que le Comité ne devrait pas discuter sur la subdivision des systèmes, la Direction de la Carte s'occupant à grouper entre ses mains des documents qui la mettront à même d'étudier cette question avec plus de compétence. L'espace sur lequel ces divisions pourront être introduites est d'ailleurs relativement minime. Tout ce que le Comité peut faire actuellement, c'est de fixer les couleurs pour les grandes divisions. et de décider qu'on aura recours à un figuré spécial, — des réserves par exemple, — toutes les fois que des déterminations précises seront impossibles.

M. RENEVIER demande en forme de conclusions:

1° Que le Comité choisisse la couleur de tous les systèmes.

2° Que la Direction veuille bien étudier le moyen le plus pratique de marquer les terrains limites, les terrains litigieux, ceux enfin qui ne présentent pas partout les mêmes affinités.

M. BEYRICH répète qu'il s'engage à faire faire des essais, dans le but de satisfaire aussi complètement que possible aux desiderata de M. Renevier.

La séance est levée à dix heures et quart.

Le Secrétaires des Séances
F. FONTANNES.

II.

Séance du Jeudi, 9 Août 1883.

Présidence de M. DAUBRÉE.

La séance est ouverte à neuf heures.

Sont présents: MM. Blanford, Capellini, Daubrée, Dewalque, Giordano, Hughes, Mayer-Eymar, Mojsisovics, Neumayr, Renevier, Szabò, Vilanova.

Sur l'invitation du Président, M. le Prof. Credner assiste à la séance.

M. CAPELLINI annonce qu'il a reçu les documents envoyés par M. Hauchecorne et en donne communication. Ce sont:

1° Un tableau d'assemblage de la Carte géologique de l'Europe.

2° Une gamme provisoire des couleurs pour la Carte géologique de l'Europe.

3° Quatorze feuilles déjà gravées.

Lecture est donnée du rapport qui les accompagne et qui sera annexé aux procès-verbaux de la réunion de Zurich.

M. DAUBRÉE souhaite, dans l'intérêt de la publication de la Carte, que ces procès-verbaux ainsi que les intéressants documents envoyés par la Direction, puissent être publiés très-prochainement. Il est heureux de constater que dès aujourd'hui le concours de toutes les grandes nations. sauf une seule, est assuré à cette oeuvre importante. Devant l'insuccès des démarches tentées jusqu'ici dans le but d'intéresser l'Espagne à cette publication, M. Daubrée pense qu'il conviendrait peut-être de recourir à la voie diplomatique, qui donnerait sans doute de meilleurs résultats.

M. Beyrich fait observer que des démarches officielles ont été déjà faites après du Gouvernement espagnol, et que jusqu'à ce jour elles n'ont malheureusement pas abouti.

M. Daubrée engage la Direction à les renouveler et à tenir M. Vilanova, dont il reconnaît d'ailleurs le zèle, au courant de la suite qui leur sera donnée.

M. Szabò remet à M. Beyrich une carte topographique de la Hongrie, qui, grâce au concours des géologues de ce pays, a pu être complétée par les noms de toutes les localités intéressant la géologie.

M. Renevier, revenant sur les documents adressés à la réunion par M. Hauchecorne, pense qu'il serait désirable, vu l'impossibilité de distribuer en grand nombre les essais de coloriage faits par la Direction, qu'on joignit au rapport un tableau dans lequel les couleurs proposées seraient désignées par un nom aussi exact que possible.

Sur la proposition de M. Capellini, M. Renevier est chargé de trouver pour toutes les couleurs et teintes la dénomination la plus appropriée.

M. Hughes, après examen de la carte des couleurs, croit qu'il serait convenable de changer la teinte du N° 24, de manière à ce que le contraste fût plus accusé entre la couleur des Schistes précambriens et celle du Cambrien; par contre, la couleur du Cambrien pourrait se rapprocher davantage de celle du Silurien.

M. Beyrich répond qu'on a déjà reconnu à Berlin la nécessité de modifier la teinte du N° 24.

M. Renevier constate qu'on a accordé deux teintes au Permien (N°s 15, 16) et trois au Carbonifère (N°s 17, 18, 19); ces deux divisions réunies ont donc obtenu cinq teintes, ce qui lui paraît relativement excessif. D'un autre côté, le Dévonien et le Silurien ont reçu des couleurs très rapprochées, tandis que celle du Permien tranche vivement avec celle du Carbonifère: cela est contraire au principe adopté à Bologne, qui assigne des couleurs très-distinctes aux grandes divisions, avec des teintes de plus en plus claires pour leurs subdivisions.

Fritsch, Davidson, et d'autres auteurs ont montré que la faune et la flore du Permien et celles du Carbonifère présentaient de nombreuses et importantes analogies. Il serait, en conséquence, plus logique de prendre les couleurs 15 et 16 pour le Silurien et le Dévonien et d'affecter au Permien une des trois couleurs attribuées au Carbonifère.

M. Giordano comprend, au point de vue théorique, les objections que M. Renevier vient de présenter et dont l'objet n'est, en somme, que de rappeler à l'exécution stricte des décisions votées à Bologne; mais au point de vue de l'exécution de la Carte, il ne saurait les appuyer. En adoptant les modifications proposées par M. Renevier, un trop grand nombre de couleurs voisines se trouveraient juxtaposées; huit ou dix subdivisions successives seraient vouées au gris et leurs limites, par cela même, deviendraient d'une lecture difficile. Dans les Alpes, des lambeaux d'un grand intérêt pour la géologie de cette partie de l'Europe, quoique d'une faible étendue, seraient à peine perceptibles.

Sur la demande de MM. Vilanova, Capellini etc., le Secrétaire donne lecture des réponses à la question 6 envoyées par les Comités nationaux.

M. Beyrich, au nom de la Direction, s'engage à prendre en sérieuse considération tous les desiderata qui ont été exprimés; il croit que le meilleur moyen d'arriver à une solution satisfaisante est de colorier une même feuille d'après les divers systèmes proposés; on reconnaîtra facilement ainsi quel est la gamme qui donnera le résultat le plus convenable. Au reste, la Direction ne terminera rien sans avoir pris l'avis du Comité de la Carte.

M. Vilanova rappelle qu'on n'a encore rien décidé au sujet des roches éruptives et remet à M. Beyrich, au nom de M. MacPherson, un projet qu'il recommande à toute son attention.

M. Giordano demande à ce sujet si la Direction de la Carte se trouve suffisamment éclairée par les discussions assez écourtées, auxquelles a donné lieu le coloriage des roches éruptives. Quant à lui, il se déclare partisan du projet soumis par M. Neumayr.

M. Szabò lui est également favorable, sous cette réserve que les Diorites devront être réunies aux Granits; sans cette modification, la logique exigerait un nombre bien supérieur de subdivisions. Par contre, il serait bon de classer à part les roches volcaniques, ce qui donnerait en tout sept groupes.

M. Beyrich accepte en bloc non le coloriage, mais le principe adopté par le Comité suisse, lequel est à peine différent de celui admis par M. Neumayr. La direction le modifiera seulement en ce sens qu'elle ajoutera deux divisions à celles qui ont été proposées par M. Heim, l'une pour les Porphyres anciens, l'autre pour les Serpentines. De même que pour les terrains sédimentaires, divers essais seront exécutés et soumis au Comité de la Carte.

M. Vilanova recommande de nouveau à la Direction l'étude du projet Mac-Pherson, lequel a l'avantage d'être beaucoup plus simple.

L'ordre du jour étant épuisé, la séance est levée à dix heures.

Le Secrétaire des Séances
F. Fontannes.

COMPTE-RENDU
SUR LA SITUATION DE L'ENTREPRISE DE LA CARTE GÉOLOGIQUE INTERNATIONALE DE L'EUROPE.

1. Progrès des travaux de la Carte.

Dans l'espace écoulé depuis la réunion de Foix les travaux de la Carte se sont restreints à la continuation du dessin et de la gravure de la base topographique. Suivant le procès-verbal de la séance du Comité de la Carte du 17 Septembre 1882, la gravure était terminée pour les Iles Britanniques, le Nord de la France et le Nord de la Scandinavie (feuilles B. III. IV. D. I. du tableau d'assemblage); le dessin, pour l'Italie, la moitié de la Russie, la Suède, la Norvège, l'Allemagne et la Grèce.

Le tableau d'assemblage fait voir le progrès des travaux réalisé dans la période écoulée. La gravure est terminée pour l'Ouest de la France, le Portugal, l'Espagne, l'Italie moyenne et méridionale, la Grèce (feuilles A. V. VI. B. V. VI. C. VI. D. VI), une partie du Nord de la Russie (f. E. I), une partie des pays baltiques (f. D. I) et pour les deux feuilles D. VII et E. VII, qui cependant exigeront encore des suppléments.

La gravure des feuilles C. III — Scandinavie méridionale — et C. V. — Suisse, Est de la France et Nord de l'Italie — se trouve en exécution et sera terminée vers le 15 Septembre et.

Les travaux de gravure n'ont pu être poussés plus rapidement parce que les dessins exigent une révision très-soigneuse que M. Kiepert exécute personnellement. Cette révision ainsi que la continuation du dessin a été retardée par un voyage de quelques mois que M. Kiepert a dû entreprendre au commencement de cet été.

Quant au dessin, le tableau joint au Rapport en montre l'avancement actuel [1]. J'ajoute les observations suivantes à ce sujet.

1° Pour les feuilles C. II. D. II. nous manquons encore des cartes les plus récentes sur une partie Nord-Ouest de la Suède et de la Norvège. Nous espérons les obtenir de la part du Gouvernement suédois.

2° Pour la feuille D. V. — Autriche-Hongrie et pays du Balkan — nous n'avons pas encore reçu les matériaux les plus récents sur la Bosnie,

---

[1] N'ayant pas pu reproduire le tableau, je vais indiquer que les feuilles dont le dessin est terminé sont: A. I. II. B. I. II. C. II. IV. D. II. IV. E. II. III. IV. F. I. Les feuilles dont le dessin est en voie d'exécution sont: D. V. F. II. III. IV. G. I. II. III. IV.

la Serbie et le centre de la Hongrie, où la régularisation du Theiss a produit des changements importants. Pour la Bulgarie il paraît que la Russie vient de terminer une nouvelle carte qui ne nous est pas encore parvenue. Nous tâcherons de nous procurer ces matériaux qui sont indispensables pour terminer les feuilles D. V et E. V et la partie Nord-Est de la feuille D. VI.

3° Pour les feuilles E. VI et F. VI. VII il serait très-important d'acquérir les levées faites par l'Angleterre dans l'Asie mineure et dans la Syrie. On nous a rapporté qu'il existe en Angleterre de nouvelles cartes de ces pays, mais nous ne savons pas comment les obtenir. Peut-être les membres anglais des Commissions, Messieurs Hughes et Topley, pourront-ils trouver moyen de nous procurer ces matériaux.

2. *Continuation des travaux.*

Les feuilles terminées récemment en gravure seront livrées à Messieurs les Représentants des différents pays dans le courant du mois de Septembre. Il s'agira d'abord d'une révision des villes ou localités importantes indiquées provisoirement par de petits cercles. Les localités jugées inutiles devront être rayées, tandis qu'au cas qu'il semblerait nécessaire d'en ajouter d'autres, on les indiquera par de petits cercles bleus, avec les noms.

Sur d'autres exemplaires des feuilles le dessin géologique pourra et devra être commencé le plus promptement possible et indépendamment de la révision topographique. Dans un an d'ici il sera peut-être possible de préparer les minutes géologiques coloriées à la main des principaux pays de l'Oust de l'Europe, ou au moins de quelques-uns parmi eux, de l'Italie, de la Suisse, de la France, de l'Allemagne.

Quant à l'Angleterre, elle présentera peut-être déjà à Zurich la minute géologique de la nouvelle carte, dont elle a reçu la base topographique deux mois avant la réunion de Foix. Dans ce cas nous nous empresserons d'en faire préparer pour la réunion du Congrès en 1884 une épreuve lithographiée en couleurs.

Le Congrès de Berlin pourrait alors se former un jugement sérieux et bien fondé sur tous les détails de l'exécution de la Carte.

Dans tous les cas la gravure de la carte topographique entière sera terminée au plus tard dans un an d'ici.

3. *Gamme des couleurs* [1]).

Comme première épreuve d'une gamme des couleurs conforme aux résolutions du Congrès de Bologne et aux propositions faites à Foix pour le Groupe paléozoïque, j'ajoute une feuille imprimée, qui représente bien le système mais qui n'est point encore arrêtée définitivement pour les détails

---

[1]) N'ayant pas pu reproduire la gamme, j'ajoute le tableau suivant envoyé par M. Renevier, qui a été chargé de trouver pour toutes les couleurs et teintes la dénomination la plus appropriée. V. p. 307.

des tintes des différents systèmes. Il nous a paru inutile d'en faire faire une deuxième impression vu la circulaire de Monsieur Capellini Président du Congrès au sujet des couleurs, qui formera l'objet d'une discussion à Zurich.

Il me semble qu'il serait préférable de ne pas trop insister sur cette matière, qui ne pourra être arrêtée d'une manière positive avant d'avoir sous les yeux quelques feuilles imprimées. Ce sera le Congrès de Berlin qui aura l'occasion de résoudre cette matière entière.

4. Participation des pays de l'Europe à l'entreprise de la Carte.

La question de la participation des différents pays de l'Europe conformément aux propositions du Comité de la Carte, énoncées à Bologne et détaillées dans la circulaire des Directeurs de la Carte du mois de Janvier 1882, est réglée pour tous les pays sauf l'Espagne. Il paraît que les efforts de Monsieur le Vice-Président Professeur Vilanova n'ont pas abouti à décider le Gouvernement d'Espagne à se charger d'un neuvième de l'entreprise. Les dernières nouvelles à ce sujet nous ont été données par M. Vilanova le 23 Novembre 1882.

1	Quaternaire et Alluvions	Jaune de Naples
2	Pliocène	Jaune pâle
3	Miocène	Jaune chrome clair
5	Oligocène	Jaune chrome foncé
4	Éocène	Jaune orange
6	Crétacé supérieur	Vert pur pâle
7	» moyen	Vert pur moyen
8	» inférieur	Vert pur foncé
9	Malm	Bleu pâle
10	Dogger	Bleu moyen
11	Lias	Bleu foncé
12	Keuper ·	Violet pâle
13	Muschelkalk	Violet moyen
14	Grès bigarré	Violet foncé
15	Zechstein	Brun clair
16	Rothliegendes	Brun foncé
17	Houiller productif	Gris foncé
18	» sans houille	Gris clair
19	Culm et Calc. carbonifère	Bleu grisâtre
20	Dévonien supérieur	Verdâtre perlé clair
21	» moyen	Verdâtre perlé moyen
22	» inférieur	Verdâtre perlé foncé
33	Silurien supérieur	Vert bleuâtre moyen
34	» inférieur	Vert bleuâtre foncé
24	Cambrien	Pensée
25	Schistes cristallins	Rose clair
26	Granite	Rose foncé

27, 29)
31, 32 } *Rouges divers* pour roches éruptives acides.
  35)

28, 38 Roches éruptives basiques . . . Bruns foncés.

Nous n'avons pas fait jusqu'à présent des démarches auprès de l'Ambassadeur de l'Espagne, en attendant que M. Vilanova présente des nouvelles plus favorables à la réunion de Zurich. Au cas contraire nous nous adresserons à l'Ambassadeur en le priant de vouloir bien intervenir auprès de son Gouvernement. Dans tous les cas nous délivrerons à M. Vilanova les feuilles topographiques contenant l'Espagne pour la révision et pour la rédaction géologique provisoire.

Quant à la France, la participation est arrêtée. Il y a cependant des difficultés concernant les versements des acomptes, qui d'après la lettre suivante du Ministre des Travaux publics adressée à M. Daubrée, seraient insurmontables:

»Paris, le 18 Décembre 1882.

»Monsieur l'Inspecteur Général, j'ai eu l'honneur de vous faire connaître »le 22 Novembre dernier, que la souscription de la France à la Carte géo- »logique de l'Europe publiée sous les auspices du Congrès géologique inter- »national de Bologne, s'élevait à cent six exemplaires, dont le prix fixé à »cent francs l'un serait payable, par les différents départements ministériels, »en cinq annuités, après chaque livraison et sur le vu de mémoires certifiés »par vous.

»En m'accusant réception de cette communication vous avez fait re- »marquer que c'est d'avance et préalablement à toute livraison que chaque »cinquième du prix des cartes devrait être versé entre les mains de l'éditeur.

»Ce mode de procéder est absolument interdit par les réglements »sur la comptabilité publique, notamment par l'article 10 du Décret du »31 Mai 1862, aux termes duquel aucun payement ne peut être effectué »qu'au véritable créancier justifiant de ses droits et *pour l'acquittement d'un* »*service fait.*

»Il serait possible seulement d'autoriser le premier payement après »livraison du commencement de la publication, cette livraison ne dût-elle »se composer que d'une seule feuille et sur la production d'un mémoire »certifié par vous.

»Je prendrai, d'ailleurs, en temps utile, les dispositions nécessaires pour »que les payements soient successivement effectués par l'intermédiaire du »département des affaires étrangères, puisque l'éditeur se trouve hors du »territoire national.

»Recevez . . . . . »

Vis-à-vis de cette déclaration l'éditeur de la Carte, la maison D. Reimer et Cie. à Berlin, a renoncé aux acomptes pour la part de la France; elle attendra le terme de la livraison d'une première feuille.

J'observe encore que la participation de la Scandinavie pour un neuvième, qui était douteuse il y a un an, vient d'être réglée définitivement, et que les premiers acomptes de la plupart des participants ont déjà pu être versés à l'éditeur.

HAUCHECORNE
Directeur de l'Institut géologique et de l'École des mines de Berlin.

Rapports

de la Commission

pour

l'uniformité de la nomenclature.

Commission

pour

l'uniformité de la nomenclature.

Rapport du secrétaire

G. DEWALQUE.

Le secrétaire de la commission n'a reçu de rapports que des comités d'Allemagne, de Belgique, d'Espagne, de France, de Hongrie, des Iles Britanniques, de Roumanie, de Portugal et de Suisse; et encore, plusieurs de ceux-ci sont extrêmement sommaires. Le rapport suivant est donc loin de pouvoir être considéré comme présentant le résumé des opinions professées par les géologues des divers pays d'Europe représentés dans la commission.

G. D.

1. Le congrès de Bologne n'a pas eu le temps de discuter toutes les conclusions du rapport que nous avions eu l'honneur de lui présenter au nom de la commission pour l'uniformité de la nomenclature, d'après les rapports reçus des comités nationaux. Nous croyons devoir commencer par rappeler les décisions qui ont été prises; nous mettons entre parenthèses les N°ˢ qu'elles portent dans notre rapport de 1881.

Divisions stratigraphiques.

1. Le mot *formation* entraine l'idée d'origine et non celle de temps. Il ne doit pas être employé comme synonyme de *système* ou d'*étage*. Mais on dira très-bien: *formations éruptives, formations granitiques, gneissiques, calcaires, . . . formations marines, lacustres . . . formations chimiques, détritiques . . .* (15).

2. Les divisions les plus élevées, comprenant plusieurs terrains suivant la nomenclature française, seront désignées par le mot *groupe*. Ex. le *groupe* secondaire (1).

3. Les divisions de deuxième ordre, désignées actuellement par le mot *terrains* en français, seront appelées *systèmes* (2).

4. Les divisions de troisième ordre prendront en français le nom de *séries*. Ce mot aura pour synonymes dans les autres langues les mots *section, séries, Abtheilung* (3).

5. Les divisions de quatrième ordre seront désignées par le mot *étage* ou par les termes correspondants, *piano* (italien), *piso* (espagnol), *stage* (anglais), *Stufe* (allemand), etc. (2).

6. Les divisions de cinquième ordre seront désignées en français par le terme *assise* (5).

   N B. Il a été réservé à chaque nation la faculté de choisir dans sa propre langue l'équivalent le plus rigoureux du mot *assise*.

7. L'expression française *couches* (au pluriel) pourra être employée comme synonyme d'*assise* (6).

NB. Le congrès ne s'est pas prononcé sur les termes correspondants, *beds* (anglais), *Schichten* (allemand), *strati* (italien) . . .

8. Le cas peut se présenter où un géologue croie devoir grouper un certain nombre d'assises en quelques divisions intermédiaires qui, réunies, formeront un étage. En pareil cas, de telles divisions porteront en français le nom de *sous-étages* (7).

9. Le premier élément des terrains stratifiés est le *strate* ou la *couche*, *Schicht* (allemand), *stratum* (latin, anglais), *estrato* ou *capa* (espagnol), *strato* (italien, roumain), *estrato*, *camada* (portugais), *rétek* (hongrois) . . . (8).

Divisions chronologiques.

10. Le mot *ère* s'applique aux trois ou quatre grandes divisions du temps, correspondant aux *groupes* (18).

11. La durée correspondant à un système sera rendue par le mot *période* (19).

12. La durée correspondant à une série sera exprimée par le mot *époque* (20).

13. La durée correspondant à un étage sera exprimée par le mot *âge* (21).

2. Telles sont les résolutions prises au congrès de Bologne. Avant d'aller plus loin, il semble que le congrès de Berlin doive être appelé tout d'abord à compléter les N°s 6 et 7, en déterminant les termes des langues étrangères qui correspondent aux mots français *assise* et *couches*. Les rapports reçus des comités nationaux ne permettent pas de formuler une proposition.

3. En second lieu, des réclamations pressantes sont venues de divers côtés contre l'emploi assigné aux mots *groupe* et *série*. Dans l'opinion de beaucoup de confrères, leur usage devrait être interverti, les divisions de premier ordre étant désignées par le terme *séries*. Le secrétaire de la commission ne croit pas pouvoir proposer de revenir sur une décision prise. Le congrès de Berlin aura à décider cette question, dont la place semble être ici.

4. Nous reproduirons maintenant les articles du rapport de 1881 qui n'ont pu être discutés à Bologne, en y apportant quelques légers changements, motivés par les délibérations de Foix et de Zurich, ou par les rapports des comités nationaux.

Le mot *banc*, *Bank*, *banco* . . . s'applique à des couches plus épaisses ou plus cohérentes que celles qui les avoisinent ou dans lesquelles elles sont intercalées (9).

5. Inversement, des couches minces ou peu cohérentes seront désignées par le mot *lit* (français), . . . (allemand), . . . (anglais), *lacho* (espagnol), *leito* (portugais), . . . (10).

6. Le pluriel anglais *rocks* et ses correspondants *roches*, *roccie* . . . auront la même signification qu'*assise* ou *couches*. Exemples: *Llandovery rocks*, *roccie a globigerine* . . . etc. (11).

Il est désirable d'attribuer à l'*assise* une signification topographique étendue; et d'employer les synonymes, *couches*, *roches*, pour représenter les variations régionales d'une assise. (Proposition du comité portugais.)

7. Une *zone*, *zona* . . . . est un ensemble de couches, d'un ordre inférieur, caractérisé par un ou quelques fossiles spéciaux qui servent à la dénommer.

Cette expression est donc synonyme de la précédente, dont elle diffère par l'adjonction *nécessaire* d'un ou de deux noms de fossiles.

Il peut aussi se faire qu'une zone soit une assise, bien qu'elle soit ordinairement une division de cinquième ordre (12).

8. On donne le nom d'*horizon* à une couche ou à un faisceau de couches qui possèdent des caractères tranchés, permettant de les reconnaître aisément sur de grandes étendues de pays. Par exemple, l'*horizon* ferrugineux de la zone à *Ammonites opalinus* (13).

Le mot *niveau* peut être pris dans le même sens.

9. Le mot *dépôt*, *deposite* (anglais), *deposito* (italien, espagnol, portugais) . . . ne doit s'appliquer qu'à une masse produite pendant un temps ou dans un espace limité, et caractérisée par une certaine homogénéité pétrographique (14).

10. Les noms des unités de tout ordre doivent être *univoques* (d'un seul mot) et autant que possible à désinence euphonique (22).

11. Il est désirable que les divers ordres d'unités soient distinguées par des désinences particulières, homophones. Ainsi:

a) le congrès admet pour les *groupes* la désinence *aire*, *är* (allemand), *ary* (anglais), *ario* (espagnol, italien, portugais) . . .

b) Est-il désirable de changer les noms des *systèmes* généralement admis, de manière à les rendre homophones, c'est-à-dire, ayant la même désinence?

Dans l'affirmative, quelle sera la désinence des noms de systèmes?

D'après les rapports qui nous sont parvenus, la négative parait la plus probable. Si elle est adoptée, les désinences suivantes sont proposées.

c) Il est désirable que les noms de *séries* soient uniformément terminés en *ique* (français), *isch* (allemand), *ic* (anglais), *ico* (espagnol, italien, portugais, roumain).

d) Il est désirable que les noms d'étages soient uniformément terminés en *ien* (français), *ian* (allemand, anglais), *iano* (espagnol, italien, portugais, roumain) . . . (Fin du N° 22, portant à tort le N° 23).

e) Il est désirable que les noms d'étages soient empruntés à une appellation géographique, actuelle ou latine. (Proposition du comité suisse).

12. Les noms tirés de la pétrographie, p. ex. grès bigarré, craie, calcaire grossier, sont donc repoussées de la nomenclature. Néanmoins, restreints à la synonymie locale, ils pourront être conservés là où il sera nécessaire (23).

13. Un nom de lieu ne peut servir à la formation de noms de deux unités d'ordre différent, même dans le système des désinences homophones. Par exemple, l'emploi simultané d'expressions telle que *série portlandique* et *étage portlandien* présenterait des inconvénients sérieux (24).

14. En combien de groupes ou ères faut-il diviser l'ensemble des systèmes et des époques qui leur correspondent? (25) [1].

15. Le congrès accepte pour ces groupes les dénominations: *primaire, secondaire* . . . . (26).

16. Le congrès accepte, comme synonymes des précédentes, les expressions: *paléozoïque, mésozoïque* . . . .

17. L'équivalent chronologique du terme *assise* est la *phase*. (Proposition du comité portugais, en réponse à la 6ᵉ question de M. le président Capellini pour la conférence de Foix.)

L'exécution de la carte géologique de l'Europe, décidée à Bologne, a nécessité une tentative de classification des masses neptuniennes. Les commissions internationales, réunis à Foix, ont signalé ce point aux comités nationaux. Une circulaire de M. le président Capellini leur a été adressée pour hâter les réponses relatives à certains points sur lesquels il était urgent de prendre une décision en vue de la carte. Voici les principales résolutions qui ont été adoptées lors de la réunion à Zurich, en 1883.

a) Une forte majorité s'est prononcée en faveur de la division du système crétacé en trois séries; mais, dans le cas où l'échelle de

[1] Voir plus bas ce qui est dit à l'occasion du *système tertiaire*.

la carte ne permettrait que deux divisions, la grande majorité se prononce pour réunir le gault au crétacé inférieur. Seules, la France et la Suisse proposent de placer cet étage dans le crétacé supérieur. Il est entendu que cette décision est provisoire et ne préjuge pas la solution scientifique.

La réunion a en outre exprimé le voeu que le trait qui limitera les deux divisions du système crétacé, soit accentué là où le gault existe.

b) Le mot de *flysch* sera rayé de la légende de la carte.

c) La question de la place à assigner à la série rhétique n'a pu être tranchée. La direction de la carte a été priée de faire des essais pour la représenter sans en faire une division nouvelle, de manière à ce qu'on puisse le distinguer du trias et du lias par un figuré spécial (pointillé, hachures . . .).

La légende provisoire comprenait 27 termes.

A la formation cristallophyllienne se rapportent les trois premiers:

1. Gneiss et protogyne.
2. Schistes cristallins (micaschistes, talschistes et chloritoschistes, schistes amphiboliques et gneiss feuilletés).
3. Phyllites (schistes argileux, *Urthonschiefer*).

La conférence a décidé à l'unanimité la réunion de ces trois termes en un système, qui prendra le nom d'archéen. Rien n'a été décidé quant à la répartition des roches de ce système en trois séries; seulement le comité de la carte est engagé à remplacer le mot *phyllites*, qui pourrait prêter à confusion.

Venaient ensuite:

4. Cambrien (inférieur au Llandeilo).
5. Silurien inférieur (faune 2ᵉ de Barrande).
6. Silurien supérieur (faune 3ᵉ F.).

La conférence a été d'avis de limiter le cambrien aux couches de Llandeilo *et d'Arenig*, et de supprimer les indications de faune 2ᵉ et 3ᵉ. Elle a recommandé le nom d'ordovicien pour le N° 5 et celui de silurien pour le N° 6. Enfin elle a réuni ces trois termes [1] en un seul système, dont le nom sera choisi ultérieurement.

Les divisions 7, 8, 9 sont attribuées au système devonien.

Les N°ˢ 10 et 11 sont proposés pour le carbonifère; 12 et 13 pour le permien. Cette classification a donné lieu à un débat qui

---

[1] A notre avis, c'est par suite d'une erreur typographique que le *compte rendu des séances* de Zurich, p. 31, parle seulement de la réunion des N°ˢ 5 et 6.

n'a pas été tranché par le vote. Plusieurs membres ont insisté pour la réunion de ces quatre séries en un seul système; on a aussi pensé qu'il était inutile de diviser le permien.

Les N°ˢ 14, 15 et 16 sont attribués au trias; 17, 18 et 19 au système jurassique; 20 et 21 au crétacé; 22 à 25 au tertiaire; 26 au diluvium; 27 aux alluvions.

C'est donc à cet état que la question est revenue aux comités nationaux. Malheureusement, comme nous l'avons déjà dit, un grand nombre d'entre eux n'ont envoyé aucun rapport; la plupart des autres se sont bornés à l'examen des meilleures classifications nationales. Le secrétaire de la commission ne possède donc que des éléments insuffisants pour élaborer un rapport dont les propositions puissent être soumises au congrès comme émanant de la majorité de la commission. Néanmoins, comme une base est indispensable pour une discussion éventuelle, il va passer en revue les opinions émises pour les divers systèmes.

A. Système archéen, N°ˢ 1, 2 et 3. — La première question à résoudre est celle de savoir s'il doit être compris dans la série paléozoïque. La négative ne semble pas douteuse. En conséquence et conformément à la proposition du rapport français, nous proposons au congrès de décider que ce système formera un groupe, appelé *groupe primitif*. La désinence du mot *primitif* rappellera les caractères qui le distinguent des groupes *primaire, secondaire,* etc.

Ce groupe ne comprend qu'un système, le système *archéen*.

Le nom de *système archéen* est loin d'avoir réuni tous les suffrages; ainsi, le comité anglais propose le nom de *précambrien,* le comité belge, celui de *cristallophyllien,* le comité hongrois, celui de *schistes cristallins.*

Les comités anglais, belge, espagnol et hongrois acceptent la division en trois groupes proposée par le projet de légende de la carte. D'autre part, le comité français ne comprend, dans sa *série primitive,* que deux divisions, qu'on dénommera plus tard; la troisième division entre dans le *système cambrien.* Le Portugal et la Roumanie ont une même manière de voir, moins radicale: les deux premières divisions constitueraient le *système cristallophyllique* (comité portugais) ou *laurentien* (comité roumain). La troisième division deviendrait le *système archaïque* ou *huronien.*

B. N°ˢ 4, 5 et 6. La conférence de Zurich a admis provisoirement la réunion en un seul système, pour lequel un nom reste à déterminer, des diverses assises correspondant au cambrien et au silurien des Iles Britanniques. Les comités français, portugais, et roumain proposent le nom de *système silurien*. Avant de voter sur cette proposition, le congrès aura d'abord à se prononcer sur les noms à donner aux trois groupes et sur leur réunion en un seul ou en deux systèmes. En effet, le comité hongrois propose un système *cambrien* et un système *silurien*, celui-ci comprenant les groupes 5 et 6 réunis; le comité belge aurait proposé un groupement analogue, s'il n'avait préféré se conformer à la décision prise à Zurich par une grande majorité.

Le comité français ne propose pas de nom pour les trois groupes. Le comité roumain les désigne sous les noms inadmissibles (ils devraient être univoques) d'*inférieur*, *moyen* et *supérieur*. Le comité belge propose les termes: *cambrien*, *ordovicien* et *silurien*; le portugais substitue à ce dernier le nom de *bohémien*. Nous avons déjà rappelé que le comité anglais n'a pas été appelé à se prononcer sur les projets de rapport qui lui ont été soumis.

Depuis l'envoi des rapports des comités nationaux, la question à résoudre s'est compliquée. M. Jules Marcou, dans un important travail publié par l'Académie américaine des sciences et des arts, et intitulé *The Taconic system and its position in stratigraphic geology*, a revendiqué la priorité pour le terme *taconique*, dont le *cambrien* ci-dessus (à faune primordiale) serait l'équivalent. Pour nous, la chose paraît démontrée. En pareil cas, le terme *cambrien* serait appelé à remplacer l'*ordovicien*; le nom de *silurien* reviendrait de droit au groupe 6. Si nous ne nous trompons, cette solution écarterait bien des difficultés.

Nous proposons donc au congrès de déterminer d'abord les noms que doivent porter les groupes 4, 5 et 6.

Il aura ensuite à décider s'ils constitueront un ou deux systèmes; puis le nom ou les noms à employer.

C. Système devonien, N°s 7, 8 et 9. — a) Conformément aux seules propositions qui aient été faites, le congrès est prié de décider que les trois séries de ce système porteront respectivement les noms de *rhénan*, d'*eifelien* et de *famennien*.

b) Nous lui proposons de décider ensuite que les couches à calcéoles doivent faire partie de la série eifelienne.

c) Enfin, nous proposons au congrès de décider que la limite supérieure du système devonien se trouve à la base du calcaire carbonifère; c'est-à-dire que ce système comprend les psammites du Condroz, le *Lower carboniferous* (Kiltorkan, Marwood, Pilton). l'*Old Red* supérieur ou le grès calcifère (Dura-Den) etc.

D. Système carbonifère, N°s 10 et 11. — a) On a vu que la conférence de Zurich avait longuement agité la question de savoir si ce système ne doit pas être réuni au suivant. Le rapport portugais est le seul qui propose la réunion. Nous proposons donc au congrès de décider d'abord que le système carbonifère conservera ses limites actuelles.

b) La conférence de Zurich a approuvé le projet de légende de la carte, par lequel le système carbonifère est divisé en deux séries. Le rapport français, s'appuyant sur les résultats fournis par la botanique fossile, propose une division en trois séries, permettant de distinguer de la plupart des bassins de l'Europe centrale la bande houillère du nord de la France, de la Belgique et de la Westphalie. Le congrès aura à se prononcer sur ce point.

c) La division inférieure est essentiellement formée par le calcaire carbonifère, *Mountain limestone*, *Bergkalk* et le *Culm*. Quelle est exactement sa limite supérieure? Les rapports des comités nationaux ne s'expliquent guère sur ce point. Nous proposons au congrès de la fixer à la base du *millstone-grit*, conformément au projet de légende présenté par la direction de la Carte.

d) Dans l'hypothèse que le congrès maintienne la division de ce système en deux séries, nous proposons de les appeler *bernicienne* et *houillère*.

E. Système permien, N°s 12 et 13. — a) Le congrès a d'abord à choisir le nom du système: on sait que beaucoup de géologues préfèrent l'expression *Dyas* ou système *dyasique*.

b) Y a-t-il lieu de diviser ce système en deux séries?

c) Quelle est la limite à donner à ces séries?

d) Quels noms porteront-elles?

M. Renevier, suivi par M. Mayer-Eymar, proposent les noms de *lodévien* et de *thuringien*.

F. Système triasique, N°s 14, 15 et 16. — a) La division en trois séries, proposée par le projet de légende, est généralement acceptée. Le congrès aura à décider s'il la préfère à la division en deux, proposée par les comités hongrois et portugais.

b) Quelles sont les limites des séries adoptées?

c) Quels seront les noms de ces séries?

On a proposé les noms de *pécilien*, *conchylien* et *keuprique*, qui ont la priorité, et ceux de *vosgien*, *wurtzbourgien* et *carnien*.

G. Système jurassique, N⁰ˢ 17, 18 et 19. — a) La division en trois séries est généralement acceptée [1]: quels noms leur donnera-t-on?

Les seules expressions proposées sont (sans compter *inférieur, moyen* et *supérieur*), lias, *Dogger* et *Malm*, qui ont plusieurs défauts. Rappelons seulement que, d'après les règles admises, ces noms doivent être des adjectifs, à ajouter au mot *série*. Si l'on peut dire série *liasique*, peut-on faire accepter série *doggérique* ou *malmique*?

La seconde pourrait être appelée *bathonienne*, en prenant ce mot dans son acception primitive. Je cherche en vain un terme pour la troisième, car elle comprend ce que Brongniart, je pense, et d'Omalius avaient divisé en *oxfordien* et *portlandien*. On trouvera sans doute quelque dénomination géographique convenable.

b) Le *rhétique* (non compris l'hettangien) doit-il être réuni au trias ou au lias?

Le rhétique, y compris l'hettangien, doit-il former la première série du système jurassique, qui comprendrait alors quatre divisions?

En admettant pour la carte trois teintes pour le système triasique et trois pour le jurassique, ne peut-on représenter le rhétique par un figuré spécial? Dans l'affirmative, fait-il prendre ce mot *sensu stricto* ou *sensu lato?*

c) D'après la majorité des avis exprimés, la limite supérieure de la série liasique passe à la base de la zone à *Ammonites opalinus*.

d) D'après la majorité, la limite supérieure de la série bathonienne ou Dogger passe à la base du callovien.

H. Système crétacé, N⁰ˢ 20 et 21. — a) Nous avons déjà rappelé les débats de la conférence de Zurich sur la division de ce système. Si l'on se place au point de vue des exigences de la carte projetée, il semble que la division en deux séries s'impose.

b) En ce cas, la majorité est d'avis que le gault doit être réuni au crétacé inférieur.

----

[1] Nous croyons devoir reproduire ici les premiers termes de la classification du projet de rapport présenté au comité anglais: elle admet aussi une division en trois, mais très-différente de la division habituelle.

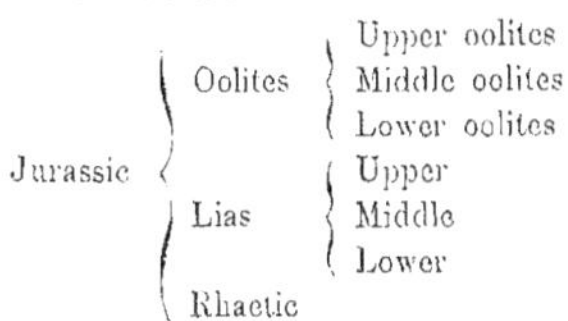

c) Nous rappelons que la conférence de Zurich a émis le voeu que le trait marquant la limite entre les deux séries fut renforcé là où le gault existe.

d) On a demandé de même s'il ne serait pas possible, sans adopter une division et une couleur de plus, de représenter par un figuré spécial (pointillé, hachures . . .) le wealdien là où il existe sur des espaces considérables.

J. Système tertiaire. Nous rencontrons ici une question très-grave, qui n'a pas été traitée dans les rapports nationaux. Le projet de légende de la carte ne fait même pressentir aucune solution, mais les votes du congrès sur les paragraphes 14, 15 et 16 du présent rapport l'auront sans doute tranchée quand il arrivera au point où nous sommes.

Il s'agit d'abord de savoir si le groupe *tertiaire* est le dernier, ou s'il est suivi d'un groupe *quaternaire*.

Dans les deux cas on doit se demander si ce groupe comprendra un ou plusieurs *systèmes*. Une décision est indispensable pour la terminologie.

Le rapport français admet un groupe *tertiaire*, renfermant les trois systèmes *éocène*, *miocène* et *pliocène* et un groupe *quaternaire*, ne comprenant qu'un système non dénommé, divisé en deux séries, *quaternaire* et *actuelle*. Le rapport anglais, au contraire, n'admet qu'*un groupe tertiaire*, qu'il divise en *éocène*, *oligocène*, *miocène*, *pliocène*, *plistocène* et *récent*; mais il ne s'occupe pas de la question de savoir si ces divisions doivent être considérées comme autant de *systèmes* du groupe tertiaire, ou comme *séries* d'un ou de plusieurs systèmes à dénommer. Le rapport hongrois admet la même classification [1]), en termes un peu différents: groupe *cénozoïque*, divisé en *éocène*, *oligocène*, *miocène*, *pliocène*, *diluvium* et *alluvium*; d'après la disposition du tableau ces divisions seraient des systèmes. Le comité belge est à peu près du même avis. Il croit utile d'introduire une septième division, *paléocène*, dans la classification, sinon dans la carte; il fait du tout un seul groupe et un seul système. Enfin, le comité portugais n'admet qu'un groupe, *tertiaire* ou *cénozoïque*, comprenant deux systèmes. L'inférieur, *hessocénique*, est divisé en deux séries, *paléogène* et *néogène*, comprenant respectivement les étages *éocénien* et *oligocénien*, *miocénien* et *pliocénien*. Le système supérieur, *mala-*

---

cénique, forme une seule série, *cénogène*, divisée en deux étages, *plistocénien* et *holocénien*.

La question est assez compliquée pour devoir être discutée et résolue très-méthodiquement. Sauf meilleur avis, les questions suivantes se présentent pour la discussion.

a) Les diverses assises comprises entre la base du tertiaire et les couches les plus récentes, inclusivement, constitueront-elles un seul groupe, le groupe *tertiaire?*

b) Dans l'affirmative, y a-t-il lieu d'établir plus d'un système dans ce groupe?

c) Dans l'affirmative, quels seront ces systèmes? Quels seront les séries à établir dans chacun d'eux?

d) Dans la négative, quelles sont les séries à établir dans ce système?

Il est entendu que l'établissement d'une série comprend la question de ses limites et celle du nom à lui donner.

Il serait peut-être plus pratique de considérer spécialement les nécessités de la carte géologique de l'Europe et — renvoyant au prochain congrès la discussion de la classification à adopter au point de vue purement scientifique, — de demander d'abord au congrès de Berlin s'il est d'avis que les six divisions proposées par la Direction soient représentées sur la carte. Il est extrêmement probable que la réponse sera affirmative. Ce point réglé provisoirement, d'une façon ou de l'autre, on pourra discuter la classification à adopter pour cet ensemble: un, deux ou trois systèmes; une ou deux séries.

Formations plutoniennes.

Tout ce qui se rapporte aux formations plutoniennes avait été à peine effleuré dans les rapports des comités nationaux pour le congrès de Bologne. Aussi le rapport de la commission pour l'uniformité de la nomenclature se bornait à présenter la proposition suivante, émanée du comité hongrois.

Les roches cristallines massives ou formations plutoniennes sont divisées en a) *granitiques*, b) *porphyriques*, c) *trachytiques*, d) *basaltiques* et e) *volcaniques* (28).

Le congrès de Bologne n'a pas abordé cette question.

Lors de la conférence de Foix, en septembre 1882, M. Vilanova rappela l'attention sur ce sujet. M. Beyrich présenta quelques observations et se montra disposé à accepter, pour le comité de la carte, et toujours à titre provisoire, les cinq termes suivants: *granitique, porphyrique, mélaphyrique, trachytique* et *basaltique.*

L'année suivante, à la conférence de Zurich, la discussion fut reprise et de nouvelles propositions surgirent. Ainsi, M. Vilanova proposait simplement deux séries, une *série acide* et une *série basique*. Le comité suisse, dans un rapport qui avait été publié dans les *Archives des sciences physiques et naturelles* (t. IX, p. 432), proposait le groupement en *roches éruptives anciennes* et en *roches éruptives récentes*, puis il établissait, dans chacune de ces deux catégories, un groupe de *roches acides* et un groupe de *roches basiques*; une cinquième division comprenait les *laves* actuelles. M. Neumayr, appuyé par M. Renevier, réclama une division pour les serpentines. M. Beyrich accepta le principe adopté par le comité suisse, mais en trouvant le nombre des divisions insuffisant. Il fut d'avis d'en ajouter une sixième pour les serpentines et une septième pour les grandes masses de porphyre, qui ne sauraient être confondues avec le granit. Il fut décidé que des essais suivant la classification proposée par M. Beyrich seraient faits par la Direction de la carte et soumis au congrès de Berlin.

Les rapports des comités hongrois et portugais sont les seuls qui s'occupent de cette question.

Le comité hongrois maintient sa proposition. Prenant en considération le caractère pétrographique et le caractère chronologique, il propose les divisions suivantes: *roches granitiques, roches porphyriques,* subdivisées en roches porphyriques *à biotite* ou acides, et en roches porphyriques *à augite*, ou basiques, et dans lesquelles rentrent les trachytes; enfin, *roches péridotiques*, comprenant les mélaphyres, basaltes, laves etc., ainsi que les serpentines.

Le rapport portugais propose la division suivante: Éruptions anciennes acides, éruptions anciennes basiques, éruptions récentes acides, éruptions récentes basiques, éruptions actuelles.

Ces documents sont trop peu nombreux pour qu'il soit possible de présenter une proposition au congrès. Nous rappellerons, d'ailleurs, que la Direction de la carte a promis divers essais: il est probable qu'ils conduiront à un projet de légende, sur lequel la discussion pourra s'établir.

Rapport

du

Comité Allemand

pour

l'uniformité de la nomenclature.

Munich, le 27 Mai 1884.

Très-honoré collègue.

Répondant à votre invitation je vous envoie ci-joint un rapport sur mon activité malheureusement restreinte, grâce à des circonstances imprévues, relativement à l'unification de la nomenclature géologique.

La réunion du comité international à Foix, en automne 1882, à laquelle j'ai assisté, eut lieu immédiatement après la réunion de la Société géologique allemande, et, l'année dernière, j'ai été empêché par un voyage en Amérique septentrionale de me rendre à Zurich. La même cause m'a empêché de rendre compte à la réunion annuelle à Stuttgart de la Société géologique allemande, de l'activité du Comité international, de former un comité national allemand, et de formuler un voeu ou une conclusion quelconque. Comme un appel des géologues allemands à une réunion particulière en vue du futur congrès de Berlin ne paraissait pas opportun, je n'ai à ajouter que quelques observations aux communications faites déjà sur les réunions du Comité international à Foix et à Zurich.

D'après les conclusions obtenues à Foix, quelques questions relatives à l'établissement de la carte géologique, qui sont de la compétence de la Commission de la nomenclature, se décideront au sein des comités nationaux, et, dans ce but, un questionnaire a été esquissé par le président, Mʳ Capellini, et distribué aux membres de la commission internationale. Les feuilles à moi remises furent envoyées, autant que la provision le permettait, et débattues, quant à leur contenu, dans une conférence tenue à Munich et à laquelle participaient MM. von Gümbel, Haushofer, von Ammon, G. Böhm, Schlosser, Rothpletz et Oebbeke.

La **question I** a été unanimement résolue affirmativement, tant par la conférence de Munich que par des avis écrits.

Question II. A l'exception d'un votant qui laisse la question indécise, tous s'accordent sur l'adjonction du »Rhétien« au Trias.

Question III. Tous les avis concordent pour la réunion du Gault au crétacé *inférieur*.

Question IV. Un membre (von Fritsch, de Halle) veut rapporter le Flysch à l'Oligocène, les autres (Eck, Fraas, Pfaff, F. Roemer), à l'exception de trois (Benecke, Bücking, von Koenen), qui s'abstiennent de voter, veulent l'adjoindre à l'Éocène.

Question V. Les couleurs proposées sont unanimement approuvées. M^r von Fritsch accompagne son vote des remarques suivantes: Il est bien agréable d'avoir des couleurs bien marquées pour le permien, quand il s'agit de faire ressortir le rôle de cette division pour plusieurs contrées de l'Allemagne. Pour la carte d'Europe, il me semblerait mieux de séparer plus fortement le silurien inférieur du silurien supérieur, et de prendre deux teintes grises pour les deux étages permiens, membres du système carbonifère. Le permien supérieur ne contient qu'une faune réduite et rabougrie, intimement liée à la grande faune carbonifère. Il en est de même pour la flore du permien inférieur, comparée à celle du carbonifère.

Question VI. Cette question, comme la suivante, a été résolue par les membres de la conférence de Munich en ce sens qu'ils se rallieront aux conclusions du prochain congrès. Du reste des votants la plupart aussi s'abstiennent d'émettre une opinion. Pour la question VI, MM. Bücking et von Fritsch considèrent comme convenable l'expression *Zeit* (temps, *time*), Mr Eck »*Phase*«, Mr Fraas »*Horizont*«. M^r von Fritsch croit qu'on pourrait revenir éventuellement aussi à l'expression »*lustrum*« (lustre) employée déjà en 1761 par Fuchsel.

Question VII. MM. Benecke, Eck, Fraas et Pfaff désirent »*Série*« pour la division de 1er ordre, »*Groupe*« pour celle de 3ème ordre, MM. Bücking et von Fritsch sont pour le maintien des conclusions émises à Bologne.

Agréez, très-honoré collègue, l'assurance de la considération la plus distinguée de

votre très-dévoué

(signé) *Zittel.*

Rapport

du

Comité Belge

pour

l'uniformité de la nomenclature.

Le comité de nomenclature, constitué sous la présidence de
M. le prof. G. Dewalque, membre de la commission internationale,
est formé de MM. A. Briart, P. Cogels, F. L. Cornet, Ch. de la
Vallée Poussin, baron O. van Ertborn, Ad. Firket, C. Malaise et
M. Witmeur.

Procédant à l'examen de la classification des masses neptuniennes
et prenant pour base le tableau proposé par la direction de la carte
géologique d'Europe à la conférence de Zurich, le comité a adopté
les résolutions suivantes.

1°. Les trois premiers numéros constituent un seul système,
qui serait appelé *cristallophyllien*. Ce nom, qui a pour lui l'ancienneté,
a l'avantage de n'exprimer qu'un caractère pétrographique constant.

Le comité s'abstient sur la question de savoir quels sont les
divisions à introduire dans ce système et les noms à leur donner.
Il fait remarquer que les couches fossilifères classées dans le huronien
par beaucoup d'auteurs doivent rentrer dans le cambrien.

Il est d'avis que ce système ne peut être compris dans le groupe
paléozoïque, mais doit former un groupe indépendant, pour lequel
le nom de *primitif* lui paraît acceptable.

2°. Acceptant, non sans opposition, la résolution adoptée provisoirement à Zurich, de réunir dans un seul système, dont le nom
reste à trouver, l'ensemble du cambrien et du silurien, il adopte,
comme conséquence nécessaire, la division de ce système en trois
séries, qui pourraient être appelées *cambrien*, *ordovicien* et *silurien*.

Il insiste sur la nécessité de faire passer la limite entre les deux
premiers à la base des couches d'Arenig des Iles Britanniques, conformément à l'opinion de la plupart des géologues anglais.

Il ne croit pas devoir aller plus loin et donner une division de
ces séries en étages. Il croit pourtant devoir signaler, au point de
vue de la carte de l'Europe, la question de savoir s'il ne serait pas
possible de distinguer le cambrien inférieur (cambrien de Murchison)
et le cambrien supérieur, à faune primordiale proprement dite.

3°. Quant au système devonien, les géologues paraissent d'accord
pour le diviser en trois séries. Le comité propose de conserver à
ces séries les noms de *rhénan*, d'*eifelien* et de *famennien*, qui datent

de trente ans ou davantage et ont été adoptés par beaucoup de géologues.

Il estime que les couches à calcéoles, ou de Couvin, doivent rentrer dans la série eifelienne et demande au congrès de trancher la question.

4°. Il adopte, pour la carte d'Europe, la division du système carbonifère en deux séries, que l'on pourrait appeler *bernicienne* et *houillère*. La limite passerait à la base du *millstone grit* ou de ses équivalents.

La base du système serait immédiatement en dessous du calcaire carbonifère, les psammites du Condroz et leurs équivalents (Kiltorkan, Marwood, Pilton, Dura Den, etc.) restent dans le système devonien.

5°. Pour le système triasique, le comité adopte les trois séries connues sous les noms de *pécilien* (y compris le grès des Vosges), de *conchylien* et de *keuprique*.

6°. Il rattache le rhétien au lias. Il désire toutefois que cette division soit simplement représentée par un figuré spécial, pour autant que ce soit possible, comme cela a été proposé à Zurich. Il est en outre d'avis qu'il faut en exclure l'hettangien, à *Ammonites planorbis* et à *A. angulatus*.

Il place la limite supérieure du lias au dessous des cauches à *Ammonites opalinus*, qui forment la base du jurassique moyen. Les avis sont partagés sur l'attribution du callovien à cette dernière série ou au jurassique supérieur.

Il reste à trouver des noms pour ces deux séries. Les noms allemands *Dogger* et *Malm* ne semblent guère de nature à fournir les expressions convenables aux langues latines.

7°. Pour le système crétacé, le comité adopte à l'unanimité une division en trois séries. L'inférieure ne comprend en Belgique que les *sables et argiles d'Hautrage*, que beaucoup de géologues français continuent à appeler *aachenien*, dénomination tout-à-fait impropre. La série moyenne comprend le gault et le cénomanien. Le reste fait partie de la division supérieure.

8°. Le groupe tertiaire comprend tout ce qui suit, en un seul système, *tertiaire*.

Le comité le divise en *paléocène*, *éocène*, *oligocène* (du tongrien belge au boldérien), *miocène* (pour l'anversien, sables à *Panapœa Menardi* et sables à *Pectunculus pilosus*), *pliocène* et *post-pliocène*. Cette dernière série comprend deux étages, *plistocène* (quaternaire proprement dit) et *moderne*.

Pour les questions non résolues à Bologne, le comité maintient ses appréciations antérieures.

Il ne croit pas possible de bouleverser la nomenclature actuelle des systèmes pour leur donner une terminaison uniforme en *ique*. Il conserverait cette désinence pour les séries, et celle en *ien* pour les étages. Il croit nécessaire d'avoir une terminaison spéciale pour les séries, contrairement à l'opinion de certains géologues, qui seraient disposés à diviser immédiatement les systèmes en étages.

Quant à la proposition de revenir sur la décision prise à Bologne et de désigner sous le nom de *séries* les divisions de premier ordre, et sous celle de *groupes*, les divisions de troisième ordre, le comité n'a guère de préférence. Seulement, il craint de poser un précédent fâcheux.

Les roches plutoniennes sont si rares en Belgique que le comité a cru devoir s'abstenir de discuter les divisions à adopter pour ces formations.

Rapport

du

Comité Espagnol

pour

l'uniformité de la nomenclature.

Le comité espagnol insiste sur les résolutions qu'il a prises en réponse à la circulaire du 21 mars et il les reproduit dans leurs formes essentielles.

1ʳᵉ question. — A la 1ʳᵉ question, fondée sur l'uniformité qu'exige la taxonomie dans une certaine mesure, il proposerait de remplacer les trois premières divisions que marque la légende et qui se séparent des divisions suivantes en ce qu'elles n'ont trait qu'à des noms de roches, par une seule division qui, sous la dénomination de terrains *Archaïques*, comprendrait toutes les couches plus ou moins stratifiées, gneiss et protogines, micaschistes, schistes cristallins, talcschistes et chloritoschistes, schistes amphiboliques et gneiss feuilletés et schistes complètement dépourvus de tous restes organiques.

Quant aux autres divisions, conservant comme telles celles qui, sous les numéros 4, 5, 7, 10, 12, 14, 17 &c. désignent le Cambrien, Silurien, Devonien, Carbonifère, &c., il serait d'avis de reléguer à un ordre inférieur les divisions de troisième ordre, c'est-à-dire les membres de ces mêmes terrains.

2ᵉ question. — Le Rhétien étant un terme de passage du Trias au Lias, où dominent les caractères de ce dernier, il croit d'autant plus naturel de le considérer comme la base du Lias que l'apparition des mammifères didelphes, des ptérosaures et des ammonites semble appuyer ce rapprochement.

3ᵉ question. — Dans notre opinion c'est avec le Crétacé inférieur que le Gault doit être placé.

4ᵉ question. — Le Flysh se trouvant constitué par un ensemble de couches de grès, de schistes et de marnes d'une grande puissance et uniformité dans leur développement, et dans lesquelles se trouvent des équivalents des couches de l'éocène et aussi de l'oligocène, il paraîtrait plus logique de le diviser en deux, unissant au nummulitique les couches à Fucoïdes avec *Helmintoïdea Labyrintica* à *Palæotherium* et rapportant à l'oligocène tout l'étage supérieur que constituent les schistes et marnes à *Natica crassissima*.

5ᵉ question. — La question du choix des couleurs est une question de goût et dans laquelle il importe surtout d'éviter toute confusion. Il comprendrait donc de laisser toute liberté à ce sujet aux Directeurs de la carte, en manifestant seulement le désir qu'ils se conforment le plus possible aux usages généralement reçus pour certains terrains.

6ᵉ question. — Le comité espagnol insiste sur les résolutions proposées par lui dans son opuscule du 31 décembre 1880; et comme équivalent chronologique de l'*Assise* (*Tramo* en espagnol) qui désigne les divisions du 5ᵉ ordre, il propose la *Période*.

Il considère la *couche* (*estrato* ou *capa*) comme une masse de roche sédimentaire limitée par des surfaces à peu près parallèles; le *banc* (*banco*) sera une couche d'une puissance ou d'une compacité considérable et le *lit* (*lecho*) sera celle d'une faible épaisseur.

Le comité croit également qu'il serait convenable de remplacer le mot *système* (*sistema*) par le mot *terrain* (*terreno*); et comme il insiste à nouveau sur l'utilité pratique d'employer des terminaisons homophones pour distinguer les unités d'ordre divers, l'emploi de ces terminaisons rendant toute confusion impossible, on pourrait ainsi, sans aucun inconvénient, employer le même nom dans deux acceptions différentes.

Pour plus de clarté, le comité reproduit en les augmentant d'un terme les terminaisons homophones pour les noms des unités d'ordre divers, en mettant en regard leur équivalent chronologique.

	Divisions chronologiques.		Divisions stratigraphiques.		Terminaisons homophones.			
	en Français	en Espagnol	en Espagnol	en Français	Esp.	Franç.	Angl.	Allem.
1ᵉʳ ordre :	Temps	Tiempos	Serie	Série	ario	aire	ary	ar
2ᵉ »	Ere	Era	Terreno	Terrain	ico	ique	ic	isch
3ᵉ »	Age	Edad	Grupo	Groupe	eño	—	—	—
4ᵉ »	Epoque	Epoca	Piso	Etage	ano	ien	ian	ian
5ᵉ »	Période	Periodo	Tramo	Assise	ense	—	—	—

7ᵉ question. — Le comité espagnol a déjà proposé antérieurement d'intervenir les termes *Groupe* et *Série*, en désignant par *Série* (*Serie*) les divisions du 1ᵉʳ ordre et par *Groupe* (*Grupo*) celle du 3ᵉ ordre.

Rapport

du

Comité Français

pour

l'uniformité de la nomenclature.

La section stratigraphique du comité français de nomenclature, en venant faire connaître le résultat définitif des travaux auxquels elle s'est livrée, croit devoir exposer le point de vue auquel il lui a paru convenable de se placer.

Le congrès de Paris, en 1878, ayant posé les premières bases d'une entente à établir parmi les géologues, le congrès de Bologne avait donné, en 1881, une forme essentiellement pratique aux pourparlers engagés, en décidant l'exécution d'une carte d'Europe, avec le concours de toutes les nations intéressées. Dès lors, il était évident que cette carte devait être considérée comme un essai, destiné à servir de point de départ pour une discussion fructueuse et que, jusque là, les décisions prises ne pouvaient avoir qu'un caractère provisoire. C'est pourquoi, en étudiant le projet de légende en vue de la carte, le comité français a pensé que son devoir était moins d'établir des divisions générales, telles qu'on pourrait les réclamer pour l'ensemble du globe terrestre, que de faire connaître comment la légende devrait être conçue pour se trouver en harmonie avec les besoins de la géologie française. De cette manière, chaque comité national exposant ainsi ses *desiderata*, ce serait la tâche du comité directeur de décider dans quelle mesure les voeux exposés pourraient être conciliés ensemble, sa décision à cet égard demeurant d'ailleurs subordonnée à la sanction des congrès futurs.

Mais, tout en limitant ainsi sa mission, le comité français n'a pas pensé qu'il lui fût loisible de se désintéresser de certaines questions générales, dont la solution lui paraît de nature à favoriser l'entente désirée. L'expérience a montré avec quelle facilité se prolongent et même s'égarent les discussions sur les limites d'étages, lorsque chacun y arrive avec son point de vue particulier, sans qu'un accord préalable ait été établi touchant la valeur relative des données qui doivent entrer en ligne de compte. C'est cet accord qu'il semble opportun de poursuivre avant tout et, pour cette raison, le comité a jugé utile de formuler un certain nombre de principes qu'il recommande à l'adhésion du congrès de Berlin.

Le premier de ces principes est relatif au choix des divisions de troisième ordre ou étages, destinées à figurer sur la carte géologique d'Europe. Tandis qu'une carte géologique à grande échelle a le devoir de distinguer, autant que possible, les masses minérales de même nature et de même âge, une carte à petite échelle, comme celle qui est en préparation, ne peut prétendre à mettre en évidence que des ensembles synchroniques, sans égard au caractère minéralogique et en groupant sous une même teinte, vu le petit nombre des divisions, des assises qui peuvent être de natures très diverses. En pareil cas, comme la surface occupée par les formations marines l'emporte en général beaucoup sur celle des dépôts d'origine continentale, on peut dire que le principal effet des couleurs appliquées sur les affleurements des étages est de faire ressortir (sous la réserve de ce que les érosions ont enlevé), l'espace occupé par les mers aux diverses phases de l'histoire géologique. Cet effet sera encore plus sûrement atteint, si l'on a soin d'affecter un figuré spécial à tout ce qui n'est pas un dépôt marin.

Ainsi ce que les limites des surfaces teintées mettent surtout en évidence, c'est le contour des anciens continents, contour qui n'a cessé de se modifier par suite des mouvements de la croûte terrestre. Mais ces modifications incessantes des rivages maritimes sont loin d'avoir eu toute la même importance et il en est qu'il convient de marquer de préférence à d'autres. Toute carte qui n'en tiendrait pas compte pourrait être réputée défectueuse. On en peut donc conclure que, sur la carte d'Europe projetée, les limites à choisir, pour les divisions de troisième ordre, doivent être celles qui correspondent aux plus grands changements dans les états géographiques successifs de la région.

Sans doute, les modifications de la géographie ayant influé sur les conditions physiques des mers, surtout dans le voisinage des côtes, à tout changement de ce genre devra correspondre une variation notable dans les faunes successives. Mais l'argument paléontologique est ici d'une application moins générale que l'argument stratigraphique, à cause de la localisation plus grande des fossiles. De plus, la comparaison des faunes dépend de statistiques dont les résultats peuvent varier beaucoup avec la découverte de nouveaux gisements. Enfin les différences de faunes sont, sous beaucoup de rapports, d'une appréciation plus délicate que celles des contours géographiques qui, sur des cartes bien faites, sautent pour ainsi dire aux yeux dès le premier examen.

Le comité français estime donc que les cartes régionales à grande échelle ayant fait connaître, dans chaque pays, les époques de plus grand changement dans la répartition des terres et des mers, ce sont ces époques qu'il conviendra de choisir pour marquer les limites d'étages sur la carte d'Europe. Il pense en outre qu'il y aura lieu de distinguer, par un mode particulier de figuré, les formations d'origine continentale, tout en les groupant sous la même couleur que les dépôts marins synchroniques.

Quant au groupement des étages en systèmes, comme ces derniers doivent avoir une généralité beaucoup plus grande que les étages, il faut que leurs limites correspondent à des dates importantes de l'histoire du globe et il ne suffirait plus, en pareil cas, de se contenter de faire entrer en ligne de compte les variations de la géographie européenne. Mais la connaissance géologique d'une grande partie de la surface terrestre est encore trop peu avancée pour que ce critérium puisse recevoir dès aujourd'hui une application facile et sûre. C'est alors que la paléontologie semble devoir intervenir très-utilement en faisant connaître les ensembles organiques qui peuvent être considérés comme suffisamment homogènes pour appartenir aux mêmes systèmes. Mais, à cet égard, il y a lieu de préciser les groupes de formes auxquels il semble qu'on doive accorder une importance prépondérante.

En effet, l'observation a prouvé que les enseignements généraux de la paléontologie prennent des significations diverses suivant que l'on considère les animaux ou les végétaux et aussi, suivant qu'on porte de préférence son attention sur les mollusques ou sur les vertébrés, marins ou terrestres. L'apparition des plantes dicotylédones, par exemple, coïncide avec une époque où personne, parmi ceux qui s'occupent des fossiles marins, n'a encore été tenté d'introduire une division de premier ordre et l'arrêt de développement qui semble avoir si longtemps frappé les mammifères rend bien difficile la question de savoir si leur première apparition a un sens qu'on puisse appeler significatif.

Dans ces conditions, le comité français a été surtout frappé de cette considération que, même à l'époque actuelle, la masse océanique représente vingt fois en volume et trois fois en surface la masse continentale émergée. Or toutes les observations géologiques s'accordent à nous faire admettre que, depuis l'origine, la superficie des continents n'a cessé de s'accroître, d'où il résulte que la prépondérance des océans est un fait commun à tous les âges et de mieux en mieux marqué à mesure qu'on en remonte le cours.

D'autre part, tandis que le relief des continents a pu subir de nombreuses vicissitudes, capables d'isoler, à bien des reprises, des régions primitivement contigues, la plus grande partie de la masse océanique n'a jamais dû manquer de former un tout dont les parties communiquaient assez librement entre elles, de telle sorte que les phénomènes d'isolement y ont été beaucoup moins fréquents. D'ailleurs, si l'étude des animaux terrestres a souvent fourni des indications très utiles et très précises, ces indications sont généralement trop localisées pour qu'on y puisse recourir d'une manière courante, alors surtout qu'on est encore mal fixé sur les relations qui ont pu exister entre le développement de la vie marine et celui des organismes continentaux. Aussi le comité pense-t-il que c'est principalement à l'étude des organismes marins qu'il faut demander le principe des accolades destinées à constituer des systèmes par la réunion de plusieurs étages. En outre, il lui paraît nécessaire d'éliminer les animaux de rivage, trop enclins à subir l'influence des conditions locales et superficielles, pour s'adresser de préférence aux types *pélagiques*.

Faisant à l'Europe l'application de ces principes, il convient de remarquer que ce continent a presque toujours été divisé en deux parties, l'une, septentrionale et médiane, remarquable par le caractère littoral des dépôts successifs, l'autre, méridionale ou méditerranéenne, où les conditions pélagiques ont presque toujours prévalu. C'est pourquoi la première semble surtout destinée à fournir les divisions d'étages, tandis que la seconde devrait donner les accolades pour la définition des systèmes. En fixant ainsi ce qu'on peut appeler les attributions de chacune de ces deux grandes zones, on ôterait tout prétexte aux conflits qui trop souvent s'élèvent entre les géologues de la région du nord-ouest et ceux de la région du midi quand il s'agit de définir des limites de groupes.

Les arguments paléontologiques devront être *à fortiori* prédominants lorsqu'il s'agira de réunir les systèmes en groupes du premier ordre ou *séries*. Il conviendra que chacune des séries distinguées, puisse être caractérisée par une ou plusieurs grandes familles d'animaux marins, qui en seront la note dominante, étant admis d'ailleurs, que le jour où les progrès de la science auront prouvé une connaissance suffisante de la géologie du globe tout entier, les grandes divisions biologiques se trouveront vraisemblablement d'accord avec celles qu'on pourrait tirer de la comparaison des grands faits géographiques successifs.

Tels sont les principes que le comité français croit devoir proposer à la sanction du congrès, dans la persuasion qu'un accord préalable sur de telles bases diminuerait singulièrement les chances de malentendus entre les géologues.

Conformément à ces principes généraux, l'ensemble des terrains stratifiés a été partagé en trois grands groupes de premier ordre, pour lesquels le nom de *Série* a prévalu. La première série, dite *primaire*, comprend les premières manifestations de la vie. Elle correspond au règne des *trilobites* et au développement prépondérant des brachiopodes, spécialement de ceux des genres *Spirifer* et *Productus*, ainsi que des céphalopodes des familles des *Orthocères* et des *Goniatites*. La série *secondaire* peut être suffisamment caractérisée, par les grands *reptiles marins* et par la prépondérance des *ammonites* et des *bélemnites*. Enfin la série *tertiaire* est à la fois l'ère des *mammifères* et celle des mollusques *pectinibranches*, en même temps qu'elle correspond au grand développement du groupe des *nummulites*.

Il a paru convenable de considérer l'ère actuelle, inaugurée avec la première apparition bien authentique de l'homme sur le globe, comme ouvrant une nouvelle série, la *Série quaternaire*.

Enfin le terrain de gneiss et de micaschistes, qui forme le substratum cristallin de tous les sédiments et offre, partout où on l'observe, une remarquable homogénéité, ayant, aux yeux de la grande majorité des géologues français une origine très distincte de celle des assises stratifiées proprement dites, on l'a distinguée à part sous le nom de *série primitive*, la désinence de ce mot, par son contraste avec celle de l'adjectif *primaire* ayant pour effet d'accentuer la différence du mode de formation.

Le nom de *Système*, proposé par le congrès de Bologne pour les divisions de deuxième ordre, a été accepté par la majorité du comité français. Tout en reconnaissant les droits que conféraient au mot de *terrain* l'ancienneté et la presque universalité de son emploi dans la géologie française, on a cru néanmoins devoir tenir compte de la difficulté où seraient certaines nations, d'en trouver l'équivalent dans leur langue.

Le comité n'a pas cru devoir proposer de terminaisons univoques en *ique* pour les noms des systèmes. Autant il lui semblait nécessaire de fixer la signification des groupes et de bien établir l'équivalence des divisions, autant il lui a paru difficile d'imposer une telle rigueur dans le choix des désinences. Il s'est rappelé que toute tentative d'uniformité absolue se heurtait, en général, contre des usages invincibles. C'est ainsi qu'en Minéralogie, les efforts tentés par quelques auteurs pour faire prévaloir une terminaison uniforme en *ite* des noms d'espèces ont toujours échoué devant des mots aussi répandus que ceux de diamant, de topaze et de quartz. De même il a semblé bien difficile que le mot *carbonique*, dont le sens est si nettement fixé par la chimie, fût en état de prévaloir contre celui de *carbonifère*, ou que la dénomination de *crétacique* parvint à supplanter celle de *crétacé*.

Les divisions de troisième ordre ou *étages*, proposées par le comité français sont au nombre de vingt huit. On n'a pas cherché à imposer des noms définitifs à ces étages, d'abord parce qu'un assez long travail bibliographique serait nécessaire pour établir les droits de priorité des noms déjà employés, ensuite dans la pensée que l'exécution de la Carte d'Europe pourrait apporter aux termes de la légende quelques changements et que, dès lors, il serait prématuré d'en vouloir fixer trop étroitement le sens.

Quelques indications sont nécessaires pour préciser les intentions qu'a eues le comité en établissant les divisions de détail.

I. Série primitive. L'observation ayant montré que, partout, la partie supérieure du terrain primitif est formée de gneiss feuilletés, de gneiss amphiboliques et de chloritoschistes, il a paru convenable de prévoir la distinction de cette partie supérieure, mais seulement par une modification de la teinte générale attribuée à la série.

II. Série primaire. *Système cambrien.* Les phyllades (Urthon-schiefer) où se manifestent les premières traces organiques (*Arenicolites*, *Oldhamia*, etc.), ont été réunis en un système avec l'ancienne faune primordiale de Barrande, sous le nom de cambrien. La convenance de cette réunion paraît manifeste en France, où la faune primordiale fait défaut, tandis que la faune seconde est remarquablement développée, inaugurant un ordre de choses sensiblement différent de celui qui a précédé.

S. Silurien. Ce nom a été réservé aux couches qui renferment les faunes seconde et troisième de Barrande.

S. Carbonifère. L'importance des résultats obtenus dans ces dernières années par la botanique fossile a conduit le comité à maintenir une division du carbonifère en trois étages, permettant de distinguer la bande houillère du nord de la plupart des bassins de l'Europe centrale.

S. Permien. Le comité, en séparant le permien du carbonifère, a pensé qu'il fallait diviser ce système en deux étages, celui du bas étant encore très lié par sa flore au système carbonifère.

III. Série secondaire. *S. triasique. S. jurassique.* Après avoir maintenu les trois divisions classiques du trias, justifiées pour la

France par les mouvements du sol, qui n'ont fait apparaître la mer que lors de l'étage moyen, le comité, se fondant surtout sur des raisons paléontologiques, a décidé la jonction du rhétien au lias.

Deux étages ont été adoptés pour les assises oolithiques, avec attribution formelle du callovien à l'étage supérieur.

S. Crétacé. Très-divisé sur la question de savoir si le gault devait être réuni au crétacé inférieur ou au crétacé supérieur, le comité s'est rangé à l'adoption d'un étage intermédiaire comprenant le gault et le cénomanien. En effet, l'ensemble de ces deux divisions correspond bien à une période d'invasion marine qui, succédant aux oscillations du crétacé inférieur, a préparé la période remarquablement tranquille de la craie proprement dite.

IV. Série tertiaire. *S. éocène. S. miocène.* Le comité français a été d'avis d'étendre la signification du terme éocène jusqu'à la limite supérieure du gypse parisien. C'est, en effet, seulement après cette date, avec l'arrivée de la mer tongrienne, que la géographie de la région française a changé d'une manière sensible. Une minorité assez considérable a réclamé l'établissement d'une division spéciale, à la quelle serait appliqué le nom d'oligocène et qui comprendrait depuis le tongrien jusqu'à la base des faluns de la Touraine.

S. pliocène. De grandes divergences se sont fait jour relativement à la limite inférieure du pliocène. La majorité du comité a décidé de comprendre dans ce dernier système les couches à congéries du bassin du Rhône, qui sont en discordance marquée relativement aux couches à Hipparion du Mont Luberon. Quant à la liaison possible de ces couches à congéries avec celles du bassin de Vienne, le comité français ne s'est pas senti suffisamment compétent pour la trancher. La majorité a cependant pensé qu'un système pliocène qui serait réduit aux dépôts subapennins, aurait bien peu de raisons d'être et risquerait fort de se voir absorber par le quaternaire. D'autre part, il a répugné à un grand nombre de membres d'enlever à ce dernier terme la signification si nette que lui donne la présence de l'homme sur le globe, présence qui n'a été bien authentiquement constatée en Europe qu'avec le quaternaire proprement dit.

V. Série quaternaire. Tout en comprenant, dans cette série, l'ensemble des dépôts de l'époque glaciaire et de ceux qui se forment de nos jours, le comité a été unanime à penser que les uns et les autres devraient être distingués à titre d'étages.

Légende définitive adoptée par le comité français.

Série primaire	I.	**Série primitive.**	Iᵃ. Gneiss granitoïde fondamental	*Rose terne.*
			Iᵇ. Gneiss feuilletés et micaschistes; gneiss amphiboliques; cipolins; chloritoschistes	*Rose pâle.*
	II.	*Système Cambrien.*	IIᵃ (anc. III). Schistes plus ou moins cristallins avec fragments roulés de roches préexistantes (partie du pré-cambrien des Anglais et des phyllites des Allemands)	*Gris rougeâtre.*
			IIᵇ (anc. IVᵃ). (Cambrien, faune primordiale)	*Brun rouge foncé.*
	III.	*S. Silurien.*	IIIᵃ. (Faune seconde)	» » *moyen.*
			IIIᵇ. (Faune troisième)	» » *pâle.*
	IV.	*S. Devonien.*	IVᵃ. Devonien inférieur	*Brun rose foncé.*
			IVᵇ. Devonien moyen	» » *moyen.*
			IVᶜ. Devonien supérieur	» » *clair.*
	V.	*S. Carbonifère.*	Vᵃ. Houiller inférieur (Calcaire carbonifère et Culm, Millstone grit)	*Gris bleu.*
			Vᵇ. Houiller moyen (Nord de la France, Belgique)	*Gris.*
			Vᶜ. Houiller supérieur (Plateau central, Alpes, Palatinat)	*Gris pâle.*
	VI.	*S. Permien.*	VIᵃ. Schistes (Autun) et grès à Callipteris et à Walchia	*Sienne brûlée.*
			VIᵇ. Grès à Ullmannia et Zechstein	*Sépia.*
Série secondaire	VII.	*S. Triasique.*	VIIᵃ. T. inférieur (Grès vosgien compris)	*Violet foncé.*
			VIIᵇ. T. moyen	» *moyen.*
			VIIᶜ. T. supérieur	» *clair.*
	VIII.	*S. Jurassique.*	VIIIᵃ. Rhétien (Hettangien compris) et Lias	*Bleu foncé.*
			VIIIᵇ. Oolithe inférieur	» *moyen.*
			VIIIᶜ. Oolithe supérieur (Callovien compris)	» *clair.*
	IX.	*S. Crétacé.*	IXᵃ. Crétacé inférieur	*Vert foncé.*
			IXᵇ. Crétacé moyen (Gault et Cénomanien)	» *moyen.*
			IXᶜ. Crétacé supérieur	» *clair.*
Série tertiaire	X.	*S. Éocène.*	(Flysch compris)	*Jaune foncé.*
	XI.	*S. Miocène.*	(Depuis le début du Tongrien jusqu'au dessus des couches à Hipparion du Luberon)	*Jaune moyen.*
	XII.	*S. Pliocène.*		*Jaune pâle.*
	XIII.	**Série quaternaire.**	XIIIᵃ. Quaternaire	*Jaune de Naples.*
			XIIIᵇ. Actuel	*Blanc.*

A. de Lapparent,
Président de Section.

Rapport

du

Comité Hongrois

pour

l'uniformité de la nomenclature.

Pour faire un rapport destiné à être présenté au Congrès de Berlin, après les décisions de la 2ᵉ session à Bologne (1881), il faut tenir compte aussi des délibérations des réunions tenues à Foix et à Zurich; le comité local de la Hongrie croit donc devoir exposer le point de vue auquel il lui a paru convenable de se placer.

Il s'agit de l'exécution d'une carte géologique d'Europe, avec le concours de toutes les nations intéressées.

La légende en vue d'une telle carte doit exprimer en termes généraux les grandes divisions adoptées par la science, et en même temps elle doit être conçue dans les sous-divisions de manière à se trouver en harmonie avec les besoins de la géologie du pays.

Le comité hongrois, tout en adoptant les décisions générales de la 2ᵉ session à Bologne, pour les systèmes et les étages, croit devoir exprimer les faits locaux bien connus et les adopter pour la base d'une carte géologique de la Hongrie.

Ce sera la tâche du comité directeur de la carte d'Europe de décider dans quelle mesure les vœux exposés pourront être conciliés ensemble. Les études géologiques de détails entreprises dans le pays n'en seront pas affectées, mais chaque savant aura soin, dans la publication de ses travaux, qui font partie de l'ensemble de la science, de préciser les noms locaux en leur ajoutant les termes de la nomenclature proposée comme internationale.

Nous sommes d'avis de parler d'abord I. de la légende au point de vue spécial de la géologie de la Hongrie, comme du pays éminemment des Carpathes et en partie des Alpes orientales, et puis II. nous ajouterons quelques remarques relatives aux questions discutées dans les deux réunions préparatoires en vue du Congrès de Berlin, comme annexe de la légende.

I.

Légende adoptée par le comité hongrois.

A. Roches stratifiées sédimentaires.

Groupe cénozoïque	I.	*Alluvium*	(séparé).
	II.	*Diluvium*	(quaternaire) Loess, comprenant dans sa base aussi les dépôts fluviatiles de sables et graviers à *Elephas meridionalis*.
	III.	*Pliocène*	(Néogène supérieur). Comprenant les étages *levantien* et *pontien*, c'est-à-dire les couches à paludines et à congéries.
	IV.	*Miocène*	(Néogène inférieur). Contenant les étages *sarmatien* et *méditerranéen*.
	V.	*Oligocène*	comprenant comme étage supérieur l'*aquitanien*, et comme étage inférieur le *ligurien*, le gypse de Montmartre.
	VI.	*Éocène*	L'étage bartonien, auquel les couches de Priabona correspondent, comme facies alpin méridional.
Groupe mésozoïque	VII.	*Crétacé*	VII^a. Crétacé supérieur.
			VII^b. » inférieur. Comprenant le *gault* et à sa base l'étage barrémien.
	VIII.	*Jurassique*	VIII^a. *Malm.* Comprenant le lithonien inférieur (couches de Stramberg) et à la base, le callovien.
			VIII^b. *Dogger.* En haut les couches de Claus, en bas la zone de l'*Ammonites opalinus*.
			VIII^c. *Lias.* Comprenant à sa base la zone des *Ammonites planorbis* et *Ammonites angulatus*.
	IX.	*Rhétien*	La limite supérieure s'étend jusqu'à la base de la zone à *Ammon. angulatus* et *planorbis*, tandis que la limite inférieure exclut le *Hauptdolomit*.
	X.	*Triasique*	X^a. *Supérieur.* La partie supérieure est formée par le *Hauptdolomit*, la base comprenant l'horizon du *Trachyceras Reitzi*.
			X^b. *Inférieur.* Muschelkalk et Buntsandstein.
Groupe paléozoïque	XI.	*Permien*	XI^a. *Supérieur.* (Grès à *Ullmannia*.)
			XI^b. *Inférieur.* (Rothliegendes à *Walchia piniformis*.)
	XII.	*Carbonifère*	XII^a. *Supérieur.* Dépôts productifs.
			XII^b. *Inférieur.* Culm.
	XIII.	*Devonien*	En Hongrie, une trace seulement du devonien moyen est connue avec certitude dans la partie sud-ouest, dans un comitat (Vas) limitrophe de la Styrie.
	XIV.	*Silurien*	Inconnu en Hongrie.
	XV.	*Cambrien*	

B. Roches cristallines.

XVI.	*Schistes cristallins*	XVI^a.	Phyllites diverses (Ardoises, chloritoschistes, schistes amphiboliques, graphitiques etc. dont l'âge est inconnu).
		XVI^b.	Micaschistes-Gneiss.
		XVI^c.	Gneiss-Granite.
XVII.	*Roches massives cristallines*	XVII^a.	Roches granitiques (Granite, syénite etc.).
		XVII^b.	Roches porphyriques à Biotite — Cénozoïque (Trachytes). / plus anciennes (Porphyres).
		XVII^c.	Roches porphyriques à Augite — Cénozoïque (Augite-Trachyte). / plus anciennes (Diabase etc.).
		XVII^d.	Roches péridotiques — Cénozoïques (Basalte etc.). / plus anciennes (Mélaphyres etc.).

Remarques générales.

L'ensemble des roches stratifiées a été partagé en trois groupes, le quatrième (l'éozoïque: huronien, laurentien) n'est pas même nommé, car il n'existe pas, autant qu'on le sache jusqu'ici, dans les pays des Carpathes.

Les roches cristallines composées sont divisées d'après leurs structures et leur minéraux classificateurs, avec des subdivisions chronologiques. Mais cette subdivision se borne seulement à la distinction des roches cénozoïques, et des roches plus anciennes. Les roches volcaniques actuelles, les trachytes et les basaltes, se trouvent réunies dans cette classe, qui acquiert par cela une importance considérable; tandis que la classe des roches cristallines plus anciennes est rendue importante par les roches granitiques tant répandues sur notre globe.

Remarques spéciales.

A. Roches sédimentaires.

I. *Alluvium.*

Le comité hongrois est d'avis, qu'il serait utile de séparer l'Alluvium du Diluvium (voir le Diluvium) et de le marquer sur la carte par des réserves en blanc.

II. *Diluvium.*

La faune de ce système étant peu abondante, sa division en parties plus anciennes et plus récentes, qui aient une valeur générale, semble présenter beaucoup de difficultés. Il conviendra donc de n'accorder qu'une seule couleur au Diluvium.

Souvent à la base des couches quaternaires se trouvent des dépôts de graviers, de sorte qu'il est impossible de décider, si c'est au Diluvium qu'on doit les rattacher, ou bien à la partie supérieure du néogène. Le Comité est d'avis qu'en tel cas il semble être plus pratique de les joindre au premier.

III. Pliocène.   IV. Miocène.

On sait que la division du groupe tertiaire en pliocène, miocène et éocène, introduit par Lyell n'a pas fourni un cadre applicable à toutes les régions de l'Europe, et que, notamment, dans les grands bassins de l'Autriche-Hongrie, des géologues ont gagné la conviction qu'il faut la remplacer par un autre cadre, dont les subdivisions ne correspondent pas exactement aux limites assignées par Lyell. C'est surtout la limite entre le pliocène et le miocène dont le caractère paléontologique est tellement effacé là, qu'il semble impossible de l'établir avec l'exactitude nécessaire en pareil cas; tandis qu'un peu plus bas et un peu plus haut, d'autres limites bien distinctes se présentent sans difficulté. En mettant donc le Néogène, comme équivalent du pliocène et du miocène réunis, on a trouvé que, des subdivisions naturelles de néogène, les deux inférieures (le sarmatien et le méditerranéen) correspondent sans aucun doute au .miocène; mais au sujet du troisième étage: couches a paludines et à congéries (dans la terminologie locale, nommé aussi l'étage pannonien), le doute n'est pas exclu que cet étage pourrait appartenir (dans sa majeure partie ou même dans son entier) au plioncène proprement dit, tandis que d'autres géologues aiment à le rattacher au miocène.

Le terrain couvert par le néogène est d'une grande étendue, et l'étude de ses couches a formé depuis bien des années l'objet de recherches et de subdivisions détaillées. Le comité hongrois est d'avis qu'il est désirable que ce caractère particulier du tertiaire supérieur se trouve exprimé, tant sur la carte que dans la légende.

Cependant, pour trouver l'entente nécessaire entre les exigences des divers pays, le comité hongrois fait la proposition suivante. En réunissant les deux étages inférieurs du néogène sous une commune désignation *Néogène inférieur*, ainsi que l'étage pontien et l'étage levantin sous le nom de *Néogène supérieur*, on établit une subdivision, qui dans son ensemble correspond au miocène et au pliocène par le principe de superposition, et n'en diffère que peu par le niveau de la limite séparatrice. On pourra donc sans inconvénient appliquer le figuré du pliocène au Néogène supérieur et celui du miocène au Néogène inférieur.

Mais pour faire ressortir la différence, qui ne cesse pas de subsister, il faudrait introduire (sur la même couleur) deux monogrammes différents, p. ex. p pour les contrées où le pliocène est bien établi et n_2 pour désigner les étages pontien et levantien.

Pliocène \
Néogène en Hongrie etc. \
Miocène

Néogène supérieur: étages levantin et pontien, y compris les couches à paludines et à congéries.
Néogène inférieur: étages sarmatien et méditerranéen.

Le comité hongrois croit devoir faire ici la remarque, que pour sa part, il range les faunes de Pikermi, du Mont Lébéron et d'Eppelsheim dans le pliocène inférieur et non pas dans le miocène supérieur.

V. Oligocène.

Comme les dépôts oligocènes se trouvent très répandus en Hongrie et couvrent une surface considérable, où ils sont bien caractérisés par leurs fossiles, le comité juge de toute nécessité de séparer cette division des autres et de lui appliquer un figuré à part. La limite supérieure de l'oligocène comprendra l'étage aquitanien, tandis qu'à la base l'étage ligurien (y compris le gypse de Montmartre) formera son étage inférieur.

VII. Crétacé.

Considérant les rélations géologiques relevées en Hongrie, le comité rattache le gault au crétacé inférieur, tout en ajoutant le désir que, là où le crétacé inférieur contient ainsi du gault, la limite de l'affleurement soit marquée par une ligne plus épaisse, dans le sens exprimé par la proposition de M. Hébert à la conférence de Zurich (1883) et adoptée par celle-ci.

IX. Rhétien.

Le comité hongrois juge qu'il est indispensable de faire ressortir sur la carte ce terrain, d'une étendue si grande et d'un développement si considérable, mais quant à la question de sa position systématique, le comité s'abstient d'émettre une opinion définitive. Néanmoins, puisque dans les Alpes ainsi que dans les Carpathes, contrées de leur développement le plus considérable et le mieux précisé, ces dépôts semblent se rapprocher le plus intimement du système triasique, le comité recommande d'appliquer aux affleurements du Rhétien la couleur fondamentale du Triasique, de couvrir cette coloration de stries du Lias et d'ensuite d'adjoindre à ce figuré un monogramme propre au Rhétien.

XIII. Devonien.

Suivant les données relevées en Hongrie sur l'existance des dépôts de ce système, on n'en connaît qu'une trace avec certitude, le devonien moyen du comitat de Vas (Eisenburg). Toutes les autres traces attribuées a ce système comme devonien inférieur le sont seulement d'après les rapports de gisement et les caractères pétrographiques. En conséquence, le comité ne fait guère une proposition de faire une division de ce système, mais il adhère à la triple division proposée par la commission internationale de Zurich.

B. Roches cristallines.

Le comité hongrois est convaincu que les roches cristallines devraient être classées d'après le même principe que les roches sédimentaires: savoir, d'après leur âge, et il y a exceptionellement des cas où l'on peut, dans les pays carpathiens, satisfaire à cette loi; mais pour la plupart, il est impossible de se prononcer sur l'âge, principalement quant il s'agit des roches cristallines stratifiées; alors il ne reste, qu'à faire valoir leurs caractères pétrographiques. Il ne manque pas de cas où l'on connait, dans la même contrée, deux systèmes de roches cristallines dont la différence dans l'âge relatif est suffisamment marquée, mais faute de contact avec des couches fossilifères, l'âge géologique ne peut pas être indiqué.

Pour les *Schistes cristallins*, si l'on prend pour point de départ les exigences géologiques, il est parfois utile de faire les trois subdivisions indiquées dans la légende. Car il y a des cas où les phyllites proprement dites, sans micaschiste même, couvrent isolément un terrain considérable, tandis que, dans d'autres cas, c'est le micaschiste qui est dominant et suivi de gneiss, mais non accompagné de granite. Enfin il y a des montagnes considérables, dans les massifs des Carpathes, qui sont composées de gneiss-granite, où le passage de ces deux roches est incontestable et peut être suivi à de grandes distances.

Nous croyons qu'il convient d'appliquer seulement une couleur, avec les monogrammes des roches principales composantes.

En ce qui concerne *les roches massives cristallines*, le comité hongrois accepte les propositions de son président, M[r] le Docteur de Szabò, en faisant quatre subdivisions indiquées dans la légende.

Ici un double caractère a été pris en considération: le caractère pétrographique et le caractère chronologique.

XVII°. Les roches granitiques comprennent l'ensemble des roches cristallines massives ayant une structure granitique, même si l'association minéralogique est différente: la syénite, les diorites appartiennent ici, contenant dans l'association minéralogique comme élément essentiel la biotite ou l'amphibole, mais non l'augite ou le péridot. Dans la même couleur, c'est le monogramme de la roche qui peut servir pour indiquer les détails. Les roches granitiques sont plus anciennes que l'ère cénozoïque. Les roches granitoïdes tertiaires ne manquent pas dans les pays de Carpathes, mais elles se rattachent, quant à l'âge, incontestablement aux trachytes normaux qui n'ont point subi de modification postérieure.

XVII°. *Les roches porphyriques* acquièrent une grande importance, non seulement par leur étendue, mais aussi par la possibilité de pouvoir souvent se prononcer sur leur âge, qui est en certaine corrélation avec la composition minéralogique, s'il ne s'agit que des membres d'un seul et même cycle d'éruption.

La classe des roches porphyriques peut être très-bien divisée en *roches porphyriques à biotite* et en *roches porphyriques à augite*. La première contient les roches dites *acides*, la seconde les roches dites *basiques*; mais comme il s'agit ici d'une classification géologique, basée sur un caractère reconnaissable par le géologue sur place, il est plus géologique de les nommer d'après le minéral qui y est essentiel et qui est très facilement reconnaissable, même macroscopiquement, que d'après un caractère qui suppose une analyse chimique, dont le résultat peut même être parfois en contradiction avec les caractères pétrographiques.

Les roches porphyriques à augite constituent l'ensemble des roches basiques. Elles sont caractérisées par la présence d'augite, comme minéral essentiel ou dominant, et en même temps par l'absence de la biotite et du quartz. L'amphibole n'est pas exclu.

Les roches porphyriques de l'ère cénozoïque, vu leur grand développement, méritent d'être nommées du nom spécial de *Trachyte*. Il y a ainsi des Trachytes biotiques et des Trachytes augitiques; tandis que le terme *Porphyre* est réservé aux roches porphyriques à biotite, et quant à l'âge, mésozoïques, paléozoïques ou en général plus anciennes; et on nommera *Diabase* les roches (pour la plupart) porphyriques à augite. C'est ici qu'il faut subordonner les rhyolithes et les *grünsteine*, comme modifications d'une des roches porphyriques.

XVII°. La classe des *roches péridotiques* peut être en général tenue à part des roches porphyriques. Si elles sont cénozoïques, il faut y rattacher les *basaltes*, les *dolérites* et l'ensemble des *roches volcaniques* contenant du péridot; mais si elles sont plus anciennes, on mettra dans cette classe le *mélaphyre*, le *gabbro à péridot* et les roches péridotiques proprement dites.

Commes les *serpentines* sont pour la plupart dérivées de roches péridotiques, elles seront placées ici et auront la même couleur; ce n'est que le monogramme qui servira à les distinguer.

II.

Annexe de la Légende.

Il y a encore quelques questions, qui ont été posées dans l'une ou l'autres des réunions précédentes, et qui ont été discutées aussi par le comité hongrois.

La gamme des couleurs. Le comité hongrois est d'avis que c'est une affaire d'exécution, qui sera le plus convenablement résolue par les directeurs de la carte. Chaque pays enverra sa carte géologique sur la feuille reçue de Berlin et de l'ensemble de ces cartes spéciales il sera possible de déterminer la gamme d'après les indications déjà données et à compléter à Berlin.

Les cas d'incertitude. Le comité juge qu'il est désirable que toutes les roches dont la position stratigraphique n'est pas encore bien déterminée, p. ex. une partie du grès des Carpathes, soient désignées par un figuré spécial. C'est aussi le voeu du comité suisse. Aussi, lorsqu'on ne saurait préciser si c'est à l'éocène ou au crétacé qu'il faut rattacher p. ex. le grès carpathique, bien connu pourtant sur une grande étendue, on marquera son affleurement par la couleur fondamentale de celui des deux systèmes auquel il se rattache avec plus de probabilité qu'à l'autre; en même temps, on chargera cette couleur fondamentale de stries de la couleur de l'autre système. De cette manière, l'incertitude qui subsiste dans cette question, se trouvera indiquée par un signe graphique sautant aux yeux, et qui pourtant suffira à préciser d'une certaine manière la position générale des dépôts en question.

Dans le cas où même dans le rang des systèmes le rôle de certaines roches deviendrait incertain, on choisira une des couleurs attribuées au groupe dont il est membre et on y joindra seulement le monogramme de ce groupe.

Si l'incertitude remonte jusque dans le rang des groupes, on agira de même; mais on aura soin d'ajouter un point d'interrogation (?) au monogramme du groupe.

Les désinences homophones. Il n'est pas inutile, si quelques auteurs s'en occupent, et le temps peut venir où l'avantage de s'en servir sera plus généralement reconnu; mais à présent, nous croyons qu'il n'y a pas de motifs suffisants pour en faire un objet de discussion au congrès de Berlin.

Budapest 1884 juin.

Dr. *J. Szabó.*

Président du Comité hongrois.

Rapport

du

Comité Portugais

pour

l'uniformité de la nomenclature.

Avant d'entrer en matière nous tenons à protester contre la phrase suivante qui s'est glissée dans le compte rendu des séances de la Commission internationale de nomenclature à Foix, p. 5: » . . . comme la carte de l'Europe (fera autorité) pour les figurés et la nomenclature géologique.«

Les pouvoirs délégués à la Commission de la carte ne comportent que le choix des couleurs affectées aux terrains paléozoïques et des détails de procédés graphiques. Sa confection n'a du reste pas été présentée au Congrès comme l'élaboration d'un code, mais seulement comme »*un essai d'application*«. Le contraire eût été très regrettable, car ce n'est pas la confection d'une carte à échelle aussi restreinte qui peut servir de modèle pour les cartes d'ensemble des différents pays pour lesquelles le Congrès a recommandé l'échelle de 1 : 500000 (Bologne, p. 150)[1]) et encore bien moins pour les points sur lesquels l'entente est possible dans les cartes à grande échelle.

Nous ajouterons en outre qu'il eût été préférable que les déterminations ayant rapport aux divisions à adopter pour la carte ne précédassent pas les délibérations des deux prochains Congrès. Nous voyons au contraire que les Comités internationaux, dans le but fort louable d'activer la publication, agissent avec une précipitation qui ne permet pas d'examiner sous toutes leurs faces les questions à trancher.

Nous sommes donc parfaitement d'accord avec M. Capellini lorsqu'il dit que les délibérations de Foix et de Zurich ne constituent »*qu'un travail préparatoire en vue du Congrès de 1884*« (Foix, p. 13).

---

[1]) Les références de pagination se rapportent aux comptes rendus des réunions de Bologne, de Foix et de Zurich.

Avant la réunion de Zurich nous avons répondu à la circulaire de M. Capellini du 21 mars 1883, laquelle contenait deux questions de nomenclature qui n'ont pas été abordées dans cette réunion.

Nous reproduisons notre réponse à ces deux questions:

6° question

»*Veuillez proposer un terme comme équivalent chronologique de* assise, *pour désigner à ce point de vue les divisions de 5° ordre.*«

Le mot *âge* ayant été admis comme équivalent chronologique de l'*étage*, il ne nous reste que le mot *phase* que nous avions proposé en 1880 pour les divisions de 4° ordre:

7° question

»*Seriez-vous d'avis d'intervertir les termes* groupe *et* série *comme cela a été proposé à Foix, en désignant par* série *les divisions de 1ᵉʳ ordre, et par* groupe *celles de 3° ordre?*«

En algèbre, en chimie, en biologie, .etc. on entend par *série* une suite de termes généralement considérable et souvent même indéfinie. L'idée qui se rattache au mot *série* est donc un grand développement, contrairement à celle qui se rattache au mot *groupe*. Par conséquent nous appuyons la proposition d'intervertir l'ordre de ces deux termes.

Dans le cas d'admission, le mot *section* n'a plus de raison de figurer dans l'échelle stratigraphique, le mot *groupe* ayant l'avantage de pouvoir être employé dans les principales langues.

Les divisions stratigraphiques et leurs équivalents chronologiques seraient donc:

FRANÇAIS		PORTUGAIS	
1° Série	Ère	Serie	Era
2° Système	Période	Systema	Periodo
3° Groupe	Époque	Grupo	Epoca
4° Étage	Age	Andar	Idade
5° Assise ou couches	Phase	Assentada ou camadas	Phase

Nous passerons maintenant à l'examen de quelques points du rapport du Secrétaire général M. Dewalque, qui n'ont pas été discutés au Congrès de Bologne.

9 et 10. — »*Le mot* banc, Bank . . . . . *s'applique à des couches plus épaisses ou plus cohérentes que celles qui les avoisinent ou dans lesquelles elles sont intercalées.*«

»*Inversement, des couches minces ou peu cohérentes seront désignées par le mot* lit (*français*), ... (*allemand*), ... (*anglais*), ... (*italien*), ... (*espagnol*), ... (*portugais*), ... (*roumain*).*«

Nous proposons de réunir ces deux paragraphes en leur donnant la rédaction suivante:

»Un *lit* est une strate peu épaisse; le mot *banc* s'applique à une strate épaisse quelle que soit la nature de la roche, ou à une strate peu épaisse d'une roche compacte comprise dans des strates moins cohérentes.«

Strate se traduit en portugais par *estrato* (synonyme *camada*, plus usité), *banc* par *banco* et *lit* par *leito*.

11. — »*Le pluriel anglais* rocks *et ses correspondants* roches, roccie ..... *auront la même signification qu'*assise. *Exemples:* Llandovery rocks, roccie à Globigerine, etc.«

Nous rejetons ce paragraphe vu qu'*assise* a déjà un synonyme (§ 6) et qu'il est indispensable de laisser la liberté sur l'emploi de quelques termes.

12. — »*Une* zone, zona ..... *est un ensemble de couches d'un ordre inférieur, caractérisé par un ou quelques fossiles spéciaux, qui servent à la dénommer.*

»*Cette expression est donc synonyme de la précédente, dont elle diffère par l'adjonction nécessaire d'un ou de deux noms de fossiles.*

»*Il peut aussi se faire qu'une zone soit une* assise (*N.* 5), *bien qu'elle soit plus souvent une division de quatrième ordre.*«

Dans l'esprit des auteurs, *zone* est synonyme d'*assise*, employé le plus souvent pour des assises désignées par un fossile, quoique le mot *couches* le soit aussi dans ce même cas, exemple: *Zone de l'Ammonites transversarius, Couches à Ammonites transversarius, Transversarius-Zone, Transversarius-Schichten.*

Nous ne sommes donc pas d'accord avec le § 12; il nous semble que l'on doit retirer au mot *zone* sa valeur stratigraphique, ou bien employer ce terme dans le sens que nous avons proposé en 1880, comme synonyme d'*assise* ne s'appliquant qu'à un faciès (Bologne, p. 447).

Nous insistons sur l'avantage qu'il y aurait à choisir un terme, celui d'*assise* par exemple, pour désigner la totalité des strates se déposant pendant une certaine phase [1]) et à ne donner au terme *couches* qu'une signification régionale; exemple: *Couches de Hauterive* n'indiquera que le faciès du néocomien moyen, tel qu'on le voit dans

---

[1]) Nous proposions alors le mot *horizon*; *assise* ayant été admis à Bologne pour désigner les divisions de 5ᵉ ordre, l'emploi du mot *horizon* devient donc inutile et nous le remplaçons dans notre proposition actuelle par celui d'*assise*.

le Jura, tandis que *Assise de Hauterive* indiquera en outre les autres faciès synchroniques, savoir : les *Couches à Belemnites dilatatus* des Basses Alpes, les *Couches à fougères et argiles réfractaires* du Bray, les *argiles du Weald*, les *conglomérats du Hils*, etc.

13. — »*On donne le nom d'horizon à une couche ou à une série de couches qui possèdent des caractères tranchés, permettant de les reconnaître aisément sur de grandes étendues de pays. Par exemple, l'horizon ferrugineux de la zone à* Ammonites opalinus.«

Le mot *niveau* nous paraît préférable à celui d'*horizon*, lorsqu'il s'agit de désigner un lit ou un petit groupe de strates caractérisées soit par leur nature pétrographique, soit par la présence exclusive ou exceptionellement abondante de certains fossiles.

Le niveau pourra donc parfois être une subdivision de l'assise, lorsque cette dernière sera entièrement partagée en un certain nombre de niveaux; d'autres fois le niveau ne sera qu'une partie de l'assise, une couche présentant des caractères spéciaux qu'il est utile de pouvoir distinguer comme point de repère.

14. — »*Le mot* dépôt, deposit (*anglais*), deposito (*italien*) . . . . . *ne doit s'appliquer qu'à une masse produite pendant une période ou dans un espace limité et caractérisé par une certaine homogénéité pétrographique.*«

Il ne nous semble pas utile de préciser la signification du mot *dépôt* (*deposito* en portugais).

15. — »*Le mot* formation *entraine l'idée d'origine et non celle de temps. Il ne doit pas être employé comme synonyme de* terrain *ou* d'étage. Mais on dira très bien:* formations éruptives, formations granitiques, gneissiques, calcaires, ... formations marines, lacustres, ... formations chimiques, détritiques. . . . . .«

Nous sommes parfaitement d'accord avec la détermination prise à ce sujet (Bologne, p. 92).

16. — »*Le mot* série *doit conserver une acception indéterminée, c'est une succession de couches que l'on veut envisager à part.*«

Nous avons déjà exprimé notre avis à ce sujet. Voyez *ante*, 7ᵉ question.

17 à 21. — Résolus au Congrès de Bologne (séance du 38 septembre).

22 *et* 23. — *Terminaisons homophones.*

Nous ferons tout d'abord remarquer qu'*une erreur s'est glissée dans l'impression du rapport du Comité suisse* (mai, 1881), qui a appuyé nos propositions et les a résumées dans un petit tableau où les terminaisons françaises *ien* et *in* sont appliquées aux divisions de 3ᵉ et de 4ᵉ ordre (Bologne, p. 543), tandis qu'elles correspondent, au contraire, aux divisions de 4ᵉ et de 5ᵉ ordre (Bologne, p. 446. 452 et 453). Cette erreur a été reproduite dans le rapport du Secrétaire général (Bologne, p. 557 et p. 72 de la brochure publiée avant le Congrès) et a naturellement produit un mauvais effet sur les personnes qui ne l'ont pas reconnue de prime abord, d'autant plus qu'elle n'a pas pu être relevée à la session de Bologne, où l'on n'est pas entré en discussion sur les terminaisons homophones.

Nous avons pourtant eu le plaisir de constater un pas marqué accompli dans cette direction, en ce sens que plusieurs savants ont spontanément remplacé dans leurs publications les termes *Silurien*, *Deconien* et *Carbonifère* par ceux de *Silurique*, *Devonique* et *Carbonique*.

Il ne faut en effet qu'un bien petit effort de bonne volonté pour amener l'entente sur les divisions de 2ᵉ et de 4ᵉ ordre, systèmes et étages, vu que la généralité des géologues appliquent la terminaison *ien* aux divisions de 4ᵉ ordre, et que la terminaison *ique* n'a pour ainsi dire été appliquée qu'aux divisions de 1ᵉʳ et de 2ᵉ ordre.

Quelques personnes ont émis l'opinion qu'il n'y aurait pas grand avantage à s'entendre sur ces terminaisons; nous sommes persuadés que le contraire est l'avis de tous les paléontologistes entrant dans les considérations de faciès sur le jurassique, le mieux connu et le mieux subdivisé de tous les systèmes. Il est en effet bien facile de se convaincre de la longueur et de la confusion qu'entraine dans une phrase l'emploi réitéré des mots *étage* et *assise* [1]), sauf dans les langues où ils se combinent avec le mot auquel ils s'appliquent et *forment par eux mêmes suffixes homophones*, par exemple: Neocom-*Stufe*, Crenularis-*Schichten*, etc.

Si l'entente sur ces terminaisons n'apporte pas de grands avantages aux géologues écrivant dans ces dernières langues, quant à leurs publications, ils ne profiteront pas moins du plus de clarté qu'elle introduira dans les publications des géologues écrivant dans les autres langues et il serait fort égoïste de leur part de refuser à ces derniers un bienfait dont ils jouissent.

---

[1]) Voir ce que nous avons dit sur ce sujet dans le rapport de la section portugaise (Bologne, p. 449), ce rapport n'ayant pas été reproduit dans le recueil de rapports ayant précédé ce Congrès.

Nous avons été surpris de voir la réunion de Zurich ne pas entrer en matière sur ce sujet, tandis que la discussion en fut tacitement renvoyée à ces séances lorsque l'on déclara à Foix que cette question se poserait d'elle même lorsque l'on aurait à étudier les noms à donner aux divisions adoptées pour la carte.

Nous aurions donc en tenant compte des modifications proposées:

1er ordre. Série: *aire*, ary, är, *ario* (secondaire, secundario).

2e ordre. Système: *ique*, isch, ic, *ico* (Triasique, Triasico).

3e ordre. Groupe: (sans terminaison fixe) (Lias).

4e ordre. Etage: *ien*, ian, ian, *iano* (Toarcien, Néocomien; Toarciano, Neocomiano).

5e ordre. Assise: *in*, in, in, *ense* (Vesulin, Tenuilobatin; Vesulense, Tenuilobatense).

L'emploi de ces terminaisons pendant près de trois ans ne nous a pas présenté de difficultés.

Quoique l'application d'une terminaison homophone aux divisions de 1er ordre soit des plus faciles, son emploi est certainement moins important que pour les divisions des autres ordres, car ces termes se présentent plus rarement dans la phrase et il ne peut pas y avoir de confusion à leur égard.

Afin de ne pas proposer trop hâtivement un nouveau terme, pour la série plus ancienne, nous avons adopté provisoirement la dénomination dont s'est servi M. Hébert[1]) quoique l'on ne puisse pas lui appliquer la terminaison proposée pour les divisions de 1er ordre.

Au lieu de choisir la terminaison *aire*, ce qui nécessite l'introduction de ce nouveau terme, on pourrait la remplacer par la terminaison *oïque*, et l'on aurait alors: séries azoïque, paléozoïque, mésozoïque, cénozoïque.

Dans le cas où l'on ne voudrait pas adopter l'ensemble de ces terminaisons, nous demandons à ce qu'il soit fait au Congrès de Berlin un vote spécial adoptant l'emploi des terminaisons de 2e et de 4e ordre et prohibant ces mêmes terminaisons pour les divisions de 5e ordre. Notre demande est motivée par l'extrême facilité d'obtenir l'entente sur les terminaisons de ces deux catégories.

24. — *»Le Congrès est d'avis que les noms tirés de la pétrographie, par exemple: grès bigarré, craie, calcaire grossier, doivent être repoussés de la nomenclature ou tout au moins, restreintes à la synonymie locale.«*

---

[1]) *Notions générales de géologie.* Paris, 1884.

Nous ne croyons pas devoir proscrire absolument les noms tirés de la pétrographie; au contraire, nous croyons utile de les employer pour les contrées encore trop peu étudiées pour que l'on puisse établir le parallélisme de leurs assises avec celles des pays bien connus. De cette façon on évite l'emploi de termes complètement nouveaux, qui chargent la mémoire et la synonymie, et rendent difficile la lecture des ouvrages. Nous sommes par contre d'avis qu'ils doivent être restreints aux descriptions locales, sauf dans le cas où ils auraient une désinence homophone. Exemple: carbonique, crétacique.

25. — *»Le Congrès est d'avis qu'un nom de lieu ne peut sans inconvénients servir à la formation de noms de deux unités d'ordres différents (que l'on adopte ou non le système de désinences homophones). Telles seraient, par exemple, les expressions groupe portlandien et étage portlandien ou portlandique.«*

Dans le cas où l'on n'admettrait pas les désinences homophones, nous sommes d'accord avec le principe énoncé. Dans le cas contraire, l'emploi des terminaisons homophones rend la confusion impossible lorsque le nom est écrit en entier. Il nous semble en outre préférable de ne pas proscrire l'emploi de la même racine, car dans certains cas cet emploi peut rendre des services en simplifiant la nomenclature et comme moyen mnémotechnique.

26 à 28, — *»En combien de séries ou ères faut-il diviser l'ensemble des terrains stratifiés et des époques correspondantes?«*

»Le Congrès accepte-t-il les expressions: primaires, secondaires?«

»Le Congrès accepte-t-il les expressions: paléozoïques, mésozoïques ... *comme synonymes des précédentes? Préfère-t-il les considérer comme appartenant au langage courant, dont l'usage est laissé au tact des auteurs?«*

La réponse à ces questions est comprise dans notre projet de de légende et dans nos propositions relatives aux terminaisons homophones.

Elles se rattachent en outre au voeu exprimé à Foix (p. 11) aux Comités nationaux d'étudier la succession des strates de leurs pays et le meilleur mode de groupement. Cette matière a déjà reçu un commencement de réponse dans notre rapport du 12 juillet 1883. Nous ferons pourtant observer qu'une pareille question demande un temps considérable pour être résolue, surtout dans les pays où la géologie a été relativement peu étudiée. Pour le moment nous ferons les observations suivantes, relatives au décisions ayant été prises à ce sujet à Zurich et présentant un grand désaccord avec la succession des assises en Portugal.

Dans cette discussion, qui a pour but le principe théorique, nous avons jugé convenable d'introduire quelques observations ayant plus spécialement en vue la carte géologique de l'Europe, ces deux sujets ayant été parfois confondus dans les discussions et les résolutions antérieures.

Dans la réunion préparatoire de Zurich (p. 27) il fut adopté à l'unanimité que les nᵒˢ 1, 2 et 3 de la légende proposée par la Commission de la carte soient réunis en un seul système qui sera dénommé *système archéen*. D'après cette résolution toutes les roches précambriennes sont donc réunies dans un même système, quelles soient d'origine indubitablement sédimentaire ayant ou non subi un métamorphisme postérieurement à leur formation, ou qu'elles constituent la croûte primitive du globe formée par cristallisation suivant les théories les plus généralement admises.

La résolution prise est certainement fort commode et d'une application très facile; il nous semble cependant que l'on commet une grave atteinte contre les principes d'une classification rationelle en réunissant dans un même système des roches d'origine et de caractères tellement différents et qui représentent une période incommensurable de l'histoire physique du globe. En ne lui destinant qu'une seule couleur comme c'est le cas dans le tableau de la page 46 (Zurich) on lui donnerait la même importance qu'ont, par exemple, le Pliocène, le Keuper, le Zechstein ou le Devonien supérieur, ce qui détruirait l'harmonie devant exister dans la signification des termes qui désignent les différentes masses minérales représentées dans la carte.

C'est par ce motif qu'acceptant les principes exposés par M. Hébert sur le groupement des couches les plus anciennes de la série stratigraphique[1]), nous avons proposé deux systèmes dans notre légende de 1883: le système inférieur, *cristallophyllique* pour les roches de la série primitive, et le système *archaïque* pour les roches précambriennes sédimentaires.

Depuis cette époque nous nous sommes de plus en plus convaincus de l'importance des roches de la série primitive, et aujourd'hui nous modifions notre tableau en considérant ces roches non pas comme un simple système mais comme une série particulière.

---

[1]) *Bull. Soc. géol. de France.* 3ᵉ série, t. xı, pag. 29, séance du 20 novembre 1882.

La classification des terrains paléozoïques présente aussi un point demandant des éclaircissements. Nous voyons que quelques membres du Congrès, MM. Blanford, Hughes et Renevier, ont soutenu l'avantage de grouper en un seul système les nᵒˢ 4, 5 et 6 de la légende.

Le comité portugais avait déjà exprimé cette même opinion dans son rapport de 1883, acceptant ces trois divisions »comme correspondant aux strates qui renferment les faunes primordiale seconde et troisième du système silurique.«

On remarquera que la conclusion votée diffère beaucoup des voeux exprimées. Nous lisons (p. 31):

»Le groupement des nᵒˢ 5 et 6 en un système, dont le nom sera ultérieurement fixé, est mis aux voix et adopté par 8 voix sur 10 votants.«

Une erreur typographique aurait-elle amené l'omission du nᵒ 4, qui devrait être joint aux nᵒˢ 5 et 6 pour former avec eux le système proposé, ou bien a-t-on voulu établir deux systèmes: *silurique* et *cambrique*, quoique ce cas n'ait pas été discuté? Nous croyons qu'il y a infiniment plus de probabilités pour la première hypothèse.

Si nous admettons cette importante correction au Compte rendu, il n'en reste pas moins à fixer la valeur à attribuer à chacune des divisions 4, 5 et 6.

La légende dit: »4. *Cambrien.* Toutes les couches fossilifères inférieures au Llandeilo.« Il reste à fixer si l'on doit y comprendre le Grès armoricain, qui est l'équivalent du grès à Bilobites de la Péninsule pyrénéenne, et que quelques géologues les plus autorisés considèrent comme étant aussi l'équivalent de l'assise d'Arenig.

En Portugal, où la faune primordiale n'a pas encore été découverte, il y a une association intime du grès à Bilobites et des schistes les plus inférieurs renfermant la faune seconde. Nous serons donc obligés de les séparer du cambrien.

La signification des nᵒˢ 5 et 6 manque aussi de clarté. D'après le compte rendu de Zurich (p. 30) M. Beyrich proposa de supprimer sur la ligne du silurien inférieur les mots *faune seconde* et remplacer sur celle du silurien supérieur *faune 3ᵉ E* par *étage E.* A la votation il paraît que l'on accepta la suppression de ces désignations sans le remplacement proposé par M. Beyrich, on ne voit donc pas si les étages F, G, H ou leurs équivalents doivent y être réunis.

En Portugal la ligne de séparation entre le silurien inférieur et le silurien supérieur est indiquée par une variation brusque dans les phénomènes de sédimentation correspondant à une variation analogue de la faune.

Quant à la série secondaire, nous ne relèverons que deux points qui tous deux ont été tranchés d'une façon très défavorable pour la géologie du Portugal.

Le premier concerne les *couches à Ammonites opalinus*. Ces couches offrent en Portugal une faune qui provient presqu'entièrement des *couches à Ammonites bifrons*[1]) avec lesquelles elle partage les caractères pétrographiques, tandis que ces deux ordres de caractères la font différer du Bajocien.

Il nous sera extrêmement difficile de tracer la limite entre ces deux assises dans les cartes à grande échelle. Il serait en tous cas contre nature d'y réunir au Bajocien les couches à Ammonites opalinus (couches à Ammonites aalensis de M. Choffat) en les séparant du Toarcien. Nous essayerons bien de tracer cette limite pour la carte géologique internationale, mais nous ne pouvons pas prendre d'engagement relativement aux cartes à exécuter à l'avenir en Portugal. Le géologue doit chercher à reproduire les faits qui existent dans la nature; il ne doit pas essayer de les faire rentrer dans des cadres tracés à l'avance, quelle que puisse être la priorité parlant en faveur de telle ou telle théorie.

La deuxième question, sur laquelle nous ne sommes pas d'accord avec les résolutions votées à Zurich, concerne la place assignée au Callovien. M. Choffat venant de publier une notice sur ce sujet, nous nous bornerons à dire que la réunion de cet étage au Jurassique supérieur nous est complètement impossible; ce n'est pas comme pour le cas précédent une question d'affinité de caractères, car il y a dans quelques contrées substitution totale du Callovien par le Bathonien.

Nous ne pouvons donc pas faire sur ce point une concession analogue à celle que nous avons faite précédemment, nous devons déclarer que même pour une carte à petite échelle il nous est matériellement impossible de séparer le Callovien du Bathonien.

Par rapport aux terrains sédimentaires nous maintenons avec une petite modification le tableau que nous avons présenté avant la réunion de Zurich, mais en faisant toutefois des réserves pour le Crétacique, sur lequel nous espérons recueillir de nouveaux documents avant le Congrès de Berlin.

---

[1]) Des récoltes de fossiles faites dans ces couches postérieurement à la publication de M. Choffat sur le Lias et le Dogger au nord du Tage, ont fait voir une analogie de faunes beaucoup plus grande que cet auteur ne l'avait admis.

Nous avons cru devoir diviser la série tertiaire en deux systèmes, l'un comprenant les roches proprement tertiaires et l'autre comprenant les dépôts quaternaires et modernes. Pour les désigner nous avons été obligés de proposer deux noms nouveaux : *hessocénique* et *malacénique*, dont la signification est en harmonie avec l'âge relatif de ces systèmes ; le terme *hessocénique* signifiant *moins récent* et celui de *malacénique* signifiant *très-récent*.

Nous maintenons aussi ce que nous avons dit au sujet des formations éruptives, acceptant la proposition de distinguer les porphyres et les serpentines par des couleurs spéciales dans la carte géologique de l'Europe, mais sans admettre cette séparation dans la classification théorique.

Légende proposée par la sous-commission portugaise pour la carte géologique de l'Europe.[1])

A. Formations sédimentaires.

Séries	Systèmes	Groupes	Étages	Monogrammes
Tertiaire (Cénozoïque)	Malacénique	Cénogène.....	Holocénien	
			Pleistocénien	Q
	Hessocénique	Néogène	Pliocénien	P
			Miocénien	M
		Palaeogène	Oligocénien	O
			Éocénien	E
Secondaire (Mésozoïque)	Crétacique	Crétacique supér. .	....	C²
		Crétacique infér. .	....	C¹
	Jurassique	Malm	(Du Purbeckien à l'Oxfordien)	J³
		Dogger	(Du Callovien à l'assise à....)	J²
		Lias	(De l'assise à.... au Sinémurien)	J¹
		Rhétien	(L'Hettangien y compris) ...	R
	Triasique	Trias supérieur ..	....	T²
		Trias inférieur...	....	T¹
Primaire (Paléozoïque)	Permo-carbonique	Permien	....	H³
		Houiller	....	H²
		Anthracifère....	....	H¹
	Dévonique	Famennien	....	D³
		Eifelien	....	D²
		Rhénan	....	D¹
	Silurique	Bohémien	....	S³
		Ordovicien....	....	S²
		Cambrien	....	S¹
Primitive (Azoïque)	Archaïque	(Huronien?)	....	A
	Cristallo-phyllique	(Laurentien?) ...	....	Cr

[1]) Métamorphisme subi par une roche sédimentaire quelconque ...

B. Formations éruptives.

Mono-
grammes

Éruptions anciennes acides:

    Granite, Syénite, Porphyre euritique, etc. . . . . γ

Éruptions anciennes basiques:

    Diorite, Mélaphyre, Trapp, etc. . . . . δ

Éruptions récentes acides:

    Trachytes, Phonolites, etc. . . . . τ

Éruptions récentes basiques:

    Basalte, Dolérite, Amphigénite, etc. . . . . β

Éruptions actuelles . . . . λ

    NB. Pointillé pour les agrégats volcaniques de chaque caté-
gorie.

En résumé il nous paraît plus méthodique et d'une application plus facile d'adopter une légende ne donnant pas simplement une liste des divisions adoptées pour la carte, mais les groupant d'une manière plus ou moins analogue à celle que nous avons proposée, ce qui permet de voir à première vue l'importance relative de chaque division.

Nous sommes surpris que la réunion de Zurich ne soit pas entré en discussion sur la proposition du mode de représentation des terrains d'âge incertain (Zurich, p. 13) et des subdivisions d'une étendue trop faible pour pouvoir être représentées à l'échelle de la carte.

Nous saisissons cette occasion pour rappeler ce que nous en avons dit dans notre précédent rapport et appuyer les propositions du Comité suisse, du 30 avril 1883 (p. 15).

Nous terminons en appuyant en principe les propositions relatives au *Nomenclator paleontologicus,* à une *Revue internationale de géologie* et à un *Dictionaire géologique* (Zurich, p. 23 et 29).

En ce qui concerne spécialement le *Nomenclator paleontologicus* il nous paraît de première importance de ne pas le commencer avant que l'accord se soit fait sur certains principes sur lesquels il est nécessaire de s'entendre, en particulier avant qu'il ait été donné suite à la décision du Congrès demandant une entente avec les sociétés zoologiques et botaniques (Bologne, p. 191).

Cet accord nous paraît indispensable si l'on veut que le *Nomen-clator paleontologicus* fasse autorité pendant un temps en rapport avec les sacrifices qu'il aura exigé.

Nous ne demandons pas à ce que le Congrès formule un code entrant dans tous les détails relatifs à la nomenclature des espèces, mais seulement qu'il pose les principaux jalons, d'après lesquels auront à se guider les collaborateurs du *Nomenclator*.

Lisbonne, le 18 mars, 1884.

Joaquim Filippe Nery Delgado.
Paul Choffat.

Avec l'approbation de:

MM. Alfredo Ben-Saude, adjoint de la Section des travaux géologiques.

Antonio José Gonçalves Guimarães, professeur à l'Université de Coïmbre.

Wenceslau de Lima, professeur à l'Académie polytechnique de Porto.

Rapport

du

Comité Roumain

pour

l'uniformité de la nomenclature.

Déjà lors du premier congrès tenu à Paris, dans l'année 1878, on aurait pu prédire qu'une entente sur l'unification de la nomenclature géologique sera possible: heureusement cette possibilité s'est transformée, trois années plus tard. en certitude. Les géologues réunis au congrès de Bologne en 1881 ont prouvé deux choses: 1° que la nécessité d'une pareille entente était impérieuse. 2° qu'ils sont capables, quand il s'agit de l'intérêt de la science. de sacrifier leur amour-propre personnel et même leur amour-propre national; tous, en vérité, ont montré un tel désir de s'entendre que les incrédules sont restés stupéfaits en face de la presque unanimité avec laquelle le plus grand nombre des résolutions ont été prises à Bologne.

Il était évident pour quiconque connaît les difficultés de pareilles questions, que les choses ne pouvaient pas être poussées plus loin qu'elles n'ont été portées au congrès de Bologne.

Ces considérations donnent au comité roumain la conviction qu'un pas important sera fait aussi au congrès de Berlin, et avec cette conviction il vient soumettre aux savants qui s'y réuniront cette année, ses appréciations.

Une grande partie des points compris dans le rapport de notre savant confrère, Monsieur Dewalque, secrétaire général de la Commission internationale pour l'uniformité de la nomenclature, étant résolus par le congrès de Bologne, nous croyons qu'il n'y a pas lieu et qu'il ne serait pas bien d'y revenir; il nous reste donc à nous prononcer sur les points du dit rapport qui n'ont pu, faute de temps, être traités au précédent congrès.

Cependant avant de nous prononcer sur ces points, nous devons rappeler qu'en vue de la réunion de Zurich qui devait avoir lieu, au mois d'août de l'année dernière, plusieurs questions ont été posées aux comités nationaux par notre infatigable président, Monsieur Capellini, auxquelles presque tous ces comités se sont empressés de répondre, et les géologues réunis à Zurich, l'année dernière. ont pu avoir devant les yeux ces réponses, qui y ont été discutées et résolues provisoirement. Deux questions seulement n'ont pu être abordées; ce sont: la question 6, relative au terme chronologique correspondant à la division stratigraphique *assise*, et la question 7, relative à l'interversion des termes *groupe* et *série*. Comme nous avons déjà répondu à ces deux questions dans notre rapport envoyé en temps opportun à Monsieur le président du Congrès et que nous reproduisons plus loin, nous nous y référons.

Revenons au rapport du secrétaire général.

Les points 8 à 14, compris dans le rapport de Monsieur Dewalque, étant des définitions acceptées plus ou moins par tous les géologues, nous croyons qu'il ne donneront pas lieu à aucune grande divergence d'opinions et que, par conséquent, ils ne présenteront pas de difficultés à être admis par tous; nous voulons seulement faire quelques observations.

Les points 8, 9 et 10, s'occupant de la définition des éléments stratigraphiques de l'écorce terrestre et se rapportant plutôt à leur dimension qu'à leur position, nous sommes d'avis que pour suivre l'ordre de leur importance, on devra dire:

Les éléments de stratification de l'écorce terrestre sont:

Français:	*Roumain:*
Banc	Banca
Couche	Stratŭ (prononcez *strat*)
Lit	Strătuletŭ (prom. *strătuletz*).

Le terme *zone*, *zonà* en roumain, signifie plutôt une division paléontologique qu'une division stratigraphique et, quoique la différence soit difficile à établir entre les mots *zone* et *assise*, nous sommes d'avis qu'une acception spéciale doit être assignée à chacun de ces termes; ainsi, on dira: *assise inférieure du calcaire grossier* et *zone à Avicula contorta*.

Nous ne pourrions pas accepter le point 11 du rapport Dewalque, ainsi conçu:

»Le pluriel anglais *rocks* et ses correspondants *roches, roccie* . . . . auront la même signification qu'*assise*. Exemple: *Llandovery rocks, roccie a Globigerine,* etc.«

Le mot *roches* (français), *rocks* (anglais), *roce* (roumain), se référant à la nature de la masse (Première résolution du congrès de Bologne) et non pas à sa position stratigraphique, il ne pourra pas être employé comme synonyme du mot assise; de même que, pour le terme *formation*, le congrès a assigné une signification spéciale, qui se réfère à l'origine des roches et non pas à leur position stratigraphique. (Deuxième résolution du congrès de Bologne.) Comme cela se fait par nos confrères allemands et anglais, nous sommes d'avis que le mot *rocks, roches, roce* doit être réservé pour désigner seulement la nature des masses minérales et non pas leur succession.

Passons maintenant aux divisions en espace de l'écorce terrestre.

Le congrès de Bologne a déjà admis ces divisions, mais seulement comme signification et valeur, et non pas comme nombre et dénomination : à cet effet j'ai proposé au congrès, dans sa séance du 28 septembre, — Compte rendu du congrès géologique de Bologne, page 122—123 — qu'avant de séparer, il se prononçât sur les noms qu'on devra donner au moins aux grandes divisions de premier ordre : mais la majorité a cru nécessaire d'ajourner cette question au congrès de Berlin, afin que les divers comités nationaux aient le temps d'étudier de nouveau la question et de donner leur opinion pour chaque degré de division.

Nous sommes convaincus d'ailleurs que l'entente ne sera pas difficile à établir relativement aux divisions de 1er et de 2ème ordre : *groupes* et *systèmes*.

Mais, avant de nous prononcer sur cette question, nous croyons nécessaire de dire quelques mots sur le principe qui doit servir de base à ces dénominations. Il est évident, et la pratique est là pour nous le montrer, qu'il n'y a, généralement, que trois caractères qui puissent servir de base à cette nomenclature : la *pétrographie*, la *paléontologie*, et la *géographie*.

Le caractère pétrographique est peu important par la grande variation qu'il éprouve d'un pays à un autre ; pourtant, il y a des cas où il est assez constant pour pouvoir servir de base et donner son nom à une division de l'écorce terrestre, ex. *carbonifère*, *crétacé*, etc.

Le caractère paléontologique est plus constant ; il aurait pu servir plus qu'il ne l'a fait, pour donner des noms aux divisions de l'écorce terrestre ; ainsi on aurait pu très bien dire le *groupe trilobitique*, le *groupe ammonitique*, et cela aurait répondu mieux, selon nous, à la réalité, que les dénominations de *paléozoïque*, *mésozoïque*, etc. En effet, les trilobites ont vécu tout le temps qui a été nécessaire à la formation des couches qui forment ce qu'on est habitué de nommer groupe primaire, et ne se trouvent pas au-delà ; la même chose est pour les ammonites ; tandis que les animaux qui ont vécu dans ce laps de temps, ne sont pas tous παλαιοι (anciens) dans l'acception rigoureuse du mot, c'est-à-dire que tous auraient cessé de vivre au-delà de ces couches ; la preuve en est, les *nautilus*, les *cerithium*, les *natica*, etc., qui ont traversé toutes la série des couches, depuis les plus anciennes jusqu'aux plus nouvelles.

Le caractère géographique est le moins propre pour donner un nom à une division de l'écorce terrestre, par la nature même des choses. Le nom géographique est forcément limité à une très-petite portion de la surface du globe; à ce point de vue un pareil nom devrait être rayé de la nomenclature géologique, si un autre principe n'intervenait pour justifier tant de noms géologiques basés sur la géographie: c'est le principe de la priorité. Les anciens géologues qui ont étudié pour la première fois dans un pays un ensemble de couches, ont trouvé très-naturel de donner à cet ensemble le nom du pays qui en est formé; de là les noms de *silurien, devonien*, etc.

On voit donc de ce qui précède qu'aucun des caractères qui ont servi de base à la nomenclature géologique, n'est absolument bon, ni absolument mauvais, et le bon sens des géologues descripteurs a fait usage de l'un ou de l'autre principe selon qu'il leur a paru mieux correspondre à la réalité des choses; il est évident d'ailleurs qu'ils n'ont pas toujours réussi, mais *»errare humanum est«*.

A côté de ces trois principes nous pouvons ajouter deux autres qui, eux aussi, ont servi de base à la nomenclature des diverses divisions de l'écorce terrestre; ce sont: *l'ordre de succession*, ex. *primaire, secondaire, tertiaire*, etc. et *l'ordre de superposition*, ex. *inférieur, inferior* (en roumain), *moyen, mediŭ* (en roumain), *supérieur, superior* (en roumain).

En face de la difficulté de suivre un principe unique de nomenclature: en face de la diversité des systèmes employés; en face de la nécessité reconnue par tous d'une nomenclature uniforme, au moins pour les grandes divisions, nous croyons qu'is n'y a que le système éclectique qu'on puisse employer avec avantage, tenant compte, bien entendu, là où les faits ne s'y opposent pas, du principe de la priorité.

Sur cette base, voici quelles sont les opinions du comité roumain à ce sujet.

Pour les divisions de premier ordre: *groupes*, deux systèmes sont en usage: le système numéral: *primaire, secondaire, tertiaire* etc., et le système paléontologique: *paléozoïque, mésozoïque, cénozoïque*. Les deux systèmes sont assez bons; seulement, pour les raisons que nous avons indiquées plus haut, nous préférons le système numéral, qui n'implique autre chose que l'idée de succession, d'autant plus que la terminaison homophonique *aire* s'y applique avec facilité pour toutes les langues, comme cela se voit dans le tableau suivant:

Français	Roumain	Italien	Espagnol	Portugais	Allemand	Anglais
Groupe primaire	… ară	… ario	… ario	… ario	… är	… ary
» secondaire	… ară	… ario	… ario	… ario	… är	… ary

Par exception, nous donnerons le nom de *groupe primitif*, *primitivă* (en roumain) à l'ensemble des couches plus anciennes que le groupe primaire.

Pour les divisions de second ordre, *système*, *sistemă* (en roumain), nous acceptons, en tenant, autant que possible, compte de la priorité, des noms géographiques, pétrographiques et paléontologiques; seulement, nous nous rallions à l'opinion de nos collègues espagnols et portugais, qui admettent la terminaison homophonique qui correspond mieux à l'uniformité à laquelle nous aspirons, et qui d'ailleurs n'amène aucune difficulté dans aucune langue. Par exemple:

Français	Roumain	Italien	Espagnol	Portugais	Allemand	Anglais
Système silur*ique*	... *ic(ŭ)*	... *ico*	... *ico*	... *ico*	... *isch*	... *ic*
» devon*ique*	... *ic(ŭ)*	... *ico*	... *ico*	... *ico*	... *isch*	... *ic*

Pour les divisions de troisième ordre, *série*, *seria* (en roumain), nous nous servirons du principe de superposition. Nous dirons:

jurassique supérieur   crétacique supérieur
» inférieur   » inférieur.

Pour les divisions de quatrième ordre, *étage*, *etagiŭ* (en roumain), nous proposerons le principe de superposition pour les divisions du groupe primaire et tertiaire et le principe géographique, sauf une seule exception, pour les divisions des groupes secondaire et primitif, en appliquant ici aussi la terminaison homophonique suivante.

Français	Roumain	Italien	Espagnol	Portugais	Allemand	Anglais
... *ien*	... *ian*	... *ano*	... *iano*	... *iano*	... *ian*	... *ian*

Ainsi nous dirons:

Silurique . . . . { supérieur / moyen / inférieur

Éocénique . . . . . . { supérieur / moyen / inférieur

Nous dirons, d'un autre côté, que le jurassique se subdivise en deux séries et chaque série en étages, qui sont:

Jurassique supérieur { Portlandien / Corallien / Oxfordien

Jurassique inférieur { Bathonien / Bajocien / Liasien

Archaïque . . . . . . { Huronien / Laurentien

Pour les autres divisions, *sous-étages* et *assises*, nous sommes d'avis de laisser pleine liberté aux géologues de se conduire dans leur nomenclature suivant les lieux et les circonstances, à la seule condition qu'on indique de quel étage font partie les divisions qu'ils décrivent; par ex.: on dira le *Sinémurien* fait partie du *Liasien*; le *Soissonien* fait partie de l'*Éocénique inférieur*, etc.

Nous terminons ici ces considérations, avec l'ardent désir que le congrès puisse amener l'entente tant désirée pour le bonheur de la science qui nous est chère.

Gr. Stefanesco, Président.

Tableau de la classification de l'écorce terrestre.

Groupes	Systèmes	Séries	Étages
Quaternaire			Lössien Diluvien
Tertiaire	Pliocénique		Supérieur Inférieur
	Miocénique		Supérieur Moyen Inférieur
	Éocénique		Supérieur Moyen Inférieur
Secondaire	Crétacique	Crét. supérieur	Danien Sénonien Turonien Cénomanien
		Crét. inférieur	Albien Néocomien Wealdien
	Jurassique	Jurass. supérieur	Portlandien Corallien Oxfordien
		Jurass. inférieur	Batonien Bajocien Liasien, y compris l'in- fralias
	Triasique		Karnien ou Keuper (Mojsisovics) Wurtzbourgien ou Mu- schelkalk (Mojsisovics) Vosgien (Mayer-Eymar)
Primaire	Permique		Supérieur Inférieur
	Carbonique		Supérieur Inférieur
	Dévonique		Supérieur Moyen Inférieur
	Silurique		Supérieur Moyen Inférieur, y compris le Cambrien
Primitif	Archaïque		Huronien Laurentien

Réponse du Comité roumain aux questions posées par M^r le président du Congrès géologique en vue de la réunion de Zurich en 1883.

1ère question. — Le comité roumain admet les 27 divisions, avec les observations suivantes. Quoique le silurien ne soit pas représenté en Roumanie, le comité croit qu'il serait mieux, au point de vue de son caractère paléontologique, de réunir le cambrien au silurien, dont il formerait la partie inférieure, comme cela se fait déjà par plusieurs géologues; de cette manière, le premier comme le second système, sera divisé en trois parties: *inférieur*, *moyen*, *supérieur*.

2ème question. — Le comité roumain est d'avis que le Rhétien doit être réuni au Lias, en lui donnant le nom de *l'infralias* employé par grand nombre de géologues, et cela:

  1° Par son analogie paléontologique avec le Lias et

  2° Parce que le nom d'*infralias* indique tout de suite sa position dans la série stratigraphique de l'écorce terrestre.

3ème question. — Le comité roumain est d'avis que le *gault* soit réuni au crétacé inférieur, comme cela se fait par la plus grande partie des géologues; et cela par sa plus grande analogie paléontologique avec le *néocomien* qu'avec la *craie verte*.

4ème question. — Quant au *flysch*, nous nous référons à l'opinion des comités des pays où cette division est plus distincte qu'en Roumanie; cependant nous inclinerons pour la réunion du *Flysch* à l'*Éocène*.

5ème question. — En conformité de ce que nous avons dit relativement à la 1ère question, nous sommes d'avis que des nuances d'une seule couleur soient destinées aux divisions du *silurien* avec le *cambrien*; en conséquence, voici quelle est la proposition de notre comité:

Le gris rougeâtre foncé sera employé pour le silurien inférieur (cambrien).

Le gris rougeâtre moyen pour le silurien moyen.

Le gris rougeâtre pâle pour le silurien supérieur.

Pour le *carbonifère*, le comité roumain propose:

Le gris pour le carbonifère inférieur.

Le gris foncé ou *noir* pour le carbonifère supérieur.

6ème question. — Nous ne possédons pas dans notre langue une expression chronologique qui corresponde à la division stratigraphique *assise*: on pourrait peut être employer le mot *phase* quoiqu'il ne soit pas exactement le mot propre.

7ème question. — Le comité roumain est d'avis de conserver le nom de *groupe* pour les divisions de premier ordre, comme cela a été décidé par le congrès géologique de Bologne, et cela, d'autant plus, que le mot *groupe* signifie justement le *groupement* de plusieurs divisions ou séries des couches.

Gr. Stefanesco, Président.

Rapport

du

Comité Suisse

pour

l'uniformité de la nomenclature.

Le comité de la Société géologique suisse, dans sa séance du 15 avril 1884, à Berne, s'étant adjoint le soussigné, membre de la commission internationale de nomenclature géologique, et constitué ainsi en sous-commission suisse pour l'unification de la classification et de la terminologie stratigraphiques, M. le professeur Renevier laissé président et M. le professeur Heim secrétaire, a pris, au sujet de la question de la nomenclature internationale des étages sédimentaires, les résolutions suivante :

1°. Il décide à l'unanimité d'accepter pour les noms d'étages la terminologie usitée par l'école d'A. d'Orbigny, c'est-à-dire, à terminaison uniforme en *ien* (en italien *iano*, en allemand *ian*).

2°. A l'unanimité, il émet le vœu qu'en général, ces noms d'étages soient empruntés à une appellation géographique actuelle ou latine.

3°. Il décide par six voix (MM. A. Favre, de Fellenberg, Gilliéron, Heim, Jaccard et Renevier) contre deux (MM. Mayer-Eymar et Mühlberg) que des exceptions pourront être faites en faveur de noms d'étages en *ien* déjà usités et qui ont la priorité, tels que Diluvien, Corallien, Conchylien, Pécilien, etc., tandis que la minorité ne voudrait aucune exception à la règle.

Zurich, le 5 Mai 1884.

Charles Mayer-Eymar, professeur.

REPORTS OF SUB-COMMITTEES

ON

CLASSIFICATION AND NOMENCLATURE.

COMMITTEE OF ORGANISATION.

President.

Thos. McKenny Hughes, M. A., F. G. S.

Secretaries.

J. E. Marr, M. A., F. G. S.
Thos. Roberts, B. A., F. G. S.

Reporters.

H. B. Woodward, F. G. S.
Clement Reid, F. G. S.
J. Starkie Gardner, F. G. S., F. L. S.
A. J. Jukes-Browne, M. A., F. G. S.
W. Topley, F. G. S.
W. Hudleston, M. A., F. R. S., F. G. S., F. L. S.
J. F. Blake, M. A., F. G. S.
A. Irving, B. A., B. Sc., F. G. S.
G. H. Morton, F. G. S.
A. Strahan, M. A., F. G. S.
J. E. Marr, M. A., F. G. S.

RECENT AND TERTIARY.

A.

PLIOCENE, PLEISTOCENE, AND RECENT.

H. B. WOODWARD,
Reporter.

The following GENERAL CLASSIFICATION is that which accords with the majority of opinions expressed: —

Tertiary
- Recent
  - Historic
  - Iron
  - Bronze
  - Neolithic
  } Prehistoric
- Pleistocene
  - Palaeolithic and Glacial
- Pliocene
  - Upper Crag
    - Forest Bed and Norwich Crag Series
    - Red Crag
  - Lower Crag
    - Coralline Crag
    - Lenham Beds

GENERAL CLASSIFICATION.

Tertiary, name given by Brongniart.

Quaternary (name given by Naumann or Desnoyers?)

This name is applied to all deposits newer than the Pliocene. Hence it is synonymous with *Post-Pliocene*, with *Pleistocene* (some authors), and also with *Post-Tertiary*: and if a term be used at all, it is admitted that Quaternary is preferable.

Messrs Wood and Harmer, Whitaker, T. Mellard Reade, Dr Duncan, Profs. Judd and Dawkins, Dr Leith Adams, the Rev. H. W. Crosskey and Mr C. Reid, more or less strongly object to the term, because it implies a break in life which does not exist, it indicates a group of strata equivalent to Tertiary or Secondary, and because it is difficult to draw a line between Pliocene and Pleistocene. On the other hand the term is approved of by the Rev. Fisher, Prof. Prestwich, Messrs John Gunn, W. A. E. Ussher and J. H. Blake, and it is used by Dr James Geikie and Mr Bristow.

It is urged that the term is much employed on the Continent and in America, and that it embraces deposits on the whole very distinct from those anterior to them. No objection is felt to its use from the comparative thinness of the deposits embraced: inasmuch as Tertiary compared with Primary is open to the same objection.

Prof. Judd equally objects to the use of the term *Pleistocene*, as we cannot compare it with the divisions of the Tertiary period. *Post-Pliocene* he regards as the best name for the period in which we are living: *Post-Tertiary* is not good, as there is no such separation of the Recent from the Tertiary to justify the use of the term.

Messrs. Wood and Harmer object to the term Pleistocene and would extend the use of the term Pliocene so as to include all Modern deposits: —

$$\text{Pliocene} \begin{cases} \text{Recent.} \\ \text{Post-Glacial.} \\ \text{Glacial.} \\ \text{Crag.} \end{cases}$$

Mr S. V. Wood has called attention to the fact that he does not include the Recent deposits in his definition of the Newer Pliocene period.

Mr Wood's classification may be epitomized as follows: —

$$\text{Newer Pliocene} \begin{cases} \text{Post-Glacial.} \\ \text{Glacial.} \\ \text{Red and Fluvio-marine Crag (Upper Crag).} \end{cases}$$

$$\text{Older Pliocene} \begin{cases} \text{Coralline Crag.} \\ \text{Diestian.} \end{cases}$$

The term Post-Glacial is used by him for beds intermediate in age between Glacial and Recent.

Mr Wood's views are stated in *Quart. Journ. Geol. Soc.* Vol. xxxvi. pp. 457—527, and Vol. xxxviii. pp. 667—744. He remarks that

»The Upper Crag is in one part of Norfolk *absolutely continuous* with the marine deposits of the Glacial period, which represent the whole of the submergence and emergence above referred to — beds that *no* Geologist has ever suggested had other than a marine origin — while this Crag is distinctly separated from the Coralline (which, with the Diestian, constitutes the older Pliocene) by a break which no bed has been found in England to represent. This break, though they may differ as to its extent, is admitted by all Geologists. It is for these reasons that I have grouped all the beds from the Upper Crag to those immediately preceding the Recent, inclusively, as Newer Pliocene.«

Lyell has also (*Antiq. Man*, 4 Ed. p. 460) included all the Glacial deposits as Newer Pliocene.

Mr G. H. Kinahan observes, in his memoranda, that »it would be far more natural if the term Pliocene were made to include everything up to what is going on at the present moment«.

CAINOZOIC.

Term introduced by Prof. John Phillips:

> spelt *Cainozoic* by Phillips, in *Pal. Fossils of Devon and Cornwall*, 1841, p. 160.
>
> spelt *Caenozoic* by Phillips, *Guide to Geology*. 5th Edit. 1864. p. 40.
>
> *Kainozoic* by Godwin-Austen and German geologists.

The spelling »Caenozoic« is generally recommended.

If *Quaternary* be used, then Cainozoic should be employed to embrace it as well as Tertiary, thus: —

$$\text{Neozoic} \begin{cases} \text{Cainozoic} \begin{cases} \text{Quaternary.} \\ \text{Tertiary.} \end{cases} \end{cases}$$

Lyell (*Antiq. Man*, 4th Ed., p. 5), has separated the Post-Tertiary from the Tertiary or Cainozoic: —

$$\left. \begin{array}{l} \text{Recent} \\ \text{Pleistocene (Post-Pliocene)} \end{array} \right\} \text{Post-Tertiary.}$$

Pliocene . . . . . Tertiary or Cainozoic.

Dr Duncan regards the term Kainozoic as unnecessary, and as a biological term misleading. Dr Leith Adams considers it preferable to Tertiary. Mr J. H. Blake is of opinion that Kainozoic should be abolished, and Tertiary used, as two names are not necessary.

The above General Classification has, on the whole, met with approval; but, although the majority of those geologists who have expressed an opinion object to the term Quaternary, those who commend it urge its introduction very strongly on account of its extensive use abroad.

In this case, of course, the uniform terms Tertiary, Secondary, and Primary should be used. Dr Callaway, however, objects to the word Tertiary, as misleading, since it is the fourth of the great divisions —1. Archaean, 2. Palaeozoic, 3. Mesozoic, 4. Caenozoic. Professor Hull thinks that Caenozoic and Tertiary ought both to be retained—the former as a palaeontological, the latter as a stratigraphical term.

Prof. Hughes considers that the divisions Primary, Secondary, and Tertiary are obsolete, and proposes a new arrangement of Groups He holds that the Tertiary era is not yet complete, and therefore of course leaves no place for Quaternary.

PLIOCENE.

Name given by Lyell, 1830 (*Principles of Geology*, Edit. 1), from the percentage of extinct shells or shells then unknown as living, which the beds contained.

> Spelt *Pleiocene* by Prof. John Phillips: adopted by W. B. Dawkins, considered preferable by Dr Leith Adams.
>
> *Synonyms.* The term »Crag« used by R. C. Taylor in 1823.
> Icenian — proposed by S. P. Woodward in 1856.
> Subapennine.

Divided by Lyell into: —

> Newer Pliocene.
> Older Pliocene.

The general grouping now in use is: —

Pliocene
- Newer Pliocene or Upper Crag.
  - Norwich Crag and Forest Bed Series.
  - Red Crag.
- Older Pliocene or Lower Crag.
  - Coralline Crag.
  - Lenham Beds (Prestwich, 1857).

The »Suffolk Bone-bed« lies at the base of the Red and Coralline Crags.

CORALLINE CRAG.

Introduced by E. Charlesworth, 1835. (*Phil. Mag.*)

Synonyms. White Crag (Jones and Parker, 1864).
Bryozoan Crag (Jones and Parker, 1864).
Polyzoan Crag.
Suffolk Crag (used sometimes to include Red Crag also).

Divided by Prof. Brestwich (1871): —

Coralline Crag {
  Upper. Consolidated bryozoan and shellbanks. (Bryozoan zone.)
  Lower. Shelly sands. (Shell zone.)

The term Lenham Beds was introduced by Prof. Prestwich in 1857, for supposed Crag beds on the North Downs.

He considers them to be the equivalent of the Diestien of Belgium. Mr Whitaker (»Geology of the London Basin«, *Mem. Geol. Survey*) refers them to the Lower Eocene (Oldhaven Beds, &c.), and Mr Bristow is disposed to refer them to the Woolwich and Reading Series.

RED CRAG.

Introduced by E. Charlesworth, 1835. (*Phil. Mag.*)

Subdivided by S. V. Wood. Jr. into: —

3. Scrobicularia Crag.
2. Deben, Orwell, and Butley Crag.
1. Walton, Grey and Red Crag.

The upper part of the Red Crag (2 and 3) is by most, if not all, authorities considered to be equivalent to the Norwich Crag, or to the lower portions of the »Norwich Crag Series«.

Prof. Prestwich groups the beds as follows: —

Red Crag {
  Chillesford Clay
  Chillesford Sands } = Norwig Crag.
  Lower Red Crag.

NORWICH CRAG.

Name introduced by Lyell in 1839.

Synonym. Mammaliferous Crag. Charlesworth, 1836. (Brit. Assoc.)

The term Mammaliferous Crag has fallen into disuse because the Red Crag and the Coralline Crag exhibit a Mammaliferous basement-bed (Suffolk Bone-bed). The basement-bed of the Norwich Crag has been termed the »Mammaliferous Stone-bed« by Mr John Gunn.

The following divisions have been made: —

4. Pebbly sands and pebble-beds.
3. Chillesford Clay.
2. Chillesford Sand with Shell-bed.
1. Fluvio-marine Crag.

The Pebbly sands and pebble-beds were first described by S. V. Wood, Jr. — who in 1866 applied the term »Bure Valley Beds« to them (*Q. J. G. S.* XXII. p. 547). They are characterized by the presence of *Tellina Balthica:* hence have been termed the *T. Balthica* Crag by Mr John Gunn. Mr Wood has classed them as Lower Glacial from the occurrence of this shell: but as it has since been found beneath or in the lower part of the Cromer Forest Bed Series (which is Pre-Glacial) the distinction falls to the ground. They are (in part) synonymous with the »Weybourn Sands« or Weybourn Crag of Lyell, and in part synonymous with the *»Westleton Beds«* of Prof. Prestwich. The Westleton Beds (1871) = »Southwold Shingle« of Prestwich (1870), and at Westleton itself are on a different horizon to the »Bure Valley Beds« of the Bure Valley. (H. B. W.)

The term »Chillesford Clay« originates from Prof. Prestwich's description in 1849.

The shell-bed he described was afterwards correlated with a bed at Bramerton near Norwich, by Mr S. V. Wood, jun.

At Bramerton the following divisions were made by J. E. Taylor: —

Norwich Crag
- Upper Crag = Chillesford Shell-bed or Crag.
- Lower Crag } = Upper part of Red Crag.
  = Fluvio-marine Crag (Lyell).

The Upper Crag (of Taylor) = »Mya-bed« of the Rev. O. Fisher.

The Aldeby Beds (of Lyell) = Chillesford Clay and Chillesford Shell-bed.

The term »Norwich Crag Series« was used by H. B. Woodward (*Geol. of England and Wales*, 1876) for the Bure Valley Beds, Chillesford Beds, and Fluvio-marine Crag.

The term »Laminated Beds« — first applied by Mr John Gunn to certain laminated clays belonging to the Forest-Bed series on the Norfolk Coast, is now used by him in the same sense as the term »Norwich Crag Series«. The term »Upper Crag« used by the Geological Survey is also synonymous.

Prof. John Phillips has similarly employed the term Norfolk Crag — a term adopted by C. Reid.

Most of these divisions of the Crag are of no value out of particular districts.

FOREST BED SERIES.

Laminated Beds and
Cromer Forest Bed } (Gunn).

Divided by Prof. Prestwich (1871): —

Westleton Sands and Shingle (fluvio-marine).

Forest Bed and Elephant Bed.

Divided by C. Reid (1877, 1880): —

5. Leda-myalis Bed = (Mya-Bed of Runton).

4. Upper Fresh-water Bed.

3. Forest Bed (estuarine) = Elephant Beds, &c.

2. Lower Fresh-water Bed.

1. Weybourn Crag.

Here the beds marked 1 and 5 have been called »Bure Valley Beds«: beds 4 and 5 = »Westleton Beds«.

$$\text{Weybourn Crag} = \begin{cases} \text{Westleton Beds (in part)} \\ \text{Norwich Crag (in part)} \end{cases} \text{(Prestwich)}.$$

Mr J. H. Blake divides the beds (1881): —

Glacial. Bure Valley Beds or Westleton Beds.

$$\begin{matrix} \text{Mammalian or} \\ \text{Norwich Crag} \\ \text{Series.} \end{matrix} \begin{cases} \text{Rootlet Bed.} \\ \text{Chillesford Clay.} \\ \text{Norwich Crag.} \end{cases}$$

Mr Wood regards the Westleton and Bure Valley Beds as identical; and he disputes the occurrence of *Tellina Balthica* beneath the true Forest Bed of Cromer, which he now refers to the age of the Red Crag. (See Report, p. 91, and H. B. W. *Geol. Mag.* (2) IX. p. 452.)

Dr Leith Adams thinks the Forest Bed Series may be Inter-Glacial.

Most authorities agree that at present it is scarcely possible to establish a hard and fast line between Newer Pliocene and Pleistocene: though there is a tendency to mark the Pleistocene as commencing with the Glacial deposits.

Pre- and Post-.

The use of such terms as Pre-Glacial, Post-Pliocene, Post-Glacial, &c., is generally deprecated. It is admitted that they may be used for convenience of description, especially where strict definition is not possible, but their introduction into tables of strata is considered very undesirable [1]).

Prof. Hughes would reserve the prefixes *post* and *pre* for current language in all cases.

----

[1]) The word Prehistoric has been admitted (p. 405) in apposition to Historic: both might be grouped under the term Human.

Pre-Glacial is applied to deposits presumably older than the Glacial period, and yet not definitely Pliocene. It is expressive of time.

Prof. Dawkins remarks that if used in any other sense than as a stage in the Pleistocene, it will lose its meaning altogether.

Pleistocene.

This is generally regarded as a division of the Quaternary, thus: —

$$\text{Quaternary} \begin{cases} \text{Recent.} \\ \text{Pleistocene.} \end{cases}$$

Term proposed in 1839 by Lyell as an abbreviation for Newer Pliocene.

Term adopted by E. Forbes, but applied by him almost precisely in the sense in which Lyell used Post-Pliocene.

Lyell subsequently used the term as strictly synonymous with Post-Pliocene (*Antiq. Man*, 4th ed. pp. 3, 4).

Mr Ussher observes that Pleistocene being a superlative term, it must include all the Recent deposits: these latter he would term Newer Pleistocene, and the Glacial Beds, &c., Older Pleistocene.

Pleistocene includes Glacial, and embraces the Palaeolithic fauna.

Prof. W. Boyd Dawkins divides it thus:

$$\text{Pleistocene} \begin{cases} \text{Post-Glacial.} \\ \text{Inter-Glacial.} \\ \text{Pre-Glacial.} \end{cases}$$

On the other hand Dr James Geikie groups the beds as follows (*Prehistoric Europe*, 1881):

$$\text{Post-Tertiary} \begin{cases} \text{Recent.} \\ \text{Post-Glacial.} \\ \text{Pleistocene (= Quaternary).} \end{cases}$$

Dr Geikie and Rev. H. W. Crosskey, Mr T. Mellard Reade, and Mr C. Reid maintain that the line of division between the Pliocene and Pleistocene ought to be drawn at the base of the oldest Glacial deposits.

Mr J. H. Blake considers that the break is marked by the »Rootlet-Bed« on the Norfolk and Suffolk coasts; which he groups with the Pliocene. He thinks the term *Pleistocene* should be abolished, and »Glacial-Drift« used in its place.

Glacial.

Synonyms. »Erratic Tertiaries« — Trimmer.
Drift.

Northern Drift.

Diluvium [1]) = »Boulder Clay with its associated gravels« (J. Geikie.)

Boulder Clay.

Great difference of opinion is maintained with reference to the meaning of the term Glacial — the Rev. A. Irving and Mr Kinahan adhering to the view that it properly expresses the *modus operandi*. The term, however, appears generally to be used for all the deposits of the epoch which has received the name Glacial from the prevalence of glacial conditions, just as Carboniferous has been applied to the series in which coalbearing strata chiefly occur.

No definite classification applicable to Great Britain has yet been settled.

Dr James Geikie does not believe the time has come when the divisions of the Quaternary period can be applicable to a wide region.

The limits of the Glacial period are in dispute.

Some Thames-Valley deposits called »Post-Glacial« may be older than the latest Glacial deposits of North Britain.

In the same sense the deposits yielding Palaeolithic Implements may be entirely Glacial.

Some Cavern deposits may be of Glacial age, or Preglacial.

The Rev. O. Fisher thinks the term »Glacial« ought not to be used as the name of a deposit or series of deposits. It properly expresses the *modus operandi*.

Prof. Dawkins observes that the classification by »Ice« is purely local, and mostly parochial.

The Rev. H. W. Crosskey admits that it is impossible even in England to attempt any general classification of Glacial beds, with any chance of agreement: but it is very important to settle the definition of terms.

Boulder Clay and Till.

The Rev. H. W. Crosskey considers it very desirable that these terms should be defined, without theorizing on their origin. He suggests the following definitions [2]):

---

[1]) Includes Post-Glacial Drift (W. Whitaker). Diluvial might be applied to certain torrential or flood-gravels (J. Geikie). Diluvium and Diluvial by most authorities are considered objectionable, as implying a theory.

[2]) See also Mr. Crosskey's MS. for illustrations, &c. See also Dr James Geikie's MS. for list of Glacial terms.

Boulder Clay is a compact, unstratified clay, containing stones and boulders, irregularly and abundantly mixed with it; a portion of such stones and boulders being polished and striated; and a portion being derived from localities more or less distant from the place at which the deposit occurs.

He suggests that the word »Till« should cease to be used, and that Boulder Clay be substituted; for to use both words is puzzling, since a difference is suggested when no difference is meant.

Prof. J. Geikie and Mr. Kinahan prefer to retain the term Till rather than Boulder Clay, as it is simply a name and not descriptive.

Prof. J. Geikie would define Till as follows: — »An unstratified [1]) tumultuous accumulation of clay, sand, and grit — the clays usually predominating — more or less abundantly charged with angular and subangular rock-fragments of all shapes and sizes, from mere grit up to blocks several feet or even yards in diameter; a larger or smaller proportion of the fragments being smoothed and striated. The lower portion of the accumulation is often a jumbled agglomeration of angular fragments of the underlying rock.«

Other terms derived from this definition are:

Shelly Boulder Clay. i. e. Boulder Clay (as defined) with fragments of shells scattered through it.

Re-arranged Boulder Clay. A deposit of Boulder Clay less compact, with stones more rounded, and other ordinary signs of re-arrangement.

Transported Boulder Clay. Boulder Clay removed *en masse* from the position in which it was originally laid down.

Fossiliferous Glacial Clay. Clay containing shells *in situ*, more or less stony.

Objections are raised to the descriptive words »Rearranged« or »Transported« Boulder Clay, as implying theories of formation, which may be untrue.

The Rev. H. W. Crosskey suggests that the deposits of the Glacial Epoch may be ultimately classified in relation to the more patent physical facts connected with the elevation and depression of the land. During each period indicated in the subjoined classification there *may* have been (1) various movements and (2) various degrees of cold.

Glacial Epoch.

First Period. From the commencement of the Glacial Epoch, to the period of extreme depression of the land.

[1]) Mr. Whitaker suggests that the word »generally« be inserted before unstratified.

Second Period. From the period of extreme depression, to the period of the deposition of the most recent arctic fossiliferous clays.

Third Period. From the period of the most recent arctic clays, to the period of the youngest raised beaches.

Prof. J. Geikie thinks the distribution of Glacial time into three periods (by the Rev. H. W. Crosskey) to be very inexpedient.

The »Erratic Tertiaries« were divided by Trimmer into two groups:

Upper Drift. Till or Boulder Clay, with associated sands and gravels.

Lower Drift. Till or Boulder Clay.

But he was only responsible for the introduction of the terms; just as in reference to the term Upper Boulder Clay the statement is made, »(name used by Trimmer)«. For in the grouping of the strata, Trimmer included in his Upper and Lower Drift, or in his Upper and Lower Boulder Clay, many different beds, or at any rate beds differently correlated at the present day by Messrs Wood and Harmer, and others.

GLACIAL.

There appears to be no prospect of any agreement in the subdivision of the Glacial deposits; as Mr Kinahan remarks »The divisions of Glacial may do locally, but they are not general divisions«. Again, in speaking of the correlation of Drifts, he says, »A most striking confusion is that locally there are gravel beds in the Till, and if found in one place under the Till they are called Pre-glacial, while a few miles away the same gravel may be over the Till, and would be called Post-glacial«. In Norfolk the identification of gravels called Lower, Middle, or Upper Glacial often rests on very questionable evidence.

Mr Whitaker says the term *Post-Glacial* is often used more or less locally, for beds newer than the Glacial Drift *of the locality*, without prejudice to what relation they may have to distant glacial drift: *e. g.* Thames-Valley brickearths, &c. It might in the same sense be applied to the Clyde Beds.

In Norfolk and Suffolk and Yorkshire Messrs Wood and Harmer have made the following divisions:

»Cannon-shot« Gravel or Plateau Gravel.

Upper { Purple Boulder Clays of Yorkshire.
{ Great Chalky Boulder Clay.

Middle   Middle Glacial Sands and Gravel.

Lower   { Contorted Drift.
      Cromer Till.
      Bure Valley Beds [see under »Crag«].

The »Cannon-shot« Gravel, or Plateau Gravel, is regarded by Messrs Wood and Harmer as doubtfully Post-Glacial (= Flood Gravel of S. B. J. Skertchly).

Mr A. J. Jukes-Browne would group the Glacial Beds in the East of England, as follows: —

Glacial

  Upper { Hessle clay and gravels.
      Purple clay and gravels.
      Chalky clay and gravels.

  Lower { »Mid-Glacial« gravels, &c. with
      Contorted Drift.
      Cromer Till or Boulder Clay.

He thus differs from Mr Wood in grouping the Hessle Beds as Glacial, instead of Post-Glacial; and in placing the »Mid-Glacial« of Mr Wood with the Lower Glacial. This latter grouping has been adopted locally by Mr H. B. Woodward. [*Proc. Norwich Geol. Soc.* Vol. 1. p. 58, *Memoir on the Geology of the Country around Norwich* (Geol. Survey).]

Chalky Boulder Clay = Upper Boulder Clay (name used by Trimmer).

Middle Glacial { = Mid-Glacial, or Middle Drift.
      = Boulder Sands and Gravel (Prestwich).

Contorted Drift (introduced by Lyell), and Cromer Till = Lower Boulder Clay of John Gunn.

Brandon Beds. Term applied by S. B. J. Skertchly to certain brickearths in Suffolk, overlaid and underlaid by Boulder Clay, and containing Palaeolithic Implements. He considers them to be newer than the »Middle Glacial«.

Inter-Glacial (or *Intra-Glacial*). This term is used for deposits laid down during the »Glacial Period«, but exhibiting no evidence of Ice-action. It is considered preferable to terms like »Middle Glacial«, &c., by some geologists. Interglacial beds may consist of marine, fresh-water or terrestrial accumulations.

Dr J. Geikie considers that the limits of the Glacial period are very well-defined. It would include all the Pleistocene deposits, from the deposits on Cromer horizon [Cromer Till] down to the ossiferous brickearths, flood-gravels, etc. of England and North France, and the löss or lehm of Germany, &c., &c.

Everything later than the low-level löss is (in his opinion) Recent. The limits in Britain are equally well-defined. The younger valley-deposits, peat, and raised-beaches with living shells, and the later prehistoric fauna and flora, Neolithic man, &c. are all Recent, and cannot be confounded with any of the Pleistocene cave-deposits.

The Rev. H. W. Crosskey considers that the close of Pleistocene times was when the extinct species finally disappeared and arctic conditions ceased in Great Britain and Europe.

Prof. James Geikie suggests that under the heading »Glacial« there might be simply enumerated some of the more characteristic deposits and phenomena of the division, but not in any stratigraphical sequence — many of them being contemporaneous: —

Glacial Series
Moraines an morainic debris; Perched Blocks; Striated Rocks; Broken rock-surfaces under Till; Giant's Kettles.
Lake Terraces, &c.
Head; Breccias, Debris-heaps, etc.
Loam, clay, sand, gravel &c. in ridges and hillocks (Kames, eskers): in sheets or flats } Unfossiliferous.
Stratified clays, &c. marine fossiliferous.
Boulder Clays or Tills.
Beds intercalated between Boulder Clays or Tills; marine, freshwater, terrestrial.

It appears to Mr H. B. Woodward impossible to arrange the strata of Pleistocene and Recent ages according to time: they must therefore be arranged according to character or method of formation.

Some general term, he says, seems to be required for deposits of the Neolithic, Bronze, and Iron Ages grouped together, because the term Prehistoric, which was formerly applied to them, is now used to include deposits of Palaeolithic age. He suggests the following scheme for consideration: —

Recent { Caenanthropic. Late. Historic.
Mesanthropic. Early. { Iron Bronze Neolithic } Prehistoric.
Pleistocene. Palaeanthropic. Palaeolithic }

The *Recent deposits* may be diveded, according to their method of formation, as follows: —

— 418 —

Marine   { Shingle Beaches.
Raised Beaches.
Local marine deposits: —
    Formby and Leasowe Beds Shirdley } (Lancashire).
    Hill Sand and Preesall Shingle }
    Burtle Beds (Somersetshire).
    Buttery Clay of Fenland.
    Carse-lands of Scotland (in part).

Estuarine   { Scrobicularia clays, &c.: —
    Porlock Bay (Somerset).
    Pagham (Sussex).
    Morecambe Bay, &c. (Lancashire).
    Carse-lands of Scotland (in part).

Lacustrine.   Shell-marl, &c.

Fluviatile   { Brickearth and clay } Alluvium.
    { Gravel, sand, and silt }

Subaërial and Terrestrial formations and deposits   {
Submerged Peat and Forests.
Peat-bogs with one or more layers of buried trees.
Cave-deposits (in part).
Tufa.
Soils { Warp, Trail.
    Clay-with-flints (of various ages).
    Mould, &c.
    Screes; Breccias, &c.
Terraces or Linchets.
Landwash, or Rainwash.
Blown Sand.
Greywethers, &c.

Post-Glacial.

This term is used by some authors for beds intermediate between the Glacial and Recent. Prof. Prestwich, Mr S. V. Wood, Mr F. W. Harmer, Mr T. Mellard Reade, Mr Ussher, and others approve of it.

Prof. Prestwich groups certain River deposits under it (*Phil. Trans.* 1864): —

Valley Gravels { High level.
    { Low level.

With this group may be included some Cave-deposits, Peat-beds and Submerged Forests, and the Scrobiculariaclays. Messrs Wood and Harmer include as Post-glacial, the Hessle (Boulder) Clay, the

Hessle Gravel (Kelsea Hill Bed), and certain Plateau Gravels. The restriction of the term Post-Glacial to beds intermediate between the Glacial and Recent is open to great objection on etymological grounds.

RECENT.

Term used by Lyell, 1830, for strata containing none but recent shells.

Synonyms. Modern.

Post-Glacial (some authors).

The Recent Beds can only locally be divided into: --

Historic

Prehistoric $\begin{cases} \text{Iron.} \\ \text{Bronze.} \\ \text{Neolithic.} \end{cases}$

Prof. Dawkins regards the Prehistoric as only Recent *in part.* Owing to the difficulty of ascertaining their chronology, the following classification must for general purposes be adopted: --

Terrestrial, soils (in part), some cave-deposits, blown sand, tufa, &c.

Alluvial, fluviatile and lacustrine deposits.

Marine, shingle-beaches.

Dr J. Geikie observes that Dr Wilson introduced the term »Prehistoric« »to express the whole period disclosed to us by means of archaeological evidence as distinguished from what is known through written records«: hence it includes Palaeolithic, and therefore Pleistocene (in part).

Dr Geikie proposes the following grouping: --

Later Prehistoric = Neolithic, Bronze, and Iron Ages.

Early Prehistoric = Palaeolithic.

The Rev. H. W. Crosskey is disposed entirely to reject all terms referring to human history: the words »historic« and »prehistoric« having no geological meaning.

Mr J. H. Blake regards as Recent all deposits »formed since the close of the Glacial Drift period, and during the present configuration of the Earth's surface«.

ALLUVIUM.

Alluvial, used by Trimmer, 1853, applied to modern deposits of rivers and estuaries.

Loess (German term).

Recent Marine.

Burtle Beds of Sedgemoor. (De la Beche.)

Formby and Leasowe Beds. (T. Mellard Reade.)

Shirdley Hill Sand. (D. E. De Rance.)

Scrobicularia-clay of Pagham, Morecambe Bay, &c. Buttery clay of Fenland.

Raised Beaches, marking commencement of *Recent* period. (H. W. Crosskey.)

Greywethers. (Sarsen or Sarsden Stones, Druid Sandstones.)

Submarine Forests — term preferred by Rev. H. W. Crosskey as less theoretical than »Submerged«.

Submerged Forests — term preferred by the Rev. O. Fisher, as »Submarine Forest« expresses that the forest grew under the sea; and by Mr Ussher, as the term does not necessarily imply that the old forest was confined to lands now submerged.

Terraces, or Linchets.

Head = »Angular Drift« over Raised Beaches, &c. (Godwin-Austen).

= Landwash. (Prestwich, *Q. J. G. S.* xxxi, p. 47.)

Blown Sand — term generally preferred.

= Aeolian Drift. (Nelson — adopted by Kinahan.)

Soils
{
Warp
and Warp of the Drift } terms used by J. Trimmer.
Trail
considered by the Rev. O. Fisher to be older than the Submerged Forests.
Clay-with-flints.

B.

EOCENE, OLIGOCENE, AND MIOCENE.

J. STARKIE GARDNER,
Reporter.

REPORT.

TERTIARY.

THE term introduced by Lyell to replace such terms as »Alluvia«, »Supra-cretaceous«, & c., previously in use to designate strata above the Chalk. Its lower limits are at present somewhat ill-defined, the Secondary period having been, in some regions, gradually extended upwards to embrace formations whose fauna and flora present a vast preponderance of forms strongly allied in character to those of the Tertiary. Examples of these are the Newer-Cretaceous floras and faunas of the Western Territories of the United States, of the North-West of Europe and of New Zealand. A comparison of these with the classic and typical Lower, Middle, and even Upper Secondary floras and faunas seems to show that some revision is necessary.

The Tertiary was divided by Lyell and by Deshayes in about the year 1833 into four groups: EOCENE, MIOCENE and Older and Newer PLIOCENE. Von Koenen in 1854 extended to English beds of the Hampshire Basin the classification adopted in N. Germany, and originally proposed by Prof. Beyrich, in which the term OLIGOCENE is employed.

This Report is limited to the divisions *Eocene*, *Oligocene*, and *Miocene*, which are, or have been supposed to be, represented in Great-Britain.

EOCENE.

The term was first introduced by Lyell in 1833 (*Principles of Geology*) to designate the Lower Tertiary. He divided it into Upper, Middle, and Lower Eocene, the divisions agreeing practically, according to Judd, with the Barton, Bracklesham, and London Clay series. The existing classification, as accepted by Lyell and by Prestwich, has been slightly revised by recent writers. The chief alterations which appear to require consideration are as follows:

Classification of Lyell and Prestwich combined.	*Radical changes recently adopted or suggested.*
MIOCENE (Lyell).	
1. *Bovey-Tracey Beds*	Transferred to Middle Eocene (Gardner)
2. *Hempstead Beds and Bembridge Marls*	„ to Middle (Oligocene (Judd).
3. *Mull Beds* (and Antrim Beds)	» to Lower Eocene? (Gardner).
UPPER EOCENE (Lyell). (Fluvio-marine Series, Prestw. 1846.)	
1. *Bembridge series*	Transferred to Middle Oligocene (Judd).
2. *Osborne* »	
3. *Headon* » (Forbes, 1853)	„ to Lower Oligocene (Judd).
MIDDLE EOCENE (Lyell). (Paris-Tert. Group, Prestw. 1854.)	
1. *Upper Bagshot Sands*	Barton Beds to Upper Eocene; overlying Sands to Lower Oligocene (Judd).
2. *Middle Bagshot Sands* (Bracklesham, Prestw.)	To be extended to embrace Bournemouth and Bovey Beds (Gardner).
3. *Lower Bagshot Sands* (Prestw. 1847)	To Lower Eocene (Gardner).
LOWER EOCENE (Lyell). (London-Tert. Group, Prestw. 1854.)	
1. *London Clay* (Webster, 1814)	To introduce Oldhaven and Blackheath series (Whitaker).
2. *Basement-Bed of London Clay* (Prestw. 1850)	
3. *Woolwich-and-Reading series* (Prestw. 1853)	No proposed change.
4. *Thanet Sands* (Prestw. 1852)	

An examination of the preceding series of deposits shows that several of them are of fresh-water origin in their Western area, and of estuarine, littoral, or marine origin as their Eastern exposures are approached. There can, in fact, hardly be a doubt, from what is now known of the deposition of Eocenes over the English area, that usually fresh-water, littoral, and marine strata were being deposited over it, if not absolutely synchronously, at least within a very short time of each other, geologically speaking. The Reading series is composed, in the West, of clays, by some considered to be of fresh-water origin, which shade towards the East trough the estuarine Woolwich Beds to the purely marine conditions in East Kent. The Middle Bagshots, in the same way, shade off from the purely fresh-water deposits of Bovey and Bournemouth to the marine Bracklesham series of Eastern Hampshire and of the London Basin. The Headon and Bembridge series, on more limited areas, gradually shade from fresh-water bed sin the West to marine conditions in the East of their respective areas. On these facts a tentative revision of the grouping of our Eocenes can be based, not necessarily interfering with our present nomenclature, but linking together Beds which may to some extent have been formed contemporaneously.

GROUP I.

	Fresh-water conditions.	*Estuarine or littoral conditions.*	*Marine conditions.*
Lower Eocene	Reading Beds. Mottled plastic clays.	Woolwich Beds.	Thanet Beds.

GROUP II.

	Fresh-water conditions.	*Estuarine or littoral conditions.*	*Marine conditions.*
»	Fresh-water development of Lower Bagshots in Hampshire.	Oldhaven and basement bed of London Clay. Littoral beds of Lower Bagshots in London Basin.	London Clay.

In the first group, the fresh-water and estuarine beds are linked together by an approximately homogeneous flora, while the Woolwich Beds and the Thanet Beds are connected by an almost identical marine molluscous fauna.

In the second group the Lower Bagshot series of Hampshire belongs lithologically rather to the Lower than the Middle Eocenes, while its flora is also closely linked to that of the London Clay, but *not* to that of the Middle Eocene. Again the so-called marine and estuarine Lower Bagshot deposits of the Eastern part of the London Basin are apparently merely the sands and shingles left by the retiring London-Clay Sea, and pass imperceptibly into so-called true London Clay. In the same way the Oldhaven Beds seem to be the shingle, etc., thrown down by the advance of the same sea, and they do not seem to be characterised either by a peculiar flora or fauna.

GROUP III.

	Fresh-water conditions.	Estuarine or littoral conditions.	Marine conditions.
Middle Eocene	Lower or fresh-water Bournemouth, and Bovey Beds.	Marine Bournemouth, Boscombe, Hengistbury Beds, &c.	Bracklesham Beds, and Middle Bagshot of London area.

The intimate relationship of this series is thoroughly established by the similarity everywhere of both fauna and flora.

GROUP IV.

	Fresh-water conditions.	Estuarine or littoral conditions.	Marine conditions.
Upper Eocene	Hordwell fresh-water Beds, and all Beds to the base of the Lower Headon Limestone.	Upper Bagshot Sands of Hordwell.	Barton, and Upper Bagshot Beds.

This group requires further working out. The floras and faunas seem, however, to be intimately connected.

GROUP V.

	Fresh-water conditions.	Estuarine or littoral conditions.	Marine conditions.
Lower Oligocene	Headon fresh-water Limestones.	Headon estuarine Marls.	Middle Headon and Brockenhurst Beds.

GROUP VI.

	Fresh-water conditions.	Estuarine or littoral conditions.	Marine conditions.
Middle Oligocene	Bembridge Limestone &c.	Bembridge Marls, Osborne Beds, &c., in part.	Bembridge »Oyster Bed«.

GROUP VII.

	Fresh-water conditions.	Estuarine or littoral conditions.	Marine conditions.
Upper Oligocene	Unrepresented.	Unrepresented.	Hampstead marine Beds.

This regrouping, also rendered somewhat necessary if the term Oligocene is to be employed, while equalising in value the subdivisions of the Eocene and Oligocene, does not break up the existing subdivisions nor render any important changes in their nomenclature necessary. Group 1. might require however a more generalised name than Woolwich, Reading, and Thanet Beds, and it might be found possible to restrict the term »Lower Eocene« to strata below the London Clay. The remaining groups are simply Middle and Upper Eocene, and Lower and Middle Oligocene.

OLIGOCENE.

The term Oligocene has been found useful in cassifying Tertiary strata abroad, and its adoption as a means of classifying our own Tertiaries is strongly advocated by Judd. The division which he proposes, like all others between Oligocene and Upper Eocene in England, its however purely arbitrary and rests on the presence of *Cerithium concavum* in the upper Bagshot and Headon Sands. Its adoption might possibly be found convenient, if it be understood distinctly that no marked break either in flora or fauna is implied.

NOTE BY E. B. TAWNEY ON THE ADOPTION OF THE TERM »OLIGOCENE«.

As this term is sometimes used, it is desirable that reasons should be given why *Lyell's* and *Deshayes'* classification, hitherto in use, should be either upset or retained.

Objections to its use.

(1) The term Oligocene was proposed by Beyrich in 1855 (4?).

It was proposed for the lowest beds of the North-German Tertiaries. These as Professor von Koenen admits are only passed through in the sections of certain mine-shafts as far as the Lower Oligocene is concerned, while their relation to beds below cannot be observed, as such beds do not exist anywhere in North-Germany.

Hence in the absence of sections showing relations of so-called Lower Oligocene to Tertiary beds below and above, it is impossible to take North-Germany as giving any reason for inventing a new division.

The English sections of the Hampshire basin show perfectly well the relations of the Lower Oligocene to beds both above and below; here therefore the succession is not settled merely by percentages of fossils, but the actual superposition is seen; while the changes of the land-surfaces are shown by the intercalation of estuarine and fresh-water beds. Fossils being also fairly abundant, the English area is certainly the area where the Lower Oligocene question can best be worked out. The Upper Oligocene is not represented, but the French part of the Anglo-Parisian basin will afford evidence as to whether the old division of Upper Eocene and Miocene do not better exhibit the relations of these higher beds (Upper Oligocene).

(2) Authorities disagree as to the line at base of so-called Lower Oligocene.

In the Table which I have drawn up (see p. 430), it will be seen that Von Koenen includes the Headon Hill Sands (or Upper Bagshot Sands) in the Upper Eocene. Professor Judd places them in the Lower Oligocene. Hence when authorities differ as to the line to be drawn it is plain that there is no very great break between the beds, so that the new terme Oligocene becomes misleading, implying a great break where there is none so great.

Again, Professor Sandberger does not agree with the German authorities as to its limits; thus, he moves up the line between Eocene and Oligocene so that the Middle Headon becomes Upper Eocene and not Lower Oligocene as in the scheme of von Koenen, Judd, &c.

(3) In the German classification the Hempstead marine beds are placed in Middle Oligocene together with Bembridge limestone, &c. This is unnatural, the break between it and the marine Headon is enormous and is better indicated by one being Miocene and the other Upper Eocene. The Paris basin also shows a great change of fauna between the Fontainebleau sands and the Eocene.

(As far as the English series is concerned Professor Forbes' classification seems to be the most convenient, except that Hempstead marine must be Lower Miocene.)

The only reason that I can see for making use of the term Oligocene is that, when subdivided into Upper, Middle, and Lower, it gives three more divisional terms for the Tertiary in case such are wanted.

But the use of these seems to me an objection because it introduces divisions and breaks between beds more or less closely allied in nature. As for example —

The Barton beds are closely allied to the Bracklesham and are best kept in one division of the Eocene, but if the term Oligocene is employed this is no longer done.

Professor Hébert and the best French authorities are opposed to the use of the term Oligocene as not suitable for the Paris-basin Tertiaries. So are Mr Bristow, Professor Boyd Dawkins, and others in this country.

On the other hand it is commonly used by the Germans.

Professor Prestwich is willing to adopt it, as has been done by Professors Judd, Blake, &c.

E. B. TAWNEY.

Mr Gardner's Classification, Geol. Mag. 1882.	Classification if term Oligocene be not adopted.	Proposed Classification, if »Oligocene« be used.	Forbes. Surv. Mem. I. of Wight. 1856.	Lyell. Student's El. 1878.	Von Koenen. Q. J. G. S. 1863.	Judd. Q. J. G. S. 1880.
C. OLIGOCENE.	LOWER MIOCENE. UPPER EOCENE.	*MIDDLE OLIGOCENE.* Hempstead marine. Bembridge fresh-water marls (including Hempstead do.) with a marine oysterband near base. Bembridge Limestone. fresh-water. Osborne Marls. fresh-water. Upper Headon, fresh-water.	*UPPER EOCENE.* Hempstead marine. Hempstead Upper fresh-water » Middle » » Lower » Bembridge Marls with oyster band. Bembridge Limestone. Osborne Marls, fresh-water. Upper Headon. »	*L. MIOCENE.* Hempstead marine. Hempstead fresh-water. [Bovey-Tracey beds.] *UPPER EOCENE.* Bembridge fluvio-marine. Osborne or St Helens.	*M. OLIGOCENE.* Hempstead beds, &c.	*M. OLIGOCENE.* Hempstead series. »Bembridge group«.
L. OLIGOCENE.	*MIDDLE EOCENE.*	*LOWER OLIGOCENE.* Middle Headon, marine (includes Brockenhurst bed) Lower Headon, fresh-water.	Middle Headon. marine. Lower Headon, fresh-water.	Headon series, marine and fresh-water, including sands at base of Headon Hill. (H. Hill Sand.)	*L. OLIGOCENE.* Upper Headon. Middle Headon, including Brockenhurst bed. Lower Headon.	*LOWER OLIGOCENE.* { [»Brockenhurst series«.] »Headongroup«.
UPPER EOCENE.		*UPPER EOCENE.* Upper Bagshot Sands. of Hampshire estuarine. Barton Sands and Clays.	*MIDDLE EOCENE.* Upper Bagshot Sands. Barton beds.	Barton Sands and Clays.	*UPPER EOCENE.* Upper Bagshot Sands. l. c. p. 99. Barton Clay.	*U. EOCENE.* Barton Clay.
MIDDLE EOCENE.		*MIDDLE EOCENE.* Middle Bagshot or Bracklesham. Lower Bagshot, including Hengistbury, Bournemouth. [or Bovey?] beds.	Bracklesham or Middle Bagshot. Lower Bagshott.	*M. EOCENE.* Bracklesham or Bagshot series, including Bournemouth beds.	*M. EOCENE.* Bracklesham series, &c.	
LOWER EOCENE.	LOWER EOCENE.	*LOWER EOCENE.* London Clay. Oldhaven beds. Woolwich, brackish. Thanet Sands, marine.	*L. EOCENE.* London Clay. Woolwich and Reading beds. Thanet Sands.	*L. EOCENE.* London Clay. Woolwich and Reading series. Thanet Sands.	*L. EOCENE.* London Clay, &c.	

Lyell says [*Student's Elements*, p. 239] that *Cerithium plicatum* occurs in Middle Headon. This is an error. Hence no argument can be drawn from it »as objection to the line proposed to be drawn between Miocene and Eocene.«

E. B. TAWNEY.

MIOCENE.

With regard to the supposed Miocene deposits of Great Britain, the probability that the Bovey-Tracey Beds are of Middle Eocene age has been stated at length elsewhere, and the Hempstead Beds are transferred by Judd to the Middle Oligocene. The only other beds ascribed to this age in Great Britain are the Tertiary Leaf-beds of Mull. described in 1851 by the Duke of Argyle, and the Leaf-beds of Antrim, described by W. H. Baily 1869 et seq. There is no stratigraphical evidence to prove them to be Miocene rather than Eocene, and the only evidence as to their age is that of the plant remains which are found in them.

The specimens preserved from the Isle of Mull Beds in Glasgow and London suffice to show that their actual relationship is rather with the Lowest-Eocene floras of this country, though difference in latitude may render it perhaps necessary to place their age slightly later. It does not appear that there are vestiges of either a Miocene fauna or flora in Great Britain, unless it be in the Hempstead Beds of the Isle of Wight.

Mr Kinnahan and Mr Baily refer to the Miocene certain conglomerates and clays with plant-remains which in parts of Ireland are found associated with rocks of volcanic origin.

GENERAL.

The following notes comprise details of the subdivisions recognised by the Geological Survey, arranged in ascending order.

Thanet Sands, Prestwich 1852. *Thanet Beds*, Geol. Survey 1872. The term »beds« is used by the Survey in preference to the more definite lithological names. The Thanet Beds are distinguished lithologically by Prof. Prestwich from the overlying Woolwich and Reading series, and are said by him to contain no layers of rounded black flint-pebbles, nor the subordinate beds of mottled clay which mark the Woolwich and Reading Beds. Mr Whitaker ascertained that the beds presented a certain order of succession which he defined in 1872. The proportion of mollusca peculiar to them is very small.

Woolwich-and-Reading Series, Prestwich 1854. *Woolwich-and-Reading Beds*. Geol. Survey 1878. The deposits were previously known as:

»Plastic Clay«. Webster 1816.
Plastic Clay Formation, Lyell 1827 (and Prestwich 1854).
Mottled Clay, Prestwich 1846.

Professor Prestwich found himself compelled to abandon these names when beds of completely different composition from that implied in the term had to be included. The presence of the Woolwich-and-Reading Beds between the London Clay and Chalk is very constant, and they comprise deposits of fresh-water, estuarine, and marine origin and of wholly different lithological structure. The equivalence of these widely differing members of the »Beds« was clearly made out by Prof. Prestwich. The marine mollusca greatly resemble those of the Thanet Beds, but the estuarine shells are highly characteristic. The flora from below the Mottled Clay is eminently temperate in character, and appears identical with some of the Tertiary floras from Greenland, while the flora from above these Clays — at Croydon, Lewisham, Dulwich, etc. — contains palmettos and several sub-tropical ferns.

The Oldhaven Beds, Whitaker 1866. *Oldhaven-and-Blackheath Beds*, Survey 1872.

The name was proposed »for the sands and pebble-beds between the London Clay and the Woolwich Beds in Kent, which before had been doubtfully classed by Mr Prestwich with the Basement-bed of the London Clay, (and to a small extent with the Woolwich Beds)«. The series can be easily recognised in the field and separated from the over- and under-lying formations, and its classification as a »basement-bed«, that is, *a peculiar bed at the bottom of a formation to which it strictly belongs*, is objected to as misleading.

Prof. Prestwich has communicated the following objections to the above. He considers that in one place his Basement-Bed of the London Clay is taken as Oldhaven, while in another place the fossiliferous pebbly beds of the Woolwich series are made to represent it, citing the well-known fossiliferous conglomerates of Sundridge as an example of the latter. Prof. Prestwich entertained some doubts as to the true position of the loose unfossiliferous pebble-beds of the Woolwich series, such as the Upper-Blackheath Shingle, and thought it possible that they might have been resorted when the Basement-Bed was deposited, or at a later period, but he disclaims having ever entertained any doubts as to the positions of the fossiliferous beds. It was, in fact, with him merely a question as to where the line should be drawn in some of the unfossiliferous beds.

Mr Searles V. Wood has transmitted the following remarks: —

»As regards the Oldhaven beds, I should doubt much whether any difference exists between their molluscan fauna and that of the lower part of the London Clay, beyond what is due to the different conditions under which these beds respectively accumulated; nor can I see that the Oldhaven bed is separable from the London Clay (of which Mr Prestwich regarded it as the basement-bed), in any more definite way than is the Bagshot at the other end of that formation; the one being the passage from littoral, i. e. sand and shingle, to deeper water, i. e. clay conditions; and the other the passage from comparatively deep to shallow water (i. e. sand and brickearth) conditions.«

Mr Starkie Gardner supplements these remarks by calling attention to the section at Alum Bay, where there are nearly 200 ft. of sands above *and partly intercalated with* true London Clay, which cannot consistently be included in the purely fresh-water, and lithologically very different, Lower-Bagshot Beds of that area. It appears, bearing in mind the littoral conditions which would almost necessarily precede the advance of a deep sea over a land-area, and which would equally accompany its retrogression, that littorally deposited sands, pebbles, or silt, should as a rule be included with the deeper-sea strata to which they palaeontologically belong. The marine Oldhaven Beds can therefore hardly constitute a separate formation, unless characterised, as are other subdivisions of the Eocene, by some proportion of distinctive species. On the other hand, it would be equally difficult to maintain the separation of any fresh-water beds of this age, if such exist, from those of the Woolwich-and-Reading Beds, unless they can be proved to possess a fauna and flora in some degree peculiar to them. Mr Starkie Gardner is of opinion that the supposed Oldhaven flora at Widmore pit, Bromley, resembles both lithologically and palaeontologically the plant-beds of Lewisham, and that it, and the Reading flora at Katesgrove pit, Reading, though otherwise differing, are both characterised by an apparently identical species of Platanus, and differ completely from the flora of the London-Clay period, as represented by the Sheppey fruits, and from all other overlying Eocene floras.

London Clay. The first use of the term is generally credited to William Smith, who, in 1815, employed it to designate most of the clay deposits above the Chalk, including those of Norfolk. It appears, however, to have been published by Webster in 1814 in a similar sense, being defined as a bed which always overlies the

Chalk«. Professor Prestwich first definitely separated the true London Clay from other and very similar Eocene clays which had been confounded with it, and as shown above p. 432 also recognised the »basement-bed« which, especially in the London area, marks the incoming of the London-Clay sea, but as we have seen still objects to the undue prominence which seems to have been given to it by some authors who have treated it almost as a separate formation. The fauna and flora of the London Clay are both not only very extensive, but highly characteristic. The term »Bognor Beds« applied by Prof. Prestwich to a portion of the London Clay (1846 and 47) has fallen into disuse, except to call attention to a locally distinct lithological character.

Bagshot Sands, Webster 1814. *Bagshot Beds*, Geol. Survey 1872. They were defined by Webster in the following words: ›The London Clay is in many places covered by an extensive bed of sand, usually called the Bagshot Sand. It extends over Bagshot‹, etc. They were not described by Warburton until seven years later. Professor Prestwich divided them, in 1847, into Upper, Middle, and Lower Bagshot Sands, and first correlated the Hampshire Basin deposits with those of the London Basin. Prof. Judd expresses doubt as to the propriety of extending the term ›Bagshot‹ to the Hampshire Basin deposits.

The Lower-Bagshot Beds. These consist, towards the Western boundary of the Hampshire Basin, of purely fresh-water deposits, and are well developed. In the London Basin they appear to be represented in the extreme West be fresh-water deposits, similar to, but much thinner than those of the Hampshire Basin. Wether the beds farther East, about Woking and Windsor, classed as Lower might not be Middle Bagshot is still a question. They are purely littoral marine deposits to the East, and in Essex particularly, the passage from London Clay through sands into beds of rolled pebbles is very gradual. While Mr S. V. Wood took the line of demarcation at the lowest bed of yellow sand that occurred in the passage-beds, the Survey defined the line of the Lower Bagshot at the upper limit of the passage beds. Mr Wood has also departed from his original view, that the pebble-beds were of Bagshot age, and inclines to the alternative, which he offered, when describing them in the Journal of the Geol. Society, that they may be of Older-Pliocene (i. e. Diestian) age. In the absence of any evidence to the contrary, it is perhaps simplest to consider that they may mark the littoral conditions incidental to the retreat of the London-Clay sea, just as the

Oldhaven pebble-beds mark its advance. For reasons previously stated, these passage-beds and overlying shingles might be bracketed with the London-Clay series The marine beds ascribed to Bagshot age hardly afford any trace of fauna, but the flora of the freshwater beds is rich and quite peculiar to them in this country.

The Middle-Bagshot Beds. These comprise, according to Prestwich, all the strata between the Lower Bagshots and the top of the Barton series. Dumont, however, excluded the Barton Beds, and they are now usually included in the Upper Bagshots. Their development in the Hampshire Basin is very considerable, and they comprise, to the West of the Isle of Wight,

1. Highcliff Sands.
2. Hengistbury-Head Beds.
3. Boscombe Sands.
4. The Bournemouth Marine Beds.
5. The Bournemouth Fresh-water Beds.

Equivalents of the Bracklesham Beds (Gardner, *Quart. Journ. Geol. Soc.*, May. 1879).

Mr O. Fisher, however, demurs to classing the High Cliff Sands with the Bracklesham, *Quart. Journ Geol. Soc.*, Vol. XVIII. pp. 87, 89.

Bracklesham Beds, Prestwich 1847. These were traced over the London Basin by Prestwich, and his views have since been amply confirmed. Besides their very peculiar mollusca, traces of which are frequently preserved in the London area, the purely marine deposits can usually be recognised by the presence of green grains, and by pebble-beds, though neither of these, as pointed out be Prof. Rupert Jones, are infallible guides. Their upper limits, however, are even now not clearly defined, except where equivalents of the Barton Clay rest directly upon them (Rev. O. Fisher, 1862). Their marine fauna is very rich, and quite unlike those of any of the underlying Eocene in the British area. The fresh-water deposits are of great thickness, and contain a flora equally distinct from those of the lower Eocenes. This flora enables the age of the supposed Miocene at Bovey to be fixed with some degree of certainty.

Bovey-Tracey Beds. Heer and Pengelly 1863. The synchrony of the Bovey with the Hempstead Beds had been inferred on the most slender grounds, and their reference to the Miocene age is now rendered improbable by the identity which is known to exist between them and the Bournemouth Beds. not only palaeontologically, but lithologically.

The Upper-Bagshot Beds. These comprise the Barton Beds [1] and the overlying sands to the base of the Headon series. The sands

---

[1] These beds were included in the Middle-Bagshot of the old classification.

were unfortunately named *Headon Sands*, a name which has sometimes led to their confusion with the overlying *Headon series*. Mr Keeping considers that the Headon Sands are passage-beds; but, as the fauna most closely resembles that of the underlying Barton Beds with which he thinks they should be bracketed, he suggests for them the name *Upper-Estuary* or *Barton Sands*. The *Barton Beds* were first defined as a separate formation by Prestwich in 1847. The Upper-Bagshot Beds of the London Basin seem to have been first, and perhaps correctly, correlated by him with sands rather below the Barton Clays, since shown by Fisher to belong to the Brackelsham Beds. The true position, indeed, of the so-called Upper Bagshots of the London area, seems to be somewhat below the Barton Beds, and it appears to be only in their very highest beds that a near approach to the Barton fauna is met with. Prof. Judd has proposed to unite the whole of the Sands above the Barton Beds at Hordwell to the Headon Series. The molluscous fauna seems rather a reversion to London-Clay types, mixed with a percentage of unaltered Bracklesham species, than a modified continuation of the latter fauna. Hardly any flora is as yet known.

The remaining beds were grouped by Webster, 1816, as

Fresh-water and Upper-Marine Formations, and Prof. Prestwich proposed in 1846 to change the name to *Fluviomarine Series*. They include all the beds from the base of the Headon Series to the top of the Hempstead Beds. Von Koenen in 1864, and Prof. Judd more precisely in 1880, refer them to the Oligocene formation. This reference would of course render any other collective name unnecessary, and Prestwich's name is moreover almost equally applicable to other parts of the Tertiaries. Previous to 1846 the only divisions recognised were those shown in Headon Hill and named by Webster. Lower-Fresh-water, Upper-Marine, and Upper-Fresh-water Groups. Although Prestwich recognised a higher series at Hempstead, no detailed description was published until Edward Forbes wrote upon them in 1853 and 1856.

Headon-Hill Group, Prestwich 1846. *Headon Series*, Forbes 1853. *Headon Group* (*part*). Judd 1880. The Headon Series was subdivided by Prestwich into Upper and Lower Headon-Hill Marls and Limestone, and by Forbes into Upper, Middle, and Lower Headon Beds — the upper and lower of which are fresh-water, and the middle marine. This classification is adopted in the Geol. Survey Memoirs on the Isle of Wight of 1856 and 1862. In 1880 Prof. Judd brought forward a great amount of detailed evidence which he interprets as showing that the two exposures of the supposed Middle-Headon Beds belong to two separate horizons, the upper and more important of which is well exposed in Colwell Bay and equivalent to the Brockenhurst Beds, while the marine or brackish water Middle-Headon Bed of Headon Hill is comparatively unimportant as a sub-division, and apparently occurs below the Lower-Headon Limestone. These strata are together correlated with the Lower Oligocene. Prof. Judd further proposes to abandon the subdivisions altogether and to incorporate all the sands above the Barton Beds, hitherto called Upper Bagshot, into a single formation to be known as »The Headon Group«.

Within about a year Messrs. Tawney and Keeping brought beford the Geological Society a no less carefully elaborated paper in support of the old classification of Forbes and Bristow, which was intended to prove that the Brockenhurst series is not represented by any fossiliferous deposit in the Western part of the Isle of Wight, and belongs to a lower horizon than the representatives of the Middle-Headon series in Colwell or Totland Bays. The Brockenhurst Beds were discovered by Mr Edwards and Mr Keeping and described by Von Koenen in 1864 and Dr Duncan in 1866. They were recognised as occurring at Whitecliff Bay, Isle of Wight, by the Rev. O. Fisher in 1861. They are placed by Messrs. Tawney and Keeping at the base of the Middle-Headon Beds, but by Prof. Judd above the Upper-Headon Beds. Mr Etheridge in his Address to the Geological section at the British Association Meeting at Southampton, 1882, has, together with almost every subsequent writer on the subject, most emphatically endorsed the opinion of Messrs. Tawney and Keeping as to the correctness of Edward Forbes' classification.

The Osborne or St.-Helens Series, Geol. Survey 1862. *St.-Helens Beds*, Forbes 1853. *Osborne Series*, Forbes 1856. These beds rest upon the Headon series, and include the subdivisions described by Forbes as »St.-Helens Sands« and »Nettlestone Grits«. Judd proposed, 1880, to unite the series with the Bembridge Group on account of the absence of distinctive physical or palaeontological characters, and the difficulty of separating it from the other divisions. His rendering of the section at Headon Hill further supposes the series to partly underlie the Brockenhurst Beds, and thus supplies him with an additional reason for abandoning them. The first reasons advanced, unless supported by the latter, are obviously inadequate to render a change necessary, and it does not appear that any great difficulty in separating them has been actually experienced.

Mr Keeping considers that palaeontologically and physically the Osborne Beds are most closely connected with the Upper Headon.

The Bembridge Series, Forbes 1853. This series was divided by Forbes in 1856 into an Upper and Lower Bembridge Marl, the Bembridge Oyster-Bed, and the Bembridge Limestone. The classification is repeated in both the Survey Memoirs on the Isle of Wight, and remained apparently unchallenged until the appearance of Prof. Judd's paper of 1880, already mentioned, in which he proposed to extend the *Bembridge Group* so as to include everything between the Brockenhurst and Hempstead Beds. This Group would thus comprise the Osborne and St.-Helens Beds, all the Upper-Headon and Bembridge series, and the fresh-water Hempstead Marls, and represent, with the Marine Hempstead Beds, the Middle Oligocene in England. That part of the proposal which abolishes the acknowledged purely arbitrary division of the series of Marls between the Bembridge Limestone and the Marine Hempstead Beds into Bembridge and Hempstead Marls had previously been suggested and will probably be generally accepted.

The Hempstead Series, Forbes 1853. In 1856 the beds were re-described and the following subdivisions recognised:

1. Corbula-beds, of marine origin.
2. Upper)
3. Middle } Fresh-water and Estuary Marls.
4. Lower)

The line of separation between these and the Bembridge Marls, supposed, on grounds since shown to be erroneous, by Prof. Edw. Forbes to indicate a terrestrial surface, has long been known to be purely arbitrary. Professors Ramsay and Morris and Mr Bristow were of opinion that the line of separation did not offer any decided proof of a terrestrial surface, and that the strata composing the Hempstead Marls are not sufficiently distinguished by striking pecularities. The classification was, however, preserved in deference to the opinions of Prof. Forbes. Prof. Judd has partly renewed the proposal to restrict the name »to the more purely *marine* strata constituting the upper 100 feet of the section in the Isle of Wight«. This would still leave the Middle and Upper Fresh-water Marls in the Hempstead series, and not perhaps entirely obviate the present difficulty. The only striking line of demarcation occurs at the Corbula-Bed; and if this division were accepted the Hempstead Beds would be reduced to a known thickness of about 15 feet, or according to Mr Keeping not more than from 20 to 30 feet at most.

The Lyellian classification placed the Bembridge Series in the Eocene, but separated the Hempstead Beds as Miocene. The want of any break in continuity prevented this classification being generally accepted. Prof. Judd's proposal to place them together in the Middle Oligocene so far satisfies, as he points out, »the apparently opposing requirements of the physical geologist and the palaeontologist«.

Concerning the Classification by Mollusca, Mr Searles Wood has transmitted the following remarks:

»As regards the value of mollusca in classifying the Tertiaries, it is of course the principal thing where, as is the case with the older Tertiaries of England, the molluscan remains are those of animals which lived during the formation; but as regards that part of the newer Tertiaries which is represented by the Red Crag the molluscan remains are much leavened by derivation, not merely from older formations, but also from the earlier beds of the same formation; so that they give rise to very fallacious inferences, and conceal the change in molluscan life which was going on during this formation with a rapidity, which is, so far as I know, peculiar to it; and was probably induced by the progress of that change which culminated in the Glacial period.«

Mollusca, from their abundance and the enduring nature of their shells, must ever present the readiest means of comparison between beds in different areas, and their importance is in that respect paramount. It must not be overlooked however that deep-sea and littoral molluscous faunas of most dissimilar characters exist contemporaneously. There is also reason to believe that two almost entirely disconnected series of marine mollusca, the one nearly temperate and the other sub-tropical, not only existed in areas in close proximity, but actually overlapped during the progress of deposition of our Eocenes. To complicate this still further, we have preserved not only the purely littoral shells of each, but the comparatively deep-water shells, and those which were peculiar to muddy and to sandy bottoms. In addition to these are the various gradations of brackish to fresh-water forms and the land testacea, groups of which, as in the Headon and Bembridge Limestones, appear suddenly and unconnected apparently with the mollusca of neighbouring deposits. The evidence presented by mollusca must therefore be accepted with some caution, and geologists should appreciate as far as possible the combination of conditions which alone make zones of delicately organised marine molluscous life possible over larger areas, before adopting absolute synchronism for every part of an extended zone.

With regard to classification by terrestrial remains, and especially plants, there is reason to believe that, notwithstanding the long neglect of the subject in this country, thoroughly reliable and trustworthy data may be obtained especially in the case of our Eocene floras. There is an abundance and sequence of plant-remains throughout the whole of them: and, when these shall have been studied with the same careful attention that has been bestowed on the mollusca, they will probably be found to indicate horizons as unmistakeable and well defined as any with which we are now acquainted.

CRETACEOUS.

WM. TOPLEY,
A. J. JUKES-BROWNE,
Reporters.

Introduction.

It appears to your reporters that the nomenclature and classification of the Cretaceous System stand in great need of revision and emendation. The names for the several divisions and subdivisions of the System are such as seemed most convenient at the time when the beds were originally described, and were not always wisely chosen. They are of various kinds, some being local trivial names, such as Gault; others are lithological, such as Chalk Marl, Greensand, Red Chalk; others again are named after places where the beds are well developed, as Ashdown Sands, Shanklin Sands, Hythe Beds. Strata of minor importance, such as the Chloritic Marl, received names of a similar kind, so that no idea of the rank and value of the division can be obtained from the form of its name.

Of late years however there has been a tendency to adopt the continental method of nomenclature and even to introduce some of the names accepted in France and Switzerland, such as Albien, Neocomien, Cenomanien, Turonien, &c., subdividing these stages into palaeontological zones.

Under these circumstances we have thougt it desirable in the first place to give an historical account of the names which are in use for the principal divisions and subdivisions of the system in Britain, so far as we have been able to ascertain their history.

To this we append some remarks on the classification of the system as a whole, with suggestions for the improvement of its nomenclature.

PART I.

HISTORY OF THE NAMES APPLIED TO THE DIVISIONS OF THE CRETACEOUS SERIES IN ENGLAND.

PURBECK BEDS.

The Geologists who first described these beds (J. Middleton and W. Smith) probably adopted the name because they contained the well-known Purbeck Marble and were so well exposed in the Isle of Purbeck. The Purbeck strata were described by Mr Middleton as early as 1812 (Monthly Magazine, XXXVI. p. 395) and the name was adopted by W. Smith in his Memoir (1815).

It is used by Conybeare and Phillips in their Geology of England and Wales (1822) and has since been universally employed as the designation of this group. The question of its inclusion as a member of the Cretaceous System will be discussed in Part II.

WEALDEN BEDS.

J. Middleton seems to have been the first to apply the name "*Weald Measures*" to the argillaceous beds below the Iron Sands (Lower Greensand) in Surrey &c. (Monthly Magazine, XXXIV, p. 393. 1812). This was afterwards abridged to Wealden (see Mantell, *Geology of the S.E. of England*, 1833).

WEALD CLAY.

Conybeare in 1882 proposed the term Weald Clay for the clay underlying the Kentish Rag and Greensand and distinguished it from the Oaktree Clay (Kimeridge) with which it was confused by W. Smith.

HASTINGS SANDS.

Up to 1822 these sands were still confounded with the Iron Sands above the Weald Clay. But the true succession and correlation was understood both by Fitton and Webster in 1824: Fitton most fully realizing the fresh-water character of the Wealden Beds, and distinctly separating the sands above and below the Weald Clay, proposing the following names*:

> Gault.
> *Shanklin Sands.
> Weald Clay.
> *Hastings Sands.

Webster says (*Ann. Phil.* 2. IX. p. 48. 1825): The Hastings Beds may continue to be described by that name, until more is known, and the term Ferruginous Sand hitherto given to it may be relinquished, as that term has been applied to the Woburn Sands.«

The term »Hastings *Sands*« was generally used until the publications of the Geological Survey appeared; it was then found more convenient to adopt the term »Hastings *Beds*«, as the series contain thick deposits of Clay and Shale.

The subdivisions Tunbridge Wells Sands, Wadhurst Clay and Ashedown Sands were introduced by M. Drew in 1861 (*Q. J. G. S.* vol. XVII. p. 283).

LOWER GREENSAND.

The origin of this name is to be found in the method of grouping which was adopted for the Secondary rocks by the early Geologists.

1822. *Conybeare and Phillips.* In their Geology of England and Wales these authors treat of the whole Secondary series under four heads.

A. The Chalk Formation.
B. The Series of Ferruginous Sands.
C. The Series of Oolites.
D. The New Red Sandstone and Magnesian Limestone.

Group B is described as consisting of an upper sandstone containing interspersed green particles, and a lower division of rusty brown sands, separated by an intermediate bed of clay. It is also stated that the upper sands are usually called the Greensand, and the lower the Iron-Sand.

Conybeare was evidently inclined to believe that most if not all the green sandstones belonged to the upper group, and thougt that W. Smith was wrong in referring the Kentish Rag &c. to the lower or Iron-Sand group.

Up to this time therefore local names were given to different members of the lower division, and the term Greensand was used for the upper series. Subsequently however it was found that Greensands did occur below as well as above the Gault clay.

1824. *Webster and Fitton.* In the *Ann. Phil.* 2. VIII. p. 461 Fitton thus writes: »It has been suggested to me, from different quarters, that the terms Upper and Lower Greensand would be preferable for the denomination of the beds which I have named Firestone and Greensand, and that these two strata, together with the intervening Gault, might form one group in the general arrangement under the name of the Greensand Formations.

Webster was probably one of those who suggested these names to Fitton, as he himself uses them in a paper read before the Geological Society on Nov. 5, 1824, and published in the *Ann. Phil.* 2. VIII. p. 466. (See also vol. IX. p. 48 &c.)

Fitton however, in the paper above quoted, proceeds to express his disapproval of the suggested names. He says the term Greensand has caused much confusion and had better be given up, and he proposes the following nomenclature: —

<blockquote>
Chalk.

Merstham Beds.

Gault.

Shanklin Sands.
</blockquote>

Woburn Sands was also a name suggested for the lowest group.

1825. The names Upper and Lower Greensand seem however to have recommended themselves to other geologists, and were adopted and used by Sir R. I. Murchison in his Memoir on the Geology of West Sussex. It was subsequently adopted by the Geological Survey.

The local subdivisions, Folkestone Beds, Sandgate Beds, and Hythe Beds were introduced by Mr Drew in 1863. Atherfield Clay was the name used for it by Dr Fitton.

NEOCOMIAN (*Speeton Clay in part.*)

In Yorkshire a series of marine clays lie between the Kimeridge and the Chalk: these were described by Prof. Judd in 1864 and are believed by him to be the representatives of the marine Neocomian beds of the continent. He divided the Yorkshire beds into three groups, and considers the uppermost of them to be the equivalent of the lowest member of the Lower Greensand of the south (viz. the Atherfield Clay). If this view be correct the Lower and Middle Neocomians of Yorkshire are the marine equivalents of the Wealden. Hence it has lately been customary to include all the English Lower Cretaceous Beds under the name *Neocomian*.

GAULT.

Gault. Galt or Golt is a local name in Cambridge and the neighbouring counties for any stiff dark clay, and is there given indifferently by the workmen to Kimeridge Clay and Oxford Clay as well as to the clay below the Chalk Mark for which the name was specially retained by W. Smith.

The Cambridge Gault is mentioned by Prof. Hailstone in 1816 (*Geol. Trans.* iii. p. 249), but its equivalent in the South of England was long known as the »Blue Marle«; it is so designated in W. Smith's Memoir (1815) and in Conybeare and Phillips (1822), though Smith in 1819 had spoken of it as the »Golt Brickearth« (Section from London to Brighton).

When the succession was made clear by Fitton in 1824 (see *ante*) he adopted the name and spelling »Gault« for the clay which everywhere intervenes between the Upper and Lower Greensand, and it has never since been superseded by any other term.

In late years however the question of its exact delimitation has arisen, and doubts have been expressed as to how far its upper part may be equivalent to sandy beds further west which have hitherto been included in the Upper Greensand. Its junction with the Lower Greensand is generally clear and distinct, but its upper limit in the Isle of Wight and elsewhere is not so obvious, for the Gault and Upper Greensand really constitute one continuous formation: this point will be referred to again under the heading of Upper Greensand.

Upper Greensand.

The history of this name is involved in that of the Lower Greensand. Up to 1824 it was simply the Greensand, including the local beds called Firestone and Malm Rock, as well as some of the green beds belonging to the Lower Greensand (Kentish Rag &c.). This however was in consequence of mistaken ideas regarding the true succession of the rocks in the Wealden area, and the confusion of the Weald Clay with the Blue Marl of the Isle of Wight (see Conybeare and Phillips p. 158).

In 1824 the terms Upper and Lower Greensand were suggested by Webster and others, when it became clear that there were such beds both above and below the Gault. At first however they were not accepted by Fitton (see *ante*), who proposed the name of *Merstham Beds*, from the place where the Firestone of Surrey was largely obtained (see Conybeare and Phillips p. 150).

Murchison however adopted the names in his Geology of West Sussex (1825), and it soon became generally employed to denote all the green-coloured sands and marls which lie between the Gault clay and the Chalk Marl.

The only other name proposed for this series was that of *Chloritic Sand*, which was preferred by Sir Charles Lyell and used in his Elements of Geology, but two facts prevented the wider adoption of this name. 1st. that the word Chloritic had been specially connected with a particular bed at the top of the Greensand, and 2nd. that the green grains were subsequently proved to be *not* Chlorite but Glauconite.

The name *Upper Greensand* was adopted by the Geological Survey.

Chloritic Marl.

The origin and application of this name is somewhat obscure, but it seems probable that it was at first employed rather as a descriptive term than as the designation of any particular bed, and was simply a translation of the French term *Marne chloritée*. Thus in 1843 Mr Godwin Austin describes the passage-beds in Surrey as slowly acquiring ‹an admixture of sand and green earth, so as to become first a *craie chloritée*, till by further diminution of the calcareous matter we reach the bright green beds of the Upper Greensand›. Again in 1844 Forbes and Ibbetson speak of sands and clays near the base of the Upper Greensand under the name of Chloritic Marl (*Brit. Ass. Rep. Trans. Sec.* p. 144).

Prof. Forbes is by tradition accredited with the special application of the term to the thin bed above the true Upper Greensand and with the recognition of the fact that it contains *Scaphites* and other fossils which link it rather with the Chalk above than with the Greensand below.

In 1848 Captain Ibbetson read a paper before the British Association ‹On the position of the Chloritic Marl or Phosphate of Lime bed in the Isle of Wight›; the substance of which was republished in his book entitled ‹Notes on the Geology and Chemical Composition of the Various Strata in the Isle of Wight›.

The name was adopted by the Geological Survey in 1857 (see Rock Catalogue for that year) and the stratum was described in Mr Bristow's Memoir on the Isle of Wight (1862).

In the West of England there is a similar bed separating the Upper Greensand from the Chalk Marl, and it has been generally supposed that this was the analogue of the Chloritic Marl. In 1870 however Mr C. J. A. Meyer published a paper (*Quart. Journ. Geol. Soc.* Vol. xxx. p. 369) in which he divides the beds of the Beer Head district into four groups, viz. Blackdown Beds, Upper Greensand, Warminster Beds and Chalk Marl. Speaking of the Warminster Beds he says »they are seen to cap the Upper Greensand and are therefore in reality Chloritic Marl«, a conclusion which he thinks is supported by palaeontological evidence. This correlation however is disputed by others, and has not been sustained by any further evidence or comparison with other districts.

One of us has endeavoured to show that the bed which has generally been called Chloritic Marl is often separated by a line of erosion from the Upper Greensand below, and that it everywhere forms the basement layer of the Chalk Marl. This view is in fact only a corroboration and expansion of the opinion expressed by Prof. Forbes, that the Chloritic Marl should be classed with the Chalk.

The Chalk.

This is the trivial name for one of the best known rocks in England, and has been used by all writers to designate the beds of chalky material which everywhere overlie the Gault and Upper Greensand.

The earliest attempt to subdivide the English Chalk was made by W. Phillips in 1819, in his well-known account of the cliffs between Dover and Folkestone, which is reproduced in Conybeare and Phillips' Geology (1822). He recognised four divisions, as follow: —

4. Chalk with numerous flints.
3. Chalk with few flints.
2. Chalk without flints.
1. Grey Chalk and Chalk-Marl.

Samuel Woodward published in 1833 a very similar classification for Norfolk, and indicated the tracts of ground occupied by these divisions on a geological sketch-map. His nomenclature was as follows:

4. Upper Chalk, with many flints.
3. Medial Chalk, with few flints.
2. Lower Chalk, without flints.
1. Chalk-Marl.

Subsequent writers however, such as Mantell, Dixon and De la Beche, do not seem to have appreciated the importance of separating the Medial from the Upper Chalk, or to have collected fossils with the view of testing its expediency. The only geologist who did this before 1870 was Mr. C. B. Rose, who followed in Wood-

ward's steps and always maintained the existence of Lower, Medial
and Upper divisions.

The method of subdivision adopted by the Geological Survey
was as follows:

> Upper Chalk with flints.
> Lower Chalk without flints.
> Chalk-Marl.

But they were all given the same tint of colour on the maps, and
the exact boundaries between them were altogether uncertain until
1861, when Mr Whitaker defined them by describing the Chalk
Rock as the top of the Lower Chalk and the Totternhoe Stone as
lying above the Chalk-Marl.

In 1870 Mr Caleb Evans made the first attempt to establish a
zonal classification of the Chalk by means of its fossils. In his
paper on »Some sections of Chalk between Croydon and Oxtead«
he establishes six such zones and groups them under three heads, viz.

> 3. Chalk with bands of flint.
> 2. Chalk with bands of marl.
> 1. Grey Chalk and Chalk-Marl.

In 1887 Dr Barrois applied to England the zonal divisions which
had been worked out in the Chalk of France, and arranged these
zones under the three sections into which D'Orbigny had previously divided the French Chalk, namely *Cenomanien*, *Turonien*, and
Senonien.

In 1880 and 1881 one of your reporters published the results
of a careful examination of the Chalk near Cambridge made during
the progress of his Survey work. The chief results of this were to
show that there were three important rock-beds in the Chalk of this
district — The Chalk Rock; the Melbourn Rock (described for the
first time); and the Totternhoe Stone; further that the Chalk Rock
and Melbourn Rock separated the whole into three portions, each of
which was palaeontologically distinct, while the beds above and below
the Totternhoe Stone were not so distinct, but contained many fossils
in common. Hence the following classification was drawn up, which
has since been found to be widely applicable and has been adopted
by the Geological Survey.

> 3. Upper Chalk.
>   Chalk Rock.
> 2. Middle Chalk.
>   Melbourn Rock.

1. Lower Chalk { Grey Chalk. / Totternhoe Stone. / Chalk-Marl.

In conclusion it may be remarked that these three main divisions closely correspond with and may be said to represent the *Senonien*, *Turonien*, and *Cenomanien* of France, as indicated previously by Dr Barrois; so that we might if necessary adopt these names for our divisions.

PART II.

CLASSIFICATION.

The classification of the British Cretaceous System is not by any means in a satisfactory state. The divisions at present accepted are purely lithological, and little has yet been done towards a satisfactory correlation of the minor subdivisions which exhibit different lithological features in different parts of the country. For the purposes of description the Cretaceous rocks of England may be said to exhibit four different types, at least as regards the lower members of the system, for there is reason to believe that the subdivisions of the Chalk are tolerably uniform and constant throughout its whole range. The beds underlying the Chalk however vary considerably and sometimes rapidly, even within the limits of the four districts which for the sake of convenience we define as follows: 1. The south-eastern area, including the Isle of Wight. 2. The extreme south-western area. 3. The midland area, from Berkshire to Cambridgeshire. 4. The north-eastern area, including Norfolk, Lincolnshire and Yorkshire. The general succession in these areas is shown in the table p. 57.

1. *South-eastern area.* In the Wealden district the beds above the Wealden have been subdivided into four stages:

4. The Folkestone Beds.
3. The Sandgate Beds.
2. The Hythe Beds.
1. The Atherfield Clay.

But the constitution of the two upper stages is so very variable, that it would probably be better to regard them as one group, corresponding with the Shanklin Sands of the Isle of Wight. The following grouping would then apply to the whole of this area:

3. Shanklin Sands.
2. Hythe Beds.
1. Atherfield.

1	2	3	4
South-Eastern Area.	South-Western Area.	Midland Area.	North-Eastern Area.
Upper Chalk	Upper Chalk	Upper Chalk	Upper Chalk
Middle Chalk	Middle Chalk	Middle Chalk	Middle Chalk
Grey Chalk	? Grey Chalk	Grey Chalk	Grey Chalk
Chalk-Marl	Chloritic Marl	Chalk-Marl	(Absent)
Upper Greensand	Warminster Beds	Upper Greensand thinning out	Red Chalk
Gault	Blackdown Beds	Gault	
Folkestone and Sandgate Beds	? (Absent)	Iron-Sands	Upper Neocomian
Hythe Beds			Middle »
Atherfield Clay	Unconformity		Lower »
Weald Clay			
Hastings Sand			
Purbecks			

29*

As the Lower Greensand thins out westward these divisions appear to merge into one another, but whether the lower beds thin out and allow the Shanklin Sands to form a base to the Cretaceous series or whether this also disappears has not yet been definitely ascertained.

2. *South-western area.* Much difference of opinion exists with regard to the correlation of the deposits in this area. The *Blackdown Beds,* while lithologically resembling the Shanklin Sands, contain a peculiar fauna which more resembles that of the Gault than any other, and even possesses some species which are elsewhere found in the Chalk-Marl. The *Warminster Beds* seem to represent a part at least of the Upper Greensand. The *Chloritic Marl* may or may not be the same bed as that so called in the Isle of Wight; if it is, then the Chalk-Marl must have disappeared. There is no representative of the Totternhoe Stone, and all the divisions of the Chalk are much diminished in thickness.

3. *The Midland area.* The base of the series in this area consists of brown, yellow and white sands with occasional bands of fuller's earth and layers of phosphatic nodules; these sands appear to belong to the Shanklin group, all the lower stages being absent. The Gault and Upper Greensand succeed, but the latter dies out in Buckinghamshire, beyond which the Chalk-Marl with a glauconitic basement bed overlies the Gault and continues into the south of Norfolk, where it would seem to die out. The Totternhoe Stone separates the Chalk-Marl from the Grey Chalk, and a band of rocky chalk (the Melbourn rock of Mr Jukes-Browne and the Survey) divides the Lower from the Middle Chalk: lastly the »Chalk rock« (described by Mr Whitaker) serves to separate the Middle from the Upper Chalk.

4. *The North-eastern area.* In this area the Lower Cretaceous Beds exhibit two different types which are difficult to correlate, because their outcrops are not continuous, being overlapped by the Chalk in South Yorkshire. At Speeton the so-called Neocomian Clays are divided by Prof. Judd into Lower, Middle and Upper stages. In Lincolnshire the stages are als follow:

    3. Carstone or Langton Sands.

    2. Tealby Series, clays and ironstones.

    1. Spilsby Sandstone (Lower Carstone).

The recent work of the Geological Survey has shown that the upper Carstone of Lincolnshire is unconformable to the underlying divisions of the Neocomian and contains rolled fragments derived from them; whereas there is no stratigraphical break between it and the Red Chalk. The Carstone of Norfolk is divided by an inconstant bed of Clay, and whether this is an attenuated representative of the Tealby Series or whether the whole of the Norfolk Carstone is equivalent to the Upper Carstone of Lincolnshire has not yet been decided.

It is also quite uncertain how far the Lincolnshire beds correspond with the three Yorkshire groups.

The succeeding bed of Red Chalk is persistent throughout the area, and has given rise to much discussion because it contains a mixture of fossils, some of which are Gault species and some are true Chalk forms. Deposition seems to have been very slow in this area during the time when the Gault, Upper Greensand and Chalk-Marl were being formed in the more southern counties, for there is nothing to represent them except this Red Chalk. The Lower hard Chalk of Lincolnshire and Yorkshire may be correlated with the Grey Chalk of the south. The Middle Chalk (with flints) is found in all three counties, and the Upper Chalk in Norfolk and Yorkshire.

The separation of Purbeck from Wealden is a mistake due only to the occurence in Purbeck of one or two Oolitic forms of marine life. This we should in any case expect, because Purbeck is on borders of Jurassic time, if not actually in it. The separation from Wealden is unnatural.

Purbeck-Wealden Series is the proper name, and if it is not left as a local transition group, we think it has most title to be included in the Cretaceous System.

As regards the position of the Purbeck Beds of Dorset there has been no question, but the lowest strata exposed at the surface in Sussex have been classed at times with the Purbeck, at other times with the Wealden. Conybeare and Phillips, Fitton, De la Beche, Lyell, Trimmer, Forbes, Godwin-Austin, Rupert Jones, have referred them to the Purbeck. Mantell at one time did the same, but afterwards being in some confusion as to the beds of shelly limestone (some of which are Purbeck, some Wealden), he withdrew this opinion. The early editions of the Geological Survey Maps coloured these beds as Wealden and as the equivalents of the lowest strata of the Hastings cliffs. There were however always great doubts of the correctness of this correlation, both on palaeontological and stratigraphical grounds. The sub-Wealden boring proved that beds beneath the surface in the inland valley contained thick deposits of Gypsum and that these beds were underlaid by Portland Beds. There is now no reason to doubt that the inland beds are Purbeck and that they underlie the lowest beds of the coast section; the latter are a clayey development of the bottom part of the Ashdown Sand, and where separately mapped are now known as Fairlight Clay.

It is necessary to point out that the use of the term Neocomian in England is different from that on the Continent. Properly it designates one stage of the Lower Cretaceous group, but in England it has come to be used as a synonym for the whole group. This is much to be deplored as causing confusion in any correlation of the English and Continental deposits, and your reporters would urge that the English use of the name Neocomian be discontinued. Two alternatives are open for the unification of Cretaceous nomenclature:

(1) To speak simply of Lower and Upper Cretaceous.

(2) To restrict the name Cretaceous to the upper group and to devise a new name for the lower and for the whole system.

Your reporters regard the first plan named as the best and as involving the least amount of change. They also regard the Gault and Upper Greensand as probably forming one division, which should have a new name. For the Lower Greensand they propose the name Vectian.

The question of the relation of the Gault to the other Cretaceous divisions has been discussed by the Committee of the International Geological Congress at Zürich. The result arrived at was that, whereever it is possible to make three divisions of the Cretaceous Series for the map of Europe, the Gault should go with the Cenomanian and Turonian; whereever only two divisions can be made the Gault should go with the Lower division. This decision was taken against the opinion of the representatives of France and Switzerland, who would, on palaeontological grounds, have preferred to take the Gault with the Upper division where only two subdivisions are made.

Most English geologists would probably prefer the French and Swiss view.

The classification of the whole Cretaceous System which they suggest is the following: —

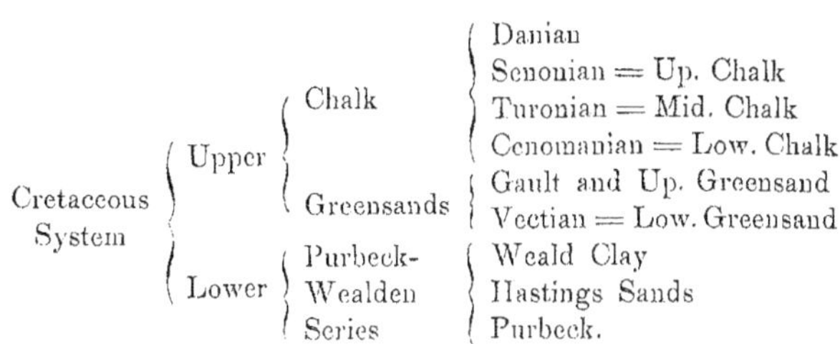

Cretaceous System	Upper	Chalk	Danian
			Senonian = Up. Chalk
			Turonian = Mid. Chalk
			Cenomanian = Low. Chalk
		Greensands	Gault and Up. Greensand
			Vectian = Low. Greensand
	Lower	Purbeck-Wealden Series	Weald Clay
			Hastings Sands
			Purbeck.

They would remark in conclusion that there is a welldefined top and base to the British marine series, but that through the fluvio-marine group it graduates into the Jurassic System.

REPORT OF SUB-COMMITTEE, No. III.

ON

PERMIAN, TRIASSIC, AND JURASSIC.

A.

JURASSIC.

a. The Oolites.

W. H. HUDLESTON,

Reporter.

1. Nomenclature.

On the application of the term Jurassic.

This word, being of foreign origin, is not to be met with in the works of any of the earlier English geologists. There is no use made of the term in the Introduction to Morris and Lycett's Monograph of the Mollusca from the Great Oolite (Pal. Soc. 1850), but the »Jurassic series of Normandy« is alluded to incidentally at p. 21.

Between 1856—1858 appeared Oppel's *Die Juraformation England's, Frankreichs &c.* and in 1857 Lycett (*Cotteswold Hills*, p. 15) speaks of the Lias, Inferior Oolite, and Great Oolite as constituting the *Lower* Jurassic *Rocks*. He observes that the term is now universally employed by continental geologists, and is preferable to Oolite. In 1860, Wright (*Q. J. G. S.* Vol. XVI. p. 2), in the introduction to his paper on the subdivisions of the Inferior Oolite, refers to the Jurassic *series* as affording, in England, a better field for accurate investigation than any other system of stratified rocks.

The term »Jurassic« is not used on the maps of the Geological Survey, nor in any of their earlier memoirs (such as Hull's *Geology of Cheltenham*, 1857), but in 1875 the Memoir on the Geology of Rutland by Prof. Judd contains an introductory essay on the classification and correlation of the Jurassic *Rocks* of the Midland district of England. This may be regarded as an official recognition of the word which had long been in common use as a term of the second magnitude, including the several members of both *Lias* and *Oolites* (H. B. Woodward, *Geology of England and Wales*, 1876, p. 147).

The Oolites.

South-west of England. It is not necessary to trace this word further back than to William Smith, the father of English geology; but none will question that a science, which has since been applied

to every civilized country, had in a great measure its birth-place
in the fossiliferous clays, sands, and limestones of the south-western
counties, which he knew so well. In »Strata Identified by Organized
Fossils« (1816) he gives »*Portland Stone*«, »Oaktree Clay«, »*Coral
Rag* and Pisolite«, »Clunch Clay and Shale«, »Kelloways Stone«,
»*Cornbrash*«, »*Forest Marble*«, »Clay over the Upper OOLITE«,
»Upper OOLITE«, »*Fuller's Earth Rock*«, »Inferior OOLITE«, »Sand
and *Marlstone*«[1]).

Conybeare and Phillips' *Geology of England and Wales* appeared
in 1822. Their OOLITIC *Series* (p. 165) included all the strata between the Iron sands (Neocomian) and Red Marle (Keuper), and is
divided into the upper, middle, and lower OOLITIC systems; the
first being based on the argillo-calcareous formation of *Kimeridge*
and the vale of Berks (Oaktree Clay of Smith), the second on the
great *Oxford Clay* (Clunch Clay of Smith), the third on the great
argillo-calcareous formation of *Lias* and Lias Marle, constituting the
base of the whole series. In this synoptical arrangement the authors
recognized the *unity* of the system which we term Jurassic, but to
which they gave the term OOLITIC, though in assigning the whole
of the Lias to their Lower OOLITIC system they made it very disproportionate to their Upper and Middle OOLITIC systems. No
notice is taken by them in the table of Smith's »Kelloways Stone«,
but at page 196 they make a difference between the organic remains
of the Oxford Clay and the shells of the *Kellaways Rock*.

In the Index to the Map of the Geological Survey of the
Dorsetshire coast (sheet 17), published 1850—1855, we have the
following arrangement:

Upper, Middle, and Lower Purbecks,   ⎫
Portland Stone,   ⎪
Portland Sand,   ⎬   Upper OOLITE;
Kimeridge Clay,   ⎭
and more generally —

---

[1]) Oppel (*Juraformation*, p. 300) quotes in the synonymy of Der Unteroolith—
Under Oolithe, Will. Smith, 1815, a Memoir to the Map and Delineation of Strata, &c.

The supplementary index to Vol. 1. of Sowerby's *Min. Conch.* by Mr John
Farey, senior, in 1815, makes use of the expression »Under Oolite«, »Lower or
Inferior Oolite«, but when he places the Coral Rag under the Bath Oolite we feel
that he was more at home in the Mountain Limestone of Derbyshire than amongst
the Secondary Rocks.

<pre>
Purbecks,
Portland Stone,
Portland Sand,
Kimeridge Clay,
Coral Rag,
Oxford Clay,
Cornbrash,   } OOLITIC Series.
Forest Marble,
Fuller's Earth,
Inferior Oolite,
Sand   )
Marlstone   } Lias,
Lower   )
</pre>

Thus the subordinate classification of the three members of the Lias—note the absence of the Upper Lias Clay - to the OOLITIC series is again evident.

In 1857 the Cheltenham district is described in a memoir by Prof. Hull, and the following tabular view of the strata of Sheet 44 of the Geological Survey, as regards the OOLITES, is given:

<pre>
                    (Cornbrash.
                    | Forest Marble.
Lower OOLITE   { Great Bath Oolite and Stonesfield Slate.
                    | Fuller's Earth (sometimes absent).
                    (Inferior Oolite.

Upper Lias Sands   )   »Cephalopoda Bed« (Wright).
     (Wright)   ((Dotted Sands of map).
</pre>

The Lias is here separated from the Lower Oolite.

The generally accepted subdivisions, then, in the south-western counties were, and still are —

Purbecks to Kimeridge Clay inclusive — Upper OOLITE.

Coral Rag to Oxford Clay with Kellaways Rock where developed — Middle OOLITE.

Cornbrash to Inferior OOLITE — Lower OOLITE.

Upper Lias Sands — afterwards *Midford Sands* (Phillips, 1871).

Midland Counties. In the Midland counties, where the physical conditions were found to have undergone a material change from what obtains in the more classical districts of the south-west, considerable difficulty has been felt, especially in the details of the Lower OOLITES; and thus, in the absence of many subordinate members, such as the Bradford Clay and Fuller's Earth, and the intercalation of others, it has been found necessary to apply fresh terms to such minor subdivisions. In Judd's *Geology of Rutland* the Lower OOLITES are classified as follows:

Great OOLITE Series
- The Cornbrash.
- The Great OOLITE Clays.
- The Great OOLITE Limestone.
- The Upper Estuarine Series.

Inferior OOLITE
- Lincolnshire OOLITE Limestone.
- Lower Estuarine Series.
- Northampton Sand.

The Middle and Upper OOLITES of this region are almost wholly argillaceous, nor are there any well-defined limestones representing the Coral Rag, except at Upware, near Cambridge. Thus the division between the Middle and Upper OOLITES is not well marked in this region, though certain beds have been specialized by Prof. Seeley (*Ann. and Mag. Nat. Hist.* 1862 as *Elsworth Rock* and *Tetworth Clay*. The same author also speaks of the *Ampthill Clay*.

As we advance towards the Humber the OOLITIC rocks on both sides of that estuary undergo a considerable diminution in volume and importance, though the *Cave* OOLITE (Phillips, 1829), which is the attenuated representative of the Lincolnshire Limestone in south-east Yorkshire, was recognized in very early days.

North-east Yorkshire. After a complete eclipse of several miles THE OOLITES are seen to be developed on a very large scale in this portion of the county. The local varieties of the subordinate members necessitated local names. Young and Bird (1822) were first in the field, and applied the provincial name of *Dogger* to the bed immediately above the Lias. They observe (p. 123) that »one of the most remarkable beds in the series of Sandstone, Shale, and Coal is the lowest member of it, viz. the bed called the *dogger*, which lies immediately over the alum schist. This is a singular species of conglomerate, assuming a variety of forms«. From the measurements given at p. 125 it is evident that they were unacquainted with the fine development occurring at Blea Wyke (Blue Wyke) to which Phillips drew attention in 1829. The word »Dogger« in the patois of the district is applied to any rounded stone, whether concretionary or otherwise.

The following is Phillips' nomenclature in 1829:
- Kimeridge Clay.
- Upper Calcareous Grit.
- Coralline OOLITE.
- Lower Calcareous Grit.

Oxford Clay.

Kelloway Rock.

Cornbrash.

Bath OOLITE Series
- Upper Sandstone and Shale.
- Gray Limestone, or OOLITE of Cloughton and Brandsby.
- Lower Carbonaceous Sandstone and Shale.
- Inferior OOLITE Sand, or Dogger.

Oppel in his *Juraformation* (1856—58) applied the test of life zones to the English, and more especially to the Yorkshire and Dorsetshire OOLITES, though no new names are given to any of the English beds. (See tables, pp. 580, 804, and the general table of the whole juraformation, p. 822.)

Wright (*Q. J. G. S.*, Vol. XVI. p. 1 *et seq.*), profiting by the publication of Oppel's views and the careful collecting of Leckenby, was able to give a more correct reading of the Lower OOLITES on the Yorkshire coast, and also in the interior, than any hitherto made. Thus he breaks up the Dogger at Blea Wyke into two sections, of which he refers the upper only to the true Dogger or Inferior OOLITE; the rest, which he divides into five subsections, he refers to the Lias Sands, of which his Gloucestershire *Cephalopoda Bed* is an important member. He added another marine member to the Lower OOLITES by describing the *Millepore Bed* with its inland equivalent at Whitwell and Cromebeck, and he confirmed Oppel's views as to the position of the *Grey Limestone* of Scarborough.

It will be remembered that, since the time (1829) when Phillips had included the whole of the strata from the Cornbrash to the Dogger in his »Bath OOLITE Series«, this great group, which is synonymous with the Lower OOLITES as generally understood, had been divided by D'Orbigny into an upper or Bathonien, and a lower or Bajocien — accepted by Oppel as Bath Gruppe and Bayeux Gruppe respectively. To use the term Bath Oolites in the Phillipsian sense, therefore, is to ignore the principles on which the Lower OOLITES have been classified, and can only lead to confusion.

Since the date of Wright's paper, although the OOLITES have attracted considerable attention, very few new names have been applied, and these only to local developments. A few of the more important are subjoined.

Some of the Names given to portions of the OOLITIC Rocks in recent years: —

Midford Sands. (Phillips, *Geology of Oxford*, p. 118.) »The last of the Liassic strata, to which the Inferior Oolite has not quite relinquished its ancient claim, is a variable series of fine sands«, often associated with calcareous and shelly beds. Adopted by H. B. Woodward (*Geology of England and Wales*, 1876, p. 168). Prof. Buckman (*Q. J. G. S.* 1879, p. 736) dissents.

Northampton Sand. A name used for the lowest zone of the Inferior Oolite in parts of Northamptonshire, Rutlandshire, &c. (Judd, *Geology of Rutland*, and Geol. Surv. Map, Sheet 64.) This may be deemed the correct use of the term. In North Oxfordshire the term *Northampton Sand* has been used for beds overlying the higher zone of the Inferior Oolite, and includes a portion of the Great or Bath Oolite. Hence the so-called *Northampton Sand* of North Oxfordshire represents beds on a very different horizon from the *Northampton Sand* of Northampton and Rutland.

A few names have been given by Blake, Hudleston and other recent writers. The majority of these are mainly of local significance.

2. Classification and Description.

There is very little difference of opinion amongst English Jurassic geologists as to the general arrangement and classification of the Oolitic rocks of their country. In the south the purely marine series has a well-marked termination beneath the brackish and freshwater deposits of the Purbeck beds: elsewhere the termination is less well observed, more especially in the flat districts of the Midland counties. In Yorkshire the Cretaceous beds repose transgressively on all the members of the Jurassic System in turn, shewing how much the Jurassic beds in this area must have suffered from pre-Cretaceous denudation. But in one place, viz. at Speeton, the column is complete, or nearly so, and a line of nodules, referred by Prof. Judd to the *Portlandian*, is interposed between the *Kimeridge Clay* and the Neocomian Clay.

The base of the Oolitic section of the Jurassic System has been the subject of some controversy; that is to say, as to wheter certain sandy deposits should be classed with the Oolites or with the Lias.

Moreover, as there is considerable difference in the development of the minor features, such as the subdivisions of the 6th and 7th magnitudes, over the several geographical areas extending from the Channel rigth across England to the coast of Yorkshire, writers are not absolutely unanimous as tho the necessary correlations. Too much importance was attached by the earlier geologists to such very local developments as *Fuller's Earth*, *Bradford Clay*, &c., which are found to disappear within moderate distances, and whose precise equivalents cannot be found elsewhere.

The following may be regarded as a generalized division of the *Oolitic Rocks* of England, from above downwards:

		Probable foreign equivalents.
UPPER OOLITES	7. Purbeck,	Purbeckien.
	6. Portland Sand and Stone,	Portlandien (pars).
	5. Kimeridge Clay,	Portlandien (pars) and Kimeridgien.
MIDDLE OOLITES	4. Corallian,	Corallien and Oxfordien superieur.
	3. Oxford Clay with Kellaways Rock at base,	Oxfordien inferieur and Callovien.
LOWER OOLITES	2. Great Oolite,	Bathonien.
	1. Inferior Oolite,	Bajocien.
	a. Supra-Liassic Sands,	Aalenien.

It should be borne in mind that this classification is in the main based on lithological considerations. Thus, where no hard rock is developed at the base of the Oxford Clay, no Kellaways Rock is indicated, and there does not seem to be any reason to suppose that this Kellaways Rock represents anything more than a local physical feature. In Yorkshire this physical feature gives evidence of having extended over a much longer period of time, since the *ornatus*-ammonites, so characteristic of the Oxford Clay of certain horizons in Central England, where there is no Kellaways Rock, are there found to occur in certain parts of the so-called Kellaways Rock of Scarborough. In those places where there are no hard beds at the base and no sands and limestones atop, the whole of the Middle Oolites would be described as »Oxford Clay«, although such Oxford Clay might be the equivalent in time of beds classed as Callovian, Lower and Upper Oxfordian, and Corallian in other countries.

With regard to the Classification given on p. 71 and generally accepted, Jukes-Brown protests against the consideration of the Oolites apart from the Lias, and against the division of the Oolites into Lower, Middle, and Upper. It is well known, he says, that throughout the Midland Counties and in Lincolnshire it is impossible to draw any line of division between the Oxford and Kimeridge Clays, which, in the absence of the Coral Rag, form one continuous »pelolithic« series. In Lincolshire especially there is a broad zone, including a considerable vertical thickness of clay, where the fossils are so commingled that it is quite impossible to say where one Clay Series ends and the other begins. Further, even where the Corallian is developed there is often (as in Yorkshire) a complete passage from it into the Kimeridgian.

Under these circumstances he maintains that the so-called Middle and Upper Oolites are really one natural and indivisible group. He would divide the Jurassic system as follows:

JURASSIC SYSTEM.

UPPER
- Purbeck series.
- Portland series.
- Kimeridge Clay.
- Corallian and Oxford Clay.

MIDDLE
- Great Oolite series.
- Inferior Oolite series.
- with Supra-Liassic Sands.

LOWER
- Upper Lias.
- Middle Lias.
- Lower Lias.

THE LOWER OOLITES. *Topographical divisions.*

Roughly speaking, four more or less well-marked topographical divisions may be assigned to the *Lower Oolites.* The first or *southern* district is included between the Channel and the prolongation of the axis of the Mendips: the second, or *south-west midland,* comprises, *inter alia,* the whole of the Cotteswolds, and may be regarded as the classical rather than the typical country of the Oolites. The boundary between this and the third, or *north-east midland,* is not very well defined; but this third district includes, *inter alia,* the Oolites of Northamptonshire, Rutlandshire and Lincolnshire. The Oolites of the *Yorkshire basin* form the fourth district.

Owing to the misapprehensions which may arise from the use of a petrological term, it may be as well to remind readers that the »oolites« include sands and clays as well as limestones. Jukes-Browne would drop the term »Oolite« out of English nomenclature except as a descriptive lithological name.

The Lower Oolites. a. *Supra-Liassic Sands.*

These are held by the Geological Survey and by Dr Wright and others as more properly belonging to the Lias; on the other hand Tate and Blake refused to include their northern equivalents in the Yorkshire Lias. It will be necessary to consider them, therefore, in any Report on the *Oolitic* Section of the Jurassic System.

Before that close attention to stratigraphical palaeontology which, for the English Jurassics, commenced with Oppel, Lycett and Wright, lithological appearances had more weight notwithstanding the general application of the principle of »Strata identified by organized fossils«. Thus the older geologists classed the *Sands* towards the base of the Inferior Oolite Limestone with the Oolites, regarding the Lias as necessarily an argillaceous deposit.

Mr H. B. Woodward objects to the use of such terms as Supraliassic in any system of nomenclature. He thinks the name Midford Sands may be adopted for the sandy sediments intervening between the Upper Lias Clay and Inferior Oolite Limestone in the S. W. of England. This term also is objected to by other authorities on the ground that it includes different beds in different districts.

No. 1 district. De la Bêche, in 1839 (*Geol. Surv. Devon and Cornwall*, p. 222), speaking of the intermediate sands of the Inferior Oolite in the southern district, says, »To mud has succeeded sand, and this again became covered with limestone«. Throughout this southern district the *Sands* between the Inferior Oolite Limestone and the »Lias Clay« are of great thickness and only moderately fossiliferous. They are represented in the maps of the Geol. Survey, sheets 18 and 19, as resting with slight exceptions either on the Middle or Lower Lias; indeed the Upper Lias, as a clay, is almost entirely absent throughout Somersetshire.

Mr H. B. Woodward remarks that the Upper Lias Clay, although recognized by the Geological Survey in parts of Somersetshire, is in general too feebly developed to be represented on the Geological Survey maps in that county.

No. 2 district. In the south-west midlands the »*Sands*« are not so thick, but possess more regularity of development. Under the Cotteswold Hills, especially at Frocester and Nailsworth, they contain two well-marked shell-beds. The upper one is Dr Wright's »Cephalopoda Bed«. This belongs to Lycett's »*cynocephala*-stage«. The latter author (*Cotteswold Hills*, edn. 1857, p. 16) describes this stage as »possessing some features both petrographic and zoological, which seem to claim for it a position intermediate and connecting the Lias with the Inferior Oolite«. See tables of fossils at pp. 24 and 25. Lycett concluded that the »fauna of the *cynocephala*-stage is upon the whole sufficiently distinguished from that of the Upper Lias« (p. 32), and he finally pronounces for its intermediate position. Brodie agrees with Phillips and Lycett that the so-called »Cephalopoda Bed« is a transition zone, but more nearly allied to the Lias.

Phillips (*Geology of Oxford*, p. 108) says that the »*sand* which overhung Smith's own house near Bath, and into which he drove tunnels for dairy and other uses, giving it the name of »*Sand of the Inferior Oolite*«, has been pretty generally transferred to the liassic dominion«. These are the *Midford Sands*, and although Phillips describes them under »Liassic Periods«, like Lycett, he seemed disposed to regard them as forming a transition-zone. Subsequently (*col. cit.*) Buckman referred these same *Midford Sands* of Bath to a far higher position in the Inferior Oolite.

Intermediate district. In the border-land between the south-west midlands and the north-east midlands, viz. in North Oxfordhire, this zone, which we roughly correlate with the zone of *Ammonites opalinus*, and the English equivalent of which is, in part, the *cynocephala*-stage, has a very uncertain and feeble development, though *R. cynocephala* or something like it has been found by Mr Walford. But throughout this district there is nothing so shew the existence of any series of importance which could represent this zone.

No. 3 district. In Northamptonshire Mr Sharp says (*Q. J. G. S.* vol. xxix, p. 285) that the *Northampton Sand* is comprised within the zones of *A. opalinus* and *A. Murchisonae*. Hence we may regard the lower part of the ironstone beds of Northampton as representing in that area the so-called *liassic*, or *Midford sands* of the south-west. The presence of *Rhynch. cynocephala* in these beds is a further proof that the basal beds of the Northampton Sand do represent after a fashion the *cynocephala*-stage of the south west.

No. 4 district. But we must go into the far north-east of Yorkshire before a really good development of the *cynocephala*-stage, or *opalinus*-zone, again presents itself. The only place where the entire sequence can be studied with advantage is at Blue Wyke. See Wright, *Q. J. G. S.* Vol. xvi, p. 3; Hudleston, *Proc. Geol. Assoc.* Vol. iii, p. 294; Tate and Blake, *Yorkshire Lias*, p. 190. The last-named authors allot about 80 feet of sandy micaceous shale to the zone of *Ammonites jurensis*, which for them terminates the Upper

Lias. The remainder of the micaceous *sands* at Blue Wyke, grey in the lower part, yellow above, are by them referred to the Inferior Oolite. Mr Hudleston, working from above downwards, also took this view of the case, quite independently of Mr Blake. Dr Wright, on the contrary, assigns the whole of the *sands* which carry the Dogger to the Lias, and indicates how they correspond with the upper part of his *Liassic sands* as developed in the south-west (Nailsworth, Haresfield, Frocester, &c.).

These grey and yellow *sands* beneath the Dogger correspond with the zone or stage Aalenian of Mëyer (1864, Aalen, Wurtemberg), which immediately succeeds the zone of *A. jurensis* and *Posidonomya Bronnii*, Oppel; and which, according to Renevier (tableau in *Bull. Soc. Vaud.*, 1874) is related in its lower part to the Upper Toarcien. In Yorkshire the occurrence both of these and of the *jurensis beds* is very irregular, indicating a considerable amount of contemporaneous erosion, or of unequal distribution. It may be interesting to shew the lines which different authors have adopted here.

Young & Bird, 1822.	Phillips, 1829.	Oppel, 1858.	Wright, 1860.	Hudleston, 1874.	Tate & Blake, 1876.
Dogger.	Conchiferous series analogous to I. O. of Bath.	Inferior Oolite. Zone of *A. torulosus.*	Upper Lias Sands.	Grey and yellow sands carrying the Dogger.	Inferior Oolite. Bleawyke beds.
Main bed of Alum Shale.	Alum Shale.		Alum shale.	*Striatulus-*beds.	Zone of *A. jurensis.*
				Alum Shale.	Alum Shale.

The Lower Oolites. *1. Inferior Oolite.*

No. 1 district. In the southern district this series must be subdivided into *Inferior Oolite Limestone, Fuller's-Earth Rock,* and *Fuller's Earth.* Some of the limestones are very arenaceous. The local subdivisions have not attracted much attention amongst geologists generally, though the zonal arrangement and order of the Inferior Oolite Limestone has been the subject of considerable controversy between Dr Wright and Mr Buckman. In Dorset and the adjacent parts of Somerset the Inferior Oolite Limestones are exceedingly fossiliferous within a small bulk of rock, the general characters being not dissimilar to those of Normandy. They are usually fawn-coloured, and frequently »ironshot«.

The *Fuller's-Earth Rock*, and *Fuller's Earth*, which are of very great thickness in the southern district, are regarded by Professor Tate as belonging to the Inferior Oolite on palaeontological grounds.

Mr H. B. Woodward states that the Great Oolite is probably represented in Dorsetshire partly by the Fuller's Earth and partly by the Forest Marble Series; in which view Mr Hudleston concurs.

No. 2 district. In the south-west Midland district the *Inferior Oolites Limestones* attain their maximum development at Cheltenham. Here Dr Wright has especially indicated the subdivisions to be assigned to the zones of *A. Murchisonae, Humphresianus*, and *Parkinsoni (Q. J. G. S.* Vol. XVI.).

The following table from Hull's *Geology of the country round Woodstock* (p. 14) gives the local subdivisions of the *Inferior Oolite*, exclusive of the *Fuller's Earth:* —

			At Cheltenham.	At Charlbury, 30 m. east.
A. Parkinsoni,	*a.* Ragstone (*Clypeus* Grit)		38 ft.	5 — 10 ft.
A. Humphresianus,	*b.* Upper Freestone		34 ft.	absent.
A. Murchisonae,	*c.* Oolite Marl		7 ft.	absent.
	d. Lower Freestone		147 ft.	absent.
	e. Pea-grit		38 ft.	absent.

It also serves to shew the remarkable attenuation of the series tho the eastward. Yet a little way further east, and the *Inf. Oolite* has disappeared altogether.

The *Fuller's Earth* of the south-west Midland district thins rapidly towards the north, and has entirely disappeared not many miles to the north-east of Cheltenham.

Intermediate district. In North Oxfordshire, which contains a border-land between the *Inferior Oolite* of the south-west midland and those of the north-east midland, this series is, in some places, represented by its highest members only. At Chipping Northon the *Clypeus* Grit, a member of the Ragstone belonging to the *Parkinsoni* zone, rests directly on the Upper Lias. The *Clypeus* Grit of this place is succeeded by the »Chipping Norton limestone« (Hudleston, *Proc. Geol. Assoc.* Vol. v. p. 384, and Walford, *Q. J. G. S.* 1883, p. 224 *et seq.*) which may be the equivalent in time of the Fuller's Earth of the south. There are not many fossils. Mr Walford is disposed to regard this Chipping Norton limestone as a member of the *Inferior Oolite*. In his paper above quoted Mr Walford discusses the relations of the several fawn-coloured sandy limestones of this area and assigns them their respective places in the *Inferior Oolite* section. The line between the *Inferior Oolite* and the Great Oolite is not easy to define.

No. 3 district. The *Inferior Oolite* of the north-east midlands and its subdivisions have been already indicated under the heading of nomenclature. The great feature here, doubtless, is the development of a large mass of oolitic limestone, which attains its maximum development in the county of Lincoln, and was named by Prof. Judd and the late Mr Sharp the *Lincolnshire Limestone*. Though tolerably fossiliferous it contains very few ammonites (Prof. Judd *Geology of Rutland*). The base of this limestone in some places is marked by an oolitic flaggy series known as *Collyweston Slate*.

In this district the *Inferior Oolite* is thus constituted: —

Lincolnshire Limestone,
Lower Estuarines,
Northampton Sand.

No. 4 district. Throughout the area of the Yorkshire basin the *Inferior Oolite* presents the character of estuarine sands and clays, often of great thickness, with marine developments at intervals. Of these marine developments the sandy oolitic ironstone, known as the Dogger, is by far the most fossiliferous, and best seen at Peak (Blue Wyke) on the coast. See *antea*[1]).

The following sectional column of the *Inferior Oolite* in Yorkshire is given by Hudleston (*Geol. Mag.* 1882).

---

[1]) For an account of the Yorkshire Dogger consult Young and Bird, 1822, p. 123; Phillips, 1829, p. 62: Oppel *Jura formation*, 1858, p. 317; Wright, *Q. J. G. S.* Vol. xvi. p. 3; Hudleston, *Proc. Geol. Assoc.* Vol. iii. p. 291.

Divisions.	Topographical Varieties.	Lithology, &c.	Some of the Characteristic Fossils.
I. Scarboro' or Grey Limestone. 3-60 ft. Zone 3.	1. Coast type. Thins rapidly on the dip towards the S.E., tolerably constant towards the interior along the outcrops. 2. Howardian type.	1. Blue and grey impure Limestones. shales. mudstones and ironstones. rarely oolitic. Roadstone. rough masonry (Scarboro' Pier). 2. Siliceous »potlid« Limestones.	1. *Bel. giganteus*. Schlot. *Am. Humphresianus*. Sow. *Am. Blagdeni*. Sow. *Avicula Braamburiensis*. Phil. *Pteroperna plana*. M. and L. *Trig. costata* (var. *denticulata*. Ag.) *Trig. signata*. Ag. Brachiopoda mostly absent. *Am. »laeviusculus«* occurs at Hundale.
i. Middle Estuarine Series 50-100 feet.		Sandstones and Shales. contains the main seams of moorland coal.	Dwarfed marine fossils sporadically. The »pland bed« is very rich in vegetable remains.
J. Millepore Series. 10-40 ft. on the coast. Zone 2.	1. Coast type. Thickens towards the S.E., variable in composition. 2. Howardian type, Whitwell Oolite, and Brandsby Beds in part.	1. At Sycarham a ferruginous grit. and sometimes a gritty irony lime rock with »Kaolinite«. 2. Fawn-coloured sandy Limestone and Oolite. lower beds bluecentred.	1. *Gervillia lata*. Phil. *Trig. recticosta*. Lyc. *Trig. conjungens*. Phil. *Ceromya Bajociana*. D'Orb. *Pygaster semisulcatus*. Phil. *Gonioseris angulata*. Dunc. 2. *Cardium Buckmani*. M. and L. *Isocardia cordata*. Buckm. *T. recticosta* and *conjungens*. *Pyg. semisulcatus*. and *Stom. germinans* Phil. *Ter. submaxillata*. Dav.
j. Lower Estuarine Series. ?-300 ft.	Attains its maximum in Staintoudale Cliffs.	Sandstones, often massive, and Shales. Building stones in Eskdale.	Traces of a marine horizon with *Pholadomya*, etc. Numerous plant remains.
K. Dogger. 4-80 ft. on the coast. Zone 1.	The »top seam« of the miners. The Rosedale magnetic ore belongs to the lower division.	Arenaceous ironstone. in parts oolitic. resting on yellow and grey micaceous sands at Blue Wyke Point.	*Gervillia tortuosa*. Phil. *G. lata*. Phil. *Macrodon Hirsonensis*. D'Arch. *Trig. denticulata*. Ag. *Trig. v-costata*. Lyc., small var. *Trig. spinulosa*. Y. and B. *Cardium acutangulum*. Phil. *Astarte elegans*. Sow. *Ceromya Bajociana*, D'Orb. *Rhynch. subobsoleta*. Dav. In the sands *Am. aalensis*. Ziet. *Am. comensis*, v. Buch. (*teste* Wright, *Q. J. G. S.* vol. xvi. p. 4). *Lingula Beanii*. Phil. *Discina reflexa*, Sow. *Rhynch. cynocephala*. Rich. *Ter. trilineata*, Y. and B.
Jurensis Beds.			

The Lower Oolites. *2. Great Oolite.*

No. 1 district. If we do not assign the Fuller's Earth to the *Great Oolite* in that case the lowest member of the Great Oolite in this area is the *Forest Marble*, which in Dorsetshire in extremely thick, consisting of beds of fissile limestone divided by seams of clay. The clay at the base of the group is known as *Bradford clay.*

Mr Brodie calls attention to the fact that there are indications of local estuarine conditions at Tellisford near Bath, where there are marls dividing the stone beds of the Forest Marble and containing Cyclas; insects, viz. elytra of Coleoptera and small wings of Blattidae; fruits and other plant remains.

The *Forest Marble* is succeeded by the yellowish rubbly limestone known as the *Cornbrash*, which is held to terminate the Bathonian beds throughout England. It is usually well stocked with fossils, though for the most part of limited thickness. In Dorsetshire a very large suite of fossils has been obtained.

Throughout England *Am. Herveyi (macrocephalus)* is the characteristic ammonite of the Cornbrash, and other cephalopoda are usually rare.

No. 2 district. It is in the south-west midlands that the *Great Oolite* attains to its chief importance. This is the classical region which contains so many local subdivisions, not always equally well developed in other areas, and sometimes hardly to be traced at all. *The lower zone of the Great Oolite* is known as the *Stonesfield Slate* (Hull *op. cit.* p. 16) a very interesting and important, but apparently local, deposit of shelly oolite, sandy limestone, and laminated sandstones, occurring at Stonesfield near Oxford. Brodie considers that the conditions under which the Forest Marble and Stonesfield Slate were deposited were very similar. The calcareous beds of the Great or Bath Oolite constitute the most important building stones of this area: in the neighbourhood of Bath the Great Oolite Series was thus divided by Lonsdale [1]): —

		ft.
Upper Rags	1. Coarse, shelly limestones	
	2. Tolerably fine oolites	20—55
	3. Tough, brown, argillaceous limestones	
Fine Freestones		10—30
Lower Rags	coarse, shelly limestones	10—40

[1]) Woodward, *Geology of England and Wales*, p. 187.

These beds on Minchinhampton common yielded a large part of the well-known fauna described by Morris and Lycett. At this latter place and probably elsewhere there seems to be no well-marked line of separation between the Bath Oolite, and *Forest Marble*, which consists of shelly and fissile limestones, often with a considerable proportion of argillaceous matter. Its thickness diminishes towards the north, but towards the south the argillaceous base, known as the Bradford Clay, attains considerable importance.

The *Cornbrash* at Kirklington near Oxford is 8 ft. thick.

No. 3 district. The basement bed of the Bathonian section of the LOWER OOLITES in the north-east midlands is known as the *Upper Estuarine Series.* It has been asserted that in Oxfordshire this series is traceable to the *Stonesfield Slate.* They are probably on the same horizon.

This rests, towards the west of Northampton, on the Lower Estuarine Series of Inferior Oolite age, but further towards the north-east, on the *Lincolnshire Limestone.*

To the *Upper Estuarine* succeed certain creamy and fossiliferous limestones known as the *Great Oolite Limestone* (25 ft.), and then comes about 20 ft. of *Great Oolite Clay.* The whole is capped by *Cornbrash,* here often a ferruginous limestone, 15 ft. thick.

As we proceed northwards, through Lincolnshire towards the Humber, the Bathonian series, according to Prof. Judd, diminish in importance.

No. 4 district. In the Yorkshire basin no marine beds of Bathonian age are known other than the so-called *Cornbrash,* which is regarded by Prof. Judd as comprising more than the *Cornbrash* of the Midland Counties. The *Upper Estuarine Series*[1]) of Yorkshire may even belong to the Inferior Oolite.

The following sectional column of beds believed to be of Great Oolite age in Yorkshire is given by Hudleston *(op. cit.)*:

---

[1]) It should be understood that the Estuarine Series of Yorkshire are not the equivalents of the Estuarine Series of the north-east midlands.

Divisions.	Topographical Varieties.	Lithology.	Some of the Characteristic Fossils.
H. *Avicula*-shales and Cornbrash. 10—15 ft.	Both thin on the dip, but maintain their thickness towards the west. Not proved in the Howardian Hills. Zone 4 occurs at the base.	Blue shales passing upwards into yellow sandy mudstones. Impure Limestone, grey and rubbly, partially oolitic, and sometimes stained reddish.	*Am. Herveyi*, Sow. (*macrocephalus*, Schlot.), the only cephalopod. *Lima rigidula*, Phil. *Avicula echinata*, Sow. *Trig. Scarburgensis*, Lyc. *Trig. elongata*, Sow. *Trig. Cassiope*, D'Orb. *Waldheimia obovata*, Sow. *W. lagenalis*, Schlot. *Rhynch. Leedsii*, Walk. (? *concinna*). *Echinobrissus orbicularis*, Phil.
h. Upper Estuarine Series 80-200 ft.		False-bedded Sands and Clays.	*Anodon.* sp. A few plant remains.

Middle Oolites. *Oxford Clay.*

As is well known, the divisions of the Oolitic rocks, in England, are mainly based on petrological conditions. No such series as Callovian has ever been recognized, to our knowledge, by any English author; but where there is a hard rock towards the base, as in Wiltshire, it has been called the *Kellaways Rock,* but not specially indicated on the survey map, which shows, even at Kellaways itself, only *Oxford Clay.*

On the whole there is so much apparent uniformity in the development of the *Oxford Clay* in the southern and midland counties of England that it would be useless to attempt any description according to districts. It is a blue pyritous clay, as a rule, and the ammonites especially are much pyritized. It is estimated by Prof. Prestwich to be about 300 ft. thick at Oxford.

Not only is there a marked difference in the deposits known as Cornbrash and *Oxford Clay,* but there is a marked change in the fauna, especially as regards the cephalopoda. Thus the change from the Lower to the Middle Oolites is well marked in southern and middle England. The Cornbrash is poor in Cephalopoda, which abound in the *Kellaways Rock* and *Oxford Clay.* Indeed, the line between Lower and Middle Oolites is well marked both palaeontologically and petrologically.

Besides the *Kellaways Rock* of Wiltshire, usually 8—10 ft. thick, there are other hard fossiliferous beds in certain portions of the

Oxford Clay; of these the most noteworthy is the *Elsworth Rock* near St Ives, which is certainly in the upper part of the series, and may represent the Lower Calcareous Grit, which, as a distinct rock, is not found in this neighbourhood.

MIDDLE OOLITES. *Kellaways Rock* and *Oxford Clay* of the Yorkshire Basin.

The *Kellaways* (or *Kelloway*) *Rock* of this area is so much more important than elsewhere in England that a separate notice is required. Although 90 ft. thick at Scarborough the fine series of fossils, especially the Cephalopoda, occur in shell beds towards the top only. Palaeontologically it is far more comprehensive than the Kellaways Rock of the south, since it contains, in addition to the ordinary ammonites, a complete series of the *ornati*, elsewhere characteristic of the lower parts of the *Oxford Clay* in England.

In the survey map of Yorkshire lately published this rock formation is duly indicated, since it forms a most important physical feature.

The following is the Oxfordian section in Yorkshire, according to Hudleston *(op. cit.)*, including the *Lower Calcareous Grit*, which may be regarded as Upper Oxfordian, or as the base of the Corallian, according to fancy.

Divisions.	Topographical Varieties.	Lithology.	Some of the Characteristic Fossils.
E. Lower Calcareous Grit. 80-100 ft.	Similar varieties occur in all the districts. Thickens towards the interior. Zone 7 occurs in this series.	1. Hard blue calcareous grits—quarried for road metal — alternating with 2. Yellowish calcareous sand-rock, often full of small cavities — building stone.	*Bel. abbreviatus*, Mill. *Am. perarmatus*, Sow. *Am. cordatus* and *vertebralis*, Sow. *Am. convolutus*, Quens. *Am. canaliculatus*, Münst. *Gryphaea dilatata* and *Pinna lanceolata*, Sow. *Modiola bipartita*, Sow. *Astropecten rectus*. M'Coy. *Rhynch. Thurmanni*, Voltz.
F. »Oxford Clay«. 120-150 ft. on the coast.	Similar varieties occur in all the districts. Thins towards the interior. About 70 ft. in the Howardian Hills. Zone 6 occurs at the base.	Grey sandy shales and clays, becoming bluer and less sandy below.	Upper — *Am. perarmatus*. rarely. Middle — Small. Ammonites, young of *A. Eugenii*, Rasp., *A. crenatus* Brug., etc. Lower — *Bel. Owenii*, Pratt. *Am. Lamberti*, Sow. *Am. athleta*, Phil. *Am. oculatus*, Phil. *Am. crenatus*, Brug. Varieties of *A. cordatus* troughout.
G. »Kellaways Rock«. 5-80 ft.	Zone 5 occurs at the top. Thins on the dip towards the S.E., but rather increases along the outcrop towards the W. Scarcely traceable in the Howardian Hills.	The fossil beds, through only a few feet thick, are varied in their lithology. Reddish-yellow or chocolate grits with spathose shells and large ova: blue-grey and very sandy Calcareous Grits. Brownish-yellow sandstones in the mass, quarried for building at Hackness.	*Bel Owenii*, var. *tornatilis*, Phil. *Am. Jason*, Rein. *Am. Duncani*, Sow., and var. *gemmatus*. Phil. — the *ornati. Am. athleta*. Phil. *Am. hecticus*, and *lunula*, Rein. *Am. Chamusseti*, D'Orb. *Am. Gowerianus*, Sow. *Am. Koenigi*, Sow. *Am. modiolaris*, Luid. *Am. macrocephalus*, Schlot. var. *rugosus*, Leck. *Gryphaea*, var. of *dilatata*, Sow. *Trig. paucicosta*, Lyc. *Anatina undulata*. Sow. *Wald. umbonella*, Lam. (near to *ornithocephala*, Sow.).

The division between the Brown and White jura of the Continent occurs it is believed in the unfossiliferous sandy clays between zones 6 and 7.

DIVISIONS.	TOPOGRAPHICAL VARIETIES.	LITHOLOGY - REMARKS.	SOME OF THE CHARACTERISTIC FOSSILS.
A. SUPRACORALLINE. 15-40 ft. wanting in places.	1. Upper Calcareous Grit flanking the western part of the Vale of Pickering. 2. Argillo-calcareous beds (Throstler) of the same locality. 3. Argillo-calcareous beds (Cement stones) of the Howardian Hills.	Reddish Calc Grits, often cherty, with sometimes marly shales. Dirty early Limestones, very unfossiliferous. Hard calcareous bands and soft subcalcareous Shales.	*Belemnites nitidus*, Dollf. *Am. varicostatus*, Buckl. *A. alternans*. v. Buch. *Ostrea bullata*, Sow. *Gryphaea subgibbosa*, Bl. & H. *Pecten Midas*, d'Orb. *Modiola cancellata*, Röm. *Lucina aspera*, Buvig. *L. substriata*. Röm. *Thracia depressa*, Phil. *Goniomya*, *Pleuromya*. &c.
B. CORAL RAG, sub-zone of *Cidaris florigemma*. 12-40 ft.	1. Rag of the Scarborough district, without *Cidaris florigemma*. 2. *Florigemma* - Rag flanking the western part of the Vale of Pickering, on both sides. 3. *Florigemma* - Rag of Langton Wold.	Boulders of *Thamnastraea concinna*, and branches of *Rhabdophyllia* in an intercoralline brash. Variety of Corals; often massive, sometimes compact and cherty, rarely oolitic. Compact Limestones; massive Coral Bands, shelly brash, rarely oolitic.	*Am. varicostatus* (Buckl.) var. of *A. plicatilis*. *Purpuroidea nodulata*. V. & B. *Natica globosa*, Roem. *Cerithium limaeforme*. Roem. *Nerinaea Roemeri*. Goldf. *Littorina muricata*, Sow. *Turbo funiculatus*. Phil. *Ostraea duriuscula*. Phil. *Pecten vimineus*, Sow. *Lima pectiniformis*. Schlot. *Arca quadrisulcata*. Sow. *Astarte rhomboidalis*, Phil. *Opis virdunensis*. Buvig. *Terebratula insignis*, Schübl. *Cidaris Smithii*, Wr. *C. florigemma*, Phil. *Hemicidaris intermedia*, Flem. *Pseudodiadema hemisphaericum*. Ag. — CORAL RAG.
C. CORALLINE OOLITE. 20-35 ft.	1. Oolites underlying the Rag of the Scarborough district. 2. *Chemnitzia* - limestones, compact or suboolitic; impure earthy limestones. *Trigonia*-beds at base. 3. Oolites of the Howardian Hills in part.	Fine white Oolites, with Coral-shell Beds in the upper part. Usually compact creamy Limestones with sparry Shells, calcareous Pastes with Oolitic granules. Clean white Oolites, sometimes a little marly, burnt for lime.	*Belemnites abbreviatus*. Mill. *A. plicatilis*, Sow. *A. cordatus*. Sow. *Chemnitzia heddingtonensis*. Sow. *Nerinaea visurgis*, auct. *Cerithium muricatum*, Sow. *Pecten intertextus*, Roem. *Cucullaea corallina*, Damon. *Trigonia Meriani*. Ag. *T. perlata*. Ag. *Lucina aliena*. Phil. *Astarte Duboisiana*, d'Orb. *Pygurus Hausmanni*. K. & D. — CORALLINE OOLITE. N.B. — The top shell-bed of the Lower Limestones is included with the Coralline Oolite palaeontologically.
C'. MIDDLE CALCAREOUS GRIT. 10-45 ft.	The *Trigonia*-beds as the top of this series in the Pickering district are referred palaeontologically to the Coralline Oolite.	An Arenaceous Calc Grit, sometimes with Shell-beds, where it graduates into the overlying series. Building.	
D. LOWER LIMESTONES. 20-120 ft. N.B. The above figures do not represent the absolute *maximum* and *minima* of each formation.	*Upper Division.* 1. Oolites underlying the M. C. G. of the Tabular Hills. 2. Oolites, sometimes split by a fourth grit, of the Hambleton Hills. 3. Oolites of the Howardian Hills in part. *Lower Division.* 1. Passage - Beds at base of the Lower Oolite in the eastern districts. 2. Cherty Limestones of the Western districts. 3. Basement Limestones above the L. C. G. of the Howardian Hills.	Small - grained Oolites, frequently rather gritty, much used for lime. Gritty small-grained Oolites, often very impure, quarried for lime and roadstone. Thick-bedded Oolites, formerly much burnt for lime. Coarse gritty Limestones, often ferruginous. The basement beds not well distinguished here. Fig-seedy Limestones, with much grit — building, road stones.	*Belemnites abbreviatus*. Mill. *A. perarmatus*, Sow. *A. cordatus*, Sow. (*excavatus*). *A. goliathus*, d'Orb. *Cylindrites elongatus*. Phil. *Avicula ovalis*, Phil. *A. expansa*. Phil. *Pecten fibrosus*, Sow. *Gervillia aviculoides*. Sow. *Myacites*. *Pholadomya*. *Echinobrissus scutatus*. Lam. *Holectypus*. *Ammonites Williamsoni*. Phil. *A. goliathus*. d'Orb. *Avicula ovalis*, Phil. and *expansa*. Phil. *Gervillia aviculoides*, Sow. *Trigonia clavellata?* Sow. *T. triquetra*, Von Seeb. *T. spinifera*. d'Orb. *Sowerbya triangularis*. Phil. *Waldheimia bucculenta*. Sow. *W. Hudlestoni*, Walk. *Terebratula fileyensis*, Walk. *Rhynch. Thurmanni*, Voltz. *Glyphea rostrata*, Phil. *Millericrinus echinatus*, Goldf. *Spongia floriceps*. Phil.
E. LOWER CALCAREOUS GRIT proper.			

In the fossils column, a vertical brace beside rows B and C is labelled **Zone of *A. plicatilis*.**, and a vertical brace beside row D is labelled **Upper Part of Zone of *A. perarmatus*.**

Middle Oolites. *Corallian.*

The *Corallian Rocks* of England were the subject of a tolerably exhaustive memoir by Blake and Hudleston (*Q. J. G. S.* for 1877). Under this title were included all the rock masses between the Oxford and Kimeridge Clays. It should be observed that in parts of central England the entire series is absent, or only represented by contemporaneous clays such as the *Ampthill Clay*. In such areas the entire Jurassic column above the Cornbrash is argillaceous with a few thin stony bands here and there.

Blake and Hudleston traced the *Corallian Rocks* from Weymouth on the Channel to Scarborough on the shores of the North Sea, and published a table of comparative sections indicating the various developments of these masses at 14 different stations.

The volume of these rocks is much greater towards the extremes than in the central area, varying from 230 ft. at Weymouth to 98 ft. at Oxford, whilst in Yorkshire the average is between 200 and 300 ft.

1. Calcareous Grits and Clays, moderately fossiliferous on certain lines, characterize the lower division, which is usually known as the *Lower Calcareous Grit. Am. perarmatus* is characteristic.

2. The central division is more complex, but is usually calcareous with much shelly oolite towards the lower part, and at many of the stations is surmounted by Coral Limestones, all very fossiliferous. In general terms these represent the *Coralline Oolite* and *Coral Rag. Am. plicatilis.*

3. The upper division is very unequally developed, and in some o the central areas is entirely absent. In the south this upper division is characterized by marls, clays and grits, which are often ferruginous, and sometimes by pisolitic iron ores of considerable economic value. In Yorkshire the hydraulic limestones and clays of this upper division are sometimes succeeded by reddish cherty grits. This upper division is usually known as the *Upper Calcareous Grit*, but as this petrological title is so misleading in most cases, Hudleston proposed the term *Supracoralline Beds.* Mr H. B. Woodward would retain the term *Upper Calcareous Grit* for these beds.

Annexed is a table shewing the *Corallian* column in Yorkshire (Hudleston, *Yorkshire Oolites*, pt. III.) excluding the *Lower Calcareous Grit* (E) already estimated under Oxfordian. B. and C. constitute the *Upper Limestones* of the Geological Survey.

The Upper Oolites. *Kimeridge Clay.*

In those districts where no Supracoralline Beds are developed
as for instance at Oxford, there appears to be a very marked break
between the hard shelly Coralline limestones and the blue clays and
shales known as *Kimeridge Clay*. But in other districts, and notably
at Weymouth, the Supracoralline beds help to bridge over the gap
materially.

Full particulars of this part of the Weymouth section may be
gathered from Prof. Blake's »Kimmeridge Clay of England« (*Q. J. G. S.*
1875, p. 213), where he deals with the »Kimmeridge Passage Beds«
and from the »Corallian Rocks of England« (*Q. J. G. S.* 1877, p. 272).
A section, taken in Ringstead Bay near Weymouth, during March
1877, at a spot where the beds are only occasionally exposed, serve
to shew the passage.

Here, at the very summit of the Supracoralline or Upper Corallian Beds, and 55 feet above the main Corallian Limestones, which
usually go by the name of Coral Rag or Coralline Oolite, occurs an
isolated development of coral growth, 8 inches thick, with all the
well-known accompaniments of the Coral Rag, in a hard marly grit
with clays above and below. Blue clays succeed with *Rhynch. inconstans*, and a set of Kimeridgian fossils, but *Am. cymodoce*, d'Orb.
occurs in both groups. Everything indicates that the accidental
growth of coral had restored for a short period the peculiar fauna
of the Coral Rag, without which the passage into the *Kimeridge
Clay* would hardly be noticed, so gradual was the change. The appearance of *R. inconstans* is a convenient datum line for the base of
the *Kimeridge Clay;* this was adopted by Waagen, and also by Blake
and Hudleston.

There is no formation in the whole Jurassic system as developed
in England which is more difficult to tabulate or understand than
the *Kimeridge Clay*. This partly arises from the extraordinary
variation in its thickness, and from the difficulty of obtaining exposures except on the coast. Prof. Blake estimates its thickness on
the Dorset coast at not less than 1000 feet, and the sub-Wealden
boring in Sussex seems to have gone through a nearly equal thickness, since Mr Topley (Dixon's *Geology of Sussex*, p. 152) assigns
900 feet to the *Kimeridge Clay* besides some 300 feet of doubtful beds
which might be divided between it and the Supracoralline. At Oxford, on the other hand, it is less than 100 feet thick. In the centre
of England, as in the fen districts, where there are so few de-

velopments of Corallian Rocks other than clays, the thickness of the *Kimeridge Clay* is not easily determined, but in Yorkshire borings have been made in parts of the Vale of Pickering nearly 500 feet in *Kimeridge Clay* without getting through[1]. The coast section here is so fouled by drift that we obtain no assistance in estimating the thickness of the beds. Much of the *Kimeridge Clay* in England seems to have been deposited in folds of the old sea bed.

In some areas, and notably in Dorsetshire, the difference between the *Lower Kimeridge* and the *Upper Kimeridge* is very great, so great indeed that palaeontologically they have very little in common.

The *Lower Kimeridge* of Dorsetshire represents, in the main, the *Virgulien* of foreign authors (see Blake, »Portland Rocks of England«, *Q.J.G.S.* 1880, p. 197), its most characteristic fossils being *Rhynchonella inconstans Ostrea deltoidea* and *Exogyra virgula. Ammonites longispinus*, Sow. is not unfrequent. It consists of clays with argillo-calcareous bands and nodules, and Prof. Blake represents the upper part as being somewhat sandy. The *Upper Kimeridge* is enormously developed in Kimeridge Bay, nearly 700 feet, and consists of paper shales, bituminous shales, and cement-stone beds. This exceeding thickness of the *Upper Kimeridge* constitutes a somewhat local development. This group is characterized by the prevalence of *Lucina minuscula, Discina latissima,* and *Lucina lineata. Ammonites biplex*, Sow. is very abundant.

In the interior of the southern counties these divisions are not to be made out with certainty in all places, but everything between the Corallian Rocks and the sand beneath the Portland Stone is called *Kimeridge Clay*, without any reference to its fossil contents. Yet the *Kimeridge Clay* of Ringstead Bay, which is mainly Virgulian, or *Lower Kimeridge,* contains a very different set of fossils from the *Kimeridge Clay* of Hartwell in Bucks — indeed there is hardly a species in common. This *Kimeridge Clay* of Hartwell represents to a certain extent the middle Portlandian of the French (see De Loriol and Pellat *Étage Portlandien,* Blake, *On the Portland Rocks of England, vol. cit.,* and Hudleston, *Proc. Geol. Assoc.* vol. VI. p. 334).

In Lincolnshire Blake describes the *Upper Kimeridge* with bituminous paper shales containing abundant *Aptychi* and Teuthiform cephalopods, along with the fossils already mentioned as characteristic of the *Upper Kimeridge* of the Dorset coast. These may also in part represent the Portlandian, since *Am. pectinatus*, Phil.

---

[1] See Hudleston, *Yorkshire Oolites,* Part 3.

known from the Portland Beds of Swindon, is found towards the top. The *Lower Kimeridge* he is disposed to estimate at 450 feet. This would comprise the *Middle* and *Lower Kimeridge* of Prof. Judd.

The *Kimeridge Clay* of the Yorkshire coast is divided by Prof. Judd (*Q. J. Y. S.* 1868, p. 218 *et seq.*) into *Upper*, *Middle* and *Lower*.

He observes that the laminated bituminous clays of the Speeton section agree very closely both in mineral characters and in their fossils with the *Upper Kimeridge* (Region of *Discina latissima* and *Acanthoteuthis speciosa* of Dr Waagen) of Dorsetshire and Lincolnshire. Everywhere these beds are characterized by the abundance of *Discina latissima, Lingula ovalis* and certain ammonites of the group *planulati*. In his Middle Kimeridge of Filey Bay he finds *Exogyra virgula*, whilst Lower Kimeridge contains *Ammonites alternans*, Von Buch, and *Rhynch. inconstans*, Sow. These fossils therefore occupy the same relative positions as in Dorsetshire.

The spelling *Kimeridge* is generally preferred.

Upper Oolites. Portland Rocks. *Portland Sand &c.*

These are only developed, as distinct rock masses, in certain districts of the southern counties, and most fully in the extreme south.

In the Isle of Purbeck the *Portland Sand* is a mixture of clay, sandy clay and hard bands. Fitton gives it a thickness of 120 feet, Blake gives 240 ft. at St Albans Head; this depends on where the Upper Kimeridge should be deemed to terminate. All the Upper Oolites are abnormally thick along this line. In other places, as in Bucks, it is under 50 ft. (See table of comparative section, Blake, »Portland Rocks of England«, *vol. cit.*).

The *Portland Sand* is in some places »glauconitic«, and not usually very fossiliferous, but at Swindon the upper part of these sands contains an abundant and remarkable fauna, partly described by Blake in the work quoted. In these occurs *Am. pectinatus* already noted from the upper Kimeridge Clay of Lincolnshire.

Towards the top of the *Portland Sand* both at Portland and at Swindon, clayey beds are indicated in Prof. Blake's sections. That at Swindon is very fossiliferous. Being above the *Portland Sand* it is admitted to be a *Portlandian Clay*. Many of the fossils are identical with those of the Kimeridge Clay of Hartwell.

Mr H. B. Woodward remarks that the upper part of the *Portland Sand* in Dorsetshire appears to be indifferently clay or marl and, sometimes, sand.

In Bucks and parts of Oxfordshire, according to Mr Whitaker (*Q. J. G. S.*, 1880, p. 236) it was found very difficult to separate the Portland Limestone from the *Portland Sand*. In these counties the column of Portland Rocks generally is much smaller than in the south.

The *Portland Sand* was well marked in the sub-Wealden boring (Sussex). About 80 ft. may be referred to Portlandian Beds in this section; the greater part belongs to the *Portland Sand*, but the upper 23 ft. of »sandy shale with chert« may represent the lower portions of the *Portland Stone*.

UPPER OOLITES. PORTLAND ROCKS. *Portland Stone.*

There is very great variety in this group, which can only be studied in detail. See Blake, *vol. cit.* See also Hudleston, »Gasteropoda of the Portland Rocks«, *Geol. Mag.*, 1881, pp. 386, 387, and *Proc. Geol. Assoc.*, vol. VII. p. 381, as to the *Portland Stone* of the Isle of Purbeck, where about 130—140 ft. of hard stone occurs above the Portland Sand.

There are two types of *Portland Stone*. The principal type is thoroughly marine; it is characterized by large ammonites, such as *A. biplex*, *A. boloniensis*, *A. giganteus*, and by a fair quantity of very large bivalves such as *Pecten lamellosus*, *Cardium dissimile*, *Trigonia gibbosa*, &c. The second type only developed in some places and always of moderate thickness, is distinguished by one or more species of *Cerithia* in great abundance together with *Neritoma sinuosa* and *Cyrena rugosa* in greater or less quantity. With these are associated some of the shells of the more purely marine beds, but always much smaller, together with many species not found in the more purely marine type, especially gasteropoda.

The difference between these two sets of calcareous rocks is best shown in the Vale of Wardour, though fairly well seen at Portland, and at Swindon.

North of Bucks there seems to be no trace of *Portland Rocks*, though from the great quantity of *remanié* Portlandian fossils in the Neocomian beds of the area to the north-east of this, it has been thought that a considerable destruction of such beds must have taken place.

The horizon of the *Portland Rocks* may possibly exist as previously indicated in portions of the Upper Kimeridge of Lincolnshire.

In Yorkshire Prof. Judd describes a most remarkably development of *Portlandian Rocks* at Speeton between the Neocomian and Kimeridge Clays (*vol. cit.*, p. 237), the junction being indicated by a layer of phosphatic nodules and Saurian remeins. Below the coprolite bed occurs a layer of peaty clay containing fish remains, and below that are dark-coloured clays with stony bands containing coronated ammonites such as *A. gigas*, Ziet. He further says that these Yorkshire beds present closer analogies, as regards their fauna, with beds of the same age in the Jura of France and Switzerland than with the Portland Sand and Limestone of the South of England.

Purbecks.

The typical Purbeck beds are mostly developed in those districts where the Portland Limestone occurs and usually where the Portland Limestone is thickest there also is the strongest development of *Purbecks*. In Durlstone Bay these beds are estimated at ower 300 ft., and have been divided into *Lower*, *Middle*, and *Upper Purbecks*, principally argillaceous limestones and calcareous clays. They evince alternations of terrestrial, fresh-water, and brackisch-water conditions, the purely marine forms, such as cephalopods, being entirely absent. The changes from brackish-water to fresch-water conditions are usually gradual whilst the reverse change is abrupt, indicating sudden inroads of the sea. Fourteen species of small mammals have been found in these beds in the Isle of Purbeck.

Mr H. B. Woodward states that the Purbeck Beds pass gradually into the Wealden beds at Mewps Bay.

Proceeding northwards from the coasts of the Channel there is a remarkable diminution in the thickness of the *Purbecks*. A section recently published by Messrs Etheridge and Andrews (*Q. J. G. S.*, 1881, p. 252) shews only about 22 ft. of beds for *Lower* and *Middle* Purbecks, succeeded by Wealden with *endogenites erosa*; this is in the Vale of Wardour. *Trigoniae*, intermediate between Jurassic and Neocomian forms, were found here.

Fitton hinted at the probable existence of the Purbecks at Swindon; Brodie proved their occurrence there (*Q. J. G. S.*, Nov. 1846); and their relations to the Portland Rocks have since been well shown by Prof. Blake (*Q. J. G. S.*, 1880, p. 205). The *Purbecks* here can hardly exceed 12 ft. and they probably do not often exceed this towards the north and east, prior to their complete dis-appearance in the Bedfordshire area.

On the other hand, in Sussex, there is a great, but wholly abnormal development of *Purbecks*, which are 400 ft. thick (Topley in Dixon's *Geol. of Sussex*, p. 154). These beds are so unlike the typical *Purbecks*, that previous to the sub-Wealden boring those of them which appear at the surface were mapped as Wealden.

ON

PERMIAN, TRIASSIC, AND JURASSIC.

A.

JURASSIC.

b. Lias and Rhaetic.

J. F. BLAKE,
Reporter.

The Lias and Rhaetic.

The state of opinion on the limits and subdivisions of the Lias will be best understood by a history of the work that has been done upon this group of Rocks in the way of classification.

The name *Lias* was first used as the name for a group of rocks by Wm. Smith in 1815 in the memoir to his map. He distinguished only two portions, the White Lias below and the Blue Lias above. In the year 1822 two authors drew lines of separation in the series: Conybeare in his »Geology of England and Wales« spoke of Upper Marls, True Lias beds and Lower Marls; but these divisions do not at all coincide with our present divisions, for the Upper Marls include almost the whole; the True Lias beds are our *Bucklandi* beds, and the Lower Marls are our Rhaetic. In this classification he was followed in 1829 by De la Bêche in his description of the Lias of Lyme Regis (*Geol. Trans.* Ser. II. Vol. II.). The other author, Young (»Geological Survey of the Yorkshire Coast«) describing the Lias of Yorkshire divided it into four groups, the Upper Alum Shale corresponding to our Upper Lias, the Kettleness and Staithes beds corresponding to our zone of *Am. spinatus, margaritatus* and *capricornus*, and all the rest as Lower Alum Shale. At this time it was not regarded as certain that the so-called »Alum Shale« was the equivalent of the Lias of Smith, though Young asserted it to be so, and Sedgwick in 1846 (*Ann. Phil.*) proved it. In 1829 Phillips published his second part of the »Illustrations of the Geology of Yorkshire«, in which adopting the stratigraphical divisions of Young, he named them Upper, Middle or Marlstone and Lower Lias. At this time the black shales at the base of the series were included universally as Lias, by De la Bêche in the Lower Marls, and by Young as Lowest Alum Shale; but the numerous fish remains found in the »Bone Bed« associated with these led Sir Phillip Egerton in 1841 to suggest their removal to the Keuper Series. The larger subdivisions thus established sufficed for several years, the only attempt at closer description being that by Messrs Buckman and Strickland in 1845, who in the second edition of Mur-

chison's *Geology of Cheltenham* distinguished the Marlstone, Ochra-
ceous Lias, *Hippopodium* bed, *Ammonite* bed, *Plagiostoma* beds and
Saurian beds, as recognizable portions in that district of the Middle
and Lower Lias. It was Dr Oppel of Munich who (in 1856) first
introduced the zonal classification into this country, referring in his
»Juraformation« to several English localities, and Dr Wright was
the first British writer to adopt it. In 1858, in his descriptions of
Liassic fossils from Skye (*Q. J. G. S.* Vol. xiv.), he divided the
Upper Lias into the *Jurensis* bed and *Communis* bed, the Middle
Lias into the *Spinatus*, *Margaritatus*, *Davoei*, *Ibex* and *Jamesoni*
beds, and the Lower Lias into the *Raricostatus*, *Oxynotus*, *Obtusus*,
Tuberculatus, *Bucklandi*, *Planorbis* and Insect beds, placing the Bone
Bed below; but these names are adopted from Oppel and do not
relate to Skye, though stated to be found in Gloucestershire. In the
mean time, in 1856, the same author (*Q. J. G. S.* Vol. xii.) had
proposed to include in the Lias, as »Upper Lias Sands«, the beds
that had previously been described as »Sands of the Inferior Oolite«,
on the ground that a thin bed surmounting them and full of Cephalopods, contained some fossils identical with those that had been
assigned to the Upper Lias in France and Germany, correlating at
the same time similar sands, also with a »Cephalopod bed« at the
top, occurring in Dorsetshire and Somerset. These sands, at the
later date, formed his *A. jurensis* bed. Of the remaining beds, those
of *Spinatus*, *Margaritatus* and *Davoei* corresponded to the Middle
Lias as previously understood, so that by the inclusion of the *Ibex*
and *Jamesoni* beds, the line of subdivision between the Middle and
Lower Lias was lowered, so as to accord with the groupings of the
German authors, without any attempt to show that there was any
reason for this alteration in our own country. In the Geological
Survey Maps of the Liassic districts of Gloucestershire and Dorsetshire published after this date, the »Upper Lias Sand« of Wright
are mapped in both districts as g_4, the true Upper Lias or g_3 being
represented as absent in the neighbourhood of Bridport.

In 1860 Dr Wright (*Q. J. G. S.* Vol. xvi.) took up the lower
portion of the series, and changed the name of one bed from *Tuberculatus* to *Turneri*, altering at the same time the general title
»bed« to that of »zone of«. The Insect bed was also omitted and
included in the zone of *A. planorbis*, and the Bone-bed became the
zone of *Avicula contorta* and figured as the uppermost portion of
the Keuper. In the following year 1861, Mr Moore (*Q. J. G. S.*
Vol. xvii.) indicated a zone lower than that of *A. planorbis*, which

he called the Enaliosaurian zone, and for the first time correlated the White Lias and zone of *Avicula contorta* as the Rhaetic formation in this country, distinct alike from Lias and from Trias. In this he was followed three years later (1864) by Tate (*Q. J. G. S.* Vol. xx.) in so far as the name Rhaetic was concerned, but he included it as part of the Lias. Boyd Dawkins also in the same year (1864) (*Q. J. G. S.* Vol. xx.) also adopted the term Rhaetic, but included in it — not the White Lias, which he regarded as beds of passage, but — some fossiliferous, indeed mammaliferous, shales below, thus making the zone of *Avicula contorta* Upper Rhaetic; and in this he was followed by Brodie. At the same time Mr Bristow of the Geological Survey (*Brit. Assoc. Reports*, 1864) was proposing a local name for these beds, namely Penarth Beds, including therein all tree subdivisions of White Lias, *Avicula contorta* beds, including the Bone bed, and Tea-Green Marls below, which proposal was of course followed by the Survey in their Maps and by Mr Etheridge, their palaeontologist. Meanwhile in 1863 Dr Wright (Monograph of Echinodermata, *Pal. Soc.*), recognized a zone of *Am. angulatus* between those of *A. Bucklandi* and *A. planorbis*; changed the name of the zone of *A. Davoei* into the zone of *A. capricornus*, and placed the zone of *Avicula contorta* immediately below the Lias without calling it Keuper. In the same year Day (*Q. J. G. S.* Vol. xix.) described the Lias of Lyme Regis, and though not adopting the zonal classification, followed Dr Wright in two critical points, namely, including the Upper Sands with their »Cephalopod bed« as Upper Lias, and drawing te line between Middle and Lower Lias immediately above the beds containing *A. raricostatus*. In 1867 Duncan (*Q. J. G. S.* Vol. xxiii.) introduced the term *Infralias* from French authors, for all the beds below the zone of *Am. Bucklandi* as far down as the Lower Rhaetic of Dawkins, dividing it into three zones, those of *Am. angulatus*, *Am. planorbis* and *Avicula contorta*, dividing the »White Lias« between the two latter. In the same year and volume Tate proved that there was a distinct fauna associated with *Am. angulatus* and worthy of zonal separation. At the same time he grouped the four zones of *A. raricostatus*, *A. oxynotus*, *A. obtusus* and *A. Turneri* as Belemnite beds, introduced the term Arietian from abroad for the zone of *A. Bucklandi* and Hettangian for those of *A. angulatus* and *A. planorbis*, separating the remainder below but not calling it Rhaetic. In the same year Mr Moore, describing many fossils from the Mittle and Upper Lias of the Southwest of England (*Proc. Som. Arch.* and *N. H. Soc.* Vol. xiii.), will not admit that the yellow sands at the top of the series belong to the Lias. In 1870 Tate (*Q. J. G. S.* Vol. XXVI.) undertook to prove by palaeontological evidence the propriety of the line between Middle and Lower Lias being drawn above the zone of *Am. raricostatus*. In the same year and volume Mr D. Sharp, describing the Oolites of Northamptonshire, includes a bed of sand at the base 30 feet thick, containing *Rhynchonella cynocephala* and *Am. bifroms*, in the Inferior Oolite. In 1872 Phillips in his *Geology of Oxford* considers the Rhaetic beds to represent a distinct period equivalent in value to the Lias. He includes the sands above as part of the Lias, giving them the new local name of Midford Sands, including the »Cephalopod bed« at the top, and assigning it to the zone of *A. opalinus*. The remainder of the Lias he divides into portions characterized by *Am. bifrons*, *A. serpentinus* and *A. heterophyllus* in the Upper; *Am. spinatus* and *Am. margaritatus* only in the Middle, saying the beds below are not developed; and *Am. Henleyi*, *Am. raricostatus* and the rest in the Lower. The name Midford Sands was adopted the next year by Mr Mansell Pleydell (*Geol. Mag.* Vol. X.) in his description of the Geology of Dorset, though describing, contrary to the Survey mapping, 90 feet of true Upper Lias clay below. In 1872 the present writer (*Q. J. G. S.* Vol. XXVIII.) adopted the term Infralias for the zone of *Am. angulatus* to the White Lias inclusive. In the same year, Tate in his »Class Book of Geology« places the »Avicula Contorta Series« as a »formation« equivalent in value to the Lower or other portion of the Liassic »system« and calls the Midford Sands the »Supra-Lias« Sands. In 1873 the same author, describing the Lias of Skye (*Q. J. G. S.* Vol. XXIX.), found it impossible to separate the zone of *Am. armatus* from *Am. Jamesoni* in that district, but nevertheless, two years later (*Q. J. G. S.* Vol. XXXI.), in writing of the Lias about Radstock described this and the zone of *A. ibex* as sub-zones of *A. Jamesoni*, and united all the zones above that of *A. Bucklandi* into one, called the zone of *A. oxynotus*, including the zones of *A. raricostatus* and *A. obtusus* as sub-zones. Tawney in the same year (*Proc. Brit. Nat. H. Soc.*), writing of the same place, could not separate the zones of *A. ibex* and *A. Jamesoni*. Judd, also in the same year, in his Memoir on the Geology of Rutland, adopts the Ammonite zones as palaeontological divisions only, making the top of the Lower Lias to include the zone of *A capricornus*, introducing the zone of *A. armatus* as a separate one, omits the zone of *A. raricostatus*, but introduces zone of *A. semicostatus* above that of *A. Bucklandi* as the equivalent of *A. Turneri*, and places the zone *Avicula contorta* doubtfully in the Keuper. Mr Cross (*Q. J. G. S.* Vol. xxxiii.), also describing the Lias of Lincolnshire, adopts as subdivisions of the Middle Lias there, the Marlstone, *Capricornus* and *Pecten* beds, the latter being the equivalent of the *Armatus* beds, and of the Lower Lias, Marls, *Semicostatus*, *Bucklandi* and *Angulatus* beds. In 1876 Tate and Blake, in »The Yorkshire Lias« place the divisions of Upper, Middle, and Lower Lias, as equivalent in value to Inferior Oolite, Rhaetic and Keuper. They divide the Upper Lias into the zones of *Am. jurensis*, *A. communis* and *A. serpentinus*, placing in the first only the lower portion of the series included in it by Dr Wright, and excluding the beds with *Am. Opalinus* or *Rhynchonella cynocephala*. In the Middle Lias they introduce a new zone above that of *A. spinatus*, called the zone of *A. annulatus*. They divide the series below the *Margaritatus* beds into the zones of *A. capricornus* and *A. Jamesoni*, separating the lower portion of the latter as the region of *A. armatus*, below which they draw the dividing line. They unite all the supra-*Bucklandi* beds into one zone of *A. oxynotus*, and recognize an upper zone of *A. Bucklandi* as equivalent to the zone of *A. Turneri*. In the same year H. B. Woodward (*Mem. Geol. Surv.*), describing the country round Bristol, recognizes the Penarth beds as a distinct formation, but finds that the zones of the Lias cannot be traced in the field. He draws the line between Middle and Lower theoretically below the *Jamesoni* beds, which are not there, however, developed. The Midford Sands, including the »Cephalopoda bed«, he includes in the Oolitic series. In 1877 Buckman (*Q. J. G. S.* Vol. xxxiv.) showed that there were two Cephalopod beds above the Lias, which had several species of ammonites in common, but the upper or Dorsetshire one was far up in the Inferior Oolite and was the equivalent of the Gryphite Grit of Cheltenham, and in 1879 *Q. J. G. S.* Vol. xxxvi.) this was followed up by shewing that the »Cephalopoda« bed and Sands of Midford belonged to the Upper and not to the Lower, so that whatever the Lower might be, the »Midford Sands« were Inferior Oolite; he regarded, however, the whole as of that age, from their containing species in common. Dr Wright, in his monograph of Lias Ammonites (*Pal. Soc.*), of which the first part was published in 1878, makes no allusion to Buckman's earlier paper, but divides the Upper Lias into two zones of *Am. jurensis* and *Am. communis* (or, as he now calls them, *Lytoceras* and *Stephanoceras* &c.). In the middle are the zones of *Am.*

spinatus, margaritatus, Henleyi, Ibex, and *Jamesoni,* and in the Lower the usual four above the *Bucklandi* beds. In this second part (published in 1879 the classification is somewhat altered. He now divides the Upper Lias into the zones of *A. opalinus, Jurensis, bifrons* and *serpentinus,* the uppermost being only a portion of the »Cephalopod bed«, and nowhere apparently exceeding two feet in thickness; and he separates the zone of *A. armatus* at the bottom of the Middle Lias. In 1882 Wilson describing the Rhaetics of Nottinghamshire (*Q. J. G. S.* Vol. xxxix.) places the Pea-Green Marls below the *Avicula contorta* beds in the Keuper. In the Geological Survey Map of the Whitby district, published about this time, three subdivisions of the Upper Lias are mapped, Alum Shale, Jet Rock and Grey Shale, corresponding to the zones of *A. communis* (including *A. jurensis*), *serpentinus* and *annulatus.* In the Middle Lias two divisions are mapped, the Ironstone series equivalent to the zones of *A. spinatus* and *A. margaritatus,* and the sandy series equivalent to the zone of *A. capricornus,* and below this the whole is mapped as Lower Lias. The rocks which have been referred by Dr Wright to the *Jurensis* beds, but rejected by Tate and Blake, are coloured as Inferior Oolite, the *Jurensis* beds of the latter authors being included in the Upper Lias.

From this history we may gather first the points that may be regarded as settled, and secondly those that are in dispute. Beginning at the base we have a group including the zone of *Avicula contorta,* which all agree must be separated from the Lias. It is generally called Rhaetic (Moore, Tate, Dawkins, Brodie, Tate and Blake, Wilson), but also Penarth beds (Bristow, Woodward), and has been referred to the Keuper (Wright, Judd?), and to the Lias (Tate 1864), or included in the Infralias (Duncan). The consensus of opinion at the present time seems to be to make it a distinct group equivalent to the Lower Lias &c. in value. It includes the White Lias, the zone of *Avicula contorta* and Tea-Green Marls (Woodward), from which however some exclude the whole of the White Lias (Dawkins), or part (Duncan), some the Marls below (Wilson), but generally everything below the *Planorbis* beds is considered to belong to this — though the range of the *Planorbis* beds downwards is not fixed.

In the Lower Lias are now universally reckoned from below the *planorbis, angulatus* and *Bucklandi* beds together with some clays above. The *Planorbis* zone has at the base some Insect beds (Wright), or Enaliosaurian zone (Moore), or *Ostrea* beds (Wright), which are more or less included within it. In the Marls above the *Bucklandi* beds, four zones, viz. that of *Am. Turneri*, *Am. obtusus*, *Am. oxynotus* and *Am. raricostatus*, have been marked off (Wright), of which two were practically recognized by Buckmann and Strickland. But the three upper have been united in one, as Belemnite beds (Tate), or zone of *A. oxynotus* (Tate, Tate and Blake); or into two, ommitting zone of *A. raricostatus* (Judd). The lowest of these zones has often been recognized as distinct, but has gone by different names, as *Tuberculatus* (Wright, 1858) *Turneri* (Wright, 1860), *Semicostatus* (Judd, Crosse), or Upper *Bucklandi* zone (Tate and Blake). From which it appears that only two zones can here be generally made out, the consensus of opinion being to call them the zones of *A. semicostatus* and *A. oxynotus*. With regard to drawing the line between Middle and Lower Lias immediately above the latter, this is done on palaeontological grounds by Wright, Day, Tate, Moore, Tate and Blake, and Woodward; but it is drawn higher up, notwithstanding, on lithological grounds — the palaeontology not being considered sufficiently conclusive — by Phillips, Judd, and the Geological Survey. This question must be therefore considered as not quite settled; the most recend authors, who have gone most into detail, take the former view. There is an absolute consensus to include the zones of *A. spinatus* and *A. margaritatus* in the Middle Lias. Most authors include also the zone next below, viz. that which has been called the zone of *Am. Davoei* (Wright 1858), *A. capricornus* (Wright 1863, Tate, Tate and Blake, Judd), or *A. Henleyi* (Phillips, Whright 1878). It is doubtful which of the two latter names should be used. This zone has been excluded from the Middle Lias by Phillips and Judd. The base of the Middle Lias of some authors, or top of Lower Lias of others, has been variously divided into one, two or three zones, i. e. the zone of *A. Jamesoni* (Tate 1873, Tawney, Crosse), or that of *A. armatus* (Judd, Tate and Blake), or the zones of *A. ibex, A. Jamesoni, A. armatus* (Tate 1875, Wright 1879). A zone above that of *A. spinatus* has been called the zone of *A. annulatus* and included in the Middle Lias by Tate and Blake, and recognized as Grey Shales — but included in the Upper Lias by the Geological Survey.

On the Upper Lias there has been great divergence of opinion, the original subdivision was into the zones of *A. communis* and *A. jurensis* (Wright 1858). The former of these was divided by Phillips into three, *Am. bifrons, Am. serpentinus, Am. heterophyllus*; by Tate and Blake into two, suppressing the last unless it be equivalent to

their zone of *A. annulatus*, and retaining the name of *A. communis*
for the first; the same is done by Wright (1879) except the use of
the name *communis* to which *bifrons* is preferred. With regard to
the zone of *Am. jurensis* it has been recognized definitely in clays
by Tate and Blake, and the Geological Survey in Yorkshire, and
separated from the sands above. These Sands, called »Sands of the
Inferior Oolite« by Smith, have been so considered in Yorkshire by
the above named, in Somerset by Moore, in Northamptonshire by
Sharp, in Gloucestershire by Tate, Woodward and Buckman; but
have been referred to the Upper Lias, in Gloucestershire by Dr Wright,
in Dorset by Wright, the Geological Survey, Day, and Mansell-
Pleydell, in Somersetshire by Phillips. In these two latter counties
they have, however, been proved to be higher in the series than in
Gloucestershire, and to correspond to a definite position of the Inferior Oolite (Buckman); and Dr Wright has separated the upper
part as the zone of *A. opalinus*. It may be considered in this case
that the consensus of opinion is against including these Sands in the
Lias, in spite of a few cephalopoda being common to both.

The following table may therefore express the general views on
the Classification of the Lias.

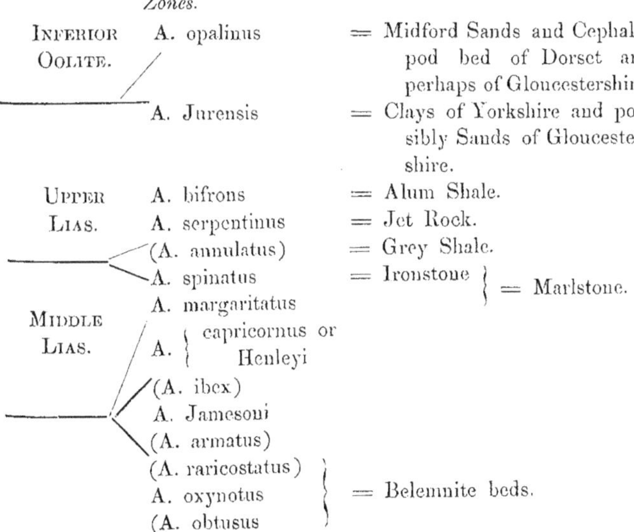

LOWER LIAS.	A. { semicostatus or Turneri	
	A. Bucklandi	
	A. angulatus	
	A. planorbis	
	White Lias	
RHAETIC.	Avicula contorta	includes Bone bed.
	Lower Marls.	

REPORT OF SUB-COMMITTEE, No. III.

ON

PERMIAN, TRIASSIC, AND JURASSIC.

B.

PERMIAN AND TRIAS.

A. Irving,
Reporter.

In the circular letter addressed to the members of the Sub-committee (and others) in the month of July, 1881, the several points, on which information and opinions were especially asked for, in addition to the general questions of classification and nomenclature, were: —

A. The true relation of the Permian (so-called) to (1) the Carboniferous System below, (2) the Triassic System above, as deduced from (*a*) stratigraphical sequence; (*b*) lithological character; (*c*) palaeontology.

B. The correlation of the Permian and Triassic strata of Britain with the Continental systems of the same geological age.

My own views can readily be learned from various papers which have appeared in the *Geological Magazine* for the year 1882:. only a few general remarks appear to be called for on the present occasion.

Perhaps in no department of stratigraphical geology are the nomenclature and classification in a more unsettled state. This condition of things arises in some measure from attempts having been made to draw too sharply a line of demarcation between palaeozoic and mesozoic strata. There can be but little room for doubt that the earlier strata included between the Carboniferous and Jurassic Systems are more palaeozoic than mesozoic in their character and affinities; on the other hand there appears to be as little room for doubt that the later Triassic strata belong to the mesozoic series. The question arises then, from the somewhat dubious position of the middle members of this great group of strata, whether it would not be better to find some general and inclusive name for the whole series of rocks which occurs between those two well-marked systems, which by general consent have come to be known as the Carboniferous and Jurassic Systems respectively. Such a term should have a wide and comprehensive meaning. The term »Poikilitic«, which has been proposed, is not specific enough; it could with equal propriety be applied to the Old Red System, and to other groups of strata, while a further objection to the introduction of such a term from the vocabulary of the classical languages is to be found in the fact, that the equivalent Teutonic term »Bunter« has already a definite and subordinate place assigned to it in geological nomenclature. At the same time the great variations in the general facies of the rocks, which are observable in different areas, would seem to present insuperable difficulties in the way of adopting a general name based on *geographical* considerations, though such names (e. g. »Permian« for the Russian series) may be very applicable to particular areas[1]). In some parts of Europe, as for example in Germany, the whole series falls easily into a number of well-marked formations, which can be classified under the names *Dyas* and *Trias*[2]); but in other parts there appears to be no corresponding distinctness of formations, each with its own well-marked and characteristic facies. The term »Trias« (as I have pointed out elsewhere) has simply no meaning when applied to the upper members of the British series; and the term »Dyas« has scarcely any more right to be applied to the lower members of the series in the same area, at least a Dyassic order is by no means so clearly developed in the British area as it is in Germany among the post-carboniferous rocks. The upper portions (Magnesian Limestone and Marl-Slates) are wanting in the Midland Counties of England, while in the Northwestern area (Lancashire and Cumberland) the development of the dolomitic strata is upon the whole so feeble that they can scarcely be said to form the leading feature of the strata about the horizon at which they occur. On the other hand, very great weight must be given to opinions recently expressed (as supported by recent editions of maps issued under the authority of H. M. Geological Survey) as to the absence in our North-eastern area (Nottinghamshire, Yorkshire, and Durham) of any true representatives of the Rothliegende of Germany.

In the Russian area it appears to remain yet an open question, what portion of the series of strata between the Carboniferous and Jurassic systems forms the true equivalent of the Dyas of Germany, and how much of the series may be of Triassic age.

---

[1]) In this limited sense the name »Mercian«, which has been suggested to me by A. J. Jukes-Browne, Esq., might perhaps be useful. This name has already been used by Prof. Hughes for the Permian, Triassic, and Jurassic, see *Proc. Cam. Phil. Soc.* Vol. III, p. 250. Geinitz recognises the utility of the name *Permian* (from the Government of Perm) as a good *local* name. Similarly Marcou suggested *Thüringer Formation* as a local name for the German series, and *Terrain Saxonien* to include both the German and English series.

[2]) Trias. First used by Fred. v. Alberti, 1834.

Again, the great extention in recent years of our knowledge of Alpine geology, resulting mainly from the labours of our German and Austrian *confrères*, has led to a change of front of the whole question, but it has not satisfactorily settled the difficult questions which have arisen in connexion with any attempts to establish a general nomenclature. The full and complete development of strata of Triassic age in the Alpine area shows us where to look for the record of the *marine* conditions, which subsisted during that period of geological time, and so makes good the defectiveness of the record which is presented to us in the Bunter and Keuper of England and of Germany. On the other hand, we look in vain for any full and complete record in the Alpine area of the marine conditions, which prevailed in immediate post-carboniferous times (vide *Geol. Mag.* November, 1882).

Upon the whole, I am inclined, after some thought and labour, to suggest that, if we are to accept any order of development as typical, it is to the *Dyas and Trias of Germany* that we must look, the record contained in the Triassic rocks of Germany being supplemented by that contained in the strata of the same age in the Alps.

If now we turn to the palaeontological side of the subject, we are at once confronted with two salient facts: (1) the extraordinary admixture of palaeozoic and mesozoic forms of life found in the Alpine Trias; (2) the occurrence of fossiliferous strata in the Alps (according to Prof. Gümbel), and in Russia (according to recent researches of Mr. Twelvetrees), which mark a *transition* from the Dyassic to the Triassic series. At the same time the German geologists are able to establish a clear difference in the prevalence of typical and characteristic forms, as well as in their general facies, between the organic remains of the Dyas and the Trias of Germany[1].

From such considerations at these, I venture to suggest to the Committee a reconsideration of the desirability of retaining the empirical terms »palaeozoic« and »mesozoic« in our schemes of classification. Such terms seem to imply a break in the continuity of the development of life upon the globe, an idea which all recent extensions of our knowledge would lead us to reject. No one, I venture to say, has felt more difficulty than did the illustrious Lyell, in drawing a line between what he named palaeozoic and mesozoic strata; and no one could recognize, I think, more than he did, the

---

[1] Vide Geinitz: *Dyas oder die Zechsteinformation und Rothliegende*; also Credner: *Elemente der Geologie*.

provisional use which such terms are intended to serve. It is the retention of these terms that causes the main difficulty in dealing with the classification of the strata, which come between the Carboniferous and Jurassic Systems; and if these were discarded we should be the more free to seek for some general name for the whole series. Such names as Permian, Dyas, Trias, &c., would then be restricted to the local and subordinate signification, which properly belongs to them.

In the following summary of the replies received to the enquiries issued, I have arranged the matter, for the convenience of the Committee, under the heads previously indicated, and added thereto such further information as has come to hand on minor points of classification. I have also at the request of our President arranged the main points in the form of a synoptical Table.

A. Relation of the British Post-Carboniferous (Permian or Dyas) Strata to the Strata above and below them.

1. To the Carboniferous System below.

Mr Hudleston says »In central Yorkshire nothing can be more accentuated than the unconformity between the Carboniferous and Magnesian series. It is, in point of fact, a double unconformity; not only does the Permian rest upon different members of the Carboniferous, but different beds of the Permian form the base of the series. In the districts to which I refer there are hardly any fossils«.

Prof. Rupert Jones quotes Mr Kirkby as an authority for including the Upper Red Beds of Fifeshire in the Coalmeasures.

Mr Teall considers (1) that the Permians are separated from the Carboniferous rocks by »one of the most marked unconformabilities in the British series of stratified deposits«; (2) that the evidence in favour of a pre-Permian elevation of the Pennine barrier in the North of England is overwhelming; (3) »that rocks deposited upon, and continuous with, the Coal-measures in this country ought not to be called Permian«, but Carboniferous, the frequent reddening of such rocks being referred to the action of percolating waters.

Mr Wilson considers (1) »that stratigraphically the unconformability between the Permian and the Carboniferous is most decided« (refers to his published papers in the *Q. J. G. S.*, in the *Geol. Mag.*, and in the *Midland Naturalist*); (2) that the »Rothliegende of the

North-east of England is a fiction; Millstone-grit, Coal-measures, Permian Marl-slates and breccias, Lower-Bunter Sandstones and breccias, have all been classed under this title in the N. E. of England«; (3) that many red Coal-measures have been mistaken for Permian strata.

2. *To the Triassic Series above.*

Mr Brodie thinks that »as far as the evidence in Warwickshire goes, there is no evidence either stratigraphical or palaeontological to show that the Permian is not a distinct formation«.

Mr De Rance has expressed an opinion only on the rocks of the Lancashire area, which he knows intimately. He considers that the Permian series in Lancashire consists of a Lower Sandstone group and an upper group of marls with inter-bedded Magnesian Limestones, the whole series being unconformable to the Triassic strata above them.

Prof. Hull is opposed to any attempt to amalgamate the Permian and Triassic »systems«, on both physical and palaeontological grounds.

(*a*) *Physical*, because over England and on the Continent (e. g. in the Vosges) the New Red Sandstone is unconformable to the Permian beds. In the north of England this unconformity is often slight, but is very decided in the central counties and in Shropshire (refers to Sedgwick, Jukes, Howell, and his own papers).

(*b*) *Palaeontological.* The following facts are cited as evidence of a broad distinction between the Permian and Trias:

(1) the first appearance of fishes of the homocercal type in the Trias;

(2) the disappearance at the close of the Permian period of numerous genera of plants and animals;

(3) the first appearance in the Trias of numerous genera;

(4) the doubtful existence of any species common to the two formations.

Upon these grounds Prof. Hull urges that »the founders of geological science have not erred in drawing the divisional line between the Palaeozoic and Mesozoic rocks at the base of the Trias, and in associating the Permian beds with the former rather than with the latter.«

Prof. Rupert Jones insists on a general break or unconformity between the Permian and Trias, and adheres to the term »Bunter

Schiefer« without expressing any opinion as to whether it belongs to the Permian or Trias.

Mr TEALL considers (1) that the English Permian and Trias resemble one another in physical characters, being, with the exception of the Magnesian Limestone and Marl-slates, nearly equally devoid of fossils, and that, taken as a whole, they undoubtedly form one natural group, as was pointed out long ago by Sedgwick, Phillips, and others; (2) that in Nottinghamshire »there seems to be something like continuous deposition from the rocks usually classed as Permian to the Bunter«; (3) that the unconformity between Permian and Trias is insignificant in comparison with that between the Carboniferous and Permian, and about equal to that between the Bunter and Keuper; (4) that the Palaeozoic assemblages of fossils in the Permian and Trias are found in areas where continental conditions prevailed, and that it is only in oceanic deposits that Mesozoic forms of life are to be found. Mr Teall also remarks that on the Continent of Europe there is a conformable succession from the Rothliegende to the Bunter Sandstone.

Mr WILSON considers, (1) that the evidence derivable from fossils, as to the relation between Permian and Trias, is indecisive, and that the two groups show evidence of having been formed on the whole under similar physical conditions, but that on the other hand there is a *certain*, and decided want of conformity between the two series in the N. E. of England; (2) that the area in which the Triassic strata were deposited was much more extensive, and this partly causes overlap and accounts for apparent unconformity; (3) that inequalities of subsidence during the deposition of the Permian strata cause thickenings in some directions and attenuations in others, and these lead to apparent unconformities; (4) that notwithstanding all that has been urged to the contrary, there is a *real*, though *not very large*, want of conformity between the two series in England, not sufficient of itself perhaps to separate the Permian from the Trias as a distinct series with any greater degree of distinctness than that with which we separate the Bunter from the Keuper; (5) that the Bunter is perhaps »more closely related to the Permians below than to the Keuper above.«

It remains now to add to the above, by way of supplement, a short notice of views which have been recently put forward in various quarters.

1. Mr W. T. Aveline, F.G.S., of H.M. Geological Survey, in the new edition of his memoir *On the Country around Nottingham*, points out (1) that the Permian breccia, which there forms the base of the Permian series, and lies upon the planed-off edges of Coal-measure strata, is not continuous, though extensive, and he emphasizes the enormous unconformability which exists between the Permian and Carboniferous strata in the district; (2) that the red sandstones, with their associated breccias, which occur on the west side of Nottingham should be included in the Bunter series; (3) that the slight unconformity, which has been observed between these thick-bedded sandstones and the underlying marls, is but a local and feeble phase of the general unconformity between the Permian and Trias of Yorkshire and Nottinghamshire; (4) that there is no passage from the Permian Beds upwards into the New-Red-Sandstone, in fact there is a considerable break between them, the New-Red overlapping various members of the Permian Series: (5) that, although the break is complete, it is not to be compared with the break between the Carboniferous and the Permian, and is probably not much greater than that between the middle marls and the Lower-Magnesian Lime-stone, or that between the Bunter and the Keuper.

2. Mr D. C. Davies, F.G.S., in a recent paper on the *Relation of the Upper Carboniferous Strata of Shropshire and Derbyshire to the Rocks usually classed as Permian*, which was published in the *Q. J. G. S.*, gives evidence of the strongest nature in support of the view that the so-called »Upper-Permian Sandstone« ought really to be classed with the Trias. In section after section within the English area the *Triassic* affinities of the rocks at this horizon are pointed out. This agrees with the view of Mr Goodchild, which I have given elsewhere, as to the true position of the »St.-Bees' Sandstone« of the Carlisle area.

3. Mr Strahan has recently given good reasons why a series of sandstones and marls in South Lancashire, which have been by some writers described as »Upper Permian«, should be regarded as belonging more properly to the Trias (*see* Report of Brit. Assoc., Section C. 1881).

4. Mr Kinahan is of opinion that there is no distinct formation in Ireland to which the term Permian can be applied. The localities in which it is said to occur are, he says:

»1st, at Cultra near Belfast; 2nd, in the Lagan Valley near Moira; 3rd, at Tully-connell near Ardtrea, co. Tyrone; 4th, Temple-raagh near the Annaghone Colliery, co. Tyrone; 5th, at Armagh; and 6th, at Benburb, co. Tyrone.

»In the first locality nothing positive can be said. In the second, the rocks appear to be the basal beds of the Trias, which is also the case with those of the third locality. In the fourth, the beds appear to be in the Trias. Those of the fifth seem to be Carboniferous; while those in the sixth locality are undoubtedly of Carboniferous age.

»From what I have seen of the Permian rocks it would appear that they represent the passage beds between the Carboniferous and the Trias; consequently, in some places they *must be* more intimately allied to the *underlying* Carboniferous and in other localities to the overlying Trias. I strongly suspect that in *no continuous section* will the beds which have been referred to the Permian be found unconformable both to the Carboniferous and the Trias. If they are unconformable to the first they will be conformable to the second — while if they are unconformable to the second they will be conformable to the first; or in places they will be conformable to both, forming continuous passage beds.

»The Irish Triassic rocks, as I have demonstrated in the »Geology of Ireland«, cannot be divided up similarly tho those of England, as in places the different groups are mixed up together. Group names therefore are only valuable in localities, because after you leave localities the type rocks become mixed up. This may take place even in one basin; the Irish rocks must be supposed to have been deposited in one basin, yet the rocks towards the east margin of that basin are very different to those in the south-west portion.«

5. Finally it remains to notice Mr Ussher's views as to the sequence of the strata of Triassic age in the south-west of England (Somerset and Devon). The salient fact is that Mr Ussher has made out a complete conformity of sequence for these strata in the area named, and he believes therefore that he has found there, *in his middle series of marls, a passage between the equivalents in the south-western counties of the Bunter and Keuper of the Midlands.* He maintains therefore that the *hiatus* observable in the Triassic series of the Middle of England is bridged over in the South-west: that he has made out there a continuous series of Triassic age; and that it is to the Somerset-Devon area, and not to Midland Counties, that we ought to look for the type of the Trias as it is developed in England.

Mr Ussher's tabulation of the series is here subjoined:

Upper Trias.	Upper Marls.	= the Keuper of the Midland Counties.
	Sandstones.	
	Pebble-Beds.	

Middle Trias.	Marls, local passage-series of marls with sandstones.	(No lithological representatives in other parts of England.)
Lower Trias.	Sandstones and Breccias. Breccias. Sandstone and Clay.	= Bunter of the Midland Counties.

B. CORRELATION OF THE BRITISH PERMIAN AND TRIASSIC STRATA WITH THE CORRESPONDING SERIES IN OTHER AREAS.

Here I may take the opportunity of acknowledging the kindness and courtesy of M. Jules Marcou, formerly of Cambridge, Massachusetts. Both in his letters to me and in his papers of which he has been good enough to forward me copies, he has contributed in no small degree to the discussion of this subject. Himself a strenuous advocate of the classification known as *Dyas and Trias*, so well established years ago in Germany[1]), he has been from the first consistently opposed to the adoption of the name »Permian« as a general name for those European rocks which normally follow in time upon the Carboniferous System. M. Marcou's views are more fully expounded by himself in his contributions to the *Bulletin de la Société géologique de la France*, 2me Serie, tt. 23, 24, 26.

On this part of the subject I regret to say that no opinions have been elicited from those gentlemen who form the Subcommittee, with the exception of those expressed by Mr Teall on the Russian series and their relation to the English. The question will be found more largely treated in my paper on the *Classification of the European Rocks known as Permian and Trias*[2]), a copy of which has, I believe, been presented to each member of the Sub-committee. A careful consideration of the comparative table of strata contained in that paper, together with the grounds on which the tabulation is based, may fairly be thought to come within the province of our Sub-committee.

As to the Russian series, Mr Teall points out, (1) that Sir R. I. Murchison's description of the Russian Permian is *applicable*

---

[1]) M. Marcou is the author of the term *Dyas* (Δυάς). It was first proposed by him in 1859 to connote the close relationship existing between the two divisions included under this head — the two being in part parallel to one another, as was first shown by Gutbier in 1849 (see Geinitz).

[2]) Vide *Geol. Mag.* 1882.

to the English Permian and Trias taken as a whole; (2) that the *range* of the Russian strata in geological time is extremely doubtful from the evidence adduced. »It appears that they cover, together with possible unconformities at their upper and lower junctions, the period of time represented by the unconformability between the Carboniferous and the socalled Permian, as well as that represented by the Permian, Triassic, Rhaetic, Liassic, and Lower Oolitic rocks of this country.« (3) It is remarked that the conditions under which the Russian series was formed (as in the case of the English New-Red Series) were for the most part those which Sir A. Ramsay indicates by the word »continental«.

Prof. Hull has forwarded a tabulated statement, which embodies the views propounded by Sir R. I. Murchison and adopted by Prof. Hull himself some years ago. It reproduces the notion of a three-fold division of the »Permian« series, which Murchison called a »Palaeozoic Trias«. The whole question has been dealt with in my paper, to which reference has been made above; and quite recently (in the *Geol. Mag.* for Nov. 1882) Prof. Hull has admitted that »he is almost inclined to concur that there is but little evidence to support the view of a threefold division of the Permian beds«. This admission from such a high authority is a great step gained in the work of correlation of the lower members of the whole series with the Dyas of Germany.

COMPARATIVE TABLE TO SHOW THE MAIN POINTS, AS BEARING UPON CLASSIFICATION, OF THE VIEWS EXPRESSED IN THE FOREGOING REPORT:

	Mr Aveline.	Mr Brodie.	Mr Davies.	Mr De Rance.	Mr Hudleston.	Prof. Hull.	Prof. Rupert Jones.	Mr Strahan.	Mr Teall.	Mr Ussher.	Mr Wilson.	Prof. Hughes.
JURASSIC — Keuper	—	—	—	—	—	—	—	—	—	—	—	Passage into Jurassic
TRIAS { >	break									(Passage —series of red marls in S.W. of England)	break	
Bunter	—	—	—	—		—	—		—		—	Only unimportant local variations and interruptions in the continuity of sedimentation, such as that between the Bunter and Keuper, or that between the Dyas and Trias, or that at the base of the Upper Magnesian Limestone in places.
	break (considerable)	break (in Warwickshire)		break (in Lancashire)		break (general)	break		(break insignificant)		break (not very marked)	
DYAS { Dolomitic Series	—	—	—	—					—		—	
	break											
Sandstone and Conglomerates (Rothliegende)	—	—	—	—		—			—		(Wanting in N.E. of England)	
CARBONIFEROUS	break (very marked)				break (very marked)				break		break	Great unconformity

NOTE. In the above Table only views actually expressed have been noted. The absence of any note is not to be understood that the existence of a break at any horizon (e. g. between Bunter and Keuper) is denied.

REPORT OF SUB-COMMITTEE, No. IV.

ON

CARBONIFEROUS, DEVONIAN,

AND OLD-RED.

G. H. Morton,
A. Strahan.
Reporters.

The reporters received communications from Professors Hull, Green and Lebour, and Messrs Woodward and T. Hall. This Report and the accompanying tables of synonyms &c. have been drawn up from these communications and from papers by Messrs Etheridge and Ussher. The Report is also accompanied by a table showing the classifications of the Carboniferous, Devonian and Old-Red in England, Ireland, Scotland, and abroad, as proposed by Professor Hull.

The system, commonly in use in educational books throughout the country, of placing the local subdivisions of each district in a vertical column, and of arranging those which are supposed to be equivalent along a horizontal line, is not favourably regarded by members of the subcommittee for the following reasons:

(1) It is found that in localities not far apart the conditions, under which rocks belonging to the same system were disposited, differed so widely that subdivisions which are natural and sharply marked in one locality become imaginary and purely artificial in another. The carrying out of the system of correlative tables thus leads to a forced and unnatural classification in all districts, except in those which happen to have been selected as forming an area of typical development. It was a result of this system that the name Carboniferous Limestone came to be applied in Scotland to a series of rocks of which limestone forms an utterly insignificant part.

(2) It is objected that the system of tabulation gives an appearance of synchronism which is generally untrue.

It is therefore considered that while the great systems (e.g. the Carboniferous) may be compared as a whole, and referred to under a single name over a considerable portion of Europe, the subdivision of such systems should be made in every region independently of the others, and that great caution should be exercised in correlating the subdivisions of one region with those of another.

For the Carboniferous Rocks two schemes of classification have been proposed. The first by Professor Hull proposes a correlation of the principal formations comprised in the system in the British

Isles and on the continent, the classification adopted in England and Wales being taken as the basis of the classification of the other regions. This scheme in the opinion of other members of the sub-committee is open to the objections stated above. The second scheme by Professor Lebour shows a tabulation of the Carboniferous Rocks according to eight well-defined types namely,

A { Kulm Type, Belgian », Irish » } B { Culm Type, Anthraxiferous », Bernician », Scottish » } C { Central France Type, }

with possibly a ninth under the name of the Autun Type to which the rare areas showing a passage from the Carboniferous to Permian might conveniently be referred. Between these types there is often a lateral passage or dovetailing, but not always. Where such occurs, the borderland thus formed between two types is such that any classification of the various members found in it can only be of local value in the most limited sense of the term. No general scheme of classification can therefore be usefully applied in such lateral passage series. Their more general characters may be compared in the accompanying table. An examination of the table will show that

(1) In the majority of types an upper chiefly nonmarine great series can be separated from a lower generally marine great series.

(2) Even such a simple division fails to be available in three out of the eight representative types.

(3) A division of the entire series into three (Upper, Middle, and Lower) is available for three or at most four of the eight types.

(4) No hard and fast line can be drawn between the Lowest Carboniferous Rocks and those of the Devonian or Old-Red Sandstone series.

As a consequence of the differences of opinion which exist as to the synonymy of names in use in the British Isles, and the true correlation of the formations, it has not been possible for the sub-committee to suggest any unification of the nomenclature. It is however proposed that (*a*) the term Carbonique be not accepted as including Permian and Devonian Rocks, (*b*) that the Lower Coal Measures be not used to denote a division of the Lower Carboniferous rocks, (*c*) that the French term »Carbonifère« be used as the equivalent of the word Carboniferous, and not as it frequently is by foreign writers as meaning Lower Carboniferous only, (*d*) that the term »Terrain houiller« be used as the equivalent of Coal Measures only, and not as meaning the whole Carboniferous System.

Devonian and Old-Red Sandstone.

The accompanying table shows that the number of subdivisions included in the Devonian system is nine, and the number of synonyms employed by different authors twenty-five. The names commonly in use now are placed first, and are followed by their synonyms with, in most cases, the names of the authors responsible for them attached.

This table in giving the classification advocated by various members of the sub-committee shows that there is a difference of opinion.

(1) As to the top of the system, a portion of the Upper Devonian of Messrs Hall, Woodward and Ussher being including in the Lower Carboniferous Series of Messrs Hull and Etheridge.

(2) As to the base of the system, the Foreland grits (hitherto taken as the Lowest Devonian Bed) being now classed by Professor Hull with the Ludlow (hitherto regarded as the highest Silurian Bed) under the proposed name of Passage or Devono-Silurian Beds.

(3) As to the arrangement of the nine subdivisions into Upper, Middle, and Lower Devonian.

In the existence of such differences of opinion as to the classification it is not possible to suggest any unification of the nomenclature. It is recommended however that the terms Devonian and Old-Red Sandstone be not used synonymously, and that while the former may be restricted to marine representatives, the latter may be used for fresh-water beds of corresponding position.

COMPARATIVE TABLE OF THE TYPES OF CARBONIFEROUS ROCKS BY PROF. G. A. LEBOUR, M.A., F.G.S.

A			B				C
Kulm Type.	Belgian Type.	Irish Type.	Culm Type.	Anthraxiferous Type.	Bernician Type.	Scottish Type.	Central France Type.
Land and fresh-water (Coal Measures)	Land and fresh-water with sometimes a few marine horizons (Coal Measures)	Land and fresh-water with a few marine horizons (Coal Measures)	? Culm Series of Devon	? Land and fresh-water shale and slate Series	Land and fresh-water (Coal Measures)	Land and fresh-water (Coal Measures)	? Land and fresh-water (Coal Measure)
Shore deposits chiefly (Flötzleerer Sandstein)	Ampelites (marine) and shore deposits (Millstone Grit)	Marine beds and shore deposits (Lower Coal Measures and Millstone Grit)			Land and fresh-water with marine horizons & shore deposits Gannister Beds & Millstone Grit	Land and fresh-water (Millstone Grit?)	Land and fresh-water (Coal Measure)
Unconformity Great slaty Series with Posidonomya Becheri (Upper Kulm Slates)	Great calcareous marine series (Mountain Limestone [including so-called Yoredale Rocks and Lower Carboniferous Shale])	Great calcareous marine series (Carboniferous Limestone [including so-called Yoredale Rocks and Lower Carboniferous Shale])			Land and fresh-water with numerous marine calcareous horizons (Bernician Series [including so-called Yoredale Rocks])	Land and fresh-water with fewer marine calcareous horizons (Carboniferous Limestone Series [including so-called Lower Coal Measures of Scotland])	? Unconformity
	Sandstone Deposit (Condroz Beds)	Yellow Sandstone with Anodonta Jukesii			Land and fresh-water with a few marine horizons and unfossiliferous Limestones and Conglomerates (Tuedian) Passage to	Calciferous Sandstone Series with marine bands among land and fresh-water deposits	
Gradual passage to	Gradual passage to	Gradual passage to	Gradual passage to				
Devonian	Devonian	Devonian	Devonian	Devonian?	Basement Beds	Upper Old Red Sandstone	

N.B. Broken lines denote that there is no exact division possible.

No. 2. CLASSIFICATIONS OF THE SUBDIVISIONS OF THE DEVONIAN SYSTEM.

	T. Hall, Woodward and W. A. E. Ussher.		E. Hull.	Etheridge (Q. J. G. S. XXXVII. page 196).
Pilton Beds (J. Phillips) = Trilobite Schists			Lower Carboniferous Series	Lower Carboniferous Series
Baggy Beds (Etheridge) = Marwood Beds = Cucullaea zone (Hall)				
Upcot Flagstones (Hull) = Drayton and Slade Beds	Upper Devonian	E_2	Old Red Sandstone or	Upper Devonian
Pickwell Down Sandstone (Etheridge) = Woolacombe Sandstone (D. Williams)		E_1	Upper Devonian	
Morte Slates (D. Williams) = Morthoe Slates = Grey Slates (Etheridge)	Middle Devonian		D Middle Devonian	Middle Devonian
Ilfracombe Beds (J. Phillips) = Calcareous Slates (Etheridge) = Combe Martin Limestone				
Hangman Grits (Etheridge) = Martinhoe Beds (J. Phillips) = Trentishoe Beds (D. Williams)		C	Lower Devonian	
Lynton Slates (D. Williams)	Lower Devonian	B		Lower Devonian
Foreland Grits (D. Williams) = Lynton Sandstones (Etheridge) = Dunkerry Sandstone — Countesbury Sandstone (Godwin Austen)		A_2	Passage Beds or	
Ludlow Beds	Silurian	A_1	Devono-Silurian	Silurian

No. 3. DIVISIONS OF THE CARBONIFEROUS SYSTEM[1].

DIVISIONS.	STAGES.	ENGLAND AND WALES.	IRELAND.	SCOTLAND.	FOREIGN.
Upper	G.	Upper Coal-measures of Manchester[2] &c., Ackworth Rock, &c.[3]	(Absent)	Red Sandstones of Bothwell, &c.	
	F.	Middle Coal-measures with thick coal-seams.	Middle Coal-measures of Tyrone and Leinster.	»Flat Coal-Series« or »Upper Coal-Series«.	Main Coal-Series of Belgium, France, &c. (Terrain bouiller).
Middle	E.	Gannister Beds[4], or Lower Coal-measures, with Marine Fossils.	Lower Coal-measures of Drumglas (Co. Tyrone[5]) and of Kilkenny, &c.	»Slaty black-band« Ironstone Series[6].	Schistes de Lens, Auchy-au-Bois (Barrois). Schistes de Chokier (M. de Koninck). Silesia (Roemer). Flötzleerer Sandstein.
	D.	Millstone Grit Series.	Millstone Grit (Co. Fermanagh), Flagstone Series (Carlow).	»Moorstone Rock« (or Roslin Sandstone).	
	C.	Yoredale Series.[7]	»Yoredale Beds« (Co. Fermanagh »Shale Series«[8] Carlow, &c.	Upper Limestone Series resting on »Lower Coal and Ironstone Series«.	
Lower	B.	Carboniferous Limestone or »Mountain Limestone.« Saure Limestone (Sedgwick).	Upper Limestone[9]. Middle Limestone or Calp beds[10]. Lower Limestone[11].	Lower Limestone Series.	Calcaire Carbonifère.
	A.	»Tuedian Group« (Tate), Lower Limestone Shale, &c.[12] Barnstaple and Pilton Beds (Hall)[13] and Marwood Beds of Devonshire.	Lower Carboniferous Slate (Cork) and Lower Carboniferous Sandstone »Coomhola Grits« (Jukes).	Calciferous Sandstone Series in two groups.	Schistes

[1] This classification has been proposed in my paper (on the Upper Limit of the essentially Marine Beds, &c.) in the *Quart. Journ. Geol. Soc.* Nov. 1877. [2] Binney, *Trans. Geol. Soc. Manch.* Vol. I. [3] Phillips, *Man. Geology.* 182 (1855). [4] *Ibid.* 182. [5] Hardman, »Geol. Tyrone Coal-field«, *Mem. Geol. Survey*, Sheet —35. [6] Hull, *Quart. Journ. Geol. Soc.* Nov. 1877, p. 635. [7] Phillips, *Geol. of Yorkshire.* [8] Geol. Survey, Ireland. [9] [10] [11] Griffiths, »Geol. Map of Ireland«, 1855. [12] [13] Geol. Survey England. These beds by their position and fossils are clearly representative of the »Coomhola Grits« and Carboniferous Slate of the South of Ireland. Scuit *Trans. Roy. Dub. Soc.* Vol. I. (New Ser.) p. 145.

No. 4. DIVISIONS OF THE OLD RED SANDSTONE AND DEVONIAN SYSTEM [14].

DIVISIONS.	STAGES.	DEVONSHIRE.	HEREFORDSHIRE AND SOUTH WALES, &c.	IRELAND.	SCOTLAND.	FOREIGN.
Old Red Sandstone or Upper Devonian.	E_2	Upcot Flagstones.	Red or Yellow Sandstone and Conglomerate.	»Kiltorcan Beds« (with *Anodonta Jukesii*). Upper Old Red Sandstone and Conglomerate.	Upper Old Red Sandstone of Dura Den, &c.	Psammite du Condroz. Schistes de Famenne. Calcaire de Frasne.
	E_1	Pickwell Down-Sandstone.				
Middle Devonian.	D.	Morthoe Slates. Ilfracombe Limestone Series.		Absend in Ireland [16]. (*Great Hiatus.*)	Absent in Scotland. (*Great Hiatus*).	Red Sandstone and Marls.
Lower Devonian.	C.	Hangman Grits [Martinhoe beds (Hall)].	Sandstones, Marls with »Cornstones« (Estuarine Devonian) [15].			
	B.	Lynton Slates and Limestones.				»Calcaire de Givet« and »Eifel Limestone« groups [17].
Passage Beds or Devono-Silurian [20].	A_2	Foreland Grits (upper part only visible). Passage Beds.	Probable representatives of the »Downton Sandstones« or rocks of the Ridge of the Trichrug.	Dingle or Glengariff Grits and Slates.	»Lower Old Red Sandstone«.	Spiriferen-Sandstein [18], Poudingue de Burnot, »Aeltere Grauwacke« [19].
	A_1	Ludlow Beds.	Ludlow Beds.	»Ludlow Beds« of Dingle Promontory.		(Absent in France and Belgium.)

[14] This classification is in accordance with the views contained in my paper »On the Geological Relations of the Rocks of the South of Ireland to those of North Devon &c.« *Quart. Journ. Geol. Soc.* May 1880. [15] Professor Ramsay and Mr Godwin-Austen regard these beds as lacustrine (*Phys. Geol. Great Britain*, 5 Ed. p. 105). In the paper above cited I have advanced reasons for considering the Hereford and Monmouth Beds to have been of estuarine origin physically connected with those of N. Devon which were being deposited contemporaneously in the open sea. The presence of the seawaters is proved by the occurrence of *Lingulae* in the lower beds near Bedw Llwyd in Brecon — and of Serpulae in the upper beds at Caldy Island. [16] Murchison *Siluria*, 4 Ed. p. 281. Hull, *supra cit.* p. 264 and *Trans. Roy. Dub. Soc.* Vol I. [17 18 19] Murchison, *supra cit.* 404 &c. [20] I suggest this as a convenient term by which to designate the group of strata lying on the borders of the Devonian and Silurian Systems in England and Wales, Ireland, Scotland and Europe.

PRECAMBRIAN, CAMBRIAN, AND SILURIAN.

J. E. MARR,
Reporter.

REPORT.

I. *Archaean (Precambrian) Rocks.*

THE Archaean rocks of the British Islands can hardly, in the present state of our knowledge, be satisfactorily classified. Minor subdivisions have not been attempted, and even the larger ones are by no means generally adopted. Three members of the sub-committee have furnished reports upon the Archaean classification, from which the following extracts are taken.

Mr Aveline says, »I do not know of any Precambrian rocks in England or Wales, the country I am best qualified to give an opinion upon. I do not believe in the so-called »Precambrian« rocks of Dr Hicks and others, feeling certain that those rocks called »Precambrian« are, in all the localities I am well acquainted with, either eruptive rocks or altered Cambrian and Silurian rocks on various horizons. I include among these so-called »Precambrians« those of St David's, the Malverns, the Wrekin, Caer Caradoc, and other hills in Shropshire and the Charnwood Forest, also in North Wales.

The Laurentian rocks of Scotland I have never seen; they are probably the only Precambrian rocks in Great Britain. As for Ireland I have little doubt that all the rocks there that have been called »Precambrian« can be easily proved to be, like those in England and Wales, either eruptive or metamorphic«.

Dr C. Callaway gives the following classification: —

»a. *Hebridean.* This group includes with some probability the Malvernian gneiss.

b. *Dimetian.* Probably distinct from and younger than the Hebridean. The gneissic rocks Anglesey and some part of the newer gneiss of the Highlands may perhaps belong to this series.

c. *Pebidian.* A well-marked group, recognisable at St David's, in the Malvern Hills, and in the counties of Shropshire, Caernarvonshire, Anglesey, Dublin, and Wexford.

[The »Arvonian« of Hicks is in some places a part of the Pebidian, in others a part of an older gneissic group]«.

Dr Hicks furnishes the following notes: —

»The Precambrian (Archaean, Eozoic) rocks of Wales I have divided into three groups, under the names of Dimetian, Arvonian, Pebidian. The Dimetian comprises the oldest rocks at present known in Wales. The chief types found in this group are of a granitoid character, but rocks of a schistose nature also occur at several horizons. Even those of a granitoid character vary considerably in appearance at different points, and have apparently an order of succession in which these changes occur at recognisable horizons. Usually these granitoid rocks consist of an admixture of quartz, felspar and a chloritic mineral in varying proportions, and some-times, as in Anglesey, mica is also found in them. In other places the rock consists almost entirely of quartz.

The Arvonian consists mainly of compact highly quartzose rocks, of the type called hälleflinta, of felsiquartzites, and of rhyolites and acid breccias. These rocks appear to lie unconformably upon the Dimetian in some of the areas where they have been examined, while in others an apparent passage from rocks of the Dimetian type has been observed. Whether the two groups are conformable or not, it is certain that the Arvonian rocks occupy in Wales a very definite position, and require a distinct name for purposes of classification.

The Pebidian group consists mainly of rocks of volcanic origin, alternating with schistose, micaceous, chloritic, and talcose rocks. Instead of the acid rocks being as in the Dimetian and Arvonian groups the prevailing types, the basic rocks predominate. Agglomerates and breccias occur in great thicknesses. Serpentinous and dolomitic rocks are also found at various horizons.

It is a group of great thickness, and appears to be unconformable to the Arvonian. It is covered everywhere in Wales unconformably by the newer rocks, and the lowest Cambrian conglomerates are almost entirely made up of the waste of this and of the preceding groups.

In Scotland the Archaean rocks may be conveniently divided into at least four groups. The lowest in stratigraphical position, as far as I have examined them, is the Loch Maree group, and it consists of the massive hornblendic and the granitic gneisses found in many places along the west coast of Sutherland and Ross. Next in position I would place the massive quartzose and granitoid gneisses of Poolewe and of Loch Shiel, of the more central Highlands (the Loch Shiel group). In many respects these may be compared with the Dimetian of Wales. The next group, according to my views, would include the Glas Bheinn (rather massive epidotic and chloritic gneisses, hornblendic rocks, and black mica schists), and the Ben Fyn series. The latter consist of coarse and fine grained quartzose gneisses, silvery mica schists, augen-gneisses and micaceous gneisses with bands of white and black mica. (This may be called the Ben Fyn group.) Newer than these probably are some rocks in the Grampians and along the shores of the Caledonian Canal, which I have called the Grampian series. They consist mainly of fissile mica schists, flaggy micaceous and chloritic rocks. In this series also are some talcose, actinolitic, and serpentinous rocks. Bands of limestone are also found in them. They probably occur also in Sutherland, according to descriptions of Dr Callaway and Prof. Lapworth, and from the evidence of included fragments in the Cambrian conglomerates of those areas.«

Your Reporter has read such papers in the *Journal of the London Geological Society* as tend to throw light upon the classification of these rocks, and appends remarks thereon. Mr Hudleston in a discussion reported in the Geological Society's Journal (*Q. J. G. S.* Vol. xxxiv, p. 167) remarks »when instituting a comparison between the St David's district and North Wales, the principal datum-line seems to be the great conglomerate taken as the base of the Cambrian, which may be deemed fairly synchronous in both areas. The point at issue was whether the beds *below* this, . . . were really Precambrian, or had been metamorphosed and intruded at a subsequent period. The contents of the conglomerate were very much in favour of the author's views«. The author (Dr Hicks) maintains the Precambrian age of the beds.

In another discussion (*Q. J. G. S.* Vol. xxxv. p. 326) Mr Tawney, referring to the so-called »Arvonian« rocks »doubted the advisability of coining a new formation to include the quartzites near Haverfordwest, and the quartz-felsites and grits near Bangor, until their relations had been worked out more in detail; the proofs of unconformity to rocks above and below he also regarded as dubious.«

The following views are expressed by Professor Bonney with regard to certain rocks in the Highlands (*Q. J. G. S.* Vol. xxxix. p. 161). »In examining these Highland rocks (and I may say others also) I have observed three rather well-marked types, indicating stages of metamorphism. In the first it is obvious that many of the constituents noticed in the slide, especially those of larger size, with most of, if not all the felspar, are original. . . . Of this stage of metamorphism the rocks forming the escarpment of the »newer gneiss«, in the neighbourhood of the head of Loch Maree, furnish excellent examples.

In the second stage of metamorphism, while, when we regard the rock in the field, we can have no doubt of its sedimentary origin, bedding being often well marked and foliation distinct, yet, under the microscope, it is extremely difficult to identify any of the constituents, in their present condition, as of clastic origin . . . of this stage of metamorphism, which, so far as we can tell, is as complete as can be, the rocks of the southern face of Ben Fyn furnish excellent examples. In England I may cite as instances the schists of the Lizard peninsula, and a considerable number of those in Anglesey, though some which have been sent to me from that island belong rather to the former type.

Between these types, intermediate instances will of course be found.

The third type, while agreeing with those described under the second head as being metamorphosed to the highest degree, appears to differ in respects which can hardly be due to a mere prolongation of the metamorphic action. The bedding of these rocks is ill marked; they are coarsely crystalline and often granitoid in aspect, being then difficult to distinguish from rocks of igneous origin; and the same is true of their microscopic structures. In such cases in the present stage of our knowledge (though I do not think it will be so always) we must be content to be sometimes uncertain whether we have before us a granite or a gneiss. Examples of this class are the coarse gneisses of the Hebridean series, which underlie the Torridon sandstone and many of the Malvernian rocks of England. At the same time it must be remembered that now and then beds more distinctly foliated also occur in this series.

Naturally we should expect that as a rule the above distinctions should have a certain chronological value, and thus we are justified in using them, in default of other evidence, and with due caution, for purposes of classification«.

In a paper (*Q. J. G. S.* Vol. XXXIX. p. 261) »On the supposed Precambrian rocks of St David's« by Dr A. Geikie, the author denies the existence of any such rocks in the St David's area. In the discussion which followed this paper: — Prof. Bonney remarked, »as regards the separation of the Pebidian from the Cambrian, to himself there appeared to be an unconformity at the base of the quartz-conglomerate; certainly there was an entire change in the lithological character of the deposits. The conglomerate introduced a series of beds different in aspect, colour, materials, and condition. He did not say, and never had thought, that the break between the Cambrian and Pebidian was necessarily a very great one«.

Professor Lapworth »asked if the name Cambrian was to be carried down indefinitely. He had found rocks resembling these Pebidian volcanic beds underlying fossiliferous Cambrian strata in Central England and round the Longmynd«.

Mr Hudleston »had difficulty in recognising the supposed unconformity between the Cambrian and the Pebidian, and he thought that the volcanic series was the natural base of the Cambrian system«. At first sight there is an apparent contradiction between these remarks and those previously quoted at p. 518. This arises from the briefness of the reports.

Mr Hudleston's view is that »there can be no question that the volcanic series antedates the conglomerate; but it is highly probable that far too much importance has been assigned to the physical break, which, in areas admittedly volcanic, is only of minor importance for purposes of systematic arrangement«.

Prof. Bonney (*Q. J. G. S.* Vol. xxxix. p. 464) refers to the separation of the volcanic beds of Bangor (identified as Pebidian) from the rocks underlying them, and also from the Cambrian; »from the latter«, he says, »we seem justified lithologically and physically in separating these more or less volcanic beds, and in including them for convenience in the Pebidian group of Dr Hicks; but the interval in time need not have been a very enormous one. Below the rhyolites, as it seems to me, is the great gap in the record«.

From a consideration of the foregoing statements, your reporter would offer the following suggestions concerning the classification of the Archaean rocks of Britain.

(i) Below the Cambrian beds, as originally defined by Professor Sedgwick, there are a series of beds, chiefly volcanic, which have not undergone any very great metamorphic change. These may be spoken of as the Pebidian type, being first described by Dr Hicks under that name. As they are by many writers stated to be well separated from the overlying Cambrian beds, and as they were not included in that system by its founder, they cannot justly be included in it, but must be grouped with the Precambrian rocks.

(ii) At the base of these beds occurs the most important break, as shown by physical discordance, and change from comparatively unaltered to highly metamorphosed rocks.

(iii) The rocks below this break have not as yet been satisfactorily classified, but show three stages of progressive metamorphism, which, as Professor Bonney remarks, in a paper above alluded to, have a certain chronological value.

(iv) No break has yet been satisfactorily proved to exist in Britain between two divisions of these highly metamorphic rocks.

II. *Cambrian and Silurian Rocks.*

In the case of the Cambrian and Silurian (unlike that of the Archaean) there is a pretty general agreement as to the position of the boundaries of the various series which make up the systems; but on the other hand it is hopeless to attempt any grouping of the series into these two systems which shall give satisfaction to all parties. Under these circumstances your reporter has thought fit to allude to the different classifications which have been proposed, and afterwards to discuss somewhat briefly the principal facts which seem to have an important bearing upon this question. At the outset, he would strongly urge the propriety of accepting the historical classification, unless very cogent arguments can be found against its use.

Of the members of the sub committee who have submitted their views: —

Mr Aveline writes; »my classification of the Cambrian and Silurian rocks is the same as that adopted by the Geological Survey of Great Britain and Ireland as shown on their published maps and sections and on their Index of colours.

The classification of the Cambrian and Silurian rocks adopted by the Geological Survey was not arrived at hastily but was built up after a long and minute survey. I have had no reason, from anything I have read or heard, to change or modify my opinion of the correctness of this classification formed many years ago.

I am no believer in large universal breaks — such as is supposed by some to be between the Upper and Lower Silurian, by which they hope to class the latter with the Cambrian, calling it »Upper Cambrian«, as others wish to call it »Cambro-Silurian«. I believe the links that join the Lower with the Upper Silurian are to be found somewhere, in some part of the world.

In the Lake District the break between the Upper and Lower Silurian is physically very small as shown by the upper beds — the Coniston Flags and Stockdale Shales — lying so conformably on the Coniston Limestone series, which are the Bala beds or Caradoc of

Wales. There is a much greater unconformity between these Coniston Limestone beds and the strata next below them, quite as much as between the Pentamerus beds and Caradoc in Shropshire — no doubt, like other unconformities, this great break in the Lake Country is only local.

The classification of the Cambrian and Silurian rocks of the Geological Survey is now very widely recognised, it is the one more accepted than any other, known everywhere. It is good and convenient, and should be retained«.

On referring to the maps and sections of the Geological Survey the following classification will be found (ascending order):

Cambrian.

Lingula Flags,
Llandeilo,
Caradoc or Bala, } Lower Silurian.
Lower Llandovery,
Upper Llandovery,
(May Hill Sandstone), } Upper Silurian.
Wenlock,
Ludlow,

Dr Callaway gives: —

  a. *Cambrian.*

    1. Harlech.

    2. Menevian.

    3. Lingula Flags.

    4. Tremadoc.

  b. *Ordovician.*

    1. Arenig.

    2. Llandeilo.

    3. Caradoc.

    4. Llandovery.

  c. *Silurian.*

    1. May Hill Sandstone, &c.

    2. Wenlock.

    3. Ludlow.

He further says, »I accept Lapworth's proposal to separate the »Lower Silurian« as a distinct system. The fauna appears sufficiently distinct to justify this. The »Silurian« of Murchison and the Survey is moreover of disproportionate dimensions«.

Dr H. Hicks's views are as follows: —

»The Cambrian rocks wherever the base line has been seen in the British Isles repose unconformably upon the Precambrian rocks already described. The conglomerates at the base are also made up mainly of the Precambrian rocks upon which they rest. The break in the succession must therefore have been a very considerable one at the base of the Cambrian, and there are abundant indications to show that the surface of the Precambrian land was a very irregular one. In consequence of this the Cambrian sediments are of varying thicknesses in different areas, and some of the zones of life are not represented in all. According to the Cambridge school of geologists Cambrian as a term should be made to include all the series to the top of the Bala, as it was so intended by Prof. Sedgwick. Moreover they maintain that no great physical break can be pointed out in the succession from the basal Cambrian conglomerate to the top of the Bala series. In this they are probably correct, and I see no great reason why this classification should not be adopted. Others, however, including myself, have recognised that there are palaeontological breaks of some importance (sufficient until further evidence is obtained to warrant a change) in at least two well-marked horizons in the succession. In the lowest group I would include in ascending order the *Caerfai* series of St David's (Llanberis slates of North Wales, and the lowest series of the Harlech rocks), the *Solva* series of St David's (the upper Harlech grits and slates of North Wales), and the Menevian of South and North Wales. In the next subdivision I would place the Lingula Flags of North and South Wales (Maentwrog, Ffestiniog and Dolgelly series of Belt), and the Tremadoc series. My boundary for Cambrian has been placed at the top of the Tremadoc, and of late I have used the term proposed by Prof. Lapworth (Ordovician) for the next subdivision, not as indicating a break of very great importance at this point, but rather as a means of compromise if possible between contending parties. Certain it is that the break between the first and second of the subdivisions in the lower palaeozoic rocks, that is at the top of the Menevian, is palaeontologically and physically as great as between the second and third at the top of the Tremadoc, but neither of these is of anything like the importance of the break at the top of the Bala where the Silurian rocks properly begin. The series in the Ordovician (Upper Cambrian of Cambridge) are in ascending order the Arenig, Llanvirn, Llandeilo and Bala. It seems to me that the term Silurian can be retained in future only for those rocks which lie above the Bala beds and are in so many areas unconformable to the latter. They are the rocks known in Wales and in the West of England as the Llandovery (or May Hill), the Wenlock (or Denbighshire), and the Ludlow series. A very important physical change took place over these areas at the close of the Bala epoch, and many parts were raised high above the sea level. The land surface was afterwards clothed with vegetation, and probably was not completely submerged until towards the close of the Silurian period. A great diversity is shown in the sediments belonging to this period in different areas; and in consequence of the irregularity of the surface of the raised parts the accumulations also vary greatly in thickness. The faunas of the several series are closely allied to one another, and the boundaries between them are chiefly artificial and convenient only for purposes of Classification.«

From an elaborate report prepared by Mr G. H. Kinahan, upon the Cambrian and Silurian rocks of Ireland, some remarks which bear upon this question of systemic classification are here extracted.

»*Silurians and Cambrians.* The ordinary group classifications in general use for the rocks belonging to these formations in England are not applicable to the rocks in Ireland making up the different formations.

In the accompanying table I give the Irish lower Palaeozoic rocks classified into the groups *well* represented in that country, all being represented except the »Passage beds« between the Upper and Lower Silurians. As before stated I believe these two ought to be distinctly separated, by the latter being given a new name; I put for it »Ordovician«, the name proposed by Prof. Lapworth; while Phillips's name of Cambro-Silurian I would do away with. By a system somewhat like that proposed it would be immediately seen what groups the different passage beds came between.

Irish Rocks. Palaeozoic.

Suggested Names.

Coal Measures, Limestones and Carboniferous Slate, Yellow Sandstones (Griffiths),	Carboniferous.	Carboniferous.
Lower Old Red Sandstone (Jukes), Glengariff grits or Dingle beds (Jukes),	Passage beds.	Silurio-Carboniferous.

		Suggested Names.
Upper Silurian.	Silurian.	Silurian.
Passage beds (none).	Passage beds.	Ordovicio - Silurian.
Lower or Cambro-Silurian,	Cambro - Silurian.	Ordovician (Lapworth).
Arenig group.	Passage beds.	Cambro - Ordovician.
Upper Cambrian, Lower Cambrian,	Cambrian.	Cambrian.

Every moment of time from the Coal Measure age down to the Cambrian, except a short time belonging to the Ordovicio-Silurian, appears to be represented by known Irish rocks in some place or another. The Ordovicio-Silurian rocks may be in part represented by the rocks of the Pomeroy Series and those in the Cratloe Hills«.

Prof. Hull is, on the other hand, of opinion

1. that the Gannister-Beds, Millstone Grit, and Yoredale Rocks of England are fully developed in Ireland;

2. that the Lower-Old-Red-Sandstone and Glengariff Grits cannot be so closely linked together;

3. that the »Yellow Sandstone« or Kiltorcan Beds are proved by their fish-remains and lacustrine origin to be Upper-Old-Red-Sandstone;

4. that the Lingula Beds are absent in Ireland; the Arenig or Llandeilo Beds resting unconformably on the Lower Cambrian;

5. that Archaean or Laurentian Beds occur in Donegal.

These accounts agree in admitting the occurrence of an important break in Britain below the May Hill Sandstone, and this is where Prof. Sedgwick placed the Upper boundary of his Cambrian System. In the »Catalogue of Cambrian and Silurian Fossils of the Geological Museum of the University of Cambridge« his classification of the Cambrian System is given as annexed.

Cambrian	Upper	Upper Bala, Middle Bala, Lower Bala.
	Middle	Arenig or Skiddaw. Tremadoc, Ffestiniog. Menevian.
	Lower	Harlech, Longmynd, Bangor, &c. Llanberis.

This being the classification of the founder of the System, it behoves us to adopt it, unless we can furnish good reason for doing otherwise.

In upholding other classifications, it will be observed that stress is laid upon a supposed break at the base of the Arenig rocks. Dr Hicks admits that this palaeontological break is equalled in importance by that between the Menevian and Lingula Flag (Ffestiniog) beds. Hence those who use this palaeontological break should, to be consistent, separate the Cambrian System of Prof. Sedgwick into three and not two divisions. Furthermore, Dr Hicks states that neither of these breaks »is of anything like the importance of the break of the top of the Bala where the Silurian rocks properly begin«. Moreover, as your reporter has elsewhere pointed out (*G. M.* Dec. II. Vol. VIII. p. 248), the palaeontological change at the horizon between the Arenig and Tremadoc rocks of Britain (as of other countries of Europe) is not so great as that at the horizon between the Tremadoc and Lingula Flags. Hence there is no justification for adopting any classification founded upon a supposed break at the base of the Arenig rocks of Britain. Nor does the classification proposed by Prof. Lapworth (*G. M.* Dec. II. Vol. VI. p. 1), who splits up the Cambrian and Silurian rocks according to their different faunas into three divisions, prove more satisfactory, for the fauna below the base of the Lingula Flags differs from that of the Lingula Flags and the Tremadoc beds as much as does this latter from that of higher beds. Consequently your reporter feels justified in recommending the adoption of the classification of Prof. Sedgwick, although this does not meet with the approval of many of the members of the sub-committee.

Whatever classification may be adopted, so much confusion has arisen from the use of different nomenclatures, that any one wishing to study the Cambrian and Silurian rocks of Britain will unfortunately be compelled to pay attention to the classifications which have been adopted by various writers. It may be well therefore to annex a table containing the principal variations from the classifications originally proposed by the founders of the Cambrian and Silurian systems.

Sedgwick.	Murchison.	Lyell and Hicks.	Lapworth.	Geological Survey.
Silurian.	Upper Silurian [1].	Upper Silurian.	Silurian.	Upper Silurian.
[2] Upper Cambrian.	Lower Silurian.	Lower Silurian.	Ordovician.	Lower Silurian.
[3] Middle Cambrian.	Primordial Silurian.	Cambrian.	Cambrian.	
Lower Cambrian.	Cambrian.			Cambrian.

The series which compose the Cambrian and Silurian systems of Britain are well defined, and those of the type area can usually be readily compared with their equivalents elsewhere. The succeeding portion of the report is devoted to a correlation of the series of the type areas with those of the British areas, and, where necessary, synonyms are mentioned. The series are taken *seriatim* in ascending order.

1. *Longmynd series* (Sedgwick); = *Llanberis slates*; = *Bangor group*; = lowest series of *Harlech* rocks according to Dr Hicks; = *Caerfai series* of St David's; = *Gwastaden* (*Brecon*) rocks, Murchison.

Not represented in the north of England.

In Ireland, they are represented by the *Howth*, *Bray Head*, and *Wexford* rocks, all containing Oldhamia.

2. *Harlech series* (Sedgwick) in its upper portion is represented by the *Solva series* of St David's, according to Dr Hicks.

The *Barmouth* beds belong here. These series, Longmynd and Harlech, constitute the Lower Cambrian of Sedgwick, and have sometimes been spoken of collectively as the Harlech series.

3. *Menevian series* (Salter and Hicks) = Lower Lingula Flag (Sedgwick and Geological Survey), and is well defined palaeontologically. The *Torridon Sandstone* of the north of Scotland must belong to this and one of the lower series.

4. *Lingula Flag series* as now restricted = *Ffestiniog group* of Sedgwick = Middle and Upper Lingula Flag (Salter), divided into three stages.

---

[1]) Murchison and Geol. Survey include Lower Llandovery in their Lower Silurian.

[2]) Upper Cambrian nearly = Cambro-Silurian of some authors.

[3]) Includes Arenig, which is placed by Lapworth in his Ordovician and by Lyell and Hicks in their Lower Silurian.

a. Maentwrog (Belt) (or Lower Lingula Flags [1]).

These beds (which are also known as the Olenus beds), occur in North and South Wales.

b. Ffestinoig stage [2]) (Belt) (Middle Lingula Flags).

Also developed in North and South Wales, as are the next series.

c. Dolgelly stage (Belt) (Upper Lingula Flags).

The Lingula Flag series is represented in the Malvern area by the *Hollybush* sandstone, and the *Malvern shales*, the former being correlated by Hicks with the Ffestiniog, the latter with the Dolgelly series.

5. *Tremadoc Slate series* (Sedgwick, 1847).

Divided by Sedgwick into two stages in North Wales, a lower, chiefly black slate, and an upper, sandstones, iron beds, and ferruginous slate. Dr Hicks divides the Tremadoc slates into three stages, a lower, consisting af flaggy sandstones, a middle, of dark earthy slates, and an upper of iron-stained slates and flags, but the latter has since been placed in the Arenig group.

The *Shineton Shales* (Callaway) of Shropshire are of Tremadoc age.

6. *Arenig series* (Sedgwick) = Lower Llandeilo (Geol. Survey). This series has been divided by Dr Hicks into lower, middle and upper stages (*Q. J. G. S.* XXXI. 171), but he subsequently proposed the separation of the upper stage to form with what was formerly considered as the lowest stage of the next succeeding series, a separate series, to which he gives the name Llanvirn. This is very well marked, and corresponds with the Placoparia-bearing of various parts of the continent of Europe.

The *Skiddaw Slates* of the Lake district in great part represent the Arenig beds.

7. *Llanvirn series* see above.

8. *Lower Bala Series* (Sedgwick) = *Llandeilo Flags* (Murchison). Divided by Dr Hicks into lower, middle, and upper stages in the St David's area. Represented in Scotland by the *Barr* series and by the graptolitic *Glenkiln* shales of Prof. Lapworth, the latter occurring also in Ireland.

---

[1]) The terms Lower, Middle and Upper Lingula Flags should be dropped, having been used in different senses, and the geographical names adopted for the stages.

[2]) It should be remembered that the Ffestiniog series only constitutes one subdivision of Sedgwick's Ffestiniog group.

9. *Middle Bala series* (Sedgwick) = Caradoc series (Murchison). Represented by the *Coniston Limestone* series of the Lake district, the *Ardmillan* series and the graptolitic *Hartfell shales* of Scotland, and representatives of these latter in Ireland.

10. *Upper Bala series* (Sedgwick). At present badly defined, but contains the *Hirnant Limestone* of N. Wales, and the *Ashgill* shales (Salter) of the Lake district.

11. *May Hill series* (Sedgwick) = *Llandovery* (Murchison). Divided into Lower and Upper Llandovery in Central and S. Wales. Above them and closely related to them are the *Tarannon Shales* (Geol. Survey) = Pale slates. The two Llandovery stages and the Tarannon shales are bracketed together by Prof. Lapworth (*G. M. Dec.* ii. Vol. vi.) to form the *Valentian* series.

The May Hill series has graptoliferous equivalents in the Lake district (*Coniston, Mudstone* Harkn. and Nich. = lower part of *Stockdale Slates*, Geol. Survey), and in S. Scotland (the *Birkhill Shales* of Prof. Lapworth). The S. Scotch area also has shallower water beds of this age = *Newlands series*. The Tarannon shales are represented in the Lake district by the Pale Slates of the Geological Survey, and in the South of Scotland by the *Gala* (graptolite-bearing) and *Penhill* beds.

12. *Wenlock series* (Murchison).

Divided into three stages in the type area, viz.

Woolhope Limestone,

Wenlock Shale,

Wenlock Limestone.

Prof. Lapworth (*G. M. Dec.* ii. Vol. vi.) suggests the addition of the Lower Ludlow beds to these to form the *Salopian series*.

In North Wales the Wenlock beds are represented by the *Denbighshire Flags and Grits* (Bowman and Sedgwick); in the Lake district by the *Coniston Flags* and *Grits* of Sedgwick, and part of the *Bannisdale Slates*.

In Scotland the Wenlock series has according to Prof. Lapworth representatives in the *Straiton* beds and the graptolite-bearing *Riccarton* beds.

In Ireland the *Ferriter's Cove* beds are of this age.

13. *Ludlow series* (Murchison).

Divided into (1) Lower Ludlow,

        (2) Aymestry Limestone,

        (3) Upper Ludlow with

        (4) Downton Sandstone.

Prof. Lapworth suggests the term *Downtonian* for (2) and (3). The *Kirkby Moor Flags* of the Lake district (= *Kendal Group*, Sedgwick), the *Lesmahagow* beds of Scotland, and the *Croaghmarhim* beds and *Glengariff Grits* (= *Dingle Grits*) are bracketed by some authors with the Ludlow series, though they possibly represent in part beds above the Downton Sandstone which have been included by others in the Old Red Sandstone.

In conclusion, your reporter would point out that no satisfactory line has yet been drawn between the Silurian system and the succeeding Old Red Sandstone, but that on the contrary the two systems appear to graduate into one another, a circumstance which is not peculiar to the British area.

PROJET POUR LA PUBLICATION

D'UN NOMENCLATOR PALAEONTOLOGICUS

RAPPORT

PRÉSENTÉ A LA COMMISSION INTERNATIONALE
POUR L'UNIFICATION DE LA NOMENCLATURE GÉOLOGIQUE

à la Réunion de Zurich le 7 Août 1883

PAR

M. M. NEUMAYR

TRADUIT PAR **M. J. CAPELLINI**, PRÉSIDENT DE LA COMMISSION.

Les Comités du Congrès géologique international, à la réunion de Foix en septembre 1882, se sont prononcés à l'unanimité en faveur de la publication d'un Index de toutes les espèces, familles, variétés de plantes et d'animaux connues jusqu'ici. En même temps l'on ma confié la charge très honorifique de tracer un programme détaillé pour l'exécution de cette oeuvre, et de le présenter à la réunion de Zurich.

Dans de telles conditions, il n'est pas nécessaire d'insister sur l'utilité et l'importance du sujet, et je vais immédiatement développer le plan à suivre. La question doit être étudiée à deux points de vue: d'un côté la direction à donner à l'ouvrage projeté et de l'autre l'organisation du travail.

1. DISPOSITION DU CATALOGUE.

A. *Arrangement des matières.*

Nous sommes en présence de deux modèles: le *Nomenclator* et *Enumerator* de Bronn et le *Prodrome* de d'Orbigny.

Bronn dans le premier ouvrage, le Nomenclator, a classé, tout simplement, par ordre alphabétique tous les noms donnés en Paléontologie; tandis que dans l'Enumerator, laissant de côté les synonymes, il a enregistré tous les noms valables dans la série des systèmes zoologiques et botaniques. D'Orbigny, par contre, inscrit les espèces suivant leur répartition dans ses 27 Étages, qu'il subdivise ensuite d'après le système zoologique.

A ces deux systèmes qui ont été reconnus très pratiques, l'on peut en ajouter un troisième qui jusqu'à présent n'a pas encore été suivi, c'est-à-dire une division d'après les grands groupes principaux du règne végétal et du règne animal, dans lesquels on suivrait l'ordre alphabétique. A cette classification l'on devrait encore ajouter un Enumerator, dans le genre de celui de Bronn et un Index.

Une expérience de 30 ans nous a appris que la méthode de d'Orbigny ne répond pas aux exigences de la Paléontologie. Elle nous a donné une compilation très utile et très commode à consulter pour les stratigraphes de son temps, mais insuffisante pour les paléontologistes. Si même à présent on le consulte encore, ce n'est pas comme Repertorium paléontologique, mais plutôt parce qu'il contient des indications de noms d'espèces et de genres qui peuvent avoir droit à la priorité.

Dans l'état actuel de la Science, il est évident qu'un ouvrage de compilation paléontologique entrepris d'après ce système serait une erreur, et ne rendrait presque aucun service.

La méthode de Bronn ayant pour base l'indication alphabétique, a le grand avantage de n'avoir pas besoin d'un Index, et d'obvier aux hésitations que pourrait susciter toute classification. Enfin, il n'y a aucune complication à redouter par suite la confusion qui pourrait naître dans le cas où des espèces anciennes de types différents du règne animal seraient réunies sous une même dénomination générique.

Bien que cette méthode offre de grands avantages, on doit reconnaître que des considérations encore plus importantes militent en faveur d'une division systématique d'après les grands groupes du règne animal et du règne végétal. Dans les travaux paléontologiques le plus souvent l'on a à faire à un seul représentant d'une division principale et dans ce cas le volume où il est cité suffit; on n'a pas besoin d'avoir l'ouvrage entier sous la main. Par suite le travail est simplifié. Mais avant tout ce sont des considérations pratiques qui doivent décider de la méthode d'exécution. Si l'on veut classer le tout par ordre alphabétique, il faudra attendre que tous les manuscrits soient prêts, et par conséquent en sera notablement retardée la publication de l'ouvrage. Au contraire, avec le classement d'après les types principaux, aussitôt que le manuscrit de l'un

des volumes sera prêt, on pourra le livrer à l'impression. La lenteur
d'un collaborateur, dans le premier cas, serait une cause de retard
pour la publication de l'ouvrage entier; dans le second cas elle
n'entraverait que celle de l'un des volumes. Les difficultés que l'on
pourrait rencontrer avec les genres d'une classification incertaine
pourraient être tournées au moyen d'indications rétrospectives.

Je n'ai pas besoin d'insister sur ce point que la publication
d'un Enumerator est très désirable.

D'après ce qui précède, on pourrait adopter les divisions
suivantes:

Volume	I	Cryptogames
»	II	Phanérogames
»	III	Protozoaires
»	IV	Célentérés
»	V	Échinodermes
»	VI	Vers et Mulluscoïdes
»	VII	Mollusques
»	VIII	Arthropodes
»	IX	Vertébrés
»	X et XI	Enumerator
»	XII	Index

Parmi ces volumes, celui des Mollusques, seulement, pourrait
rendre nécessaire une division en 3 ou 4 sections de sorte que nous
aurions 14 à 15 volumes, chacun de 400 à 800 pages. Pour les
Vers, vu le petit nombre des espèces, il ne serait pas nécessaire
d'avoir un volume à part, et l'on pourrait les réunir aux Molluscoïdes.

B. Sommaire et Règles pour l'exécution.

1. L'ouvrage entier est divisé en trois parties: *Nomenclator*,
Enumerator, *Index*.

2. Le Nomenclator contient, dans l'ordre déjà indiqué, tous les
noms qui ont été donnés, dans les ouvrages scientifiques, pour les
Types, les Classes, les Ordres, ... les Genres, les sous-Genres, les
Espèces et les Variétés bien caractérisées d'organismes et de pseudo-
organismes.

3. Le Nomenclator est divisé en un certain nombre de parties
correspondant aux grands Groupes principaux des Systèmes. Certaines formes placées par les Auteurs dans plusieurs de ces divisions,
doivent être citées dans chacune d'elles; mais dans une seule il en

sera traité in extenso, dans les autres elles seront indiquées avec référence à la première.

4. Les noms généralement adoptés seront distingués des synonymes par des caractères spéciaux. Pour chaque synonyme on fera mention de l'espèce correspondante et pour chaque espèce on réunira les synonymes en petits caractères.

5. Comme citation, on devra trouver: *a)* la première publication; *b)* les descriptions ultérieures qui ont accru la connaissance paléontologique des espèces, celles, en particulier, qui sont accompagnées d'une figure suffisante; *c)* les descriptions que l'on trouve dans les oeuvres classiques les plus connues et les plus répandues.

Pour les espèces que l'on rencontre fossiles et vivantes, la citation, pour le premier cas, se bornera à la description primitive.

6. Lorsque dans la bibliographie d'un genre, d'une espèce etc. on se trouve en présence de plusieurs hypothèses, il est nécessaire d'en adopter une; mais on ne fera pas de critique parce que celle-ci n'aurait aucune valeur en l'absence d'une argumentation minutieuse, que ne comporte pas le cadre de l'ouvrage. Cependant cette règle ne sera pas trop rigoureuse et il ne faudra pas exclure d'une manière absolue toute considération sur des erreurs évidentes.

7. Il est absolument défendu de donner des noms nouveaux dans le Nomenclator; dans le cas où l'un des collaborateurs serait dans la nécessité de remplacer des noms faisant double emploi par de nouveaux noms, il pourrait les publier dans un appendice séparé, de manière à ce qu'ils puissent rentrer dans le Nomenclator de même que les autres noms adoptés dans la bibliographie paléontologique.

8. Les genres, les espèces etc. qui sont insuffisament caractérisés ou qui ne le sont point, seront admis comme nominaux et indiqués par un caractère typographique spécial ou mis entre parenthèses.

9. On évitera autant que possible les signes conventionnels, car ils rendent très difficile la lecture au premier coup d'oeil. Les indications bibliographiques seront classées de manière à être facilement aperçues par ceux qui en ont l'habitude, sans qu'on ait à consulter un Index spécial. En fait de publications périodiques, on recommande les abbréviations adoptées dans le *Catalogue of scientific papers* de la *Royal Society*.

10. En ce qui concerne l'habitat de l'espèce etc., il faut en tout cas mentionner la division de l'échelle de la Carte géologique votée par le Congrès, dans laquelle se trouve le fossile.

En outre on mettra entre parenthèses l'âge géologique, suivant le premier auteur qui en a fait la description, des premiers qui ont fourni des renseignements à son égard; et dans ce cas on citera l'auteur. Quant au gisement il faut citer le pays indiqué, comme lieu d'origine, dans la première description. D'autres gisements pourront aussi être cités, mais avec l'indication des auteurs; de même l'on pourra enregistrer les noms de gisements spéciaux comme: Solenhofen, St. Cassian, Monte Bolca etc.

Du reste, on ne peut pas donner des règles trop rigoureuses et il faut laisser une certaine liberté aux appréciations des divers collaborateurs.

11. L'Enumerator contient la liste par séries systématiques de toutes les espèces acceptées à l'exclusion des synonymes. Les espèces nominales pourront être introduites mais indiquées comme telles; on en rappellera l'âge géologique et le gisement. En outre il y aura des tableaux pour le nombre des espèces et des genres de chaque classe et pour les espèces et les genres réunis en classes d'après leur apparition dans les divisions chronologiques adoptées pour la Carte géologique d'Europe.

12. La langue latine sera adoptée pour le Nomenclator et pour l'Enumerator. Une préface avec l'histoire de la publication, les noms des collaborateurs et autres renseignements nécessaires sera rédigée en français ou dans plusieurs langues.

13. L'ouvrage sera imprimé en grand in 8°.

II. Organisation du travail.

Par suite de la grande extension de la bibliographie paléontologique, le travail ne peut pas être entrepris par une seule personne; il sera donc nécessaire d'adopter une division du travail scientifique, tandis que l'oeuvre de la rédaction, en grande partie matérielle, serait utilement concentré dans les mains d'une seule personne.

1. En ce qui concerne la *Rédaction*, elle doit être confiée à un Rédacteur en chef assisté par un Comité.

Le Rédacteur en chef se met en rapport avec les collègues qui entreprennent l'élaboration des diverses parties, établit des rapports entre eux et les Comités nationaux; il facilite les recherches d'ouvrages difficiles à trouver, et pour en faire des extraits, il réunit les manuscrits, il les arrange d'une manière convenable pour le Nomenclator et pour l'Enumerator, prépare les extraits de l'Index, s'occupe de l'impression et de l'édition, fait les corrections et surtout il a la charge de la partie administrative. Enfin en cas de besoin il devra être prêt à entreprendre une partie quellequ'elle soit de l'ouvrage scientifique, lorsque pour un motif quelconque la livraison du manuscrit sera en retard.

Cette besogne ne pouvant pas être accomplie par un seul rédacteur, il y aura à côté un assistant pour l'aider, moyennant une rémunération, dans la partie matérielle.

Dans le commencement, l'assistant qui n'aura pas encore trop de besogne, pourra entreprendre, sous la direction du rédacteur, la préparation de l'une des parties du Nomenclator.

La publication du Nomenclator sous le patronage du Congrès devant donner des bénéfices, on pourra, en traitant pour la vente avec un libraire, mettre à sa charge la dépense de l'assistant.

2. *Comité de rédaction.* — Le Comité de nomenclature constituant une association trop nombreuse pour la prompte exécution du travail, on nommera un Comité de rédaction composé de 4 à 8 membres. Il sera chargé d'entreprendre avec le Rédacteur le choix des collaborateurs, de manière à avoir l'indication des collègues auprès desquels l'on fera des démarches pour obtenir leur concours. Avec le Rédacteur il tranche les questions controversées, il décide sur les points douteux de l'exécution. Il examine les manuscrits livrés et représente le Congrès auprès du Comité d'exécution.

Le Rédacteur s'engage à tenir les membres du Comité au courant de l'état des travaux et à solliciter leur vote pour les décisions importantes, p. ex. pour la conclusion du traité avec l'éditeur etc.

3. *Collaborateurs nationaux.* Dans chaque pays ou territoire ayant une langue à part il y aura un ou plusieurs membres nationaux. Lorsqu'il s'agira d'une langue qui en général ne sera pas connue, ils auront le soin de faire des revues bibliographiques, d'indiquer les journaux et les ouvrages peu connus; à l'occasion il mettront tout cela à la disposition des collaborateurs et feront des extraits. Le choix des collaborateurs nationaux se fait par le Comité de rédaction et par les membres des Commissions de nomenclature de chaque pays, et l'on se mettra d'accord sur le choix des personnes dont on devra solliciter le concours.

4. Les véritables collaborateurs sont les savants qui ont à traiter les différentes divisions du règne animal et du règne végétal. La première question à décider regarde le nombre des personnes; on pourra se prononcer en faveur d'une grande concentration de l'ouvrage confié à un petit nombre de personnes, ou bien l'on pourra préférer une grande subdivision.

Beaucoup de raisons plaident en faveur de la première manière de voir; en effet l'administration est beaucoup plus simple, l'on épargne des forces utiles parce qu'il y a moins de personnes qui doivent étudier la même bibliographie, et lorsqu'il y a peu de collaborateurs il y a moins à craindre que l'un d'eux ne réussisse pas à accomplir parfaitement sa tâche. D'autres raisons militent en faveur d'une plus grande subdivision. Il ne sera pas facile de trouver des personnes qui veuillent se charger de traiter un vaste domaine de formes zoologiques ou botaniques, tandis que les spécialistes plus aisément donneront leur temps à une petite division qu'ils connaissent de fond en comble et pour laquelle ils ont fait à l'avance des études préliminaires. Le danger que quelque contribution manque peut augmenter, mais puisqu'il s'agit d'un champ plus restreint, on peut remédier plus facilement; par contre la perte serait presque irréparable dans le cas où l'un des collaborateurs, après avoir embrassé un champ très vaste, au bout d'un certain temps, serait dans l'impossibilité de continuer. Dans de telles conditions, le mieux serait de répartir le sujet entre une trentaine de collaborateurs.

Chaque collaborateur sera tenu de livrer le manuscrit sur le sujet qui lui a été confié, tout prêt pour l'impression dans le Nomenclator, c'est-à-dire: chaque article sera écrit sur une bande de papier, ces bandes seront rangées par ordre alphabétique et fixées par une bande transversale sur une feuille de manière à ce que la rédaction ait seulement à enlever les bandes du manuscrit original pour les coordonner.

En outre chaque collaborateur doit donner dans un index particulier l'ordre de succession des genres et leur répartition en familles, ordres etc. tels qu'ils doivent être publiés dans l'Enumerator.

Chaque manuscrit sera remis à l'un des membres du Comité de rédaction chargé de la révision.

Le Rédacteur et le Comité de rédaction devant être toujours au courant de la marche de l'ouvrage, le 1er octobre de chaque année le Rédacteur par une lettre circulaire demande à chaque collaborateur d'indiquer en quelques mots l'état de son travail. Cette communication doit être livrée le 1er mai et le 1er novembre de chaque année. Si elle n'arrive pas, au bout d'un mois on la réclamera par une nouvelle circulaire.

Si l'un des membres ne répond pas après deux avis successifs et après deux semestres, le Rédacteur informera le collaborateur retardataire, par une lettre signée par lui et par l'un des membres du Comité de rédaction, que son silence est considéré comme une déclaration de démission. Si cet avis reste sans réponse, il faudra songer à remplacer le collaborateur.

Bien que cette mesure puisse être considérée comme puérile et vexatoire, il est certain que c'est la seule qui permettra de s'orienter sur la marche exacte de l'ouvrage et que sans elle tout pourrait être compromis par suite de la négligence d'un seul collaborateur.

5. *Limite du temps exigé par cette publication.* — Dans le cas où le Congrès de Berlin décidera l'exécution de l'ouvrage en 1884, on pourra tenir compte de tous les travaux qui porteront la date de 1883.

Si l'on voulait y introduire aussi ceux de 1884, on serait exposé à plusieurs inconvénients par suite des retards subis par l'apparition de nombreuses publications. On pourra du reste faire paraître des appendices de dix en dix ans et l'on aura cet avantage que leur périodicité coinciderait avec celle du *Catalogue of scientific papers.*

L'époque de la publication dépend évidemment de l'activité des collaborateurs; dans des conditions très favorables, l'impression du 1er volume pourrait commencer au bout de 2 ou 3 ans et l'ouvrage être terminé en 8 ou 10 ans.

Vienne, Juin 1883.

M. Neumayr.

OUVRAGES OFFERTS AU CONGRÈS.

ALLEMAGNE.

Ministerium der öffentlichen Arbeiten in Berlin.
(Geologische Landesanstalt und Bergakademie.)

1. Geognostische Uebersichtskarte der Umgegend von Berlin im Maasstabe 1 : 100 000 nebst Erläuterung. 250 Exempl.
2. Geologischer Stadtplan von Berlin im Maasstabe 1 : 15 000. 250 Exempl.
3. Baedeker: Berlin et ses environs, Extrait corrigé de la 8e édition (1884) du Manuel du voyageur en Allemagne. Avec plan de la ville et plan des environs de Potsdam. 200 Exempl.
4. Jahrbuch der Königlichen geologischen Landesanstalt und Bergakademie pro 1882. 100 Exempl.
5. Abhandlungen derselben, Band V Heft IV: Uebersicht über den Schichtenaufbau Ostthüringens, von K. Th. Liebe. Mit 2 Uebersichtskarten. 100 Exempl.
6. Excursionskarte der Umgegend von Thale am Harz im Maasstabe 1 : 25 000. 250 Exempl.
7. Catalogue de l'exposition géologique (dans la Geologische Landesanstalt und Bergakademie).

Ministerium der geistlichen, Unterrichts- und Medicinal-Angelegenheiten in Berlin.

1. Schmidt'sche Mondkarte nebst Erläuterungsbericht. 25 Exempl.
2. Anleitung zu wissenschaftlichen Beobachtungen auf Reisen von Dr. G. Neumayr. 2 Exempl.
3. China, Reiseergebnisse von Freih. v. Richthofen. Band I, II u. IV je 1 Exempl.
4. Atlanten zu dem unter 3 genannten Werke. 2 Exempl.
5. Börner: Bericht über die allgemeine deutsche Ausstellung auf dem Gebiete der Hygiene. Band I, II, III. 10 Exempl.
6. Paläontologische Abhandlung über Archäopterix von Prof. Dr. Dames. 25 Ex.
7. Woldt: Ein Besuch im astrophysikalischen Observatorium bei Potsdam. 20 Ex. (und zwar 5 Exemplare in Heft 102 der Monatsschrift »Nord und Süd« pro 1885 und 15 Exemplare als Separat-Abdrücke).
8. Jahrbuch der Königlichen Kunstsammlungen. Band I—V. 5 Exempl.
9. Schliemann's »Ilios«. 5 Exempl.
10. Prachtausgabe des Katalogs der National-Galerie. 10 Exempl.
11. Gewöhnlicher Katalog der National-Galerie. 50 Exempl.
12. Lichtdruckblätter der photogrammetrischen Aufnahmen der Elisabethkirche in Marburg und der Nicolaikirche in Berlin (zusammen 10 Blatt) nebst Erläuterungen. 5 Exempl.
13. Italienische Porträtbüsten des 15. Jahrhunderts. 5 Exempl.
14. Gemmen-Katalog. 10 Exempl.
15. Alter Vasenkatalog mit Nachträgen. 10 Exempl.

16. Geschichte der Königlichen Museen (Jubiläums-Festschrift). 10 Exempl.
17. Teppiche nach Rafaelischen Cartons. 100 Exempl.
18. Beschreibung der Freskogemälde in der Vorhalle des alten Museums. 100 Ex.
19. Kleiner Münz-Katalog. 25 Exempl.
20. Geschichte des Münz-Kabinets. 25 Exempl.
21. Beschreibung der Pentere. 25 Exempl.
22. Bronzeschwerter der Königlichen Museen mit Abbildungen. 25 Exempl.
23. Ethnographische Sammlung (Karten). 25 Exempl.
24. Abbildungen ethnologischer Gegenstände aus der melanesischen Sammlung Sr. Majestät Schiff Gazelle. 25 Exempl.
25. Beschreibung der pergamenischen Bildwerke. 10 Exempl.
26. Heliogravüren: Dürer, Porträt des Holzschuher. 5 Exempl.
27. Geschichte des Kunstgewerbe-Museums. 10 Exempl.
28. Führer durch die Museen. 100 Exempl.
29. Gemälde-Katalog. 10 Exempl.
30. Verzeichniss der Gipsabgüsse in den Museen. 10 Exempl.
31. **Friedrichs-Wolters**: Abgüsse antiker Bildwerke. 10 Exempl.
32. Katalog der antiken Skulpturen. 10 Exempl.
33. Beschreibung der Olympia-Abgüsse. 10 Exempl.
34. Wandgemälde der ägyptischen Abtheilung mit Abbildungen. 5 Exempl.
35. Aegyptische Alterthümer und Gipsabgüsse. 10 Exempl.
36. Beschreibung der Wandgemälde der ägyptischen Abtheilung. 10 Exempl.
37. Steinskulpturen von Guatemala. 5 Exempl.
38. **Pabst**: Kunstgewerbe-Museum. 30 Exempl.
39. **Hirschwald**: Katalog des mineralogischen Museums der Königlichen technischen Hochschule in Charlottenburg. 260 Exempl.
40. Das Münzkabinet. 19 Exempl.

Königlich Sächsische geologische Landesanstalt in Leipzig.

Die geologische Landesuntersuchung des Königreichs Sachsen, von Dr. **Hermann Credner**. 300 Exempl.

Grossherzoglich Hessische geologische Landesanstalt in Darmstadt.

Abhandlungen. Band I Heft I. Enthaltend: Einleitende Bemerkungen über die geologischen Aufnahmen im Grossherzogthum Hessen, von R. Lepsius. Chronologische Uebersicht der geologischen und mineralogischen Literatur über das Grossherzogthum Hessen, zusammengestellt von C. Chelius. Darmstadt 1884. 300 Exempl.

Geologische Karte des Mainzer Beckens im Maasstabe von 1:100000. 300 Exempl.

Prof. Dr. F. E. Geinitz in Rostock (mit Unterstützung der Grossherzoglich Mecklenburg-Schwerin'schen Ministerien des Innern und der Finanzen): Uebersicht über die Geologie Mecklenburgs nebst geologischer Karte. 300 Exempl.

M. le Docteur v. Dechen: Das älteste deutsche Bergwerksbuch. Bonn 1885. 10 Expl.

Erläuterungen zu der geologischen Karte der Rheinprovinz und der Provinz Westphalen.

Geognostischer Führer zu der Vulkanreihe der Vorder-Eifel. Zweite Auflage. Bonn 1886. 50 Exempl.

M. L. Friedrichsen: Mittheilungen der geographischen Gesellschaft in Hamburg. 1885. Heft 1.

— 541 —

Dr. **W. Sievers**: Das Erdbeben vom 26. März 1812 an der Nordküste Süd-Amerikas.

Reise nach der Cordillere von Merida in Venezuela. Hamburg 1884.

M. le Professeur E. **Kalkowsky**: Elemente der Lithologie. Heidelberg 1886.

M. le Dr. R. **Klebs**: Der Bernsteinschmuck der Steinzeit. 26 Exempl.

M. le Dr. **Edmund Naumann**: Ueber den Bau und die Entstehung der Japanischen Inseln. Berlin 1883. 5 Exempl.

M. le Professeur Dr. **Ad. Remelé**: Katalog der beim internationalen Geologen-Congress zu Berlin ausgestellten Geschiebe-Sammlung [1]).

M. E. **Schumacher**: Erläuterungen zur geologischen Karte der Umgegend von Strasburg. Strasburg 1883.

Schweizerbart's Verlagshandlung in Stuttgart:

F. A. Quenstedt: Die Ammoniten des Schwäbischen Jura. Heft 1 bis 7, avec Atlas Heft 1 bis 7 (pl. 1 à 42).

Dr. **A. Koschinsky**: Beitrag zur Kenntniss der Bryozoënfauna der älteren Tertiärschichten Südbayerns. I. Abth.: Cheilostomata.

AUTRICHE.

Dr. **A. Fritsch**: Prospect des Werkes: Fauna der Gaskohle und der Kalksteine der Permformation Böhmens. Mit 10 Probetafeln.

BELGIQUE.

M. E. **van den Broeck**: Mémoire sur les phénomènes d'altération des dépôts superficiels. Bruxelles 1881.

Introduction au mémoire de M. P. H. Nyst sur la conchyologie des terrains tertiaires de la Belgique. Bruxelles 1882.

La constitution géologique du territoire de la feuille d'Aerschot. Bruxelles 1885.

Nouvelles controverses relatives aux erreurs d'interprétation. Bruxelles 1885.

Exposé sommaire des observations et découvertes stratigraphiques et paléontologiques faites dans les dépôts marins etc. du Limbourg. Bruxelles 1882.

Mélanges géologiques et paléontologiques. Bruxelles 1885.

Diestien, Casterlien et Scaldisien. Bruxelles 1882.

Du rôle de l'infiltration des eaux météoriques. Paris 1880.

Note sur un nouveau mode de classification et de notation graphique des dépôts géologiques. Bruxelles 1885.

MM. E. **van den Broeck** et A. **Rutot**: Explication de la feuille de Bilsen de la carte géologique de la Belgique. Bruxelles 1883.

MM. le Baron O. **van Ertborn** et P. **Cogels**: Levés géologiques de 18 planchettes de la carte géologique de la Belgique. Avec 3 vol. de textes explicatifs.

Sur la constitution géologique de la vallée de la Senne. Liège 1882.

Note sur les conséquences de certaines erreurs d'intreprétation au point de vue géologique. Bruxelles 1885.

Les feuilles de Bruxelles et de Bilsen de la carte de la Belgique. Anvers 1884.

Réponse à MM. van den Broeck et Rutot sur les feuilles de Bilsen et de Bruxelles. Anvers 1885.

M. P. **Cogels**: Communications relatives aux projets de budget de la carte géologique.

---

[1]) v. Catalogue de l'exposition géologique du congrès p. 115.

— 542 —

M. E. **Delvaux**: La vérité sur la carte géologique de la Belgique. Par un géologue. Bruxelles 1885.

Mémoire sur les phénomènes d'altération des dépôts superficiels par l'infiltration des eaux météoriques. Liège 1881.

Sur un dépôt d'ossements de Mammifères découvert dans la tourbe aux environs d'Audenarde. Liège 1883.

Sur quelques nouveaux fragments de blocs erratiques recueillis dans la Flandre. Liège 1884.

Compte-rendu de la session extraordinaire de la société géologique de Belgique. Liège 1879.

Note succincte sur l'excursion de la société géologique de Belgique. Bruxelles 1882.

Bloc anguleux de syénite circonienne trouvé dans la Flandre orientale. Liège 1884.

Notice explicative du levé géologique de la planchette de Renaix. Bruxelles 1881.

Note sur quelques niveaux fossilifères appartenant aux systèmes Ypresien et Paniselien. Bruxelles 1882.

Compte rendu de l'excursion de la société malacologique de Belgique à Maastricht. Bruxelles 1883.

Sur 2 fémurs humains recueillis dans la tourbe..... aux environs d'Audenarde. Bruxelles 1883.

De l'extension des dépôts glaciaires de la Scandinavie et de la présence des blocs erratiques du Nord dans la Belgique. Liège 1883.

Compte rendu de l'excursion de la société royale malacologique de Belgique à Boom. Bruxelles 1882.

Notice explicative du levé géologique de la planchette d'Avelghem. Bruxell. 1882.

Description d'une nouvelle huître Wemmelienne. Bruxelles 1883.

Contribution à l'étude de la paléontologie des terrains tertiaires. Bruxell. 1882.

Note sur quelques ossements fossiles. Liège 1878.

Note sur la découverte d'ossements dans le quaternaire de Mons et de Renaix. Bruxelles 1883.

Les puits artésiens de la Flandre. Liège 1884.

Les puits artésiens de la Flandre. (Addition.)

Note sur le forage d'un puits artésien exécuté à Renaix. Liège 1882.

Sur la découverte de blocs erratiques scandinaves. Bruxelles 1883.

Note sur un forage exécuté à Mons. Liège 1877.

ESPAGNE.

M. **Juan Vilanova y Piera**: Ensayo de diccionario geografico-géologico. Madrid 1884.

ÉTATS-UNIS.

United States geological survey. J. W. Powell, Director. Washington.

Second annual report. 1880/81. Third annual report. 1881/82.

Monographs:

Becker: Geology of the Comstock Lode. Avec Atlas.

Dutton: Tertiary history of the grand Canon district. Avec Atlas.

United States geological and geographical Survey of the territories of Wyoming and Idaho. 1878. Hayden. Part. I., II.

Second Geological Survey of Pensylvania in Philadelphia.

a) Reports A, A², A A A, B, C. Atlases A A vol. 1 (S. C. Field). Act. Part. 1 (W. M. C. Field). Act. Part. 1 (H. C. Field) und A C. 9 vol.

b) Reports C, C², C³, C³ Atlas. C⁴, C⁶, D, D², D³ vol. 1, D³ vol. 11, D³ Atlas, D⁵ Atlas, E. 13 vol.

c) Reports F, F² pt. 1, G, G², G³, G⁴, G⁵, G⁶, G⁷, H, H², H³, H⁴, H⁵, H⁶, H⁷. 16 vol.

d) Reports I, I², I³, I⁴, J, K, K², K³, K⁴, L, M, M², M³, Atlas J³. 14 vol.

e) Reports N, O, O², P vol. I, II, III, P², P³, Q, Q², Q³, Q⁴, R, Atlases P, R. 14 vol.

f) Reports T, T², T⁴, V, V², Z, Atlases K K, T und X. 9 vol.

g) Grand Atlas Div. 1.

h) » » » II.

i) » » » III.

James Hall: Geological Survey of the State of New-York.

a) Annual report on the New-York state museum of natural history 20 à 31 et 33 à 37. 17 vol.

b) Natural history of New-York, Part. VI. Palaeontology Part. 1, 2. 6 vol.

M. S. F. Emmons: The geology and mining industry of Leadville, Colorado. Avec Atlas. Washington 1883.

M. S. F. Emmons et **G. F. Becker:** Geological sketches of the precious metal deposits of the Western United States. Washington 1885.

M. E. J. Goodwin: A new physical Truth. Evansville 1885. 10 Exempl.

FRANCE.

M. A. E. Beguyer de Chancourtois:
Programme raisonné d'un système de géologie. Paris 1884.
Questions de géologie synthétique. Paris 1881.
Questions de géologie synthétique. Paris 1883.
Étude des alignements géologiques. Paris 1880.
Fissures de l'écorce du globe. Paris 1879.
Sur les alignements géologiques. Paris 1878.
Géométrie du réseau pentagonal. Paris 1876.
Exploration géologique du Pas de Calais. Paris 1875.
Sphérodesie graphique. Paris 1875.
Boussole de M. Dutrou. Paris 1873.

GRANDE-BRETAGNE.

Geological Survey of Great Britain.

Memoirs vol. III. The geology of North Wales by A. C. Ramsay, London 1881.

Memoirs vol. IV. W. Whitaker, the geology of the London Basin. Part. 1. London 1872.

The geology of the Weald by W. Topley. London 1875.

The geology of the Yorkshire coalfield by A. H. Green, R. Russel, J. R. Dakyns, J. C. Ward, C. Fox Strangways, W. H. Dalton and F. V. Holmes. London 1878.

Figures and descriptions illustrative of British organic remains. Decad I.—XIII. London 1849/72.

— 544 —

The geology of Eskdale, Rosedale etc. by C. Fox-Strangways, C. Reid and G. Barrow. London 1885.

The geology of the neighbourhood of Cambridge, by W. H. Penning and A. J. Jukes-Browne. London 1881.

The geology of the country around Cromer, by C. Reid. London 1882.

The vertebrata of the forest bed series of Norfolk and Suffolk, by E. T. Newton.

The crocodilian remains found in the Elgin sandstones, by Th. Huxley. London 1877.

Official catalogue of the publications of the geological survey of the united Kingdom.

Explanatory memoirs of the geological survey of Jreland, to accompany the sheets 59, 60, 61 and 71 of the maps.

Explanatory memoirs of the geological survey of Scotland, of sheets 22, 23, 24, 31.

M. Jukes-Browne: On rock-classification. London 1885.

M. W. Topley: The Geological Record for. 1874—1878 (5 vol.).

The national geological surveys of Europe. London 1885.

The geology of Belgium and the french Ardennes. Papers by Gosselet, Banney, Rutot, van den Broeck, Topley. London 1885.

M. John Milne: Recherches sur les tremblements de terre au Japon. Spécialement imprimé pour le congrès géologique de Berlin. Yokohama 1885. 12 Exempl.

JAPAN.

Institut géologique impérial du Japon.

Die Kaiserliche geologische Reichsanstalt von Japan. 150 Exempl.

Die Aufgaben und die Thätigkeit der agronomischen Abtheilung der Kaiserlich japanischen geologischen Landesaufnahme. 45 Exempl.

ITALIE.

M. le Prof. Giovanni Capellini: Compte rendu de la 2e session du Congrès géologique international. Bologne 1882.

Il chelonio veronese. Roma 1884.

Il cretaceo superiore e il gruppo di Priabona. Roma 1884.

Di un' orca fossile scoperta a Cetona in Toscana. Bologna 1883.

Del tursiops cortesii e del delfine fossile di Mambercelli nell' Astigiano. Bologna 1882.

M. Guglielmo Guiscardi: Il Terremoto d'Ischia del 28 Luglio 1883. Napoli 1885.

M. Guglielmo Jervis: Progretto di Massima di lavori idraulici nazionali nel Veneta. Torino 1884. 6 Exempl.

Della relazione fra la geologia e la geografia fisica. Torino 1882. 6 Exempl.

Sul giacimento di carbon fossile antracitico de Demonte. Milano 1875. 6 Exempl.

Sulla guida alle acque minerali d'Italia Roma 1877.

I tresori sotteranei dell' Italia. Notice bibliographique par M. Alberto Revell. 1882.

M. B. Lotti: Correlazione di giacitura fra il porfido quarzifero e la trachite Quarzifera. 125 Exempl.

M. G. B. Villa: Rivista geologica sulla Brianza. Milano 1885.

Sulla costituzione geologica e geognostica della Brianza.

Escursioni geologiche fatte nella Brianza. Milano 1883.

Roccie e fossili cretacii della Brianza. Milano 1863.

Ulteriori osservazioni geognostiche sulla Brianza. Milano 1857.

Sulla torbe della Brianza. Milano 1864.

Cenni sul terreno cretaceo di Toscana comparato con quello della Brianza. Milano 1868.

La dolomia a gastrochene nell' Appenino centrale. Milano 1879.

Osservazioni geognostiche e geologiche fatte in una gita sopra alcuni colli dei bresciano e del bergamasco. Milano 1857.

Le roccie dei dintomi di morbegno.

Altre osservazioni sulle roccie dei dintomi di morbegno.

Di alcuni roccie della Valtellina.

Elenco cronologico di lavori scientifici.

M. le Baron **Achille de Zigno**: Sopra un scheletro fossile di Myliobates. Venezia 1885.

Due nuovi pesci fossili della famiglia dei Balistini. Napoli 1884.

OCÉANIE.

Department of mines, Sydney:

Wood: Mineral products of New South Wales.

Wilkinson: Notes on the geology of New South Wales.

Liversidge: Description of the minerals of New South Wales.

Etheridge et Jack: Catalogue of works of the Australian continent and Tasmania. Sydney 1882.

PORTUGAL.

M. Paul Choffat: Lamellibranches asiphonés du Jurassique portugais. 1re livraison.

Recueil de monographies sur le Crétacique du Portugal. 1re livraison.

M. Joaquim Filippe Nery Delgado: Étude sur les Bilobites et autres fossiles des quarzites de la base du Silurique du Portugal. — Premières feuilles du texte et Atlas en partie en phototypie et en partie en photographie.

RUSSIE.

Comité géologique Impérial à St. Pétersbourg.

Compte rendu des travaux du Comité géologique pendant les années 1882 à 1884, par **A. P. Karpinsky**, accompagné d'un mémoire sur les instituts géologiques nationaux, par **S. Nikitin**.

Mémoires du comité géologique.

Vol. I, No. 1. La faune des dépôts jurassiques du gouvernement de Rjasan, par **L. Lahusen**.

Vol. I, No. 2. Texte explicatif de la feuille 56 (Jaroslawl) de la carte géologique générale de la Russie, par **S. Nikitin**.

Vol. I, No. 3. Études sur les dépôts devoniens de la Russie, par **Th. Tschernyschew**.

Vol. I, No. 4. Aperçu géologique du district de Lipetzk et des sources minérales de la ville de Lipetzk, par **J. Mouschketoff**.

Vol. II, No. 1. Texte explicatif de la feuille 71 de la carte géologique générale de la Russie (Kostroma), par **S. Nikitin**.

— 546 —

Nouvelles du comité géologique impérial, années 1882, 1883, 1884, 1885 No. 1 à 7.
Th. Tschernyschew, le calcaire permien du gouvernement de Kostroma.
E. C. Fedorow, éléments de la théorie du dessin cristallographique.
M. G. Romanowski: Materialien zur Geologie von Turkestan. 1. Lieferung:
geologische und paläontologische Uebersicht des nordwestlichen Thian-Schan und
des südöstlichen Theiles der Niederung von Turan. St. Petersburg 1880. 43 Expl.

SUÈDE.

Les cartes générales géologiques exposées au troisième congrès international de
géologie à Berlin par l'Institut royal géologique de Suède. 90 Exempl.

SUISSE.

M. Charles Meyer-Eymar: Die Panopäen der Molasse. Zürich 1885.
Classification méthodique des terrains de sédiment. Z. 1874. 5 Expl.
Die Filiation der Belemnites acuti. Z. 1884.
Note sur les terrains tertiaires de l'Ariège. 1882. 6 Exempl.
Das Vesullian, eine neue dreitheilige Jura-Stufe. Z. 1879.
Zur Geologie des mittleren Ligurien. Z. 1878.
Systematisches Verzeichniss der Versteinerungen des Parisian der Umgegend
von Einsiedeln. Z. 1877.
Systematisches Verzeichniss der Versteinerungen des Helvetian der Schweiz und
Schwabens. Z. 1873.
Découverte des couches à congéries dans le bassin du Rhône. Z. 1871.
Ueber das Alter der Uetliberg-Nagelfluh.